EJERCICIOS RESUELTOS DE
MATEMÁTICA DISCRETA

EJERCICIOS RESUELTOS DE MATEMÁTICA DISCRETA

Rafael Caballero Roldán*

Teresa Hortalá González*

Narciso Martí Oliet *

Susana Nieva Soto*

Antonio Pareja Lora**

Mario Rodríguez Artalejo*

*Universidad Complutense de Madrid

**Universidad de Alcalá

EJERCICIOS RESUELTOS DE MATEMÁTICA DISCRETA

Rafael Caballero Roldán; Teresa Hortalá González; Narciso Martí Oliet; Susana Nieva Soto; Antonio Pareja Lora; Mario Rodríguez Artalejo

ISBN: 978-84-1903-472-4

IBERGARCETA PUBLICACIONES, S.L., Madrid, 2024

Edición: 1ª

Nº de páginas: 448

Formato: 17 × 24 cm.

Thema: PBD. Matemáticas discretas

Ejercicios resueltos de Matemática Discreta

© Rafael Caballero Roldán; Teresa Hortalá González; Narciso Martí Oliet; Susana Nieva Soto; Antonio Pareja Lora; Mario Rodríguez Artalejo

COPYRIGHT © 2024 IBERGARCETA PUBLICACIONES, S.L.

info@garceta.es

ISBN: 978-84-1903-472-4

Edición: 1ª.

Impresión: 1ª.

Depósito legal: M-18320-2024

Imagen de cubierta: © Flickr by Kent Schimke: 3D view of Aug032014lma1b

Impresión: Print House, marca registrada de Coplar S.A.

OI: 294/2024

IMPRESO EN ESPAÑA-PRINTED IN SPAIN

A todos los que nos precedieron, los que nos acompañan y los que nos seguirán.

Cuando el Cosmos no estaba tan desajustado como hoy día y todas las estrellas guardaban un buen orden, de modo que era fácil contarlas de izquierda a derecha o de arriba abajo, reunidas además en un grupo aparte las de mayor tamaño y más azules, y las pequeñas y amarillentas, como cuerpos de segunda categoría, metidas por los rincones; cuando en el espacio no se vislumbraba ni rastro de polvo, suciedad y basura de las nebulosas, en aquellos viejos tiempos, tan buenos, existía la costumbre de que los constructores con Diploma de Omnipotencia Perpetua con nota sobresaliente fueran de vez en cuando de viaje para llevar a pueblos remotos ayuda y buenos consejos.

Stanislaw Lem
Ciberíada (Cyberiada, 1965)

ÍNDICE

Prólogo   IX

CAPÍTULO 1.   Inducción y recursión   1
     1.1.   El conjunto de los números naturales 1
     1.2.   Principio de inducción simple 2
     1.3.   Principio de inducción completa 2
     1.4.   Definiciones recursivas 2
     1.5.   La notación del sumatorio y del productorio 3
     1.6.   Principio de inducción con uno o varios casos base para $\mathbb{N}_m$ 4
     1.7.   El principio de inducción en la práctica 5
     1.8.   Preguntas de test resueltas 5
     1.9.   Ejercicios resueltos 10

CAPÍTULO 2.   Teoría de números   61
     2.1.   Múltiplos y divisores. División entera 61
     2.2.   Sistemas de numeración 61
     2.3.   Máximo común divisor y mínimo común múltiplo 62
     2.4.   Algoritmo de Euclides y teorema de Bézout 63
     2.5.   Números primos 64
     2.6.   Congruencias y aritmética modular 65
     2.7.   Preguntas de test resueltas 65
     2.8.   Ejercicios resueltos 75

CAPÍTULO 3.   Conjuntos y funciones   113
     3.1.   Conjuntos y operaciones entre conjuntos 113
     3.2.   Leyes algebraicas de Boole 114
     3.3.   Funciones. Operaciones y propiedades 115
     3.4.   Sucesiones y palabras sobre un alfabeto 116
     3.5.   Cardinales y conjuntos infinitos 116
     3.6.   Preguntas de test resueltas 117
     3.7.   Ejercicios resueltos 124

CAPÍTULO 4.   Relaciones y órdenes   179
     4.1.   Relaciones 179
     4.2.   Relaciones de equivalencia 180
     4.3.   Relaciones de orden 181
     4.4.   Retículos y álgebras de Boole 183

4.5. Preguntas de test resueltas 184

4.6. Ejercicios resueltos 191

CAPÍTULO 5.   Combinatoria   253

5.1. Principios elementales de conteo 253

5.2. Variaciones, permutaciones y combinaciones 254

5.3. Preguntas de test resueltas 256

5.4. Ejercicios resueltos 263

CAPÍTULO 6.   Grafos   323

6.1. Grafos no dirigidos y multigrafos 323

6.2. Recorridos en grafos y multigrafos 324

6.3. Coloreado de vértices 325

6.4. Árboles 326

6.5. Grafos valorados 327

6.6. Árboles de búsqueda 327

6.7. Grafos dirigidos 328

6.8. Preguntas de test resueltas 328

6.9. Ejercicios resueltos 334

BIBLIOGRAFÍA   435

PRÓLOGO

Este libro incluye una colección de casi 500 preguntas de test y ejercicios resueltos detalladamente que se organizan en seis capítulos: inducción y recursión, teoría de números, conjuntos y funciones, relaciones y órdenes, combinatoria, y grafos. Cada capítulo comienza por una serie de secciones breves que recapitulan los conceptos teóricos, métodos prácticos, procedimientos y algoritmos necesarios para abordar la resolución de ejercicios del tema correspondiente, continúa con una sección dedicada a la exposición de preguntas de test, en las que hay que elegir una única respuesta correcta de tres, con respuestas explicadas, y concluye con una sección más amplia en la que se presenta una colección de ejercicios resueltos de dicho tema que requieren la exposición de una solución razonada para uno o varios apartados.

A menudo, los ejercicios corresponden a problemas propuestos en hojas de ejercicios y exámenes de matemática discreta de las titulaciones de la Facultad de Informática de la Universidad Complutense de Madrid (UCM). De hecho, la redacción del libro se ha basado en la experiencia docente de los autores como profesores de la UCM, en el material didáctico generado a lo largo de un buen número de cursos académicos para la docencia de cursos de matemática discreta dirigidos a alumnos de titulaciones de dicha facultad.

La matemática discreta cubre una gama de contenidos que pretenden situarse fuera del campo tradicionalmente asignado al cálculo diferencial e integral y son por lo demás bastante diversos. Este libro de ejercicios resueltos fue concebido para cubrir el temario de matemática discreta tradicionalmente impartido a los alumnos de primer curso de la Facultad de Informática de la UCM, excluyendo temas afines a la lógica, la algoritmia, los autómatas y lenguajes formales, y la calculabilidad, al ser objeto de otras asignaturas más específicas en los planes de estudio de dicha facultad. A pesar de su origen, consideramos que el libro también es útil para estudiantes de otras carreras con asignaturas afines.

Tanto los enunciados como las soluciones de los ejercicios se han seleccionado y elaborado con un criterio didáctico. Por un lado, se ha buscado variedad en los tipos de ejercicios, incluyendo tanto aquellos que requieren la aplicación más o menos mecánica de métodos conocidos, como aquellos otros que exigen un mayor esfuerzo de razonamiento. No se ha evitado un cierto grado de repetición de ejercicios del mismo tipo, entendiendo que ello puede contribuir tanto a la práctica de los alumnos como al uso selectivo del material por parte de los profesores que utilicen el libro como texto. En lo referente a las soluciones, no se ha pretendido en absoluto que sean las más breves o ingeniosas posibles, sino que se ha aspirado más bien a la claridad, de manera que el texto pueda ser útil para el trabajo personal de alumnos de primer curso con una formación matemática previa más o menos limitada. Esto no quiere decir que se haya renunciado a incluir ejercicios de un cierto interés y dificultad, pero sí que se ha hecho un esfuerzo por presentar sus soluciones de manera comprensible.

Aunque los textos sobre matemática discreta publicados en castellano son relativamente abundantes, no sucede lo mismo con las colecciones de ejercicios resueltos, por lo cual los autores de este libro confían en que pueda cumplir un papel positivo para la formación matemática de estudiantes de distintas titulaciones.

Miguel Martín-Romo se merece nuestro agradecimiento por animarnos a publicar este material en una versión anterior, Andrés Otero por aceptar la publicación de esta nueva versión y ambos por concedernos libertad para la realización de nuestro proyecto.

Finalmente, los autores quieren agradecer a Miguel Palomino su ayuda en la revisión de versiones preliminares; a Alberto Verdejo el desarrollo de los ficheros de L&TEX que han dado formato al documento; a Javier Leach su contribución en años pasados a la elaboración de ejercicios incluidos en este libro; y a María Inés Fernández y Francisco López sus comentarios para mejorar algunas explicaciones.

Los autores, en Madrid, junio 2024.

1

Inducción y recursión

❧

1.1. El conjunto de los números naturales

Ya desde pequeños nos acostumbramos a contar (o cuentan por nosotros) todo lo que tiene que ver con nuestro entorno: primero, el número de meses que llevamos vividos; después, el número de años; en esas entremedias, aprendemos a contar cuántos hermanos tenemos, cuántos juguetes, cuántos amigos, etc. Cada uno de estos números que utilizamos para contar (1, 2, 3, 4, ...) es un elemento del **conjunto de números naturales** que llamamos $\mathbb{N}$. También consideramos que el 0 forma parte de $\mathbb{N}$, pues este lo necesitamos para representar el caso en el que el número de los objetos contados es nulo (es decir, el número de elementos del conjunto vacío). Notaremos que un número n es natural de la siguiente forma: $n \in \mathbb{N}$ (esta notación se explicará para conjuntos arbitrarios en la sección 3.1 del capítulo sobre conjuntos y funciones). Los conjuntos de los números enteros, racionales y reales se representan como $\mathbb{Z}$, $\mathbb{Q}$ y $\mathbb{R}$, respectivamente.

El concepto de función, que veremos más detalladamente en la sección 3.3 del capítulo sobre conjuntos y funciones, se refiere a una correspondencia de un conjunto A en un conjunto B, de forma que a cada elemento de A se le hace corresponder un elemento de B. Si f es una función de A en B, escribimos $f : A \to B$. Si la función f hace corresponder a un elemento a de A el elemento b de B, entonces escribimos $f(a) = b$.

El conjunto $\mathbb{N}$ de los números naturales tiene una propiedad muy importante, en la que se fundamenta la validez de los distintos principios de inducción manejados en el presente capítulo: este conjunto puede considerarse generado a partir del 0 por la aplicación reiterada de la **función sucesor** $s : \mathbb{N} \to \mathbb{N}$, que asigna a cada natural n el que le sigue, es decir, $n+1$; así, por ejemplo, tenemos que $4 = s(s(s(s(0)))) = s(s(s(0+1))) = s(s(s(1))) = s(s(1+1)) = s(s(2)) = s(2+1) = s(3) = 3 + 1$.

Mediante $\mathbb{N}_m$ denotaremos el subconjunto de $\mathbb{N}$ que resulta de generar números naturales mediante la función sucesor, pero no a partir de 0, sino a partir de un cierto $m \geq 0$, es decir, $\mathbb{N}_m = \{n \in \mathbb{N} \mid m \leq n\}$. Llamaremos **segmentos de** $\mathbb{N}$ a estos subconjuntos $\mathbb{N}_m$. Nótese que $\mathbb{N}_0 = \mathbb{N}$ y que $\mathbb{N}_1$ es el conjunto de los números naturales positivos.

Inconscientemente, manejamos propiedades sobre los números naturales con absoluta normalidad; pero a lo que quizá no estamos acostumbrados es a demostrar formalmente su validez, cuando esto es necesario. La primera aproximación que se nos podría ocurrir para demostrar la validez de una propiedad sobre números naturales se basaría en ir probando, caso por caso, su cumplimiento, lo cual es en sí una tarea inabordable, dada la infinitud del conjunto de los números naturales (siempre podemos sumar 1 a cualquier número natural que se nos ocurra para generar su sucesor; por muy grande que sea, obtendremos otro número natural). Por lo tanto, se necesita una aproximación más racional y adecuada para demostrar propiedades de los números naturales. Esa aproximación es el objeto del presente capítulo.

1.2. Principio de inducción simple

Notaremos que una propiedad, P, es verificada por un número natural, n, como $P(n)$. En estas condiciones, el **principio de inducción simple** puede enunciarse de la siguiente manera:

PI-0: Para toda propiedad P de los números naturales, si se verifica:

- $P(0)$ (**caso base**) y
- para todo $k \in \mathbb{N}$ (**paso inductivo**):
  - si la verificación de $P(k)$ (**hipótesis de inducción**)
  - implica que se verifique $P(k+1)$ (**caso inductivo**),

entonces: para todo $n \in \mathbb{N}, P(n)$.

1.3. Principio de inducción completa

Puede ocurrir que el cumplimiento de $P(n)$, para un determinado $n \in \mathbb{N}$, no dependa tan solo de su cumplimiento para el predecesor de n, como indica el principio de inducción simple, sino que dependa del cumplimiento de la propiedad para valores anteriores al predecesor. Esta situación se recoge en el **principio de inducción completa (o fuerte)**, que puede enunciarse así:

PIC-0: Para toda propiedad P de los números naturales, si se verifica:

- $P(0)$ (**caso base**) y
- para todo $k \in \mathbb{N}$ (**paso inductivo completo**):
  - si la verificación de $P(l)$ para todo $l \in \mathbb{N}$ tal que $0 \leq l < k$ (**hipótesis de inducción completa**)
  - implica que se verifique $P(k)$ (**caso inductivo completo**),

entonces: para todo $n \in \mathbb{N}, P(n)$.

1.4. Definiciones recursivas

Decimos que una función $f : \mathbb{N}_m \to B$ está **definida recursivamente sobre** $\mathbb{N}_m$ si, para cada $n \in \mathbb{N}_m$, o bien el valor de f está definido explícitamente por un valor $b_n \in B$, o bien se define recurriendo al valor de f para algún o algunos $k \in \mathbb{N}_m$ tal(es) que $m \leq k < n$.

Ejemplo: El **factorial** de un número natural es una función $f : \mathbb{N} \to \mathbb{N}$ que puede definirse de forma recursiva como sigue:

- Se da el valor explícito de la función factorial f para 0:
  - $f(0) = b_0 = 1,$

- Para todo $n \geq 1$ se define el valor de la función factorial para n, $f(n)$, recurriendo a valores de f ya definidos para argumentos menores que n:

  - $f(n) = n \cdot f(n-1) = b_n = n \cdot b_{n-1}$.

Hasta aquí, hemos hablado de funciones definidas recursivamente prestando atención, por así decirlo, a la parte izquierda de las igualdades que determinan el valor de una función para cada $n \in \mathbb{N}_m$. Por otro lado, si nos fijamos en la parte derecha de dichas igualdades, es decir, en los valores b_i, veremos que determinan una sucesión que obedece a las mismas reglas que la función definida recursivamente, por lo que también se dice que los valores $b_i \in B$ de una función $f : \mathbb{N}_m \to B$ constituyen una **sucesión definida recursivamente**.

Ejemplo: Los valores que adopta el factorial para los distintos números naturales constituyen una sucesión definida recursivamente, que puede escribirse como sigue:

- $b_0 = 1$,

- $b_n = n \cdot b_{n-1}$, para todo $n \geq 1$.

1.5. La notación del sumatorio y del productorio

Cuando se desea escribir de forma abreviada la suma de un conjunto de términos de una sucesión, podemos hacerlo mediante el operador prefijo que se denomina **sumatorio** y que se representa mediante la letra griega Σ (*sigma* mayúscula). De esta forma, la expresión $\sum_{i=m}^{n} a_i$, que se lee "la suma de a sub i desde i igual a m hasta n" (con $m, n \in \mathbb{N}$), es equivalente a $a_m + a_{m+1} + \cdots + a_n$.

Algunas propiedades importantes de esta notación son las siguientes:

- Si $n < m$, $\sum_{i=m}^{n} a_i = 0$ (suma vacía).

- Si $n = m$, $\sum_{i=m}^{m} a_i = a_m$ (suma unitaria).

- Si c es una expresión que no depende de i,

  - $\sum_{i=m}^{n} c \cdot a_i = c \cdot \sum_{i=m}^{n} a_i$.

  - $\sum_{i=m}^{n} (c + a_i) = c \cdot (n - m + 1) + \sum_{i=m}^{n} a_i$.

- Para todo $k \in \mathbb{N}$ tal que $m \leq k < n$, $\sum_{i=m}^{n} a_i = \sum_{i=m}^{k} a_i + \sum_{i=k+1}^{n} a_i$.

- $\sum_{i=m}^{n} (a_i + a'_i) = \sum_{i=m}^{n} a_i + \sum_{i=m}^{n} a'_i$.

De igual forma, cuando se desea escribir de forma abreviada el producto de un conjunto de términos de una sucesión, podemos hacerlo mediante el operador prefijo que se denomina **productorio** y que se representa mediante la letra griega Π (*pi* mayúscula). De esta forma, la expresión $\prod_{i=m}^{n} a_i$, que se lee "el producto de a sub i desde i igual a m hasta n" (con $m, n \in \mathbb{N}$), es equivalente a $a_m \cdot a_{m+1} \cdots a_n$.

Algunas propiedades importantes de esta notación son las siguientes:

- Si $n < m$, $\prod_{i=m}^{n} a_i = 1$ (producto vacío).

- Si $n = m$, $\prod_{i=m}^{m} a_i = a_m$ (producto unitario).

- Si c es una expresión que no depende de i y $n \geq m$, $\prod_{i=m}^{n} c \cdot a_i = c^{n-m+1} \cdot \prod_{i=m}^{n} a_i$.

- Para todo $k \in \mathbb{N}$ tal que $m \leq k < n$, $\prod_{i=m}^{n} a_i = \prod_{i=m}^{k} a_i \cdot \prod_{i=k+1}^{n} a_i$.

- $\prod_{i=m}^{n} (a_i \cdot a_i') = \prod_{i=m}^{n} a_i \cdot \prod_{i=m}^{n} a_i'$.

1.6. Principio de inducción con uno o varios casos base para $\mathbb{N}_m$

El enunciado del principio de inducción simple (PI-0), en la sección 1.2, no permite la demostración de propiedades cuya definición contiene otros casos base, aparte del distinguido para el 0, como suele ocurrir cuando se formulan propiedades sobre funciones y sucesiones definidas recursivamente. El número de dichos casos base, que también deben analizarse previamente, depende de la definición de la propiedad que se intenta probar.

Por otro lado, teniendo en cuenta que muchas propiedades de los números naturales no se cumplen a partir del 0, sino a partir de un número posterior, se hace necesaria una generalización, igualmente válida, de los dos principios enunciados anteriormente, que posibilite el demostrar la validez de una propiedad definida no sobre todo $\mathbb{N}$, sino sobre segmentos $\mathbb{N}_m$, con uno o varios casos base.

De esta forma, el **principio de inducción simple** puede reformularse en aras de una mayor generalidad así:

PI-m: Para toda propiedad P de números naturales, definida sobre $\mathbb{N}_m$, si se verifica:

- $P(m)$ (**caso base 1**), ..., $P(m+i)$ (**caso base $i+1$**) y
- para todo $k \in \mathbb{N}_m$ tal que $m + i \leq k$ (**paso inductivo**):
  - si la verificación de $P(k)$ (**hipótesis de inducción**)
  - implica que se verifique $P(k+1)$ (**caso inductivo**),

entonces: para todo $n \in \mathbb{N}_m, P(n)$.

Evidentemente, si solo se diferencia un único caso base en la definición de la propiedad (es decir, si el número i que aparece en el enunciado de (PI-m) es igual a 0), solo se tendrá un caso base también en la demostración, al igual que ocurría en el enunciado de (PI-0) en la sección 1.2.

Análogamente, podemos reformular el **principio de inducción completa (o fuerte) (PIC-m)**, enunciado en la sección 1.3, como sigue:

PIC-m: Para toda propiedad P de números naturales, definida sobre $\mathbb{N}_m$, si se verifica:

- $P(m)$ (**caso base 1**), ..., $P(m+i)$ (**caso base $i+1$**) y
- para todo $k \in \mathbb{N}_m$ tal que $m + i < k$ (**paso inductivo completo**):
  - si la verificación de $P(l)$ para todo $l \in \mathbb{N}_m$ tal que $m \leq l < k$ (**hipótesis de inducción completa**)
  - implica que se verifique $P(k)$ (**caso inductivo completo**),

entonces: para todo $n \in \mathbb{N}_m, P(n)$.

1.7. El principio de inducción en la práctica

Queda aún por ver cómo se utiliza cualquiera de estos principios en la demostración de una propiedad concreta, P, sobre $\mathbb{N}_m$. Los pasos que hay que dar son los siguientes:

- Primeramente, se comprueba el cumplimiento de $P(n)$ para el caso base (m), demostrando que el resultado de sustituir m en lugar de n en P es cierto. Si hay más de un caso base, también habrá que comprobar, de la misma forma, el cumplimiento de $P(n)$ para el resto de casos base (es decir, se comprueba que se verifica que los enunciados $P(m+1), \ldots, P(m+i)$ son ciertos).

- A continuación, hay que demostrar que la implicación contenida en el paso inductivo es cierta; para ello, basta con probar que, dado un $k \in \mathbb{N}_m$ cualquiera, no puede ocurrir que se verifique $P(k)$ pero no $P(k+1)$. Esto se consigue fácilmente: se supone que se verifica $P(k)$ para un k genérico apropiado y se prueba que, en esas condiciones, también se verifica necesariamente $P(k+1)$. En el caso de inducción completa se supone que se verifica $P(k)$ para todo k con $m \le k < n$ y se demuestra $P(n)$.

- De la conjunción de las dos comprobaciones anteriores se deduce el cumplimiento de la propiedad para $\mathbb{N}$ o para el segmento $\mathbb{N}_m$ considerado.

1.8. Preguntas de test resueltas

1.1. ¿Cuál de estas tres sucesiones recursivas está bien definida?

(a) $s_0 = 3$; $s_n = 2s_{n+2}$ $(n \ge 1)$

(b) $s_0 = 3$; $s_1 = 5$; $s_{n+2} = s_{n+1} - s_n$ $(n \ge 0)$

(c) $s_0 = 3$; $s_{n+2} = s_{n+1} - s_n$ $(n \ge 0)$

Solución

La respuesta (a) no puede ser correcta: lo que caracteriza una sucesión recursiva es que esta se define de tal forma que cada término se va calculando a partir de los anteriores en la sucesión, excepto ciertos valores (casos base) que se definen de forma explícita. En el caso de la respuesta (a), esto no se verifica: el término n-ésimo aparece definido a partir del término $(n+2)$-ésimo de la sucesión, aún no calculado, pues no es anterior.

La respuesta (c) tampoco puede ser correcta, dado que el término s_1 no queda definido y s_2 no puede ser calculado según la definición dada y, así, tampoco podrían calcularse s_3, s_4, etc. Efectivamente, el primer término que podría calcularse mediante la definición recurrente sería el $s_2 = s_1 - s_0$; pero no hay una definición explícita para s_1, que debería ser también un caso base. El problema estriba en el hecho de que la sucesión utiliza dos términos anteriores consecutivos, n y $n+1$, para definir el término $(n+2)$-ésimo. Esto requiere que se definan al menos dos casos base (los dos primeros, 0 y 1) para que la recurrencia quede bien definida.

La respuesta (b), en consecuencia, es la correcta, pues puede verse que esta definición cumple los requisitos enunciados anteriormente: la parte recurrente de la definición requiere haber calculado los dos términos anteriores de la sucesión previamente y hay dos casos base definidos explícitamente, el s_0 y el s_1, que son los primeros términos de la sucesión.

1.2. ¿Cuál de estas tres sucesiones recursivas está bien definida?

    (a) $s_1 = 3$; $s_2 = 5$; $s_n = 3s_{n-1} - 2s_{n-2}$ $(n \geq 3)$

    (b) $s_1 = 0$; $s_n = 3s_{n-1} + 15s_{n-2}$ $(n \geq 3)$

    (c) $s_1 = 0$; $s_2 = 12$; $s_n = 3n - 7$ $(n \geq 1)$

Solución

En este caso, la respuesta correcta es la (a). La sucesión (b) no queda bien definida, pues la parte de la definición que determina las recurrencias calcula el término n-ésimo en función de los dos anteriores. Esto requeriría la definición explícita del valor de s_2: sin él no pueden calcularse s_3 ni los siguientes términos de la sucesión (y él mismo quedaría sin definir). En cuanto a la sucesión (c), por un lado ni siquiera es recursiva: no utiliza términos anteriores de la sucesión para calcular el término n-ésimo, sino únicamente el propio valor de n; por otro lado, los términos s_1 y s_2 quedan ambiguamente definidos, pues sus definiciones implícitas y explícitas no coincidirían:

- $s_1 = 3 \cdot 1 - 7 = 3 - 7 = -4 \neq 0$.
- $s_2 = 3 \cdot 2 - 7 = 6 - 7 = -1 \neq 12$.

1.3. ¿Cuál de estas tres sucesiones recursivas está bien definida?

    (a) $s_1 = 13$; $s_2 = 8$; $s_n = 6s_{n-1} - 12s_{n-2}$ $(n \geq 3)$

    (b) $s_1 = 5$; $s_n = 3s_{n-1} + 15s_{n-2}$ $(n \geq 3)$

    (c) $s_1 = 0$; $s_2 = 12$; $s_n = 13n - 7$ $(n \geq 1)$

Solución

Como ya se ha visto en otros ejercicios, la respuesta (b) es incorrecta, pues requeriría la definición explícita del caso base s_2 para poder calcular mediante la expresión recurrente los términos s_3 y subsiguientes; pero s_2 no está definido, por lo que los demás términos tampoco pueden calcularse.

La sucesión (c) no es recursiva, pues no utiliza términos anteriores de la sucesión para calcular el término n-ésimo y, por otro lado, da dos valores distintos a los términos $s_1 = 0 \neq 13 \cdot 1 - 7 = 6$ y $s_2 = 12 \neq 13 \cdot 2 - 7 = 6 = 19$.

La respuesta correcta es la (a), que define los términos s_3 y subsiguientes en función de los 2 términos anteriores. Dado que se definen 2 casos (términos) consecutivos explícitamente (s_1 y s_2, los dos primeros términos de la sucesión) todos ellos quedan unívocamente definidos.

1.4. De las tres definiciones de la función $f : \mathbb{N} \longrightarrow \mathbb{N}$, ¿cuál es una definición recursiva correcta?

    (a) $f(0) = 0$; $f(2n) = 4f(n)$ $(n \geq 1)$; $f(2n + 1) = 4f(n) + 3$ $(n \geq 0)$

    (b) $f(0) = 0$; $f(n) = 3f(n - 1) + 2f(n - 2)$ $(n \geq 2)$

    (c) $f(0) = 0$; $f(n) = 3f(n - 2)$ $(n \geq 2)$

Solución

La respuesta (c) no puede ser correcta: no define el valor de $f(1)$ de forma explícita, el cual es necesario para calcular $f(3) = 3f(1)$ y, por tanto, esto deja indefinidos todos los valores de $f(n)$ para n impar.

La respuesta (b) tampoco puede ser correcta pues, igualmente, falta la definición explícita de $f(1)$, requerida para calcular $f(2) = 3f(1) + 2f(0)$ y subsiguientes.

Por lo tanto, la respuesta correcta debe ser la (a). Efectivamente, vemos que podemos generar sus distintos valores sin problemas:

$$f(0) = 0,$$
$$f(1) = f(2 \cdot 0 + 1) = 4f(0) + 3 = 3,$$
$$f(2) = f(2 \cdot 1) = 4f(1) = 4 \cdot 3 = 12,$$
$$f(3) = f(2 \cdot 1 + 1) = 4f(1) + 3 = 4 \cdot 3 + 3 = 15,$$

y así sucesivamente.

En general, el segundo caso define el valor de la función sobre argumentos pares positivos, mientras que el tercer caso define el valor de la función sobre argumentos impares. En ambos casos, el argumento disminuye en la llamada recursiva reduciéndose a la mitad aproximadamente.

1.5. Sea f una función definida como sigue: $f(0) = 0, f(1) = 1$ y $f(n) = 5f(n-1) - 6f(n-2)$ para $n \geq 2$. Para cualquier $n \geq 0$ se cumple:

$\quad$ (a) $f(n) = 2^n - 1$ $\qquad\qquad$ (b) $f(n) = 3^n - 2^n$ $\qquad\qquad$ (c) $f(n) = 3^n - 1$

Solución

Nos ayudamos de una tabla en la que calculamos los valores de las cuatro funciones del enunciado para valores pequeños del argumento n para descartar algunas de las tres posibilidades:

	n	0	1	2	3	4
(a)	$2^n - 1$	$1-1=0$	$2-1=1$	$4-1=3$	$\ldots$	$\ldots$
(b)	$3^n - 2^n$	$1-1=0$	$3-2=1$	$9-4=5$	$27-8=19$	$81-16=65$
(c)	$3^n - 1$	$1-1=0$	$3-1=2$	$\ldots$	$\ldots$	$\ldots$
	$f(n)$	0	1	$5-0=5$	$25-6=19$	$95-30=65$

Como puede verse en la tabla, la definición no recursiva del caso (c) deja de ser válida ya en el término $n = 1$, pues el valor de la función según su definición recursiva es 1, mientras que el valor obtenido aplicando la expresión definida por la opción (c) es 2.

Tampoco coinciden los valores arrojados para el término $n = 2$ por la definición recursiva de f (en la cuarta fila) y por la definición dada en la opción (a). Por lo tanto, esta tampoco puede ser la opción correcta.

Así que solo la respuesta (b) puede ser la correcta, pero vamos a demostrarlo, razonando por inducción; en este caso, dado que la función se define recurriendo a dos términos anteriores y no solo a uno, no podemos utilizar el principio de inducción simple para demostrar que la definición explícita de (b) coincide con la definición recursiva. Utilizaremos, por tanto, el principio de inducción completa con varios casos base sobre $\mathbb{N}$.

- *Casos base*:
  - $n = 0$: $f(0) = 0 = 1 - 1 = 3^0 - 2^0$. ✓
  - $n = 1$: $f(1) = 1 = 3 - 2 = 3^1 - 2^1$. ✓

- *Paso inductivo completo*:
  - *Hipótesis de inducción completa* [HIC]: Sea $n \in \mathbb{N}_1$, $n > 1$; supongamos que, para cualquier $k \in \mathbb{N}$, $k < n$, se verifica $f(k) = 3^k - 2^k$.
  - *Caso inductivo completo*: Comprobemos si se verifica para n que $f(n) = 3^n - 2^n$.

$$
\begin{aligned}
f(n) &= 5f(n-1) - 6f(n-2) && [\text{por definición recursiva}] \\
&= 5 \cdot (3^{n-1} - 2^{n-1}) - 6 \cdot (3^{n-2} - 2^{n-2}) && [\text{por HIC para } n-1 \text{ y } n-2] \\
&= 5 \cdot 3^{n-1} - 5 \cdot 2^{n-1} - 6 \cdot 3^{n-2} + 6 \cdot 2^{n-2} && [\text{propiedad distributiva}] \\
&= 5 \cdot 3^{n-1} - 5 \cdot 2^{n-1} - 2 \cdot 3^{n-1} + 3 \cdot 2^{n-1} && [\text{factorizando } 6 = 3 \cdot 2] \\
&= (5-2) \cdot 3^{n-1} - (5-3) \cdot 2^{n-1} && [\text{factores comunes}] \\
&= 3 \cdot 3^{n-1} - 2 \cdot 2^{n-1} \\
&= 3^n - 2^n, \checkmark
\end{aligned}
$$

con lo que queda comprobado que, en este caso, asumiendo que se cumple en los anteriores, también se verifica la identidad de ambas expresiones.

En estas condiciones, el principio de inducción completa nos permite afirmar que ambas expresiones son idénticas para cualquier $n \in \mathbb{N}$.

1.6. Sea f una función definida de la siguiente forma: $f(1) = 3, f(2) = 5$ y $f(n) = 3f(n-1) - 2f(n-2)$ para $n \geq 3$. Para cualquier $n \geq 1$ se cumple:

(a) $f(n) = 2^n - 1$ (b) $f(n) = 2n + 1$ (c) $f(n) = 2^n + 1$

Solución

La respuesta (a) es evidentemente incorrecta, pues $2^1 - 1 = 1 \neq 3 = f(1)$ (según la definición recursiva).

De acuerdo con la respuesta (b), los valores para $f(1)$ y $f(2)$ calculados coinciden con los explícitamente definidos en los casos base de la definición recursiva, pero no así el valor de $f(3)$ que es igual a $2 \cdot 3 + 1 = 7$ según (b), mientras que es igual a $3 \cdot 5 - 2 \cdot 3 = 15 - 6 = 9$, según la definición recursiva.

Por lo tanto, solo la respuesta (c) parece la adecuada. Vamos a demostrarlo, razonando por inducción completa con varios casos base sobre $\mathbb{N}_1$, dado que cada valor de $f(n)$ se calcula a partir de $f(n-1)$ y $f(n-2)$ (dos valores anteriores, no solo uno).

- *Casos base*:
  - $n = 1$: $f(1) = 3 = 2^1 + 1$. ✓
  - $n = 2$: $f(2) = 5 = 2^2 + 1$. ✓

- *Paso inductivo completo*:

- *Hipótesis de inducción completa* [HIC]: Sea $n \in \mathbb{N}_1$, $n > 2$; suponemos que, para cualquier $k \in \mathbb{N}_1, k < n$, se verifica $f(k) = 2^k + 1$.

- *Caso inductivo completo*: Comprobemos si se verifica que $f(n) = 2^n + 1$:

$$
\begin{aligned}
f(n) &= 3f(n-1) - 2f(n-2) && [\text{por definición recursiva}] \\
&= 3 \cdot (2^{n-1} + 1) - 2 \cdot (2^{n-2} + 1) && [\text{por HIC para } n-1 \text{ y } n-2] \\
&= (3 \cdot 2^{n-1} + 3) - (2 \cdot 2^{n-2} + 2) && [\text{propiedad distributiva}] \\
&= 3 \cdot 2^{n-1} - 2^{n-1} + 3 - 2 \\
&= (3-1) \cdot 2^{n-1} + (3-2) && [\text{factor común}] \\
&= 2 \cdot 2^{n-1} + 1 \\
&= 2^n + 1. \checkmark
\end{aligned}
$$

De esta forma se ha comprobado que, asumiendo que la propiedad se verifica para valores anteriores, $f(n) = 2^n + 1$.

Así, el principio de inducción completa nos permite afirmar que $f(n) = 2^n + 1$, para cualquier $n \in \mathbb{N}_1$, con lo que queda probado que la respuesta correcta es la (c).

1.7. Dada una función, f, definida recursivamente por $f(0) = 0, f(1) = 1$ y $f(n) = f(n-2)$ para $n \geq 2$, ¿cuál de las expresiones siguientes equivale a la anterior definición recursiva, para todo $n \in \mathbb{N}$?

    (a) $n \bmod 2$ (b) $n! - 1$ (c) $n \operatorname{div} 2$

Solución

Las notaciones $n \operatorname{div} 2$ y $n \bmod 2$ representan el cociente y el resto de la división entera de n por 2, como se formalizará en la sección 2.1 del siguiente capítulo.

Comenzamos descartando las respuestas incorrectas: $f(n)$ no puede ser igual a $n! - 1$, pues $f(0)$, calculado según esa expresión en la opción (b), valdría $0! - 1 = 1 - 1 = 0$, lo cual es correcto, pero el valor de $n! - 1$ para $n = 1$ es $1! - 1 = 1 - 1 = 0 \neq 1$, que es el valor de la definición recursiva.

Si ahora calculamos $f(0)$ y $f(1)$ conforme a la opción (c), obtenemos $0 \operatorname{div} 2 = 0 = f(0)$, que es correcto, pero $1 \operatorname{div} 2 = 0 \neq 1 = f(1)$, con lo cual tampoco es correcto.

Por lo tanto, la opción correcta deberá ser la (a), pero vamos a demostrarlo por inducción. Debemos recurrir al principio de *inducción completa*, dado que cada término no se calcula en función de uno inmediatamente anterior, sino de un término anterior al anterior.

- *Casos base*:
  - $n = 0$: $f(0) = 0 = 0 \bmod 2$. $\checkmark$
  - $n = 1$: $f(1) = 1 = 1 \bmod 2$. $\checkmark$

- *Paso inductivo completo*:
  - *Hipótesis de inducción completa* [HIC]: Sea $n > 1$; supongamos que, para cualquier $k \in \mathbb{N}$, $k < n$, se verifica $f(k) = k \bmod 2$.

- *Caso inductivo completo*: Comprobemos si se verifica que $f(n) = n \bmod 2$:

$$f(n) = f(n-2) \qquad \text{[por definición recursiva]}$$
$$= (n-2) \bmod 2 \qquad \text{[por HIC]}$$
$$= n \bmod 2. \checkmark$$

La última igualdad es cierta porque la paridad de n es la misma que la de $n-2$ y el resto al dividir por 2 es 0 para todos los números pares y 1 para todos los impares.

Con lo que el principio de inducción completa nos permite afirmar que, para todo $n \in \mathbb{N}$, $f(n) = n \bmod 2$.

1.8. La función f se define como: $f(0) = 0$ y $f(n) = 2f(n-1)+1$ para $n \geq 1$. Para todo $n \in \mathbb{N}, f(n)$ vale:

    (a) $2n+1$ (b) $2^n - 1$ (c) $2^n + 1$

Solución

Al comprobar los valores que arrojan las expresiones de las respuestas (a) y (c) para $n = 0$, podemos descartar ambas inmediatamente:

    (a) $2 \cdot 0 + 1 = 1 \neq 0 = f(0)$.

    (c) $2^0 + 1 = 1 + 1 = 2 \neq 0 = f(0)$.

Vamos a demostrar, por inducción, que la respuesta correcta es la (b). Basta inducción simple, dado que cada término se calcula a partir del término inmediatamente anterior únicamente.

- *Caso base* $(n = 0)$: $f(0) = 0 = 1 - 1 = 2^0 - 1$. $\checkmark$
- *Paso inductivo*:
  - *Hipótesis de inducción* [HI]: Suponemos que, para $k \in \mathbb{N}$, se verifica $f(k) = 2^k - 1$.
  - *Caso inductivo*: Comprobemos si se verifica para $k+1$ que $f(k+1) = 2^{k+1} - 1$.

$$f(k+1) = 2f(k) + 1 \qquad \text{[por definición recursiva]}$$
$$= 2 \cdot (2^k - 1) + 1 \qquad \text{[por HI]}$$
$$= 2 \cdot 2^k - 2 + 1 \qquad \text{[propiedad distributiva]}$$
$$= 2^{k+1} - 1. \checkmark$$

Lo que nos permite afirmar, por aplicación del principio de inducción, que para cualquier $n \in \mathbb{N}$ se verifica $f(n) = 2^n - 1$, es decir, que se ha comprobado que la respuesta correcta es la (b).

1.9. Ejercicios resueltos

1.9. Demuestra que si n personas, donde $n \geq 2$, están en una cola de forma que la primera persona en la cola es una mujer y la última es un hombre, en alguna posición de la cola hay una mujer inmediatamente delante de un hombre.

Solución

Hacemos la demostración por inducción sobre n, que es la longitud de la cola.

El caso base es cuando $n = 2$. Entonces tenemos una cola formada por dos personas, siendo la primera una mujer y la última, o sea la segunda, un hombre. En efecto, hay una mujer justo antes de un hombre.

Para el paso de inducción, vamos a suponer como hipótesis de inducción que la propiedad del enunciado es cierta para colas de longitud k y vamos a demostrarla para colas de longitud $k + 1$.

Supongamos pues que tenemos una cola de longitud $k + 1$ de forma que la primera persona en la cola es una mujer y la última (en la posición $k + 1$) es un hombre. Consideremos la persona en penúltimo lugar de la cola (o sea en la posición k).

Si esa persona es una mujer, ya hemos encontrado una mujer en una posición (k) inmediatamente anterior a la de un hombre (en $k + 1$), y por tanto la propiedad deseada de la cola es cierta.

Si en cambio esa persona en la posición k es un hombre, descartamos (para el razonamiento) al hombre en la posición $k + 1$ y nos queda una cola de longitud k en cuya primera posición hay una mujer y en cuya última posición hay un hombre. Aplicando la hipótesis de inducción a esta cola, existe alguna posición entre 1 y $k-1$ en la que hay una mujer inmediatamente delante de un hombre. Como la cola de longitud $k + 1$ se obtiene de esa añadiendo un hombre al final, la propiedad también es cierta para la cola más larga, como queríamos probar.

1.10. Pablo Patrañas afirma que puede demostrar por inducción la afirmación siguiente:

"En cualquier grupo de n personas ($n \geq 1$) todas tienen la misma edad".

Su razonamiento es el siguiente:

- *Caso base*: Es evidente que en un grupo de una persona todas tienen la misma edad.

- *Paso inductivo*: Supongamos [HI] que en los grupos de k personas todas tienen la misma edad. Dado un grupo de $k + 1$ personas quitamos (por ejemplo) a Luis y, por HI, tendremos k personas de la misma edad. Luego añadimos a Luis y quitamos a Antonio; de nuevo, por HI, tendremos k personas de la misma edad. De aquí deducimos que todas las personas del grupo tienen la misma edad.

¿En qué falla el razonamiento del amigo Patrañas?

Solución

El razonamiento falla en el paso en el cual se deduce, después de haber aplicado la hipótesis de inducción dos veces, que a partir de dos subconjuntos de k elementos en cada uno de los cuales todas las personas tienen la misma edad, entonces en el conjunto total de $k + 1$ personas todas tienen necesariamente la misma edad.

El problema es precisamente el caso más sencillo, cuando $k = 1$ y $k + 1 = 2$. Es obvio que los dos conjuntos resultantes de 1 persona cada uno cumplen la propiedad, pero de ahí no podemos deducir que la edad que tienen las dos personas es necesariamente la misma.

Para $k > 1$, de hecho el razonamiento sería correcto, pues los dos subconjuntos de k elementos tendrían en tal caso elementos en común, los cuales servirían para justificar que la edad tendría que ser la misma para todos.

No obstante, basta que el razonamiento falle en un caso, en este ejemplo el paso de $k = 1$ a $k = 2$, para que el principio de inducción no sea aplicable.

1.11. Demuestra que n rectas distintas que pasen por un mismo punto dividen al plano en $2n$ regiones.

Solución

Razonamos por inducción sobre $n \geq 1$.

- *Caso base* ($n = 1$): Una recta divide al plano en dos regiones (semiplanos). ✓

- *Paso inductivo*:

  - *Hipótesis de inducción* [HI]: Para $k \geq 1$, suponemos que k rectas distintas que pasan por el mismo punto dividen al plano en $2k$ regiones.

  - *Caso inductivo*: ¿Qué ocurre con $k + 1$ rectas?
    Tenemos k rectas que pasan por el mismo punto y que, por [HI], dividen al plano en $2k$ regiones. Hacemos pasar ahora una $(k + 1)$-ésima recta más por el mismo punto. Independientemente de cuáles de ellas dos sean, esta nueva recta dividirá una de las regiones ya creadas por las k rectas anteriores y la región diametralmente opuesta a ella en 2 (nuevas) regiones cada una, por lo que a las $2k$ regiones que teníamos anteriormente les hemos añadido otras 2 regiones más, es decir, $2k + 2 = 2(k + 1)$ regiones, generadas por $k + 1$ rectas que pasan por el mismo punto. Por lo tanto, la propiedad también se verifica para $k + 1$. ✓

Dado que la propiedad se verifica para $k + 1$, podemos concluir, conforme afirma el principio de inducción, que la propiedad es cierta para todo $n \in \mathbb{N}_1$.

1.12. Demuestra por inducción que, para todo $n \geq 0$, $\sum_{i=1}^{n}(4i - 3) = n(2n - 1)$. ¿Qué tipo de inducción hay que utilizar? ¿Por qué?

Solución

Nos basta con utilizar *inducción simple*, porque para demostrar el caso inductivo $(k + 1)$ es suficiente suponer cierta la hipótesis de inducción para el caso anterior (k).

Probamos por inducción sobre $n \geq 0$ que $\sum_{i=1}^{n}(4i - 3) = n(2n - 1)$.

- *Caso base* ($n = 0$): $\sum_{i=1}^{0}(4i - 3) = 0 = 0 \cdot (2 \cdot 0 - 1)$. ✓

- *Paso inductivo*:

- *Hipótesis de inducción* [HI]: Suponemos que, para $k \geq 1$, se tiene:

$$\sum_{i=1}^{k}(4i-3) = k(2k-1).$$

- *Caso inductivo*: Tenemos que probar entonces que para $k+1$ se cumple:

$$\sum_{i=1}^{k+1}(4i-3) = (k+1)(2(k+1)-1).$$

En efecto,

$$\begin{aligned}
\sum_{i=1}^{k+1}(4i-3) &= \sum_{i=1}^{k}(4i-3) + (4(k+1)-3) \\
&= k(2k-1) + 4(k+1) - 3 && \text{[por HI]} \\
&= 2k^2 - k + 4k + 4 - 3 \\
&= 2k^2 + 3k + 1 \\
&= 2(k+1)^2 - (k+1) \\
&= (k+1)(2(k+1)-1). \checkmark
\end{aligned}$$

1.13. Demuestra que, para todo $n \geq 0$, se cumple: $2 + 4 + \cdots + 2n = n(n+1)$.

Solución

Demostramos por inducción simple sobre $n \geq 0$ que $\sum_{i=0}^{n} 2i = n(n+1)$.

- *Caso base* ($n=0$): $\sum_{i=0}^{0} 2i = 2 \cdot 0 = 0 = 0 \cdot (0+1). \checkmark$

- *Paso inductivo*:
  - *Hipótesis de inducción* [HI]: Suponemos que la propiedad es válida para k, es decir,

$$2 + 4 + 6 + \cdots + 2k = k(k+1).$$

  - *Caso inductivo*: Demostramos que entonces también lo es para $k+1$:

$$\begin{aligned}
\sum_{i=0}^{k+1} 2i &= (2+4+6+\cdots+2k) + 2(k+1) \\
&= k(k+1) + 2(k+1) && \text{[por HI]} \\
&= (k+1)(k+2) && \text{[factor común]} \\
&= (k+1)(k+1+1). \checkmark
\end{aligned}$$

1.14. El k-ésimo *número armónico* se define como $H_k = \frac{1}{1} + \frac{1}{2} + \cdots + \frac{1}{k}$. Demuestra que para todo $n \geq 0$ se cumple: $H_{2^n} \geq 1 + \frac{n}{2}$.

Solución

Demostramos por inducción simple sobre $n \geq 0$ que $H_{2^n} = \sum_{i=1}^{2^n} \frac{1}{i} \geq 1 + \frac{n}{2}$.

- *Caso base* ($n = 0$): $H_{2^0} = H_1 = \frac{1}{1} = 1 \geq 1 + \frac{0}{2}$. ✓

- *Paso inductivo*:
  - *Hipótesis de inducción* [HI]: Supongamos que $H_{2^k} \geq 1 + \frac{k}{2}$ para $k \geq 0$.
  - *Caso inductivo*: Entonces tenemos para $k + 1$:

$$
\begin{aligned}
H_{2^{k+1}} &= \frac{1}{1} + \frac{1}{2} + \frac{1}{3} + \cdots + \frac{1}{2^k} + \frac{1}{2^k + 1} + \cdots + \frac{1}{2^{k+1}} \\
&= H_{2^k} + \frac{1}{2^k + 1} + \cdots + \frac{1}{2^{k+1}} && \text{[por definición de } H_{2^k}\text{]} \\
&\geq \left(1 + \frac{k}{2}\right) + \sum_{i=2^k+1}^{2^{k+1}} \frac{1}{i} && \text{[por HI]} \\
&\geq \left(1 + \frac{k}{2}\right) + \sum_{i=2^k+1}^{2^{k+1}} \frac{1}{2^{k+1}} && \left[\text{porque } \frac{1}{i} \geq \frac{1}{2^{k+1}}, \text{ con } 2^k + 1 \leq i \leq 2^{k+1}\right] \\
&= \left(1 + \frac{k}{2}\right) + 2^k \frac{1}{2^{k+1}} && \left[\text{son } 2^k \text{ sumandos iguales}\right] \\
&= \left(1 + \frac{k}{2}\right) + \frac{1}{2} \\
&= 1 + \frac{k+1}{2}. ✓
\end{aligned}
$$

1.15. Demuestra que, para todo número natural $n \geq 0$ y para todo número real $a \in \mathbb{R}$ tal que $a > -1$, se cumple: $(1 + a)^n \geq 1 + na$.

Solución

Lo demostramos por inducción simple sobre $n \geq 0$.

- *Caso base* ($n = 0$): $(1 + a)^0 = 1 = 1 + 0 \cdot a$. ✓

- *Paso inductivo*:
  - *Hipótesis de inducción* [HI]: Supongamos que, para $k \in \mathbb{N}, (1 + a)^k \geq 1 + ka$.
  - *Caso inductivo*: Entonces tenemos para $k + 1$:

$$
\begin{aligned}
(1 + a)^{k+1} &= (1 + a)^k (1 + a) \\
&\geq (1 + ka)(1 + a) && \text{[por HI y porque } 1 + a > 0\text{]} \\
&= 1 + ka + a + ka^2 && \text{[propiedad distributiva]} \\
&= 1 + (k + 1)a + ka^2 && \text{[factor común]} \\
&\geq 1 + (k + 1)a. ✓ && \text{[porque } k \geq 0 \text{ y } a^2 \geq 0\text{]}
\end{aligned}
$$

Por lo tanto, al cumplirse las condiciones enunciadas en el principio de inducción, puede afirmarse que, para todo $n \in \mathbb{N}, (1+a)^n \geq 1 + na$.

1.16. Demuestra que, para todo $n \geq 0$, se cumple: $1 + 2 + 2^2 + \cdots + 2^n = 2^{n+1} - 1$.

Solución

Demostramos por inducción simple sobre $n \geq 0$ que $\displaystyle\sum_{i=0}^{n} 2^i = 2^{n+1} - 1$.

- *Caso base* $(n = 0)$: $\displaystyle\sum_{i=0}^{0} 2^i = 2^0 = 1 = 2 - 1 = 2^{0+1} - 1.$ ✓

- *Paso inductivo*:

  - *Hipótesis de inducción* [HI]: Supongamos que $1 + 2 + 2^2 + \cdots + 2^k = 2^{k+1} - 1$ para $k \in \mathbb{N}$.
  - *Caso inductivo*: Entonces tenemos para $k + 1$:

$$
\begin{aligned}
\sum_{i=0}^{k+1} 2^i &= (1 + 2 + 2^2 + \cdots + 2^k) + 2^{k+1} \\
&= (2^{k+1} - 1) + 2^{k+1} \qquad\qquad \text{[por HI]} \\
&= 2 \cdot 2^{k+1} - 1 \\
&= 2^{k+2} - 1 \\
&= 2^{k+1+1} - 1. \checkmark
\end{aligned}
$$

1.17. Demuestra que, para todo $n \geq 1$, se cumple que la suma de los n primeros números impares positivos es n^2.

Solución

Demostramos por inducción sobre $n \geq 1$ que $\displaystyle\sum_{i=1}^{n}(2i-1) = n^2$, pues los impares positivos tienen la forma $2i - 1$ al variar i de uno en uno desde 1, es decir, el k-ésimo número positivo impar es $2k - 1$.

- *Caso base* $(n = 1)$: $\displaystyle\sum_{i=1}^{1}(2i-1) = 2 \cdot 1 - 1 = 1 = 1^2.$ ✓

- *Paso inductivo*:

  - *Hipótesis de inducción* [HI]: Para $k \geq 1$, suponemos que

$$
\sum_{i=1}^{k}(2i-1) = 1 + 3 + 5 + \cdots + (2k-1) = k^2.
$$

- *Caso inductivo*: Entonces tenemos para $k + 1$:

$$\sum_{i=1}^{k+1}(2i - 1) = \sum_{i=1}^{k}(2i - 1) + (2(k + 1) - 1)$$
$$= k^2 + 2(k + 1) - 1 \qquad\qquad \text{[por HI]}$$
$$= k^2 + 2k + 1$$
$$= (k + 1)^2. \checkmark$$

1.18. Encuentra el valor apropiado, $n_0 \in \mathbb{N}$, para la base de una inducción y demuestra que, para todo $n \geq n_0$, se cumple que $2^n < n!$.

Solución

Construimos una tabla para calcular y comparar los primeros valores de las expresiones 2^n y $n!$:

n	0	1	2	3	4	5
2^n	$2^0 = 1$	$2^1 = 2$	$2^2 = 4$	$2^3 = 8$	$2^4 = 16$	$2^5 = 32$
$n!$	$0! = 1$	$1! = 1$	$2! = 2 \cdot 1! = 2$	$3! = 3 \cdot 2! = 6$	$4! = 4 \cdot 3! = 24$	$5! = 5 \cdot 4! = 120$

Como puede observarse en la tabla anterior, todos los valores calculados a partir de $n = 4$ satisfacen la propiedad del enunciado. Por tanto, para demostrar dicha propiedad, razonamos por inducción simple en el conjunto $\mathbb{N}_4$ de naturales $n \geq 4$.

- *Caso base* $(n = 4)$: $2^4 = 16 < 24 = 4!$. $\checkmark$
- *Paso inductivo*:
  - *Hipótesis de inducción* [HI]: Para $k \geq 4$, supongamos que $2^k < k!$.
  - *Caso inductivo*: Entonces para $k + 1$ tenemos:

$$2^{k+1} = 2^k \cdot 2$$
$$< k! \cdot 2 \qquad\qquad \text{[por HI]}$$
$$< k!(k + 1) \qquad\qquad [k + 1 \geq 4 + 1 > 2]$$
$$= (k + 1)!. \checkmark$$

1.19. Demuestra que, para todo $n \geq 2$, se cumple $n! < n^n$.

Solución

Lo demostramos por inducción simple sobre el conjunto $\mathbb{N}_2$ de números naturales $n \geq 2$:

- *Caso base* $(n = 2)$: $2! = 2 \cdot 1 = 2 < 4 = 2^2$. $\checkmark$
- *Paso inductivo*:

- *Hipótesis de inducción* [HI]: Supongamos que $k! < k^k$ para $k \geq 2$.
- *Caso inductivo*: Veamos que entonces también se verifica la propiedad para $k + 1$:

$$(k + 1)! = (k + 1)k!$$
$$< (k + 1)k^k \qquad [\text{por HI y } k + 1 \geq 3 > 0]$$
$$< (k + 1)(k + 1)^k \qquad [\text{porque } 2 \leq k < k + 1]$$
$$= (k + 1)^{k+1}. \checkmark$$

La cadena de igualdades y desigualdades anterior prueba que $(k+1)! < (k+1)^{k+1}$, es decir, que la propiedad se verifica para el caso inductivo, con lo que se completa el paso inductivo y queda demostrado, por el principio de inducción, que la propiedad es válida para todo $n \in \mathbb{N}_2$.

1.20. Demuestra que, para todo $n \in \mathbb{N}$, se cumple: $n < 2^n$.

Solución

Nuevamente razonamos por inducción simple sobre $n \geq 0$.

- *Caso base* $(n = 0)$: $0 < 1 = 2^0$. $\checkmark$
- *Paso inductivo*:
  - *Hipótesis de inducción* [HI]: Para $k \geq 0$, supongamos que $k < 2^k$.
  - *Caso inductivo*: Entonces para $k + 1$ calculamos:

$$k + 1 < 2^k + 1 \qquad [\text{por HI}]$$
$$\leq 2^k + 2^k \qquad [1 \leq 2^k, \text{ para } k \geq 0]$$
$$= 2^{k+1}. \checkmark$$

1.21. Demuestra que, para todo $n \geq 2$, se cumple: $n^2 > n + 1$.

Solución

Demostramos por inducción simple sobre $n \geq 2$ que $n^2 > n + 1$.

- *Caso base* $(n = 2)$: $2^2 = 4 > 3 = 2 + 1$. $\checkmark$
- *Paso inductivo*:
  - *Hipótesis de inducción* [HI]: Suponemos que $k^2 > k + 1$ para $k \geq 2$.
  - *Caso inductivo*: Y comprobamos que la propiedad se verifica para $k + 1$ como sigue:

$$(k + 1)^2 = k^2 + 2k + 1$$
$$> (k + 1) + 2k + 1 \qquad [\text{por HI}]$$
$$> (k + 1) + 1. \checkmark$$

1.22. Demuestra que, para todo $n \geq 2$, se cumple: $2^{n+1} < 3^n$.

Solución

Demostramos por inducción simple sobre $n \geq 2$ que $2^{n+1} < 3^n$.

- *Caso base* ($n = 2$): $2^{2+1} = 2^3 = 8 < 9 = 3^2$. $\checkmark$

- *Paso inductivo*:

  - *Hipótesis de inducción* [HI]: Suponemos que, para $k \geq 2$, se cumple $2^{k+1} < 3^k$.
  - *Caso inductivo*: Y veamos que la propiedad se verifica asimismo para $k + 1$:

  $$
  \begin{aligned}
  2^{(k+1)+1} &= 2^1 \cdot 2^{k+1} \\
  &< 2 \cdot 3^k && \text{[por HI y porque } 2 > 0] \\
  &< 3 \cdot 3^k \\
  &= 3^{k+1}. \checkmark
  \end{aligned}
  $$

1.23. Encuentra el menor natural, n, a partir del cual la desigualdad $2^n > 2n + 1$ es válida. Justifica el resultado razonando por inducción.

Solución

Veamos primero cuál es el menor $n \in \mathbb{N}$ a partir del cual se cumplen las condiciones del enunciado. Para ello construimos la siguiente tabla, en la que calculamos el valor de los lados izquierdo y derecho de la desigualdad para valores pequeños de n:

n	0	1	2	3	4
2^n	$2^0 = 1$	$2^1 = 2$	$2^2 = 4$	$2^3 = 8$	$2^4 = 16$
$2n + 1$	$0 + 1 = 1$	$2 + 1 = 3$	$4 + 1 = 5$	$6 + 1 = 7$	$8 + 1 = 9$

Como se observa en la tabla, la desigualdad no se cumple para $n = 0, 1, 2$ mientras que se cumple para $n = 3, 4$. Así pues, conjeturamos que el primer número natural a partir del cual se verifica la desigualdad $2^n > 2n + 1$ es $n = 3$.

Demostramos por inducción simple sobre $n \geq 3$ que $2^n > 2n + 1$.

- *Caso base* ($n = 3$): $2^3 = 8 > 7 = 2 \cdot 3 + 1$. $\checkmark$

- *Paso inductivo*:

  - *Hipótesis de inducción* [HI]: Para $k \geq 3$, supongamos que $2^k > 2k + 1$.

- *Caso inductivo*: Estudiamos ahora qué ocurre para $k + 1$:

$$
\begin{aligned}
2^{k+1} &= 2^k \cdot 2 \\
&= 2^k + 2^k \\
&> (2k+1) + (2k+1) && \text{[por HI, dos veces]} \\
&= 2k + 2k + 2 \\
&= 2(k+1) + 2k && \text{[factor común]} \\
&> 2(k+1) + 1. \ \checkmark && \text{[porque } 2k \geq 2 \cdot 3 > 1\text{]}
\end{aligned}
$$

Con lo que queda demostrado que $2^{k+1} > 2(k+1) + 1$, y por el principio de inducción se tiene que la desigualdad se verifica para cualquier $n \in \mathbb{N}_3$.

1.24. Encuentra el menor número natural, n, a partir del cual la desigualdad $2^n > n^2$ es válida. Justifica el resultado razonando por inducción y usando el resultado del ejercicio 1.23.

Solución

Veamos primero cuál es el menor $n \in \mathbb{N}$ que cumple la desigualdad indicada en el enunciado, para lo cual construimos la siguiente tabla, en la que calculamos el valor de los lados izquierdo y derecho de la desigualdad para valores pequeños de n:

n	0	1	2	3	4	5	6
2^n	$2^0 = 1$	$2^1 = 2$	$2^2 = 4$	$2^3 = 8$	$2^4 = 16$	$2^5 = 32$	$2^6 = 64$
n^2	$0^2 = 0$	$1^2 = 1$	$2^2 = 4$	$3^2 = 9$	$4^2 = 16$	$5^2 = 25$	$6^2 = 36$

Como se observa en la tabla, la desigualdad $2^n > n^2$ se cumple para $n = 0, 1$, pero no para $n = 2, 3, 4$ (notemos que la desigualdad es estricta). Luego vuelve a cumplirse para el valor $n = 5$, a partir del cual parece ser cierta sin excepción. Razonamos por inducción simple sobre $n \geq 5$ para demostrar que $2^n > n^2$ para todo $n \geq 5$.

- *Caso base* $(n = 5)$: $2^5 = 32 > 25 = 5^2. \ \checkmark$
- *Paso inductivo*:
  - *Hipótesis de inducción* [HI]: Para $k \geq 5$, suponemos que $2^k > k^2$.
  - *Caso inductivo*: Estudiamos ahora qué ocurre para $k + 1$:

$$
\begin{aligned}
2^{k+1} &= 2^k \cdot 2 \\
&= 2^k + 2^k \\
&> k^2 + 2^k && \text{[por HI, solo una vez]} \\
&> k^2 + 2k + 1 && \text{[por ejercicio 1.23]} \\
&= (k+1)^2. \ \checkmark
\end{aligned}
$$

Con lo que queda demostrado que $2^{k+1} > (k+1)^2$; por tanto, en virtud del principio de inducción, puede concluirse que $2^n > n^2$ para todo $n \in \mathbb{N}_5$.

1.25. Demuestra que, para todo $n \geq 2$, se cumple

$$\frac{1}{n+1} + \frac{1}{n+2} + \cdots + \frac{1}{2n} > \frac{13}{24}.$$

Solución

Razonamos por inducción sobre $n \geq 2$.

- *Caso base* $(n = 2)$:
$$\frac{1}{2+1} + \frac{1}{2+2} = \frac{4}{12} + \frac{3}{12} = \frac{7}{12} = \frac{14}{24} > \frac{13}{24}. \checkmark$$

- *Paso inductivo:*
  - *Hipótesis de inducción* [HI]: Para $k \geq 2$, suponemos que
  $$\frac{1}{k+1} + \frac{1}{k+2} + \frac{1}{k+3} + \cdots + \frac{1}{2k-1} + \frac{1}{2k} > \frac{13}{24}.$$

  - *Caso inductivo*: Para $k + 1$ tenemos que demostrar la desigualdad
  $$\frac{1}{(k+1)+1} + \frac{1}{(k+1)+2} + \cdots + \frac{1}{2(k+1)-1} + \frac{1}{2(k+1)} > \frac{13}{24},$$

que, simplificando la expresión, es equivalente a

$$\frac{1}{k+2} + \frac{1}{k+3} + \cdots + \frac{1}{2k} + \frac{1}{2k+1} + \frac{1}{2k+2} > \frac{13}{24}.$$

Notemos que los sumandos desde $\frac{1}{k+2}$ hasta $\frac{1}{2k}$ forman parte tanto en la suma de la HI como en la suma del caso inductivo. La diferencia entre ambas sumas es que en la primera sumamos $\frac{1}{k+1}$ al principio, mientras que en la segunda sumamos $\frac{1}{2k+1} + \frac{1}{2k+2}$ al final. Vamos a demostrar que

$$\frac{1}{2k+1} + \frac{1}{2k+2} > \frac{1}{k+1}.$$

En efecto,

$$\frac{1}{2k+1} + \frac{1}{2k+2} = \frac{(2k+2)+(2k+1)}{(2k+1)(2k+2)} > \frac{4k+2}{(2k+1)(2k+2)} = \frac{2(2k+1)}{2(2k+1)(k+1)} = \frac{1}{k+1}.$$

En consecuencia,

$$\frac{1}{(k+1)+1} + \frac{1}{(k+1)+2} + \cdots + \frac{1}{2(k+1)-1} + \frac{1}{2(k+1)}$$
$$= \frac{1}{k+2} + \frac{1}{k+3} + \cdots + \frac{1}{2k} + \frac{1}{2k+1} + \frac{1}{2k+2}$$
$$> \frac{1}{k+1} + \frac{1}{k+2} + \frac{1}{k+3} + \cdots + \frac{1}{2k-1} + \frac{1}{2k} \qquad \text{[demostrado antes]}$$
$$> \frac{13}{24}. \checkmark \qquad \text{[por HI]}$$

Queda demostrado así que la desigualdad se verifica también para $k + 1$, de donde se deduce, según el principio de inducción, que la desigualdad es cierta para cualquier $n \in \mathbb{N}_2$.

1.26. Encuentra el valor apropiado para la base de una inducción, $n_0 \in \mathbb{N}$, y demuestra que, para todo $n \geq n_0$, se verifica: $n^2 + 6n - 8 > 0$.

Solución

Construimos una tabla para calcular los primeros valores de la expresión $n^2 + 6n - 8$:

n	0	1	2	3
$n^2 + 6n - 8$	-8	-1	8	19

Vemos en la tabla que los valores $n = 0$ y $n = 1$ no satisfacen la propiedad. En cambio, los valores $n = 2$ y $n = 3$ ya la cumplen, por lo que conjeturamos que la propiedad es cierta para $n \geq 2$. Lo demostramos a continuación, razonando por inducción simple sobre el conjunto $\mathbb{N}_2$ de los números naturales $n \geq 2$.

- *Caso base* $(n = 2)$: $2^2 + 6 \cdot 2 - 8 = 4 + 12 - 8 = 8 > 0.$ ✓
- *Paso inductivo*:
  - *Hipótesis de inducción* [HI]: Para $k \geq 2$, suponemos que $k^2 + 6k - 8 \geq 0$.
  - *Caso inductivo*: ¿Qué ocurre para $k + 1$? Veamos a continuación que la propiedad también se cumple en este caso:

$$(k+1)^2 + 6(k+1) - 8 = k^2 + 2k + 1 + 6k + 6 - 8$$
$$= (k^2 + 6k - 8) + 2k + 7$$
$$> k^2 + 6k - 8 \qquad \text{[porque } k \geq 2\text{]}$$
$$> 0. \checkmark \qquad \text{[por HI]}$$

Por lo que vemos que la desigualdad se verifica para $k + 1$ y, en consecuencia, por el principio de inducción, para todo $n \in \mathbb{N}_2$, $n^2 + 6n - 8 \geq 0$.

1.27. Demuestra, utilizando inducción, que para todo entero positivo n se verifica:

$$\frac{1}{2n} \leq \frac{\prod_{i=1}^{n}(2i - 1)}{\prod_{i=1}^{n} 2i}.$$

Solución

Usamos inducción simple sobre $n \geq 1$.

- *Caso base* $(n = 1)$: $\dfrac{1}{2 \cdot 1} = \dfrac{1}{2} = \dfrac{2 \cdot 1 - 1}{2 \cdot 1} = \dfrac{\prod_{i=1}^{1}(2i - 1)}{\prod_{i=1}^{1} 2i}.$ ✓

- *Paso inductivo*:
  - *Hipótesis de inducción* [HI]: Para $k \geq 1$, suponemos que

$$\frac{1}{2k} \leq \frac{\prod_{i=1}^{k}(2i-1)}{\prod_{i=1}^{k} 2i}.$$

  - *Caso inductivo*: ¿Qué ocurre con $k+1$?

$$\frac{\prod_{i=1}^{k+1}(2i-1)}{\prod_{i=1}^{k+1} 2i} = \frac{2(k+1)-1}{2(k+1)} \cdot \frac{\prod_{i=1}^{k}(2i-1)}{\prod_{i=1}^{k} 2i}$$

$$\geq \frac{2k+1}{2(k+1)} \cdot \frac{1}{2k} \qquad \left[\text{por HI y porque } \frac{2k+1}{2(k+1)} > 0\right]$$

$$= \frac{1}{2(k+1)} \cdot \frac{2k+1}{2k}$$

$$> \frac{1}{2(k+1)}. \checkmark \qquad [\text{porque } 2k+1 > 2k]$$

Con lo que queda probada la propiedad para $k+1$ y también, por el principio de inducción, para todo $n \in \mathbb{N}_1$.

1.28. Demuestra que cualquier número entero $n \geq 0$ puede escribirse de la forma $5a + 7b$, con a y b en $\mathbb{Z}$. ¿Se cumple esa propiedad para los números enteros negativos?

Solución

Aplicamos primero inducción simple para comprobar la propiedad sobre los enteros no negativos.

- *Caso base* ($n = 0$): $0 = 5 \cdot 0 + 7 \cdot 0$, es decir, basta tomar $a = b = 0$. $\checkmark$
- *Paso inductivo*:
  - *Hipótesis de inducción* [HI]: Suponemos que para $k \geq 0$ existen $a, b \in \mathbb{Z}$ tales que $k = 5a + 7b$.
  - *Caso inductivo*: Veamos que entonces se verifica también la propiedad para $k+1$. En efecto,

$$k+1 = (5a + 7b) + 1 \qquad [\text{por HI}]$$

$$= 5a + 7b + (5 \cdot (-4) + 7 \cdot 3)$$

$$= 5(a-4) + 7(b+3) \qquad [\text{factores comunes}]$$

$$= 5a' + 7b', \checkmark$$

siendo los enteros $a' = a - 4$ y $b' = b + 3$.

Consideremos ahora un número entero negativo $n < 0$. Entonces, cambiando su signo, $-n > 0$. Por la propiedad para los números positivos que acabamos de demostrar, existen enteros a y b tales que $-n = 5a + 7b$. Cambiando de nuevo el signo, obtenemos

$$n = -(-n) = 5(-a) + 7(-b) = 5a' + 7b',$$

siendo los enteros $a' = -a$ y $b' = -b$.

1.29. Frohstein, Ministro de Economía de Kleinbezirk, decidió imprimir solo billetes de 5 y 6 escrugos, pues en Kleinbezirk no había ningún producto que costase menos de 24 escrugos. Frohstein descubrió que bastaba con los billetes de 5 y de 6 escrugos. Demuéstralo.

Solución

El problema se reduce a determinar si es posible expresar cualquier $n \in \mathbb{N}_{24}$ como combinación de 5 y de 6 con coeficientes naturales, es decir, si existen $a, b \in \mathbb{N}$ tales que $n = 5a + 6b$. Frohstein lo demostró mediante inducción simple sobre $n \geq 24$.

- *Caso base* ($n = 24$): $24 = 5 \cdot 0 + 6 \cdot 4$, es decir, basta tomar $a = 0$ y $b = 4$. ✓
- *Paso inductivo*:
  - *Hipótesis de inducción* [HI]: Para $k \geq 24$, Frohstein supuso que existían números naturales a, b tales que $k = 5a + 6b$.
  - *Caso inductivo*: Para demostrar la propiedad para $k + 1$, se dio cuenta de que convenía distinguir dos casos:
    - Si $a > 0$, entonces

$$\begin{aligned} k + 1 &= 5a + 6b + 1 & \text{[por HI]} \\ &= 5(a - 1) + 5 + 6b + 1 & \text{[porque } a > 0] \\ &= 5(a - 1) + 6(b + 1) \\ &= 5a' + 6b', \checkmark \end{aligned}$$

tomando $a' = a - 1 \in \mathbb{N}$ (porque $a > 0$) y $b' = b + 1 \in \mathbb{N}$.
    - Si $a = 0$, como $k \geq 24$, tiene que ser $b \geq 4$. Entonces:

$$\begin{aligned} k + 1 &= 6b + 1 & \text{[por HI]} \\ &= 6(b - 4) + 24 + 1 & \text{[porque } b \geq 4] \\ &= 5 \cdot 5 + 6(b - 4) \\ &= 5a' + 6b', \checkmark \end{aligned}$$

tomando $a' = 5 \in \mathbb{N}$ y $b' = b - 4 \in \mathbb{N}$ (porque $b \geq 4$).

Habiendo demostrado ambos casos, se cierra la inducción y Frohstein tiene demostrada la propiedad para todo $n \in \mathbb{N}_{24}$.

1.30. Demuestra que, para todo $n \geq 14$, existen números $a, b \in \mathbb{N}$ tales que $n = 3a + 8b$. Por lo tanto, cualquier mercancía que valga al menos 14 pelotines se puede pagar usando solamente monedas de 3 y 8 pelotines.

Solución

Realizamos una primera demostración mediante *inducción simple* sobre $n \geq 14$.

- *Caso base* ($n = 14$): $14 = 3 \cdot 2 + 8 \cdot 1$, por lo que en este caso $a = 2$ y $b = 1$. ✓

- *Paso inductivo*:

  - *Hipótesis de inducción* [HI]: Para $k \geq 14$, suponemos que existen números $a, b \in \mathbb{N}$ tales que $k = 3a + 8b$.

  - *Caso inductivo*: ¿Se verifica la misma propiedad para $k+1$? Distinguimos dos posibilidades:

    - Si $b > 0$, se tiene que:

    $$
    \begin{aligned}
    k + 1 &= 3a + 8b + 1 && \text{[por HI]} \\
    &= 3a + 8(b-1) + 8 + 1 && \text{[porque } b > 0\text{]} \\
    &= 3(a+3) + 8(b-1) \\
    &= 3a' + 8b', \checkmark
    \end{aligned}
    $$

    tomando $a' = a + 3 \in \mathbb{N}$ y $b' = b - 1 \in \mathbb{N}$ (porque $b > 0$).

    - Si $b = 0$, como $k \geq 14$, tiene que ser $a \geq 5$. Entonces:

    $$
    \begin{aligned}
    k + 1 &= 3a + 1 && \text{[por HI]} \\
    &= 3(a-5) + 15 + 1 && \text{[porque } a \geq 5\text{]} \\
    &= 3(a-5) + 8 \cdot 2 \\
    &= 3a' + 8b', \checkmark
    \end{aligned}
    $$

    tomando $a' = a - 5 \in \mathbb{N}$ (porque $a \geq 5$) y $b' = 2 \in \mathbb{N}$.

Demostramos ahora el mismo resultado mediante el *principio de inducción completa*. En esta segunda demostración el paso inductivo es mucho más simple, a cambio de tener más casos base.

- *Casos base*:

$$
\begin{aligned}
14 &= 3 \cdot 2 + 8 \cdot 1, \checkmark \\
15 &= 3 \cdot 5 + 8 \cdot 0, \checkmark \\
16 &= 3 \cdot 0 + 8 \cdot 2. \checkmark
\end{aligned}
$$

- *Paso inductivo*:

  - *Hipótesis de inducción completa* [HIC]: Dado $k \geq 17$, suponemos que para todo $i \in \mathbb{N}$ con $14 \leq i < k$ existen $a, b \in \mathbb{N}$ tales que $i = 3a + 8b$.

  - *Caso inductivo completo*: ¿Se verifica la propiedad para k?
    En efecto, como $k \geq 17$, tenemos $14 \leq k - 3 < k$, por lo que estamos en condiciones de aplicar a $k - 3$ la hipótesis de inducción completa, según la cual existen $a, b \in \mathbb{N}$ tales que $k - 3 = 3a + 8b$. Entonces,

    $$
    k = (k-3) + 3 = 3a + 8b + 3 = 3(a+1) + 8b = 3a' + 8b', \checkmark
    $$

    con $a' = a + 3 \in \mathbb{N}$ y $b' = b \in \mathbb{N}$.

1.31. Demuestra que, para todo $n \geq 1$, se cumple que el producto de n números requiere $n - 1$ multiplicaciones, independientemente del orden en que se asocien los números para realizar el producto.

Solución

Razonamos por inducción completa sobre $n \geq 1$ que n cumple la propiedad:

$$P(n) \equiv \text{"El producto de } n \text{ números requiere } n-1 \text{ multiplicaciones".}$$

- *Caso base* ($n = 1$): Un producto con 1 factor se calcula trivialmente con 0 multiplicaciones. ✓

- *Paso inductivo completo*:

    - *Hipótesis de inducción completa* [HIC]: Supongamos que $k \geq 2$ y que, para todo i con $1 \leq i < k$, se cumple $P(i)$.

    - *Caso inductivo completo*: Al realizar el producto de k números, la última operación será de la siguiente forma:

    $$(a_1 \cdot \ldots \cdot a_m) \cdot (a_{m+1} \cdot \ldots \cdot a_k)$$

    donde $(a_1 \cdot \ldots \cdot a_m)$ es el producto de m números y $(a_{m+1} \cdot \ldots \cdot a_k)$ el producto de $k - m$ números, con $m < k$ y $k - m < k$, lo que nos permite aplicar [HIC] sobre ambos.
    Por [HIC] sabemos que $(a_1 \cdot \ldots \cdot a_m)$ requiere $m-1$ multiplicaciones y $(a_{m+1} \cdot \ldots \cdot a_k)$ requiere $k - m - 1$ multiplicaciones.
    Por lo tanto, el producto $(a_1 \cdot \ldots \cdot a_m) \cdot (a_{m+1} \cdot \ldots \cdot a_k)$ de k números requerirá

    $$(m - 1) + (k - m - 1) + 1 = k - 1$$

    multiplicaciones, como queríamos demostrar. ✓

Con lo que queda demostrada la propiedad $P(n)$ para todo $n \in \mathbb{N}_1$.

1.32. Demuestra que, para todo $n \geq 0$, se cumple: $1^2 + 2^2 + \cdots + n^2 = \dfrac{n(n+1)(2n+1)}{6}$.

Solución

Demostramos por inducción simple sobre $n \geq 0$ que $\displaystyle\sum_{i=1}^{n} i^2 = \dfrac{n(n+1)(2n+1)}{6}$.

- *Caso base* ($n = 0$): $\displaystyle\sum_{i=1}^{0} i^2 = 0 = \dfrac{0 \cdot (0+1)(2 \cdot 0 + 1)}{6}$. ✓

- *Paso inductivo*:

    - *Hipótesis de inducción* [HI]: Para $k \geq 0$, suponemos que

    $$\sum_{i=1}^{k} i^2 = \frac{k(k+1)(2k+1)}{6}.$$

- *Caso inductivo*: Veamos que entonces esta propiedad se verifica también para $k+1$. Por una parte,

$$\sum_{i=1}^{k+1} i^2 = (k+1)^2 + \sum_{i=1}^{k} i^2$$

$$= (k+1)^2 + \frac{k(k+1)(2k+1)}{6} \qquad \text{[por HI]}$$

$$= (k^2 + 2k + 1) + \frac{2k^3 + 3k^2 + k}{6}$$

$$= \frac{6k^2 + 12k + 6 + 2k^3 + 3k^2 + k}{6}$$

$$= \frac{2k^3 + 9k^2 + 13k + 6}{6}.$$

Por otra parte,

$$\frac{(k+1)((k+1)+1)(2(k+1)+1)}{6} = \frac{(k+1)(k+2)(2k+3)}{6}$$

$$= \frac{(k^2 + 3k + 2)(2k+3)}{6}$$

$$= \frac{2k^3 + 6k^2 + 4k + 3k^2 + 9k + 6}{6}$$

$$= \frac{2k^3 + 9k^2 + 13k + 6}{6}.$$

Habiendo obtenido el mismo resultado final en ambas cadenas de igualdades, podemos concluir que, como se quería demostrar,

$$\sum_{i=1}^{k+1} i^2 = \frac{(k+1)((k+1)+1)(2(k+1)+1)}{6}. \checkmark$$

1.33. Demuestra que, para todo $n \geq 0$, se cumple: $1^3 + 2^3 + \cdots + n^3 = \left(\frac{n(n+1)}{2} \right)^2$.

Solución

Demostramos por inducción simple sobre $n \geq 0$ que $\sum_{i=1}^{n} i^3 = \left(\frac{n(n+1)}{2} \right)^2$.

- *Caso base* ($n = 0$): $\sum_{i=1}^{0} i^3 = 0 = \left(\frac{0 \cdot (0+1)}{2} \right)^2. \checkmark$

- *Paso inductivo*:

  - *Hipótesis de inducción* [HI]: Para $k \geq 0$, suponemos que $\sum_{i=1}^{k} i^3 = \left(\frac{k(k+1)}{2} \right)^2$.

- *Caso inductivo*: Veamos que la propiedad también se verifica para $k + 1$:

$$\sum_{i=1}^{k+1} i^3 = (k+1)^3 + \sum_{i=1}^{k} i^3$$

$$= (k+1)^3 + \left(\frac{k(k+1)}{2} \right)^2 \qquad \text{[por HI]}$$

$$= (k+1)^3 + \frac{k^2(k+1)^2}{4}$$

$$= (k+1)^2 \left(k + 1 + \frac{k^2}{4} \right) \qquad \text{[factor común]}$$

$$= (k+1)^2 \left(\frac{k^2 + 4k + 4}{4} \right)$$

$$= (k+1)^2 \frac{(k+2)^2}{2^2}$$

$$= \left(\frac{(k+1)(k+2)}{2} \right)^2 . \checkmark$$

1.34. Demuestra que, para todo $n \geq 0$, se cumple: $1^4 + 2^4 + \cdots + n^4 = \dfrac{n(n+1)(2n+1)(3n^2+3n-1)}{30}$.

Solución

Demostramos por inducción simple sobre $n \geq 0$ que $\sum_{i=1}^{n} i^4 = \dfrac{n(n+1)(2n+1)(3n^2+3n-1)}{30}$.

- *Caso base* ($n = 0$): $\sum_{i=1}^{0} i^4 = 0 = \dfrac{0(0+1)(2 \cdot 0 + 1)(3 \cdot 0^2 + 3 \cdot 0 - 1)}{30}$. $\checkmark$

- *Paso inductivo*:
  - *Hipótesis de inducción* [HI]: Supongamos que, para $k \geq 0$,

$$\sum_{i=1}^{k} i^4 = \frac{k(k+1)(2k+1)(3k^2+3k-1)}{30}.$$

  - *Caso inductivo*: Vemos que esta propiedad se verifica asimismo para $k + 1$. Por una parte,

$$\sum_{i=1}^{k+1} i^4 = (k+1)^4 + \sum_{i=1}^{k} i^4$$

$$= (k+1)^4 + \frac{k(k+1)(2k+1)(3k^2+3k-1)}{30} \qquad \text{[por HI]}$$

$$= \frac{30(k^4 + 4k^3 + 6k^2 + 4k + 1) + (6k^5 + 15k^4 + 10k^3 - k)}{30}$$

$$= \frac{6k^5 + 45k^4 + 130k^3 + 180k^2 + 119k + 30}{30}.$$

Por otra parte,

$$\frac{(k+1)((k+1)+1)(2(k+1)+1)(3(k+1)^2+3(k+1)-1)}{30}$$

$$=\frac{(k+1)(k+2)(2k+3)(3k^2+9k+5)}{30}$$

$$=\frac{(k^2+3k+2)(6k^3+27k^2+37k+15)}{30}$$

$$=\frac{6k^5+45k^4+130k^3+180k^2+119k+30}{30}.$$

Habiendo obtenido el mismo resultado final en ambas cadenas de igualdades, podemos concluir que, como se quería demostrar,

$$\sum_{i=1}^{k+1}i^4=\frac{(k+1)((k+1)+1)(2(k+1)+1)(3(k+1)^2+3(k+1)-1)}{30}.\ \checkmark$$

1.35. Demuestra que, para todo $n \geq 0$, se cumple que la suma de los cuadrados de los n primeros números impares positivos es $\dfrac{n(2n-1)(2n+1)}{3}$.

Solución

Como los números impares positivos tienen la forma $2i-1$ al variar i de uno en uno desde 1, es decir, el k-ésimo número positivo impar es $2k-1$, demostramos por inducción simple sobre $n \geq 0$ la siguiente igualdad:

$$\sum_{i=1}^{n}(2i-1)^2=\frac{n(2n-1)(2n+1)}{3}.$$

- *Caso base* ($n=0$): $\displaystyle\sum_{i=1}^{0}(2i-1)^2=0=\frac{0\cdot(2\cdot0-1)(2\cdot0+1)}{3}.\ \checkmark$

- *Paso inductivo*:

  - *Hipótesis de inducción* [HI]: Suponemos que para $k \geq 0$ se cumple:

    $$\sum_{i=1}^{k}(2i-1)^2=\frac{k(2k-1)(2k+1)}{3}.$$

  - *Caso inductivo*: ¿Se verifica la propiedad para $k+1$?

$$\sum_{i=1}^{k+1}(2i-1)^2 = \sum_{i=1}^{k}(2i-1) + (2(k+1)-1)^2$$

$$= (2k+1)^2 + \frac{k(2k-1)(2k+1)}{3} \qquad \text{[por HI]}$$

$$= (2k+1)\frac{3(2k+1)+k(2k-1)}{3} \qquad \text{[factor común]}$$

$$= (2k+1)\frac{2k^2+5k+3}{3}$$

$$= \frac{(2k+1)(k+1)(2k+3)}{3}$$

$$= \frac{(k+1)(2(k+1)-1)(2(k+1)+1)}{3}. \checkmark$$

1.36. Demuestra que, para todo $n \geq 0$, se cumple: $1 + 2 + \cdots + n = \dfrac{n(n+1)}{2}$.

Solución

Demostramos por inducción simple sobre $n \geq 0$ que $\displaystyle\sum_{i=1}^{n} i = \dfrac{n(n+1)}{2}$.

- *Caso base* $(n=0)$: $\displaystyle\sum_{i=1}^{0} i = 0 = \dfrac{0 \cdot (0+1)}{2}. \checkmark$

- *Paso inductivo*:

  - *Hipótesis de inducción* [HI]: Para $k \geq 0$, suponemos que $\displaystyle\sum_{i=0}^{k} i = \frac{k^2+k}{2}$.

  - *Caso inductivo*: ¿Se verifica la propiedad para $k+1$?

  $$\sum_{i=0}^{k+1} i = \sum_{i=1}^{k} i + (k+1)$$

  $$= \frac{k(k+1)}{2} + (k+1) \qquad \text{[por HI]}$$

  $$= (k+1)\left(\frac{k}{2}+1\right) \qquad \text{[factor común]}$$

  $$= \frac{(k+1)(k+2)}{2}$$

  $$= \frac{(k+1)(k+1+1)}{2}. \checkmark$$

1.37. Demuestra que, para todo $n \geq 0$, se cumple:

$$1 \cdot 2 + 2 \cdot 3 + 3 \cdot 4 + \cdots + n \cdot (n+1) = \frac{n(n+1)(n+2)}{3}.$$

Solución

Demostramos por inducción simple sobre $n \geq 0$ que $\displaystyle\sum_{i=1}^{n} i(i+1) = \frac{n(n+1)(n+2)}{3}$.

- *Caso base* $(n = 0)$: $\displaystyle\sum_{i=1}^{0} i(i+1) = 0 = \frac{0 \cdot (0+1)(0+2)}{3}$. ✓

- *Paso inductivo*:

  - *Hipótesis de inducción* [HI]: Supongamos que para $k \geq 0$,

$$\sum_{i=1}^{k} i(i+1) = \frac{k(k+1)(k+2)}{3}.$$

  - *Caso inductivo*: ¿Se verifica la propiedad para $k+1$? Veamos que sí:

$$\sum_{i=1}^{k+1} i(i+1) = (k+1)((k+1)+1) + \sum_{i=1}^{k} i(i+1)$$

$$= (k+1)(k+2) + \frac{k(k+1)(k+2)}{3} \qquad \text{[por HI]}$$

$$= \frac{3(k+1)(k+2) + k(k+1)(k+2)}{3}$$

$$= \frac{(k+1)(k+2)(k+3)}{3} \qquad \text{[factores comunes]}$$

$$= \frac{(k+1)((k+1)+1)((k+1)+2)}{3}. \checkmark$$

1.38. Demuestra que, para todo $n \geq 0$, se cumple:

$$1 \cdot 2 \cdot 3 + 2 \cdot 3 \cdot 4 + 3 \cdot 4 \cdot 5 + \cdots + n \cdot (n+1) \cdot (n+2) = \frac{n(n+1)(n+2)(n+3)}{4}.$$

Solución

Demostramos por inducción simple sobre $n \geq 0$ que

$$\sum_{i=1}^{n} i(i+1)(i+2) = \frac{n(n+1)(n+2)(n+3)}{4}.$$

- *Caso base* $(n = 0)$: $\displaystyle\sum_{i=1}^{0} i(i+1)(i+2) = 0 = \frac{0 \cdot 1 \cdot 2 \cdot 3}{4} = \frac{0 \cdot (0+1)(0+2)(0+3)}{4}$. ✓

- *Paso inductivo*:

  - *Hipótesis de inducción* [HI]: Supongamos que, para $k \geq 0$, se cumple la propiedad

$$\sum_{i=1}^{k} i(i+1)(i+2) = \frac{k(k+1)(k+2)(k+3)}{4}.$$

- *Caso inductivo*: Comprobamos que la propiedad se cumple también para $k + 1$:

$$\sum_{i=1}^{k+1} i(i+1)(i+2)$$

$$= (k+1)((k+1)+1)((k+1)+2) + \sum_{i=1}^{k} i(i+1)(i+2)$$

$$= (k+1)(k+2)(k+3) + \frac{k(k+1)(k+2)(k+3)}{4} \qquad \text{[por HI]}$$

$$= \frac{4(k+1)(k+2)(k+3) + k(k+1)(k+2)(k+3)}{4}$$

$$= \frac{(k+1)(k+2)(k+3)(k+4)}{4} \qquad \text{[factores comunes]}$$

$$= \frac{(k+1)((k+1)+1)((k+1)+2)((k+1)+3)}{4}. \checkmark$$

1.39. Considera un número natural, m, fijado arbitrariamente. Generalizando la idea de los ejercicios 1.36, 1.37 y 1.38, encuentra una ecuación válida de la forma:

$$\sum_{i=1}^{n} i(i+1)\cdots(i+m) = ?$$

y demuestra su validez por inducción sobre n.

Solución

Recordemos primero los respectivos resultados de los tres ejercicios que se citan en el enunciado, que corresponden a valores concretos de m:

$$(m = 0) \qquad \sum_{i=1}^{n} i = \frac{n(n+1)}{2},$$

$$(m = 1) \qquad \sum_{i=1}^{n} i(i+1) = \frac{n(n+1)(n+2)}{3},$$

$$(m = 2) \qquad \sum_{i=1}^{n} i(i+1)(i+2) = \frac{n(n+1)(n+2)(n+3)}{4}.$$

Notemos que el resultado es siempre una fracción en cuyo numerador tenemos un producto de $m + 2$ factores, desde n hasta $n + m + 1$, y en cuyo denominador está el número de tales factores, es decir, $m + 2$.

La expresión generalizada para cualquier $m \in \mathbb{N}$ quedaría:

$$\sum_{i=1}^{n} i(i+1)\cdots(i+m) = \sum_{i=1}^{n}\left(\prod_{j=0}^{m}(i+j)\right) = \frac{\prod_{j=0}^{m+1}(n+j)}{m+2}.$$

Demostramos ahora su validez por inducción simple sobre $n \geq 0$.

- *Caso base* ($n = 0$): Por una parte, por ser la suma vacía,

$$\sum_{i=1}^{0}\left(\prod_{j=0}^{m}(i+j)\right) = 0.$$

Por otra parte, como hay en el numerador un producto (no vacío) con un factor nulo,

$$\frac{\prod_{j=0}^{m+1}(0+j)}{m+2} = \frac{0 \cdot (0+1)\cdots(0+m+1)}{m+2} = \frac{0}{m+2} = 0.$$

Por tanto, concluimos para $n = 0$ la igualdad deseada:

$$\sum_{i=1}^{0}\left(\prod_{j=0}^{m}(i+j)\right) = \frac{\prod\limits_{j=0}^{m+1}(0+j)}{m+2}.$$

- *Paso inductivo*:

  - *Hipótesis de inducción* [HI]: Supongamos que para $k \geq 1$ se verifica

$$\sum_{i=1}^{k}\left(\prod_{j=0}^{m}(i+j)\right) = \frac{\prod_{j=0}^{m+1}(k+j)}{m+2}.$$

  - *Caso inductivo*: ¿Se verifica asimismo para $k+1$? En efecto,

$$\sum_{i=1}^{k+1}\left(\prod_{j=0}^{m}(i+j)\right) = \prod_{j=0}^{m}(k+1+j) + \sum_{i=1}^{k}\left(\prod_{j=0}^{m}(i+j)\right)$$

$$= \prod_{j=0}^{m}(k+j+1) + \frac{\prod_{j=0}^{m+1}(k+j)}{m+2} \qquad \text{[por HI]}$$

$$= \frac{(m+2)\prod_{j=0}^{m}(k+j+1) + k\prod_{j=1}^{m+1}(k+j)}{m+2}$$

$$= \frac{(m+2)\prod_{j=0}^{m}((k+1)+j) + k\prod_{j=0}^{m}((k+1)+j)}{m+2}$$

$$\text{[cambio de variable en segundo producto]}$$

$$= \frac{((m+2)+k)\prod_{j=0}^{m}((k+1)+j)}{m+2} \qquad \text{[factor común]}$$

$$= \frac{((k+1)+(m+1))\prod_{j=0}^{m}((k+1)+j)}{m+2}$$

$$= \frac{\prod_{j=0}^{m+1}((k+1)+j)}{m+2}. \checkmark$$

1.40. Demuestra que, para todo $n \in \mathbb{N}$, se cumple que:

$$(1 + \cdots + n)^2 = \sum_{i=1}^{n} i^3.$$

Pista: En algún punto de la demostración conviene utilizar el resultado del ejercicio 1.36.

Solución

Demostramos por inducción simple sobre $n \geq 0$ que $\left(\sum_{i=1}^{n} i \right)^2 = \sum_{i=1}^{n} i^3$.

- *Caso base* ($n = 0$): $\left(\sum_{i=1}^{0} i \right)^2 = 0^2 = 0 = \sum_{i=1}^{0} i^3.$ ✓

- *Paso inductivo*:

  - *Hipótesis de inducción* [HI]: Suponemos que, para $k \geq 0$, $\left(\sum_{i=1}^{k} i \right)^2 = \sum_{i=1}^{k} i^3$.

  - *Caso inductivo*: Comprobemos que esta propiedad también se verifica para $k + 1$:

$$\left(\sum_{i=1}^{k+1} i \right)^2 = \left(\sum_{i=1}^{k} i + (k+1) \right)^2$$

$$= \left(\sum_{i=1}^{k} i \right)^2 + 2(k+1) \sum_{i=1}^{k} i + (k+1)^2 \qquad \text{[cuadrado de la suma]}$$

$$= \sum_{i=1}^{k} i^3 + 2(k+1) \frac{k(k+1)}{2} + (k+1)^2 \qquad \text{[por HI y ejercicio 1.36]}$$

$$= \sum_{i=1}^{k} i^3 + k(k+1)^2 + (k+1)^2$$

$$= \sum_{i=1}^{k} i^3 + (k+1)(k+1)^2 \qquad \text{[factor común]}$$

$$= \sum_{i=1}^{k} i^3 + (k+1)^3$$

$$= \sum_{i=1}^{k+1} i^3. ✓$$

1.41. Demuestra que, dados dos números reales $a, b \in \mathbb{R}$ con $a \neq 0$ y $b \neq 1$, la siguiente igualdad se verifica para todo $n \in \mathbb{N}$:

$$a + ab + ab^2 + \ldots + ab^n = \frac{ab^{n+1} - a}{b - 1}.$$

Solución

Demostramos por inducción simple sobre $n \geq 0$ que

$$\sum_{i=0}^{n} ab^i = \frac{ab^{n+1} - a}{b-1}.$$

- *Caso base* ($n = 0$): $\sum_{i=0}^{0} ab^i = ab^0 = a = \frac{a(b-1)}{b-1} = \frac{ab^{0+1} - a}{b-1}. \checkmark$

  Obsérvese que la anterior igualdad es cierta porque $b \neq 1$.

- *Paso inductivo*:

  - *Hipótesis de inducción* [HI]: Supongamos que para $k \in \mathbb{N}$ se cumple

    $$\sum_{i=0}^{k} ab^i = \frac{ab^{k+1} - a}{b-1}.$$

  - *Caso inductivo*: Comprobemos que entonces se verifica para $k + 1$:

    $$\begin{aligned}
    \sum_{i=0}^{k+1} ab^i &= ab^{k+1} + \sum_{i=0}^{k} ab^i \\
    &= ab^{k+1} + \frac{ab^{k+1} - a}{b-1} && \text{[por HI]} \\
    &= \frac{ab^{k+1}(b-1) + ab^{k+1} - a}{b-1} \\
    &= \frac{ab^{k+2} - ab^{k+1} + ab^{k+1} - a}{b-1} && \text{[propiedad distributiva]} \\
    &= \frac{ab^{k+2} - a}{b-1} \\
    &= \frac{ab^{(k+1)+1} - a}{b-1}. \checkmark
    \end{aligned}$$

Dado un $k \in \mathbb{N}$ cualquiera, vemos que la igualdad se cumple para $k + 1$, siempre que se cumpla también para k. Por tanto, según el principio de inducción, eso implica que la igualdad es válida para cualquier $n \in \mathbb{N}$.

1.42. Conjetura una fórmula que dé explícitamente el valor $S_n = 1 \cdot 1! + 2 \cdot 2! + \cdots + n \cdot n!$ en función de n y demuestra por inducción que la fórmula es correcta.

Solución

Para conjeturar la fórmula explícita de S_n construimos la siguiente tabla:

n	$n!$	$n \cdot n!$	S_n
0	$0! = 1$	$0 \cdot 0! = 0$	$S_0 = 0$
1	$1! = 1$	$1 \cdot 1! = 1$	$S_1 = 1$
2	$2! = 2$	$2 \cdot 2! = 4$	$S_2 = 1 + 4 = 5$
3	$3! = 6$	$3 \cdot 3! = 18$	$S_3 = 5 + 18 = 23$
4	$4! = 24$	$4 \cdot 4! = 96$	$S_4 = 23 + 96 = 119$
5	$5! = 120$	$5 \cdot 5! = 600$	$S_5 = 119 + 600 = 719$
6	$6! = 720$	$6 \cdot 6! = 4320$	$\ldots$

Si comparamos la última casilla de una fila con la segunda casilla de la fila siguiente, vemos que la primera es igual a la segunda menos uno:

$$\begin{aligned}
S_0 &= 0 = 1 - 1 = 1! - 1, \\
S_1 &= 1 = 2 - 1 = 2! - 1, \\
S_2 &= 5 = 6 - 1 = 3! - 1, \\
S_3 &= 23 = 24 - 1 = 4! - 1, \\
S_4 &= 119 = 120 - 1 = 5! - 1, \\
S_5 &= 719 = 720 - 1 = 6! - 1.
\end{aligned}$$

De aquí, nuestra conjetura es que

$$S_n = \sum_{i=1}^{n} (i \cdot i!) = (n+1)! - 1.$$

Demostramos su validez por inducción simple sobre $n \geq 0$.

- *Caso base* $(n = 0)$: $S_0 = \displaystyle\sum_{i=1}^{0} (i \cdot i!) = 0 = 1! - 1.$ ✓

- *Paso inductivo*:

  - *Hipótesis de inducción* [HI]: Para $k \in \mathbb{N}$, suponemos que $S_k = \displaystyle\sum_{i=1}^{k} (i \cdot i!) = (k+1)! - 1.$

  - *Caso inductivo*: Veamos qué ocurre con $k + 1$:

$$\begin{aligned}
S_{k+1} &= \sum_{i=1}^{k+1} (i \cdot i!) \\
&= (k+1) \cdot (k+1)! + \sum_{i=1}^{k} (i \cdot i!) \\
&= (k+1) \cdot (k+1)! + (k+1)! - 1 && \text{[por HI]} \\
&= (k+1)!\,(k+1+1) - 1 && \text{[factor común]} \\
&= (k+1)!\,(k+2) - 1 \\
&= (k+2)! - 1 \\
&= (k+1+1)! - 1. \checkmark
\end{aligned}$$

Con lo que queda demostrada la conjetura.

1.43. Considera la expresión $2 \cdot 2^1 + 3 \cdot 2^2 + \cdots + (n+1) \cdot 2^n$.

(a) Abrevia la suma anterior mediante un sumatorio.

(b) Prueba que el sumatorio del apartado anterior es igual a $n \, 2^{n+1}$.

Solución

(a) Se suman expresiones de la forma $(i+1) \, 2^i$, con i variando de uno en uno desde 1 hasta n, por lo que

$$2 \cdot 2^1 + 3 \cdot 2^2 + \cdots + (n+1) \cdot 2^n = \sum_{i=1}^{n} (i+1) \, 2^i.$$

(b) Hay que demostrar que $\displaystyle\sum_{i=1}^{n} (i+1) \, 2^i = n \, 2^{n+1}$ para todo $n \geq 0$.

Razonamos por inducción simple sobre $n \geq 0$.

- *Caso base* ($n = 0$): $\displaystyle\sum_{i=1}^{0} (i+1) \, 2^i = 0 = 0 \cdot 2^{0+1}$. ✓

- *Paso inductivo*:
   - *Hipótesis de inducción* [HI]: Suponemos que, para $k \geq 1$:

$$\sum_{i=1}^{k} (i+1) \, 2^i = k \, 2^{k+1}.$$

   - *Caso inductivo*: Comprobamos ahora que esta propiedad se verifica asimismo para $k+1$.

$$
\begin{aligned}
\sum_{i=1}^{k+1} (i+1) \, 2^i &= (k+1+1) \, 2^{k+1} + \sum_{i=1}^{k} (i+1) \, 2^i \\
&= (k+2) \, 2^{k+1} + k \, 2^{k+1} && \text{[por HI]} \\
&= (k+k+2) \, 2^{k+1} && \text{[propiedad distributiva]} \\
&= (2k+2) \, 2^{k+1} \\
&= 2(k+1) \, 2^{k+1} && \text{[factor común]} \\
&= (k+1) \, 2^{(k+1)+1}. \checkmark
\end{aligned}
$$

Como vemos, dado un $k \geq 0$ que verifique la propiedad, se tiene que también $k+1$ la verifica; según el principio de inducción, queda demostrado que dicha propiedad es válida para cualquier $n \in \mathbb{N}_1$.

1.44. En los siguientes casos calcula, si es posible, los valores de s_0, s_1, s_2, s_3 y s_4; si no es posible, explica por qué es incorrecta la definición recursiva de la sucesión s_n.

(a) $s_0 = 1$; $s_1 = 1$; $s_n = s_{n-1} + 2s_{n-2}$ para $n \geq 2$,

(b) $s_0 = 1$; $s_n = s_{n-1} + 2s_{n-2}$ para $n \geq 1$,

(c) $s_0 = 0$; $s_n = ns_{n-1}$ para $n \geq 1$.

Solución

(a)
- $s_0 = 1$,
- $s_1 = 1$,
- $s_2 = s_1 + 2s_0 = 1 + 2 \cdot 1 = 3$,
- $s_3 = s_2 + 2s_1 = 3 + 2 \cdot 1 = 5$,
- $s_4 = s_3 + 2s_2 = 5 + 2 \cdot 3 = 11$.

(b) No es posible calcular $s_1 = s_0 + 2s_{-1}$, porque s_{-1} no tiene sentido. El valor s_1 debería haberse definido de forma explícita, no recurrente.

(c)
- $s_0 = 0$,
- $s_1 = 1 \cdot 0 = 0$,
- $s_2 = 2 \cdot 0 = 0$,
- $s_3 = 3 \cdot 0 = 0$,
- $s_4 = 4 \cdot 0 = 0$.

1.45. La *sucesión de Fibonacci* está formada por los números 0, 1, 1, 2, 3, 5, …; la ley general es que cada término, a partir del tercero, se obtiene como suma de los dos anteriores. Define una función recursiva $fib : \mathbb{N} \to \mathbb{N}$ tal que, para todo $n \in \mathbb{N}$, $fib(n)$ sea el n-ésimo número de Fibonacci.

Solución

Damos la definición recursiva de la *función de Fibonacci fib* : $\mathbb{N} \to \mathbb{N}$ como sigue:

- Como casos base, hacemos explícitos los valores de $fib(0)$ y $fib(1)$:

$$fib(0) = 0,$$
$$fib(1) = 1.$$

- Como caso recursivo, para todo $n \geq 2$, definimos $fib(n)$ recurriendo a los valores de fib sobre números anteriores a n:

$$fib(n) = fib(n-2) + fib(n-1).$$

Demostramos por *inducción completa* sobre $n \geq 0$ que el valor $fib(n)$ está bien definido para todo $n \in \mathbb{N}$.

- *Casos base*:
  - $n = 0$: $fib(0) = 0$, ✓
  - $n = 1$: $fib(1) = 1$, ✓

  por lo que ambos valores están obviamente bien definidos.

- *Paso inductivo completo*:
  - *Hipótesis de inducción completa* [HIC]: Supongamos que $n \geq 2$ y que, para cualquier $k \in \mathbb{N}$ con $k < n$, se verifica que $fib(k)$ está bien definido.

- *Caso inductivo completo*: Comprobemos que entonces *fib*(n) también está bien definido. En efecto, por la HIC, como $n - 1 < n$ y $n - 2 < n$, tenemos que *fib*($n - 1$) y *fib*($n - 2$) están ambos bien definidos. Entonces *fib*(n) = *fib*($n - 2$) + *fib*($n - 1$) está asimismo bien definido como la suma de los dos valores anteriores. ✓

Intuitivamente, la definición recursiva de la función de Fibonacci es correcta porque se satisfacen las siguientes condiciones:

- La distinción de casos dada por las tres ecuaciones para $n = 0$, $n = 1$ y $n \geq 2$ cubre todas las posibilidades para el argumento $n \in \mathbb{N}$ de *fib*.
- Existen casos base.
- En las dos llamadas recursivas del caso recursivo, el argumento de *fib* decrece disminuyendo de n a $n - 1$ y de n a $n - 2$, que tienen sentido porque $n \geq 2$ en tal caso.
- Como el argumento de *fib* disminuye de dos en dos en la segunda llamada recursiva, hacen falta dos casos base, para 0 y para 1.

1.46. Define recursivamente una sucesión de números racionales cuyos dos primeros términos sean 0 y 1, y tal que cada término, del tercero en adelante, sea la media aritmética de los dos anteriores.

Solución

Basta seguir las instrucciones del enunciado para definir la función $s : \mathbb{N} \rightarrow \mathbb{Q}$ que representa la sucesión pedida como sigue:

$$s_0 = 0,$$
$$s_1 = 1,$$
$$s_n = \frac{s_{n-1} + s_{n-2}}{2} \quad \text{para } n \geq 2.$$

Intuitivamente, la definición recursiva de esta sucesión de números racionales es correcta porque satisface los siguientes requisitos:

- La distinción de casos dada por los tres casos para $n = 0$, $n = 1$ y $n \geq 2$ cubre todas las posibilidades para el argumento $n \in \mathbb{N}$ de s_n.
- Existen casos base.
- En las dos llamadas recursivas del caso recursivo, el argumento de s decrece disminuyendo de n a $n - 1$ y de n a $n - 2$, que tienen sentido porque $n \geq 2$ en tal caso.
- Como el argumento de s disminuye de dos en dos en la segunda llamada recursiva, hacen falta dos casos base, para 0 y para 1.

Esta idea intuitiva se puede formalizar mediante una demostración por *inducción completa* sobre $n \geq 0$ de que el valor s_n está bien definido para todo $n \in \mathbb{N}$, de forma totalmente análoga a la vista en la solución del ejercicio 1.45.

1.47. Define recursivamente una función $f : \mathbb{N} \rightarrow \{0, 1\}$ que a los números pares les haga corresponder el valor 0 y a los impares el valor 1.

Solución

Basta observar que n y $n-2$ tienen la misma paridad. Como n disminuye de 2 en 2, necesitamos dos casos base, uno al que llegamos desde cualquier número par y otro al que llegamos desde cualquier número impar, es decir, los dos casos base corresponden a los dos posibles restos de dividir n por 2. En definitiva, definimos:

$$f(0) = 0,$$
$$f(1) = 1,$$
$$f(n) = f(n-2) \text{ para } n \geq 2.$$

1.48. Define recursivamente una función $g : \mathbb{N} \to \{0,1\}$ que a los números múltiplos de 5 les haga corresponder el valor 0 y a los que no lo son el valor 1.

Solución

Es la misma idea que la del ejercicio 1.47, pero con más casos base. Notemos en primer lugar que n es múltiplo de 5 si y solo si $n-5$ también lo es. Al disminuir n de 5 en 5, necesitaremos cinco casos base, correspondientes a los diferentes restos posibles al dividir n por 5. La definición recursiva es la siguiente:

$$g(0) = 0,$$
$$g(1) = 1,$$
$$g(2) = 1,$$
$$g(3) = 1,$$
$$g(4) = 1,$$
$$g(n) = g(n-5) \text{ para } n \geq 5.$$

1.49. Consideramos la función $f : \mathbb{N} \to \mathbb{N}$, definida como:

$$f(n) = \begin{cases} 0 & \text{si } n = 0, \\ 1 & \text{si } n = 1, \\ f(n-2) + 4\dfrac{f(n-1)}{n-1} & \text{si } n \geq 2. \end{cases}$$

Demuestra que, para todo $n \in \mathbb{N}$, $f(n) = n^2$. ¿Qué tipo de inducción hay que utilizar?

Solución

Queremos probar que para todo $n \in \mathbb{N}$ se cumple $f(n) = n^2$. Vamos a usar *inducción completa* sobre n; con la simple no nos valdría, porque, como se puede comprobar en la demostración, en el caso inductivo se necesita suponer que la igualdad se cumple para *dos* valores anteriores al considerado.

- *Casos base:*

- $n = 0$: $f(0) = 0 = 0^2 = 0.$ ✓
- $n = 1$: $f(1) = 1 = 1^2 = 1.$ ✓

■ *Paso inductivo completo*:

- *Hipótesis de inducción completa* [HIC]: Suponemos que $n \geq 2$ y que $f(k) = k^2$ para todo k tal que $0 \leq k < n$, es decir, la propiedad es cierta para todos los valores anteriores a n.
- *Caso inductivo completo*: Hay que probar que entonces también se cumple la propiedad para n: $f(n) = n^2$. En efecto,

$$f(n) = f(n-2) + 4\frac{f(n-1)}{n-1} \qquad \text{[por definición recursiva]}$$

$$= (n-2)^2 + 4\frac{(n-1)^2}{n-1} \qquad \text{[por HIC para } n-2 \text{ y } n-1]$$

$$= (n-2)^2 + 4(n-1)$$

$$= n^2 - 4n + 4 + 4n - 4$$

$$= n^2. ✓$$

Hay que observar que la hipótesis de inducción se puede aplicar a $n-1$ y $n-2$ porque $0 \leq n-1 < n$ y $0 \leq n-2 < n$. Al aplicar la hipótesis de inducción, se tiene $f(n-1) = (n-1)^2$ y $f(n-2) = (n-2)^2$. A partir de estas igualdades operamos para concluir que $f(n) = n^2$.

1.50. Consideremos las funciones $f, g : \mathbb{N}_4 \to \mathbb{Z}$, definidas como:

$$f(n) = \begin{cases} 2 & \text{si } n = 4 \\ f(n-1) + 3 & \text{si } n > 4 \text{ y } f(n-1) < 2 \\ f(n-1) - 2 & \text{si } n > 4 \text{ y } f(n-1) \geq 2 \end{cases}$$

$$g(n) = \begin{cases} 0 & \text{si } n = 4 \\ g(n-1) - 1 & \text{si } n > 4 \text{ y } f(n-1) < 2 \\ g(n-1) + 1 & \text{si } n > 4 \text{ y } f(n-1) \geq 2 \end{cases}$$

Demuestra que, para cualquier $n \in \mathbb{N}_4$, se tiene que $2f(n) + 5g(n) = n$.

Solución

Viendo las definiciones de f y g, observamos que, para calcular el valor correspondiente a n, ambas recurren (a lo sumo) al valor arrojado para $n-1$ y que ambas poseen un único caso base; por lo tanto, podemos utilizar el principio de inducción simple en la demostración de la propiedad requerida.

- ■ *Caso base* $(n = 4)$: $2f(4) + 5g(4) = 2 \cdot 2 + 5 \cdot 0 = 4.$ ✓
- ■ *Paso inductivo*:
  - *Hipótesis de inducción* [HI]: Para $k \geq 4$, suponemos que $2f(k) + 5g(k) = k$.
  - *Caso inductivo*: Comprobamos que esta propiedad se verifica asimismo para $k + 1$.
    Para continuar con la demostración, a la vista de las definiciones respectivas de f y g, debemos hacer una diferenciación por casos: $f(k) < 2$ y $f(k) \geq 2$. La propiedad deseada ha de cumplirse en ambos.

○ Si $f(k) < 2$, como $k + 1 > 4$,

$$2f(k+1) + 5g(k+1)$$
$$= 2(f(k) + 3) + 5(g(k) - 1) \qquad \text{[por definiciones recursivas]}$$
$$= 2f(k) + 6 + 5g(k) - 5$$
$$= 2f(k) + 5g(k) + 1$$
$$= k + 1. \checkmark \qquad \text{[por HI]}$$

○ Si $f(k) \geq 2$, como $k + 1 > 4$,

$$2f(k+1) + 5g(k+1)$$
$$= 2(f(k) - 2) + 5(g(k) + 1) \qquad \text{[por definiciones recursivas]}$$
$$= 2f(k) - 4 + 5g(k) + 5$$
$$= 2f(k) + 5g(k) + 1$$
$$= k + 1. \checkmark \qquad \text{[por HI]}$$

En ambos casos, hemos probado que en efecto $2f(k+1) + 5g(k+1) = k + 1$.

En consecuencia, el principio de inducción nos permite afirmar que, para todo $n \in \mathbb{N}_4$, se verifica la igualdad $2f(n) + 5g(n) = n$.

1.51. Utilizando solamente la operación $+$ (por tanto, no se puede usar la multiplicación ni la exponenciación), define recursivamente una función $pot : \mathbb{N} \to \mathbb{N}$ que cumpla $pot(n) = 2^n$ para todo $n \in \mathbb{N}$.

Solución

Tan solo hay que caer en la cuenta de que para $n > 1$ se tiene:

$$2^n = \overbrace{2 \cdot \ldots \cdot 2}^{(n)} = 2 \cdot (\overbrace{2 \cdot \ldots \cdot 2}^{(n-1)}) = (\overbrace{2 \cdot \ldots \cdot 2}^{(n-1)}) + (\overbrace{2 \cdot \ldots \cdot 2}^{(n-1)}) = 2^{n-1} + 2^{n-1}.$$

Esta propiedad nos da el caso recursivo. Para completar la definición, como n disminuye de uno en uno, nos basta un caso base, que es precisamente $2^0 = 1$.

En resumen, definimos:

$$pot(0) = 1,$$
$$pot(n) = pot(n-1) + pot(n-1) \text{ para } n \geq 1.$$

Las ideas anteriores dan lugar a una sencilla demostración por inducción simple sobre n de que en efecto $pot(n) = 2^n$ se cumple para todo $n \in \mathbb{N}$.

- *Caso base* ($n = 0$): $pot(0) = 1 = 2^0$. $\checkmark$
- *Paso inductivo*:
  - *Hipótesis de inducción* [HI]: Supongamos que $pot(k) = 2^k$ para $k \in \mathbb{N}$.

- *Caso inductivo*: Entonces tenemos para $k + 1$:

$$pot(k + 1) = pot(k + 1 - 1) + pot(k + 1 - 1) \quad [\text{definición recursiva para } k + 1 \geq 1]$$
$$= pot(k) + pot(k)$$
$$= 2^k + 2^k \quad\quad\quad\quad\quad\quad [\text{por HI, dos veces}]$$
$$= 2 \cdot 2^k$$
$$= 2^{k+1}. \checkmark$$

1.52. Para cada $n \in \mathbb{N}$, sea $f_n = fib(n)$ el n-ésimo término de la sucesión de Fibonacci, definida recursivamente como en el ejercicio 1.45. Demuestra que f_{3m} es un número par para todo $m \geq 0$.

Solución

Demostramos por *inducción simple* sobre $m \in \mathbb{N}$ la propiedad $P(m)$ definida como

$$P(m) \iff \text{existe } a \in \mathbb{N} \text{ tal que } f_{3m} = 2a.$$

- *Caso base* ($m = 0$). Demostramos $P(0)$:

$$f_{3 \cdot 0} = f_0 = 0 = 2 \cdot 0,$$

con lo cual $P(0)$ se cumple tomando $a = 0$. $\checkmark$

- *Paso inductivo*:
  - *Hipótesis de inducción* [HI]: Suponemos que, para $k \geq 0$, se cumple $P(k)$, es decir, $f_{3k} = 2a$ para algún $a \in \mathbb{N}$.
  - *Caso inductivo*: Vamos a demostrar que, entonces, $P(k + 1)$ es cierto, es decir, que existe $a' \in \mathbb{N}$ tal que $f_{3(k+1)} = 2a'$, justificando así que $f_{3(k+1)}$ también es un número par.

$$f_{3(k+1)} = f_{3k+3}$$
$$= f_{3k+2} + f_{3k+1} \quad\quad [\text{por definición recursiva para } 3k + 3 \geq 2]$$
$$= (f_{3k+1} + f_{3k}) + f_{3k+1} \quad [\text{por definición recursiva para } 3k + 2 \geq 2]$$
$$= 2f_{3k+1} + 2a \quad\quad\quad\quad\quad\quad [f_{3k} = 2a \text{ por HI}]$$
$$= 2(f_{3k+1} + a) \quad\quad\quad\quad\quad\quad [\text{factor común}]$$
$$= 2a',$$

con $a' = f_{3k+1} + a \in \mathbb{N}$. $\checkmark$
Por tanto, hemos comprobado que, en efecto, $f_{3(k+1)}$ es un número par.

1.53. Para cada $n \in \mathbb{N}$, sea $f_n = fib(n)$ el n-ésimo término de la sucesión de Fibonacci, definida recursivamente como en el ejercicio 1.45. Demuestra que f_{4m} es divisible por 3, para todo $m \geq 0$.

Solución

Nuestro problema equivale a demostrar que, para todo $m \geq 0$, se cumple la propiedad $P(m)$ definida como:

$$P(m) \iff \text{existe } a \in \mathbb{N} \text{ tal que } f_{4m} = 3a.$$

Demostramos $P(m)$ por inducción simple sobre $m \in \mathbb{N}$.

- *Caso base* ($m = 0$): $f_{4 \cdot 0} = f_0 = 0$, por la definición de la sucesión de Fibonacci. Luego $P(0)$ se cumple tomando $a = 0$. ✓

- *Paso inductivo*:

  - *Hipótesis de inducción* [HI]: Sea un $k \geq 0$ cualquiera y supongamos que se cumple $P(k)$, es decir, existe $a \in \mathbb{N}$, tal que $f_{4k} = 3a$.

  - *Caso inductivo*: Vamos a demostrar que, entonces, $P(k + 1)$ también es cierto, es decir, que $f_{4(k+1)} = 3a'$ para algún $a' \in \mathbb{N}$, justificando así que $f_{4(k+1)}$ es divisible por 3.

$$
\begin{aligned}
f_{4(k+1)} &= f_{4k+4} \\
&= f_{4k+3} + f_{4k+2} & & [\text{por definición recursiva para } 4k + 4 \geq 2] \\
&= (f_{4k+2} + f_{4k+1}) + f_{4k+2} & & [\text{por definición recursiva para } 4k + 3 \geq 2] \\
&= 2f_{4k+2} + f_{4k+1} \\
&= 2(f_{4k+1} + f_{4k}) + f_{4k+1} & & [\text{por definición recursiva para } 4k + 2 \geq 2] \\
&= 3f_{4k+1} + 2f_{4k} \\
&= 3f_{4k+1} + 2(3a) & & [f_{4k} = 3a \text{ por HI}] \\
&= 3(f_{4k+1} + 2a) & & [\text{factor común}] \\
&= 3a',
\end{aligned}
$$

  con $a' = f_{4k+1} + 2a \in \mathbb{N}$. ✓

  Por tanto, hemos comprobado que, en efecto, $f_{4(k+1)}$ es divisible por 3.

1.54. Demuestra por inducción que, para todo $n \geq 3$, la suma de los cuadrados de los $n + 1$ primeros (contando desde 0) números de Fibonacci es igual a $fib(n)fib(n + 1)$. Utiliza la definición recursiva del ejercicio 1.45.

Solución

Demostramos por inducción simple sobre $n \geq 3$ que $\displaystyle\sum_{i=0}^{n} fib(i)^2 = fib(n)fib(n + 1)$.

- *Caso base* ($n = 3$):

$$
\begin{aligned}
\sum_{i=0}^{3} fib(i)^2 &= fib(0)^2 + fib(1)^2 + fib(2)^2 + fib(3)^2 \\
&= 0^2 + 1^2 + 1^2 + 2^2 \\
&= 6 \\
&= 2 \cdot 3 \\
&= fib(3)fib(4). \checkmark
\end{aligned}
$$

■ *Paso inductivo*:

• *Hipótesis de inducción* [HI]: Suponemos cierto, para $k \geq 3$, que:

$$\sum_{i=0}^{k} fib(i)^2 = fib(k)fib(k+1).$$

• *Caso inductivo*: Comprobamos que se verifica la propiedad también para $k+1$.

$$\begin{aligned}
\sum_{i=0}^{k+1} fib(i)^2 &= fib(k+1)^2 + \sum_{i=0}^{k} fib(i)^2 \\
&= fib(k+1)^2 + fib(k)fib(k+1) && [\text{por HI}] \\
&= fib(k+1)(fib(k)+fib(k+1)) && [\text{factor común}] \\
&= fib(k+1)fib(k+2) && [\text{definición recursiva para } k+2 \geq 5] \\
&= fib(k+1)fib(k+1+1). \checkmark
\end{aligned}$$

1.55. Demuestra por inducción que, para todo $n \geq 0$, se cumple: $fib(n) \leq n!$.

Solución

Realizamos la demostración pedida por *inducción completa* sobre n. El razonamiento muestra que no basta inducción simple, ya que en el caso inductivo se necesita aplicar la hipótesis de inducción para dos valores anteriores.

■ *Casos base*:

• $n = 0$: $fib(0) = 0 < 1 = 0!$. Luego $fib(0) \leq 0!$. $\checkmark$
• $n = 1$: $fib(1) = 1 = 1 = 1!$. Luego $fib(1) \leq 1!$. $\checkmark$

■ *Paso inductivo completo*:

• *Hipótesis de inducción completa* [HIC]: Supongamos que $n \geq 2$ y que, para todo $k \in \mathbb{N}$ con $0 \leq k < n$ se satisface la propiedad $fib(k) \leq k!$.

• *Caso inductivo completo*: Comprobemos que entonces también se verifica esa propiedad para n. En efecto,

$$\begin{aligned}
fib(n) &= fib(n-1) + fib(n-2) && [\text{por definición recursiva}] \\
&\leq (n-1)! + (n-2)! && [\text{por HIC para } n-1 \text{ y } n-2] \\
&\leq (n-1)! + (n-1)! && [\text{porque } (n-2)! \leq (n-1)!] \\
&= 2(n-1)! \\
&\leq n(n-1)! && [\text{porque } n \geq 2] \\
&= n!. \checkmark
\end{aligned}$$

1.56. Sea α la mayor de las dos raíces de la ecuación $x^2 - x - 1 = 0$. Usando inducción completa, demuestra que, para todo $n \geq 3$, se cumple $fib(n) > \alpha^{n-2}$.

Solución

Primero notemos que, según el álgebra elemental, la mayor de las raíces de $x^2 - x - 1 = 0$ es su raíz positiva, es decir, $\alpha = \frac{1+\sqrt{5}}{2}$.

En algún paso de la demostración se necesitará calcular el valor de la función de Fibonacci a partir de su definición recursiva, lo que requiere conocer los dos valores anteriores de la sucesión; esto, a su vez, implica diferenciar dos casos base en la demostración. Por todo ello, necesitamos un razonamiento basado en *inducción completa* sobre $n \geq 3$.

- *Casos base*:
  - $n = 3 : fib(3) = 2 > \frac{1+\sqrt{5}}{2} = \alpha = \alpha^{3-2}$. $\checkmark$
  - $n = 4 : fib(4) = 3 > \frac{3+\sqrt{5}}{2} = \alpha^2 = \alpha^{4-2}$. $\checkmark$
- *Paso inductivo completo*:
  - *Hipótesis de inducción completa* [HIC]: Para $n \geq 5$, supongamos que, para todo $k \in \mathbb{N}$ con $3 \leq k < n$, se cumple la propiedad $fib(k) > \alpha^{k-2}$.
  - *Caso inductivo completo*: Vamos a ver que entonces también se verifica esa propiedad para n. Notemos primero que, como α es raíz de la ecuación $x^2 - x - 1 = 0$ se tiene que $\alpha^2 = \alpha + 1$. Entonces,

$$
\begin{aligned}
fib(n) &= fib(n-1) + fib(n-2) && \text{[por definición recursiva]} \\
&> \alpha^{n-1-2} + \alpha^{n-2-2} && \text{[por HIC para } n-1 \text{ y } n-2] \\
&= \alpha^{n-3} + \alpha^{n-4} \\
&= \alpha^{n-4}\alpha + \alpha^{n-4} \\
&= \alpha^{n-4}(\alpha + 1) && \text{[factor común]} \\
&= \alpha^{n-4}\alpha^2 && [\alpha^2 = \alpha + 1, \text{ visto antes]} \\
&= \alpha^{n-2}. \checkmark
\end{aligned}
$$

1.57. Usando el principio de inducción, demuestra que la sucesión definida recursivamente por:

$$
\begin{aligned}
a_2 &= 20, \\
a_n &= 5 \cdot 4^{n-1} - a_{n-1}, \quad \text{para } n \geq 3,
\end{aligned}
$$

verifica que $a_n = 4(-1)^n + 4^n$ para todo $n \geq 2$. ¿Es necesario usar inducción completa?

Solución

No es necesario utilizar inducción completa, pues solo hay un caso base (a_2) y únicamente se requiere conocer el valor de a_{n-1} para calcular el valor de a_n. Así pues, usamos *inducción simple* sobre $n \geq 2$.

- *Caso base* ($n = 2$): $a_2 = 20 = 4 + 16 = 4(-1)^2 + 4^2$. $\checkmark$
- *Paso inductivo*:
  - *Hipótesis de inducción* [HI]: Para $k \geq 2$ suponemos cierto que $a_k = 4(-1)^k + 4^k$.

- *Caso inductivo*: Comprobamos que la propiedad se verifica entonces también para $k + 1$:

$$
\begin{aligned}
a_{k+1} &= 5 \cdot 4^k - a_k && \text{[por definición recursiva]} \\
&= 5 \cdot 4^k - (4(-1)^k + 4^k) && \text{[por HI]} \\
&= 5 \cdot 4^k - 4(-1)^k - 4^k \\
&= 4 \cdot 4^k + 4(-1)(-1)^k \\
&= 4(-1)^{k+1} + 4^{k+1}. \checkmark
\end{aligned}
$$

1.58. Considera la sucesión a_n definida recursivamente como sigue:

$$a_0 = 2; \quad a_1 = 1; \quad a_n = a_{n-1} + 2a_{n-2}, \text{ para } n \geq 2.$$

Usando el principio de inducción completa, demuestra que para todo $n \in \mathbb{N}$ se verifica:

$$a_n = 2^n + (-1)^n.$$

Solución

Razonamos, como indica el enunciado, por inducción completa sobre $n \geq 0$.

- *Casos base*:
  - $n = 0$: $a_0 = 2 = 1 + 1 = 2^0 + (-1)^0.$ $\checkmark$
  - $n = 1$: $a_1 = 1 = 2 - 1 = 2^1 + (-1)^1.$ $\checkmark$
- *Paso inductivo completo*:
  - *Hipótesis de inducción completa* [HIC]: Supongamos que $n \geq 2$ y que, para todo $k \in \mathbb{N}$ con $0 \leq k < n$, se satisface la igualdad

$$a_k = 2^k + (-1)^k.$$

  - *Caso inductivo completo*: Comprobemos que entonces también se verifica esa propiedad para n. En efecto, como $n \geq 2$,

$$
\begin{aligned}
a_n &= a_{n-1} + 2a_{n-2} && \text{[por definición recursiva]} \\
&= 2^{n-1} + (-1)^{n-1} + 2 \cdot (2^{n-2} + (-1)^{n-2}) && \text{[por HIC para } n-1 \text{ y } n-2 \text{]} \\
&= 2^{n-1} + 2 \cdot 2^{n-2} + (-1)^{n-1} + 2 \cdot (-1)^{n-2} && \text{[propiedad distributiva]} \\
&= 2^{n-1} + 2^{n-1} + (-1)^{n-1} + 2 \cdot (-1)^n && \text{[porque } (-1)^{n-2} = (-1)^n \text{]} \\
&= 2 \cdot 2^{n-1} - (-1)^n + 2 \cdot (-1)^n && \text{[porque } (-1)^{n-1} = -(-1)^n \text{]} \\
&= 2^n + (-1)^n. \checkmark
\end{aligned}
$$

1.59. Usando el principio de inducción completa, demuestra que la sucesión definida recursivamente por:

$$s_1 = 3; \quad s_2 = 5; \quad s_n = 3s_{n-1} - 2s_{n-2}, \text{ para } n \geq 3,$$

verifica que $s_n = 2^n + 1$ para todo $n \geq 1$.

Solución

Lo demostramos por inducción completa sobre $n \geq 1$.

- *Casos base*:
    - $n = 1$: $s_1 = 3 = 2^1 + 1.$ ✓
    - $n = 2$: $s_2 = 5 = 2^2 + 1.$ ✓
- *Paso inductivo completo*:
    - *Hipótesis de inducción completa* [HIC]: Supongamos que $n \geq 3$ y que, para todo $k \in \mathbb{N}$ con $1 \leq k < n$, se cumple $s_k = 2^k + 1$.
    - *Caso inductivo completo*: Comprobemos que se verifica asimismo para n. Efectivamente, para $n \geq 3$ tenemos:

$$
\begin{aligned}
s_n &= 3s_{n-1} - 2s_{n-2} && \text{[por definición recursiva]} \\
&= 3 \cdot (2^{n-1} + 1) - 2 \cdot (2^{n-2} + 1) && \text{[por HIC para } n-1 \text{ y } n-2\text{]} \\
&= 3 \cdot 2^{n-1} + 3 - 2^{n-1} - 2 && \text{[propiedad distributiva]} \\
&= 2 \cdot 2^{n-1} + 1 \\
&= 2^n + 1. \checkmark
\end{aligned}
$$

1.60. Usando inducción completa, demuestra que la función $cuca : \mathbb{N} \to \mathbb{N}$ definida recursivamente por

$$
\begin{aligned}
cuca(0) &= 0 \\
cuca(1) &= 1 \\
cuca(n) &= 5\,cuca(n-1) - 6\,cuca(n-2), \quad \text{para } n \geq 2,
\end{aligned}
$$

cumple que $cuca(n) = 3^n - 2^n$ para todo $n \in \mathbb{N}$.

Solución

Hacemos la demostración por inducción completa sobre $n \geq 0$.

- *Casos base*:
    - $n = 0$: $cuca(0) = 0 = 1 - 1 = 3^0 - 2^0.$ ✓
    - $n = 1$: $cuca(1) = 1 = 3 - 2 = 3^1 - 2^1.$ ✓
- *Paso inductivo completo*:
    - *Hipótesis de inducción completa* [HIC]: Supongamos que $n \geq 2$ y que, para todo $k \in \mathbb{N}$ con $0 \leq k < n$, se cumple $cuca(k) = 3^k - 2^k$.

- *Caso inductivo completo*: Esta propiedad también se verifica entonces para n, pues para $n \geq 2$ tenemos:

$$
\begin{aligned}
cuca(n) &= 5\,cuca(n-1) - 6\,cuca(n-2) && \text{[por definición recursiva]} \\
&= 5 \cdot (3^{n-1} - 2^{n-1}) - 6 \cdot (3^{n-2} - 2^{n-2}) && \text{[por HIC para } n-1 \text{ y } n-2] \\
&= 5 \cdot 3^{n-1} - 5 \cdot 2^{n-1} - 6 \cdot 3^{n-2} + 6 \cdot 2^{n-2} && \text{[propiedad distributiva]} \\
&= 5 \cdot 3^{n-1} - 5 \cdot 2^{n-1} - 2 \cdot 3^{n-1} + 3 \cdot 2^{n-1} && \text{[porque } 6 = 3 \cdot 2 \text{, dos veces]} \\
&= (5-2) \cdot 3^{n-1} + (3-5) \cdot 2^{n-1} && \text{[factores comunes]} \\
&= 3 \cdot 3^{n-1} - 2 \cdot 2^{n-1} \\
&= 3^n - 2^n. \checkmark
\end{aligned}
$$

1.61. En los dos apartados que siguen, encuentra una fórmula explícita que sirva para reemplazar la definición recursiva de s_n y demuestra que es correcta.

(a) $s_1 = 1$; $s_n = s_{n-1} + 3$, para $n \geq 2$,

(b) $s_1 = 1$; $s_n = n^2 s_{n-1}$, para $n \geq 2$.

Solución

(a) Hacemos sucesivos "desplegados" de la definición recursiva para sacar un patrón que dé lugar a la fórmula explícita:

$$
\begin{aligned}
s_1 &= 1, \\
s_2 &= 1 + 3, \\
s_3 &= (1+3) + 3 = 1 + 3 \cdot 2, \\
s_4 &= (1 + 3 \cdot 2) + 3 = 1 + 3 \cdot 3, \\
s_5 &= (1 + 3 \cdot 3) + 3 = 1 + 3 \cdot 4.
\end{aligned}
$$

Generalizando, obtenemos la conjetura $s_n = 1 + 3(n-1)$ para $n \geq 1$.

Demostramos por inducción simple sobre $n \geq 1$ que la conjetura es cierta.

- *Caso base* ($n = 1$): $s_1 = 1 = 1 + 3 \cdot 0$. $\checkmark$
- *Paso inductivo*:
  - *Hipótesis de inducción* [HI]: Suponemos que, para $k \geq 1$, se tiene la igualdad

$$
s_k = 1 + 3(k-1).
$$

  - *Caso inductivo*: Y comprobamos que se verifica para $k+1$. En efecto, como $k + 1 \geq 2$,

$$
\begin{aligned}
s_{k+1} &= s_k + 3 && \text{[por definición recursiva]} \\
&= 1 + 3(k-1) + 3 && \text{[por HI]} \\
&= 1 + 3(k-1+1) && \text{[factor común]} \\
&= 1 + 3(k+1-1). \checkmark
\end{aligned}
$$

(b) Como en el apartado anterior, hacemos sucesivos "desplegados" de la definición recursiva para sacar un patrón que dé lugar a la fórmula explícita:

$$s_1 = 1,$$
$$s_2 = 2^2 \cdot 1 = 2^2,$$
$$s_3 = 3^2 \cdot 2^2 = (3 \cdot 2)^2,$$
$$s_4 = 4^2 \cdot (3 \cdot 2)^2 = (4 \cdot 3 \cdot 2)^2 = 4!^2,$$
$$s_5 = 5^2 \cdot 4!^2 = (5 \cdot 4!)^2 = 5!^2.$$

Generalizando, conjeturamos que $s_n = n!^2$ para $n \geq 1$.

A continuación, demostramos por inducción simple sobre $n \geq 1$ que la conjetura es cierta.

- *Caso base* ($n = 1$): $s_1 = 1 = 1!^2$. ✓

- *Paso inductivo*:

  - *Hipótesis de inducción* [HI]: Suponemos cierto que, para $k \geq 1$, $s_k = k!^2$.

  - *Caso inductivo*: Y justificamos que esta propiedad se verifica asimismo para $k + 1$. En efecto, como $k + 1 \geq 2$,

$$\begin{aligned}
s_{k+1} &= (k+1)^2 s_k && \text{[por definición recursiva]} \\
&= (k+1)^2 k!^2 && \text{[por HI]} \\
&= ((k+1)k!)^2 \\
&= (k+1)!^2. ✓
\end{aligned}$$

1.62. Considera la función $f : \mathbb{N} \to \mathbb{N}$, definida recursivamente como sigue:

$$\begin{aligned}
f(0) &= 0, \\
f(2k) &= 4f(k), \quad \text{para todo } k \geq 1, \\
f(2k+1) &= 4f(k) + 4k + 1, \quad \text{para todo } k \geq 0.
\end{aligned}$$

Razona que el planteamiento de la definición cubre todos los casos posibles para el argumento de f. Construye una tabla de valores de $f(n)$ para $n = 0, \ldots, 5$ y demuestra por inducción completa que $f(n) = n^2$ para todo $n \in \mathbb{N}$.

Solución

Observemos en primer lugar que la definición cubre todos los casos posibles. En efecto, la primera ecuación corresponde al caso en que el argumento de f es 0; la segunda ecuación corresponde al caso en que el argumento de f es positivo y par; y la tercera ecuación corresponde al caso en que el argumento es positivo e impar.

Calculamos ahora los valores de f indicados:

$$f(0) = 0,$$
$$f(1) = f(2 \cdot 0 + 1) = 4f(0) + 4 \cdot 0 + 1 = 4 \cdot 0 + 0 + 1 = 1,$$
$$f(2) = f(2 \cdot 1) = 4f(1) = 4 \cdot 1 = 4,$$
$$f(3) = f(2 \cdot 1 + 1) = 4f(1) + 4 \cdot 1 + 1 = 4 + 4 + 1 = 9,$$
$$f(4) = f(2 \cdot 2) = 4f(2) = 4 \cdot 4 = 16,$$
$$f(5) = f(2 \cdot 2 + 1) = 4f(2) + 4 \cdot 2 + 1 = 16 + 8 + 1 = 25.$$

Resumiendo los resultados anteriores en una tabla, se tiene:

n	0	1	2	3	4	5
$f(n)$	0	1	4	9	16	25

Demostramos ahora por inducción completa sobre $n \geq 0$ que $f(n) = n^2$ para todo $n \in \mathbb{N}$.

- *Caso base* $(n = 0)$: $f(0) = 0 = 0^2$. ✓

- *Paso inductivo completo*:
  - *Hipótesis de inducción completa* [HIC]: Supongamos que $f(k) = k^2$ para todo $k \in \mathbb{N}$ con $0 \leq k < n$.
  - *Caso inductivo completo*: Comprobemos ahora si se verifica la propiedad para $n > 0$. Como la definición recursiva de f tiene dos casos para un argumento positivo, también tenemos que distinguir esos mismos dos casos en la demostración del paso inductivo.
    - Si n es impar, entonces $n = 2k + 1$ para algún $k \in \mathbb{N}$ con $0 \leq k < n$. En estas condiciones,

$$\begin{aligned}
f(n) &= f(2k + 1) \\
&= 4f(k) + 4k + 1 &&\text{[por definición recursiva]} \\
&= 4k^2 + 4k + 1 &&\text{[por HIC, pues } 0 \leq k < n\text{]} \\
&= (2k + 1)^2 \\
&= n^2. \checkmark
\end{aligned}$$

    - Si n es par, entonces $n = 2k$ para algún $k \in \mathbb{N}$ con $1 \leq k < n$ (pues $n > 0$). En estas condiciones,

$$\begin{aligned}
f(n) &= f(2k) \\
&= 4f(k) &&\text{[por definición recursiva]} \\
&= 4k^2 &&\text{[por HIC, pues } 1 \leq k < n\text{]} \\
&= (2k)^2 \\
&= n^2. \checkmark
\end{aligned}$$

1.63. Considera la función $g : \mathbb{N} \to \mathbb{N}$ definida recursivamente como sigue, utilizando la función f del ejercicio 1.62:

$$g(0) = 1,$$
$$g(2k) = f(g(k)), \text{ para todo } k \geq 1,$$
$$g(2k + 1) = 2f(g(k)), \text{ para todo } k \geq 0.$$

Razona que el planteamiento de la definición cubre todos los casos posibles para el argumento de g. Construye una tabla de valores de $g(n)$ para $n = 0, \dots, 5$ y demuestra por inducción completa que $g(n) = 2^n$ para todo $n \in \mathbb{N}$.

Solución

El planteamiento de la definición de g cubre todos los casos posibles, por la misma razón explicada en la solución del ejercicio 1.62: la primera ecuación corresponde al caso en que el argumento es 0; la segunda ecuación corresponde al caso en que el argumento es positivo y par; y la tercera ecuación corresponde al caso en que el argumento es positivo e impar.

Calculamos, a continuación, la tabla pedida en el enunciado:

$$g(0) = 1,$$
$$g(1) = g(2 \cdot 0 + 1) = 2f(g(0)) = 2f(1) = 2 \cdot 1 = 2,$$
$$g(2) = g(2 \cdot 1) = f(g(1)) = f(2) = 4,$$
$$g(3) = g(2 \cdot 1 + 1) = 2f(g(1)) = 2f(2) = 2 \cdot 4 = 8,$$
$$g(4) = g(2 \cdot 2) = f(g(2)) = f(4) = 16,$$
$$g(5) = g(2 \cdot 2 + 1) = 2f(g(2)) = 2f(4) = 2 \cdot 16 = 32.$$

A partir de los valores calculados, la tabla queda:

n	0	1	2	3	4	5
$g(n)$	1	2	4	8	16	32

Demostramos ahora por inducción completa sobre $n \geq 0$ que $g(n) = 2^n$ para todo $n \in \mathbb{N}$.

- *Caso base* ($n = 0$): $g(0) = 1 = 2^0$. ✓

- *Paso inductivo completo*:

  - *Hipótesis de inducción completa* [HIC]: Supongamos que $g(k) = 2^k$ para todo $k \in \mathbb{N}$ con $0 \leq k < n$.

  - *Caso inductivo completo*: Vamos a comprobar que esta propiedad se verifica para n. De nuevo haremos una demostración por casos, distinguiendo las dos posibilidades que aparecen en la definición recursiva de g.

    ○ Si n es impar, entonces $n = 2k + 1$ para algún $k \in \mathbb{N}$ con $0 \leq k < n$. En estas condiciones,

$$
\begin{aligned}
g(n) &= g(2k+1) \\
&= 2f(g(k)) && \text{[por definición recursiva]} \\
&= 2f(2^k) && \text{[por HIC, pues } 0 \le k < n] \\
&= 2(2^k)^2 && \text{[ejercicio 1.62]} \\
&= 2^{2k+1} \\
&= 2^n. \checkmark
\end{aligned}
$$

○ Si n es par, entonces $n = 2k$ para algún $k \in \mathbb{N}$ con $1 \le k < n$ (pues $n > 0$). En estas condiciones,

$$
\begin{aligned}
g(n) &= g(2k) \\
&= f(g(k)) && \text{[por definición recursiva]} \\
&= f(2^k) && \text{[por HIC, pues } 1 \le k < n] \\
&= (2^k)^2 && \text{[ejercicio 1.62]} \\
&= 2^{2k} \\
&= 2^n. \checkmark
\end{aligned}
$$

1.64. Suponiendo conocida solamente la función *sucesor* $s : \mathbb{N} \to \mathbb{N}$, construye definiciones recursivas de las funciones suma y producto $+, * : \mathbb{N} \times \mathbb{N} \to \mathbb{N}$. Usa recursión sobre el segundo argumento.

Solución

La suma de dos números naturales es una función, denotada $+ : \mathbb{N} \times \mathbb{N} \longrightarrow \mathbb{N}$, que a cada par de números naturales (m, n) le hace corresponder el valor $m + n$. Para definir $+$ mediante recursión sobre el segundo argumento distinguimos casos como sigue:

- Si el segundo argumento es 0, el resultado de la suma es igual al primer argumento, ya que 0 es el elemento neutro de la suma. En este caso, la ecuación $m + 0 = m$ correspondiente al caso base da el valor de la suma $m + 0$ para cualquier número natural m.

- Si el segundo argumento es distinto de 0, necesariamente será sucesor de otro número n, es decir, será de la forma $s(n)$. Si sabemos sumar n, para sumar $s(n)$, que es "uno más", basta añadir uno más, es decir, calcular el sucesor del resultado. Dicho de otra forma, para calcular el valor de la suma $m + s(n)$ recurrimos al valor $m + n$ y calculamos su sucesor, lo cual queda expresado en la ecuación $m + s(n) = s(m + n)$.

De este modo, la función $+ : \mathbb{N} \times \mathbb{N} \to \mathbb{N}$ queda definida por ambas ecuaciones:

$$
\begin{aligned}
m + 0 &= m, \\
m + s(n) &= s(m + n).
\end{aligned}
$$

Por ejemplo, para calcular la suma de 3 y 2 con estas ecuaciones se procedería de la siguiente forma:

$$
\begin{aligned}
3 + 2 &= s(s(s(0))) + s(s(0)) \\
&= s(s(s(s(0))) + s(0)) \\
&= s(s(s(s(s(0))) + 0)) \\
&= s(s(s(s(s(0))))) \\
&= 5.
\end{aligned}
$$

Por supuesto, no es esta la forma más cómoda ni eficiente de sumar, pero se trata de demostrar cómo se puede hacer mediante una definición recursiva en términos del sucesor.

Ahora podemos definir el producto $*$ mediante recursión sobre el segundo argumento, suponiendo conocidas las funciones sucesor s y suma $+$. La idea intuitiva es que multiplicar consiste en sumar varias veces. De nuevo, distinguimos casos sobre el segundo argumento:

- Si es 0, el resultado del producto es igual a 0, independientemente del valor del primer argumento, pues 0 es el elemento nulo del producto. Esto queda expresado en la ecuación para el caso base $m * 0 = 0$ para cualquier número natural m.

- Si el segundo argumento es distinto de 0, será igual al sucesor $s(n)$ de un número n. Si multiplicar m por n es sumar m n veces, multiplicar m por $s(n)$ es sumar m n veces y una vez más, debido al "uno más" del sucesor. En términos más formales, para calcular el producto $m * s(n)$ calculamos recursivamente $m * n$ y sumamos m otra vez, como expresa la ecuación $m * s(n) = (m * n) + m$.

Así pues, la función $* : \mathbb{N} \times \mathbb{N} \to \mathbb{N}$ se define recursivamente por las ecuaciones:

$$
\begin{aligned}
m * 0 &= 0, \\
m * s(n) &= (m * n) + m.
\end{aligned}
$$

Por ejemplo, para calcular el producto de 3 y 2 con estas ecuaciones se procedería de la siguiente forma:

$$
\begin{aligned}
3 * 2 &= s(s(s(0))) * s(s(0)) \\
&= (s(s(s(0))) * s(0)) + s(s(s(0))) \\
&= ((s(s(s(0))) * 0) + s(s(s(0)))) + s(s(s(0))) \\
&= (0 + s(s(s(0)))) + s(s(s(0))) \\
&= s(s(s(0))) + s(s(s(0))) \\
&= \ldots \\
&= s(s(s(s(s(s(0)))))) \\
&= 6.
\end{aligned}
$$

1.65. Usando inducción y la definición recursiva de la suma de números naturales construida en el ejercicio 1.64, demuestra que:

(a) $0 + m = m$, para todo m natural.

(b) $s(n) + m = s(n + m)$, para todo m, n naturales.

(c) $n + m = m + n$, para todo m, n naturales (conmutatividad de la suma).

Solución

Las tres demostraciones usan inducción sobre el segundo argumento m, distinguiendo los casos para el cero y el sucesor, como en la definición recursiva de la suma en el ejercicio 1.64, que recordamos, renombrando variables para evitar confusiones:

$$(C) \qquad x + 0 = x,$$
$$(S) \qquad x + s(y) = s(x + y).$$

(a) ■ *Caso base*: Si $m = 0$, $0 + 0 = 0$, por el caso base (C) de la definición.

   ■ *Hipótesis de inducción* [HI]: Suponemos $0 + k = k$.

   ■ *Caso inductivo*: Demostramos $0 + s(k) = s(k)$:

$$0 + s(k) = s(0 + k) \qquad \text{[por definición recursiva } (S)]$$
$$= s(k). \qquad \text{[por HI]}$$

(b) ■ *Caso base*: Si $m = 0$, $s(n) + 0 = s(n) = s(n + 0)$, por el caso base (C) de la definición, usado dos veces.

   ■ *Hipótesis de inducción* [HI]: Suponemos $s(n) + k = s(n + k)$.

   ■ *Caso inductivo*: Demostramos $s(n) + s(k) = s(n + s(k))$:

$$s(n) + s(k) = s(s(n) + k) \qquad \text{[por definición recursiva } (S)]$$
$$= s(s(n + k)) \qquad \text{[por HI]}$$
$$= s(n + s(k)). \qquad \text{[por definición recursiva } (S)]$$

(c) ■ *Caso base*: Si $m = 0$,

$$n + 0 = 0 \qquad \text{[por el caso base } (C)]$$
$$= 0 + n. \qquad \text{[por el apartado (a)]}$$

   ■ *Hipótesis de inducción* [HI]: Suponemos $n + k = k + n$.

   ■ *Caso inductivo*: Demostramos $n + s(k) = s(k) + n$:

$$n + s(k) = s(n + k) \qquad \text{[por definición recursiva } (S)]$$
$$= s(k + n) \qquad \text{[por HI]}$$
$$= s(k) + n. \qquad \text{[por el apartado (b)]}$$

1.66. Considera la función recursiva $log_2 : \mathbb{N}_1 \to \mathbb{N}$ definida por las ecuaciones:

$$log_2(1) = 0,$$
$$log_2(n) = 1 + log_2(n \, div \, 2), \quad \text{para } n \geq 2.$$

Razonando por inducción, demuestra que $2^{log_2(n)} \leq n < 2^{log_2(n)+1}$ se cumple para todo $n \geq 1$. Esto significa que $log_2(n)$ calcula la parte entera del logaritmo de n en base 2.

Solución

- *Caso base* ($n = 1$): $2^{log_2(1)} = 2^0 = 1 < 2 = 2^{0+1} = 2^{log_2(1)+1}$. $\checkmark$

- *Paso inductivo completo*:

  - *Hipótesis de inducción completa* [HIC]: Suponemos que $n \geq 2$ y que, para todo $l \in \mathbb{N}$ con $1 \leq l < n$, se cumple que

    $$2^{log_2(l)} \leq l < 2^{log_2(l)+1}.$$

  - *Caso inductivo completo*: Comprobamos que la propiedad también se verifica para n. En primer lugar, como $n \geq 2$, tenemos $log_2(n) = 1 + log_2(n \, div \, 2)$ por el caso recursivo de la definición. Puesto que $1 \leq n \, div \, 2 < n$, podemos usar la HIC con $l = n \, div \, 2$, obteniendo

    $$2^{log_2(n \, div \, 2)} \leq (n \, div \, 2) < 2^{log_2(n \, div \, 2)+1}.$$

    Multiplicando por 2 en todos los términos, obtenemos

    $$2 \cdot 2^{log_2(n \, div \, 2)} \leq 2 \cdot (n \, div \, 2) < 2 \cdot 2^{log_2(n \, div \, 2)+1},$$

    que es equivalente a

    $$2^{1+log_2(n \, div \, 2)} \leq 2 \cdot (n \, div \, 2) < 2^{1+log_2(n \, div \, 2)+1};$$

    es decir, por la definición recursiva,

    $$2^{log_2(n)} \leq 2 \cdot (n \, div \, 2) < 2^{log_2(n)+1}.$$

    Distinguimos ahora dos posibilidades:
    - Si n es par, entonces $2 \cdot (n \, div \, 2) = n$ y hemos acabado:

      $$2^{log_2(n)} \leq n < 2^{log_2(n)+1}.$$

    - Sin embargo, si n es impar, $2 \cdot (n \, div \, 2) = n - 1$. En tal caso, la primera desigualdad es inmediata:

      $$2^{log_2(n)} \leq 2 \cdot (n \, div \, 2) = n - 1 < n.$$

      Con respecto a la segunda desigualdad, tenemos

      $$n - 1 = 2 \cdot (n \, div \, 2) < 2^{log_2(n)+1},$$

      y sabemos que $n-1$ es par (por ser n impar) y $2^{log_2(n)+1}$ también es par. Por consiguiente, la distancia entre ambos números pares es mayor que 1, y al sumar 1 al primero continuamos teniendo un número estrictamente más pequeño que el segundo:

      $$n = (n - 1) + 1 < 2^{log_2(n)+1}.$$

1.67. La función $log : \mathbb{N}_2 \times \mathbb{N}_1 \to \mathbb{N}$ se define recursivamente como sigue:

$$log(b, n) = 0, \quad \text{para } 1 \leq n < b;$$
$$log(b, n) = 1 + log(b, n \, div \, b), \quad \text{para } n \geq b.$$

Demuestra por inducción que para todo $n \geq 1$ se verifica: $b^{log(b,n)} \leq n < b^{log(b,n)+1}$. Esto significa que $log(b, n)$ calcula la parte entera del logaritmo de n en base b.

Solución

La distinción de casos se corresponde con la de la definición recursiva, de forma que todos los valores más pequeños que b dan lugar a casos base.

- *Casos base* $(1 \leq n < b)$: $b^{\log(b,n)} = b^0 = 1 \leq n < b = b^{0+1} = b^{\log(b,n)+1}$. ✓
- *Paso inductivo completo*:
  - *Hipótesis de inducción completa* [HIC]: Suponemos que $n \geq b$ y que, para todo $l \in \mathbb{N}$ con $1 \leq l < n$ se tiene que
  $$b^{\log(b,l)} \leq l < b^{\log(b,l)+1}.$$

  - *Caso inductivo completo*: Comprobamos que la propiedad también se verifica para n.
  En primer lugar, al ser $n \geq b$, el número n cae en el caso recursivo de la definición y tenemos $\log(b,n) = 1 + \log(b, n\,div\,b)$. Como $2 \leq b \leq n$, tenemos $1 \leq n\,div\,b < n$ y estamos en condiciones de usar la HIC con $l = n\,div\,b$, obteniendo
  $$b^{\log(b,n\,div\,b)} \leq (n\,div\,b) < b^{\log(b,n\,div\,b)+1}.$$

  Multiplicando por b en todos los términos, obtenemos
  $$b \cdot b^{\log(b,n\,div\,b)} \leq b \cdot (n\,div\,b) < b \cdot b^{\log(b,n\,div\,b)+1},$$

  que es equivalente a
  $$b^{1+\log(b,n\,div\,b)} \leq b \cdot (n\,div\,b) < b^{1+\log(b,n\,div\,b)+1};$$

  es decir, por la definición recursiva,
  $$b^{\log(b,n)} \leq b \cdot (n\,div\,b) < b^{\log(b,n)+1}.$$

  Distinguimos ahora dos posibilidades:
  - Si n es múltiplo de b, entonces $b \cdot (n\,div\,b) = n$, y se acaba la demostración:
  $$b^{\log(b,n)} \leq n < b^{\log(b,n)+1}.$$

  - Sin embargo, cuando n no es múltiplo de b tenemos $b \cdot (n\,div\,b) < n < b \cdot (n\,div\,b + 1)$, debido al resto (entre 1 y $b-1$) de la división entera que se ha descartado. En tal caso, la primera desigualdad es inmediata:
  $$b^{\log(b,n)} \leq b \cdot (n\,div\,b) < n.$$

  Con respecto a la segunda desigualdad, tenemos
  $$b \cdot (n\,div\,b) < b^{\log(b,n)+1}.$$

  Como estos dos números son obviamente múltiplos de b y n no es múltiplo de b, n estará estrictamente entre ambos, de forma que
  $$n < b^{\log(b,n)+1}.$$

1.68. Considera la función $f : \mathbb{N} \times \mathbb{N} \to \mathbb{N}$ definida recursivamente por las tres ecuaciones siguientes:
$$f(0,m) = 0,$$
$$f(2k+1, m) = m + f(2k, m), \quad \text{para } k \geq 0,$$
$$f(2k, m) = f(k, m) + f(k, m), \quad \text{para } k > 0.$$

Demuestra por inducción sobre n que $f(n,m) = nm$ para todo $n, m \in \mathbb{N}$.

Solución

Del mismo modo que en los ejercicios 1.62 y 1.63, las tres ecuaciones de la definición recursiva cubren todos los casos posibles para el primer argumento n de f.

La demostración de la propiedad $f(n,m) = nm$ es por inducción completa sobre n.

- *Caso base* $(n = 0)$: $f(0,m) = 0 = 0 \cdot m$, para todo $m \in \mathbb{N}$. ✓

- *Paso inductivo completo*:

  - *Hipótesis de inducción completa* [HIC]: Sea $n \geq 1$; suponemos que, para todo $k, m \in \mathbb{N}$ con $k < n$, se verifica $f(k,m) = km$.

  - *Caso inductivo completo*: Comprobemos que la propiedad se verifica también para n. Es necesaria una demostración por casos, distinguiendo las dos posibilidades que aparecen en la definición recursiva de f.

    ○ Si n es par, entonces $n = 2k$ para algún $k \in \mathbb{N}$ con $1 \leq k < n$ (pues $n > 0$). En este caso,

    $$
    \begin{aligned}
    f(n,m) &= f(2k,m) \\
    &= f(k,m) + f(k,m) &&\text{[por definición recursiva]} \\
    &= km + km &&\text{[por HIC, dos veces, pues } 1 \leq k < n] \\
    &= 2km \\
    &= nm. \checkmark
    \end{aligned}
    $$

    ○ Si n es impar, entonces $n = 2k + 1$ para algún $k \in \mathbb{N}$ con $0 \leq k < n$. En este caso,

    $$
    \begin{aligned}
    f(n,m) &= f(2k+1,m) \\
    &= m + f(2k,m) &&\text{[por definición recursiva]} \\
    &= m + 2km &&\text{[por HIC, pues } 0 \leq 2k < n] \\
    &= (2k+1)m &&\text{[factor común]} \\
    &= nm. \checkmark
    \end{aligned}
    $$

1.69. Considera la función $f : \mathbb{N} \times \mathbb{N} \to \mathbb{N}$ definida recursivamente por las dos ecuaciones siguientes:

$$
\begin{aligned}
f(0,m) &= m, \\
f(n,m) &= f(n-1, nm), \quad \text{para todo } n \geq 1.
\end{aligned}
$$

(a) Suponiendo m fijado arbitrariamente, calcula razonadamente los valores de $f(n,m)$ para $n = 0, 1, \dots, 5$ de acuerdo con la definición de f.

(b) Conjetura una expresión explícita para el valor de $f(n,m)$ y demuestra por inducción sobre n que tu conjetura es correcta. Observa en particular qué resultado obtienes para $f(n,1)$. ¿Corresponde a alguna función conocida?

Solución

(a) Calculamos los valores de f indicados:

$$f(0,m) = m,$$
$$f(1,m) = f(0,1m) = f(0,m) = m,$$
$$f(2,m) = f(1,2m) = f(0,1 \cdot 2m) = 1 \cdot 2m = 2!\,m,$$
$$f(3,m) = f(2,3m) = f(1,2 \cdot 3m) = f(0,1 \cdot 2 \cdot 3m) = 3!\,m,$$
$$f(4,m) = f(3,4m) = f(2,3 \cdot 4m) = f(1,2 \cdot 3 \cdot 4m) = f(0,1 \cdot 2 \cdot 3 \cdot 4m) = 4!\,m,$$
$$f(5,m) = f(4,5m) = f(3,4 \cdot 5m) = f(2,3 \cdot 4 \cdot 5m)$$
$$= f(1,2 \cdot 3 \cdot 4 \cdot 5m) = f(0,1 \cdot 2 \cdot 3 \cdot 4 \cdot 5m) = 5!\,m.$$

En forma de tabla, estos resultados quedan como sigue:

n	0	1	2	3	4	5
$f(n)$	$0!\,m$	$1!\,m$	$2!\,m$	$3!\,m$	$4!\,m$	$5!\,m$

(b) A la vista de los resultados obtenidos en el apartado anterior, conjeturamos que $f(n,m) = n!\,m$, para todo $n, m \in \mathbb{N}$. Lo demostramos por inducción simple sobre n.

- *Caso base* ($n = 0$): $f(0,m) = m = 0!\,m$. ✓
- *Paso inductivo*:
  - *Hipótesis de inducción* [HI]: Para $k \in \mathbb{N}$, suponemos que $f(k,l) = k!\,l$ para todo $l \in \mathbb{N}$.
  - *Caso inductivo*: Comprobamos que $f(k+1,m) = (k+1)!\,m$ se cumple para todo $m \in \mathbb{N}$.

$$\begin{aligned} f(k+1,m) &= f(k,(k+1)m) && \text{[por definición recursiva]} \\ &= k!\,(k+1)m && \text{[por HI para } k \text{ y } l = (k+1)m] \\ &= (k+1)!\,m. \ \checkmark \end{aligned}$$

En particular, cuando $m = 1$, $f(n,1) = n!$, la función factorial.

1.70. Para $n \geq 0$, sea $s_n = \sum_{i=1}^{n}\left(\sum_{j=1}^{n} a_i a_j\right)$, donde los a_k representan números para todo k con $1 \leq k \leq n$.

(a) Define esta expresión recursivamente.

(b) Utilizando la definición recursiva, demuestra que para todo $n \in \mathbb{N}$ se cumple que $s_n = \left(\sum_{i=1}^{n} a_i\right)^2$.

Solución

(a) Si $n = 0$, la suma $\sum_{i=1}^{0}\left(\sum_{j=1}^{0} a_i a_j\right)$ es vacía, porque no hay ningún índice entre 1 y 0; por lo tanto, $s_0 = 0$, obteniendo así el caso base de la definición recursiva.

Por otra parte, si $n \geq 1$, la siguiente cadena de igualdades sirve para expresar s_n en términos de s_{n-1}.

$$s_n = \sum_{i=1}^{n}\left(\sum_{j=1}^{n} a_i a_j\right)$$

$$= \sum_{i=1}^{n}\left(a_i \sum_{j=1}^{n} a_j\right)$$

$$= \sum_{i=1}^{n}\left(a_i a_n + a_i \sum_{j=1}^{n-1} a_j\right)$$

$$= \sum_{i=1}^{n} a_i a_n + \sum_{i=1}^{n}\left(a_i \sum_{j=1}^{n-1} a_j\right)$$

$$= \sum_{i=1}^{n} a_i a_n + \sum_{i=1}^{n}\left(\sum_{j=1}^{n-1} a_j a_i\right)$$

$$= \sum_{i=1}^{n} a_i a_n + \sum_{j=1}^{n-1}\left(\sum_{i=1}^{n} a_j a_i\right)$$

$$= a_n \sum_{i=1}^{n} a_i + \sum_{j=1}^{n-1}\left(a_j \sum_{i=1}^{n} a_i\right)$$

$$= a_n \sum_{i=1}^{n} a_i + \sum_{j=1}^{n-1}\left[a_j\left(a_n + \sum_{i=1}^{n-1} a_i\right)\right]$$

$$= a_n a_n + a_n \sum_{i=1}^{n-1} a_i + \sum_{j=1}^{n-1} a_j a_n + \sum_{j=1}^{n-1}\left(a_j \sum_{i=1}^{n-1} a_i\right)$$

$$= a_n^2 + a_n \sum_{i=1}^{n-1} a_i + a_n \sum_{j=1}^{n-1} a_j + \sum_{j=1}^{n-1}\left(\sum_{i=1}^{n-1} a_j a_i\right)$$

$$= a_n^2 + 2a_n \sum_{i=1}^{n-1} a_i + \sum_{i=1}^{n-1}\left(\sum_{j=1}^{n-1} a_i a_j\right)$$

$$= a_n^2 + 2a_n \sum_{i=1}^{n-1} a_i + s_{n-1}.$$

(b) La demostración es por inducción simple sobre n.

- *Caso base* $(n = 0)$: $s_n = 0 = 0^2 = \left(\sum_{i=1}^{0} a_i\right)^2$. ✓

- *Paso inductivo*:

  - *Hipótesis de inducción* [HI]: Suponemos cierto que $s_k = \left(\sum_{i=1}^{k} a_i\right)^2$ para $k \in \mathbb{N}$.

- *Caso inductivo*: Demostramos que la propiedad se verifica entonces para $k + 1$.

$$s_{k+1} = a_{k+1}^2 + 2a_{k+1} \sum_{i=1}^{k} a_i + s_k \qquad \text{[por definición recursiva]}$$

$$= a_{k+1}^2 + 2a_{k+1} \sum_{i=1}^{k} a_i + \left(\sum_{i=1}^{k} a_i \right)^2 \qquad \text{[por HI]}$$

$$= \left(a_{k+1} + \sum_{i=1}^{k} a_i \right)^2 \qquad \text{[cuadrado de la suma]}$$

$$= \left(\sum_{i=1}^{k+1} a_i \right)^2 . \checkmark$$

2

Teoría de números

❧

2.1. Múltiplos y divisores. División entera

Dados dos números enteros $a, b \in \mathbb{Z}$, se dice que a es **divisible** entre b (o también que b es **divisor** de a, o que a es **múltiplo** de b) cuando existe algún entero $c \in \mathbb{Z}$ tal que $a = b \cdot c$.

Se utiliza la notación $b \mid a$ para indicar que b es divisor de a, y la notación $b \nmid a$ para indicar que no lo es. Se escribe también "a es $\dot{b}$" para indicar que a es múltiplo de b.

Si se tiene que $b \mid a$ y además el entero c tal que $a = b \cdot c$ es único, entonces se dice que c es el **cociente exacto** de la división del **dividendo** a entre el **divisor** b y se escribe $c = \frac{a}{b}$.

Hay dos casos especiales: Puesto que $0 = 0 \cdot c$ para cualquier $c \in \mathbb{Z}$, resulta que $0 \mid 0$, pero $\frac{0}{0}$ está indefinido porque c no es único. Además, para cualquier entero $a \neq 0$, se tiene que $a \neq 0 \cdot c$ sea cual sea $c \in \mathbb{Z}$. Por lo tanto, cuando $a \neq 0$ se tiene que $0 \nmid a$ y $\frac{a}{0}$ está indefinido.

Dados un entero $a \in \mathbb{Z}$ y un entero positivo $b \in \mathbb{Z}$, $b > 0$, existen dos enteros unívocamente determinados $c, r \in \mathbb{Z}$ tales que $a = b \cdot c + r$ y $0 \leq r < b$. Los números c y r se llaman **cociente** y **resto** de la división entera con **dividendo** a y **divisor** b. Se utiliza la notación $c = a \operatorname{div} b$, $r = a \operatorname{mod} b$ (o a veces también $(c, r) = a \operatorname{divmod} b$) para indicar el cálculo de c y r a partir de a y b.

En el caso de un dividendo entero $a \in \mathbb{Z}$ y un divisor negativo $b \in \mathbb{Z}$, $b < 0$, el cociente y el resto de la división entera se definen como $a \operatorname{div} b = (-a) \operatorname{div} (-b)$, $a \operatorname{mod} b = (-a) \operatorname{mod} (-b)$.

La división entera con divisor 0 no está definida. Además, en el caso particular de que el resto $a \operatorname{mod} b$ valga 0, el cociente entero $a \operatorname{div} b$ coincide con el resultado de la división exacta $\frac{a}{b}$.

2.2. Sistemas de numeración

Dados dos números naturales $a, b \in \mathbb{N}$ tales que $b \geq 2$, a admite una expresión unívoca de la forma $a = d_n \cdot b^n + d_{n-1} \cdot b^{n-1} + \cdots + d_1 \cdot b + d_0$, siendo $0 \leq d_i < b$ para todo i con $0 \leq i \leq n$.

Los números d_i se obtienen como sucesivos restos de divisiones enteras entre b. Se comienza calculando $(c_0, d_0) = a \, divmod \, b$, y se continúa calculando $(c_{i+1}, d_{i+1}) = c_i \, divmod \, b$ hasta que se obtenga un cociente $c_i = 0$. La expresión así obtenida proporciona la representación de a en el **sistema de numeración con base** b, donde cada valor d_i se llama el **dígito de lugar i**.

Para indicar la representación de a en base b, se escribe $a = (d_n \, d_{n-1} \cdots d_1 \, d_0)_b$.

En el caso de un entero negativo $a \in \mathbb{Z}$, $a < 0$, la representación de a en base b se obtiene añadiendo un signo negativo a la representación de $-a$ en base b.

La base más utilizada para cálculos manuales es $b = 10$, que corresponde al **sistema de numeración decimal** habitual. Para obtener la representación decimal de un número cuya representación en otra base b es $(d_n \, d_{n-1} \cdots d_1 \, d_0)_b$, hay que calcular el valor de la expresión $d_n \cdot b^n + d_{n-1} \cdot b^{n-1} + \cdots + d_1 \cdot b + d_0$ operando en base 10. Un método práctico para realizar este cálculo es el **método de Horner**, basado en la igualdad

$$d_n b^n + d_{n-1} b^{n-1} + \cdots + d_2 b^2 + d_1 b + d_0 =$$
$$(((\ldots(d_n b + d_{n-1})b + \cdots + d_3)b + d_2)b + d_1)b + d_0.$$

y que opera del modo siguiente:

- Se comienza calculando $v_n = d_n$.
- A continuación, se realiza el cálculo $v_i = v_{i+1} \cdot b + d_i$ para valores decrecientes de i, desde $n-1$ hasta 0. El valor v_0 calculado al final es el que se buscaba.

En informática tienen mucha importancia algunas bases cuyos valores son potencias de 2, principalmente $b = 2$ (**sistema de numeración binario**), $b = 8$ (**sistema de numeración octal**) y $b = 16$ (**sistema de numeración hexadecimal**). Para escribir números en el sistema hexadecimal se necesita un solo signo para indicar el valor de cada una de las cifras hexadecimales comprendidas entre los valores que se escriben 10 y 15 en el sistema decimal. Por convenio, se utilizan para ello las letras A, B, C, D, E y F, entendiendo que A vale 10, B vale 11, etc., hasta llegar a F que vale 15.

2.3. Máximo común divisor y mínimo común múltiplo

El **máximo común divisor** de dos números enteros a y b es el mayor número *natural* d que sea divisor común de a y b; es decir, el mayor número natural d que cumpla $d \mid a$ y $d \mid b$, en caso de que exista. La notación $d = mcd(a, b)$ se utiliza para indicar que el máximo común divisor de a y b existe y vale d. Las siguientes propiedades son útiles:

- Si un número natural d es un divisor común de a y b, y además cualquier otro divisor común de a y b es divisor de d, se puede asegurar que $d = mcd(a, b)$.
- $mcd(0, 0)$ no existe, porque cualquier número entero es divisor de 0, y ninguno es mayor que todos los demás.
- $mcd(a, b) = mcd(b, a)$.
- $mcd(a, b) = mcd(|a|, |b|)$, siendo $|a|$ y $|b|$ los valores absolutos de a y b.
- $mcd(a, 0) = mcd(0, a) = |a|$, para $a \neq 0$.

El **mínimo común múltiplo** de dos números enteros a y b es el menor número *natural* m que sea múltiplo común de a y b; es decir, el menor número natural m que cumpla $a \mid m$ y $b \mid m$, en caso de que exista. La notación $m = mcm(a, b)$ se utiliza para indicar que el mínimo común múltiplo de a y b existe y vale m. Las siguientes propiedades son útiles:

- Si un número natural m es un múltiplo común de a y b, y además cualquier otro múltiplo común de a y b es múltiplo de m, se puede asegurar que $m = mcm(a, b)$.

- $mcm(a, b) = mcm(b, a)$.

- $mcm(a, b) = mcm(|a|, |b|)$.

- $mcm(a, 0) = mcm(0, a) = 0$ se cumple para cualquier $a \in \mathbb{Z}$, ya que 0 es un múltiplo común de a y 0, y ningún otro número natural es menor que 0.

- Para $a > 0$ y $b > 0$, $mcd(a, b) \cdot mcm(a, b) = a \cdot b$.

La última de las propiedades anteriores se puede demostrar utilizando la descomposición de los enteros a y b como producto de números primos (véase el ejercicio 2.57) y puede servir para calcular $mcm(a, b)$ cuando ya se conozca $mcd(a, b)$, que a su vez se puede calcular mediante el algoritmo de Euclides.

2.4. Algoritmo de Euclides y teorema de Bézout

Debido a las propiedades del máximo común divisor, el cálculo práctico de $mcd(a, b)$ se puede limitar a aquellos casos en los que se cumple que $a \geq b > 0$. En estas condiciones, si se calculan $c = a\ div\ b$ y $r = a\ mod\ b$, es fácil demostrar que $mcd(a, b) = mcd(b, r)$. Esta propiedad se conoce como **lema de Euclides**.

La aplicación reiterada del lema de Euclides proporciona un método para calcular el máximo común divisor, llamado **algoritmo de Euclides**. Dados dos enteros a y b tales que $a \geq b > 0$, el algoritmo de Euclides va calculando valores a_i, b_i, c_i, r_i, asociados a valores crecientes de un índice $i \geq 0$, de la siguiente manera:

- Se comienza calculando $a_0 = a$, $b_0 = b$.

- Suponiendo ya calculados a_i y b_i para un cierto valor del subíndice i, puede ocurrir que $b_i = 0$ o que $b_i > 0$.

  - Si $b_i = 0$, el cálculo termina. Se toma $d = a_i$ y se puede asegurar que $d = mcd(a, b)$.
  - Si $b_i > 0$, se calculan $c_i = a_i\ div\ b_i$ y $r_i = a_i\ mod\ b_i$ y se continúa con $a_{i+1} = b_i$ y $b_{i+1} = r_i$.

En la práctica, los cálculos necesarios para ejecutar el algoritmo de Euclides se pueden organizar en una tabla con varias columnas, en las cuales se van registrando los valores de i, a_i, b_i, r_i y c_i.

i	a_i	b_i	r_i	c_i

La tabla se va rellenando de arriba a abajo, comenzando por la fila $i = 0$. Este procedimiento de cálculo es correcto porque el lema de Euclides garantiza que $mcd(a, b) = mcd(a_i, b_i)$ para cualquier valor de i comprendido entre el valor inicial 0 y el valor final k, y para el valor final $i = k$ se tiene trivialmente que $mcd(a_k, b_k) = mcd(a_k, 0) = a_k$ (véanse, por ejemplo, los ejercicios 2.40 y 2.41).

El **teorema de Bézout** afirma que el máximo común divisor de dos números enteros se puede expresar como combinación lineal de dichos números con coeficientes enteros; es decir, dados $a, b \in \mathbb{Z}$ tales que $d = mcd(a, b)$, se pueden encontrar dos coeficientes enteros $m, n \in \mathbb{Z}$ de manera que se cumpla $d = m \cdot a + n \cdot b$, o equivalentemente $d = a \cdot m + b \cdot n$.

Para realizar el cálculo práctico de m y n, se parte de la tabla utilizada para el cálculo de $d = mcd(a, b)$ por el algoritmo de Euclides. Suponiendo que k sea el valor del índice i con el que ha terminado el cálculo anterior, se van calculando valores m_i, n_i asociados a valores decrecientes de un índice i, comenzando por $i = k$, del siguiente modo:

- Se comienza calculando $m_k = 1$, $n_k = 0$.

- Seguidamente, los valores de i comprendidos entre $k-1$ y 0 se recorren en orden decreciente y para cada uno de ellos se calculan $m_i = n_{i+1}$ y $n_i = m_{i+1} - n_{i+1} \cdot c_i$.

- Finalmente, se toman $m = m_0$ y $n = n_0$.

Para realizar estos cálculos conviene ampliar la tabla utilizada para el cálculo de $d = mcd(a, b)$ con dos columnas adicionales en las que se van registrando los valores m_i y n_i calculando de abajo a arriba.

i	a_i	b_i	r_i	c_i	m_i	n_i

Este procedimiento de cálculo es correcto porque es posible demostrar por inducción que la ecuación $mcd(a_i, b_i) = m_i \cdot a_i + n_i \cdot b_i$ se cumple para cualquier valor del índice i comprendido entre 0 y k (véanse, por ejemplo, los ejercicios 2.40 y 2.41).

Nótese que cuando $a = b > 0$, se tiene $mcd(a, b) = a = b = 1 \cdot a + 0 \cdot b = 0 \cdot a + 1 \cdot b$.

2.5. Números primos

Un número entero $p > 1$ se dice que es **primo** cuando los únicos divisores positivos de p son 1 y el propio p. Obsérvese que 2 es primo, pero ningún otro número par mayor que 2 es primo.

Un número entero $x > 1$ se llama **compuesto** cuando no es primo, o lo que es lo mismo, si existe una descomposición $x = k \cdot l$ que expresa a x como producto de dos enteros k y l tales que $1 < k, l < x$. Si no se puede encontrar ningún divisor d de x que sea mayor que 1 y menor o igual que la raíz cuadrada por defecto de x, se puede asegurar que x es primo.

El número 1 (elemento neutro de la operación producto) se considera que no es ni primo ni compuesto, mientras que los números negativos se dividen en tres clases: -1, los opuestos de los números primos y los opuestos de los números compuestos.

Las propiedades más importantes y útiles de los números primos son las siguientes:

- Siempre que un número primo p sea divisor de un producto $x_1 \cdot x_2 \cdot \ldots \cdot x_n$ de n factores enteros x_i, necesariamente p debe ser divisor de alguno de dichos factores; es decir, siempre que un número primo p cumpla que $p \mid x_1 \cdot x_2 \cdot \ldots \cdot x_n$, se puede concluir que $p \mid x_i$ para algún i con $1 \leq i \leq n$.

- Cualquier número entero $x \geq 1$ se puede descomponer como producto de factores primos. Además, la descomposición es única salvo el orden de los factores. Esta propiedad se conoce como **teorema fundamental de la aritmética**. Para indicar la descomposición de x como producto de factores primos se suele utilizar la notación $x = p_1^{e_1} \cdot p_2^{e_2} \cdot \ldots \cdot p_n^{e_n}$, donde los p_i son números primos y los e_i son exponentes naturales. En el caso $x = 1$ la descomposición se obtiene tomando $n = 0$ (producto vacío).

- Si p es cualquier número primo y q es cualquier divisor primo de $1 + p!$, se puede asegurar que $q > p$. Como consecuencia de esta propiedad, para cualquier número primo existe otro mayor y, por lo tanto, el conjunto de los números primos es infinito (véase la sección 3.5 en el capítulo sobre conjuntos y funciones).

Para calcular todos los números primos menores o iguales que una cota superior n dada se puede emplear un procedimiento conocido como **criba de Eratóstenes**, que se ejecuta del modo siguiente:

- Se comienza escribiendo en una lista el número 2, seguido de todos los números impares menores o iguales que el límite n dado (supondremos que $n > 3$).

- A continuación se repite el siguiente proceso, a lo largo del cual se van tachando algunos de los números de la lista:

- Se considera el primer número p de la lista que sea mayor que 2 y no esté tachado (inicialmente será el 3). Se puede asegurar que p es primo.

- Si se tiene $p^2 \leq n$, se tachan de la lista todos los múltiplos de p excepto el propio p y se repite el proceso volviendo a considerar el primer número de la lista que haya quedado sin tachar. Si, por el contrario, se tiene $p^2 > n$, se puede asegurar que todos los números de la lista que aún no hayan sido tachados son primos. El proceso termina, y los números de la lista que hayan quedado sin tachar serán los primos que se buscaban.

2.6. Congruencias y aritmética modular

Supongamos fijado un número entero positivo m. Se dice que dos enteros a, b son **congruentes módulo** m (en símbolos, $a \equiv_m b$) en el caso de que se cumpla cualquiera de las tres condiciones siguientes, que son equivalentes entre sí:

- a y b tiene el mismo resto cuando se dividen entre m, es decir, $a \bmod m = b \bmod m$.

- $b - a$ es múltiplo de m, es decir, $m \mid b - a$.

- Existe un entero k tal que $b = a + k \cdot m$.

Se demuestra que $\equiv_m$ es una **relación de equivalencia** (véase la sección 4.2 en el capítulo sobre relaciones y órdenes) sobre el conjunto $\mathbb{Z}$ de los números enteros. Para cada número entero a, la clase de equivalencia de a se llama **clase de congruencia de a módulo** m y está definida como $[a]_m = \{b \in \mathbb{Z} \mid a \equiv_m b\} = \{a + k \cdot m \mid k \in \mathbb{Z}\}$.

El **conjunto cociente** (véase de nuevo la sección 4.2) $\mathbb{Z}/\equiv_m$, que habitualmente representamos como $\mathbb{Z}/(m)$, tiene como elementos todas las clases $[a]_m$, para los diferentes $a \in \mathbb{Z}$. En la práctica, es suficiente considerar las m clases de congruencia $[i]_m$ para $0 \leq i < m$, ya que cualquier otra clase es idéntica a una de estas. Se tiene, por tanto, que $\mathbb{Z}/(m) = \{[0]_m, [1]_m, \ldots, [m-1]_m\}$.

Supuesta una elección fija de $m > 0$, es posible definir **operaciones aritméticas módulo** m en $\mathbb{Z}/(m)$, de manera que:

- $[a]_m +_m [b]_m = [c]_m$, siendo c un entero tal que $a + b \equiv_m c$. En la práctica generalmente se tendrá $0 \leq a, b < m$, y se podrá elegir $c = (a + b) \bmod m$.

- $[a]_m -_m [b]_m = [c]_m$, siendo c un entero tal que $a - b \equiv_m c$. En la práctica generalmente se tendrá $0 \leq a, b < m$, y se podrá elegir $c = (a - b) \bmod m$.

- $[a]_m \cdot_m [b]_m = [c]_m$, siendo c un entero tal que $a \cdot b \equiv_m c$. En la práctica generalmente se tendrá $0 \leq a, b < m$, y se podrá elegir $c = (a \cdot b) \bmod m$.

En cualquier problema referente a congruencias módulo un entero $m > 0$ que se conozca por el contexto, se puede simplificar la notación escribiendo $[i]$ (o a veces también $\bar{i}$) en lugar de $[i]_m$, para indicar las clases de congruencia. Por ejemplo, se puede escribir $\mathbb{Z}/(3) = \{[0], [1], [2]\} = \{\bar{0}, \bar{1}, \bar{2}\}$.

2.7. Preguntas de test resueltas

2.1. Para todo $n \geq 0$, el número $5^{n+1} + 2 \cdot 3^n + 1$ es divisible por k, siendo

(a) $k = 12$ (b) $k = 21$ (c) $k = 8$

Solución

Damos valores a n, para poder evaluar la expresión y saber qué valores toma.

$n = 0$	$5^{0+1} + 2 \cdot 3^0 + 1 = 5 + 2 + 1 = 8$
$n = 1$	$5^{1+1} + 2 \cdot 3^1 + 1 = 5^2 + 6 + 1 = 32$

La solución correcta debe ser (c), ya que 8 no es divisible por 12 ni por 21 y, por el contrario, 32 sí es divisible por 8.

La demostración rigurosa de que la propiedad $8 \mid (5^{n+1} + 2 \cdot 3^n + 1)$ se verifica para todo $n \geq 0$ debe realizarse por inducción sobre n.

2.2. Para todo $n \geq 0$, el número $8^n - 2^n$ es divisible por k, siendo

(a) $k = 4$ (b) $k = 22$ (c) $k = 6$

Solución

Damos valores a n, para poder evaluar la expresión y saber qué valores toma.

$n = 0$	$8^0 - 2^0 = 1 - 1 = 0$
$n = 1$	$8^1 - 2^1 = 8 - 2 = 6$

La solución correcta debe ser (c), ya que 0 es divisible por cualquier número, pero 6 no es divisible por 4 ni por 22.

La demostración rigurosa de que la propiedad $6 \mid (8^n - 2^n)$ se verifica para todo $n \geq 0$ debe realizarse por inducción sobre n.

2.3. Para todo $n \geq 0$, el número $5^n - 4n - 1$ es divisible por k, siendo

(a) $k = 16$ (b) $k = 5$ (c) $k = 18$

Solución

Damos valores a n, para poder evaluar la expresión y saber qué valores toma.

$n = 0$	$5^0 - 4 \cdot 0 - 1 = 1 - 0 - 1 = 0$
$n = 1$	$5^1 - 4 \cdot 1 - 1 = 5 - 4 - 1 = 0$
$n = 2$	$5^2 - 4 \cdot 2 - 1 = 25 - 8 - 1 = 16$

La solución correcta debe ser (a), ya que 0 es divisible por cualquier número, pero 16 no es divisible por 5 ni por 18.

La demostración rigurosa de que la propiedad $16 \mid (5^n - 4n - 1)$ se verifica para todo $n \geq 0$ debe realizarse por inducción sobre n.

2.4. Para todo $n \geq 0$, el número $n^3 + 3n^2 + 2n$ es divisible por k, siendo

(a) $k = 15$ (b) $k = 7$ (c) $k = 6$

Solución

Damos valores a n, para poder evaluar la expresión y saber qué valores toma.

$n = 0$	$0^3 + 3 \cdot 0^2 + 2 \cdot 0 = 0$
$n = 1$	$1^3 + 3 \cdot 1^2 + 2 \cdot 1 = 1 + 3 + 2 = 6$
$n = 2$	$2^3 + 3 \cdot 2^2 + 2 \cdot 2 = 8 + 12 + 4 = 24$

La solución correcta debe ser (c), ya que 6 no es divisible por 15 ni por 7 y, por el contrario, 24 sí es divisible por 6.

La demostración rigurosa de que la propiedad $6 \mid (n^3 + 3n^2 + 2n)$ se verifica para todo $n \geq 0$ debe realizarse por inducción sobre n.

2.5. Para todo $n \geq 0$, el número $11^n - 4^n$ es divisible por k, siendo

(a) $k = 7$ (b) $k = 15$ (c) $k = 19$

Solución

Damos valores a n, para poder evaluar la expresión y saber qué valores toma.

$n = 0$	$11^0 - 4^0 = 1 - 1 = 0$
$n = 1$	$11^1 - 4^1 = 11 - 4 = 7$
$n = 2$	$11^2 - 4^2 = 121 - 16 = 105$

La solución correcta debe ser (a), ya que 7 no es divisible por 15 ni por 19 y, por el contrario, 105 sí es divisible por 7.

La demostración rigurosa de que la propiedad $7 \mid (11^n - 4^n)$ se verifica para todo $n \geq 0$ debe realizarse por inducción sobre n.

2.6. Para todo $n \geq 0$, el número $4^{2n} - 1$ es divisible por k, siendo

(a) $k = 19$ (b) $k = 15$ (c) $k = 7$

Solución

Damos valores a n, para poder evaluar la expresión y saber qué valores toma.

$n = 0$	$4^{2 \cdot 0} - 1 = 1 - 1 = 0$
$n = 1$	$4^{2 \cdot 1} - 1 = 16 - 1 = 15$
$n = 2$	$4^{2 \cdot 2} - 1 = 256 - 1 = 255$

La solución correcta debe ser (b), ya que 15 no es divisible por 7 ni por 19 y, por el contrario, 255 sí es divisible por 15.

La demostración rigurosa de que la propiedad $15 \mid (4^{2n} - 1)$ se verifica para todo $n \geq 0$ debe realizarse por inducción sobre n.

2.7. Dados $a, b \in \mathbb{N}$ tales que $a \mid b$ y $a \mid b + 2$, debe cumplirse necesariamente:

(a) $a = 1$ (b) $a = 1$ o $a = 2$ (c) $a = 2$

Solución

Puesto que $a \mid b$, debe existir $k \in \mathbb{N}$ tal que $b = k \cdot a$. Análogamente, puesto que $a \mid b + 2$, debe existir $l \in \mathbb{N}$ tal que $b + 2 = l \cdot a$. De las dos igualdades anteriores se deduce que

$$2 = (b + 2) - b = l \cdot a - k \cdot a = (l - k) \cdot a,$$

con lo cual $a \mid 2$. Sabemos que 2 es primo y que los divisores positivos de 2 son 1 y 2. Por lo tanto, la respuesta correcta es la (b).

La respuesta (a) no es correcta porque $a = 2$ también es una posibilidad válida y (a) solo admite la posibilidad $a = 1$. Análogamente, la respuesta (c) no es correcta por no admitir la posibilidad $a = 1$.

2.8. La propiedad $8 \mid n^2 - 1$ se cumple:

(a) Para todo $n \in \mathbb{N}$ (b) Para todo $n \in \mathbb{N}$ que sea par   (c) Para todo $n \in \mathbb{N}$ que sea impar

Solución

Damos valores a n para poder evaluar la expresión $n^2 - 1$ y saber qué valores toma.

$n = 0$	$0^2 - 1 = 0 - 1 = -1$
$n = 1$	$1^2 - 1 = 1 - 1 = 0$
$n = 2$	$2^2 - 1 = 4 - 1 = 3$
$n = 3$	$3^2 - 1 = 9 - 1 = 8$

Vemos que las respuestas (a) y (b) no son correctas, pues para $n = 0$ y para $n = 2$ se tiene que $n^2 - 1$ no es divisible por 8.

La respuesta correcta debe ser (c). Ya hemos comprobado que para $n = 1$ y $n = 3$ se cumple que $n^2 - 1$ es divisible por 8. Los números naturales impares son todos los de la forma $2k + 1$, siendo $k \in \mathbb{N}$. Por este motivo, para demostrar rigurosamente que la respuesta (c) es la correcta, habría que razonar por inducción que la propiedad $8 \mid (2k + 1)^2 - 1$ se cumple para todo $k \in \mathbb{N}$.

2.9. El número cuya representación en base 7 es $(1010)_7$ se representa en decimal como:

(a) 530 　　　　　 (b) 727 　　　　　 (c) 350

Solución

Para obtener la representación decimal de $(1010)_7$ calculamos

$$1 \cdot 7^3 + 0 \cdot 7^2 + 1 \cdot 7^1 + 0 \cdot 7^0 = 343 + 7 = 350.$$

El resultado muestra que la respuesta correcta es la (c).

2.10. La representación en base 3 del número $(368)_{10}$ es:

(a) $(221111)_3$ 　　　　　 (b) $(111122)_3$ 　　　　　 (c) $(113322)_3$

Solución

La respuesta (c) no puede ser correcta, porque los dígitos en base 3 son 0, 1 y 2.

Para obtener la representación en base 3 de un número realizamos sucesivas divisiones por 3, empezando por el número dado y continuando luego con los cocientes obtenidos hasta que el cociente sea 0, y recogemos todos los restos obtenidos de derecha a izquierda.

En la primera división, al dividir 368 por 3, el cociente es 122 y el resto es 2, es decir, el dígito de las "unidades" en base 3 es 2. Esto nos permite descartar la respuesta (a) y deducir que la respuesta correcta es (b), como se puede comprobar haciendo las restantes divisiones:

$$
\begin{aligned}
368 &= 3 \cdot 122 + 2, & 13 &= 3 \cdot 4 + 1, \\
122 &= 3 \cdot 40 + 2, & 4 &= 3 \cdot 1 + 1, \\
40 &= 3 \cdot 13 + 1, & 1 &= 3 \cdot 0 + 1.
\end{aligned}
$$

2.11. ¿Cuál de los tres números siguientes *no* es primo?

(a) 80 363 　　　　　 (b) 80 369 　　　　　 (c) 80 367

Solución

El número 80 367 no es primo porque es divisible por 3, dado que sus cifras suman 24, que es múltiplo de 3. Por tanto, la respuesta correcta es la (c).

Para justificar que las otras dos respuestas no son correctas habría que demostrar que los números 80 363 y 80 369 son primos, razonando como en la solución del ejercicio 2.51.

2.12. ¿Cuál de los tres números siguientes es primo?

    (a) 4 803   (b) 3 803   (c) 3 804

Solución

El número 4 803 no es primo porque es divisible por 3 (sus cifras suman 15, que es múltiplo de 3), y el número 3 804 tampoco porque es par, es decir, divisible por 2.

Como hay una única respuesta correcta, esta debe ser la (b). En efecto, se puede demostrar que 3 803 es un número primo razonando como en la solución del ejercicio 2.51.

2.13. Sea x un número entero tal que $0 \leq x \leq 32$, $\overline{x} = \overline{2}$ en $\mathbb{Z}/(5)$ y $\overline{x} = \overline{3}$ en $\mathbb{Z}/(4)$. ¿Cuál de los siguientes números *no* puede ser x?

    (a) 7   (b) 22   (c) 27

Solución

Dos números tienen la misma clase de congruencia módulo m si y solo si dan el mismo resto al dividirlos entre m.

Obviamente, el resto de 2 al dividir por 5 es 2, y el resto de 3 al dividir por 4 es 3. Calculamos ahora los restos de los números que aparecen en las tres respuestas al dividirlos por 5 y por 4:

$$7 = 1 \cdot 5 + 2, \qquad\qquad 7 = 1 \cdot 4 + 3,$$
$$22 = 4 \cdot 5 + 2, \qquad\qquad 22 = 5 \cdot 4 + 2,$$
$$27 = 5 \cdot 5 + 2, \qquad\qquad 27 = 6 \cdot 4 + 3.$$

Con estos datos, vemos que $\overline{7} = \overline{22} = \overline{27} = \overline{2}$ en $\mathbb{Z}/(5)$ y $\overline{7} = \overline{27} = \overline{3}$ en $\mathbb{Z}/(4)$. Sin embargo, $\overline{22} \neq \overline{3}$ en $\mathbb{Z}/(4)$. Por consiguiente, la respuesta correcta es (b).

2.14. Dado $x \in \mathbb{Z}$ tal que $0 \leq x \leq 25$, $x \equiv_3 1$ y $x \equiv_5 2$, necesariamente se cumple:

    (a) $x = 13$ (b) $x = 17$ (c) $x = 7$ o $x = 22$

Solución

Los números enteros entre 0 y 25 cuyo resto al dividir por 3 es 1 son los siguientes: 1, 4, 7, 10, 13, 16, 19, 22, 25. Además, la tercera condición significa que al dividir por 5 el resto debe ser 3, lo cual solamente se cumple para los números 7 y 22 entre los anteriores.

Por tanto, la respuesta correcta es (c) y las respuestas (a) y (b) son incorrectas.

2.15. Dado $x \in \mathbb{Z}$ tal que $0 \leq x \leq 22$, $x \equiv_3 0$ y $x \equiv_5 1$, necesariamente se cumple:

(a) $x = 1$ (b) $x = 16$ (c) $x = 6$ o $x = 21$

Solución

Los números enteros entre 0 y 22 que son múltiplos de 3 (es decir, su resto al dividir por 3 es 0) son los siguientes: 0, 3, 6, 9, 12, 15, 18, 21. Al imponer además la tercera condición según la cual al dividir por 5 el resto debe ser 1, nos quedan solamente los números 6 y 21 de los anteriores.

Por tanto, la respuesta correcta es (c) y las respuestas (a) y (b) son incorrectas.

2.16. Dado $x \in \mathbb{Z}$ tal que $0 \leq x \leq 32$, $x \equiv_5 2$ y $x \equiv_4 3$, necesariamente se cumple:

(a) $x = 7$ o $x = 27$ (b) $x = 7$ o $x = 23$ (c) $x = 22$ o $x = 27$

Solución

Los números enteros entre 0 y 32 cuyo resto al dividir por 5 es 2 son los siguientes: 2, 7, 12, 17, 22, 27, 32. La tercera condición exige además que al dividir por 4 el resto debe ser 3, por lo que se eliminan todos los números anteriores menos el 7 y el 27.

En consecuencia, la respuesta correcta es (a) mientras que las respuestas (b) y (c) son ambas incorrectas.

2.17. Las soluciones de la ecuación $\overline{9} \cdot x + \overline{4} = \overline{7}$ en $\mathbb{Z}/(6)$ son:

(a) Una: $x = \overline{1}$ (b) Dos: $x = \overline{1}$, $x = \overline{3}$ (c) Tres: $x = \overline{1}$, $x = \overline{3}$, $x = \overline{5}$

Solución

En $\mathbb{Z}/(6)$, la ecuación $\overline{9} \cdot x + \overline{4} = \overline{7}$ equivale a $\overline{3} \cdot x + \overline{4} = \overline{1}$, porque $9 \equiv_6 3$ y $7 \equiv_6 1$. Operando en $\mathbb{Z}/(6)$, comprobamos si la ecuación se cumple o no para cada uno de los 6 valores que puede tomar x:

$x = \overline{0}$	$\overline{3} \cdot_6 \overline{0} +_6 \overline{4} = \overline{4}$
$x = \overline{1}$	$\overline{3} \cdot_6 \overline{1} +_6 \overline{4} = \overline{7} = \overline{1}$
$x = \overline{2}$	$\overline{3} \cdot_6 \overline{2} +_6 \overline{4} = \overline{10} = \overline{4}$
$x = \overline{3}$	$\overline{3} \cdot_6 \overline{3} +_6 \overline{4} = \overline{13} = \overline{1}$
$x = \overline{4}$	$\overline{3} \cdot_6 \overline{4} +_6 \overline{4} = \overline{16} = \overline{4}$
$x = \overline{5}$	$\overline{3} \cdot_6 \overline{5} +_6 \overline{4} = \overline{19} = \overline{1}$

Vemos que la respuesta correcta es (c). Las respuestas (a) y (b) son incorrectas.

2.18. La ecuación $\overline{9} \cdot x = \overline{6}$ en $\mathbb{Z}/(12)$ tiene:

    (a) Una solución   (b) Tres soluciones   (c) Dos soluciones

Solución

Operando en $\mathbb{Z}/(12)$, comprobamos si la ecuación se cumple o no para cada uno de los 12 valores que puede tomar x:

$x = \overline{0}$	$\overline{9} \cdot_{12} \overline{0} = \overline{0}$
$x = \overline{1}$	$\overline{9} \cdot_{12} \overline{1} = \overline{9}$
$x = \overline{2}$	$\overline{9} \cdot_{12} \overline{2} = \overline{18} = \overline{6}$
$x = \overline{3}$	$\overline{9} \cdot_{12} \overline{3} = \overline{27} = \overline{3}$
$x = \overline{4}$	$\overline{9} \cdot_{12} \overline{4} = \overline{36} = \overline{0}$
$x = \overline{5}$	$\overline{9} \cdot_{12} \overline{5} = \overline{45} = \overline{9}$
$x = \overline{6}$	$\overline{9} \cdot_{12} \overline{6} = \overline{54} = \overline{6}$
$x = \overline{7}$	$\overline{9} \cdot_{12} \overline{7} = \overline{63} = \overline{3}$
$x = \overline{8}$	$\overline{9} \cdot_{12} \overline{8} = \overline{72} = \overline{0}$
$x = \overline{9}$	$\overline{9} \cdot_{12} \overline{9} = \overline{81} = \overline{9}$
$x = \overline{10}$	$\overline{9} \cdot_{12} \overline{10} = \overline{90} = \overline{6}$
$x = \overline{11}$	$\overline{9} \cdot_{12} \overline{11} = \overline{99} = \overline{3}$

Vemos que la ecuación tiene tres soluciones: $x = \overline{2}$, $x = \overline{6}$ y $x = \overline{10}$. Luego la respuesta correcta es (b) y las otras dos respuestas son incorrectas.

2.19. La ecuación $\overline{3} \cdot x = \overline{2}$ en $\mathbb{Z}/(6)$ admite las soluciones:

    (a) $x = \overline{9}$ (b) $x = \overline{13}$ (c) Ninguna

Solución

Operando en $\mathbb{Z}/(6)$, comprobamos si la ecuación se cumple o no para cada uno de los 6 valores que puede tomar x:

$x = \overline{0}$	$\overline{3} \cdot_6 \overline{0} = \overline{0}$
$x = \overline{1}$	$\overline{3} \cdot_6 \overline{1} = \overline{3}$
$x = \overline{2}$	$\overline{3} \cdot_6 \overline{2} = \overline{6} = \overline{0}$
$x = \overline{3}$	$\overline{3} \cdot_6 \overline{3} = \overline{9} = \overline{3}$
$x = \overline{4}$	$\overline{3} \cdot_6 \overline{4} = \overline{12} = \overline{0}$
$x = \overline{5}$	$\overline{3} \cdot_6 \overline{5} = \overline{15} = \overline{3}$

Vemos que ningún valor de x es solución de la ecuación. Por tanto, la respuesta correcta es (c) y las respuestas (a) y (b) son incorrectas.

2.20. Las soluciones de la ecuación $\overline{5} + x = \overline{12}$ en $\mathbb{Z}/(5)$ son:

(a) $x = \overline{7}$ (b) $x = \overline{3}$ (c) $x = \overline{4}$

Solución

Teniendo en cuenta que en $\mathbb{Z}/(5)$ valen las igualdades $\overline{5} = \overline{0}$ y $\overline{12} = \overline{2}$, las siguientes equivalencias son válidas: $\overline{5} +_5 x = \overline{12} \iff \overline{0} +_5 x = \overline{2} \iff x = \overline{2}$.

Por tanto, $x = \overline{2}$ es la única solución de la ecuación $\overline{5} + x = \overline{12}$ en $\mathbb{Z}/(5)$, y puesto que en $\mathbb{Z}/(5)$ se cumple también $\overline{2} = \overline{7}$, la respuesta (a) es correcta. Las otras dos respuestas son incorrectas, porque en $\mathbb{Z}/(5)$ se tiene que $\overline{3} \neq \overline{2}$ y $\overline{4} \neq \overline{2}$.

2.21. La ecuación $x^2 - \overline{5} \cdot x + \overline{6} = \overline{0}$ en $\mathbb{Z}/(6)$ tiene:

(a) 1 solución   (b) 3 soluciones   (c) 4 soluciones

Solución

En $\mathbb{Z}/(6)$, la ecuación $x^2 - \overline{5} \cdot x + \overline{6} = \overline{0}$ equivale a $x^2 - \overline{5} \cdot x = \overline{0}$, porque $6 \equiv_6 0$. Operando en $\mathbb{Z}/(6)$, comprobamos si la ecuación se cumple o no para cada uno de los 6 valores que puede tomar x:

$x = \overline{0}$	$\overline{0}^2 -_6 \overline{5} \cdot_6 \overline{0} = \overline{0} -_6 \overline{0} = \overline{0}$
$x = \overline{1}$	$\overline{1}^2 -_6 \overline{5} \cdot_6 \overline{1} = \overline{1} -_6 \overline{5} = \overline{-4} = \overline{2}$
$x = \overline{2}$	$\overline{2}^2 -_6 \overline{5} \cdot_6 \overline{2} = \overline{4} -_6 \overline{10} = \overline{-6} = \overline{0}$
$x = \overline{3}$	$\overline{3}^2 -_6 \overline{5} \cdot_6 \overline{3} = \overline{9} -_6 \overline{15} = \overline{-6} = \overline{0}$
$x = \overline{4}$	$\overline{4}^2 -_6 \overline{5} \cdot_6 \overline{4} = \overline{16} -_6 \overline{20} = \overline{-4} = \overline{2}$
$x = \overline{5}$	$\overline{5}^2 -_6 \overline{5} \cdot_6 \overline{5} = \overline{25} -_6 \overline{25} = \overline{0}$

Vemos que la respuesta correcta es (c), porque hay 4 valores de x que son soluciones de la ecuación, siendo incorrectas las respuestas (a) y (b).

2.22. La ecuación $\overline{12} \cdot x + \overline{6} = \overline{9}$ en $\mathbb{Z}/(5)$ tiene como soluciones:

(a) $x = \overline{1}$ (b) $x = \overline{4}$ (c) $x = \overline{5}$

Solución

En $\mathbb{Z}/(5)$, la ecuación $\overline{12} \cdot x + \overline{6} = \overline{9}$ equivale a $\overline{2} \cdot x + \overline{1} = \overline{4}$, porque $6 \equiv_5 1$ y $9 \equiv_5 4$. Operando en $\mathbb{Z}/(5)$, comprobamos si la ecuación se cumple o no para cada uno de los 5 valores que puede tomar x:

$x = \overline{0}$	$\overline{2} \cdot_5 \overline{0} +_5 \overline{1} = \overline{0} +_5 \overline{1} = \overline{1}$
$x = \overline{1}$	$\overline{2} \cdot_5 \overline{1} +_5 \overline{1} = \overline{2} +_5 \overline{1} = \overline{3}$
$x = \overline{2}$	$\overline{2} \cdot_5 \overline{2} +_5 \overline{1} = \overline{4} +_5 \overline{1} = \overline{5} = \overline{0}$
$x = \overline{3}$	$\overline{2} \cdot_5 \overline{3} +_5 \overline{1} = \overline{6} +_5 \overline{1} = \overline{7} = \overline{2}$
$x = \overline{4}$	$\overline{2} \cdot_5 \overline{4} +_5 \overline{1} = \overline{8} +_5 \overline{1} = \overline{9} = \overline{4}$

Vemos que la única solución de la ecuación es $x = \overline{4}$. Luego la respuesta correcta es (b) y las otras dos respuestas son ambas incorrectas.

2.23. Las soluciones de la ecuación $\overline{10} \cdot x + \overline{3} = \overline{9}$ en $\mathbb{Z}/(4)$ son:

(a) Ninguna   (b) $x = \overline{1}$ (c) $x = \overline{1}, x = \overline{3}$

Solución

En $\mathbb{Z}/(4)$, la ecuación $\overline{10} \cdot x + \overline{3} = \overline{9}$ equivale a $\overline{2} \cdot x + \overline{3} = \overline{1}$, porque $10 \equiv_4 2$ y $9 \equiv_4 1$. Operando en $\mathbb{Z}/(4)$, comprobamos si la ecuación se cumple o no para cada uno de los 4 valores que puede tomar x:

$x = \overline{0}$	$\overline{2} \cdot_4 \overline{0} +_4 \overline{3} = \overline{3}$
$x = \overline{1}$	$\overline{2} \cdot_4 \overline{1} +_4 \overline{3} = \overline{5} = \overline{1}$
$x = \overline{2}$	$\overline{2} \cdot_4 \overline{2} +_4 \overline{3} = \overline{7} = \overline{3}$
$x = \overline{3}$	$\overline{2} \cdot_4 \overline{3} +_4 \overline{3} = \overline{9} = \overline{1}$

Vemos que la respuesta correcta es (c), siendo las respuestas (a) y (b) ambas incorrectas.

2.24. La ecuación $\overline{5} \cdot x = \overline{12}$ en $\mathbb{Z}/(13)$ tiene como soluciones:

(a) $x = \overline{1}$ (b) $x = \overline{4}$ (c) $x = \overline{5}$

Solución

Operando en $\mathbb{Z}/(13)$, comprobamos si la ecuación se cumple o no para cada uno de los 13 valores que puede tomar x:

$x = \overline{0}$	$\overline{5} \cdot_{13} \overline{0} = \overline{0}$
$x = \overline{1}$	$\overline{5} \cdot_{13} \overline{1} = \overline{5}$
$x = \overline{2}$	$\overline{5} \cdot_{13} \overline{2} = \overline{10}$
$x = \overline{3}$	$\overline{5} \cdot_{13} \overline{3} = \overline{15} = \overline{2}$
$x = \overline{4}$	$\overline{5} \cdot_{13} \overline{4} = \overline{20} = \overline{7}$
$x = \overline{5}$	$\overline{5} \cdot_{13} \overline{5} = \overline{25} = \overline{12}$
$x = \overline{6}$	$\overline{5} \cdot_{13} \overline{6} = \overline{30} = \overline{4}$
$x = \overline{7}$	$\overline{5} \cdot_{13} \overline{7} = \overline{35} = \overline{9}$
$x = \overline{8}$	$\overline{5} \cdot_{13} \overline{8} = \overline{40} = \overline{1}$
$x = \overline{9}$	$\overline{5} \cdot_{13} \overline{9} = \overline{45} = \overline{6}$
$x = \overline{10}$	$\overline{5} \cdot_{13} \overline{10} = \overline{50} = \overline{11}$
$x = \overline{11}$	$\overline{5} \cdot_{13} \overline{11} = \overline{55} = \overline{3}$
$x = \overline{12}$	$\overline{5} \cdot_{13} \overline{12} = \overline{60} = \overline{8}$

Vemos que la única solución de la ecuación es $x = \overline{5}$. Por tanto, la respuesta correcta es (c) y las otras dos respuestas son incorrectas.

2.8. Ejercicios resueltos

2.25. Demuestra que, para todo $n \geq 0$, se cumple que $3^{2n} + 4^{n+1}$ es múltiplo de 5.

Solución

Lo demostramos por inducción simple sobre $n \geq 0$.

- *Caso base* ($n = 0$): $3^{2 \cdot 0} + 4^{0+1} = 1 + 4 = 5 = 5 \cdot 1.$ ✓

- *Paso inductivo*:

  - *Hipótesis de inducción* [HI]: Supongamos que para $k \in \mathbb{N}$ se cumple la propiedad, es decir, existe algún $m \in \mathbb{Z}$ tal que $3^{2k} + 4^{k+1} = 5m$.

- *Caso inductivo*: Entonces tenemos para $k + 1$:

$$3^{2(k+1)} + 4^{(k+1)+1} = 3^{2k+2} + 4^{k+2}$$
$$= 3^2 \cdot 3^{2k} + 4 \cdot 4^{k+1}$$
$$= (4 + 5) \cdot 3^{2k} + 4 \cdot 4^{k+1} \qquad [3^2 = 4 + 5]$$
$$= 4 \cdot 3^{2k} + 4 \cdot 4^{k+1} + 5 \cdot 3^{2k} \qquad [\text{propiedad distributiva}]$$
$$= 4 \cdot (3^{2k} + 4^{k+1}) + 5 \cdot 3^{2k} \qquad [\text{factor común}]$$
$$= 4 \cdot 5m + 5 \cdot 3^{2k} \qquad [\text{por HI}]$$
$$= 5 \cdot (4m + 3^{2k}) \qquad [\text{factor común}]$$
$$= 5m', \checkmark$$

siendo $m' = 4m + 3^{2k} \in \mathbb{Z}$, con lo que queda demostrado que la propiedad es cierta para $k + 1$.

De aquí, por el principio de inducción, es cierta para todo $n \in \mathbb{N}$.

2.26. Demuestra que, para todo número natural n, se cumple que $2^{3n} - 1$ es divisible entre 7.

Solución

Demostramos por inducción simple sobre $n \geq 0$ que para todo $n \in \mathbb{N}$ existe un número natural m tal que $2^{3n} - 1 = 7m$.

- *Caso base* ($n = 0$): $2^{3 \cdot 0} - 1 = 2^0 - 1 = 1 - 1 = 0 = 7 \cdot 0$. $\checkmark$

- *Paso inductivo*:

    - *Hipótesis de inducción* [HI]: Supongamos que para $k \in \mathbb{N}$ existe un número natural m tal que
    $$2^{3k} - 1 = 7m.$$

    - *Caso inductivo*: Y comprobemos que la propiedad se verifica asimismo para $k + 1$:

    $$2^{3(k+1)} - 1 = 2^{3k+3} - 8 + 7$$
    $$= 2^{3k} \cdot 2^3 - 2^3 + 7$$
    $$= 2^3(2^{3k} - 1) + 7 \qquad [\text{factor común}]$$
    $$= 2^3 \cdot 7m + 7 \qquad [\text{por HI}]$$
    $$= 7 \cdot (2^3 m + 1) \qquad [\text{factor común}]$$
    $$= 7m', \checkmark$$

    siendo $m' = 2^3 m + 1 \in \mathbb{N}$.

2.27. Demuestra que, para todo entero impar $n \geq 1$, existe un entero m tal que $n^2 - 1 = 8m$.

Solución

Como los números impares se representan de la forma $2l + 1$, con $l \in \mathbb{N}$, hacemos una primera prueba en la que demostramos por inducción simple sobre l que para todo $l \in \mathbb{N}$ existe un entero m tal que $(2l + 1)^2 - 1 = 8m$.

- *Caso base* $(l = 0)$: $(2 \cdot 0 + 1)^2 - 1 = 1 - 1 = 0 = 8 \cdot 0.$ ✓
- *Paso inductivo*:
  - *Hipótesis de inducción* [HI]: Supongamos que, para $k \in \mathbb{N}$, se cumple que $(2k + 1)^2 - 1 = 8m$ para algún $m \in \mathbb{Z}$.
  - *Caso inductivo*: Veamos que entonces esta propiedad se cumple también para $k + 1$:

$$
\begin{aligned}
(2(k+1) + 1)^2 - 1 &= (2k + 3)^2 - 1 \\
&= 4k^2 + 12k + 9 - 1 \\
&= (4k^2 + 4k + 1) + 8k + 8 - 1 \\
&= (2k + 1)^2 - 1 + 8k + 8 \\
&= 8m + 8k + 8 && [\text{por HI}] \\
&= 8 \cdot (m + k + 1) && [\text{factor común}] \\
&= 8m', ✓
\end{aligned}
$$

  siendo $m' = m + k + 1 \in \mathbb{Z}$.

Hacemos ahora una segunda demostración por inducción simple *sobre los números impares* (es decir, con un paso inductivo que lleva de k impar a $k + 2$ impar) viendo que, si $n \in \mathbb{N}$ es impar, entonces existe un entero m tal que $n^2 - 1 = 8m$.

- *Caso base* $(n = 1)$: $1^2 - 1 = 0 = 8 \cdot 0.$ ✓
- *Paso inductivo*:
  - *Hipótesis de inducción* [HI]: Supongamos que, para $k \in \mathbb{N}$ e *impar*, se cumple que $k^2 - 1 = 8m$ para algún $m \in \mathbb{Z}$.
  - *Caso inductivo*: Veamos que entonces esta propiedad se cumple asimismo para $k + 2$, que también es *impar*.

$$
\begin{aligned}
(k + 2)^2 - 1 &= k^2 + 4k + 4 - 1 \\
&= (k^2 - 1) + 4(k + 1) && [\text{factor común}] \\
&= 8m + 4(k + 1) && [\text{por HI}] \\
&= 8m + 4 \cdot 2l && [\text{pues } k + 1 = 2l \text{ por ser par}] \\
&= 8 \cdot (m + l) && [\text{factor común}] \\
&= 8m', ✓
\end{aligned}
$$

  siendo $m' = m + l \in \mathbb{Z}$.

2.28. Demuestra que la suma de los cubos de tres números naturales consecutivos cualesquiera siempre es divisible entre 9.

Solución

Demostramos por inducción simple sobre $n \geq 0$ que para todo $n \in \mathbb{N}$ existe un número natural m tal que $n^3 + (n+1)^3 + (n+2)^3 = 9m$.

- *Caso base* $(n = 0)$: $0^3 + (0+1)^3 + (0+2)^3 = 0 + 1 + 8 = 9 = 9 \cdot 1.$ ✓

- *Paso inductivo*:

  - *Hipótesis de inducción* [HI]: Supongamos que para $k \in \mathbb{N}$ existe $m \in \mathbb{N}$ tal que:

  $$k^3 + (k+1)^3 + (k+2)^3 = 9m.$$

  - *Caso inductivo*: ¿Es esto cierto asimismo para $k+1$? Comprobemos que sí lo es:

  $$\begin{aligned}
  &(k+1)^3 + (k+1+1)^3 + (k+1+2)^3 \\
  &= (k+1)^3 + (k+2)^3 + (k+3)^3 \\
  &= (k+1)^3 + (k+2)^3 + k^3 + 3 \cdot 3k^2 + 3 \cdot 3^2 k + 3^3 \\
  &= 9m + 9k^2 + 9 \cdot 3k + 9 \cdot 3 && \text{[por HI]}\\
  &= 9 \cdot (m + k^2 + 3k + 3) && \text{[factor común]}\\
  &= 9m', \checkmark
  \end{aligned}$$

  siendo $m' = m + k^2 + 3k + 3 \in \mathbb{N}$.

  Por lo tanto, queda probado que $(k+1)^3 + (k+2)^3 + (k+3)^3$ es también divisible por 9 y, por el principio de inducción, que la propiedad se verifica para todo $n \in \mathbb{N}$.

2.29. Demuestra que, para todo $n \geq 1$, se cumple que $2^{3n-1} + 5^n$ es múltiplo de 3.

Solución

Demostramos por inducción simple sobre $n \geq 1$ que para todo $n \geq 1$ existe un número natural m tal que $2^{3n-1} + 5^n = 3m$.

- *Caso base* $(n = 1)$: $2^{3 \cdot 1 - 1} + 5^1 = 2^2 + 5 = 9 = 3 \cdot 3.$ ✓

- *Paso inductivo*:

  - *Hipótesis de inducción* [HI]: Para $k \geq 1$, supongamos que existe $m \in \mathbb{N}$ tal que

  $$2^{3 \cdot k - 1} + 5^k = 3m.$$

  - *Caso inductivo*: Comprobemos que esta propiedad se verifica entonces también para $k+1$:

$$2^{3(k+1)-1} + 5^{k+1} = 2^{3k-1} \cdot 2^3 + 5^k \cdot 5$$

$$= 2^{3k-1} \cdot 8 + 5^k \cdot 5$$

$$= 2^{3k-1} \cdot (5+3) + 5^k \cdot 5 \qquad [8 = 5 + 3]$$

$$= 2^{3k-1} \cdot 5 + 2^{3k-1} \cdot 3 + 5^k \cdot 5 \qquad [\text{propiedad distributiva}]$$

$$= (2^{3k-1} + 5^k) \cdot 5 + 2^{3k-1} \cdot 3 \qquad [\text{factor común}]$$

$$= 3m \cdot 5 + 2^{3k-1} \cdot 3 \qquad [\text{por HI}]$$

$$= 3 \cdot (5m + 2^{3k-1}) \qquad [\text{factor común}]$$

$$= 3m', \ \checkmark$$

siendo $m' = 5m + 2^{3k-1} \in \mathbb{N}$, pues $k \geq 1$.

De esta forma, la propiedad se verifica para $k + 1$ y, en consecuencia, puede afirmarse por el principio de inducción que la propiedad se verifica para cualquier $n \in \mathbb{N}_1$.

2.30. Demuestra que, para todo $n \in \mathbb{N}$, se verifica que $4^{2n} - 1$ es múltiplo de 15.

Solución

Demostramos por inducción simple sobre n que para todo $n \in \mathbb{N}$ existe un número natural $m \in \mathbb{N}$ tal que $4^{2n} - 1 = 5m$.

- *Caso base* ($n = 0$): $4^{2 \cdot 0} - 1 = 1 - 1 = 0 = 15 \cdot 0$. $\checkmark$
- *Paso inductivo*:
  - *Hipótesis de inducción* [HI]: Para $k \in \mathbb{N}$, existe $m \in \mathbb{N}$ tal que $4^{2k} - 1 = 15m$.
  - *Caso inductivo*: Veamos ahora qué ocurre para $k + 1$:

$$4^{2(k+1)} - 1 = 4^{2k} \cdot 4^2 - 1$$

$$= (4^{2k} - 1 + 1) \cdot 16 - 1$$

$$= (4^{2k} - 1) \cdot 16 + 16 - 1 \qquad [\text{propiedad distributiva}]$$

$$= 15m \cdot 16 + 15 \qquad [\text{por HI}]$$

$$= 15 \cdot (16m + 1) \qquad [\text{factor común}]$$

$$= 15m', \ \checkmark$$

siendo $m' = 16m + 1 \in \mathbb{N}$, de donde se deduce que también $4^{2(k+1)} - 1$ es múltiplo de 15.

Con lo que se comprueba que, por el principio de inducción, la propiedad es válida para todo $n \in \mathbb{N}$.

2.31. Demuestra que, para todo $n \in \mathbb{N}$, se verifica que $9^n - 8n - 1$ es múltiplo de 64.

Solución

Demostramos por inducción simple sobre n que para todo $n \in \mathbb{N}$ existe un número natural $m \in \mathbb{N}$ tal que $9^n - 8n - 1 = 64m$.

- *Caso base* ($n = 0$): $9^0 - 8 \cdot 0 - 1 = 1 - 0 - 1 = 0 = 64 \cdot 0$. ✓

- *Paso inductivo*:

  - *Hipótesis de inducción* [HI]: Para $k \in \mathbb{N}$, suponemos que existe $m \in \mathbb{N}$ tal que

    $$9^k - 8k - 1 = 64m.$$

  - *Caso inductivo*: Vamos a comprobar ahora que la propiedad también se verifica para $k+1$, lo que demostrará (en aplicación del principio de inducción) que la propiedad es válida para todo $n \in \mathbb{N}$.

    $$\begin{aligned}
    9^{k+1} - 8(k+1) - 1 &= 9^k \cdot 9 - 8k - 8 - 1 \\
    &= 9^k \cdot 9 - 8k - 64k + 64k - 9 \\
    &= 9^k \cdot 9 - 72k + 64k - 9 \\
    &= 9^k \cdot 9 - 9 \cdot 8k - 9 + 64k \\
    &= (9^k - 8k - 1) \cdot 9 + 64k \qquad &\text{[factor común]} \\
    &= 64m \cdot 9 + 64k \qquad &\text{[por HI]} \\
    &= 64 \cdot (9m + k) \qquad &\text{[factor común]} \\
    &= 64m', \checkmark
    \end{aligned}$$

    siendo $m' = 9m + k \in \mathbb{N}$, de donde se deduce que la propiedad se verifica para $k + 1$, pues $9^{k+1} - 8(k+1) - 1$ resulta también ser múltiplo de 64.

2.32. Demuestra que, para todo $n \in \mathbb{N}$, se verifica que $n^3 + 3n^2 + 2n$ es múltiplo de 6.

Solución

Demostramos por inducción simple sobre n que para todo $n \in \mathbb{N}$ existe un número natural $m \in \mathbb{N}$ tal que $n^3 + 3n^2 + 2n = 6m$.

- *Caso base* ($n = 0$): $0^3 + 3 \cdot 0^2 - 2 \cdot 0 = 0 = 6 \cdot 0$. ✓

- *Paso inductivo*:

  - *Hipótesis de inducción* [HI]: Para $k \in \mathbb{N}$, suponemos que existe $m \in \mathbb{Z}$ tal que

    $$k^3 + 3k^2 + 2k = 6m.$$

  - *Caso inductivo*: Vemos a continuación que esta propiedad se verifica asimismo para $k + 1$.

Antes de comenzar con la demostración de esta propiedad, notemos que, para cualquier $k \in \mathbb{N}$, el número $(k+1)(k+2)$ es par, por tratarse del producto de un número par por un impar; por consiguiente, $\dfrac{(k+1)(k+2)}{2}$ es un número natural.

$$(k+1)^3 + 3(k+1)^2 + 2(k+1)$$
$$= k^3 + 3k^2 + 3k + 1 + 3k^2 + 6k + 3 + 2k + 2$$
$$= (k^3 + 3k^2 + 2k) + 3k^2 + 9k + 6$$
$$= 6m + 3k^2 + 9k + 6 \qquad \text{[por HI]}$$
$$= 6m + 3(k^2 + 3k + 2) \qquad \text{[factor común]}$$
$$= 6m + 3(k+1)(k+2)$$
$$= 6m + 6\frac{(k+1)(k+2)}{2} \qquad \text{[comentario previo]}$$
$$= 6\left(m + \frac{(k+1)(k+2)}{2}\right) \qquad \text{[factor común]}$$
$$= 6m', \checkmark$$

siendo $m' = m + \frac{(k+1)(k+2)}{2} \in \mathbb{N}$. Esto implica que $(k+1)^3 + 3(k+1)^2 + 2(k+1)$ es divisible por 6, es decir, que la propiedad se verifica para $k+1$.

Como consecuencia del principio de inducción, se deduce que la propiedad es válida para todo $n \in \mathbb{N}$.

2.33. Demuestra que, para todo $n \in \mathbb{N}$, se verifica que $11^{n+2} + 12^{2n+1}$ es múltiplo de 133.

Solución

Demostramos por inducción simple sobre n que para todo $n \in \mathbb{N}$ existe un número natural $m \in \mathbb{N}$ tal que

$$11^{n+2} + 12^{2n+1} = 133m.$$

- *Caso base* ($n = 0$): $11^{0+2} + 12^{2 \cdot 0 + 1} = 11^2 + 12^1 = 121 + 12 = 133 = 133 \cdot 1. \checkmark$

- *Paso inductivo*:

  - *Hipótesis de inducción* [HI]: Para $k \in \mathbb{N}$, suponemos que existe $m \in \mathbb{N}$ tal que:

    $$11^{k+2} + 12^{2k+1} = 133m.$$

  - *Caso inductivo*: ¿Qué ocurre con $k+1$?

$$11^{(k+1)+2} + 12^{2(k+1)+1}$$
$$= 11^{(k+2)+1} + 12^{(2k+1)+2}$$
$$= 11^{k+2} \cdot 11 + 12^{2k+1} \cdot 12^2$$
$$= 11^{k+2} \cdot 11 + 12^{2k+1} \cdot 144$$
$$= 11^{k+2} \cdot 11 + 12^{2k+1} \cdot (11 + 133) \qquad [144 = 11 + 133]$$
$$= 11^{k+2} \cdot 11 + 12^{2k+1} \cdot 11 + 12^{2k+1} \cdot 133 \qquad [\text{propiedad distributiva}]$$
$$= (11^{k+2} + 12^{2k+1}) \cdot 11 + 12^{2k+1} \cdot 133 \qquad [\text{factor común}]$$
$$= 133m \cdot 11 + 12^{2k+1} \cdot 133 \qquad [\text{por HI}]$$
$$= 133 \cdot (11m + 12^{2k+1}) \qquad [\text{factor común}]$$
$$= 133m', \checkmark$$

siendo $m' = 11m + 12^{2k+1} \in \mathbb{N}$, con lo que se tiene que $11^{(k+1)+2} + 12^{2(k+1)+1}$ es múltiplo de 133, es decir, la propiedad enunciada se cumple para $k+1$ suponiendo que se cumple para k.

Por el principio de inducción, queda demostrado que dicha propiedad es cierta para todo $n \in \mathbb{N}$.

2.34. Demuestra por inducción que, para cualquier número natural n, se cumple:

(a) $n^2 + 3n$ es múltiplo de 2.

(b) $n^3 + 3n^2 + 2n$ es múltiplo de 6.

¿Qué tipo de inducción hay que utilizar? ¿Por qué?

Pista: Usa el resultado del primer apartado en la demostración del segundo.

Solución

(a) Nos basta con utilizar inducción simple, porque en el paso inductivo para $k+1$ es suficiente suponer la hipótesis de inducción para el número anterior k.

Probamos que $n^2 + 3n$ es múltiplo de 2, por inducción simple sobre $n \geq 0$:

- *Caso base $n = 0$*: $0^2 + 3 \cdot 0 = 0 = 2 \cdot 0$. $\checkmark$
- *Paso inductivo*:
  - *Hipótesis de inducción* [HI]: Suponemos que $k^2 + 3k$ es múltiplo de 2 para $k \geq 0$, es decir, $k^2 + 3k = 2m$ para algún $m \geq 0$.
  - *Caso inductivo*: Tenemos que probar que $(k+1)^2 + 3(k+1)$ es también múltiplo de 2.

$$(k+1)^2 + 3(k+1) = k^2 + 2k + 1 + 3k + 3$$
$$= (k^2 + 3k) + (2k + 4)$$
$$= 2m + 2(k+2) \qquad [\text{por HI}]$$
$$= 2 \cdot (m + k + 2) \qquad [\text{factor común}]$$
$$= 2m', \checkmark$$

con $m' = m + k + 2 \in \mathbb{N}$.

(b) Nos basta de nuevo con utilizar inducción simple, porque en el paso inductivo para $k+1$ es suficiente suponer la hipótesis de inducción para el número anterior k.

Demostramos que $n^3 + 3n^2 + 2n$ es múltiplo de 6, por inducción simple sobre $n \geq 0$:

- *Caso base* $n = 0$: $0^3 + 3 \cdot 0^2 + 2 \cdot 0 = 0 = 6 \cdot 0$. ✓
- *Paso inductivo*:
  - *Hipótesis de inducción* [HI]: Suponemos que $k^3 + 3k^2 + 2k$ es múltiplo de 6 para $k \geq 0$, es decir, $k^3 + 3k^2 + 2k = 6m$, para cierto $m \geq 0$.
  - *Caso inductivo*: Probamos que, entonces, $(k+1)^3 + 3(k+1)^2 + 2(k+1)$ también es múltiplo de 6 como sigue:

$$\begin{aligned}
&(k+1)^3 + 3(k+1)^2 + 2(k+1) \\
&= (k^3 + 3k^2 + 3k + 1) + (3k^2 + 6k + 3) + (2k + 2) \\
&= (k^3 + 3k^2 + 2k) + (3k^2 + 9k) + 6 \\
&= 6m + 3 \cdot (k^2 + 3k) + 6 \qquad \text{[por HI y factor común]} \\
&= 6m + 3 \cdot 2l + 6 \qquad \text{[por apartado anterior]} \\
&= 6 \cdot (m + l + 1) \qquad \text{[factor común]} \\
&= 6m', \; ✓
\end{aligned}$$

con $m' = m + l + 1 \in \mathbb{N}$.

2.35. Construye las representaciones de $(1985)_{10}$ en las bases 2, 8 y 16. Para el último caso usa las letras mayúsculas de A en adelante para representar cifras con valores mayores que 9.

Solución

Para obtener la representación en base b de un número n hay que ir dividiendo sucesivamente n por b mientras el cociente sea distinto de 0. Los restos de estas divisiones forman los dígitos d_i de la representación en base b, obteniéndose primero el dígito menos significativo d_0.

(a) Conversión a base 16:

$$\begin{aligned}
1985 &= 16 \cdot 124 + \underline{1} \\
124 &= 16 \cdot 7 + \underline{12} \\
7 &= 16 \cdot 0 + \underline{7}
\end{aligned}$$

Escribiendo los restos obtenidos en el orden apropiado y teniendo en cuenta que el dígito C en base 16 representa el valor que se escribe 12 en el sistema decimal, queda $(1985)_{10} = (7C1)_{16}$.

(b) Conversión a base 8:

$$\begin{aligned}
1985 &= 8 \cdot 248 + \underline{1} \\
248 &= 8 \cdot 31 + \underline{0} \\
31 &= 8 \cdot 3 + \underline{7} \\
3 &= 8 \cdot 0 + \underline{3}
\end{aligned}$$

En consecuencia, $(1985)_{10} = (3701)_8$.

(c) Conversión a base 2:

$$1\,985 = 2 \cdot 992 + \underline{1}$$
$$992 = 2 \cdot 496 + \underline{0}$$
$$496 = 2 \cdot 248 + \underline{0}$$
$$248 = 2 \cdot 124 + \underline{0}$$
$$124 = 2 \cdot 62 + \underline{0}$$
$$62 = 2 \cdot 31 + \underline{0}$$
$$31 = 2 \cdot 15 + \underline{1}$$
$$15 = 2 \cdot 7 + \underline{1}$$
$$7 = 2 \cdot 3 + \underline{1}$$
$$3 = 2 \cdot 1 + \underline{1}$$
$$1 = 2 \cdot 0 + \underline{1}$$

Por tanto, $(1985)_{10} = (11111000001)_2$.

Otra manera de resolver este último caso es usar la conversión del sistema octal al binario utilizando la siguiente tabla:

octal	0	1	2	3	4	5	6	7
binario	000	001	010	011	100	101	110	111

De esta forma, partiendo del resultado obtenido en el segundo apartado, $(1985)_{10} = (3701)_8 = (011\ 111\ 000\ 001)_2 = (11111000001)_2$.

2.36. Construye las representaciones decimales de $(11011101)_2$ y de $(4165)_7$.

Solución

La representación de un número a en base b es de la forma $(d_n\, d_{n-1} \cdots d_1\, d_0)_b$ siendo d_i la i-ésima cifra de n. Esto significa que $a = d_n \cdot b^n + d_{n-1} \cdot b^{n-1} + \cdots + d_1 \cdot b + d_0$. Para obtener la representación decimal de a se calcula el valor de esta expresión operando en base 10, y para hacerlo de manera eficiente se emplea el *método de Horner*, calculando $v_n = d_n$ y $v_i = v_{i+1} \cdot b + d_i$ para i descendiendo desde $n-1$ hasta 0, como se ha explicado en la sección 2.2. Finalmente, v_0 es el resultado deseado.

(a) Cálculo de la representación decimal de $(11011101)_2$:

La primera fila de la tabla siguiente recorrida de izquierda a derecha incluye las cifras d_i en base 2, comenzando por la más significativa d_n y terminando por la menos significativa d_0. La primera casilla de la segunda fila incluye d_n y cada casilla de la segunda fila excepto la primera incluye la expresión $v_{i+1} \cdot 2 + d_i$ que representa un cálculo intermedio según el método de Horner (siendo v_{i+1} el valor de la casilla anterior en la tercera fila y d_i el valor de la misma casilla en la primera fila). Las casillas de la tercera fila (exceptuando la primera) incluyen los resultados v_i de estos cálculos intermedios, de manera que la última casilla de la tercera fila contiene v_0, el resultado en base 10 pedido.

1	1	0	1	1	1	0	1
1	$1 \cdot 2 + 1$	$3 \cdot 2 + 0$	$6 \cdot 2 + 1$	$13 \cdot 2 + 1$	$27 \cdot 2 + 1$	$55 \cdot 2 + 0$	$110 \cdot 2 + 1$
	3	6	13	27	55	110	221

Por tanto, $(11011101)_2 = (221)_{10}$.

(b) Cálculo de la representación decimal de $(4165)_7$:

La tabla siguiente está organizada de manera similar a la del apartado anterior. La primera fila incluye las cifras dadas en base 7 comenzando por la más significativa, las filas segunda y tercera representan los pasos de cálculo intermedios según el método de Horner (usando ahora la fórmula $v_i = v_{i+1} \cdot 7 + d_i$), y la última casilla de la tercera fila contiene v_0, el resultado en base 10 pedido.

4	1	6	5
4	$4 \cdot 7 + 1$	$29 \cdot 7 + 6$	$209 \cdot 7 + 5$
	29	209	1468

Por tanto, $(4165)_7 = (1468)_{10}$.

2.37. Calcula cuántas veces aparece la cifra 0 al final de la representación decimal del número 1 000! (factorial de mil).

Solución

Una cifra 0 al final de la representación decimal de un número corresponde a un factor 10 en una descomposición de ese número como producto de otros. Si descomponemos el número como producto de factores primos, ese factor 10 da lugar a factores 5 y 2.

El factor 2 aparece muchas veces en la descomposición de 1 000! como producto de primos (se podría calcular exactamente cuántas utilizando la misma técnica que vamos a ver a continuación, pero no nos va a hacer falta). El factor 5 aparece menos veces; vamos a ver cuántas.

Cada múltiplo de 5 entre 1 y 1 000 contribuye un factor 5 a 1 000!, que es el producto de todos los números enteros comprendidos entre 1 y 1 000. Hay $\lfloor 1\,000/5 \rfloor = 200$ múltiplos de 5 en ese intervalo.

Cada múltiplo de $25 = 5^2$ entre 1 y 1 000 contribuye dos factores 5 al producto 1 000!. El primer factor ya lo hemos contado antes, pues, obviamente, todo múltiplo de 25 es asimismo múltiplo de 5. El segundo factor es el que estamos contando ahora. Hay $\lfloor 1\,000/25 \rfloor = 40$ múltiplos de 25 entre 1 y 1 000.

Cada múltiplo de $125 = 5^3$ entre 1 y 1 000 contribuye tres factores 5 al producto 1 000!. Los dos primeros factores ya han sido contados y el tercero es el que nos preocupa ahora. Hay $\lfloor 1\,000/125 \rfloor = 8$ múltiplos de 125 entre 1 y 1 000.

Finalmente, cada múltiplo de $625 = 5^4$ contribuye cuatro factores 5 al producto 1 000!, habiendo contado hasta ahora los tres primeros. Evidentemente, entre 1 y 1 000 hay un único múltiplo de 625, que es él mismo.

En total, hemos contado $200 + 40 + 8 + 1 = 249$ factores 5 en el número 1 000! considerado como producto de todos los números enteros comprendidos entre 1 y 1 000. En ese mismo producto hay al menos un factor 2 por cada número par, de los cuales hay 500. Por tanto, como ya se decía antes, hay muchos más factores 2 que 5 y, en consecuencia, el número de factores 10 coincide con el número de factores 5, que es 249, y este es también el número de veces que aparece la cifra 0 al final de la representación decimal de 1 000!.

2.38. Sabemos que si dos enteros a, b verifican $a \cdot b = 1$, entonces o bien $a = b = 1$, o bien $a = b = -1$. Utilizando esta propiedad, se pide demostrar que si m, n son enteros tales que $m \mid n$ y $n \mid m$, entonces o bien $m = n$ o bien $m = -n$.

Solución

Tratamos primero el caso en que alguno de los dos enteros m, n es igual a 0. Si $n = 0$, de $n \mid m$ se concluye que también $m = 0$, por lo que $m = 0 = n$. De la misma forma, de $m = 0$ y $m \mid n$ se deduce $n = 0 = m$.

Consideramos ahora el caso en que ninguno de los dos enteros m, n es 0. Las suposiciones $m \mid n$ y $n \mid m$ significan que existen $a, b \in \mathbb{Z}$ tales que $n = a \cdot m$ y $m = b \cdot n$. Entonces, $n = a \cdot m = a \cdot (b \cdot n) = (a \cdot b) \cdot n$, de donde se deduce que $a \cdot b = 1$, porque $n \neq 0$. En estas condiciones debe darse uno de los dos casos siguientes: o bien $a = b = 1$ y entonces $m = n$, o bien $a = b = -1$ y entonces $m = -n$.

2.39. Para los tres apartados de este ejercicio se suponen dados tres números enteros $a, b, c \in \mathbb{Z}$ tales que $a \mid b + c$.

(a) Demuestra que si $a \mid b$ entonces también debe cumplirse $a \mid c$.

(b) Demuestra mediante un contraejemplo que $a \mid b \cdot c$ puede ser falso.

(c) Demuestra mediante un contraejemplo que $a \mid mcd(b, c)$ también puede ser falso.

Solución

(a) Por la suposición $a \mid b + c$ existe $k \in \mathbb{Z}$ tal que $b + c = a \cdot k$. Además, por la suposición $a \mid b$ existe $l \in \mathbb{Z}$ tal que $b = a \cdot l$. Entonces resulta que

$$c = (b + c) - b = a \cdot k - a \cdot l = a \cdot (k - l),$$

donde $k - l \in \mathbb{Z}$. Por tanto, $a \mid c$, como queríamos demostrar.

(b) Considerando, por ejemplo, $a = 2$, $b = 3$ y $c = 5$, se cumple $2 \mid 3 + 5 = 8$, pero $2 \nmid 3 \cdot 5 = 15$.

(c) Eligiendo los valores de a, b y c del mismo modo que en el apartado anterior, tenemos que se cumple $2 \mid 3 + 5 = 8$, pero $2 \nmid mcd(3, 5) = 1$.

2.40. Calcula el máximo común divisor de $2\,406$ y 654 y exprésalo en la forma $2\,406m + 654n$, siendo m, n números enteros.

Solución

Para calcular el máximo común divisor, aplicamos el algoritmo de Euclides comenzando con $a = 2\,406$ y $b = 654$. En cada paso intermedio, el lema de Euclides garantiza que $mcd(a_i, b_i) = mcd(b_i, r_i)$, siendo $r_i = a_i \bmod b_i$ (es decir, el resto de la división entera de a_i entre b_i); por lo cual $a_{i+1} = b_i$ y $b_{i+1} = r_i$. Presentamos los cálculos en forma de tabla con el método descrito en la sección 2.4:

i	a_i	b_i	r_i	c_i
0	2 406	654	444	3
1	654	444	210	1
2	444	210	24	2
3	210	24	18	8
4	24	18	6	1
5	18	6	0	3
6	6	0	—	—

De la tabla se concluye que:

$$mcd(2\,406, 654) = mcd(654, 444) = mcd(444, 210) = mcd(210, 24)$$
$$= mcd(24, 18) = mcd(18, 6) = mcd(6, 0) = 6.$$

Según el teorema de Bézout, el máximo común divisor de dos enteros se puede expresar como combinación lineal de dichos enteros con coeficientes enteros m, n. Como $mcd(2\,406, 654) = 6$ según acabamos de ver, existen enteros m, n tales que $2\,406m + 654n = 16$.

Para obtener estos dos enteros, según el método descrito en la sección 2.4, extendemos la tabla anterior con nuevas columnas para valores m_i, n_i que se van calculando de abajo a arriba con ayuda de las fórmulas $m_i = n_{i+1}$, $n_i = m_{i+1} - n_{i+1} \cdot c_i$, comenzando con $m_6 = 1$ y $n_6 = 0$ porque estos valores cumplen trivialmente que $m_6 \cdot a_6 + n_6 \cdot b_6 = 6$. Al llegar a $i = 0$ obtenemos finalmente $m = m_0 = 28$ y $n = n_0 = -103$.

i	a_i	b_i	r_i	c_i	m_i	n_i
0	2 406	654	444	3	28	−103
1	654	444	210	1	−19	28
2	444	210	24	2	9	−19
3	210	24	18	8	−1	9
4	24	18	6	1	1	−1
5	18	6	0	3	0	1
6	6	0	—	—	1	0

De la tabla se concluye que $m = 28$ y $n = -103$, es decir, $2406 \cdot 28 + 654 \cdot (-103) = 6$.

2.41. Calcula el máximo común divisor de 721 y 448 y exprésalo en la forma $721m + 448n$, siendo m, n números enteros.

Solución

Aplicamos el algoritmo de Euclides con $a = 721$ y $b = 448$. En cada paso $a_{i+1} = b_i$ y $b_{i+1} = r_i$, siendo $r_i = a_i \bmod b_i$, porque $mcd(a_i, b_i) = mcd(b_i, r_i)$. Los cálculos correspondientes se resumen en la siguiente tabla con el método descrito en la sección 2.4:

i	a_i	b_i	r_i	c_i
0	721	448	273	1
1	448	273	175	1
2	273	175	98	1
3	175	98	77	1
4	98	77	21	1
5	77	21	14	3
6	21	14	7	1
7	14	7	0	2
8	7	0	–	–

De la tabla se concluye que:

$$mcd(721, 448) = mcd(448, 273) = mcd(273, 175) = mcd(175, 98) = mcd(98, 77)$$
$$= mcd(77, 21) = mcd(21, 14) = mcd(14, 7) = mcd(7, 0) = 7.$$

Al ser $mcd(721, 448) = 7$, el teorema de Bézout asegura que existen números enteros m, n tales que $721m + 448n = 16$. Para obtener los dos coeficientes enteros, según el método descrito en la sección 2.4, extendemos la tabla anterior con nuevas columnas para valores m_i, n_i que calculamos de abajo a arriba mediante las fórmulas $m_i = n_{i+1}$, $n_i = m_{i+1} - n_{i+1} \cdot c_i$, comenzando con $m_8 = 1$ y $n_8 = 0$ porque estos valores cumplen trivialmente que $m_8 \cdot a_8 + n_8 \cdot b_8 = 7$. Al llegar a $i = 0$ obtenemos finalmente $m = m_0 = 23$ y $n = n_0 = -37$.

i	a_i	b_i	r_i	c_i	m_i	n_i
0	721	448	273	1	23	-37
1	448	273	175	1	-14	23
2	273	175	98	1	9	-14
3	175	98	77	1	-5	9
4	98	77	21	1	4	-5
5	77	21	14	3	-1	4
6	21	14	7	1	1	-1
7	14	7	0	2	0	1
8	7	0	–	–	1	0

De la tabla se concluye que $m = 23$, $n = -37$, de forma que $23 \cdot 721 + (-37) \cdot 448 = 7$.

2.42. Para dos enteros a, b cualesquiera se verifica que: $mcd(a, b) = 1$ si y solo si existen enteros m, n tales que $m \cdot a + n \cdot b = 1$.

Solución

Suponiendo que $mcd(a, b) = 1$, deben existir enteros m, n tales que $m \cdot a + n \cdot b = 1$, por el teorema de Bézout. Esto demuestra el "solo si".

Para demostrar el "si", supongamos ahora que existan enteros m, n tales que $m \cdot a + n \cdot b = 1$ y consideremos un divisor común cualquiera c de a y b. Como $c \mid a$ y $c \mid b$, existen $k, l \in \mathbb{Z}$ tales que $a = c \cdot k$ y $b = c \cdot l$. Sustituyendo estos valores de a y b en la ecuación $1 = m \cdot a + n \cdot b$, resulta

$1 = m \cdot c \cdot k + n \cdot c \cdot l = (m \cdot k + n \cdot l) \cdot c$, de donde se deduce que $c \mid 1$. Este razonamiento demuestra que todo divisor común c de a y b es necesariamente un divisor de 1, de donde se concluye que $mcd(a, b) = 1$.

2.43. Usando el resultado del ejercicio 2.42, demuestra que si $mcd(a, b) = d$ entonces $mcd(a/d, b/d) = 1$.

Solución

Por el teorema de Bézout, $mcd(a, b) = d$ implica que existen $m, n \in \mathbb{Z}$ tales que $m \cdot a + n \cdot b = d$. Al dividir todos los términos de esa expresión por d, se deduce que los mismos números enteros m y n verifican la igualdad $m \cdot (a/d) + n \cdot (b/d) = 1$. Notemos que $\frac{a}{d}, \frac{b}{d} \in \mathbb{Z}$, porque $d \mid a$ y $d \mid b$. Por el resultado del ejercicio 2.42, se sigue entonces que $mcd(a/d, b/d) = 1$.

2.44. Sean $a, b \in \mathbb{Z}$ dos enteros tales que $mcd(a, b) = 1$. Demuestra que entonces $mcd(a + b, a - b)$ necesariamente vale 1 o 2.

Pista: Aplica el teorema de Bézout.

Solución

Supongamos $a, b \in \mathbb{Z}$ tales que $mcd(a, b) = 1$. Por el teorema de Bézout, existen coeficientes enteros $m, n \in \mathbb{Z}$ tales que $m \cdot a + n \cdot b = 1$, con lo cual también se cumple que $m \cdot 2a + n \cdot 2b = 2$.

Supongamos ahora cualquier $c \in \mathbb{Z}$ tal que $c \mid a + b$ y $c \mid a - b$. Puesto que un divisor común de dos números siempre es divisor de la suma y de la diferencia de dichos números, se deduce que $c \mid (a+b)+(a-b) = 2a$ y $c \mid (a+b)-(a-b) = 2b$. Existirán entonces enteros k y l tales que $2a = c \cdot k$ y $2b = c \cdot l$. Estas dos ecuaciones junto con la ecuación $m \cdot 2a + n \cdot 2b = 2$, que hemos deducido antes, nos permiten concluir que $m \cdot c \cdot k + n \cdot c \cdot l = 2$, que equivale a $(m \cdot k + n \cdot l) \cdot c = 2$.

Este razonamiento demuestra que cualquier entero c que sea divisor común de $a + b$ y $a - b$ debe ser un divisor de 2, cuyos únicos divisores positivos son 1 y 2. Por lo tanto, los únicos valores posibles para $mcd(a + b, a - b)$ son 1 y 2.

2.45. Dados dos números naturales a y b tales que $mcd(a, b) = 1$, demuestra que $mcm(a, b) = a \cdot b$.

Solución

El mínimo común múltiplo $mcm(a, b)$ de dos enteros a y b es el menor número natural m que sea múltiplo común de a y b.

Supongamos que $mcd(a, b) = 1$, tal como dice el enunciado. Por el teorema de Bézout, existen dos coeficientes enteros m, n tales que $1 = a \cdot m + b \cdot n$.

Para demostrar $mcm(a, b) = a \cdot b$, como nos piden, veamos en primer lugar que $a \cdot b$ es un múltiplo común de a y b; es decir, que $a \mid a \cdot b$ y $b \mid a \cdot b$. Esto es evidente.

Nos falta demostrar que $a \cdot b$ es el *menor* natural que es múltiplo común de a y b. Para ello, supongamos otro múltiplo común c de a y b, tal que $a \mid c$ y $b \mid c$, y veamos que tiene que cumplirse $a \cdot b \mid c$.

En efecto, sabemos que $1 = a \cdot m + b \cdot n$, y multiplicando por c los dos miembros de esta ecuación resulta que $c = a \cdot m \cdot c + b \cdot n \cdot c$. Por lo tanto, si demostramos que se cumple $a \cdot b \mid a \cdot m \cdot c$ y $a \cdot b \mid b \cdot n \cdot c$ estará asegurado que $a \cdot b \mid c$, porque un divisor común de dos números siempre es divisor de su suma.

$a \cdot b \mid a \cdot m \cdot c$ se demuestra así: de $b \mid c$ se deduce $a \cdot b \mid a \cdot c$; obviamente, $a \cdot c \mid a \cdot m \cdot c$; y de $a \cdot b \mid a \cdot c$ y $a \cdot c \mid a \cdot m \cdot c$ se sigue $a \cdot b \mid a \cdot m \cdot c$ por transitividad de la relación de divisibilidad.

$a \cdot b \mid b \cdot n \cdot c$ se demuestra análogamente: de $a \mid c$ se deduce $a \cdot b \mid b \cdot c$; $b \cdot c \mid b \cdot n \cdot c$ es evidente; y de $a \cdot b \mid b \cdot c$ y $b \cdot c \mid b \cdot n \cdot c$ se sigue $a \cdot b \mid b \cdot n \cdot c$, de nuevo por transitividad de la relación de divisibilidad.

Esto concluye la demostración.

2.46. Demuestra que, dados dos números enteros a y b y un número entero positivo k, siempre se cumple

$$mcd(k \cdot a, k \cdot b) = k \cdot mcd(a, b).$$

Solución

Pongamos que $d = mcd(a, b)$. Entonces, tenemos que $d \mid a$ y $d \mid b$, de donde se deduce que $k \cdot d \mid k \cdot a$ y $k \cdot d \mid k \cdot b$. Por lo tanto, $k \cdot d$ es un divisor común de $k \cdot a$ y $k \cdot b$. Nos falta ver que es el máximo, razonando que cualquier otro divisor común de $k \cdot a$ y $k \cdot b$ divide a $k \cdot d$.

Aplicando el teorema de Bézout a $d = mcd(a, b)$, sabemos que existen enteros m y n tales que $m \cdot a + n \cdot b = d$. Multiplicando por k, obtenemos $m \cdot k \cdot a + n \cdot k \cdot b = k \cdot d$. Gracias a esta igualdad, nos basta demostrar que cualquier divisor común de $k \cdot a$ y $k \cdot b$ es un divisor de $m \cdot k \cdot a + n \cdot k \cdot b$.

Supongamos ahora que c sea un divisor común de $k \cdot a$ y $k \cdot b$. De $c \mid k \cdot a$ y $c \mid k \cdot b$ se deduce respectivamente que $c \mid m \cdot k \cdot a$ y $c \mid n \cdot k \cdot b$, con lo cual también se tiene $c \mid m \cdot k \cdot a + n \cdot k \cdot b$. Por lo dicho en el párrafo anterior, con esto queda demostrado que $k \cdot d$ es el máximo común divisor de $k \cdot a$ y $k \cdot b$.

2.47. Se dispone de dos recipientes para medir líquidos cuyas capacidades son de 17 litros y de 55 litros, respectivamente. También se dispone de un recipiente muy grande en el que caben al menos 221 litros. ¿Cómo pueden usarse estos recipientes para medir la cantidad de 1 litro?

Solución

Claramente, los únicos divisores positivos de 17 son 1 y 17. Como 17 no es divisor de 55, concluimos que $mcd(55, 17) = 1$. Según el teorema de Bézout, existen enteros m, n tales que $1 = 55m + 17n$. Vamos a calcular primero los coeficientes m y n y luego los utilizaremos para responder la pregunta.

Para calcular m y n, comenzamos aplicando el algoritmo de Euclides a partir de los enteros $a = 55$ y $b = 17$ para rellenar la siguiente tabla con el método descrito en la sección 2.4:

i	a_i	b_i	r_i	c_i
0	55	17	4	3
1	17	4	1	4
2	4	1	0	4
3	1	0	–	–

De los cálculos de esta tabla se deduce que

$$mcd(55, 17) = mcd(17, 4) = mcd(4, 1) = mcd(1, 0) = 1.$$

Para obtener los coeficientes enteros m, n tales que $55m + 17n = 1$, que deben existir por el teorema de Bézout, extendemos la tabla anterior con nuevas columnas para valores m_i, n_i que se calculan de abajo a arriba con el método descrito en la sección 2.4:

i	a_i	b_i	r_i	c_i	m_i	n_i
0	55	17	4	3	−4	13
1	17	4	1	4	1	−4
2	4	1	0	4	0	1
3	1	0	–	–	1	0

De esta segunda tabla resultan $m = -4$ y $n = 13$, que efectivamente cumplen $55 \cdot (-4) + 17 \cdot 13 = -220 + 221 = 1$.

De la ecuación $55 \cdot (-4) + 17 \cdot 13 = 1$ se deduce que, si se llena un recipiente suficientemente grande con 13 veces el contenido del recipiente de 17 litros (obteniendo 221 litros) y se extrae después 4 veces el contenido del recipiente de 55 litros (es decir, 220 litros), quedará exactamente un litro en el recipiente grande.

2.48. Sean $a, b > 0$ dos enteros tales que $d = mcd(a, b)$. Demuestra que la ecuación $a \cdot x + b \cdot y = c$ (donde c es una constante entera) tiene solución entera para x, y si y solo si $d \mid c$.

Solución

Supongamos primero que $d \mid c$; entonces existe $k \in \mathbb{Z}$ tal que $c = d \cdot k$. Por otra parte, como $d = mcd(a, b)$, por el teorema de Bézout deben existir $m, n \in \mathbb{Z}$ con $d = m \cdot a + n \cdot b$. Por tanto, existen $k, m, n \in \mathbb{Z}$ tales que

$$c = d \cdot k = (m \cdot a + n \cdot b) \cdot k = a \cdot (m \cdot k) + b \cdot (n \cdot k),$$

con lo cual la ecuación $a \cdot x + b \cdot y = c$ admite la solución entera dada por $x = m \cdot k$ e $y = n \cdot k$. Esto demuestra el "si".

Para demostrar el "solo si", supongamos que existen enteros $x, y \in \mathbb{Z}$ tales que $a \cdot x + b \cdot y = c$. Como $d = mcd(a, b)$, sabemos que $d \mid a$ y $d \mid b$, lo cual implica que existen $k, l \in \mathbb{Z}$ tales que $a = d \cdot k$ y $b = d \cdot l$. Por tanto,

$$c = a \cdot x + b \cdot y = d \cdot k \cdot x + d \cdot l \cdot y = d \cdot (k \cdot x + l \cdot y),$$

de donde concluimos que $d \mid c$.

2.49. Utilizando el ejercicio 2.48, encuentra enteros x, y que verifiquen la ecuación $966 \cdot x + 686 \cdot y = 70$.

Solución

Aplicamos primero el algoritmo de Euclides para calcular $mcd(966, 686)$, rellenando la siguiente tabla con el método descrito en la sección 2.4:

i	a_i	b_i	r_i	c_i
0	966	686	280	1
1	686	280	126	2
2	280	126	28	2
3	126	28	14	4
4	28	14	0	2
5	14	0	—	—

Por consiguiente,

$$mcd(966, 686) = mcd(684, 280) = mcd(280, 126) = mcd(126, 28)$$
$$= mcd(28, 14) = mcd(14, 0) = 14.$$

Puesto que $70 = 14 \cdot 5$, el máximo común divisor de 966 y 686 es divisor de 70, y por ello el resultado del ejercicio 2.48 nos asegura que la ecuación $966 \cdot x + 686 \cdot y = 70$ tiene soluciones enteras. Para encontrar una de ellas, calculamos primero los enteros m, n tales que $966 \cdot m + 686 \cdot n = 14$, los cuales existen por el teorema de Bézout. Para obtenerlos, extendemos la tabla anterior con nuevas columnas para valores m_i, n_i que se calculan de abajo a arriba con el método descrito en la sección 2.4:

i	a_i	b_i	r_i	c_i	m_i	n_i
0	966	686	280	1	−22	31
1	686	280	126	2	9	−22
2	280	126	28	2	−4	9
3	126	28	14	4	1	−4
4	28	14	0	2	0	1
5	14	0	—	—	1	0

Obtenemos $m = -22$ y $n = 31$, que efectivamente cumplen $966 \cdot (-22) + 686 \cdot 31 = 14$. Teniendo en cuenta que $70 = 14 \cdot 5$ y utilizando lo aprendido en el ejercicio 2.48, una solución entera de la ecuación $966 \cdot x + 686 \cdot y = 70$ se consigue tomando $x = (-22) \cdot 5 = -110$ e $y = 31 \cdot 5 = 155$.

2.50. Dados los números $a = 432$ y $b = 234$, se pide:

(a) Calcular mediante el algoritmo de Euclides el máximo común divisor de a y b.

(b) Demostrar que la ecuación $a \cdot x + b \cdot y = 36$ se puede resolver con soluciones enteras $x, y \in \mathbb{Z}$ y encontrar una solución entera.

(c) Demostrar que la ecuación $a \cdot x + b \cdot y = 37$ no admite soluciones enteras $x, y \in \mathbb{Z}$.

Solución

(a) Para calcular $mcd(234, 432)$, aplicamos el algoritmo de Euclides con $a = 432$ y $b = 234$, rellenando la siguiente tabla con el método descrito en la sección 2.4:

i	a_i	b_i	r_i	c_i
0	432	234	198	1
1	234	198	36	1
2	198	36	18	5
3	36	18	0	2
4	18	0	–	–

De los cálculos de la tabla se deduce que:

$$mcd(234, 432) = mcd(432, 234) = mcd(234, 198) = mcd(198, 36)$$
$$= mcd(36, 18) = mcd(18, 0) = 18.$$

(b) Por el resultado del ejercicio 2.48, la ecuación $432 \cdot x + 234 \cdot y = 36$ tiene solución entera puesto que $mcd(432, 234) = 18$, como hemos calculado en el apartado anterior, y $18 \mid 36$.

Para encontrar los valores enteros de x, y que satisfagan la ecuación seguimos las dos etapas indicadas en la solución del ejercicio 2.48.

En primer lugar, calculamos coeficientes enteros m, n tales que $423 \cdot m + 234 \cdot n = mcd(432, 234) = 18$, que deben existir por el teorema de Bézout. Para ello, extendemos la tabla del apartado anterior con nuevas columnas para valores m_i, n_i que se calculan con el método descrito en la sección 2.4:

i	a_i	b_i	r_i	c_i	m_i	n_i
0	432	234	198	1	6	−11
1	234	198	36	1	−5	6
2	198	36	18	5	1	−5
3	36	18	0	2	0	1
4	18	0	–	–	1	0

De la primera fila de la tabla deducimos que $m = 6$ y $n = -11$.

Como $36 = 2 \cdot 18 = 2 \cdot mcd(432, 234)$, lo aprendido en el ejercicio 2.48 nos permite asegurar que una solución entera de la ecuación se obtiene tomando $x = m \cdot 2 = 6 \cdot 2 = 12$ e $y = n \cdot 2 = (-11) \cdot 2 = -22$. En efecto, podemos comprobar que $432 \cdot 12 + 234 \cdot (-22) = 5184 - 5148 = 36$.

(c) Sin embargo, la ecuación $432 \cdot x + 234 \cdot y = 37$ no admite soluciones enteras porque, aplicando de nuevo el resultado del ejercicio 2.48, $mcd(432, 234) = 18$ y 18 no es divisor de 37.

2.51. Responde razonadamente a los tres apartados siguientes:

(a) Demuestra que si $n \geq 2$ y n no es primo, entonces debe existir un número primo p tal que $p \mid n$ y $p^2 \leq n$.

(b) Usando el resultado del apartado anterior, demuestra que si 467 no fuese primo, entonces tendría un divisor primo $p \leq 19$.

(c) ¿Es 467 un número primo?

Solución

(a) Si el número n no es primo y $n \geq 2$ entonces existen $k, l \in \mathbb{Z}$ tales que $n = k \cdot l$, con $2 \leq k, l < n$. Sin pérdida de generalidad, podemos suponer que $k \leq l$. Sea p un divisor primo de k elegido arbitrariamente. Entonces, de $p \mid k$ y $k \mid n$ se deduce que $p \mid n$, con lo cual p es divisor de n. Además, $p^2 \leq k^2 \leq k \cdot l = n$.

(b) La raíz cuadrada por defecto de 467 es 21, pues $21^2 = 441$ y $22^2 = 484$. Teniendo en cuenta el apartado anterior y observando que 21 no es primo y 20 tampoco, deducimos que si 467 no fuese primo, tendría un divisor primo menor o igual que 19.

(c) Los números primos menores o iguales que 19 son $2, 3, 5, 7, 11, 13, 17, 19$ y, como ninguno de ellos divide a 467, el resultado del apartado anterior nos permite deducir que 467 es un número primo.

2.52. Calcula todos los números primos menores que 100 utilizando el método de la *criba de Eratóstenes*, explicado en la sección 2.5.

Solución

Hay que comenzar escribiendo el 2 y los impares n tales que $3 \leq n < 100$. A continuación se tachan los múltiplos de 3, excepto el propio 3; se continúa tachando los múltiplos del siguiente número no tachado, que es el 5, excepto el propio 5; etc.

El proceso se puede terminar tan pronto como el cuadrado del último primo detectado sea mayor que 100. Esto está justificado por los resultados del ejercicio 2.51. En este caso 100 no es primo y la raíz cuadrada por defecto de 99 es 9, porque $9^2 = 81$ y $10^2 = 100$. Por lo tanto, para que un número menor que 100 no sea primo, tiene que tener un divisor primo menor que 9, y el proceso se puede detener después de tachar los múltiplos de 7.

La tabla siguiente muestra el resultado; los números que han quedado sin tachar son los primos menores que 100.

2	3	5	7	9̸	11	13	1̸5̸	17	19
2̸1̸	23	2̸5̸	2̸7̸	29	31	3̸3̸	3̸5̸	37	3̸9̸
41	43	4̸5̸	47	4̸9̸	5̸1̸	53	5̸5̸	5̸7̸	59
61	6̸3̸	6̸5̸	67	6̸9̸	71	73	7̸5̸	7̸7̸	79
8̸1̸	83	8̸5̸	8̸7̸	89	9̸1̸	9̸3̸	9̸5̸	97	9̸9̸

2.53. Demuestra que todo número natural $n \geq 1$ admite una descomposición como producto de factores primos.

Solución

Definimos la propiedad $P(n)$ para $n \geq 1$ como: "n admite una descomposición en producto de factores primos". Vamos a demostrar que $P(n)$ se verifica para todo número natural $n \geq 1$, usando inducción completa sobre $\mathbb{N}_1$.

- *Caso base* ($n = 1$): 1 admite una descomposición como *producto vacío* de factores primos, ya que por convenio el producto vacío vale 1, y todos los factores que forman el producto vacío son trivialmente primos (no hay ninguno que no lo sea).
- *Paso inductivo*:
  - *Hipótesis de inducción completa* [HIC]: Sea $n > 1$; supongamos que, para todo $k \in \mathbb{N}_1$ con $1 \leq k < n$, se verifica $P(k)$.
  - *Caso inductivo completo*: Podemos distinguir dos casos:
    - Si n es primo, es trivial que n puede descomponerse como producto de factores primos (producto formado por un solo factor).
    - Si n no es primo, podemos descomponer n como $n = k \cdot l$ siendo $2 \leq k, l < n$. Por [HIC], k y l admiten ser descompuestos en factores primos:

$$k = p_1 p_2 \ldots p_r,$$
$$l = q_1 q_2 \ldots q_s.$$

Multiplicando ambos productos de factores primos, concluimos que

$$n = k \cdot l = p_1 p_2 \ldots p_r q_1 q_2 \ldots q_s,$$

es decir, n también es igual a un producto de factores primos, acabando así la inducción.

2.54. Calcula las descomposiciones en factores primos de 201, 1 001 y 201 000.

Solución

Para realizar la descomposición en factores primos de un número n dado que no sea él mismo primo, se busca el menor número primo p tal que $p \mid n$, se considera la descomposición $n = p \cdot n'$ siendo $n' = \frac{n}{p}$, y se continúa calculando la descomposición en factores primos de n'.

Para aplicar este procedimiento a los tres números dados, vamos a usar la lista de números primos menores que 100 obtenida en la solución del ejercicio 2.52.

(a) Descomposición en factores primos de 201:
$2 \nmid 201$, pero $3 \mid 201$ siendo $201 = 3 \cdot 67$. Hemos terminado, porque 67 es primo.

(b) Descomposición en factores primos de 1 001:
$2 \nmid 1 001$, $3 \nmid 1 001$, $5 \nmid 1 001$, $7 \mid 1 001$, siendo $1 001 = 7 \cdot 143$.
$2 \nmid 143$, $3 \nmid 143$, $5 \nmid 143$, $7 \nmid 143$, $11 \mid 143$, siendo $143 = 11 \cdot 13$.
Luego, $1 001 = 7 \cdot 11 \cdot 13$. Hemos terminado, porque 13 es primo.

(c) Descomposición en factores primos de 201 000:
$201 000 = 2 \cdot 100 500 = 2^2 \cdot 50 250 = 2^3 \cdot 25 125$.
$2 \nmid 25 125$, pero $3 \mid 25 125$ con $25 125 = 3 \cdot 8 375$.
$2 \nmid 8 375$, $3 \nmid 8 375$, $5 \mid 8 375$, siendo $8 375 = 5 \cdot 1 675 = 5^2 \cdot 335 = 5^3 \cdot 67$.
Luego, $201 000 = 2^3 \cdot 5^3 \cdot 67$. Hemos terminado, porque 67 es primo.

2.55. Aplicando la unicidad de la descomposición de un número en factores primos, demuestra que $\sqrt{2}$ es irracional.

Solución

La solución de este ejercicio es un ejemplo clásico de razonamiento por *reducción al absurdo*. Supongamos que $\sqrt{2}$ fuese racional. Entonces existirían dos números naturales $m, n \geq 2$ tales que $1 < \sqrt{2} = \frac{m}{n}$, o lo que es lo mismo, $2n^2 = m^2$.

Descomponiendo m y n en factores primos obtenemos $m = 2^k \cdot u$ y $n = 2^l \cdot v$, siendo $k, l \geq 0$ y u, v impares (por ser productos de potencias de números primos mayores que 2). Usando ahora la igualdad $2n^2 = m^2$, obtenemos que $2n^2 = 2 \cdot (2^l \cdot v)^2 = 2^{2l+1} \cdot v^2$ y $m^2 = (2^k \cdot u)^2 = 2^{2k} \cdot u^2$ han de ser iguales.

Ahora bien, en la factorización $m^2 = 2^{2k} \cdot u^2$ el exponente de 2 es el número par $2k$, mientras que en la factorización $2n^2 = 2^{2l+1} \cdot v^2$ el exponente de 2 es el número impar $2l + 1$. Esto nos conduce a la conclusión de que un mismo número (el valor común de m^2 y $2n^2$) tiene dos descomposiciones en factores primos diferentes, lo cual contradice el teorema fundamental de la aritmética.

Así pues, la suposición de que $\sqrt{2}$ sea racional nos ha llevado a un absurdo, por lo cual concluimos que $\sqrt{2}$ es irracional.

2.56. Considera dos números x, y expresados en la forma $x = p_1^{u_1} p_2^{u_2} \ldots p_k^{u_k}$, $y = p_1^{v_1} p_2^{v_2} \ldots p_k^{v_k}$, siendo $p_1, \ldots, p_k$ primos diferentes y $u_i, v_i \in \mathbb{N}$ para todo i con $1 \leq i \leq k$. Demuestra que $x \mid y$ si y solo si $u_i \leq v_i$ para todo $1 \leq i \leq k$.

Solución

(a) Demostración del "solo si":

Supongamos que $x \mid y$. Si existiese algún i entre 1 y k tal que $u_i > v_i$, se tendría $u_i - v_i \geq 1$. En estas condiciones, tanto x como y serían divisibles por $p_i^{v_i}$ y realizando las divisiones se obtienen números naturales

$$x' = \frac{x}{p_i^{v_i}} = p_1^{u_1} \ldots p_{i-1}^{u_{i-1}} p_i^{u_i - v_i} p_{i+1}^{u_{i+1}} \ldots p_k^{u_k},$$

$$y' = \frac{y}{p_i^{v_i}} = p_1^{v_1} \ldots p_{i-1}^{v_{i-1}} p_{i+1}^{v_{i+1}} \ldots p_k^{v_k}.$$

Como estamos suponiendo que $x \mid y$ y x' e y' se han obtenido como cocientes de la división entera de x e y entre un mismo divisor, resulta que $x' \mid y'$. Por otro lado, debido a $u_i - v_i \geq 1$, se tiene $p_i \mid x'$. De ambas cosas se deduce que $p_i \mid y'$, y como p_i es primo, p_i deberá ser divisor de alguno de los factores $p_j^{v_j}$ que componen la factorización de y'. Pero esto es imposible, porque dichos factores son todos ellos potencias de números primos p_j distintos de p_i.

A partir de la suposición de que se cumpla $u_i > v_i$ para algún i entre 1 y k hemos llegado a una contradicción. Por lo tanto, debe cumplirse que $u_i \leq v_i$ para todo $1 \leq i \leq k$.

(b) Demostración del "si":

Supongamos ahora que para todo $1 \leq i \leq k$ se tiene que $u_i \leq v_i$. Entonces existen números $b_i \in \mathbb{N}$ tales que $u_i + b_i = v_i$, para todo $1 \leq i \leq k$. Por lo tanto,

$$y = p_1^{v_1} p_2^{v_2} \ldots p_k^{v_k} = p_1^{u_1 + b_1} p_2^{u_2 + b_2} \ldots p_k^{u_k + b_k} = (p_1^{u_1} p_2^{u_2} \ldots p_k^{u_k}) \cdot (p_1^{b_1} p_2^{b_2} \ldots p_k^{b_k}) = x \cdot z,$$

siendo $z = p_1^{b_1} p_2^{b_2} \ldots p_k^{b_k} \in \mathbb{N}$. Luego $x \mid y$.

2.57. Sean dos números enteros $a, b > 0$ expresados como $a = p_1^{k_1} p_2^{k_2} \ldots p_r^{k_r}$, $b = p_1^{l_1} p_2^{l_2} \ldots p_r^{l_r}$, donde los p_i son primos distintos dos a dos y para todo $1 \leq i \leq r$ se verifica que $k_i \geq 0$, $l_i \geq 0$ y $k_i + l_i > 0$.

(a) Demuestra que el *máximo común divisor* $d = mcd(a, b)$ se puede expresar como $d = p_1^{u_1} p_2^{u_2} \ldots p_r^{u_r}$, siendo $u_i = mín(k_i, l_i)$ para todo i entre 1 y r.

(b) Demuestra asimismo que el *mínimo común múltiplo* $m = mcm(a, b)$ se puede expresar como $m = p_1^{v_1} p_2^{v_2} \ldots p_r^{v_r}$, siendo $v_i = máx(k_i, l_i)$ para todo i entre 1 y r.

(c) Concluye que se verifica la identidad: $mcd(a, b) \cdot mcm(a, b) = a \cdot b$.

Solución

(a) Recordemos primero la propiedad de que si un número primo divide a un producto, debe dividir a alguno de los factores.

Tomemos cualquier entero positivo c tal que $c \mid a$ y $c \mid b$. Entonces, cualquier divisor primo de c debe dividir tanto a a como a b, y con ello, por la propiedad mencionada, a algún p_i. Luego todos los divisores primos de c se encuentran entre $p_1, p_2, \ldots, p_r$. Esto nos permite factorizar a c en factores primos como $c = p_1^{e_1} p_2^{e_2} \ldots p_r^{e_r}$.

Aplicando entonces el resultado del ejercicio 2.56 a las suposiciones $c \mid a$ y $c \mid b$ obtenemos que $e_i \leq k_i$ y $e_i \leq l_i$, o equivalentemente $e_i \leq mín(k_i, l_i) = u_i$, para todo $1 \leq i \leq r$.

Por consiguiente, $d = mcd(a, b)$, que es el mayor de los divisores comunes c de a y b, corresponderá al valor más grande posible de cada e_i, es decir, justamente a $e_i = u_i$. En resumen, $d = p_1^{u_1} p_2^{u_2} \ldots p_r^{u_r}$.

(b) Consideremos ahora cualquier entero positivo t tal que $a \mid t$ y $b \mid t$. Entonces, cualquier divisor primo de a o de b debe dividir también a t, por lo que podemos suponer que la factorización en producto de primos de t tiene la forma $t = p_1^{e_1} p_2^{e_2} \ldots p_r^{e_r} \cdot x$ para cierto entero positivo x. De nuevo por el resultado del ejercicio 2.56, para cada $1 \leq i \leq r$ se tendrá que $k_i \leq e_i$ y $l_i \leq e_i$, equivalentemente $v_i = máx(k_i, l_i) \leq e_i$.

Por consiguiente, $m = mcm(a, b)$, que es el menor de los múltiplos comunes t de a y b corresponderá a tomar $x = 1$ y el valor más pequeño posible para cada e_i, es decir, $e_i = v_i$. En resumen, $m = p_1^{v_1} p_2^{v_2} \ldots p_r^{v_r}$.

(c) Veamos ahora que $mcd(a, b) \cdot mcm(a, b) = d \cdot m = a \cdot b$, usando que

$$u_i + v_i = mín(k_i, l_i) + máx(k_i, l_i) = k_i + l_i.$$

En efecto,

$$
\begin{aligned}
d \cdot m &= (p_1^{u_1} p_2^{u_2} \ldots p_r^{u_r}) \cdot (p_1^{v_1} p_2^{v_2} \ldots p_r^{v_r}) \\
&= p_1^{u_1+v_1} p_2^{u_2+v_2} \ldots p_r^{u_r+v_r} \\
&= p_1^{k_1+l_1} p_2^{k_2+l_2} \ldots p_r^{k_r+l_r} \\
&= (p_1^{k_1} p_2^{k_2} \ldots p_r^{k_r}) \cdot (p_1^{l_1} p_2^{l_2} \ldots p_r^{l_r}) \\
&= a \cdot b.
\end{aligned}
$$

2.58. Demuestra que si m, n, k son enteros que verifican $m \geq 1$, $n \geq 1$ y $m^2 = kn^2$, entonces k debe de ser el cuadrado de un entero.

Pista: Expresa m, n, k como producto de factores primos.

Solución

Factorizando m, n, k como producto de potencias de números primos p_i $(1 \le i \le r)$ con exponentes respectivos $u_i, v_i, w_i \ge 0$ tales que $u_i + v_i + w_i > 0$, podemos expresar

$$m = p_1^{u_1} p_2^{u_2} \ldots p_r^{u_r},$$
$$n = p_1^{v_1} p_2^{v_2} \ldots p_r^{v_r},$$
$$k = p_1^{w_1} p_2^{w_2} \ldots p_r^{w_r}.$$

Entonces $m^2 = kn^2$ implica que para todo i con $1 \le i \le r$ se tiene $2u_i = 2v_i + w_i$, de donde se deduce que $0 \le w_i = 2(u_i - v_i)$. Por tanto, todos los exponentes de la factorización de k son pares y k es un cuadrado perfecto. Más concretamente, poniendo $l = p_1^{u_1-v_1} p_2^{u_2-v_2} \ldots p_r^{u_r-v_r}$, se cumple $k = l^2$ pues

$$k = p_1^{w_1} p_2^{w_2} \ldots p_r^{w_r} = p_1^{2(u_1-v_1)} p_2^{2(u_2-v_2)} \ldots p_r^{2(u_r-v_r)} = (p_1^{u_1-v_1} p_2^{u_2-v_2} \ldots p_r^{u_r-v_r})^2 = l^2.$$

Obsérvese que el razonamiento anterior vale incluso en el caso extremo $m = k = 1$, para el cual resultaría $r = 0$, es decir, en tal caso se tiene una factorización de m, k, r como *producto vacío* de factores primos.

2.59. Justifica que la identidad $2^{rs} - 1 = (2^r - 1)(2^{(s-1)r} + 2^{(s-2)r} + \cdots + 2^r + 1)$ se cumple siempre que $r, s \in \mathbb{N}_1$ sean números enteros positivos, y úsala para demostrar que si $n \in \mathbb{N}$ es un número natural tal que $2^n - 1$ es primo, entonces el propio n también es primo.

Pista: La identidad resulta de la suma de los s primeros términos de una progresión geométrica de razón 2^r.

Solución

Suponiendo $k \ne 1$ y razonando por inducción simple sobre $n \ge 0$, es fácil demostrar la igualdad $k^n + \cdots + k + 1 = \frac{k^{n+1}-1}{k-1}$, que expresa la suma de los $n + 1$ primeros términos de una progresión geométrica de razón k (véase, por ejemplo, el ejercicio 1.41).

Tomando $k = 2^r$ y $n = s - 1$, la ecuación anterior queda $2^{(s-1)r} + 2^{(s-2)r} + \cdots + 2^r + 1 = \frac{2^{sr}-1}{2^r-1}$; equivalentemente, $(2^r - 1)(2^{(s-1)r} + 2^{(s-2)r} + \cdots + 2^r + 1) = 2^{rs} - 1$, lo cual demuestra que la identidad propuesta es válida.

Veamos ahora que si $n \in \mathbb{N}$ cumple que $2^n - 1$ es primo, entonces el propio n también es primo. Razonamos por *contraposición*. Si suponemos que n no es primo, deben existir números r, s tales que $2 \le r, s < n$ y $n = rs$. La identidad que ya hemos justificado es válida entonces para estos r, s y muestra que $2^n - 1 = 2^{rs} - 1$ es el producto de los dos factores $2^r - 1$ y $2^{(s-1)r} + 2^{(s-2)r} + \cdots + 2^r + 1$, ambos mayores que 1, por lo que $2^n - 1$ tampoco es primo.

2.60. El recíproco del enunciado del ejercicio 2.59 es falso. Demuéstralo encontrando el primer n para el cual se cumple que n es un número primo pero $2^n - 1$ no es un número primo.

Solución

El que n sea primo es condición necesaria para que $2^n - 1$ sea primo, por el resultado del ejercicio 2.59. Sin embargo, no es condición suficiente, como justificamos en este ejercicio. Encontramos el número primo n pedido probando valores a partir del 2, como indica la siguiente tabla:

n	2	3	5	7	11
$2^n - 1$	3	7	31	127	2 047

Los números 3, 7, 31 y 127 son primos. Sin embargo, $2\,047 = 23 \cdot 89$ es producto de los dos números primos 23 y 89, por lo que no es primo. En resumen, el número primo pedido es $n = 11$.

2.61. Se dice que un número natural positivo es *perfecto* si es igual a la suma de sus divisores positivos distintos de él mismo; por ejemplo, 6 y 28 son perfectos. Demuestra que $2^{p-1}(2^p - 1)$ es un número perfecto siempre que $2^p - 1$ sea primo.

Solución

Como $2^p - 1$ es primo por la hipótesis del enunciado, el número $N = 2^{p-1}(2^p - 1)$ ya está escrito como producto de factores primos, de lo cual deducimos que sus divisores son exactamente los números de la forma 2^i y $2^i(2^p - 1)$ con $1 \leq i \leq p - 1$, es decir, los divisores de $N = 2^{p-1}(2^p - 1)$ son exactamente los números de la lista siguiente, en la cual aparece en último lugar el propio N:

$$1, 2, 2^2, \ldots, 2^{p-1}, 2^p - 1, 2(2^p - 1), 2^2(2^p - 1), \ldots, 2^{p-2}(2^p - 1), 2^{p-1}(2^p - 1).$$

Para ver que el número N es perfecto, tenemos que calcular la suma de todos los números de la lista anterior menos el último y ver que el resultado es igual a N. Hacemos la suma en dos partes: por un lado las potencias de 2 y por otro las potencias de 2 multiplicadas por el primo $2^p - 1$. En ambos casos aplicaremos la fórmula para la suma de los términos de una progresión geométrica de razón 2 (véase el ejercicio 1.41 para una justificación de esa fórmula).

El cálculo de la primera suma queda:

$$1 + 2 + 2^2 + \cdots + 2^{p-1} = 2^0 + 2^1 + 2^2 + \cdots + 2^{p-1}$$
$$= \sum_{i=0}^{p-1} 2^i$$
$$= \frac{2 \cdot 2^{p-1} - 2^0}{2 - 1}$$
$$= 2^p - 1.$$

El cálculo de la segunda suma queda:

$$2^p - 1 + 2(2^p - 1) + 2^2(2^p - 1) + \cdots + 2^{p-2}(2^p - 1)$$
$$= 2^0(2^p - 1) + 2^1(2^p - 1) + 2^2(2^p - 1) + \cdots + 2^{p-2}(2^p - 1)$$
$$= (2^0 + 2^1 + 2^2 + \cdots + 2^{p-2})(2^p - 1)$$
$$= (2^p - 1)\sum_{i=0}^{p-2} 2^i$$
$$= (2^p - 1)\frac{2 \cdot 2^{p-2} - 2^0}{2 - 1}$$
$$= (2^p - 1)(2^{p-1} - 1).$$

Finalmente, sumando ambas sumas parciales, obtenemos

$$2^p - 1 + (2^p - 1)(2^{p-1} - 1) = (2^p - 1)(1 + 2^{p-1} - 1) = (2^p - 1)2^{p-1} = N,$$

como queríamos demostrar.

2.62. Demuestra que dados $a, b, c, d, m \in \mathbb{Z}$ con $m > 0$ se verifica que: si $a \equiv_m c$ y $b \equiv_m d$, entonces $a - b \equiv_m c - d$.

Solución

La suposición $a \equiv_m c$ significa que $a - c = km$, para cierto $k \in \mathbb{Z}$, es decir, $a = km + c$. De la misma forma, $b \equiv_m d$ significa que $b - d = lm$, para cierto $l \in \mathbb{Z}$, es decir, $b = lm + d$. Calculando, obtenemos que

$$a - b = (km + c) - (lm + d) = (k - l) \cdot m + (c - d),$$

con $k - l \in \mathbb{Z}$. Por tanto, la diferencia entre $a - b$ y $c - d$ es un múltiplo de m y se concluye que $a - b \equiv_m c - d$.

2.63. Sean m y c números enteros tales que $mcd(m, c) = 1$.

(a) Usando el teorema de Bézout, demuestra que para cualquier entero d tal que $m \mid d \cdot c$ se cumple $m \mid d$.

(b) Usando el apartado anterior y suponiendo $m > 0$, demuestra que si a y b son dos enteros tales que $a \cdot c \equiv_m b \cdot c$, entonces también se cumple que $a \equiv_m b$.

Solución

Por hipótesis, sabemos que $mcd(m, c) = 1$. Por el teorema de Bézout, deben existir enteros k y l tales que $m \cdot k + c \cdot l = 1$. Multiplicando ambos lados de esta ecuación por d, obtenemos $d \cdot m \cdot k + d \cdot c \cdot l = d$. Usaremos esta última igualdad en los dos apartados del ejercicio.

(a) Supongamos que d verifique $m \mid d \cdot c$. La igualdad $d \cdot m \cdot k + d \cdot c \cdot l = d$ expresa a d como suma de dos sumandos: $d \cdot m \cdot k$, que es evidentemente un múltiplo de m; y $d \cdot c \cdot l$, que también es un múltiplo de m, porque estamos suponiendo un d tal que $m \mid d \cdot c$. Luego podemos concluir que d es múltiplo de m, es decir, $m \mid d$, como se pedía.

(b) Supongamos ahora que $m > 0$ y que $a \cdot c \equiv_m b \cdot c$. Entonces la diferencia $a \cdot c - b \cdot c$ será múltiplo de m, es decir, $m \mid a \cdot c - b \cdot c$, que equivale a $m \mid (a-b) \cdot c$. Aplicando el resultado del apartado anterior a $d = a - b$, concluimos que $m \mid a - b$, lo cual significa que $a \equiv_m b$.

2.64. Enumera las clases de congruencia de los números 0, 1, 2, 3 y 4 módulo 5. Construye las tablas de las operaciones $+_5$ y $\cdot_5$.

Solución

Las clases de congruencia de los números 0, 1, 2, 3 y 4 módulo 5 son:

- $[0]_5 = \{\ldots, -5n, \ldots, -10, -5, 0, 5, 10, \ldots, 5n, \ldots\} = \{5k \mid k \in \mathbb{Z}\}$,
- $[1]_5 = \{\ldots, 1 - 5n, \ldots, -9, -4, 1, 6, 11, \ldots, 1 + 5n, \ldots\} = \{1 + 5k \mid k \in \mathbb{Z}\}$,
- $[2]_5 = \{\ldots, 2 - 5n, \ldots, -8, -3, 2, 7, 12, \ldots, 2 + 5n, \ldots\} = \{2 + 5k \mid k \in \mathbb{Z}\}$,
- $[3]_5 = \{\ldots, 3 - 5n, \ldots, -7, -2, 3, 8, 13, \ldots, 3 + 5n, \ldots\} = \{3 + 5k \mid k \in \mathbb{Z}\}$,
- $[4]_5 = \{\ldots, 4 - 5n, \ldots, -6, -1, 4, 9, 14, \ldots, 4 + 5n, \ldots\} = \{4 + 5k \mid k \in \mathbb{Z}\}$.

Abreviando la clase $[n]_5$ como $\bar{n}$ para cada n con $0 \leq n < 5$, las tablas de las operaciones $+_5$ (suma módulo 5) y $\cdot_5$ (producto módulo 5) quedan como sigue:

$+_5$	$\bar{0}$	$\bar{1}$	$\bar{2}$	$\bar{3}$	$\bar{4}$
$\bar{0}$	$\bar{0}$	$\bar{1}$	$\bar{2}$	$\bar{3}$	$\bar{4}$
$\bar{1}$	$\bar{1}$	$\bar{2}$	$\bar{3}$	$\bar{4}$	$\bar{0}$
$\bar{2}$	$\bar{2}$	$\bar{3}$	$\bar{4}$	$\bar{0}$	$\bar{1}$
$\bar{3}$	$\bar{3}$	$\bar{4}$	$\bar{0}$	$\bar{1}$	$\bar{2}$
$\bar{4}$	$\bar{4}$	$\bar{0}$	$\bar{1}$	$\bar{2}$	$\bar{3}$

$\cdot_5$	$\bar{0}$	$\bar{1}$	$\bar{2}$	$\bar{3}$	$\bar{4}$
$\bar{0}$	$\bar{0}$	$\bar{0}$	$\bar{0}$	$\bar{0}$	$\bar{0}$
$\bar{1}$	$\bar{0}$	$\bar{1}$	$\bar{2}$	$\bar{3}$	$\bar{4}$
$\bar{2}$	$\bar{0}$	$\bar{2}$	$\bar{4}$	$\bar{1}$	$\bar{3}$
$\bar{3}$	$\bar{0}$	$\bar{3}$	$\bar{1}$	$\bar{4}$	$\bar{2}$
$\bar{4}$	$\bar{0}$	$\bar{4}$	$\bar{3}$	$\bar{2}$	$\bar{1}$

2.65. Construye las tablas de la suma y la multiplicación en $\mathbb{Z}/(6)$.

Solución

Abreviando la clase $[n]_6$ como $\bar{n}$ para cada n con $0 \leq n < 6$, las tablas de las operaciones de la suma $+_6$ y del producto $\cdot_6$ son las siguientes:

$+_6$	$\overline{0}$	$\overline{1}$	$\overline{2}$	$\overline{3}$	$\overline{4}$	$\overline{5}$
$\overline{0}$	$\overline{0}$	$\overline{1}$	$\overline{2}$	$\overline{3}$	$\overline{4}$	$\overline{5}$
$\overline{1}$	$\overline{1}$	$\overline{2}$	$\overline{3}$	$\overline{4}$	$\overline{5}$	$\overline{0}$
$\overline{2}$	$\overline{2}$	$\overline{3}$	$\overline{4}$	$\overline{5}$	$\overline{0}$	$\overline{1}$
$\overline{3}$	$\overline{3}$	$\overline{4}$	$\overline{5}$	$\overline{0}$	$\overline{1}$	$\overline{2}$
$\overline{4}$	$\overline{4}$	$\overline{5}$	$\overline{0}$	$\overline{1}$	$\overline{2}$	$\overline{3}$
$\overline{5}$	$\overline{5}$	$\overline{0}$	$\overline{1}$	$\overline{2}$	$\overline{3}$	$\overline{4}$

$\cdot_6$	$\overline{0}$	$\overline{1}$	$\overline{2}$	$\overline{3}$	$\overline{4}$	$\overline{5}$
$\overline{0}$	$\overline{0}$	$\overline{0}$	$\overline{0}$	$\overline{0}$	$\overline{0}$	$\overline{0}$
$\overline{1}$	$\overline{0}$	$\overline{1}$	$\overline{2}$	$\overline{3}$	$\overline{4}$	$\overline{5}$
$\overline{2}$	$\overline{0}$	$\overline{2}$	$\overline{4}$	$\overline{0}$	$\overline{2}$	$\overline{4}$
$\overline{3}$	$\overline{0}$	$\overline{3}$	$\overline{0}$	$\overline{3}$	$\overline{0}$	$\overline{3}$
$\overline{4}$	$\overline{0}$	$\overline{4}$	$\overline{2}$	$\overline{0}$	$\overline{4}$	$\overline{2}$
$\overline{5}$	$\overline{0}$	$\overline{5}$	$\overline{4}$	$\overline{3}$	$\overline{2}$	$\overline{1}$

2.66. Trabajando en $\mathbb{Z}/(5)$ o $\mathbb{Z}/(6)$, según corresponda, resuelve las ecuaciones siguientes, teniendo en cuenta que la solución puede no existir o no ser única.

(a) $\overline{2} \cdot_5 x = \overline{3}$

(b) $(\overline{3} \cdot_5 x) +_5 \overline{2} = \overline{4}$

(c) $(\overline{2} +_6 x) \cdot_6 \overline{4} = \overline{5}$

Solución

Usamos las tablas de las soluciones de los ejercicios 2.64 y 2.65 para encontrar las posibles soluciones.

(a) La fila (o columna) para $\overline{2}$ en la tabla del producto $\cdot_5$ en la solución del ejercicio 2.64 muestra claramente que la única solución de la ecuación $\overline{2} \cdot_5 x = \overline{3}$ es $x = \overline{4}$.

(b) Consultando la fila (o columna) para $\overline{2}$ en la tabla de la suma $+_5$ en la solución del ejercicio 2.64 vemos que $(\overline{3} \cdot_5 x) +_5 \overline{2} = \overline{4}$ implica que $\overline{3} \cdot_5 x = \overline{2}$. Consultando ahora la fila (o columna) para $\overline{3}$ en la tabla del producto $\cdot_5$ vemos que esto implica a su vez $x = \overline{4}$.

(c) Para estudiar esta ecuación, evaluamos la expresión $(\overline{2} +_6 x) \cdot_6 \overline{4}$ para los 6 valores posibles de x en $\mathbb{Z}/(6)$, con ayuda de las tablas de la suma $+_6$ y del producto $\cdot_6$ en la solución del ejercicio 2.65:

$x = \overline{0}$	$(\overline{2} +_6 \overline{0}) \cdot_6 \overline{4} = \overline{2}$
$x = \overline{1}$	$(\overline{2} +_6 \overline{1}) \cdot_6 \overline{4} = \overline{0}$
$x = \overline{2}$	$(\overline{2} +_6 \overline{2}) \cdot_6 \overline{4} = \overline{4}$
$x = \overline{3}$	$(\overline{2} +_6 \overline{3}) \cdot_6 \overline{4} = \overline{2}$
$x = \overline{4}$	$(\overline{2} +_6 \overline{4}) \cdot_6 \overline{4} = \overline{0}$
$x = \overline{5}$	$(\overline{2} +_6 \overline{5}) \cdot_6 \overline{4} = \overline{4}$

En ningún caso se obtiene el resultado $\overline{5}$. Por consiguiente, la ecuación de este apartado no tiene solución en $\mathbb{Z}/(6)$.

2.67. ¿Qué soluciones tiene la ecuación $x^2 - \overline{12} \cdot x + \overline{6} = \overline{0}$ en $\mathbb{Z}/(6)$?

Solución

En $\mathbb{Z}/(6)$ se tiene que $\overline{-12} = \overline{6} = \overline{0}$, por lo cual la ecuación $x^2 - \overline{12} \cdot x + \overline{6} = \overline{0}$ es equivalente a $x^2 + \overline{0} \cdot x + \overline{0} = \overline{0}$, que a su vez es equivalente a $x^2 = \overline{0}$. Operando en $\mathbb{Z}/(6)$, probamos los 6 valores posibles de x para encontrar las soluciones de la ecuación.

$x = \overline{0}$	$\overline{0}^2 = \overline{0}$
$x = \overline{1}$	$\overline{1}^2 = \overline{1}$
$x = \overline{2}$	$\overline{2}^2 = \overline{4}$
$x = \overline{3}$	$\overline{3}^2 = \overline{9} = \overline{3}$
$x = \overline{4}$	$\overline{4}^2 = \overline{16} = \overline{4}$
$x = \overline{5}$	$\overline{5}^2 = \overline{25} = \overline{1}$

También podríamos haber evitado las operaciones anteriores consultando la tabla de $\cdot_6$ construida en la solución del ejercicio 2.65. En definitiva, vemos que la ecuación solo tiene una solución, $x = \overline{0}$, cuya fila aparece sombreada en la tabla anterior.

2.68. Resuelve las siguientes ecuaciones:

(a) $x^2 - \overline{5} \cdot x + \overline{6} = \overline{0}$, en $\mathbb{Z}/(6)$ y en $\mathbb{Z}/(10)$.

(b) $\overline{5} \cdot x = \overline{12}$, en $\mathbb{Z}/(13)$ y en $\mathbb{Z}/(7)$.

(c) $x^2 - x - \overline{1} = \overline{0}$, en $\mathbb{Z}/(6)$ y en $\mathbb{Z}/(11)$.

(d) $x^2 + \overline{2} \cdot x + \overline{2} = \overline{0}$, en $\mathbb{Z}/(6)$ y en $\mathbb{Z}/(11)$.

(e) $x^2 - \overline{4} \cdot x + \overline{1} = \overline{0}$, en $\mathbb{Z}/(6)$ y en $\mathbb{Z}/(11)$.

Solución

En cada uno de los apartados siguientes, se simplifica la ecuación cuando es posible y se prueban todos los valores posibles de x para encontrar las soluciones. Los cálculos realizados se presentan mediante tablas. Los signos $+$ y $\cdot$ que aparecen en esas tablas se deben interpretar como $+_m$ y $\cdot_m$, respectivamente, para el valor de m que corresponda en cada caso.

Las filas sombreadas en las tablas corresponden a las soluciones encontradas.

(a)   En $\mathbb{Z}/(6)$ se cumple que la ecuación $x^2 - \overline{5} \cdot x + \overline{6} = \overline{0}$ es equivalente a $x^2 - \overline{5} \cdot x = \overline{0}$, mientras que en $\mathbb{Z}/(10)$ la ecuación no se puede simplificar.

$x = \overline{0}$	$\overline{0}^2 - \overline{5} \cdot \overline{0} = \overline{0}$
$x = \overline{1}$	$\overline{1}^2 - \overline{5} \cdot \overline{1} = \overline{-4} = \overline{2}$
$x = \overline{2}$	$\overline{2}^2 - \overline{5} \cdot \overline{2} = \overline{-6} = \overline{0}$
$x = \overline{3}$	$\overline{3}^2 - \overline{5} \cdot \overline{3} = \overline{-6} = \overline{0}$
$x = \overline{4}$	$\overline{4}^2 - \overline{5} \cdot \overline{4} = \overline{-4} = \overline{2}$
$x = \overline{5}$	$\overline{5}^2 - \overline{5} \cdot \overline{5} = \overline{0}$

$x = \overline{0}$	$\overline{0}^2 - \overline{5} \cdot \overline{0} + \overline{6} = \overline{6}$
$x = \overline{1}$	$\overline{1}^2 - \overline{5} \cdot \overline{1} + \overline{6} = \overline{2}$
$x = \overline{2}$	$\overline{2}^2 - \overline{5} \cdot \overline{2} + \overline{6} = \overline{0}$
$x = \overline{3}$	$\overline{3}^2 - \overline{5} \cdot \overline{3} + \overline{6} = \overline{0}$
$x = \overline{4}$	$\overline{4}^2 - \overline{5} \cdot \overline{4} + \overline{6} = \overline{2}$
$x = \overline{5}$	$\overline{5}^2 - \overline{5} \cdot \overline{5} + \overline{6} = \overline{6}$
$x = \overline{6}$	$\overline{6}^2 - \overline{5} \cdot \overline{6} + \overline{6} = \overline{2}$
$x = \overline{7}$	$\overline{7}^2 - \overline{5} \cdot \overline{7} + \overline{6} = \overline{0}$
$x = \overline{8}$	$\overline{8}^2 - \overline{5} \cdot \overline{8} + \overline{6} = \overline{0}$
$x = \overline{9}$	$\overline{9}^2 - \overline{5} \cdot \overline{9} + \overline{6} = \overline{2}$

La ecuación $x^2 - 5 \cdot x + 6 = 0$ tiene cuatro soluciones tanto en $\mathbb{Z}/(6)$ como en $\mathbb{Z}/(10)$.

(b) En $\mathbb{Z}/(7)$ se cumple que la ecuación $\overline{5} \cdot x = \overline{12}$ equivale a $\overline{5} \cdot x = \overline{5}$, mientras que en $\mathbb{Z}/(13)$ la ecuación no se puede simplificar.

$x = \overline{0}$	$\overline{5} \cdot \overline{0} = \overline{0}$
$x = \overline{1}$	$\overline{5} \cdot \overline{1} = \overline{5}$
$x = \overline{2}$	$\overline{5} \cdot \overline{2} = \overline{10}$
$x = \overline{3}$	$\overline{5} \cdot \overline{3} = \overline{2}$
$x = \overline{4}$	$\overline{5} \cdot \overline{4} = \overline{7}$
$x = \overline{5}$	$\overline{5} \cdot \overline{5} = \overline{12}$
$x = \overline{6}$	$\overline{5} \cdot \overline{6} = \overline{4}$
$x = \overline{7}$	$\overline{5} \cdot \overline{7} = \overline{9}$
$x = \overline{8}$	$\overline{5} \cdot \overline{8} = \overline{1}$
$x = \overline{9}$	$\overline{5} \cdot \overline{9} = \overline{6}$
$x = \overline{10}$	$\overline{5} \cdot \overline{10} = \overline{11}$
$x = \overline{11}$	$\overline{5} \cdot \overline{11} = \overline{3}$
$x = \overline{12}$	$\overline{5} \cdot \overline{12} = \overline{8}$

$x = \overline{0}$	$\overline{5} \cdot \overline{0} = \overline{0}$
$x = \overline{1}$	$\overline{5} \cdot \overline{1} = \overline{5}$
$x = \overline{2}$	$\overline{5} \cdot \overline{2} = \overline{3}$
$x = \overline{3}$	$\overline{5} \cdot \overline{3} = \overline{1}$
$x = \overline{4}$	$\overline{5} \cdot \overline{4} = \overline{6}$
$x = \overline{5}$	$\overline{5} \cdot \overline{5} = \overline{4}$
$x = \overline{6}$	$\overline{5} \cdot \overline{6} = \overline{2}$

La ecuación $\overline{5} \cdot x = \overline{12}$ tiene una única solución tanto en $\mathbb{Z}/(13)$ como en $\mathbb{Z}/(7)$.

(c) La ecuación $x^2 - x - \overline{1} = \overline{0}$ no se puede simplificar ni en $\mathbb{Z}/(6)$ ni en $\mathbb{Z}/(11)$.

$x = \overline{0}$	$\overline{0}^2 - \overline{0} - \overline{1} = \overline{-1} = \overline{5}$
$x = \overline{1}$	$\overline{1}^2 - \overline{1} - \overline{1} = \overline{-1} = \overline{5}$
$x = \overline{2}$	$\overline{2}^2 - \overline{2} - \overline{1} = \overline{1}$
$x = \overline{3}$	$\overline{3}^2 - \overline{3} - \overline{1} = \overline{5}$
$x = \overline{4}$	$\overline{4}^2 - \overline{4} - \overline{1} = \overline{11} = \overline{5}$
$x = \overline{5}$	$\overline{5}^2 - \overline{5} - \overline{1} = \overline{1}$

$x = \overline{0}$	$\overline{0}^2 - \overline{0} - \overline{1} = \overline{-1} = \overline{10}$
$x = \overline{1}$	$\overline{1}^2 - \overline{1} - \overline{1} = \overline{-1} = \overline{10}$
$x = \overline{2}$	$\overline{2}^2 - \overline{2} - \overline{1} = \overline{1}$
$x = \overline{3}$	$\overline{3}^2 - \overline{3} - \overline{1} = \overline{5}$
$x = \overline{4}$	$\overline{4}^2 - \overline{4} - \overline{1} = \overline{11} = \overline{0}$
$x = \overline{5}$	$\overline{5}^2 - \overline{5} - \overline{1} = \overline{19} = \overline{8}$
$x = \overline{6}$	$\overline{6}^2 - \overline{6} - \overline{1} = \overline{29} = \overline{7}$
$x = \overline{7}$	$\overline{7}^2 - \overline{7} - \overline{1} = \overline{41} = \overline{8}$
$x = \overline{8}$	$\overline{8}^2 - \overline{8} - \overline{1} = \overline{55} = \overline{0}$
$x = \overline{9}$	$\overline{9}^2 - \overline{9} - \overline{1} = \overline{71} = \overline{5}$
$x = \overline{10}$	$\overline{10}^2 - \overline{10} - \overline{1} = \overline{89} = \overline{1}$

La ecuación $x^2 - x - \overline{1} = \overline{0}$ no tiene ninguna solución en $\mathbb{Z}/(6)$ y tiene dos soluciones en $\mathbb{Z}/(11)$.

(d) La ecuación $x^2 + \overline{2} \cdot x + \overline{2} = \overline{0}$ no se puede simplificar ni en $\mathbb{Z}/(6)$ ni en $\mathbb{Z}/(11)$.

$x = \overline{0}$	$\overline{0}^2 + \overline{2} \cdot \overline{0} + \overline{2} = \overline{2}$
$x = \overline{1}$	$\overline{1}^2 + \overline{2} \cdot \overline{1} + \overline{2} = \overline{5}$
$x = \overline{2}$	$\overline{2}^2 + \overline{2} \cdot \overline{2} + \overline{2} = \overline{10} = \overline{4}$
$x = \overline{3}$	$\overline{3}^2 + \overline{2} \cdot \overline{3} + \overline{2} = \overline{17} = \overline{5}$
$x = \overline{4}$	$\overline{4}^2 + \overline{2} \cdot \overline{4} + \overline{2} = \overline{26} = \overline{2}$
$x = \overline{5}$	$\overline{5}^2 + \overline{2} \cdot \overline{5} + \overline{2} = \overline{37} = \overline{1}$

$x = \overline{0}$	$\overline{0}^2 + \overline{2} \cdot \overline{0} + \overline{2} = \overline{2}$
$x = \overline{1}$	$\overline{1}^2 + \overline{2} \cdot \overline{1} + \overline{2} = \overline{5}$
$x = \overline{2}$	$\overline{2}^2 + \overline{2} \cdot \overline{2} + \overline{2} = \overline{10}$
$x = \overline{3}$	$\overline{3}^2 + \overline{2} \cdot \overline{3} + \overline{2} = \overline{17} = \overline{6}$
$x = \overline{4}$	$\overline{4}^2 + \overline{2} \cdot \overline{4} + \overline{2} = \overline{26} = \overline{4}$
$x = \overline{5}$	$\overline{5}^2 + \overline{2} \cdot \overline{5} + \overline{2} = \overline{37} = \overline{4}$
$x = \overline{6}$	$\overline{6}^2 + \overline{2} \cdot \overline{6} + \overline{2} = \overline{50} = \overline{6}$
$x = \overline{7}$	$\overline{7}^2 + \overline{2} \cdot \overline{7} + \overline{2} = \overline{65} = \overline{10}$
$x = \overline{8}$	$\overline{8}^2 + \overline{2} \cdot \overline{8} + \overline{2} = \overline{82} = \overline{5}$
$x = \overline{9}$	$\overline{9}^2 + \overline{2} \cdot \overline{9} + \overline{2} = \overline{91} = \overline{3}$
$x = \overline{10}$	$\overline{10}^2 + \overline{2} \cdot \overline{10} + \overline{2} = \overline{122} = \overline{1}$

La ecuación $x^2 + \overline{2} \cdot x + \overline{2} = \overline{0}$ no tiene ninguna solución ni en $\mathbb{Z}/(6)$ ni en $\mathbb{Z}/(11)$.

(e) La ecuación $x^2 - \overline{4} \cdot x + \overline{1} = \overline{0}$ no se puede simplificar ni en $\mathbb{Z}/(6)$ ni en $\mathbb{Z}/(11)$.

$x = \overline{0}$	$\overline{0}^2 - \overline{4} \cdot \overline{0} + \overline{1} = \overline{1}$
$x = \overline{1}$	$\overline{1}^2 - \overline{4} \cdot \overline{1} + \overline{1} = \overline{-2} = \overline{9}$
$x = \overline{2}$	$\overline{2}^2 - \overline{4} \cdot \overline{2} + \overline{1} = \overline{-3} = \overline{8}$
$x = \overline{3}$	$\overline{3}^2 - \overline{4} \cdot \overline{3} + \overline{1} = \overline{-2} = \overline{9}$
$x = \overline{4}$	$\overline{4}^2 - \overline{4} \cdot \overline{4} + \overline{1} = \overline{1}$
$x = \overline{5}$	$\overline{5}^2 - \overline{4} \cdot \overline{5} + \overline{1} = \overline{6}$
$x = \overline{6}$	$\overline{6}^2 - \overline{4} \cdot \overline{6} + \overline{1} = \overline{13} = \overline{2}$
$x = \overline{7}$	$\overline{7}^2 - \overline{4} \cdot \overline{7} + \overline{1} = \overline{22} = \overline{0}$
$x = \overline{8}$	$\overline{8}^2 - \overline{4} \cdot \overline{8} + \overline{1} = \overline{33} = \overline{0}$
$x = \overline{9}$	$\overline{9}^2 - \overline{4} \cdot \overline{9} + \overline{1} = \overline{46} = \overline{2}$
$x = \overline{10}$	$\overline{10}^2 - \overline{4} \cdot \overline{10} + \overline{1} = \overline{61} = \overline{6}$

$x = \overline{0}$	$\overline{0}^2 - \overline{4} \cdot \overline{0} + \overline{1} = \overline{1}$
$x = \overline{1}$	$\overline{1}^2 - \overline{4} \cdot \overline{1} + \overline{1} = \overline{-2} = \overline{4}$
$x = \overline{2}$	$\overline{2}^2 - \overline{4} \cdot \overline{2} + \overline{1} = \overline{-3} = \overline{3}$
$x = \overline{3}$	$\overline{3}^2 - \overline{4} \cdot \overline{3} + \overline{1} = \overline{-2} = \overline{4}$
$x = \overline{4}$	$\overline{4}^2 - \overline{4} \cdot \overline{4} + \overline{1} = \overline{1}$
$x = \overline{5}$	$\overline{5}^2 - \overline{4} \cdot \overline{1} + \overline{1} = \overline{6} = \overline{0}$

La ecuación $x^2 - \overline{4} \cdot x + \overline{1} = \overline{0}$ tiene una única solución en $\mathbb{Z}/(6)$ y dos soluciones en $\mathbb{Z}/(11)$.

2.69. Resuelve el sistema de ecuaciones

$$\begin{cases} x + \overline{2} \cdot y = \overline{4} \\ \overline{4} \cdot x + \overline{3} \cdot y = \overline{4} \end{cases}$$

en $\mathbb{Z}/(6)$, en $\mathbb{Z}/(10)$ y en $\mathbb{Z}/(5)$.

Solución

Un método general para resolver un sistema de dos ecuaciones con dos incógnitas x e y en $\mathbb{Z}/(m)$ es el siguiente: se construye una primera tabla de doble entrada para evaluar la expresión correspondiente a la primera ecuación para todos los valores posibles de x e y, y se marcan las casillas correspondientes a las soluciones de dicha ecuación. De forma análoga se construye una segunda tabla para localizar las soluciones de la segunda ecuación. Las soluciones del sistema formado por las dos ecuaciones se corresponderán con aquellas casillas que aparezcan marcadas simultáneamente en ambas tablas.

Por otra parte, en ciertos casos también es posible operar con las ecuaciones dadas, deduciendo de ellas otras ecuaciones que permitan determinar las soluciones sin tener que construir las tablas antedichas. En cada uno de los tres apartados de este ejercicio vamos a presentar una solución basada en el método general y otra solución alternativa basada en operaciones en $\mathbb{Z}/(m)$ a partir de las ecuaciones dadas.

(a) Solución en $\mathbb{Z}/(6)$:
En la tabla de la izquierda se evalúa la expresión $x + \overline{2} \cdot y$ operando en $\mathbb{Z}/(6)$ y se marcan las casillas en las que se obtiene el resultado $\overline{4}$. En la tabla de la derecha se evalúa la expresión $\overline{4} \cdot x + \overline{3} \cdot y$ operando en $\mathbb{Z}/(6)$ y se marcan las casillas en las que se obtiene el resultado $\overline{4}$.

Las soluciones del sistema son los valores de x e y correspondientes a las casillas marcadas simultáneamente en ambas tablas.

$x \backslash y$	$\overline{0}$	$\overline{1}$	$\overline{2}$	$\overline{3}$	$\overline{4}$	$\overline{5}$
$\overline{0}$	$\overline{0}$	$\overline{2}$	$\overline{4}$	$\overline{0}$	$\overline{2}$	$\overline{4}$
$\overline{1}$	$\overline{1}$	$\overline{3}$	$\overline{5}$	$\overline{1}$	$\overline{3}$	$\overline{5}$
$\overline{2}$	$\overline{2}$	$\overline{4}$	$\overline{0}$	$\overline{2}$	$\overline{4}$	$\overline{0}$
$\overline{3}$	$\overline{3}$	$\overline{5}$	$\overline{1}$	$\overline{3}$	$\overline{5}$	$\overline{1}$
$\overline{4}$	$\overline{4}$	$\overline{0}$	$\overline{2}$	$\overline{4}$	$\overline{0}$	$\overline{2}$
$\overline{5}$	$\overline{5}$	$\overline{1}$	$\overline{3}$	$\overline{5}$	$\overline{1}$	$\overline{3}$

$x \backslash y$	$\overline{0}$	$\overline{1}$	$\overline{2}$	$\overline{3}$	$\overline{4}$	$\overline{5}$
$\overline{0}$	$\overline{0}$	$\overline{3}$	$\overline{0}$	$\overline{3}$	$\overline{0}$	$\overline{3}$
$\overline{1}$	$\overline{4}$	$\overline{1}$	$\overline{4}$	$\overline{1}$	$\overline{4}$	$\overline{1}$
$\overline{2}$	$\overline{2}$	$\overline{5}$	$\overline{2}$	$\overline{5}$	$\overline{2}$	$\overline{5}$
$\overline{3}$	$\overline{0}$	$\overline{3}$	$\overline{0}$	$\overline{3}$	$\overline{0}$	$\overline{3}$
$\overline{4}$	$\overline{4}$	$\overline{1}$	$\overline{4}$	$\overline{1}$	$\overline{4}$	$\overline{1}$
$\overline{5}$	$\overline{2}$	$\overline{5}$	$\overline{2}$	$\overline{5}$	$\overline{2}$	$\overline{5}$

El sistema formado por las dos ecuaciones $x + \overline{2} \cdot y = \overline{4}$, $\overline{4} \cdot x + \overline{3} \cdot y = \overline{4}$ tiene una única solución en $\mathbb{Z}/(6)$, correspondiente a los valores $x = \overline{4}$ e $y = \overline{0}$.

Veamos ahora una solución alternativa. Multiplicando la primera ecuación dada por $\overline{4}$ (operando en $\mathbb{Z}/(6)$) resulta $\overline{4} \cdot x + \overline{2} \cdot y = \overline{4}$. Restando esta ecuación de la segunda ecuación dada (de nuevo operando en $\mathbb{Z}/(6)$) resulta la ecuación resuelta $y = \overline{0}$. Sustituyendo y por $\overline{0}$ en la primera ecuación dada resulta $x + \overline{2} \cdot \overline{0} = \overline{4}$, cuya única solución en $\mathbb{Z}/(6)$ es $x = \overline{4}$. Por tanto, la única solución posible del sistema formado por las dos ecuaciones dadas corresponde a $x = \overline{4}$ e $y = \overline{0}$, como hemos visto antes.

(b) Solución en $\mathbb{Z}/(10)$:

En la primera tabla se evalúa la expresión $x + \overline{2} \cdot y$ operando en $\mathbb{Z}/(10)$ y se marcan las casillas en las que se obtiene el resultado $\overline{4}$. En la segunda tabla se evalúa la expresión $\overline{4} \cdot x + \overline{3} \cdot y$ operando en $\mathbb{Z}/(10)$ y se marcan las casillas en las que se obtiene el resultado $\overline{4}$. Las soluciones del sistema son los valores de x e y correspondientes a las casillas marcadas simultáneamente en ambas tablas.

$x \backslash y$	$\overline{0}$	$\overline{1}$	$\overline{2}$	$\overline{3}$	$\overline{4}$	$\overline{5}$	$\overline{6}$	$\overline{7}$	$\overline{8}$	$\overline{9}$
$\overline{0}$	$\overline{0}$	$\overline{2}$	$\overline{4}$	$\overline{6}$	$\overline{8}$	$\overline{0}$	$\overline{2}$	$\overline{4}$	$\overline{6}$	$\overline{8}$
$\overline{1}$	$\overline{1}$	$\overline{3}$	$\overline{5}$	$\overline{7}$	$\overline{9}$	$\overline{1}$	$\overline{3}$	$\overline{5}$	$\overline{7}$	$\overline{9}$
$\overline{2}$	$\overline{2}$	$\overline{4}$	$\overline{6}$	$\overline{8}$	$\overline{0}$	$\overline{2}$	$\overline{4}$	$\overline{6}$	$\overline{8}$	$\overline{0}$
$\overline{3}$	$\overline{3}$	$\overline{5}$	$\overline{7}$	$\overline{9}$	$\overline{1}$	$\overline{3}$	$\overline{5}$	$\overline{7}$	$\overline{9}$	$\overline{1}$
$\overline{4}$	$\overline{4}$	$\overline{6}$	$\overline{8}$	$\overline{0}$	$\overline{2}$	$\overline{4}$	$\overline{6}$	$\overline{8}$	$\overline{0}$	$\overline{2}$
$\overline{5}$	$\overline{5}$	$\overline{7}$	$\overline{9}$	$\overline{1}$	$\overline{3}$	$\overline{5}$	$\overline{7}$	$\overline{9}$	$\overline{1}$	$\overline{3}$
$\overline{6}$	$\overline{6}$	$\overline{8}$	$\overline{0}$	$\overline{2}$	$\overline{4}$	$\overline{6}$	$\overline{8}$	$\overline{0}$	$\overline{2}$	$\overline{4}$
$\overline{7}$	$\overline{7}$	$\overline{9}$	$\overline{1}$	$\overline{3}$	$\overline{5}$	$\overline{7}$	$\overline{9}$	$\overline{1}$	$\overline{3}$	$\overline{5}$
$\overline{8}$	$\overline{8}$	$\overline{0}$	$\overline{2}$	$\overline{4}$	$\overline{6}$	$\overline{8}$	$\overline{0}$	$\overline{2}$	$\overline{4}$	$\overline{6}$
$\overline{9}$	$\overline{9}$	$\overline{1}$	$\overline{3}$	$\overline{5}$	$\overline{7}$	$\overline{9}$	$\overline{1}$	$\overline{3}$	$\overline{5}$	$\overline{7}$

$x \backslash y$	$\overline{0}$	$\overline{1}$	$\overline{2}$	$\overline{3}$	$\overline{4}$	$\overline{5}$	$\overline{6}$	$\overline{7}$	$\overline{8}$	$\overline{9}$
$\overline{0}$	$\overline{0}$	$\overline{3}$	$\overline{6}$	$\overline{9}$	$\overline{2}$	$\overline{5}$	$\overline{8}$	$\overline{0}$	$\overline{4}$	$\overline{7}$
$\overline{1}$	$\overline{4}$	$\overline{7}$	$\overline{0}$	$\overline{3}$	$\overline{6}$	$\overline{9}$	$\overline{2}$	$\overline{5}$	$\overline{8}$	$\overline{1}$
$\overline{2}$	$\overline{8}$	$\overline{1}$	$\overline{4}$	$\overline{7}$	$\overline{0}$	$\overline{3}$	$\overline{6}$	$\overline{9}$	$\overline{2}$	$\overline{5}$
$\overline{3}$	$\overline{3}$	$\overline{5}$	$\overline{8}$	$\overline{1}$	$\overline{4}$	$\overline{7}$	$\overline{0}$	$\overline{3}$	$\overline{6}$	$\overline{9}$
$\overline{4}$	$\overline{6}$	$\overline{9}$	$\overline{2}$	$\overline{5}$	$\overline{8}$	$\overline{1}$	$\overline{4}$	$\overline{7}$	$\overline{0}$	$\overline{3}$
$\overline{5}$	$\overline{0}$	$\overline{3}$	$\overline{6}$	$\overline{9}$	$\overline{2}$	$\overline{5}$	$\overline{8}$	$\overline{1}$	$\overline{4}$	$\overline{7}$
$\overline{6}$	$\overline{4}$	$\overline{7}$	$\overline{0}$	$\overline{3}$	$\overline{6}$	$\overline{9}$	$\overline{2}$	$\overline{5}$	$\overline{8}$	1
$\overline{7}$	$\overline{8}$	$\overline{1}$	$\overline{4}$	$\overline{7}$	$\overline{0}$	$\overline{3}$	$\overline{6}$	$\overline{9}$	$\overline{2}$	$\overline{5}$
$\overline{8}$	$\overline{2}$	$\overline{5}$	$\overline{8}$	$\overline{1}$	$\overline{4}$	$\overline{7}$	$\overline{0}$	$\overline{3}$	$\overline{6}$	$\overline{9}$
9	$\overline{6}$	$\overline{9}$	$\overline{2}$	$\overline{5}$	$\overline{8}$	$\overline{1}$	$\overline{4}$	$\overline{7}$	$\overline{0}$	$\overline{3}$

El sistema formado por las dos ecuaciones $x + \overline{2} \cdot y = \overline{4}$, $\overline{4} \cdot x + \overline{3} \cdot y = \overline{4}$ no tiene ninguna solución en $\mathbb{Z}/(10)$, puesto que no hay ninguna casilla marcada en la misma posición en ambas tablas.

Veamos ahora una solución alternativa. Multiplicando la primera ecuación dada por $\overline{4}$ (operando en $\mathbb{Z}/(10)$) resulta $\overline{4} \cdot x + \overline{8} \cdot y = \overline{6}$. Restando de esta ecuación la segunda ecuación dada (de nuevo operando en $\mathbb{Z}/(10)$) resulta la ecuación $\overline{5} \cdot y = \overline{2}$, que no tiene solución en $\mathbb{Z}/(10)$. Por tanto, el sistema dado tampoco tiene solución en $\mathbb{Z}/(10)$, como ya hemos visto antes.

(c) Solución en $\mathbb{Z}/(5)$:

En la tabla de la izquierda se evalúa la expresión $x + \overline{2} \cdot y$ operando en $\mathbb{Z}/(5)$ y se marcan las casillas en las que se obtiene el resultado $\overline{4}$. En la tabla de la derecha se evalúa la expresión $\overline{4} \cdot x + \overline{3} \cdot y$ operando en $\mathbb{Z}/(5)$ y se marcan las casillas en las que se obtiene el resultado $\overline{4}$. Las soluciones del sistema son los valores de x e y correspondientes a las casillas marcadas simultáneamente en ambas tablas.

$x \backslash y$	$\overline{0}$	$\overline{1}$	$\overline{2}$	$\overline{3}$	$\overline{4}$
$\overline{0}$	$\overline{0}$	$\overline{2}$	$\overline{4}$	$\overline{1}$	$\overline{3}$
$\overline{1}$	$\overline{1}$	$\overline{3}$	$\overline{0}$	$\overline{2}$	$\overline{4}$
$\overline{2}$	$\overline{2}$	$\overline{4}$	$\overline{1}$	$\overline{3}$	$\overline{0}$
$\overline{3}$	$\overline{3}$	$\overline{0}$	$\overline{2}$	$\overline{4}$	$\overline{1}$
$\overline{4}$	$\overline{4}$	$\overline{1}$	$\overline{3}$	$\overline{0}$	$\overline{2}$

$x \backslash y$	$\overline{0}$	$\overline{1}$	$\overline{2}$	$\overline{3}$	$\overline{4}$
$\overline{0}$	$\overline{0}$	3	$\overline{1}$	$\overline{4}$	$\overline{2}$
$\overline{1}$	$\overline{4}$	$\overline{2}$	$\overline{0}$	$\overline{3}$	$\overline{1}$
$\overline{2}$	$\overline{3}$	$\overline{1}$	$\overline{4}$	$\overline{2}$	$\overline{0}$
$\overline{3}$	$\overline{2}$	$\overline{0}$	$\overline{3}$	$\overline{1}$	$\overline{4}$
$\overline{4}$	$\overline{1}$	$\overline{4}$	$\overline{2}$	$\overline{0}$	$\overline{3}$

El sistema formado por las dos ecuaciones $x + \overline{2} \cdot y = \overline{4}$, $\overline{4} \cdot x + \overline{3} \cdot y = \overline{4}$ no tiene ninguna solución en $\mathbb{Z}/(5)$, puesto que no hay ninguna casilla marcada en la misma posición en ambas tablas.

Veamos también en este caso una solución alternativa. Multiplicando la primera ecuación dada por $\overline{4}$ (operando en $\mathbb{Z}/(5)$) resulta $\overline{4} \cdot x + \overline{3} \cdot y = \overline{1}$. Restando esta ecuación de la segunda ecuación dada (de nuevo operando en $\mathbb{Z}/(5)$) resulta la ecuación $\overline{0} = \overline{3}$, que es falsa en $\mathbb{Z}/(5)$. Por tanto, el sistema propuesto no tiene solución en $\mathbb{Z}/(5)$, como hemos visto antes.

2.70. Resuelve el sistema de ecuaciones

$$\begin{cases} x + \overline{3} \cdot y = \overline{6} \\ \overline{2} \cdot x + \overline{5} \cdot y = \overline{7} \end{cases}$$

en $\mathbb{Z}/(6)$, en $\mathbb{Z}/(10)$ y en $\mathbb{Z}/(3)$.

Solución

Para resolver el sistema de ecuaciones dado en $\mathbb{Z}/(6)$ y $\mathbb{Z}/(10)$ emplearemos el método general basado en tablas explicado en el ejercicio 2.69. En el caso de $\mathbb{Z}/(3)$ veremos que es posible simplificar las ecuaciones y resolver el sistema de un modo más sencillo.

(a) Solución en $\mathbb{Z}/(6)$:

En la tabla de la izquierda se evalúa la expresión $x + \overline{3} \cdot y$ operando en $\mathbb{Z}/(6)$ y se marcan las casillas en las que se obtiene el resultado $\overline{6} = \overline{0}$. En la tabla de la derecha se evalúa la expresión $\overline{2} \cdot x + \overline{5} \cdot y$ operando en $\mathbb{Z}/(6)$ y se marcan las casillas en las que se obtiene el resultado $\overline{7} = \overline{1}$. Las soluciones del sistema son los valores de x e y correspondientes a las casillas marcadas simultáneamente en ambas tablas.

$x \backslash y$	$\overline{0}$	$\overline{1}$	$\overline{2}$	$\overline{3}$	$\overline{4}$	$\overline{5}$
$\overline{0}$	$\overline{0}$	$\overline{3}$	$\overline{0}$	$\overline{3}$	$\overline{0}$	$\overline{3}$
$\overline{1}$	$\overline{1}$	$\overline{4}$	$\overline{1}$	$\overline{4}$	$\overline{1}$	$\overline{4}$
$\overline{2}$	$\overline{2}$	$\overline{5}$	$\overline{2}$	$\overline{5}$	$\overline{2}$	$\overline{5}$
$\overline{3}$	$\overline{3}$	$\overline{0}$	$\overline{3}$	$\overline{0}$	$\overline{3}$	$\overline{0}$
$\overline{4}$	$\overline{4}$	$\overline{1}$	$\overline{4}$	$\overline{1}$	$\overline{4}$	$\overline{1}$
$\overline{5}$	$\overline{5}$	$\overline{2}$	$\overline{5}$	$\overline{2}$	$\overline{5}$	$\overline{2}$

$x \backslash y$	$\overline{0}$	$\overline{1}$	$\overline{2}$	$\overline{3}$	$\overline{4}$	$\overline{5}$
$\overline{0}$	$\overline{0}$	$\overline{5}$	$\overline{4}$	$\overline{3}$	$\overline{2}$	$\overline{1}$
$\overline{1}$	$\overline{2}$	$\overline{1}$	$\overline{0}$	$\overline{5}$	$\overline{4}$	$\overline{3}$
$\overline{2}$	$\overline{4}$	$\overline{3}$	$\overline{2}$	$\overline{1}$	$\overline{0}$	$\overline{5}$
$\overline{3}$	$\overline{0}$	$\overline{5}$	$\overline{4}$	$\overline{3}$	$\overline{2}$	$\overline{1}$
$\overline{4}$	$\overline{2}$	$\overline{1}$	$\overline{0}$	$\overline{5}$	$\overline{4}$	$\overline{3}$
$\overline{5}$	$\overline{4}$	$\overline{3}$	$\overline{2}$	$\overline{1}$	$\overline{0}$	$\overline{5}$

En $\mathbb{Z}/(6)$ el sistema formado por las dos ecuaciones $x + \overline{3} \cdot y = \overline{6}$, $\overline{2} \cdot x + \overline{5} \cdot y = \overline{7}$ tiene una única solución, correspondiente a los valores $x = \overline{3}$ e $y = \overline{5}$.

(b) Solución en $\mathbb{Z}/(10)$:

En la primera tabla se evalúa la expresión $x + \overline{3} \cdot y$ operando en $\mathbb{Z}/(10)$ y se marcan las casillas en las que se obtiene el resultado $\overline{6}$. En la segunda tabla se evalúa la expresión $\overline{2} \cdot x + \overline{5} \cdot y$ operando en $\mathbb{Z}/(10)$ y se marcan las casillas en las que se obtiene el resultado $\overline{7}$. Las soluciones del sistema son los valores de x e y correspondientes a las casillas marcadas simultáneamente en ambas tablas.

$x \backslash y$	$\overline{0}$	$\overline{1}$	$\overline{2}$	$\overline{3}$	$\overline{4}$	$\overline{5}$	$\overline{6}$	$\overline{7}$	$\overline{8}$	$\overline{9}$
$\overline{0}$	$\overline{0}$	$\overline{3}$	$\overline{6}$	$\overline{9}$	$\overline{2}$	$\overline{5}$	$\overline{8}$	$\overline{1}$	$\overline{4}$	$\overline{7}$
$\overline{1}$	$\overline{1}$	$\overline{4}$	$\overline{7}$	$\overline{0}$	$\overline{3}$	$\overline{6}$	$\overline{9}$	$\overline{2}$	$\overline{5}$	$\overline{8}$
$\overline{2}$	$\overline{2}$	$\overline{5}$	$\overline{8}$	$\overline{1}$	$\overline{4}$	$\overline{7}$	$\overline{0}$	$\overline{3}$	$\overline{6}$	$\overline{9}$
$\overline{3}$	$\overline{3}$	$\overline{6}$	$\overline{9}$	$\overline{2}$	$\overline{5}$	$\overline{8}$	$\overline{1}$	$\overline{4}$	$\overline{7}$	$\overline{0}$
$\overline{4}$	$\overline{4}$	$\overline{7}$	$\overline{0}$	$\overline{3}$	$\overline{6}$	$\overline{9}$	$\overline{2}$	$\overline{5}$	$\overline{8}$	$\overline{1}$
$\overline{5}$	$\overline{5}$	$\overline{8}$	$\overline{1}$	$\overline{4}$	$\overline{7}$	$\overline{0}$	$\overline{3}$	$\overline{6}$	$\overline{9}$	$\overline{2}$
$\overline{6}$	$\overline{6}$	$\overline{9}$	$\overline{2}$	$\overline{5}$	$\overline{8}$	$\overline{1}$	$\overline{4}$	$\overline{7}$	$\overline{0}$	$\overline{3}$
$\overline{7}$	$\overline{7}$	$\overline{0}$	$\overline{3}$	$\overline{6}$	$\overline{9}$	$\overline{2}$	$\overline{5}$	$\overline{8}$	$\overline{1}$	$\overline{4}$
$\overline{8}$	$\overline{8}$	$\overline{1}$	$\overline{4}$	$\overline{7}$	$\overline{0}$	$\overline{3}$	$\overline{6}$	$\overline{9}$	$\overline{2}$	$\overline{5}$
$\overline{9}$	$\overline{9}$	$\overline{2}$	$\overline{5}$	$\overline{8}$	$\overline{1}$	$\overline{4}$	$\overline{7}$	$\overline{0}$	$\overline{3}$	$\overline{6}$

$x \backslash y$	$\overline{0}$	$\overline{1}$	$\overline{2}$	$\overline{3}$	$\overline{4}$	$\overline{5}$	$\overline{6}$	$\overline{7}$	$\overline{8}$	$\overline{9}$
$\overline{0}$	$\overline{0}$	$\overline{5}$	$\overline{0}$	$\overline{5}$	$\overline{0}$	$\overline{5}$	$\overline{0}$	$\overline{5}$	$\overline{0}$	$\overline{5}$
$\overline{1}$	$\overline{2}$	$\overline{7}$	$\overline{2}$	$\overline{7}$	$\overline{2}$	$\overline{7}$	$\overline{2}$	$\overline{7}$	$\overline{2}$	$\overline{7}$
$\overline{2}$	$\overline{4}$	$\overline{9}$	$\overline{4}$	$\overline{9}$	$\overline{4}$	$\overline{9}$	$\overline{4}$	$\overline{9}$	$\overline{4}$	$\overline{9}$
$\overline{3}$	$\overline{6}$	$\overline{1}$	$\overline{6}$	$\overline{1}$	$\overline{6}$	$\overline{1}$	$\overline{6}$	$\overline{1}$	$\overline{6}$	$\overline{1}$
$\overline{4}$	$\overline{8}$	$\overline{3}$	$\overline{8}$	$\overline{3}$	$\overline{8}$	$\overline{3}$	$\overline{8}$	$\overline{3}$	$\overline{8}$	$\overline{3}$
$\overline{5}$	$\overline{0}$	$\overline{5}$	$\overline{0}$	$\overline{5}$	$\overline{0}$	$\overline{5}$	$\overline{0}$	$\overline{5}$	$\overline{0}$	$\overline{5}$
$\overline{6}$	$\overline{2}$	$\overline{7}$	$\overline{2}$	$\overline{7}$	$\overline{2}$	$\overline{7}$	$\overline{2}$	$\overline{7}$	$\overline{2}$	$\overline{7}$
$\overline{7}$	$\overline{4}$	$\overline{9}$	$\overline{4}$	$\overline{9}$	$\overline{4}$	$\overline{9}$	$\overline{4}$	$\overline{9}$	$\overline{4}$	$\overline{9}$
$\overline{8}$	$\overline{6}$	$\overline{1}$	$\overline{6}$	$\overline{1}$	$\overline{6}$	$\overline{1}$	$\overline{6}$	$\overline{1}$	$\overline{6}$	$\overline{1}$
$\overline{9}$	$\overline{8}$	$\overline{3}$	$\overline{8}$	$\overline{3}$	$\overline{8}$	$\overline{3}$	$\overline{8}$	$\overline{3}$	$\overline{8}$	$\overline{3}$

En $\mathbb{Z}/(10)$ el sistema formado por las dos ecuaciones $x + \overline{3} \cdot y = \overline{6}$, $\overline{2} \cdot x + \overline{5} \cdot y = \overline{7}$ tiene una única solución, correspondiente a los valores $x = \overline{1}$ e $y = \overline{5}$.

(c) Solución en $\mathbb{Z}/(3)$:

En $\mathbb{Z}/(3)$ el sistema dado $x + \overline{3} \cdot y = \overline{6}$, $\overline{2} \cdot x + \overline{5} \cdot y = \overline{7}$ equivale al sistema más sencillo $x + \overline{0} \cdot y = \overline{0}$, $\overline{2} \cdot x + \overline{2} \cdot y = \overline{1}$.

Todas las soluciones de la primera ecuación cumplen $x = \overline{0}$ y admiten cualquier valor para y. Sustituyendo x por $\overline{0}$ en la segunda ecuación y simplificando, resulta la ecuación $\overline{2} \cdot y = \overline{1}$, cuya única solución en $\mathbb{Z}/(3)$ es $y = \overline{2}$. Por lo tanto, en $\mathbb{Z}/(3)$ el sistema propuesto tiene una única solución correspondiente a los valores $x = \overline{0}$ e $y = \overline{2}$.

2.71. Un profesor confecciona hojas de problemas, todas ellas con el mismo número de ejercicios. Reparte las hojas de problemas entre tres grupos de alumnos. Al primer grupo le da dos hojas y a los otros dos grupos solo una hoja. Los alumnos que forman parte de un mismo grupo se reparten los ejercicios para que les toque el mismo número a cada uno. En el primer grupo, formado por 5 personas, después del reparto queda un problema sin asignar. En el segundo, en el que hay 6 alumnos, sobran 2 después del reparto. En el tercer grupo sobran 3 y son 7. ¿Cuántos ejercicios puede contener cada hoja si como máximo tienen 100?

Solución

Llamemos x al número de ejercicios por hoja. El primer grupo de alumnos está formado por 5 personas, recibe dos hojas (es decir, $2x$ ejercicios) y, al repartírselos de manera equitativa entre los 5, sobra 1. Esto es lo mismo que decir que $2x \equiv_5 1$, lo que, observando la tabla del producto $\cdot_5$ en el ejercicio 2.64, es equivalente a $x \equiv_5 3$.

Interpretando de la misma manera los repartos realizados en el segundo y tercer grupo se deduce que x debe verificar:

$$x \equiv_5 3 \quad \Longleftrightarrow \quad \text{existe un entero } k \text{ tal que } x = 3 + 5k \quad (1),$$
$$x \equiv_6 2 \quad\quad\quad\quad\quad\quad\quad\quad\quad\quad\quad\quad\quad\quad\quad (2),$$
$$x \equiv_7 3 \quad\quad\quad\quad\quad\quad\quad\quad\quad\quad\quad\quad\quad\quad\quad (3).$$

Sustituyendo (1) en (2) y en (3) se obtiene, respectivamente:

$$3 + 5k \equiv_6 2 \quad \Longleftrightarrow \quad k \equiv_6 1,$$
$$3 + 5k \equiv_7 3 \quad \Longleftrightarrow \quad k \equiv_7 0.$$

Las soluciones $k \equiv_6 1$ y $k \equiv_7 0$ pueden obtenerse fácilmente utilizando las tablas de las operaciones de suma y producto en $\mathbb{Z}/(6)$ (en el ejercicio 2.65) y en $\mathbb{Z}/(7)$, respectivamente, como se ha visto en ejercicios anteriores.

El primer entero k que verifica simultáneamente las dos condiciones, $k \equiv_6 1$ y $k \equiv_7 0$, sin hacer a x negativo, es $k = 7$, por lo que

$$x = 3 + 5k = 3 + 5 \cdot 7 = 38.$$

A partir de aquí, otros valores posibles de k harían $x > 100$. Por tanto, la única solución posible es que el número de ejercicios de cada hoja sea 38.

3

Conjuntos y funciones

3.1. Conjuntos y operaciones entre conjuntos

Un **conjunto** es una colección de objetos, que reciben el nombre de **elementos** del conjunto. La notación $x \in A$ indica que el elemento x **pertenece** al conjunto A, mientras que $x \notin A$ significa que x no pertenece a A.

El conjunto **universal**, $\mathcal{U}$, es aquel que comprende todos los objetos del universo de discurso. El **conjunto vacío**, $\emptyset$, es aquel que no tiene elementos.

Dados dos conjuntos A y B, se dice:

- que son **iguales** ($A = B$) cuando tienen los mismos elementos, es decir, para todo objeto x, $x \in A$ si y solo si $x \in B$;

- que A es un **subconjunto** de B o que A está **incluido** en B ($A \subseteq B$) cuando todos los elementos de A están también en B, es decir, para todo objeto x, si $x \in A$ entonces $x \in B$.

- que A es un **subconjunto propio** o estricto de B ($A \subset B$) cuando $A \subseteq B$ y $A \neq B$.

Se verifican las siguiente propiedades para cualesquiera conjuntos A, B y C:

- $A \subseteq A$, $A \not\subset A$.
- Si $A \subseteq B$ y $B \subseteq C$, entonces $A \subseteq C$.
- Si $A \subseteq B$ y $B \subseteq A$, entonces $A = B$.
- Si $A \subset B$, entonces $B \not\subseteq A$.
- Si $A \subseteq B$ y $B \subset C$, entonces $A \subset C$.
- Si $A \subset B$ y $B \subseteq C$, entonces $A \subset C$.

A continuación se definen las operaciones habituales entre conjuntos.

Unión de dos conjuntos A y B, escrito $A \cup B$, es el conjunto cuyos elementos están en A o en B (o en ambos), es decir, $A \cup B = \{x \mid x \in A \text{ o } x \in B\}$.

Intersección de dos conjuntos A y B, escrito $A \cap B$, es el conjunto cuyos elementos están tanto en A como en B, es decir, $A \cap B = \{x \mid x \in A \text{ y } x \in B\}$.

Diferencia de dos conjuntos A y B, escrito $A \setminus B$, es el conjunto cuyos elementos están en A pero no están en B, es decir, $A \setminus B = \{x \mid x \in A \text{ y } x \notin B\}$.

Complementario de un conjunto A, escrito $\setminus A$, es el conjunto $\mathcal{U} \setminus A$, es decir, los elementos del universo de discurso que no están en A.

A partir de las operaciones anteriores se puede definir la **diferencia simétrica** de dos conjuntos A y B como $A \oplus B = (A \setminus B) \cup (B \setminus A)$.

Dados dos objetos x e y, puede formarse el **par ordenado** (x, y), cuya **primera componente** es x y cuya **segunda componente** es y. Dados dos pares ordenados (x, y) e (x', y'), se verifica $(x, y) = (x', y')$ si y solo si $x = x'$ e $y = y'$.

Producto cartesiano de dos conjuntos A y B, escrito $A \times B$, es el conjunto de todos los pares ordenados cuya primera componente pertenece a A y cuya segunda componente pertenece a B, es decir, $A \times B = \{(x, y) \mid x \in A \text{ e } y \in B\}$.

El concepto de par ordenado y producto cartesiano de dos conjuntos puede extenderse de manera natural para n. Por ello, llamamos n-**tupla ordenada** a $(x_1, \ldots, x_n)$ y **producto cartesiano de** n **conjuntos** $A_1, \ldots, A_n$ al conjunto $A_1 \times \cdots \times A_n = \{(x_1, \ldots, x_n) \mid x_1 \in A_1, \ldots, x_n \in A_n\}$. Cuando $A_1 = \cdots = A_n = A$, el conjunto $A \times \overset{n}{\cdots} \times A$ se representa usualmente por A^n.

Las **tablas de pertenencia** sirven para determinar la pertenencia a un conjunto C obtenido a partir de otros $C_1, \ldots, C_n$ mediante operaciones entre ellos, indicando la pertenencia de un elemento a C en función de la pertenencia del elemento a $C_1, \ldots, C_n$. Las columnas corresponden a los conjuntos $C, C_1, \ldots, C_n$. Las casillas indican la pertenencia (con un 1) y la no pertenencia (con un 0) al conjunto correspondiente a la columna, teniendo en cuenta los valores de las casillas de la misma fila. Estas tablas pueden utilizarse para comprobar la igualdad de conjuntos obtenidos por medio de operaciones. A continuación aparecen las tablas de pertenencia de la unión, la intersección y la diferencia:

A	B	$A \cup B$
0	0	0
1	0	1
0	1	1
1	1	1

A	B	$A \cap B$
0	0	0
1	0	0
0	1	0
1	1	1

A	B	$A \setminus B$
0	0	0
1	0	1
0	1	0
1	1	0

Una **familia de conjuntos** es un conjunto $\mathcal{C}$ cuyos elementos son a su vez conjuntos. Se define la unión e intersección de una familia de conjuntos como sigue:

$$\bigcup \mathcal{C} = \{x \mid x \in S \text{ para algún } S \in \mathcal{C}\}, \qquad \bigcap \mathcal{C} = \{x \mid x \in S \text{ para todo } S \in \mathcal{C}\}.$$

La **potencia de un conjunto** A, $\mathcal{P}(A)$, se define como la familia de conjuntos cuyos elementos son todos los subconjuntos de A, es decir, $\mathcal{P}(A) = \{S \mid S \subseteq A\}$. A $\mathcal{P}(A)$ también se le llama **conjunto de las partes** de A.

3.2. Leyes algebraicas de Boole

Las operaciones entre conjuntos verifican las siguientes propiedades:

Propiedades de la unión y la intersección

Unión	Propiedad	Intersección
$A \cup B = B \cup A$	*Conmutativa*	$A \cap B = B \cap A$
$A \cup (B \cup C) = (A \cup B) \cup C$	*Asociativa*	$A \cap (B \cap C) = (A \cap B) \cap C$
$A \cup A = A$	*Idempotencia*	$A \cap A = A$
$A \cup \emptyset = A$	$\emptyset$	$A \cap \emptyset = \emptyset$
$A \cup \mathscr{U} = \mathscr{U}$	$\mathscr{U}$	$A \cap \mathscr{U} = A$

Propiedades entre la unión y la intersección

$A \cup (A \cap B) = A$	*Absorción*	$A \cap (A \cup B) = A$
$A \cup (B \cap C) = (A \cup B) \cap (A \cup C)$	*Distributividad*	$A \cap (B \cup C) = (A \cap B) \cup (A \cap C)$

Propiedades del complementario

$\backslash \backslash A = A$	*Doble complementación*
$\backslash (A \cup B) = \backslash A \cap \backslash B$	*De Morgan*
$\backslash (A \cap B) = \backslash A \cup \backslash B$	*De Morgan*

3.3. Funciones. Operaciones y propiedades

Dados dos conjuntos A y B, una **función parcial** f de A en B es una correspondencia de A a B, tal que a cualquier elemento $x \in A$ le hace corresponder *a lo sumo* un elemento $y \in B$, escrito $f(x) = y$. Entonces se dice que $f(x)$ está definido e y es la **imagen** de x mediante f. En ocasiones se representa una función f mediante el conjunto de pares que relaciona y se escribe $\{(x, y) \in A \times B \mid f(x) = y\}$.

El **dominio** y el **rango** de f se definen como los conjuntos $dom(f) = \{x \in A \mid f(x)$ está definido$\}$ y $ran(f) = \{f(x) \in B \mid x \in dom(f)\}$.

Se dice que dos funciones parciales f y g, ambas de A en B, son iguales cuando $dom(f) = dom(g)$ y para todo $x \in dom(f)$, $f(x) = g(x)$.

Se llama **función identidad** sobre un conjunto A a la función id_A de A en A tal que $id_A(x) = x$ para todo $x \in A$.

Se definen las siguientes operaciones entre funciones parciales.

La **restricción** de una función parcial f de A en B a un subconjunto $C \subseteq A$ es la función parcial de C en B denotada $f \upharpoonright C$ y tal que $(f \upharpoonright C)(x) = f(x)$, para todo $x \in C \cap dom(f)$.

La **composición** de dos funciones parciales f de A en B y g de B en C es la función parcial de A en C denotada $f \circ g$ y definida como:

- $dom(f \circ g) = \{x \in dom(f) \mid f(x) \in dom(g)\}$,
- Para todo $x \in dom(f \circ g)$, $(f \circ g)(x) = g(f(x))$,
- $ran(f \circ g) = ran(g \upharpoonright ran(f))$.

La **inversa** de una función parcial f de A en B, si existe, se denota f^{-1} y consiste en la función parcial de B en A tal que $f^{-1}(y) = x$ si y solo si $f(x) = y$. Obsérvese que esta correspondencia solo será una función y existirá tal inversa en el caso de que para cada $y \in ran(f)$ exista un *único* $x \in A$ tal que $f(x) = y$.

Dada una función parcial f de A en B, definimos la **imagen de un conjunto** $S \subseteq A$ mediante la función f como el conjunto $f(S) = \{f(x) \in B \mid x \in dom(f) \cap S\}$ y la **imagen inversa de un conjunto** $T \subseteq B$ mediante la función f como el conjunto $f^{-1}(T) = \{x \in dom(f) \mid f(x) \in T\}$.

Una función parcial de A en B es **inyectiva** cuando para todo $x_1, x_2 \in dom(f)$, si $x_1 \neq x_2$ entonces $f(x_1) \neq f(x_2)$, o lo que es lo mismo, si $f(x_1) = f(x_2)$ entonces $x_1 = x_2$. Notemos que f es inyectiva si y solo si su inversa f^{-1} existe.

Una función parcial f de A en B es **suprayectiva** (o también **sobreyectiva**) cuando $ran(f) = B$. Esto es lo mismo que decir que, para cada $y \in B$, existe algún $x \in A$ tal que $f(x) = y$.

Una función f de A en B es **total** cuando $dom(f) = A$. Notemos que la función identidad es total y que la composición de dos funciones totales da lugar asimismo a una función total.

Una **biyección** entre A y B es una función f de A en B que es total, inyectiva y suprayectiva; también se dice que f es una función **biyectiva**.

La notación $f : A \dashrightarrow B$ indica que f es una función parcial de A en B y $(A \dashrightarrow B)$ representa el conjunto de todas las funciones parciales de A en B. Por otra parte, $f : A \rightarrow B$ indica que f es una función total de A en B y $(A \rightarrow B)$ representa el conjunto de todas las funciones totales de A en B.

Cuando no se indique lo contrario, entenderemos que las funciones son totales.

3.4.   Sucesiones y palabras sobre un alfabeto

Un tipo particular de función son las de la forma $s : \mathbb{N} \rightarrow C$. Se les llama **sucesiones** de elementos de C. A menudo se escribe s_i en lugar de $s(i)$ para denotar la imagen de i por s. Análogamente se llaman **sucesiones finitas** de longitud n a las funciones de la forma $s : \mathbf{n} \rightarrow C$, donde $\mathbf{n}$ representa el conjunto de los números naturales menores que n, es decir, $\mathbf{n} = \{0, \dots, n-1\}$ (en particular, $\mathbf{0} = \emptyset$).

Dado un conjunto $\mathbb{A}$ al que llamaremos **alfabeto**, podemos formar el conjunto de todas las sucesiones finitas de elementos de $\mathbb{A}$ de todas las longitudes posibles. Este conjunto suele representarse por $\mathbb{A}^*$ y a sus elementos se les llama **palabras** sobre el alfabeto $\mathbb{A}$. Por tanto, cada palabra $u \in \mathbb{A}^*$ será una sucesión finita $u(0), \dots, u(n-1)$, que para simplificar escribiremos de la forma $u = u_0 u_1 \dots u_{n-1}$. Cuando la longitud es 0 tenemos la **palabra vacía**, que representaremos como ε y que corresponde a la única función $\varepsilon : \mathbf{0} \rightarrow \mathbb{A}$. Se usa la notación $\mathbb{A}^+ = \mathbb{A}^* \setminus \{\varepsilon\}$ para representar al conjunto de todas las palabras no vacías sobre el alfabeto $\mathbb{A}$.

3.5.   Cardinales y conjuntos infinitos

Un conjunto A es **finito** si existe $n \in \mathbb{N}$ y una biyección de $\mathbf{n}$ en A. En este caso se dice que el **cardinal** de A es n y se representa $|A|$. Un conjunto es **infinito** si no es finito.

Para conjuntos finitos A y B se verifican las siguientes propiedades:

- Si $S \subseteq A$, entonces S es finito y $|S| \leq |A|$.
- $|A \cup B| = |A| + |B| - |A \cap B|$.
- $|A \setminus B| = |A| - |A \cap B|$.
- $|A \times B| = |A| \cdot |B|$.
- $|(A \rightarrow B)| = |B|^{|A|}$.
- $|\mathscr{P}(A)| = 2^{|A|}$.

La generalización de la fórmula para obtener el cardinal de la unión de dos conjuntos finitos al caso de n conjuntos recibe el nombre de *principio de inclusión y exclusión* y se estudiará en el capítulo de combinatoria.

Otro principio relacionado con el cardinal de conjuntos finitos es el **principio del palomar**, que dice lo siguiente: Si A y B son dos conjuntos finitos tales que $|A| > |B|$, no puede existir una función de A en B que sea inyectiva. De forma más intuitiva, si los elementos de B son los huecos en un palomar y los elementos de A las palomas, entonces necesariamente al menos dos palomas tienen que compartir algún hueco. Más concretamente, hay al menos $\left\lceil \dfrac{|A|}{|B|} \right\rceil$ palomas que comparten algún hueco. Notemos que de este principio no se puede deducir ni exactamente cuántas palomas comparten el hueco ni tampoco cuál es el hueco compartido.

Para comparar la cardinalidad de conjuntos finitos o infinitos se definen las siguientes relaciones:

- $A \sim_c B \iff$ existe una biyección entre A y B. Se dice que A y B son **equipotentes**.
- $A \preceq_c B \iff$ existe una función inyectiva de A en B.
- $A \prec_c B \iff A \preceq_c B$ y $A \nsim_c B$.

Se verifican las siguientes propiedades:

- A es infinito $\iff \mathbb{N} \preceq_c A$.
- A es finito $\implies A \prec_c \mathbb{N}$.

Un conjunto es **numerable** si es finito o equipotente a $\mathbb{N}$. Un conjunto es **infinito numerable** cuando es equipotente a $\mathbb{N}$. El cardinal de $\mathbb{N}$ se representa como $|\mathbb{N}| = \aleph_0$.

Las siguientes propiedades sirven para caracterizar a los conjuntos numerables:

- Un conjunto A es numerable $\iff A \preceq_c \mathbb{N}$.
- Un conjunto $A \neq \emptyset$ es numerable $\iff$ existe una función suprayectiva de $\mathbb{N}$ en A.

Además, los conjuntos numerables verifican las siguientes propiedades:

- La unión de una familia numerable de conjuntos numerables es numerable.
- El producto cartesiano de una familia finita de conjuntos numerables es numerable.

Conjuntos **no numerables** son aquellos que no son finitos ni equipotentes a $\mathbb{N}$. Los conjuntos $\mathscr{P}(\mathbb{N})$ y $\mathbb{R}$ son ejemplos de conjuntos no numerables. Los conjuntos equipotentes a $\mathbb{R}$ se dice que tienen la **potencia del continuo**. Se verifica que todo intervalo en $\mathbb{R}$ con más de un punto tiene la potencia del continuo.

3.6. Preguntas de test resueltas

3.1. Los conjuntos $A = \{a, b\}$ y $B = \{b, \{a, b\}, c\}$ cumplen:

(a) $A \in B, A \subseteq B$ (b) $A \in B, A \nsubseteq B$ (c) $A \notin B$

Solución

El conjunto $\{a, b\}$ (que es igual a A) es un elemento de B, por lo que se cumple $A \in B$ y (c) es falsa.

Por otra parte, el elemento a está en A pero no está en B, por lo que *no* es cierto $A \subseteq B$ y (a) es falsa.

Por tanto, la respuesta correcta es (b).

3.2. Los conjuntos $A = \{2, \{1, 2\}\}$ y $B = \{1, 2, \{1\}, \{2\}, \{1, 2\}\}$ cumplen:

    (a) $A \in B, A \nsubseteq B$ (b) $A \in B, A \subseteq B$ (c) $A \notin B, A \subseteq B$

Solución

El conjunto A tiene dos elementos: el número 2 y el conjunto $\{1, 2\}$; ambos pertenecen también a B, por lo que se cumple $A \subseteq B$.

Por otra parte, el conjunto B tiene cinco elementos: dos números y tres conjuntos, pero ninguno de ellos es igual a A; por ejemplo, $\{1, 2\} \neq \{2, \{1, 2\}\}$. Por tanto, $A \notin B$.

Así pues, la respuesta correcta es (c).

3.3. Si $x \in \{\{y, z\}, \{y\}\}$, ¿qué se puede asegurar?

    (a) $x \in \{y\}$ (b) $y \in x$ (c) $\{y\} \in x$

Solución

La expresión $x \in \{\{y, z\}, \{y\}\}$ significa que x es uno de los elementos del conjunto $\{\{y, z\}, \{y\}\}$, que tiene exactamente dos elementos. Por tanto, x es o bien el primer elemento $\{y, z\}$ o bien el segundo elemento $\{y\}$. Ninguno de estos dos elementos es igual a y, por lo que ninguno de los dos pertenece al conjunto unitario $\{y\}$:

$$\{y, z\} \notin \{y\} \qquad \{y\} \notin \{y\}.$$

En consecuencia, la respuesta (a) no es correcta.

En ninguno de los dos casos tenemos que $\{y\}$ sea un elemento de x:

$$\{y\} \notin \{y, z\} \qquad \{y\} \notin \{y\}.$$

Por tanto, la respuesta (c) tampoco es correcta.

En cambio, el elemento y sí que pertenece a x en ambos casos:

$$y \in \{y, z\} \qquad y \in \{y\},$$

por lo que la respuesta correcta es (b).

3.4. Sea el conjunto $A = \{\{a\}, b, \{\{c\}\}\}$. Entonces:

       (a) $a \in A$ (b) $b \in A$ (c) $c \in A$

Solución

El conjunto $\{a\}$ sí es un elemento de A, pero a no pertenece a A, luego la respuesta (a) no es correcta.

La respuesta (c) es incorrecta ya que $\{\{c\}\} \in A$, pero $c \notin A$.

La respuesta correcta es (b), porque efectivamente b es un elemento del conjunto A.

3.5. Sea el conjunto $A = \{\emptyset, 5\} \cap \{\{\emptyset\}, \{\{\emptyset\}, 5\}\}$. Entonces:

       (a) $A = \{\emptyset\}$ (b) $A = \emptyset$ (c) $A = \{\emptyset, 5\}$

Solución

La respuesta (a) es incorrecta, ya que $\emptyset$ es un elemento del primer conjunto $\{\emptyset, 5\}$, pero no del segundo $\{\{\emptyset\}, \{\{\emptyset\}, 5\}\}$; luego no puede estar en la intersección.

La respuesta (c) es incorrecta, por el mismo motivo que la anterior; además, el número 5 tampoco está en el segundo conjunto.

La respuesta (b) es la correcta, ya que ningún elemento del primer conjunto está en el segundo, por lo que no tienen elementos en común y, en consecuencia, su intersección es vacía.

3.6. Si A, B, C, D son conjuntos cualesquiera, $(A \times C) \cap (B \times D)$ es igual a:

       (a) $(A \cap B) \times (C \cap D)$ (b) $(A \cap C) \times (B \cap D)$ (c) $(A \cap D) \times (B \cap C)$

Solución

Tenemos la siguiente cadena de equivalencias,

$$
\begin{aligned}
(a, b) \in (A \times C) \cap (B \times D) &\Longleftrightarrow (a, b) \in A \times C \text{ y } (a, b) \in B \times D \\
&\Longleftrightarrow a \in A \text{ y } b \in C \text{ y } a \in B \text{ y } b \in D \\
&\Longleftrightarrow a \in A \cap B \text{ y } b \in C \cap D \\
&\Longleftrightarrow (a, b) \in (A \cap B) \times (C \cap D),
\end{aligned}
$$

de la que se deduce que la respuesta correcta es (a).

3.7. Sean A y B dos conjuntos finitos cualesquiera; se cumple entonces necesariamente:

(a) $\mathscr{P}(A) \cup \mathscr{P}(B) = \mathscr{P}(A \cup B)$

(b) $\mathscr{P}(A) \cup \mathscr{P}(B) \subseteq \mathscr{P}(A \cup B)$

(c) $\mathscr{P}(A) \cup \mathscr{P}(B) \supseteq \mathscr{P}(A \cup B)$

Solución

Si $X \subseteq A$, entonces $X \subseteq A \cup B$; también, si $X \subseteq B$, entonces $X \subseteq A \cup B$. Por tanto, si $X \in \mathscr{P}(A) \cup \mathscr{P}(B)$ entonces $X \in \mathscr{P}(A \cup B)$, de donde deducimos $\mathscr{P}(A) \cup \mathscr{P}(B) \subseteq \mathscr{P}(A \cup B)$.

Sin embargo, la inclusión contraria no es cierta. Como simple contraejemplo podemos tomar $A = \{1\}$ y $B = \{2\}$; entonces $A \cup B = \{1, 2\}$ y tenemos que el conjunto $\{1, 2\} \in \mathscr{P}(A \cup B)$ mientras que $\{1, 2\} \notin \mathscr{P}(A) = \{\emptyset, \{1\}\}$ ni $\{1, 2\} \notin \mathscr{P}(B) = \{\emptyset, \{2\}\}$, por lo que $\{1, 2\} \notin \mathscr{P}(A) \cup \mathscr{P}(B) = \{\emptyset, \{1\}, \{2\}\}$.

En resumen, las respuestas (a) y (c) son incorrectas y (b) es correcta.

3.8. Si $A \neq \emptyset$ es un conjunto finito, ¿cuál de estas afirmaciones es cierta?

(a) $\mathscr{P}(A) \cup \{A\} = \mathscr{P}(A)$ (b) $\mathscr{P}(A) \cup A = \mathscr{P}(A)$ (c) $\mathscr{P}(A) \cap A = \mathscr{P}(A)$

Solución

La respuesta (a) es la correcta porque $A \in \mathscr{P}(A)$ y por tanto tenemos la inclusión de conjuntos $\{A\} \subset \mathscr{P}(A)$, de donde $\mathscr{P}(A) \cup \{A\} = \mathscr{P}(A)$. En general, si $B \subseteq C$ entonces $B \cup C = C$.

Para demostrar que las respuestas (b) y (c) son incorrectas, vamos a mostrar un contraejemplo lo más simple posible, para lo cual basta considerar un conjunto unitario: sea $A = \{1\}$. Entonces obtenemos $\mathscr{P}(A) = \{\emptyset, \{1\}\}$ y, además, $\mathscr{P}(A) \cup A = \{\emptyset, \{1\}\} \cup \{1\} = \{\emptyset, \{1\}, 1\}$, con lo que (b) no se verifica, y $\mathscr{P}(A) \cap A = \{\emptyset, \{1\}\} \cap \{1\} = \emptyset$, con lo que (c) tampoco se verifica.

3.9. La función parcial g definida como $\{(x, y) \in \mathbb{N} \times \mathbb{N} \mid 4x + 2y = 20\}$ cumple:

(a) $dom(g) = \{n \in \mathbb{N} \mid n \leq 10\}$

(b) $ran(g) = \{n \in \mathbb{N} \mid n \leq 10\}$

(c) $g \circ g = \{(5, 10), (4, 6), (3, 2)\}$

Solución

La función parcial g puede asimismo definirse mediante la fórmula $g(x) = 10 - 2x$, obtenida al despejar $y = \frac{20-4x}{2}$ en la expresión $4x + 2y = 20$ del enunciado.

La función g no es una función total porque la expresión $10 - 2x$ que la define da un número negativo cuando $x > 5$. Esto significa que $dom(g) = \{n \in \mathbb{N} \mid n \leq 5\}$ y, por consiguiente, podemos descartar la respuesta (a).

Por otra parte, el rango de g está formado por los 6 valores obtenidos al sustituir los valores de 0 a 5 en lugar de x en la expresión $10-2x$, como se describe en la parte de la izquierda del siguiente diagrama. Concretamente,

$$ran(g) = \{0,2,4,6,8,10\} = \{n \in \mathbb{N} \mid n \leq 10 \text{ y } 2 \mid n\},$$

lo cual permite descartar la respuesta (b).

Finalmente, el diagrama siguiente completo ilustra la composición de g consigo misma, con el resultado de que $g \circ g$ es una función parcial de $\mathbb{N}$ en $\mathbb{N}$ cuyo dominio está formado por los números 3, 4 y 5, y cuyos pares están dados por $\{(3,2),(4,6),(5,10)\}$, obtenidos al seguir los tres caminos que van desde la izquierda hasta la derecha del diagrama. Esto justifica que (c) es la respuesta correcta.

$$
\begin{array}{ccccc}
0 & \mapsto & 10 & & \\
1 & \mapsto & 8 & & \\
2 & \mapsto & 6 & & \\
3 & \mapsto & 4 & \mapsto & 2 \\
4 & \mapsto & 2 & \mapsto & 6 \\
5 & \mapsto & 0 & \mapsto & 10
\end{array}
$$

3.10. Definimos una función parcial $f = \{(x,y) \in \mathbb{N} \times \mathbb{N} \mid 2x+y = 16\}$. ¿Cuál de las siguientes afirmaciones es cierta?

(a) $dom(f) = \{n \in \mathbb{N} \mid n \geq 16\}$

(b) $ran(f) = \{n \in \mathbb{N} \mid 0 \leq n \leq 28\}$

(c) $f \circ f = \{(4,0),(5,4),(6,8),(7,12),(8,16)\}$

Solución

La función parcial f de $\mathbb{N}$ en $\mathbb{N}$ se puede definir de forma equivalente mediante la fórmula $f(x) = 16-2x$, obtenida al despejar y en la expresión $2x+y = 16$ del enunciado.

La función f no es una función total porque la expresión $16-2x$ da un número negativo cuando $x > 8$. De aquí, $dom(f) = \{n \in \mathbb{N} \mid n \leq 8\}$ y podemos descartar la respuesta (a).

Por otra parte, el rango de f está formado por los 9 valores obtenidos al sustituir los valores de 0 a 8 en lugar de x en la expresión $16-2x$, como se describe en la parte de la izquierda del siguiente diagrama. Por esta razón descartamos la respuesta (b), según la cual $ran(f)$ tendría 29 valores.

Finalmente, el diagrama completo ilustra la composición de f consigo misma, resultando que $f \circ f$ es una función parcial de $\mathbb{N}$ en $\mathbb{N}$ cuyo dominio son los números del 4 al 8 y cuyos pares están dados por $\{(4,0),(5,4),(6,8),(7,12),(8,16)\}$. Esto justifica que (c) es la respuesta correcta.

$$
\begin{array}{ccccc}
0 & \mapsto & 16 & & \\
1 & \mapsto & 14 & & \\
2 & \mapsto & 12 & & \\
3 & \mapsto & 10 & & \\
4 & \mapsto & 8 & \mapsto & 0 \\
5 & \mapsto & 6 & \mapsto & 4 \\
6 & \mapsto & 4 & \mapsto & 8 \\
7 & \mapsto & 2 & \mapsto & 12 \\
8 & \mapsto & 0 & \mapsto & 16
\end{array}
$$

3.11. Sea $f : \mathbb{N} \longrightarrow \mathbb{N}$ la función definida por $f(0) = 0$ y $f(n) = 2f(n-1) + 1$, para $n \geq 1$; entonces

(a) f es inyectiva   (b) f es suprayectiva   (c) f no es ni (a) ni (b)

Solución

La sucesión f tiene una definición recursiva según la cual el primer elemento es 0 y luego cada elemento se obtiene a partir del anterior multiplicándolo por 2 y sumando 1, obteniendo así una sucesión estrictamente creciente:

$$0 \quad 1 \quad 3 \quad 7 \quad 15 \quad 31 \quad 63 \quad 127 \quad 255 \quad 511 \quad \cdots$$

Como cada número es mayor que el anterior, tenemos que si $n < m$ entonces $f(n) < f(m)$, por lo que $f(n) \neq f(m)$ siempre que $n \neq m$, es decir, f es inyectiva. Por otro lado, f no puede ser suprayectiva porque en su rango no hay, por ejemplo, números pares positivos.

Así pues, la respuesta correcta es (a).

3.12. La función $f : \mathbb{N} \setminus \{0\} \to \mathbb{Z}$ definida por $f(n) = \begin{cases} n/2 & \text{si } n \text{ es par} \\ (1-n)/2 & \text{si } n \text{ es impar} \end{cases}$ es:

(a) inyectiva pero no suprayectiva   (b) suprayectiva pero no inyectiva   (c) biyectiva

Solución

La función f envía los números pares positivos a los enteros positivos (por ejemplo, $f(4) = 2$), el número 1 al 0 y los impares mayores que 1 a los enteros negativos (por ejemplo, $f(5) = -2$). Además, la expresión $n/2$ para números pares no identifica números distintos y lo mismo ocurre con la expresión $(1-n)/2$ para números impares.

Vamos a demostrar que f es de hecho una función biyectiva viendo que es *invertible*.

Definimos $g : \mathbb{Z} \to \mathbb{N} \setminus \{0\}$ por $g(z) = \begin{cases} 2z & \text{si } z > 0, \\ -2z + 1 & \text{si } z \leq 0. \end{cases}$

Veamos que g y f son mutuamente inversas:

- Para todo $n \in \mathbb{N} \setminus \{0\}$ tenemos

$$(f \circ g)(n) = g(f(n)) = \begin{cases} g(n/2) = 2(n/2) = n & \text{si } n \text{ es par,} \\ g((1-n)/2) = -2(1-n)/2 + 1 = n & \text{si } n \text{ es impar.} \end{cases}$$

- Para todo $z \in \mathbb{Z}$ tenemos

$$(g \circ f)(z) = f(g(z)) = \begin{cases} f(2z) = 2z/2 = z & \text{si } z > 0, \\ f(-2z + 1) = (1 - (-2z + 1))/2 = z & \text{si } z \leq 0. \end{cases}$$

Así pues, la respuesta correcta es (c).

3.13. La función $f : \mathbb{N} \to \mathbb{Z}$ definida por $f(n) = \begin{cases} n/2 & \text{si } n \text{ es par} \\ (1-n)/2 & \text{si } n \text{ es impar} \end{cases}$ es:

(a) inyectiva pero no suprayectiva   (b) suprayectiva pero no inyectiva   (c) biyectiva

Solución

En primer lugar tenemos

$$f(0) = \frac{0}{2} = 0 = \frac{1-1}{2} = f(1),$$

por lo que f no es inyectiva y a fortiori tampoco biyectiva. Esto nos permite descartar las respuestas (a) y (c).

Veamos que (b) es la respuesta correcta, demostrando que f es suprayectiva, es decir, que para todo $z \in \mathbb{Z}$ existe $n \in \mathbb{N}$ tal que $f(n) = z$.

La función f envía los números pares positivos a los enteros positivos (por ejemplo, $f(4) = 2$), los números 0 y 1 a 0, y los impares mayores que 1 a los enteros negativos (por ejemplo, $f(5) = -2$).

Para $z \in \mathbb{Z}$ distinguimos dos casos:

- Si $z \geq 0$, entonces $n = 2z$ es un número par en $\mathbb{N}$ tal que

$$f(n) = f(2z) = \frac{2z}{2} = z.$$

- Si $z < 0$, entonces $-2z > 0$ y $n = -2z + 1$ es un número impar en $\mathbb{N}$ tal que

$$f(n) = f(-2z + 1) = \frac{1 - (-2z + 1)}{2} = \frac{2z}{2} = z.$$

3.14. Consideramos la función $f : \mathbb{Z} \to \mathbb{Z}$ definida por $f(x) = x^2 + 1$. Se cumple que:

(a) f es inyectiva $\qquad$ (b) f es suprayectiva $\qquad$ (c) Las respuestas (a) y (b) son falsas

Solución

La función f no es inyectiva ya que, por ejemplo, $f(1) = 2$ y también $f(-1) = 2$.

La función f tampoco es suprayectiva porque, por ejemplo, 3 no es imagen de ningún entero mediante f. Para que esto ocurriera, debería existir $x \in \mathbb{Z}$ tal que $x^2 + 1 = 3$, pero esta ecuación no tiene solución en $\mathbb{Z}$.

Por tanto, la respuesta correcta es la (c).

3.15. ¿Cuál de los tres conjuntos siguientes es infinito numerable?

(a) $\{n \in \mathbb{N} \mid 9n^2 + 300n < 400\}$ $\qquad$ (b) $\{q \in \mathbb{Q} \mid 99 \geq q^2 - 7 \geq 0\}$ $\qquad$ (c) $\mathscr{P}(\mathbb{Z})$

Solución

El primer conjunto es finito porque coincide con $\{0, 1\}$, mientras que el tercer conjunto tiene la potencia del continuo porque $|\mathbb{Z}| = |\mathbb{N}|$ y entonces $|\mathscr{P}(\mathbb{Z})| = |\mathscr{P}(\mathbb{N})| = |\mathbb{R}|$. Esto nos permite descartar las respuestas (a) y (c).

La respuesta correcta es (b), porque el segundo conjunto es numerable al ser un subconjunto del conjunto numerable $\mathbb{Q}$ de los números racionales; además, la condición que lo define es equivalente a $7 \leq q^2 \leq 106$, por lo que ese conjunto es igual a

$$\{q \in \mathbb{Q} \mid +\sqrt{7} \leq q \leq +\sqrt{106}\} \cup \{q \in \mathbb{Q} \mid -\sqrt{106} \leq q \leq -\sqrt{7}\},$$

que es un conjunto infinito.

3.16. Siempre que $A, B \subseteq \mathbb{N}$ sean dos subconjuntos infinitos de $\mathbb{N}$, se cumple necesariamente:

(a) $\mathbb{N} \setminus (A \cup B)$ es finito   (b) $A \cap B$ es infinito   (c) $A \cup B$ es infinito

Solución

La unión de dos conjuntos infinitos es otro conjunto infinito; de hecho, basta con que uno de ellos sea infinito. Por ejemplo, si tenemos una función inyectiva de $\mathbb{N}$ en A, basta componer con la inclusión de A en $A \cup B$ para obtener una función inyectiva de $\mathbb{N}$ en $A \cup B$. Por tanto la respuesta correcta es (c).

Para ver que las otras dos respuestas son incorrectas, vamos a considerar el mismo contraejemplo: sean $A = \{n \in \mathbb{N} \mid n \equiv_3 0\}$, el conjunto de los números naturales múltiplos de 3, y $B = \{n \in \mathbb{N} \mid n \equiv_3 1\}$ (los múltiplos de 3 más 1). Entonces tenemos que $A \cap B = \emptyset$, que es obviamente finito. Además $\mathbb{N} \setminus (A \cup B) = \{n \in \mathbb{N} \mid n \equiv_3 2\}$ (los múltiplos de 3 más 2), que es infinito.

3.17. ¿Cuál de los tres conjuntos siguientes es infinito numerable?

(a) $\{q \in \mathbb{Q} \mid 0 \leq q^2 \leq 40\}$ (b) $\{n \in \mathbb{N} \mid 0 \leq n^2 \leq 40\}$ (c) $\mathscr{P}(\mathbb{N})$

Solución

El segundo conjunto es finito porque coincide con $\{0, 1, 2, 3, 4, 5, 6\}$, mientras que el tercer conjunto tiene la potencia del continuo porque $|\mathbb{N}| < |\mathscr{P}(\mathbb{N})| = |\mathbb{R}|$. Esto nos permite descartar las respuestas (b) y (c).

La respuesta correcta es (a), porque el primer conjunto es numerable al ser un subconjunto del conjunto numerable $\mathbb{Q}$ de los números racionales; además, la condición que lo define es equivalente a $-\sqrt{40} \leq q \leq +\sqrt{40}$, intervalo que contiene un número infinito de números racionales. Intuitivamente, la inecuación $x^2 \leq 40$ tiene un número finito de soluciones enteras, pero tiene un número infinito de soluciones racionales.

3.7. Ejercicios resueltos

3.18. Demuestra que $\{x \in \mathbb{Z} \mid x^2 + x = 0\} = \{-1, 0\}$.

Solución

Probamos los dos contenidos.

Para demostrar $\{x \in \mathbb{Z} \mid x^2 + x = 0\} \subseteq \{-1, 0\}$, sea $x \in \{x \in \mathbb{Z} \mid x^2 + x = 0\}$. Entonces x debe ser solución de la ecuación $x^2 + x = 0$, por lo que $x = -1$ o $x = 0$; en ambos casos, $x \in \{-1, 0\}$.

Para demostrar $\{x \in \mathbb{Z} \mid x^2 + x = 0\} \supseteq \{-1, 0\}$, sea $x \in \{-1, 0\}$. Entonces x es un número entero que es solución de la ecuación $x^2 + x = 0$, por lo que $x \in \{x \in \mathbb{Z} \mid x^2 + x = 0\}$.

3.19. Razona cuáles de las afirmaciones que siguen son verdaderas:

(a) $1 \in \{1\}$,

(b) $\{1\} \subseteq \{1\}$,

(c) $\{1\} \in \{1\}$,

(d) $\{1\} \subseteq \{\{1\}\}$,

(e) $\{1\} \in \{\{1\}\}$,

(f) $\emptyset \subseteq \emptyset$,

(g) $\emptyset \subseteq \{1\}$,

(h) $\emptyset \in \{1\}$,

(i) $\{\emptyset\} = \emptyset$.

Solución

(a) $1 \in \{1\}$ es verdadero, ya que 1 es el único elemento del conjunto unitario $\{1\}$.

(b) $\{1\} \subseteq \{1\}$ es verdadero, ya que cualquier conjunto está contenido en sí mismo.

(c) $\{1\} \in \{1\}$ es falso, ya que el conjunto $\{1\}$ no es un elemento del conjunto unitario $\{1\}$ que solo tiene por elemento el 1.

(d) $\{1\} \subseteq \{\{1\}\}$ es falso, ya que $1 \in \{1\}$, pero $1 \notin \{\{1\}\}$, cuyo único elemento es $\{1\}$.

(e) $\{1\} \in \{\{1\}\}$ es cierto ya que efectivamente $\{1\}$ es el único elemento del conjunto unitario $\{\{1\}\}$.

(f) $\emptyset \subseteq \emptyset$ es verdadero, ya que cualquier conjunto está contenido en sí mismo.

(g) $\emptyset \subseteq \{1\}$ es verdadero, ya que el conjunto vacío está contenido en cualquier conjunto.

(h) $\emptyset \in \{1\}$ es falso, ya que el conjunto vacío no es un elemento de $\{1\}$, cuyo único elemento es el 1.

(i) $\{\emptyset\} = \emptyset$ es falso, porque $\{\emptyset\}$ tiene un elemento (el conjunto vacío $\emptyset$) mientras que $\emptyset$, por definición de conjunto vacío, no tiene ningún elemento.

3.20. Sean a, b objetos cualesquiera. Demuestra que si $a \in \{\{b\}\}$, entonces $b \in a$. Construye un contraejemplo para demostrar que el recíproco no es cierto.

Solución

Sean a, b objetos cualesquiera. Entonces, $a \in \{\{b\}\}$ implica que $a = \{b\}$, ya que $\{b\}$ es el único elemento de $\{\{b\}\}$, lo que implica a su vez que $b \in a$, porque $b \in \{b\} = a$.

Como contraejemplo de que en cambio $b \in a$ no implica que $a \in \{\{b\}\}$, basta con tomar, por ejemplo, $b = 1$, $a = \{1, 2\}$, que verifican $1 \in \{1, 2\}$, pero $\{1, 2\} \notin \{\{1\}\}$.

3.21. Construye dos conjuntos A, B tales que $A \in B$ y $A \subseteq B$.

Solución

Sean $A = \emptyset$, $B = \{\emptyset\}$.

Entonces se verifica que $A = \emptyset$ es un elemento del conjunto unitario $\{\emptyset\} = B$; luego $A \in B$.

Además $\emptyset$ es un subconjunto de cualquier conjunto; por tanto, $A \subseteq B$.

3.22. Sean A, B dos conjuntos. Demuestra que si dos cualesquiera de los enunciados siguientes son verdaderos, también lo es el tercero:

    (a) A y B son disjuntos,   (b) $A \subseteq B$,   (c) $A = \emptyset$.

Solución

Demostramos las tres implicaciones siguientes:

(a) y (b) $\Longrightarrow$ (c)

Si $A \subseteq B$, entonces $A \cap B = A$. Por (a), sabemos que $A \cap B = \emptyset$; luego $A = \emptyset$.

(a) y (c) $\Longrightarrow$ (b)

Por (c), $A = \emptyset$. Esto implica que $A \subseteq B$, ya que el conjunto vacío está contenido en cualquier conjunto. Notemos que no hemos necesitado en este razonamiento la información proporcionada en (a).

(b) y (c) $\Longrightarrow$ (a)

Por (c), $A = \emptyset$. Esto implica que $A \cap B = \emptyset$, ya que ningún conjunto tiene elementos en común con el vacío. En este caso, tampoco hemos hecho uso de la hipótesis (b).

3.23. Encuentra tres conjuntos A, B, C, no vacíos y disjuntos, que verifiquen simultáneamente:

    (a) $A \subseteq B \cup C$,   (b) $B \subseteq A \cup C$,   (c) $C \subseteq A \cup B$.

Solución

Sean $A = \{1, 2\}$, $B = \{1\}$ y $C = \{2\}$. Estos conjuntos obviamente no son vacíos y son disjuntos porque $A \cap B \cap C = \emptyset$. Además, satisfacen las tres condiciones del enunciado:

(a) $B \cup C = \{1, 2\} = A$, por lo que se tiene $A \subseteq B \cup C$.

(b) $A \cup C = \{1, 2\}$, con lo que $\{1\} = B \subseteq A \cup C$.

(c) $A \cup B = \{1, 2\}$, y entonces $\{2\} = C \subseteq A \cup B$.

3.24. Sean X, Y y Z tres conjuntos disjuntos dos a dos. Demuestra que si los conjuntos A y B cumplen que $A \subseteq X \cup Y$ y $B \subseteq X \cup Z$, entonces $A \cap B \subseteq X$.

Solución

$$\text{Sea } x \in A \cap B \implies \begin{cases} x \in A \implies x \in X \cup Y, \text{ porque } A \subseteq X \cup Y, \\ y \\ x \in B \implies x \in X \cup Z, \text{ porque } B \subseteq X \cup Z. \end{cases}$$

Vamos a demostrar que si $x \notin X$ entonces obtendríamos una contradicción.

En efecto, si $x \notin X$, debe ser que $x \in Y$ y $x \in Z$, por lo que $x \in Y \cap Z$, por la definición de la intersección. Ahora bien, por ser Y y Z disjuntos, $Y \cap Z = \emptyset$, con lo que, de suponer que $x \notin X$, se llega a una contradicción. Luego $x \in X$.

3.25. Sean A, B, X tres conjuntos tales que $A \cap X = B \cap X$ y $A \cup X = B \cup X$. Demuestra que $A = B$.

Solución

Para demostrar la igualdad de conjuntos $A = B$, probamos las dos inclusiones.

Probamos primero $A \subseteq B$.

Sea $x \in A$; entonces $x \in A \cup X$, pues $A \subseteq A \cup X$. De aquí, como $A \cup X = B \cup X$, se deduce que $x \in B \cup X$. Por la definición de la unión, si $x \in B \cup X$ entonces $x \in B$ o $x \in X$.

- En el caso $x \in B$, ya hemos terminado.
- En el caso $x \in X$, junto con la hipótesis inicial $x \in A$, obtenemos $x \in A \cap X$. Como $A \cap X = B \cap X$, sabemos que $x \in B \cap X$. Luego, por la definición de la intersección, $x \in B$.

Como, suponiendo $x \in A$, hemos demostrado en todos los casos que $x \in B$, podemos concluir que en efecto $A \subseteq B$.

Para demostrar la otra inclusión $B \subseteq A$, basta intercambiar los papeles de A y B en la anterior demostración, pues A y B cumplen exactamente las mismas propiedades según el enunciado.

3.26. Sean X, A y B tres conjuntos. Demuestra que las tres condiciones siguientes son equivalentes:

(a) $X \subseteq A \cup B$,   (b) $(X \setminus A) \cap (X \setminus B) = \emptyset$,   (c) $X \setminus A \subseteq B$.

Solución

Demostramos las tres implicaciones siguientes:

(a) $\implies$ (b)

Supongamos que $X \subseteq A \cup B$, pero $(X \setminus A) \cap (X \setminus B) \neq \emptyset$. Sea entonces $x \in (X \setminus A) \cap (X \setminus B)$, de donde, por definición de la intersección, $x \in X \setminus A$ y $x \in X \setminus B$.

De $x \in X \setminus A$ deducimos que $x \in X$ y $x \notin A$; como $x \in A \cup B$ (ya que $X \subseteq A \cup B$) y $x \notin A$, obtenemos que $x \in B$.

Usando $x \in X \setminus B$, deducimos también que $x \in X$ y $x \notin B$.

Hemos llegado a tener a la vez tanto que $x \in B$ como que $x \notin B$, una contradicción que surge de suponer $x \in (X \setminus A) \cap (X \setminus B)$. Luego no existe tal x y, por tanto, $(X \setminus A) \cap (X \setminus B) = \emptyset$.

(b) $\Longrightarrow$ (c)

Supongamos que $(X \setminus A) \cap (X \setminus B) = \emptyset$, pero $X \setminus A \nsubseteq B$. Entonces existe $x \in X \setminus A$ tal que $x \notin B$, es decir, tenemos $x \in X$ y $x \notin B$, por lo que también se cumple $x \in X \setminus B$. De esta forma hemos encontrado un elemento x tal que $x \in X \setminus A$ y $x \in X \setminus B$, por lo que $x \in (X \setminus A) \cap (X \setminus B)$. Esto es absurdo pues $(X \setminus A) \cap (X \setminus B) = \emptyset$ por hipótesis. En consecuencia, la suposición $X \setminus A \nsubseteq B$ da lugar a una contradicción y debe verificarse $X \setminus A \subseteq B$.

(c) $\Longrightarrow$ (a)

Supongamos $X \setminus A \subseteq B$. Sea $x \in X$. Distinguimos dos casos:

- Si $x \in A$, entonces $x \in A \cup B$, por la definición de la unión.
- Si $x \notin A$, entonces $x \in X \setminus A$, por la definición de diferencia de conjuntos. Luego $x \in B$ por la hipótesis $X \setminus A \subseteq B$. Esto implica que $x \in A \cup B$, de nuevo por la definición de la unión.

Como en ambos casos hemos obtenido que $x \in A \cup B$, concluimos que $X \subseteq A \cup B$.

3.27. Dados cuatro conjuntos A, B, C, D, demuestra:

(a) $C \neq \emptyset$ y $A \times C \subseteq B \times C \Longrightarrow A \subseteq B$,

(b) $C \neq \emptyset$ y $C \times A \subseteq C \times B \Longrightarrow A \subseteq B$,

(c) $(A \times B) \setminus (C \times D) = ((A \setminus C) \times B) \cup (A \times (B \setminus D))$.

Solución

(a) Como $C \neq \emptyset$, existe algún elemento en C. Sea $y_0 \in C$ fijo.
Sea ahora $x \in A$; entonces $(x, y_0) \in A \times C$ y de aquí, como $A \times C \subseteq B \times C$, obtenemos $(x, y_0) \in B \times C$, por lo que $x \in B$. Luego $A \subseteq B$.

(b) La demostración es completamente análoga a la del apartado anterior, porque solamente cambia el orden de los conjuntos en el producto cartesiano.

(c) Sea cualquier par ordenado (x, y). Veamos que la condición de pertenencia de (x, y) a los conjuntos de ambos lados de la igualdad del enunciado es la misma.

$$\begin{aligned}
(x, y) \in (A \times B) \setminus (C \times D) &\Longleftrightarrow (x, y) \in A \times B \text{ y } (x, y) \notin C \times D \\
&\Longleftrightarrow x \in A \text{ e } y \in B \text{ y } (x \notin C \text{ o } y \notin D) \\
&\Longleftrightarrow (x \in A \text{ e } y \in B \text{ y } x \notin C) \text{ o } (x \in A \text{ e } y \in B \text{ e } y \notin D) \\
&\Longleftrightarrow (x \in (A \setminus C) \text{ e } y \in B) \text{ o } (x \in A \text{ e } y \in (B \setminus D)) \\
&\Longleftrightarrow (x, y) \in (A \setminus C) \times B \text{ o } (x, y) \in A \times (B \setminus D) \\
&\Longleftrightarrow (x, y) \in ((A \setminus C) \times B) \cup (A \times (B \setminus D)).
\end{aligned}$$

3.28. Dados los conjuntos $A = \{1, \{2\}\}$ y $B = \{1, 2, \{1, 2\}\}$, enumera cada uno de los conjuntos siguientes:

(a) $A \cup B$, (b) $A \cap B$, (c) $A \setminus B$, (d) $B \setminus A$,

(e) $\mathscr{P}(A)$, (f) $B \cap \mathscr{P}(A)$, (g) $A \times B$, (h) $(A \times B) \cap (B \times A)$.

Solución

(a) $A \cup B = \{1, 2, \{2\}, \{1, 2\}\}$.

(b) $A \cap B = \{1\}$.

(c) $A \setminus B = \{\{2\}\}$.

(d) $B \setminus A = \{2, \{1, 2\}\}$.

(e) $\mathscr{P}(A) = \{\emptyset, \{1\}, \{\{2\}\}, \{1, \{2\}\}\}$.

(f) $B \cap \mathscr{P}(A) = \emptyset$.

(g) $A \times B = \{(1, 1), (1, 2), (1, \{1, 2\}), (\{2\}, 1), (\{2\}, 2), (\{2\}, \{1, 2\})\}$.

(h) Calculamos primero $B \times A = \{(1, 1), (1, \{2\}), (2, 1), (2, \{2\}), (\{1, 2\}, 1), (\{1, 2\}, \{2\})\}$.
Entonces, teniendo en cuenta el apartado anterior, $(A \times B) \cap (B \times A) = \{(1, 1)\}$.

3.29. Enumera los conjuntos: $\mathscr{P}(\emptyset)$, $\mathscr{P}(\mathscr{P}(\emptyset))$, $\mathscr{P}(\mathscr{P}(\mathscr{P}(\emptyset)))$, $\mathscr{P}(\mathscr{P}(\mathscr{P}(\mathscr{P}(\emptyset))))$.

Solución

- $\mathscr{P}(\emptyset) = \{\emptyset\}$.

- $\mathscr{P}(\mathscr{P}(\emptyset)) = \{\emptyset, \{\emptyset\}\}$.

- $\mathscr{P}(\mathscr{P}(\mathscr{P}(\emptyset))) = \{\, \emptyset, \{\emptyset\}, \{\{\emptyset\}\}, \{\emptyset, \{\emptyset\}\} \,\}$.

- $\mathscr{P}(\mathscr{P}(\mathscr{P}(\mathscr{P}(\emptyset)))) =$
  $\{\, \emptyset,$
  $\{\emptyset\}, \{\{\emptyset\}\}, \{\{\{\emptyset\}\}\}, \{\{\emptyset, \{\emptyset\}\}\},$
  $\{\emptyset, \{\emptyset\}\}, \{\emptyset, \{\{\emptyset\}\}\}, \{\emptyset, \{\emptyset, \{\emptyset\}\}\}, \{\{\emptyset\}, \{\{\emptyset\}\}\}, \{\{\emptyset\}, \{\emptyset, \{\emptyset\}\}\}, \{\{\{\emptyset\}\}, \{\emptyset, \{\emptyset\}\}\},$
  $\{\emptyset, \{\emptyset\}, \{\{\emptyset\}\}\}, \{\emptyset, \{\emptyset\}, \{\emptyset, \{\emptyset\}\}\}, \{\emptyset, \{\{\emptyset\}\}, \{\emptyset, \{\emptyset\}\}\}, \{\{\emptyset\}, \{\{\emptyset\}\}, \{\emptyset, \{\emptyset\}\}\},$
  $\{\emptyset, \{\emptyset\}, \{\{\emptyset\}\}, \{\emptyset, \{\emptyset\}\}\} \,\}$.

En el resultado del último cálculo hemos separado por líneas los subconjuntos con 0, 1, 2, 3 y 4 elementos. Este resultado se puede entender mejor calculando primero $\mathscr{P}(\{a, b, c, d\})$ y reemplazando luego de acuerdo con la siguiente tabla:

$$a \longleftrightarrow \emptyset$$
$$b \longleftrightarrow \{\emptyset\}$$
$$c \longleftrightarrow \{\{\emptyset\}\}$$
$$d \longleftrightarrow \{\emptyset, \{\emptyset\}\}.$$

3.30. Dado un conjunto A, definimos $A' = A \cup \{A\}$. Enumera los siguientes conjuntos: $\emptyset', \emptyset'', \emptyset''', \emptyset''''$.

Solución

- $\emptyset' = \emptyset \cup \{\emptyset\} = \{\emptyset\}$,
- $\emptyset'' = \emptyset' \cup \{\emptyset'\} = \{\emptyset, \{\emptyset\}\}$,
- $\emptyset''' = \emptyset'' \cup \{\emptyset''\} = \{\emptyset, \{\emptyset\}, \{\emptyset, \{\emptyset\}\}\}$,
- $\emptyset'''' = \emptyset''' \sqcup \{\emptyset'''\} = \{\emptyset, \{\emptyset\}, \{\emptyset, \{\emptyset\}\}, \{\emptyset, \{\emptyset\}, \{\emptyset, \{\emptyset\}\}\}\}$.

3.31. Demuestra que si A es un subconjunto de B, entonces el conjunto potencia $\mathscr{P}(A)$ formado por todos los subconjuntos (o partes) de A es un subconjunto de $\mathscr{P}(B)$.

Solución

Supongamos que $A \subseteq B$ y demostremos $\mathscr{P}(A) \subseteq \mathscr{P}(B)$. Para ello, sea $X \in \mathscr{P}(A)$, es decir, $X \subseteq A$. Como, por hipótesis, también se tiene la inclusión $A \subseteq B$, si $x \in X$ entonces $x \in B$, de donde $X \subseteq B$, es decir, $X \in \mathscr{P}(B)$.

Como hemos demostrado que todos los elementos de $\mathscr{P}(A)$ también son elementos de $\mathscr{P}(B)$, se tiene la inclusión deseada.

3.32. Consideremos los siguientes conjuntos de números naturales: A está formado por los múltiplos de 6, B por los múltiplos de 10 y C por los múltiplos de 60. Probar o refutar cada una de las siguientes igualdades:

(a) $A \cup B = C$,

(b) $A \cap B = C$,

(c) $A \setminus C = B$.

Solución

(a) El conjunto $A \cup B$ está formado por todos los elementos de A y todos los de B, es decir, por los números naturales que son múltiplos de 6 o de 10. Entre estos tenemos los que son múltiplos de 60, pero también muchos más, como, por ejemplo, 6 y 10 que no son múltiplos de 60. Por lo tanto, la igualdad del enunciado es falsa.

(b) El conjunto $A \cap B$ consta de aquellos elementos que pertenecen a A y a B, es decir, de los números naturales que son múltiplos de 6 y también de 10. Un número natural es múltiplo de 6 y de 10 si y solo si es múltiplo de $mcm(6, 10) = 30$. Por tanto, $A \cap B$ es el conjunto de los múltiplos de 30, que incluye todos los múltiplos de 60 y más, como, por ejemplo, 30, 90, 150. De nuevo, la igualdad del enunciado es falsa.

(c) El conjunto $A \setminus C$ está formado por los elementos de A que no pertenecen a C, es decir, por los múltiplos de 6 que no son múltiplos de 60, como, por ejemplo, 12, 18, 24. Claramente estos elementos no son múltiplos de 10, por lo que tampoco es cierta la igualdad del tercer apartado. En este caso, ni siquiera se tiene una inclusión como en los dos anteriores.

3.33. Para cada $k \in \mathbb{N}$ definimos la familia de conjuntos $A_k = \{\{m \in \mathbb{N} \mid m < n\} \mid n \leq k\}$. Definimos además la familia de conjuntos $B = \{\{m \in \mathbb{N} \mid m < n\} \mid n \in \mathbb{N}\}$.

(a) Enumera A_0, A_1 y A_2.

(b) Demuestra que $A_k \subset B$, para todo $k \in \mathbb{N}$.

(c) Demuestra que $\emptyset \in A_k$, para todo $k \in \mathbb{N}$.

Solución

Para ayudar mejor a la comprensión del enunciado del problema, definimos unos nuevos conjuntos $C_n = \{m \in \mathbb{N} \mid m < n\}$, para $n \in \mathbb{N}$.

Entonces $C_0 = \emptyset$, $C_1 = \{0\}$, $C_2 = \{0, 1\}$, $C_3 = \{0, 1, 2\}$, $\ldots$

Expresamos los conjuntos A_k y B usando los conjuntos C_n y comprobamos que $A_k = \{C_n \mid n \leq k\}$ y $B = \{C_n \mid n \in \mathbb{N}\}$.

(a) Con la notación anterior tenemos

$$A_0 = \{C_n \mid n \leq 0\} = \{C_0\} = \{\emptyset\},$$
$$A_1 = \{C_n \mid n \leq 1\} = \{C_0, C_1\} = \{\emptyset, \{0\}\},$$
$$A_2 = \{C_n \mid n \leq 2\} = \{C_0, C_1, C_2\} = \{\emptyset, \{0\}, \{0, 1\}\}.$$

(b) Sea $k \in \mathbb{N}$; entonces

$$A_k = \{C_0, C_1, \ldots, C_k\},$$
$$B = \{C_0, C_1, \ldots, C_k, C_{k+1}, \ldots\}.$$

Si $C \in A_k$, existe $n \in \mathbb{N}$ con $0 \leq n \leq k$ tal que $C = C_n = \{m \in \mathbb{N} \mid m < n\}$. Luego $C \in B$.

Sin embargo, $B \neq A_k$ porque, por ejemplo, $C_{k+1} = \{m \in \mathbb{N} \mid m < k + 1\} \in B$, pero $C_{k+1} \notin A_k$.

(c) Sea $k \in \mathbb{N}$; entonces $A_k = \{C_0, C_1, \ldots, C_k\}$. Como $C_0 = \{m \in \mathbb{N} \mid m < 0\} = \emptyset$, entonces $\emptyset \in A_k$, cualquiera que sea $k \in \mathbb{N}$.

3.34. Sea $\mathscr{C}$ una familia no vacía de conjuntos. Demuestra:

(a) Para todo $A \in \mathscr{C} : A \subseteq \bigcup \mathscr{C}$.

(b) Si B es un conjunto tal que $A \subseteq B$ se verifica para todo $A \in \mathscr{C}$, entonces $\bigcup \mathscr{C} \subseteq B$.

(c) Para todo $A \in \mathscr{C} : \bigcap \mathscr{C} \subseteq A$.

(d) Si B es un conjunto tal que $B \subseteq A$ se verifica para todo $A \in \mathscr{C}$, entonces $B \subseteq \bigcap \mathscr{C}$.

Solución

Recordemos primero que

$$\bigcup \mathscr{C} = \{x \mid x \in A \text{ para algún } A \in \mathscr{C}\},$$
$$\bigcap \mathscr{C} = \{x \mid x \in A \text{ para todo } A \in \mathscr{C}\}.$$

(a) Sea $x \in A$, con $A \in \mathscr{C}$. Entonces $x \in \bigcup \mathscr{C}$, por la anterior definición de $\bigcup \mathscr{C}$.

(b) Sea $x \in \bigcup \mathscr{C}$; entonces existe $A \in \mathscr{C}$ tal que $x \in A$, de donde $x \in B$, pues $A \subseteq B$, para todo $A \in \mathscr{C}$.

(c) Sea $x \in \bigcap \mathscr{C}$; entonces $x \in A$, cualquiera que sea $A \in \mathscr{C}$ por la anterior definición de $\bigcap \mathscr{C}$.

(d) Sea $x \in B$; entonces $x \in A$ para todo $A \in \mathscr{C}$, pues $B \subseteq A$ para todo $A \in \mathscr{C}$. Luego $x \in \bigcap \mathscr{C}$, por definición de la intersección $\bigcap \mathscr{C}$.

3.35. Para cada $k \in \mathbb{N}$, sean los conjuntos $A_k = \{n \in \mathbb{N} \mid n \leq k\}$ y $B_k = \{n \in \mathbb{N} \mid n > k\}$. Determina:

(a) $\bigcup \{A_k \mid k \in \mathbb{N}\}$,

(b) $\bigcap \{A_k \mid k \in \mathbb{N}\}$,

(c) $\bigcup \{B_k \mid k \in \mathbb{N}\}$,

(d) $\bigcap \{B_k \mid k \in \mathbb{N}\}$.

Solución

Observamos en primer lugar que

$$
\begin{array}{cccccccc}
A_0 & \subset & A_1 & \cdots & \subset & A_k & \subset & A_{k+1} & \subset & \cdots \\
B_0 & \supset & B_1 & \cdots & \supset & B_k & \supset & B_{k+1} & \supset & \cdots
\end{array}
$$

En efecto, si $n \in A_k$ entonces, por la definición de A_k, se verifica que $n \leq k$, por lo que también se cumple $n \leq k+1$ y de aquí $n \in A_{k+1}$.

De la misma forma, si $n \in B_{k+1}$, entonces $n > k+1 > k$ y, por tanto, $n \in B_k$.

(a) Como para cada número natural siempre existe alguno mayor, la unión de la familia $\{A_k\}$ es igual al conjunto total de todos los números naturales.

$$\bigcup \{A_k \mid k \in \mathbb{N}\} = \{n \in \mathbb{N} \mid \text{existe } k \in \mathbb{N} \text{ tal que } n \in A_k\}$$
$$= \{n \in \mathbb{N} \mid \text{existe } k \in \mathbb{N} \text{ tal que } n \leq k\} = \mathbb{N}.$$

(b) El único número natural que es menor o igual que todos los números naturales es el 0, por lo que es el único elemento en la intersección de la familia $\{A_k\}$.

$$\bigcap \{A_k \mid k \in \mathbb{N}\} = \{n \in \mathbb{N} \mid n \in A_k \text{ para todo } k \in \mathbb{N}\}$$
$$= \{n \in \mathbb{N} \mid n \leq k \text{ para todo } k \in \mathbb{N}\} = A_0 = \{0\}.$$

(c) La unión de la familia $\{B_k\}$ está formada por los números naturales para los que existe algún número menor, propiedad que cumplen todos los números naturales menos el 0.

$$\bigcup \{B_k \mid k \in \mathbb{N}\} = \{n \in \mathbb{N} \mid \text{existe } k \in \mathbb{N} \text{ tal que } n \in B_k\}$$
$$= \{n \in \mathbb{N} \mid \text{existe } k \in \mathbb{N} \text{ tal que } n > k\} = B_0 = \mathbb{N} \setminus \{0\}.$$

(d) Finalmente, no existe ningún número natural que sea mayor que todos los demás, por lo que la intersección de la familia $\{B_k\}$ es vacía.

$$\bigcap\{B_k \mid k \in \mathbb{N}\} = \{n \in \mathbb{N} \mid n \in B_k \text{ para todo } k \in \mathbb{N}\}$$
$$= \{n \in \mathbb{N} \mid n > k \text{ para todo } k \in \mathbb{N}\} = \emptyset.$$

3.36. Dado un conjunto A, calcula la unión $\bigcup \mathscr{P}(A)$ de la familia de conjuntos $\mathscr{P}(A)$.

Solución

Vamos a probar que $\bigcup \mathscr{P}(A) = A$.

Por definición de la unión de una familia de conjuntos, $\bigcup \mathscr{P}(A) = \bigcup\{X \mid X \subseteq A\}$.

Por tanto, $x \in \bigcup \mathscr{P}(A)$ si y solo si existe $X \subseteq A$ tal que $x \in X$ si solo si $x \in A$.

3.37. Una de las dos igualdades siguientes es válida siempre, cualesquiera que sean los conjuntos A, B, C y D. La otra igualdad no siempre es válida. Demuestra cuál es la igualdad válida y construye un contraejemplo para la otra.

(a) $A \times (B \oplus C) = (A \times B) \oplus (A \times C)$,

(b) $(A \times B) \oplus (C \times D) = (A \oplus C) \times (B \oplus D)$.

Solución

(a) Aplicamos las definiciones de las operaciones de producto cartesiano, diferencia simétrica, unión y diferencia de conjuntos para obtener las siguientes cadenas de igualdades, que demuestran que la igualdad es válida porque ambos lados se igualan a una expresión común.

$$A \times (B \oplus C) = \{(a, b) \mid a \in A \text{ y } b \in B \oplus C\}$$
$$= \{(a, b) \mid a \in A \text{ y } b \in (B \setminus C) \cup (C \setminus B)\}$$
$$= \{(a, b) \mid a \in A \text{ y } ((b \in B \text{ y } b \notin C) \text{ o } (b \in C \text{ y } b \notin B))\}$$
$$= \{(a, b) \mid (a \in A \text{ y } b \in B \text{ y } b \notin C) \text{ o } (a \in A \text{ y } b \in C \text{ y } b \notin B)\}$$
$$= \{(a, b) \mid a \in A \text{ y } b \in B \text{ y } b \notin C\} \cup$$
$$\{(a, b) \mid a \in A \text{ y } b \in C \text{ y } b \notin B\}.$$

$$(A \times B) \oplus (A \times C) = ((A \times B) \setminus (A \times C)) \cup ((A \times C) \setminus (A \times B))$$
$$= \{(a, b) \mid (a, b) \in A \times B \text{ y } (a, b) \notin A \times C\} \cup$$
$$\{(a, b) \mid (a, b) \in A \times C \text{ y } (a, b) \notin A \times B\}$$
$$= \{(a, b) \mid (a \in A \text{ y } b \in B) \text{ y } (a \notin A \text{ o } b \notin C)\} \cup$$
$$\{(a, b) \mid (a \in A \text{ y } b \in C) \text{ y } (a \notin A \text{ o } b \notin B)\}$$
$$= \{(a, b) \mid a \in A \text{ y } b \in B \text{ y } b \notin C\} \cup$$
$$\{(a, b) \mid a \in A \text{ y } b \in C \text{ y } b \notin B\}.$$

(b) Consideremos, por ejemplo, los conjuntos en la parte izquierda, para los cuales calculamos las expresiones en la parte derecha:

$$A = \{1,2\}, \qquad A \times B = \{(1,3),(1,4),(2,3),(2,4)\},$$
$$B = \{3,4\}, \qquad C \times D = \{(2,4),(2,6),(5,4),(5,6)\},$$
$$C = \{2,5\}, \qquad A \oplus C = \{1,5\},$$
$$D = \{4,6\}, \qquad B \oplus D = \{3,6\}.$$

Entonces

$$(A \times B) \oplus (C \times D) = \{(1,3),(1,4),(2,3),(2,6),(5,4),(5,6)\},$$
$$(A \oplus C) \times (B \oplus D) = \{(1,3),(1,6),(5,3),(5,6)\},$$

y concluimos que

$$(A \times B) \oplus (C \times D) \neq (A \oplus C) \times (B \oplus D).$$

Este mismo contraejemplo sirve para comprobar que tampoco es válida ninguna de las dos inclusiones.

3.38. Para cada uno de los dos apartados siguientes se pide estudiar si la igualdad $L = R$ que se indica (siendo L y R expresiones construidas por medio de operaciones entre tres conjuntos A, B y C) es válida siempre, cualesquiera que sean los conjuntos A, B y C. En caso afirmativo, se pide demostrarlo. En caso negativo, se pide construir un contraejemplo y razonar si alguna de las dos inclusiones $L \subseteq R$ o $L \supseteq R$ es válida siempre.

(a) $A \cap (B \oplus C) = (A \cap B) \oplus (A \cap C)$,

(b) $A \cup (B \oplus C) = (A \cup B) \oplus (A \cup C)$.

Solución

(a) Dibujamos primero los correspondientes diagramas de Venn:

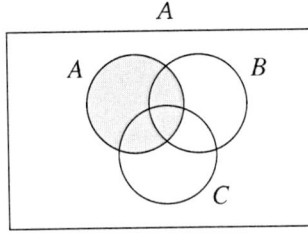

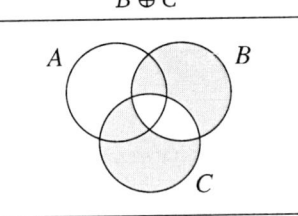

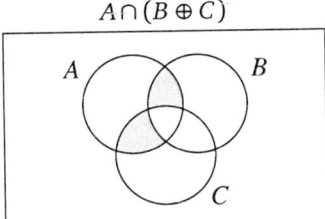

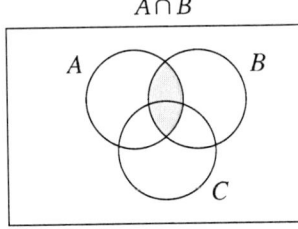

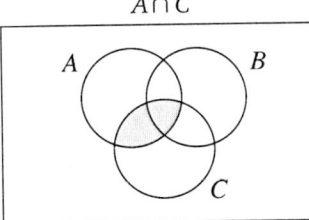

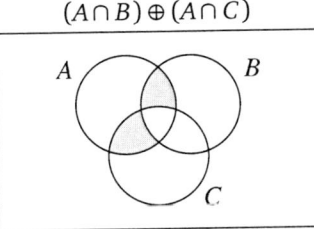

Así vemos que la igualdad de conjuntos $A \cap (B \oplus C) = (A \cap B) \oplus (A \cap C)$ es válida, como demuestra la siguiente cadena de equivalencias:

$$x \in A \cap (B \oplus C) \iff x \in A \text{ y } x \in B \oplus C$$
$$\iff x \in A \text{ y } x \in (B \setminus C) \cup (C \setminus B)$$
$$\iff x \in A \text{ y } ((x \in B \text{ y } x \notin C) \text{ o } (x \in C \text{ y } x \notin B))$$
$$\iff (x \in A \text{ y } x \in B \text{ y } x \notin C) \text{ o } (x \in A \text{ y } x \in C \text{ y } x \notin B)$$
$$\iff (x \in A \cap B \text{ y } x \notin C) \text{ o } (x \in A \cap C \text{ y } x \notin B)$$
$$\iff (x \in A \cap B \text{ y } x \notin A \cap C) \text{ o } (x \in A \cap C \text{ y } x \notin A \cap B)$$
$$\iff x \in ((A \cap B) \setminus (A \cap C)) \cup ((A \cap C) \setminus (A \cap B))$$
$$\iff x \in (A \cap B) \oplus (A \cap C).$$

Otra posible demostración es mediante una tabla de pertenencias, como la siguiente, donde 1 indica que el elemento pertenece al conjunto correspondiente y 0 que no.

A	B	C	$B \oplus C$	$A \cap (B \oplus C)$	$A \cap B$	$A \cap C$	$(A \cap B) \oplus (A \cap C)$
1	1	1	0	0	1	1	0
1	1	0	1	1	1	0	1
1	0	1	1	1	0	1	1
1	0	0	0	0	0	0	0
0	1	1	0	0	0	0	0
0	1	0	1	0	0	0	0
0	0	1	1	0	0	0	0
0	0	0	0	0	0	0	0

Como todos los valores en la quinta y la octava columnas coinciden fila a fila, se ha demostrado la igualdad deseada.

(b) Dibujando los correspondientes diagramas de Venn,

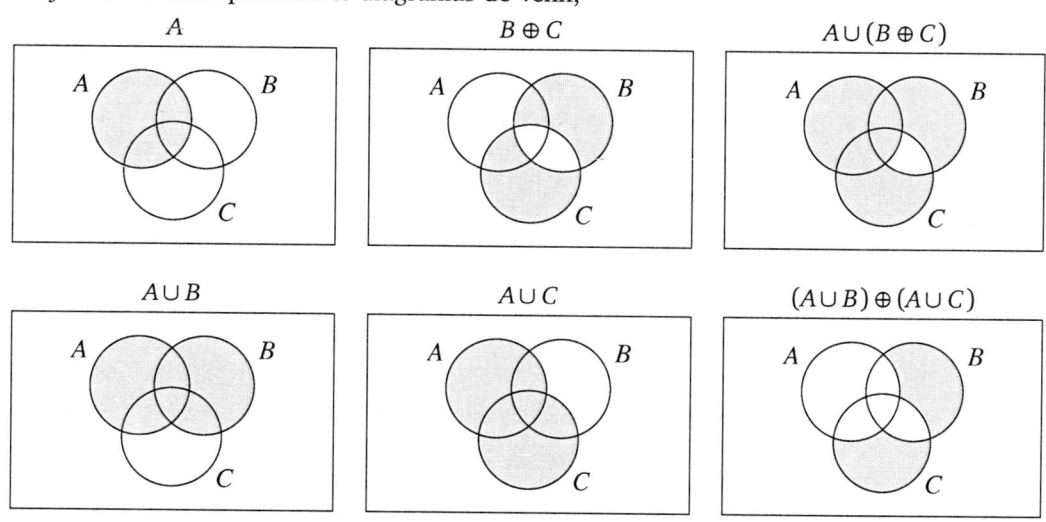

se ve que la igualdad de conjuntos $A \cup (B \oplus C) = (A \cup B) \oplus (A \cup C)$ *no* es válida.

A partir del diagrama construimos fácilmente un contraejemplo, asignando un número a cada una de las 7 regiones como sigue:

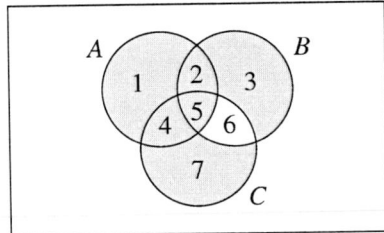

Consideremos entonces los conjuntos siguientes:

$$A = \{1,2,4,5\},\ B = \{2,3,5,6\},\ C = \{4,5,6,7\},$$

para los cuales calculamos las expresiones correspondientes:

$$B \oplus C = \{2,3,4,7\},$$
$$A \cup B = \{1,2,3,4,5,6\},$$
$$A \cup C = \{1,2,4,5,6,7\},$$
$$A \cup (B \oplus C) = \{1,2,3,4,5,7\},$$
$$(A \cup B) \oplus (A \cup C) = \{3,7\}.$$

La correspondiente tabla de pertenencias es la siguiente:

A	B	C	$B \oplus C$	$A \cup (B \oplus C)$	$A \cup B$	$A \cup C$	$(A \cup B) \oplus (A \cup C)$
1	1	1	0	1	1	1	0
1	1	0	1	1	1	1	0
1	0	1	1	1	1	1	0
1	0	0	0	1	1	1	0
0	1	1	0	0	1	1	0
0	1	0	1	1	1	0	1
0	0	1	1	1	0	1	1
0	0	0	0	0	0	0	0

Obviamente la quinta y la octava columnas no coinciden en las filas primera a cuarta.

A partir del diagrama de Venn (porque las dos regiones sombreadas en el diagrama para el lado derecho de la igualdad propuesta también están sombreadas en el diagrama para el lado izquierdo de esa igualdad) o de la tabla de pertenencias (porque cada 1 en la octava columna también corresponde a un 1 en la misma fila de la quinta columna), se puede observar que el lado derecho $(A \cup B) \oplus (A \cup C)$ está incluido en la izquierdo $A \cup (B \oplus C)$. En efecto,

$$
\begin{aligned}
x \in (A \cup B) \oplus (A \cup C) &\Longleftrightarrow x \in ((A \cup B) \setminus (A \cup C)) \cup ((A \cup C) \setminus (A \cup B)) \\
&\Longleftrightarrow (x \in A \cup B \ \text{y}\ x \notin A \cup C) \ \text{o}\ (x \in A \cup C \ \text{y}\ x \notin A \cup B) \\
&\Longleftrightarrow (x \in B \ \text{y}\ x \notin A \ \text{y}\ x \notin C) \ \text{o}\ (x \in C \ \text{y}\ x \notin A \ \text{y}\ x \notin B) \\
&\Longleftrightarrow x \notin A \ \text{y}\ ((x \in B \ \text{y}\ x \notin C) \ \text{o}\ (x \in C \ \text{y}\ x \notin B)) \\
&\Longleftrightarrow x \notin A \ \text{y}\ x \in (B \setminus C) \cup (C \setminus B) \\
&\Longleftrightarrow x \notin A \ \text{y}\ x \in B \oplus C \\
&\Longrightarrow x \in B \oplus C \\
&\Longrightarrow x \in A \ \text{o}\ x \in B \oplus C \\
&\Longleftrightarrow x \in A \cup (B \oplus C).
\end{aligned}
$$

Notemos que no todos los pasos son equivalencias, sino que hay algunas implicaciones, de forma que se justifica una inclusión de conjuntos pero no una igualdad. En este caso se ha demostrado que la inclusión $(A \cup B) \oplus (A \cup C) \subseteq A \cup (B \oplus C)$ es válida en general, mientras que la igualdad puede ser válida o no según como se elijan los tres conjuntos A, B, C.

3.39. Demuestra si es cierto o falso que $A \times (B \cap C) = (A \times B) \cap (A \times C)$.

Solución

La siguiente cadena de equivalencias demuestra que la igualdad del enunciado sí es cierta.

$$
\begin{aligned}
(a, b) \in A \times (B \cap C) &\iff a \in A \text{ y } b \in B \cap C \\
&\iff a \in A \text{ y } b \in B \text{ y } b \in C \\
&\iff a \in A \text{ y } b \in B \text{ y } a \in A \text{ y } b \in C \\
&\iff (a, b) \in A \times B \text{ y } (a, b) \in A \times C \\
&\iff (a, b) \in (A \times B) \cap (A \times C).
\end{aligned}
$$

3.40. En Soniquete, pueblo repleto de aficionados a la música, hay tres antiguos clubs musicales:

- El club *ClasiNoRap*, formado por aquellos amantes de la música clásica a los que no les gusta el rap.

- El club *ClasiJazz*, a cuyos miembros les gusta tanto la música clásica como el jazz.

- El club *RapJazz*, formado por amantes del rap y del jazz simultáneamente.

En los últimos tiempos se han fundado además dos nuevos clubs:

- *JazzSiRapNo*, club al que se han apuntado los miembros del *ClasiNoRap* a los que les gusta el jazz.

- *RapNoJazzSi*, club al que pertenecen los miembros del *ClasiJazz* que no son miembros del *Rap-Jazz*.

Bertoldo, habitante de Soniquete y consecuente con sus gustos musicales, se ha apuntado a los dos clubs recientemente fundados, además de seguir perteneciendo a los que ya lo hacía.

(a) ¿A qué clubs de la localidad pertenece Bertoldo y qué podemos decir de sus gustos musicales?

(b) Tras varios meses como orgulloso miembro de los dos nuevos clubs, Bertoldo empieza a sospechar que le están tomando el pelo y que, en realidad, los dos clubs son el mismo club pero con dos nombres para cobrar la cuota mensual dos veces a cada incauto socio. ¿Es cierta su sospecha?

Solución

Llamemos S al conjunto de los habitantes de Soniquete. Consideremos los siguientes conjuntos:

$$C = \{x \in S \mid a\ x \text{ le gusta la música clásica}\},$$
$$J = \{x \in S \mid a\ x \text{ le gusta el jazz}\},$$
$$R = \{x \in S \mid a\ x \text{ le gusta el rap}\}.$$

Entonces, los cinco clubs pueden definirse a partir de estos conjuntos utilizando las operaciones entre conjuntos de la siguiente forma:

$$ClasiNoRap = C \setminus R,$$
$$ClasiJazz = C \cap J,$$
$$RapJazz = R \cap J,$$
$$JazzSiRapNo = ClasiNoRap \cap J = (C \setminus R) \cap J,$$
$$RapNoJazzSi = ClasiJazz \setminus RapJazz = (C \cap J) \setminus (R \cap J).$$

(a) Por pertenecer al club *JazzSiRapNo*, Bertoldo pertenece también a *ClasiNoRap*. Por pertenecer al club *RapNoJazzSi*, Bertoldo pertenece también a *ClasiJazz*.

En cuanto a sus gustos musicales, se deduce que le gusta la música clásica y no el rap ya que es miembro de *ClasiNoRap*, y que le gusta el jazz por pertenecer a *JazzSiRapNo*.

(b) Lo que nos preguntan es si los conjuntos *JazzSiRapNo* y *ClasiNoRap* son iguales. Por lo anterior, se trata de ver si se cumple la igualdad de conjuntos $(C \setminus R) \cap J = (C \cap J) \setminus (R \cap J)$.

En efecto,

$$
\begin{aligned}
x \in (C \cap J) \setminus (R \cap J) &\iff x \in C \cap J \text{ y } x \notin R \cap J \\
&\iff x \in C \text{ y } x \in J \text{ y } x \notin R \cap J \\
&\iff x \in C \text{ y } x \in J \text{ y } x \notin R \\
&\iff x \in C \setminus R \text{ y } x \in J \\
&\iff x \in (C \setminus R) \cap J.
\end{aligned}
$$

En resumen, ambos conjuntos son iguales y la sospecha de Bertoldo es cierta.

3.41. Usa las leyes de Boole para demostrar las igualdades que siguen:

(a) $\setminus(A \cup (B \cap C)) = (\setminus C \cup \setminus B) \cap \setminus A,$

(b) $\setminus(\setminus(A \cup B) \cap C) = (\setminus C \cup B) \cup A,$

(c) $(\setminus A \cup B) \cap A = A \cap B,$

(d) $\setminus(\setminus A \cup B) \cup B = A \cup B,$

(e) $\setminus(\setminus A \cup B) \cup A = A.$

Solución

(a)

$$\setminus(A\cup(B\cap C)) = \setminus A\cap\setminus(B\cap C) \qquad\text{[De Morgan]}$$
$$= (\setminus B\cup\setminus C)\cap\setminus A \qquad\text{[De Morgan y conmutativa]}$$
$$= (\setminus C\cup\setminus B)\cap\setminus A \qquad\text{[conmutativa]}$$

(b)

$$\setminus(\setminus(A\cup B)\cap C) = \setminus\setminus(A\cup B)\cup\setminus C \qquad\text{[De Morgan]}$$
$$= (A\cup B)\cup\setminus C \qquad\text{[doble complementación]}$$
$$= (\setminus C\cup B)\cup A \qquad\text{[asociativa y conmutativa]}$$

(c)

$$(\setminus A\cup B)\cap A = (\setminus A\cap A)\cup(B\cap A) \qquad\text{[distributiva y conmutativa]}$$
$$= \emptyset\cup(B\cap A) \qquad\text{[complementación y conmutativa]}$$
$$= A\cap B \qquad\text{[conjunto vacío y conmutativa]}$$

(d)

$$\setminus(\setminus A\cup B)\cup B = ((\setminus\setminus A)\cap\setminus B)\cup B \qquad\text{[De Morgan]}$$
$$= (A\cap\setminus B)\cup B \qquad\text{[doble complementación]}$$
$$= (A\cup B)\cap(\setminus B\cup B) \qquad\text{[distributiva y conmutativa]}$$
$$= (A\cup B)\cap\mathcal{U} \qquad\text{[conmutativa y complementación]}$$
$$= A\cup B \qquad\text{[leyes del universal }\mathcal{U}\text{]}$$

(e)

$$\setminus(\setminus A\cup B)\cup A = ((\setminus\setminus A)\cap\setminus B)\cup A \qquad\text{[De Morgan]}$$
$$= (A\cap\setminus B)\cup A \qquad\text{[doble complementación]}$$
$$= A \qquad\text{[absorción y conmutativa]}$$

3.42. Demuestra que los tres conjuntos siguientes son iguales:

$$(A\cap B)\setminus C \qquad A\cap(B\setminus C) \qquad (A\setminus C)\cap B.$$

Solución

Vemos primero que los diagramas de Venn de cada uno de estos tres conjuntos coinciden.

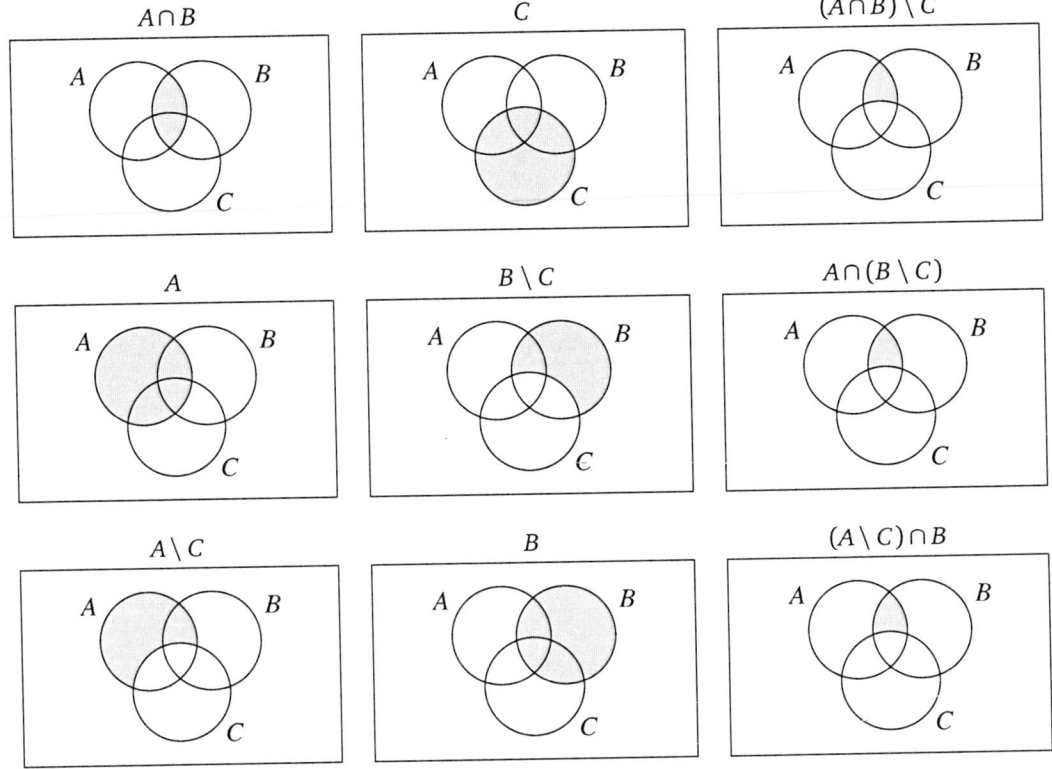

Demostramos ahora la igualdad más formalmente viendo que la condición de pertenencia a cada uno de los tres conjuntos es la misma, como sigue:

$$x \in (A \cap B) \setminus C \iff x \in A \cap B \text{ y } x \notin C$$
$$\iff x \in A \text{ y } x \in B \text{ y } x \notin C.$$

$$x \in A \cap (B \setminus C) \iff x \in A \text{ y } x \in B \setminus C$$
$$\iff x \in A \text{ y } x \in B \text{ y } x \notin C.$$

$$x \in (A \setminus C) \cap B \iff x \in A \setminus C \text{ y } x \in B$$
$$\iff x \in A \text{ y } x \notin C \text{ y } x \in B$$
$$\iff x \in A \text{ y } x \in B \text{ y } x \notin C.$$

3.43. Demuestra la validez de las siguientes igualdades entre conjuntos.

(a) $A \setminus (B \cup C) = (A \setminus B) \setminus C,$

(b) $(A \setminus B) \setminus C = (A \setminus C) \setminus (B \setminus C),$

(c) $(A \setminus B) \setminus C = (A \setminus C) \setminus B.$

Solución

Notemos que la parte izquierda de los apartados (b) y (c) coincide con la parte derecha del apartado (a), por lo que vamos a ver primero que las cuatro expresiones dan lugar al mismo resultado comparando los diagramas de Venn correspondientes.

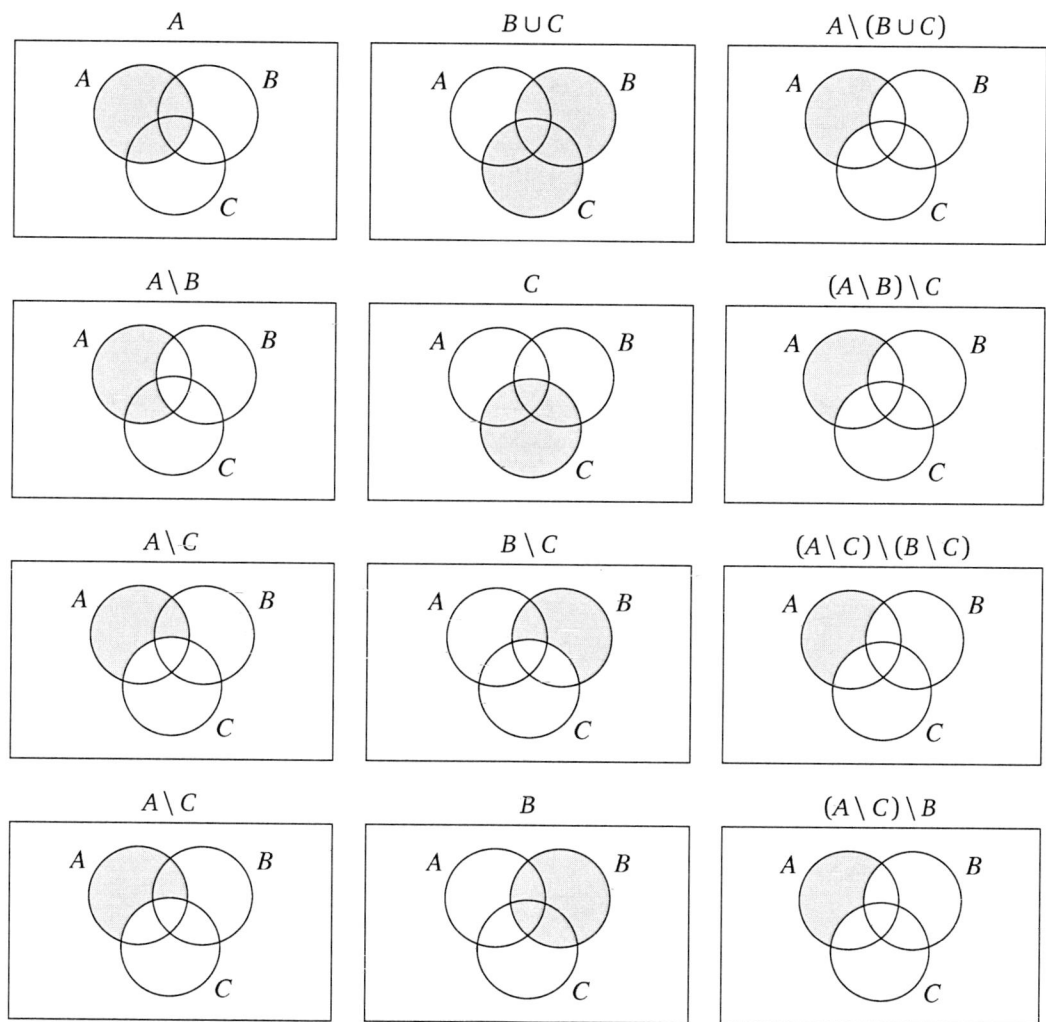

Demostramos ahora formalmente las igualdades viendo en cada caso que la condición de pertenencia al conjunto del lado izquierdo de la igualdad es equivalente a la condición de pertenencia al conjunto del lado derecho.

(a)

$$
\begin{aligned}
x \in A \setminus (B \cup C) &\iff x \in A \text{ y } x \notin (B \cup C) \\
&\iff x \in A \text{ y } x \notin B \text{ y } x \notin C \\
&\iff x \in A \setminus B \text{ y } x \notin C \\
&\iff x \in (A \setminus B) \setminus C.
\end{aligned}
$$

(b)

$$x \in (A \setminus C) \setminus (B \setminus C) \iff x \in (A \setminus C) \text{ y } x \notin (B \setminus C)$$
$$\iff x \in A \text{ y } x \notin C \text{ y } (x \notin B \text{ o } x \in C)$$
$$\iff x \in A \text{ y } x \notin C \text{ y } x \notin B$$
$$\iff x \in A \text{ y } x \notin B \text{ y } x \notin C$$
$$\iff x \in A \setminus B \text{ y } x \notin C$$
$$\iff x \in (A \setminus B) \setminus C.$$

(c)

$$x \in (A \setminus B) \setminus C \iff x \in (A \setminus B) \text{ y } x \notin C$$
$$\iff x \in A \text{ y } x \notin B \text{ y } x \notin C$$
$$\iff x \in A \text{ y } x \notin C \text{ y } x \notin B$$
$$\iff x \in (A \setminus C) \text{ y } x \notin B$$
$$\iff x \in (A \setminus C) \setminus B.$$

3.44. Estudia las siguientes igualdades entre conjuntos. Demuestra las que sean válidas y construye un contraejemplo para las que no lo sean.

(a) $(A \setminus B) \cap C = (A \cap C) \setminus B,$

(b) $A \setminus (B \cap C) = (A \setminus B) \cap (A \setminus C),$

(c) $A \setminus (B \cup C) = (A \setminus B) \cap (A \setminus C),$

(d) $A \setminus (B \setminus C) = (A \setminus B) \setminus C.$

Solución

(a) $(A \setminus B) \cap C = (A \cap C) \setminus B$ es válida.

Dibujamos los correspondientes diagramas de Venn, que nos muestran que la igualdad es válida.

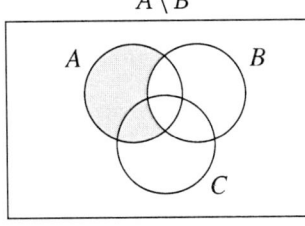

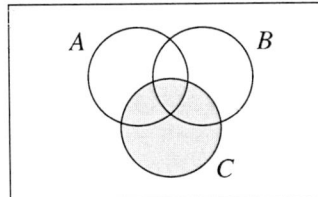

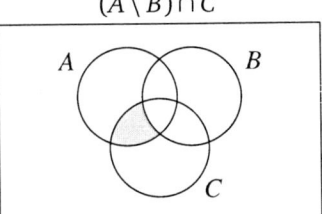

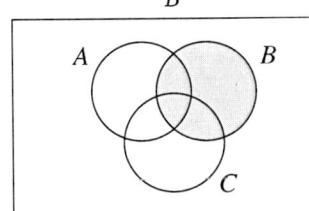

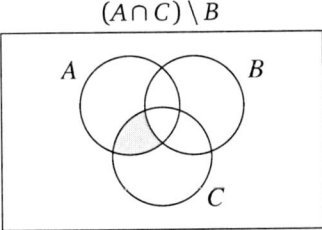

Probamos ahora la igualdad siguiendo un encadenamiento de equivalencias:

$$x \in (A \setminus B) \cap C \iff x \in A \setminus B \text{ y } x \in C$$
$$\iff x \in A \text{ y } x \notin B \text{ y } x \in C$$
$$\iff x \in A \text{ y } x \in C \text{ y } x \notin B$$
$$\iff x \in A \cap C \text{ y } x \notin B$$
$$\iff x \in (A \cap C) \setminus B.$$

(b) $A \setminus (B \cap C) = (A \setminus B) \cap (A \setminus C)$ no es válida.

Podemos verlo gráficamente dibujando los correspondientes diagramas de Venn.

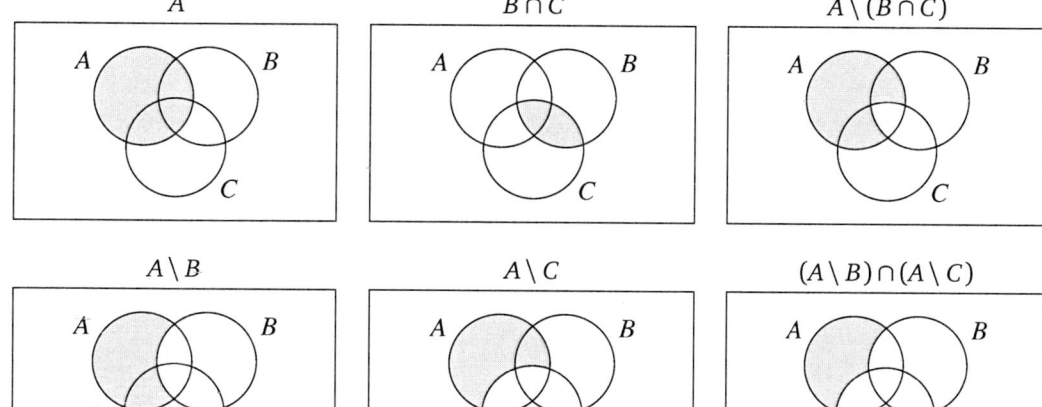

Vale la inclusión "$\supseteq$", como muestra la siguiente demostración:

$$x \in (A \setminus B) \cap (A \setminus C) \iff x \in (A \setminus B) \text{ y } x \in (A \setminus C)$$
$$\iff x \in A \text{ y } x \notin B \text{ y } x \notin C$$
$$\implies x \in A \text{ y } x \notin B \cap C \qquad \text{[no puede invertirse]}$$
$$\iff x \in A \setminus (B \cap C).$$

El siguiente contraejemplo demuestra que la inclusión contraria no es cierta. Consideremos los tres conjuntos

$$A = \{a, ab, ac, abc\}, \; B = \{b, ab, bc, abc\}, \; C = \{c, ac, bc, abc\}.$$

Entonces los elementos $ab, ac \in A \setminus (B \cap C)$, mientras que $ab, ac \notin (A \setminus B) \cap (A \setminus C)$.

(c) $A \setminus (B \cup C) = (A \setminus B) \cap (A \setminus C)$ es válida. Lo vemos primero usando diagramas de Venn.

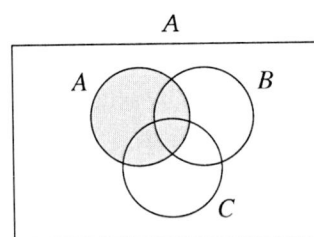

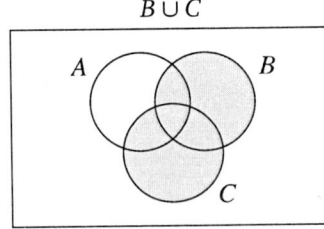

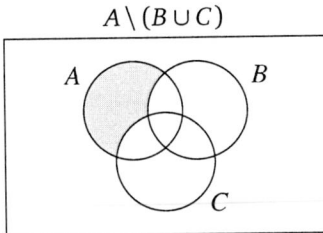

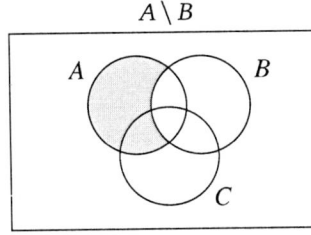

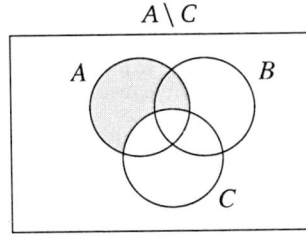

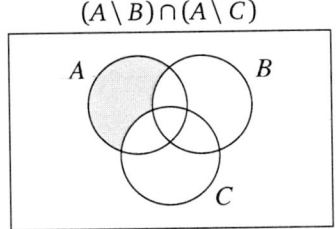

Lo probamos ahora mediante la equivalencia de la pertenencia a ambos conjuntos.

$$x \in A \setminus (B \cup C) \iff x \in A \text{ y } x \notin B \cup C$$
$$\iff x \in A \text{ y } x \notin B \text{ y } x \notin C$$
$$\iff x \in A \text{ y } x \notin B \text{ y } x \in A \text{ y } x \notin C$$
$$\iff x \in A \setminus B \text{ y } x \in A \setminus C$$
$$\iff x \in (A \setminus B) \cap (A \setminus C).$$

(d) $A \setminus (B \setminus C) = (A \setminus B) \setminus C$ no es válida, como muestran los diagramas de Venn correspondientes.

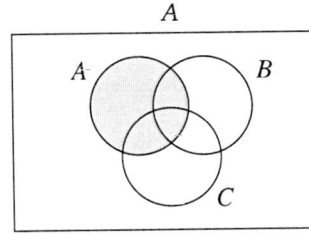

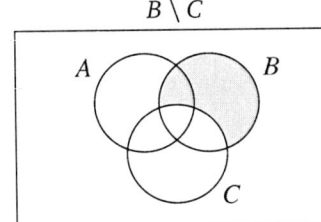

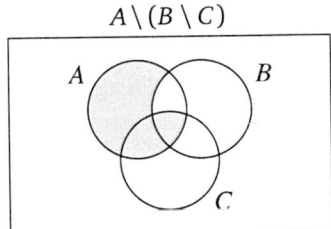

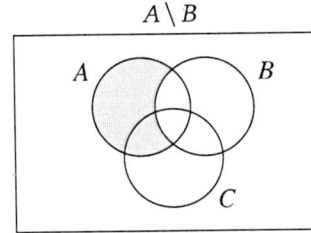

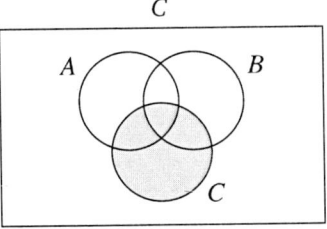

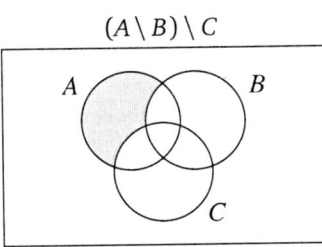

Vale la inclusión "$\supseteq$", como se demuestra a continuación:

$$x \in (A \setminus B) \setminus C \iff x \in (A \setminus B) \text{ y } x \notin C$$
$$\iff x \in A \text{ y } x \notin B \text{ y } x \notin C$$
$$\implies x \in A \text{ y } x \notin B \setminus C \qquad \text{[no puede invertirse]}$$
$$\iff x \in A \setminus (B \setminus C).$$

Construimos un contraejemplo para la otra inclusión (y por tanto para la igualdad) con los mismos conjuntos del apartado (b): los elementos ab, $abc \in A \backslash (B \backslash C)$, pero ac, $abc \notin (A \backslash B) \backslash C$.

3.45. Dados un conjunto A y una familia no vacía $\mathscr{C}$ de conjuntos, demuestra:

(a) $A \backslash (\bigcup \mathscr{C}) = \bigcap \{A \backslash C \mid C \in \mathscr{C}\}$,

(b) $(\bigcup \mathscr{C}) \backslash A = \bigcup \{C \backslash A \mid C \in \mathscr{C}\}$,

(c) $A \backslash (\bigcap \mathscr{C}) = \bigcup \{A \backslash C \mid C \in \mathscr{C}\}$,

(d) $(\bigcap \mathscr{C}) \backslash A = \bigcap \{C \backslash A \mid C \in \mathscr{C}\}$.

Solución

Demostramos las cuatro igualdades del enunciado viendo, en cada una de ellas, que la condición de pertenencia al conjunto del lado izquierdo de la igualdad es equivalente a la condición de pertenencia al conjunto del lado derecho.

(a)

$$x \in A \backslash (\bigcup \mathscr{C}) \iff x \in A \text{ y } x \notin \bigcup \mathscr{C}$$
$$\iff x \in A \text{ y } x \notin C \text{ para todo } C \in \mathscr{C}$$
$$\iff x \in A \backslash C \text{ para todo } C \in \mathscr{C}$$
$$\iff x \in \bigcap \{A \backslash C \mid C \in \mathscr{C}\}.$$

(b)

$$x \in (\bigcup \mathscr{C}) \backslash A \iff x \in \bigcup \mathscr{C} \text{ y } x \notin A$$
$$\iff x \in C \text{ para algún } C \in \mathscr{C} \text{ y } x \notin A$$
$$\iff x \in C \backslash A \text{ para algún } C \in \mathscr{C}$$
$$\iff x \in \bigcup \{C \backslash A \mid C \in \mathscr{C}\}.$$

(c)

$$x \in A \backslash (\bigcap \mathscr{C}) \iff x \in A \text{ y } x \notin \bigcap \mathscr{C}$$
$$\iff x \in A \text{ y } x \notin C \text{ para algún } C \in \mathscr{C}$$
$$\iff x \in A \backslash C \text{ para algún } C \in \mathscr{C}$$
$$\iff x \in \bigcup \{A \backslash C \mid C \in \mathscr{C}\}.$$

(d)

$$x \in (\bigcap \mathscr{C}) \backslash A \iff x \in \bigcap \mathscr{C} \text{ y } x \notin A$$
$$\iff x \in C \text{ para todo } C \in \mathscr{C} \text{ y } x \notin A$$
$$\iff x \in C \backslash A \text{ para todo } C \in \mathscr{C}$$
$$\iff x \in \bigcap \{C \backslash A \mid C \in \mathscr{C}\}.$$

3.46. Sean $\mathscr{C}$ y $\mathscr{D}$ dos familias no vacías de conjuntos. Demuestra las igualdades:

(a) $(\bigcup \mathscr{C}) \cup (\bigcup \mathscr{D}) = \bigcup \{C \cup D \mid C \in \mathscr{C}, D \in \mathscr{D}\}$,

(b) $(\bigcup \mathscr{C}) \cap (\bigcup \mathscr{D}) = \bigcup \{C \cap D \mid C \in \mathscr{C}, D \in \mathscr{D}\}$,

(c) $(\bigcap \mathscr{C}) \cup (\bigcap \mathscr{D}) = \bigcap \{C \cup D \mid C \in \mathscr{C}, D \in \mathscr{D}\}$,

(d) $(\bigcap \mathscr{C}) \cap (\bigcap \mathscr{D}) = \bigcap \{C \cap D \mid C \in \mathscr{C}, D \in \mathscr{D}\}$.

Solución

Demostramos las cuatro igualdades del enunciado viendo, en cada una de ellas, que la condición de pertenencia al conjunto del lado izquierdo de la igualdad es equivalente a la condición de pertenencia al conjunto del lado derecho.

(a)

$$
\begin{aligned}
x \in (\textstyle\bigcup \mathscr{C}) \cup (\textstyle\bigcup \mathscr{D}) &\Longleftrightarrow x \in \textstyle\bigcup \mathscr{C} \text{ o } x \in \textstyle\bigcup \mathscr{D} \\
&\Longleftrightarrow x \in C \text{ para algún } C \in \mathscr{C} \text{ o } x \in D \text{ para algún } D \in \mathscr{D} \\
&\Longleftrightarrow x \in C \cup D \text{ para algún } C \in \mathscr{C} \text{ y para algún } D \in \mathscr{D} \\
&\Longleftrightarrow x \in \textstyle\bigcup \{C \cup D \mid C \in \mathscr{C}, D \in \mathscr{D}\}.
\end{aligned}
$$

(b)

$$
\begin{aligned}
x \in (\textstyle\bigcup \mathscr{C}) \cap (\textstyle\bigcup \mathscr{D}) &\Longleftrightarrow x \in \textstyle\bigcup \mathscr{C} \text{ y } x \in \textstyle\bigcup \mathscr{D} \\
&\Longleftrightarrow x \in C \text{ para algún } C \in \mathscr{C} \text{ y } x \in D \text{ para algún } D \in \mathscr{D} \\
&\Longleftrightarrow x \in C \cap D \text{ para algún } C \in \mathscr{C} \text{ y para algún } D \in \mathscr{D} \\
&\Longleftrightarrow x \in \textstyle\bigcup \{C \cap D \mid C \in \mathscr{C}, D \in \mathscr{D}\}.
\end{aligned}
$$

(c)

$$
\begin{aligned}
x \in (\textstyle\bigcap \mathscr{C}) \cup (\textstyle\bigcap \mathscr{D}) &\Longleftrightarrow x \in \textstyle\bigcap \mathscr{C} \text{ o } x \in \textstyle\bigcap \mathscr{D} \\
&\Longleftrightarrow x \in C \text{ para todo } C \in \mathscr{C} \text{ o } x \in D \text{ para todo } D \in \mathscr{D} \\
&\Longleftrightarrow x \in C \cup D \text{ para todo } C \in \mathscr{C} \text{ y para todo } D \in \mathscr{D} \\
&\Longleftrightarrow x \in \textstyle\bigcap \{C \cup D \mid C \in \mathscr{C}, D \in \mathscr{D}\}.
\end{aligned}
$$

(d)

$$
\begin{aligned}
x \in (\textstyle\bigcap \mathscr{C}) \cap (\textstyle\bigcap \mathscr{D}) &\Longleftrightarrow x \in \textstyle\bigcap \mathscr{C} \text{ y } x \in \textstyle\bigcap \mathscr{D} \\
&\Longleftrightarrow x \in C \text{ para todo } C \in \mathscr{C} \text{ y } x \in D \text{ para todo } D \in \mathscr{D} \\
&\Longleftrightarrow x \in C \cap D \text{ para todo } C \in \mathscr{C} \text{ y para todo } D \in \mathscr{D} \\
&\Longleftrightarrow x \in \textstyle\bigcap \{C \cap D \mid C \in \mathscr{C}, D \in \mathscr{D}\}.
\end{aligned}
$$

3.47. Demuestra que la operación de la diferencia simétrica es conmutativa y asociativa, es decir, que las igualdades $A \oplus B = B \oplus A$ y $A \oplus (B \oplus C) = (A \oplus B) \oplus C$ son siempre válidas.

Solución

Recordemos primero que $X \oplus Y = (X \setminus Y) \cup (Y \setminus X)$.

(a) La conmutatividad de la diferencia simétrica se basa en la conmutatividad de la unión.

$$
\begin{aligned}
A \oplus B &= (A \setminus B) \cup (B \setminus A) && \text{[definición de } \oplus\text{]} \\
&= (B \setminus A) \cup (A \setminus B) && \text{[conmutatividad de } \cup\text{]} \\
&= B \oplus A. && \text{[definición de } \oplus\text{]}
\end{aligned}
$$

(b) Veamos ahora la asociatividad de $\oplus$. Dibujamos primero los correspondientes diagramas de Venn:

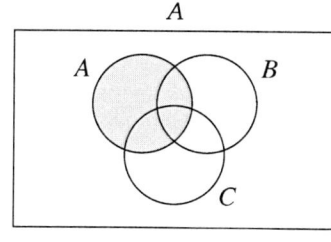
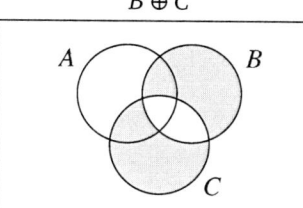
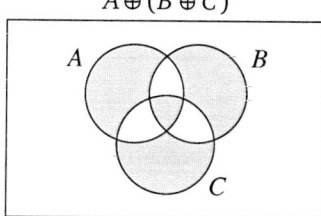

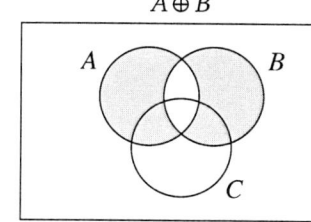
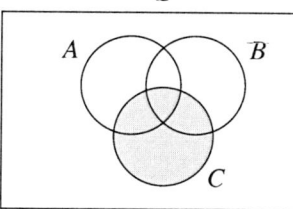
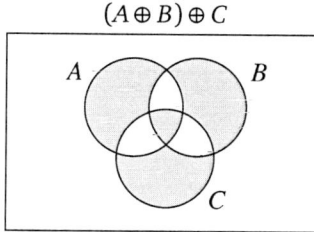

Para probar que $A \oplus (B \oplus C) = (A \oplus B) \oplus C$, probamos que ambos conjuntos son iguales a

$$(A \cap B \cap C) \cup (A \setminus (B \cup C)) \cup (B \setminus (A \cup C)) \cup (C \setminus (A \cup B)),$$

o lo que es lo mismo, tanto $x \in A \oplus (B \oplus C)$ como $x \in (A \oplus B) \oplus C$ equivalen a

$$
\begin{aligned}
&x \in A \cap B \cap C \text{ o} \\
&x \in A \setminus (B \cup C) \text{ o} \\
&x \in B \setminus (A \cup C) \text{ o} \\
&x \in C \setminus (A \cup B).
\end{aligned}
$$

Recordemos primero que

$$
\begin{aligned}
x \in B \oplus C &\iff x \in (B \setminus C) \cup (C \setminus B) \\
&\iff x \in B \setminus C \text{ o } x \in C \setminus B \\
&\iff (x \in B \text{ y } x \notin C) \text{ o } (x \in C \text{ y } x \notin B).
\end{aligned}
$$

Entonces, podemos deducir que

$$x \notin B \oplus C \iff (x \notin B \text{ o } x \in C) \text{ y } (x \notin C \text{ o } x \in B)$$
$$\iff (x \in B \text{ y } x \in C) \text{ o } (x \notin B \text{ y } x \notin C).$$

Volviendo a la demostración principal y usando las dos equivalencias anteriores, tenemos las siguientes:

$$x \in A \oplus (B \oplus C) \iff x \in (A \setminus (B \oplus C)) \cup ((B \oplus C) \setminus A)$$
$$\iff (x \in A \text{ y } x \notin B \oplus C) \text{ o } (x \in B \oplus C \text{ y } x \notin A)$$
$$\iff (x \in A \text{ y } ((x \in B \text{ y } x \in C) \text{ o } (x \notin B \text{ y } x \notin C))) \text{ o }$$
$$(((x \in B \text{ y } x \notin C) \text{ o } (x \in C \text{ y } x \notin B)) \text{ y } x \notin A)$$
$$\iff (x \in A \text{ y } x \in B \text{ y } x \in C) \text{ o }$$
$$(x \in A \text{ y } x \notin B \text{ y } x \notin C) \text{ o }$$
$$(x \in B \text{ y } x \notin C \text{ y } x \notin A) \text{ o }$$
$$(x \in C \text{ y } x \notin B \text{ y } x \notin A)$$
$$\iff x \in A \cap B \cap C \text{ o }$$
$$(x \in A \text{ y } x \notin B \cup C) \text{ o }$$
$$(x \in B \text{ y } x \notin A \cup C) \text{ o }$$
$$(x \in C \text{ y } x \notin A \cup B)$$
$$\iff x \in A \cap B \cap C \text{ o }$$
$$x \in A \setminus (B \cup C) \text{ o }$$
$$x \in B \setminus (A \cup C) \text{ o }$$
$$x \in C \setminus (A \cup B).$$

Análogamente, se prueba que $x \in (A \oplus B) \oplus C$ equivale a esta misma condición de pertenencia, con lo que se concluye la demostración.

3.48. Estudia si la diferencia simétrica cumple o no las propiedades que siguen. En cada caso, da una demostración o un contraejemplo.

(a) $A \oplus (B \cap C) = (A \oplus B) \cap (A \oplus C)$,

(b) $A \oplus (A \oplus A) = A$,

(c) $A \subseteq B \implies A \oplus C \subseteq B \oplus C$.

Solución

(a) La igualdad $A \oplus (B \cap C) = (A \oplus B) \cap (A \oplus C)$ es falsa. Los diagramas de Venn correspondientes son los siguientes:

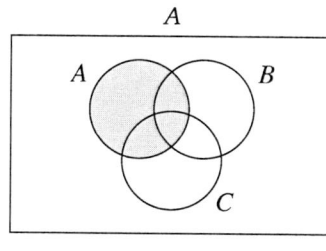

A

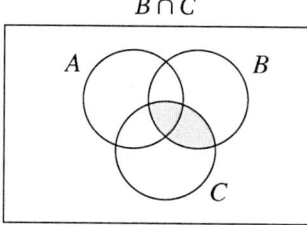

$B \cap C$

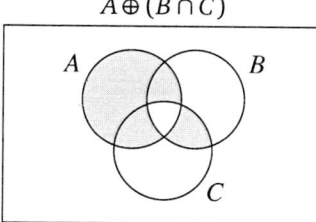

$A \oplus (B \cap C)$

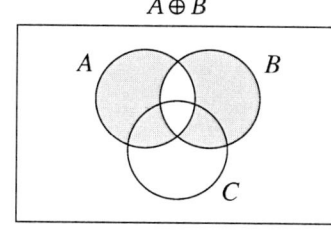

$A \oplus B$

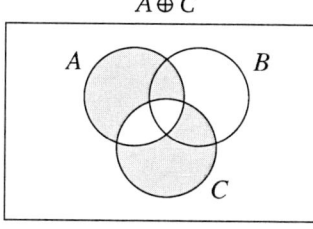

$A \oplus C$

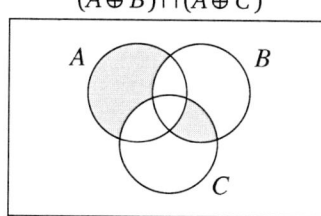

$(A \oplus B) \cap (A \oplus C)$

En general solo vale la inclusión "$\supseteq$". Como contraejemplo para probar que efectivamente $\subseteq$ no es cierto siempre, definimos los tres conjuntos siguientes:

$$A = \{a, ab, ac, abc\}, \ B = \{b, ab, bc, abc\}, \ C = \{c, ac, bc, abc\}.$$

Entonces los elementos $ab, ac \in A \oplus (B \cap C)$, mientras que $ab, ac \notin (A \oplus B) \cap (A \oplus C)$.

(b) La igualdad $A \oplus (A \oplus A) = A$ es verdadera. En efecto,

$$A \oplus A = (A \setminus A) \cup (A \setminus A) = \emptyset \cup \emptyset = \emptyset,$$

de-donde

$$A \oplus (A \oplus A) = A \oplus \emptyset = (A \setminus \emptyset) \cup (\emptyset \setminus A) = A \cup \emptyset = A.$$

(c) La implicación $A \subseteq B \implies (A \oplus C) \subseteq (B \oplus C)$ es falsa, como comprobamos mediante un contra-ejemplo. En general no vale ninguna de las dos inclusiones, como se ve tomando los conjuntos

$$A = \{ab, abc\}, \ B = \{ab, abc, b, bc\}, \ C = \{abc, bc, c\}.$$

El siguiente dibujo ilustra esta situación:

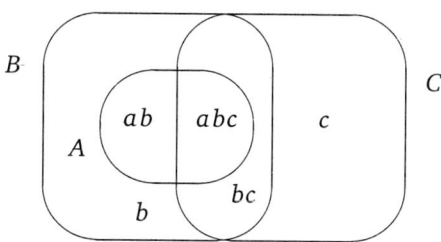

Entonces se cumple $A \subseteq B$ y, sin embargo, tenemos, por una parte, que $bc \in A \oplus C$ y $bc \notin B \oplus C$ y, por otra parte, $b \notin A \oplus C$ y $b \in B \oplus C$.

3.49. Demuestra si es cierta o falsa cada una de las afirmaciones siguientes, en las que $\mathscr{U}$ denota el conjunto universal.

(a) $((\mathscr{U} \setminus A) \setminus B) \cap C = ((\mathscr{U} \cap C) \setminus A) \setminus B$,

(b) $((\mathscr{U} \setminus A) \setminus B) \cap C = ((\mathscr{U} \cup C) \setminus A) \setminus B$.

Solución

(a) Veamos que la condición de pertenencia a ambos conjuntos es la misma.

$$x \in ((\mathcal{U} \setminus A) \setminus B) \cap C \iff x \in (\mathcal{U} \setminus A) \setminus B \text{ y } x \in C$$
$$\iff x \in \mathcal{U} \setminus A \text{ y } x \notin B \text{ y } x \in C$$
$$\iff x \notin A \text{ y } x \notin B \text{ y } x \in C.$$

Por otra parte, por las propiedades del conjunto universal, $\mathcal{U} \cap C = C$, y entonces

$$x \in ((\mathcal{U} \cap C) \setminus A) \setminus B \iff x \in (C \setminus A) \setminus B$$
$$\iff x \in C \setminus A \text{ y } x \notin B$$
$$\iff x \in C \text{ y } x \notin A \text{ y } x \notin B.$$

(b) Veamos que en este caso una de las dos inclusiones es cierta, pero la otra no.
Por lo visto en el apartado anterior,

$$x \in ((\mathcal{U} \setminus A) \setminus B) \cap C \iff x \notin A \text{ y } x \notin B \text{ y } x \in C.$$

Por otra parte, como por las propiedades del conjunto universal, $\mathcal{U} \cup C = \mathcal{U}$, tenemos

$$x \in ((\mathcal{U} \cup C) \setminus A) \setminus B \iff x \in (\mathcal{U} \setminus A) \setminus B$$
$$\iff x \in \mathcal{U} \setminus A \text{ y } x \notin B$$
$$\iff x \notin A \text{ y } x \notin B.$$

Por tanto, $x \in ((\mathcal{U} \cap C) \setminus A) \setminus B \implies x \in ((\mathcal{U} \cup C) \setminus A) \setminus B$, de donde se deduce la inclusión $((\mathcal{U} \setminus A) \setminus B) \cap C \subseteq ((\mathcal{U} \cup C) \setminus A) \setminus B$.

Para probar que la inclusión en el otro sentido no es cierta, tomamos, por ejemplo, los conjuntos $\mathcal{U} = \{1, 2, 3, 4\}, A = \{1\}, B = \{2\}$ y $C = \{3\}$. Entonces $((\mathcal{U} \setminus A) \setminus B) \cap C = \{3\}$, mientras que $((\mathcal{U} \cup C) \setminus A) \setminus B = \{3, 4\}$.

3.50. Para cada uno de los tres apartados siguientes, estudia si la igualdad $L = R$ que se indica es válida siempre, cualesquiera que sean los conjuntos A y B. En caso afirmativo, demuéstrala. En caso negativo, construye un contraejemplo y razona si alguna de las dos inclusiones ($L \subseteq R$ o $L \supseteq R$) es válida siempre.

(a) $\mathcal{P}(A \cup B) = \mathcal{P}(A) \cup \mathcal{P}(B)$.

(b) $\mathcal{P}(A \cap B) = \mathcal{P}(A) \cap \mathcal{P}(B)$.

(c) $\mathcal{P}(A \times B) = \mathcal{P}(A) \times \mathcal{P}(B)$.

Solución

Notemos en primer lugar que las expresiones de conjuntos que aparecen en el enunciado usan las operaciones del conjunto potencia y del producto cartesiano, por lo que no podemos usar tablas de pertenencia ni diagramas de Venn para la resolución de este ejercicio.

(a) Los elementos de $\mathscr{P}(A) \cup \mathscr{P}(B)$ son siempre subconjuntos de A o subconjuntos de B. Todo subconjunto de A es subconjunto de $A \cup B$, por lo que también será un elemento de $\mathscr{P}(A \cup B)$, y lo mismo ocurre con los subconjuntos de B. Sin embargo, los subconjuntos de $A \cup B$ no tienen que ser siempre subconjuntos de A o subconjuntos de B. Por este motivo, la igualdad no es siempre cierta, aunque sí lo es la inclusión $\mathscr{P}(A \cup B) \supseteq \mathscr{P}(A) \cup \mathscr{P}(B)$. Más formalmente, el siguiente razonamiento demuestra esta inclusión:

$$
\begin{aligned}
X \in \mathscr{P}(A) \cup \mathscr{P}(B) &\iff X \in \mathscr{P}(A) \text{ o } X \in \mathscr{P}(B) \\
&\iff X \subseteq A \text{ o } X \subseteq B \\
&\implies X \subseteq A \cup B \\
&\iff X \in \mathscr{P}(A \cup B).
\end{aligned}
$$

Para ver que, en general, la otra inclusión no se cumple, construimos un contraejemplo. Sean los conjuntos $A = \{a\}$ y $B = \{b\}$; entonces,

$$
\begin{aligned}
A \cup B &= \{a, b\}, \\
\mathscr{P}(A \cup B) &= \{\emptyset, \{a\}, \{b\}, \{a, b\}\}, \\
\mathscr{P}(A) &= \{\emptyset, \{a\}\}, \\
\mathscr{P}(B) &= \{\emptyset, \{b\}\}, \\
\mathscr{P}(A) \cup \mathscr{P}(B) &= \{\emptyset, \{a\}, \{b\}\}.
\end{aligned}
$$

Observamos que $\{a, b\} \in \mathscr{P}(A \cup B)$, pero $\{a, b\} \notin \mathscr{P}(A) \cup \mathscr{P}(B)$, por lo que, efectivamente, $\mathscr{P}(A \cup B) \not\subseteq \mathscr{P}(A) \cup \mathscr{P}(B)$.

(b) Los elementos de $\mathscr{P}(A \cap B)$ son los subconjuntos de $A \cap B$, que son a la vez subconjuntos de A y de B, por lo que en este caso la igualdad va a ser verdadera. Más formalmente, tenemos el siguiente razonamiento:

$$
\begin{aligned}
X \in \mathscr{P}(A \cap B) &\iff X \subseteq A \cap B \\
&\iff X \subseteq A \text{ y } X \subseteq B \\
&\iff X \in \mathscr{P}(A) \text{ y } X \in \mathscr{P}(B) \\
&\iff X \in \mathscr{P}(A) \cap \mathscr{P}(B).
\end{aligned}
$$

(c) Los elementos de $\mathscr{P}(A \times B)$ son *conjuntos de pares*, mientras que los elementos de $\mathscr{P}(A) \times \mathscr{P}(B)$ son *pares de conjuntos*. Por tanto, en este caso la igualdad no se cumple ni tampoco ninguna de las dos inclusiones, como muestra el siguiente contraejemplo, con $A = \{a\}$ y $B = \{b\}$:

$$
\begin{aligned}
A \times B &= \{(a, b)\}, \\
\mathscr{P}(A \times B) &= \{\emptyset, \{(a, b)\}\}, \\
\mathscr{P}(A) &= \{\emptyset, \{a\}\}, \\
\mathscr{P}(B) &= \{\emptyset, \{b\}\}, \\
\mathscr{P}(A) \times \mathscr{P}(B) &= \{(\emptyset, \emptyset), (\emptyset, \{b\}), (\{a\}, \emptyset), (\{a\}, \{b\})\}.
\end{aligned}
$$

Comparando los conjuntos obtenidos en las igualdades segunda y quinta anteriores, vemos que

$$
\begin{aligned}
\mathscr{P}(A \times B) &\neq \mathscr{P}(A) \times \mathscr{P}(B), \\
\mathscr{P}(A \times B) &\not\subseteq \mathscr{P}(A) \times \mathscr{P}(B), \\
\mathscr{P}(A \times B) &\not\supseteq \mathscr{P}(A) \times \mathscr{P}(B).
\end{aligned}
$$

3.51. Comprueba si se verifican o no las siguientes igualdades para cualquier función parcial $f : A \dashrightarrow B$ y cualesquiera subconjuntos S, T de A.

(a) $f(S \cup T) = f(S) \cup f(T)$,

(b) $f(S \cap T) = f(S) \cap f(T)$,

(c) $f(S \setminus T) = f(S) \setminus f(T)$.

Solución

(a) Probamos la igualdad de conjuntos $f(S \cup T) = f(S) \cup f(T)$.

Por definición, $f(S \cup T) = \{f(x) \mid x \in dom(f) \cap (S \cup T)\}$. Por tanto,

$$
\begin{aligned}
y \in f(S \cup T) &\Longleftrightarrow \text{existe } x \in dom(f) \cap (S \cup T) \text{ tal que } f(x) = y \\
&\Longleftrightarrow \text{existe } x \in ((dom(f) \cap S) \cup (dom(f) \cap T)) \text{ tal que } f(x) = y \\
&\Longleftrightarrow (\text{existe } x \in dom(f) \cap S \text{ tal que } f(x) = y) \text{ o} \\
&\qquad (\text{existe } x \in dom(f) \cap T \text{ tal que } f(x) = y) \\
&\Longleftrightarrow y \in f(S) \text{ o } y \in f(T) \\
&\Longleftrightarrow y \in f(S) \cup f(T).
\end{aligned}
$$

Es decir, las condiciones de pertenencia a cada uno de los dos conjuntos son equivalentes, por lo que ambos son iguales.

(b) La inclusión $f(S \cap T) \subseteq f(S) \cap f(T)$ sí que se cumple:

$$
\begin{aligned}
y \in f(S \cap T) &\Longleftrightarrow \text{existe } x \in dom(f) \cap (S \cap T) \text{ tal que } f(x) = y \\
&\Longleftrightarrow \text{existe } x \in (dom(f) \cap S) \cap (dom(f) \cap T) \text{ tal que } f(x) = y \\
&\Longrightarrow \text{existe } x \in dom(f) \cap S \text{ tal que } f(x) = y \text{ y} \\
&\qquad \text{existe } x \in dom(f) \cap T \text{ tal que } f(x) = y \\
&\Longleftrightarrow y \in f(S) \text{ e } y \in f(T) \\
&\Longleftrightarrow y \in f(S) \cap f(T).
\end{aligned}
$$

Sin embargo, la inclusión en el otro sentido $f(S) \cap f(T) \subseteq f(S \cap T)$ es falsa en general, como probamos mediante el siguiente contraejemplo:

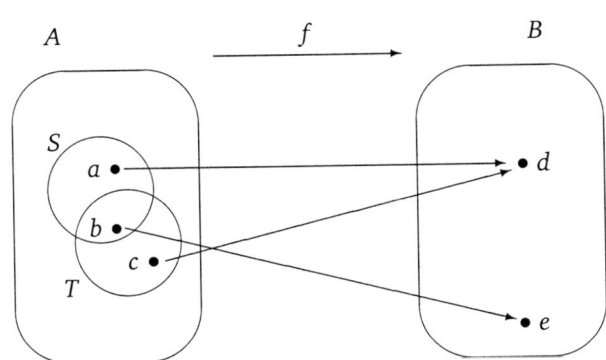

Consideremos la función f dada por

$$f : \{a,b,c\} \rightarrow \{d,e\}$$
$$a \mapsto d$$
$$b \mapsto e$$
$$c \mapsto d$$

y sean los subconjuntos $S = \{a,b\}$ y $T = \{b,c\}$. Entonces,

$$d \in f(S) \cap f(T) = f(\{a,b\}) \cap f(\{b,c\}) = \{f(a), f(b)\} \cap \{f(b), f(c)\}$$
$$= \{d,e\} \cap \{e,d\} = \{d,e\},$$

mientras que $d \notin f(S \cap T) = f(\{a,b\} \cap \{b,c\}) = f(\{b\}) = \{f(b)\} = \{e\}$.

(c) La inclusión $f(S \setminus T) \supseteq f(S) \setminus f(T)$ es cierta:

$$y \in f(S) \setminus f(T) \iff y \in f(S) \text{ e } y \notin f(T)$$
$$\iff (\text{existe } x \in dom(f) \cap S \text{ tal que } y = f(x)) \text{ e } y \notin f(T)$$
$$\implies \text{existe } x \in dom(f) \cap S, x \notin T \text{ tal que } y = f(x)$$
$$\iff \text{existe } x \in dom(f), x \in S, x \notin T \text{ tal que } y = f(x)$$
$$\iff \text{existe } x \in dom(f), x \in S \setminus T \text{ tal que } y = f(x)$$
$$\iff \text{existe } x \in dom(f) \cap (S \setminus T) \text{ tal que } y = f(x)$$
$$\iff y \in f(S \setminus T).$$

No obstante, la otra inclusión $f(S \setminus T) \subseteq f(S) \setminus f(T)$ es falsa en general. Como contraejemplo, vale el mismo del apartado (b):

$$d \in f(S \setminus T) = f(\{a,b\} \setminus \{b,c\}) = f(\{a\}) = \{f(a)\} = \{d\},$$

pero $d \notin f(S) \setminus f(T) = \{d,e\} \setminus \{e,d\} = \emptyset$.

3.52. Demuestra que para cualquier función parcial $f : A \dashrightarrow B$ y cualesquiera subconjuntos S, T de B se verifican las siguientes igualdades:

(a) $f^{-1}(S \cup T) = f^{-1}(S) \cup f^{-1}(T)$,

(b) $f^{-1}(S \cap T) = f^{-1}(S) \cap f^{-1}(T)$,

(c) $f^{-1}(S \setminus T) = f^{-1}(S) \setminus f^{-1}(T)$.

Solución

(a)

$$x \in f^{-1}(S \cup T) \iff x \in dom(f) \text{ y } f(x) \in S \cup T$$
$$\iff x \in dom(f) \text{ y } (f(x) \in S \text{ o } f(x) \in T)$$
$$\iff (x \in dom(f) \text{ y } f(x) \in S) \text{ o } (x \in dom(f) \text{ y } f(x) \in T)$$
$$\iff x \in f^{-1}(S) \text{ o } x \in f^{-1}(T)$$
$$\iff x \in f^{-1}(S) \cup f^{-1}(T).$$

(b)

$$x \in f^{-1}(S \cap T) \iff x \in dom(f) \text{ y } f(x) \in S \cap T$$
$$\iff x \in dom(f) \text{ y } f(x) \in S \text{ y } f(x) \in T$$
$$\iff (x \in dom(f) \text{ y } f(x) \in S) \text{ y } (x \in dom(f) \text{ y } f(x) \in T)$$
$$\iff x \in f^{-1}(S) \text{ y } x \in f^{-1}(T)$$
$$\iff x \in f^{-1}(S) \cap f^{-1}(T).$$

(c)

$$x \in f^{-1}(S \setminus T) \iff x \in dom(f) \text{ y } f(x) \in S \setminus T$$
$$\iff x \in dom(f) \text{ y } f(x) \in S \text{ y } f(x) \notin T$$
$$\iff (x \in dom(f) \text{ y } f(x) \in S) \text{ y } (x \in dom(f) \text{ y } f(x) \notin T)$$
$$\iff x \in f^{-1}(S) \text{ y } x \notin f^{-1}(T)$$
$$\iff x \in f^{-1}(S) \setminus f^{-1}(T).$$

3.53. Dadas dos funciones $f : A \to B$ y $g : B \to C$, siempre se verifica que $ran(f \circ g) \subseteq ran(g)$. Para cada uno de los dos apartados siguientes, encuentra definiciones diferentes del par de funciones f, g de manera que se cumpla:

(a) $ran(f \circ g) \subset ran(g)$,

(b) $ran(f \circ g) = ran(g)$.

Solución

(a) Sean los conjuntos $A = \{a, b, c\}, B = \{d, e, h\}$ y $C = \{i, j\}$, y las funciones f y g dadas por el siguiente diagrama:

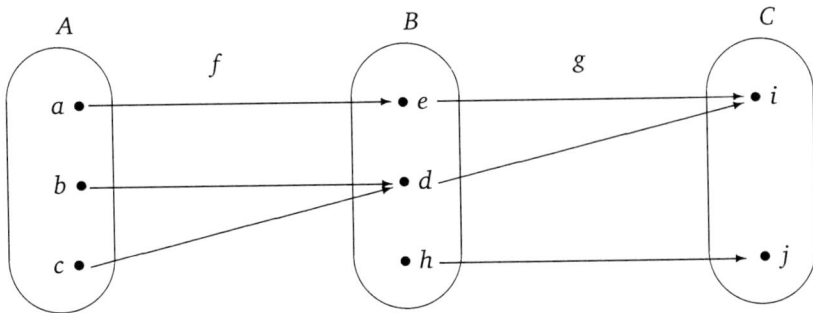

Entonces $ran(f \circ g) = \{i\} \subset \{i, j\} = ran(g)$.

(b) Sean ahora los conjuntos $A = \{a, b, c\}, B = \{d, e\}$ y $C = \{i, j\}$, y las funciones f y g dadas por el siguiente diagrama:

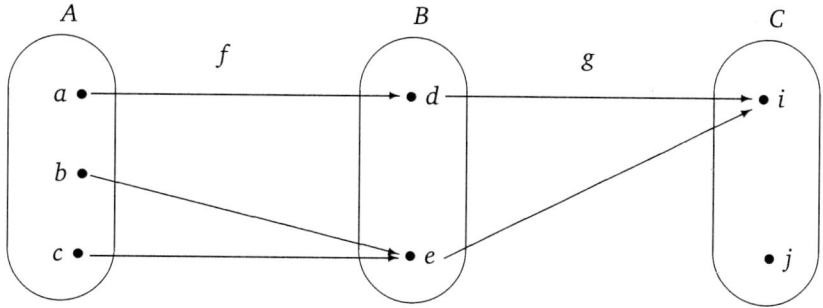

En este caso, $ran(f \circ g) = \{i\} = ran(g)$.

3.54. Sean $f, g, h : \mathbb{R} \to \mathbb{R}$ las funciones definidas por $f(x) = x + 1$, $g(x) = 2x$ y $h(x) = x^2$. Calcula definiciones explícitas de las funciones compuestas $g \circ f$, $h \circ f$, $f \circ g$, $h \circ g$, $f \circ h$ y $g \circ h$.

Solución

Las definiciones pedidas en el enunciado vienen dadas por las siguientes igualdades:

$$(g \circ f)(x) = f(g(x)) = f(2x) = 2x + 1,$$
$$(h \circ f)(x) = f(h(x)) = f(x^2) = x^2 + 1,$$
$$(f \circ g)(x) = g(f(x)) = g(x + 1) = 2(x + 1) = 2x + 2,$$
$$(h \circ g)(x) = g(h(x)) = g(x^2) = 2x^2,$$
$$(f \circ h)(x) = h(f(x)) = h(x + 1) = (x + 1)^2 = x^2 + 2x + 1,$$
$$(g \circ h)(x) = h(g(x)) = h(2x) = (2x)^2 = 4x^2.$$

3.55. Sean $f, g, h : \mathbb{R} \to \mathbb{R}$ las funciones definidas por $f(x) = x + 1$, $g(x) = 2x$ y $h(x) = x^2$. Demuestra por inducción sobre $n \geq 1$ que cualquier función $F : \mathbb{R} \to \mathbb{R}$ que esté definida como una composición $F = G_1 \circ \cdots \circ G_n$ (donde cada G_i es una de las tres funciones f, g o h) admite una definición explícita de la forma $F(x) = p(x)$, siendo $p(x)$ un polinomio cuyo grado es una potencia de 2. Busca dos composiciones diferentes de f, g, h que den lugar a un mismo polinomio.

Solución

Tal y como nos piden, lo demostramos por inducción simple sobre $n \geq 1$.

- *Caso base* ($n = 1$):

  Basta con elegir F igual a f, g o h, que son funciones que obviamente admiten una definición explícita en forma de polinomio cuyo grado es una potencia de 2, más concretamente, el grado de f y de g es $1 = 2^0$ y el grado de h es $2 = 2^1$.

- *Paso inductivo* $(n \geq 2)$:

  Sea $F = G \circ G_n$, donde $G = G_1 \circ \cdots \circ G_{n-1}$, es decir, una función cualquiera definida como composición de $n \geq 2$ funciones G_i tales que $G_i \in \{f, g, h\}$ para $i = 1, 2, \ldots, n$.

  La hipótesis de inducción nos asegura el resultado para $n-1$: como $G : \mathbb{R} \to \mathbb{R}$ está definida como composición de $n - 1$ funciones elegidas en $\{f, g, h\}$, entonces admite una definición explícita $G(x) = p(x)$, siendo p un polinomio de grado 2^k. Se trata de encontrar también para F una representación como un polinomio cuyo grado sea una potencia de 2. Para ello, distinguimos tres casos, según la función G_n:

  - Si $G_n = f$, entonces $F(x) = f(p(x)) = p(x) + 1$, que es un polinomio de grado 2^k.
  - Si $G_n = g$, entonces $F(x) = g(p(x)) = 2p(x)$, que es un polinomio de grado 2^k.
  - Si $G_n = h$, entonces $F(x) = h(p(x)) = (p(x))^2$, que es un polinomio de grado $(2^k)^2 = 2^{2k}$.

Finalmente, veamos que diferentes composiciones de f, g, h pueden dar lugar a un mismo polinomio. Por ejemplo, si $F = h \circ g \circ g$ y $G = g \circ h$, entonces

$$F(x) = g(g(h(x))) = 2(2x^2) = 4x^2,$$
$$G(x) = h(g(x)) = (2x)^2 = 4x^2.$$

3.56. Dada una función $f : A \to B$, definimos la función $f_* : \mathscr{P}(B) \to \mathscr{P}(A)$ de la siguiente forma: para $T \subseteq B$, $f_*(T) = \{a \in A \mid f(a) \in T\}$. Si $g : B \to C$ es otra función, demuestra que $(f \circ g)_* = g_* \circ f_*$.

Solución

Podemos representar todas las funciones en el siguiente diagrama:

Al ser f y g funciones totales, las funciones f_* y g_* son también totales, así como su composición $g_* \circ f_*$. Asimismo, $f \circ g$ es una función total que da lugar a otra función total $(f \circ g)_*$. Por tanto, para ver que las dos funciones totales $g_* \circ f_*$ y $(f \circ g)_*$ de $\mathscr{P}(C)$ en $\mathscr{P}(A)$ son iguales, comprobamos que ambas dan el mismo resultado sobre un argumento cualquiera.

Cogemos un elemento $T \in \mathscr{P}(C)$, es decir, un subconjunto $T \subseteq C$. Entonces,

$$
\begin{aligned}
(f \circ g)_*(T) &= \{a \in A \mid (f \circ g)(a) \in T\} \\
&= \{a \in A \mid g(f(a)) \in T\} \\
&= \{a \in A \mid f(a) \in g_*(T)\} \\
&= f_*(g_*(T)) \\
&= (g_* \circ f_*)(T).
\end{aligned}
$$

3.57. Dados n conjuntos $A_1, \ldots, A_i, \ldots, A_n$ se definen n *funciones de proyección*

$$
pr_i : A_1 \times \cdots \times A_i \times \cdots \times A_n \to A_i
$$

como: $pr_i(x_1, \ldots, x_i, \ldots, x_n) = x_i$.

(a) Demuestra que si los n conjuntos A_i son no vacíos, entonces las proyecciones pr_i son funciones suprayectivas.

(b) Demuestra que en general las proyecciones no son funciones inyectivas. Encuentra una condición suficiente para que pr_i sea inyectiva.

Solución

(a) Supongamos que $A_i \neq \emptyset$ para cada i con $1 \le i \le n$ y fijamos un elemento $a_i \in A_i$ en cada uno de estos conjuntos.

Dado i con $1 \le i \le n$, vemos que la función pr_i es suprayectiva porque para cualquier elemento $x \in A_i$ existe un elemento $(a_1, \ldots, a_{i-1}, x, a_{i+1}, \ldots, a_n) \in A_1 \times \cdots \times A_n$ tal que $x = pr_i(a_1, \ldots, a_{i-1}, x, a_{i+1}, \ldots, a_n)$.

(b) Sea i, $1 \le i \le n$, fijo. Si algún A_j con $j \neq i$ tiene 2 o más elementos diferentes, por ejemplo, $A_j = \{x_j, x_j', \ldots\}$, entonces pr_i no es inyectiva, ya que se da la situación

$$
pr_i(x_1, \ldots, x_n) = pr_i(x_1', \ldots, x_n'), \text{ con } (x_1, \ldots, x_n) \neq (x_1', \ldots, x_n'),
$$

sin más que elegir las n-tuplas de modo que $x_i = x_i'$ y $x_j \neq x_j'$.

En resumen, en tal caso hay distintas n-tuplas con la misma proyección, es decir, pr_i no es inyectiva.

Si A_j es unitario para todo $j \neq i$, entonces pr_i sí que es inyectiva, pues cuando $pr_i(x_1, \ldots, x_n) = pr_i(x_1', \ldots, x_n')$, necesariamente se tiene $x_i = x_i'$ por ser los resultados de la proyección y además $x_j = x_j'$ para todo $1 \le j \le n$, $j \neq i$, por tener A_j un único elemento, es decir, $(x_1, \ldots, x_n) = (x_1', \ldots, x_n')$.

Por otra parte, si alguno de los conjuntos A_j $(1 \le j \le n)$ es $\emptyset$, se tiene que $A_1 \times \cdots \times A_n = \emptyset$ y que $pr_i = \emptyset$. En este caso, pr_i también es trivialmente inyectiva.

3.58. Demuestra que las dos funciones que se definen a continuación son biyecciones:

(a) $f : \mathbb{N} \to \mathbb{N}$ donde $f(n) = \begin{cases} n+1 & \text{si } n \text{ es par,} \\ n-1 & \text{si } n \text{ es impar,} \end{cases}$

(b) $g : \mathbb{Z} \to \mathbb{Z}$ donde $g(n) = (-1)^{|n|} \cdot n$.

Solución

(a) Probamos primero que f es inyectiva.

Observemos que f convierte los números pares en los impares y los impares en los pares. En esta situación, cuando $f(n_1) = f(n_2)$ no puede ocurrir que n_1 y n_2 tengan diferente paridad, ya que, por ejemplo, si n_1 fuese par y n_2 impar, se tendría: $f(n_1) = n_1 + 1 = n_2 - 1 = f(n_2)$, donde $n_1 + 1$ sería impar y $n_2 - 1$ par, lo cual es absurdo.

Si n_1 y n_2 son ambos pares, se tiene: $f(n_1) = f(n_2) \Longrightarrow n_1 + 1 = n_2 + 1 \Longrightarrow n_1 = n_2$.

De forma análoga, si n_1 y n_2 son ambos impares: $f(n_1) = f(n_2) \Longrightarrow n_1 - 1 = n_2 - 1 \Longrightarrow n_1 = n_2$.

En resumen, f es inyectiva.

Probemos ahora que f es suprayectiva. Para ello, tomemos un $m \in \mathbb{N}$ cualquiera y distingamos dos casos:

- Si m es par, entonces $m + 1$ es impar y $f(m + 1) = (m + 1) - 1 = m$.
- Si m es impar, entonces $m - 1$ es par y $f(m - 1) = (m - 1) + 1 = m$.

Luego siempre existe un $n \in \mathbb{N}$ (a saber, $n = m + 1$ en el primer caso y $n = m - 1$ en el segundo) tal que $f(n) = m$, por lo que f es suprayectiva.

(b) Otra forma de escribir la definición de la función g es como sigue:

$$g(n) = \begin{cases} n & \text{si } n \text{ es par,} \\ -n & \text{si } n \text{ es impar.} \end{cases}$$

Como al cambiar de signo en $\mathbb{Z}$ se mantiene la paridad, notemos que $g(n)$ siempre tiene la misma paridad que n.

Sean $n_1, n_2 \in \mathbb{Z}$ tales que $g(n_1) = g(n_2)$. Por el comentario anterior, n_1 y n_2 tienen la misma paridad.

Si n_1 y n_2 son pares, entonces $n_1 = g(n_1) = g(n_2) = n_2$.

Si n_1 y n_2 son impares, entonces $-n_1 = g(n_1) = g(n_2) = -n_2$ y, por tanto, $n_1 = n_2$.

Por lo tanto, g es inyectiva.

Veamos ahora que g es suprayectiva. Sea $m \in \mathbb{Z}$; distinguimos dos casos:

- Si m es par, existe $n \in \mathbb{Z}$, a saber $n = m$, tal que $g(n) = g(m) = m$.
- Si m es impar, existe $n \in \mathbb{Z}$, a saber $n = -m$, tal que $g(n) = g(-m) = -(-m) = m$, pues $-m$ también es impar.

Por tanto, g es en efecto suprayectiva.

3.59. Considera la función $f : \mathbb{Z} \to \mathbb{Z}$ definida por $f(x) = -x$.

(a) Indica el dominio y el rango de f.

(b) Razona si f es inyectiva, suprayectiva o biyectiva.

(c) Indica si f tiene inversa, y de ser así calcula la función inversa y demuestra que lo es.

Solución

(a) ▪ La función f es total pues está definida para cualquier número entero; luego su dominio es $\mathbb{Z}$.

$$dom(f) = \{x \in \mathbb{Z} \mid \text{ existe } y \in \mathbb{Z} \text{ tal que } y = -x\} = \mathbb{Z}.$$

▪ Cualquier número entero se puede escribir como el opuesto de otro entero, es decir, todos los enteros están en el rango de f.

$$ran(f) = \{y \in \mathbb{Z} \mid \text{ existe } x \in \mathbb{Z} \text{ tal que } y = -x\} = \mathbb{Z}.$$

(b) ▪ La función f es inyectiva: si $x_1, x_2 \in \mathbb{Z}$ son tales que $f(x_1) = f(x_2)$, entonces $-x_1 = -x_2$, por lo que $x_1 = x_2$.

▪ También es suprayectiva, porque ya hemos justificado en el apartado anterior que $ran(f) = \mathbb{Z}$.

▪ Al ser inyectiva y suprayectiva, f es asimismo biyectiva.

(c) Por ser f biyectiva, tiene inversa $f^{-1} : \mathbb{Z} \to \mathbb{Z}$, que viene definida como $f^{-1}(x) = -x$, es decir, en este caso $f^{-1} = f$, pues el opuesto del opuesto de un número coincide con ese número.

En efecto, para cualquier número entero x tenemos que $f(f(x)) = -(-x) = x = id_{\mathbb{Z}}(x)$.

3.60. Sea $f : \mathbb{Z} \times \mathbb{Z} \to \mathbb{Z}$ una función definida por $f(x, y) = x \cdot y$.

(a) ¿Es f inyectiva? ¿Y suprayectiva? ¿Y biyectiva?

(b) Calcula las imágenes inversas $f^{-1}(\{0\})$ y $\bigcup \{f^{-1}(\{p\}) \mid p$ es un número primo$\}$.

Solución

(a) ▪ La función f no es inyectiva porque existen elementos $u, v \in \mathbb{Z} \times \mathbb{Z}, u \neq v$, tales que $f(u) = f(v)$. Por ejemplo, tomando $u = (4, 5)$ y $v = (10, 2)$ tenemos $f(u) = 4 \cdot 5 = 20 = 10 \cdot 2 = f(v)$.

▪ En cambio, f sí es suprayectiva, pues para todo $w \in \mathbb{Z}$ existe $u \in \mathbb{Z} \times \mathbb{Z}$ tal que $f(u) = w$; por ejemplo, podemos tomar $u = (1, w)$ que verifica $f(u) = 1 \cdot w = w$.

▪ No es biyectiva por no ser inyectiva.

(b) ▪ Para que el producto de dos números sea 0, uno de los dos debe ser 0, por lo que

$$
\begin{aligned}
f^{-1}(\{0\}) &= \{(x, y) \in \mathbb{Z} \times \mathbb{Z} \mid f(x, y) = 0\} \\
&= \{(x, y) \in \mathbb{Z} \times \mathbb{Z} \mid x \cdot y = 0\} \\
&= \{(x, y) \in \mathbb{Z} \times \mathbb{Z} \mid x = 0 \text{ o } y = 0\} \\
&= (\{0\} \times \mathbb{Z}) \cup (\mathbb{Z} \times \{0\}).
\end{aligned}
$$

▪ Comenzamos por calcular el valor de $f^{-1}(\{p\})$ cuando p es primo. Recordemos que un número primo p solo se puede poner de la forma $p = a \cdot b$ (con $a, b \in \mathbb{N}$) si o bien $a = 1, b = p$ o bien $a = p, b = 1$, pues en otro caso p sería factorizable y no primo. Como estamos considerando productos de números negativos, también necesitamos considerar la posibilidad de multiplicar por -1, en cuyo caso el otro factor es igual a $-p$. Por tanto,

$$
\begin{aligned}
f^{-1}(\{p\}) &= \{(a,b) \in \mathbb{Z} \times \mathbb{Z} \mid f(a,b) = p\} \\
&= \{(a,b) \in \mathbb{Z} \times \mathbb{Z} \mid a \cdot b = p\} \\
&= \{(1,p),(p,1),(-1,-p),(-p,-1)\}.
\end{aligned}
$$

Entonces,

$$
\begin{aligned}
&\bigcup\{f^{-1}(\{p\}) \mid p \text{ es un número primo}\} \\
&= \{(1,p),(p,1),(-1,-p),(-p,-1) \mid p \text{ es un número primo}\} \\
&= \{(1,2),(2,1),(-1,-2),(-2,-1),(1,3),(3,1),(-1,-3),(-3,-1),\dots\}.
\end{aligned}
$$

3.61. Sea el conjunto $A = \{a,b,c\}$ y la función $f : \mathscr{P}(A) \to \mathscr{P}(A)$ definida por $f(X) = (A \setminus X) \setminus \{a\}$, para todo $X \in \mathscr{P}(A)$.

(a) Calcula $f(\emptyset)$ y $f(A)$.

(b) ¿Es f inyectiva? ¿Y suprayectiva? ¿Y biyectiva?

(c) Calcula las imágenes inversas $f^{-1}(\{\{c\}\})$, $f^{-1}(\{\{a,b\}\})$ y $\bigcup\{f^{-1}(\{u\}) \mid u \in \mathscr{P}(A)\}$.

Solución

(a)
- $f(\emptyset) = (A \setminus \emptyset) \setminus \{a\} = A \setminus \{a\} = \{b,c\}$.
- $f(A) = (A \setminus A) \setminus \{a\} = \emptyset \setminus \{a\} = \emptyset$.

(b)
- La función f no es inyectiva porque, por ejemplo,

$$
f(\{b\}) = (A \setminus \{b\}) \setminus \{a\} = \{c\} = (A \setminus \{a,b\}) \setminus \{a\} = f(\{a,b\}).
$$

- Tampoco es suprayectiva, porque, por ejemplo, no existe ningún elemento $X \in \mathscr{P}(A)$ tal que $f(X) = \{a,b\} \in \mathscr{P}(A)$. La razón es que por definición $f(X) = (A \setminus X) \setminus \{a\}$, de donde $a \notin f(X)$, para cualquier $X \in \mathscr{P}(A)$, mientras que obviamente $a \in \{a,b\}$.

- Por no ser inyectiva (o por no ser suprayectiva), f tampoco es biyectiva.

(c)
- Para que $(\{a,b,c\} \setminus X) \setminus \{a\} = \{c\}$, el conjunto X tiene que contener el elemento b que se quita y no puede contener el elemento c que queda en el resultado. Por tanto,

$$
f^{-1}(\{c\}) = \{X \in \mathscr{P}(A) \mid f(X) = \{c\}\} = \{\{b\},\{a,b\}\}.
$$

- Como hemos visto en el apartado anterior, $\{a,b\} \notin ran(f)$, de donde

$$
f^{-1}(\{a,b\}) = \{X \in \mathscr{P}(A) \mid f(X) = \{a,b\}\} = \emptyset.
$$

- Como f es una función total, todo conjunto X en su dominio $\mathscr{P}(A)$ da lugar a un resultado $f(X)$ y, por tanto, X pertenecerá al menos a la imagen inversa de $f(X)$. En consecuencia, $\bigcup\{f^{-1}(S) \mid S \in \mathscr{P}(A)\} = \mathscr{P}(A)$. Si no fuera así, existiría un $X \in \mathscr{P}(A)$ tal que $X \notin f^{-1}(S)$ para ningún $S \in \mathscr{P}(A)$, es decir $f(X)$ no estaría definido, lo que no es posible.

Como los conjuntos tienen pocos elementos, también podemos hacer los cálculos:

$$f^{-1}(\{\{c\}\}) = \{X \in \mathscr{P}(A) \mid f(X) = \{c\}\} = \{\{b\}, \{a, b\}\}.$$

$$f^{-1}(\{\{a, b\}\}) = \{X \in \mathscr{P}(A) \mid f(X) = \{a, b\}\} = \emptyset.$$

$$\bigcup \{f^{-1}(\{S\}) \mid S \in \mathscr{P}(A)\} = f^{-1}(\{\emptyset\}) \cup f^{-1}(\{\{a\}\}) \cup f^{-1}(\{\{b\}\}) \cup f^{-1}(\{\{c\}\})$$

$$\cup f^{-1}(\{\{a, b\}\}) \cup f^{-1}(\{\{a, c\}\}) \cup f^{-1}(\{\{b, c\}\})$$

$$\cup f^{-1}(\{\{a, b, c\}\})$$

$$= \{\{a, b, c\}, \{b, c\}\} \cup \emptyset \cup \{\{c\}, \{a, c\}\} \cup \{\{b\}, \{a, b\}\}$$

$$\cup \emptyset \cup \emptyset \cup \{\emptyset, \{a\}\} \cup \emptyset$$

$$= \{\emptyset, \{a\}, \{b\}, \{c\}, \{a, b\}, \{a, c\}, \{b, c\}, \{a, b, c\}\}$$

$$= \mathscr{P}(A).$$

3.62. Demuestra que $f : A \to B$ es biyectiva si y solo si existe otra función $g : B \to A$ tal que $f \circ g = id_A$ y $g \circ f = id_B$. Además, en caso de existir esta g, se tiene que $g = f^{-1}$.

Solución

Supongamos primero que f es biyectiva; entonces f es inyectiva y suprayectiva. En estas condiciones, vamos a definir una función $g : B \to A$ y luego comprobaremos que cumple las propiedades deseadas.

Tomemos un elemento $y \in B$. Como f es suprayectiva, existe algún $x \in A$ tal que $f(x) = y$. Además, este x debe ser único, ya que si $f(x') = y = f(x)$ entonces $x' = x$, por ser f inyectiva. Así definimos $g(y) = x$, donde x es el único elemento en A con $f(x) = y$. Claramente g es una función y es total porque asigna un único valor a cada elemento de B.

Para todo $x \in A$ tenemos $g(f(x)) = x$, porque, obviamente, x es el único elemento de A tal que $f(x) = f(x)$. Por lo tanto, $(f \circ g)(x) = x = id_A(x)$, para todo $x \in A$, y en consecuencia $f \circ g = id_A$.

Por otra parte, para todo $y \in B$ se tiene que $g(y)$ es el único $x \in A$ con $f(x) = y$, por lo que $f(g(y)) = f(x) = y$, es decir, $(g \circ f)(y) = y = id_B(y)$. De aquí, $g \circ f = id_B$.

Recíprocamente, supongamos que existe una función total $g : B \to A$ tal que $f \circ g = id_A$ y $g \circ f = id_B$. Vamos a probar que entonces f es biyectiva, es decir, es inyectiva y suprayectiva.

Para ver que f es inyectiva, supongamos que tenemos $x, x' \in A$, tales que $f(x) = f(x')$. Entonces,

$$x = id_A(x) = (f \circ g)(x) = g(f(x)) = g(f(x')) = (f \circ g)(x') = id_A(x') = x'.$$

Para ver que f es suprayectiva, sea $y \in B$ cualquiera. Como, por hipótesis, $g \circ f = id_B$, se tiene $y = id_B(y) = (g \circ f)(y) = f(g(y))$; es decir, existe $x \in A$, a saber $x = g(y)$, tal que $y = f(x)$. Es decir, $y \in ran(f)$ para todo $y \in B$, con lo que f es suprayectiva.

Falta por probar que, en las condiciones equivalentes anteriores, $g = f^{-1}$. Como hemos visto en las dos partes de la demostración anterior, g se caracteriza por $g(y) = x \Longleftrightarrow f(x) = y$, mientras que la definición de la inversa f^{-1} es justamente $f^{-1}(y) = x \Longleftrightarrow f(x) = y$, de donde deducimos $f^{-1}(y) = g(y)$ para todo $y \in B$, y de aquí $f^{-1} = g$, como queríamos demostrar.

3.63. Sea $f : A \to B$. Demuestra que las dos condiciones siguientes son equivalentes:

(a) f es inyectiva,

(b) Para cualquier par de funciones $g_1, g_2 : C \to A$, $g_1 \circ f = g_2 \circ f \implies g_1 = g_2$.

Solución

(a) $\implies$ (b): Supongamos que se tiene (a) y demostremos (b).

Para ello, supongamos asimismo que tenemos funciones $g_1, g_2 : C \to A$ tales que $g_1 \circ f = g_2 \circ f$. Entonces, para todo $x \in C$, $f(g_1(x)) = f(g_2(x))$, por lo que, por ser f inyectiva, $g_1(x) = g_2(x)$. Como esto es cierto para todo $x \in C$, deducimos que $g_1 = g_2$.

(b) $\implies$ (a): Demostramos la propiedad equivalente: no (a) $\implies$ no (b).

Supongamos que f no es inyectiva. Entonces, existen $a_1, a_2 \in A$ tales que $a_1 \neq a_2$ y $f(a_1) = f(a_2)$.

Consideremos el conjunto $C = \{c\}$ y las funciones $g_1, g_2 : C \to A$ dadas por $g_1(c) = a_1$ y $g_2(c) = a_2$. Obviamente, $g_1 \neq g_2$, porque sus valores sobre el único elemento c de C son distintos. Pero para ese mismo elemento $c \in C$ se tiene

$$(g_1 \circ f)(c) = f(g_1(c)) = f(a_1) = f(a_2) = f(g_2(c)) = (g_2 \circ f)(c),$$

con lo cual $g_1 \circ f = g_2 \circ f$ y vemos que no se cumple la condición (b) para estas funciones.

3.64. Sea $f : A \to B$. Demuestra que las dos condiciones siguientes son equivalentes:

(a) f es suprayectiva,

(b) Para cualquier par de funciones $g_1, g_2 : B \to C$, $f \circ g_1 = f \circ g_2 \implies g_1 = g_2$.

Solución

(a) $\implies$ (b): Supongamos que se tiene (a) y demostremos (b).

Para ello, supongamos asimismo que tenemos funciones $g_1, g_2 : B \to C$ tales que $f \circ g_1 = f \circ g_2$.

Para todo $y \in B$, por ser f suprayectiva, existe $x \in A$ tal que $y = f(x)$. Entonces

$$g_1(y) = g_1(f(x)) = (f \circ g_1)(x) = (f \circ g_2)(x) = g_2(f(x)) = g_2(y).$$

Como esto es cierto para todo $y \in B$, deducimos $g_1 = g_2$.

(b) $\implies$ (a): Demostramos la propiedad equivalente: no (a) $\implies$ no (b).

Supongamos que f no es suprayectiva; entonces existe $b \in B$ tal que $b \notin ran(f)$. Consideremos el conjunto $C = \{c_1, c_2\}$ y las funciones $g_1, g_2 : B \to C$ dadas por las siguientes definiciones:

$$g_1(y) = c_1, \text{ para todo } y \in B$$
$$g_2(y) = \begin{cases} c_1 & \text{si } y \in ran(f), \\ c_2 & \text{si } y \notin ran(f). \end{cases}$$

Veamos que $f \circ g_1 = f \circ g_2$. En efecto, para todo $x \in A$, como $f(x) \in ran(f)$,

$$(f \circ g_1)(x) = g_1(f(x)) = c_1 = g_2(f(x)) = (f \circ g_2)(x).$$

Sin embargo, $g_1 \neq g_2$, pues $g_1(b) = c_1 \neq c_2 = g_2(b)$, dado que $b \notin ran(f)$. Con lo cual no se cumple la condición (b) para estas funciones.

3.65. Sea X un conjunto fijado. Para cada subconjunto $A \subseteq X$, la *función característica* de A se define como la función $\chi_A : X \to \{0, 1\}$ definida por:

$$\chi_A(x) = \left\{ \begin{array}{ll} 0 & \text{si } x \notin A, \\ 1 & \text{si } x \in A. \end{array} \right.$$

Para $X = \{a, b, c\}$, determina todos los subconjuntos de X y sus correspondientes funciones características.

Solución

La primera columna de la siguiente tabla enumera todos los subconjuntos de $X = \{a, b, c\}$. Las siguientes columnas dan el valor de la función característica correspondiente para cada uno de los tres elementos de X.

$A \in \mathscr{P}(X)$	$\chi_A(a)$	$\chi_A(b)$	$\chi_A(c)$
$\emptyset$	0	0	0
$\{a\}$	1	0	0
$\{b\}$	0	1	0
$\{c\}$	0	0	1
$\{a, b\}$	1	1	0
$\{a, c\}$	1	0	1
$\{b, c\}$	0	1	1
$\{a, b, c\}$	1	1	1

3.66. Demuestra que las funciones características verifican las propiedades siguientes:

(a) $\chi_{A \cup B}(x) = máx(\chi_A(x), \chi_B(x)) = \chi_A(x) + \chi_B(x) - \chi_A(x) \cdot \chi_B(x)$,

(b) $\chi_{A \cap B}(x) = mín(\chi_A(x), \chi_B(x)) = \chi_A(x) \cdot \chi_B(x)$,

(c) $\chi_{\backslash A}(x) = 1 - \chi_A(x)$.

En los apartados anteriores, se supone que $A, B \subseteq X$ y que $\backslash A = X \setminus A$, siendo X un conjunto fijado de antemano.

Solución

Notemos primero que el máximo de dos valores en el conjunto $\{0, 1\}$ vale 1 si y solo si alguno vale 1, mientras que el mínimo vale 1 si y solo si los dos valores son iguales a 1.

Además, para $a, b \in \{0, 1\}$ tenemos $máx(a, b) = a + b - ab$, pues cuando alguno de los dos elementos vale 0 entonces el producto vale 0 y el máximo coincide con la suma, mientras que cuando ambos valen 1 también se tiene la igualdad $1 = máx(1, 1) = 1 + 1 - 1 \cdot 1 = 1$.

De la misma forma, $mín(a, b) = ab$, porque, cuando alguno vale 0, tanto el mínimo como el producto valen 0 y en caso contrario, cuando ambos valen 1, tanto el mínimo como el producto son iguales asimismo a 1.

Estas consideraciones justifican las segundas igualdades en los dos primeros apartados. Demostramos a continuación las restantes igualdades.

(a)

$$\chi_{A \cup B}(x) = 1 \iff x \in A \cup B$$
$$\iff x \in A \text{ o } x \in B$$
$$\iff \chi_A(x) = 1 \text{ o } \chi_B(x) = 1$$
$$\iff máx(\chi_A(x), \chi_B(x)) = 1.$$

(b)

$$\chi_{A \cap B}(x) = 1 \iff x \in A \cap B$$
$$\iff x \in A \text{ y } x \in B$$
$$\iff \chi_A(x) = 1 \text{ y } \chi_B(x) = 1$$
$$\iff mín(\chi_A(x), \chi_B(x)) = 1.$$

(c)

$$\chi_{\backslash A}(x) = 1 \iff x \in \backslash A$$
$$\iff x \notin A$$
$$\iff \chi_A(x) = 0$$
$$\iff 1 - \chi_A(x) = 1.$$

3.67. Demuestra que la función $\chi : \mathscr{P}(X) \to (X \to \{0, 1\})$ que hace corresponder a cada $A \in \mathscr{P}(X)$ su función característica χ_A es una biyección.

Solución

Demostramos que la siguiente función es biyectiva viendo que es inyectiva y suprayectiva.

$$\chi : \quad \mathscr{P}(X) \quad \to \quad (X \to \{0, 1\})$$
$$A \quad \mapsto \quad \chi_A$$

Supongamos que $A, B \subseteq X$ y que $\chi_A = \chi_B$. Entonces, para todo $x \in X$, tenemos

$$x \in A \iff \chi_A(x) = 1 \iff \chi_B(x) = 1 \iff x \in B.$$

Luego $A = B$ y χ es en efecto inyectiva.

Dada cualquier función $f \in (X \to \{0,1\})$, veamos que existe $A \in \mathscr{P}(X)$ tal que $\chi_A = f$. Definimos A como el siguiente subconjunto de X:

$$A = \{x \in X \mid f(x) = 1\},$$

que cumple $\chi_A = f$ porque, para todo $x \in X$, si $f(x) = 1$, entonces $x \in A$ y $\chi_A(x) = 1 = f(x)$ por definición de A y de su función característica; análogamente, si $f(x) = 0$, entonces $x \notin A$ y $\chi_A(x) = 0 = f(x)$. Por lo tanto, $f = \chi_A$. Además, $\chi_A \in ran(\chi)$, concluyendo que $(X \to \{0,1\}) = ran(\chi)$ y de aquí que χ es suprayectiva.

3.68. Sea X un conjunto dado. Diremos que una función $M : X \to \mathbb{N}$ es un *multiconjunto* formado por elementos de X, donde cada $x \in X$ tiene en M la *multiplicidad* $M(x)$.

(a) Usando la idea de función característica, discute en qué sentido puede decirse que los subconjuntos de X son un caso particular de multiconjunto.

(b) Para $X = \{a, b, c\}$, construye varios multiconjuntos de elementos de X, con la restricción de que la multiplicidad de cada elemento sea menor o igual que 2.

(c) Discute posibles definiciones de las operaciones de unión, intersección y diferencia entre multiconjuntos de elementos de X, explicando en qué intuiciones te basas.

Solución

(a) Como se demuestra en el ejercicio 3.67, podemos identificar un subconjunto $A \subseteq X$ con su función característica $\chi_A : X \to \{0,1\}$.

Como $\{0,1\} \subseteq \mathbb{N}$, también podemos escribir la función característica $\chi_A : X \to \mathbb{N}$ como un caso particular de multiconjunto, donde la multiplicidad de cada elemento es o bien 0 o bien 1.

De esta forma, los subconjuntos de X son los multiconjuntos en los que la multiplicidad de cada elemento es a lo sumo 1, es decir, no se permiten repeticiones.

(b) Representamos varios multiconjuntos (con la restricción de que la multiplicidad de cada elemento sea menor o igual que 2) en la siguiente tabla, en la que las tres primeras columnas indican la multiplicidad de cada uno de los tres elementos en $X = \{a, b, c\}$ y la cuarta columna representa explícitamente los multiconjuntos, donde hemos usado un tipo de llaves distintas para que no se confundan con conjuntos.

a	b	c	
0	0	0	$\{\!\lvert\ \rvert\!\}$
1	0	0	$\{\!\lvert a \rvert\!\}$
0	1	0	$\{\!\lvert b \rvert\!\}$
0	0	1	$\{\!\lvert c \rvert\!\}$
2	0	0	$\{\!\lvert a, a \rvert\!\}$
1	0	1	$\{\!\lvert a, c \rvert\!\}$
1	1	0	$\{\!\lvert a, b \rvert\!\}$
0	1	2	$\{\!\lvert b, c, c \rvert\!\}$
1	1	1	$\{\!\lvert a, b, c \rvert\!\}$
1	2	1	$\{\!\lvert a, b, b, c \rvert\!\}$
2	0	2	$\{\!\lvert a, a, c, c \rvert\!\}$
2	2	1	$\{\!\lvert a, a, b, b, c \rvert\!\}$
2	2	2	$\{\!\lvert a, a, b, b, c, c \rvert\!\}$

Notemos que *no* hemos representado todos los multiconjuntos posibles con la restricción dada, pues hay muchos más que no aparecen en la tabla anterior.

(c) Para definir operaciones entre multiconjuntos $M, N : X \to \mathbb{N}$, consideramos las siguientes posibilidades:

- Si un elemento de X aparece m veces en M y n veces en N, entonces en la unión U de M y N aparece el número mayor de veces *máx*(m, n). Esto corresponde en general a la definición

$$U(x) = máx(M(x), N(x)).$$

- Otra posibilidad diferente pero asimismo natural para la unión es que un elemento aparezca en la unión la suma $m + n$ de las veces que aparece en M y N, es decir,

$$U(x) = M(x) + N(x).$$

- Un elemento tiene que estar en la intersección I de M y N si está en ambos multiconjuntos. La forma de considerar las repeticiones es que esté el mínimo *mín*(m, n) de las veces que aparece en M y N, o sea,

$$I(x) = mín(M(x), N(x)).$$

- Finalmente, para la diferencia D de M y N, quitamos de las veces m que un elemento aparece en m el número n de veces que aparece en N; pero si el número que se intenta restar es demasiado grande, el resultado es que el elemento no aparece en la diferencia, es decir, tiene multiplicidad 0, como indica la siguiente ecuación:

$$D(x) = \begin{cases} M(x) - N(x) & \text{si } M(x) \geq N(x), \\ 0 & \text{si } M(x) < N(x). \end{cases}$$

3.69. Sea $\mathbb{A}$ un alfabeto. Dadas dos palabras $u = u_0 u_1 \ldots u_{n-1}$ y $v = v_0 v_1 \ldots v_{m-1}$ en $\mathbb{A}^*$, definimos:

- la *concatenación* de u y v como: $u \cdot v = u_0 u_1 \ldots u_{n-1} v_0 v_1 \ldots v_{m-1}$,
- la *imagen especular* o inversa de u como: $u^R = u_{n-1} u_{n-2} \ldots u_1 u_0$.

Explica de modo más preciso cómo serían las definiciones de $u \cdot v$ y de u^R, teniendo en cuenta que las palabras son sucesiones finitas de símbolos de $\mathbb{A}$, y razona por qué son ciertas las propiedades siguientes:

(a) $u \cdot \varepsilon = \varepsilon \cdot u = u$ (ε es neutro),   (b) $(u \cdot v) \cdot w = u \cdot (v \cdot w)$ ($\cdot$ es asociativa),

(c) $\varepsilon^R = \varepsilon$,   (d) $(u^R)^R = u$,

(e) $(u \cdot v)^R = v^R \cdot u^R$.

Solución

Trabajamos con la definición de palabras como sucesiones finitas que a su vez son funciones. Así, $u = u_0 u_1 \ldots u_{n-1}$ es una función $u : \mathbf{n} \to \mathbb{A}$, siendo $\mathbf{n} = \{0, 1, \ldots, n-1\}$; análogamente, $v = v_0 v_1 \ldots v_{m-1}$ es una función $v : \mathbf{m} \to \mathbb{A}$ con $\mathbf{m} = \{0, 1, \ldots, m-1\}$.

Si escribimos $\mathbf{n} + \mathbf{m}$ para representar el conjunto $\mathbf{n} + \mathbf{m} = \{0, 1, \ldots, n+m-1\}$, la concatenación $u \cdot v$ puede formalizarse por medio de una función $u \cdot v : \mathbf{n} + \mathbf{m} \to \mathbb{A}$ definida como sigue:

$$(u \cdot v)(i) = \begin{cases} u(i) & \text{si } 0 \leq i \leq n-1, \\ v(i-n) & \text{si } n \leq i \leq n+m-1, \end{cases}$$

donde $(u \cdot v)(i)$ representa la componente i-ésima de la palabra $u \cdot v$, también denotada $(u \cdot v)_i$.

Por otra parte, la imagen especular u^R es una función $u^R : \mathbf{n} \to \mathbb{A}$, que se puede definir de la siguiente forma:

$$u^R(i) = u(n - 1 - i).$$

Obsérvese que, efectivamente,

$$
\begin{aligned}
u^R(0) &= u_0^R = u_{n-1} = u(n - 1), \\
u^R(1) &= u_1^R = u_{n-2} = u(n - 2), \\
&\cdots \\
u^R(n - 2) &= u_{n-2}^R = u_1 = u(1), \\
u^R(n - 1) &= u_{n-1}^R = u_0 = u(0).
\end{aligned}
$$

En lo que sigue suponemos palabras cualesquiera $u : \mathbf{n} \to \mathbb{A}$, $v : \mathbf{m} \to \mathbb{A}$ y $w : \mathbf{l} \to \mathbb{A}$.

Recordemos que la palabra vacía ε coincide con la función vacía de $\mathbf{0} = \emptyset$ en $\mathbb{A}$.

(a) Usando las definiciones de concatenación y de palabra vacía, se tiene

$$
(u \cdot \varepsilon)(i) = \begin{cases} u(i) & \text{si } 0 \le i \le n - 1, \\ \varepsilon(i) & \text{si } n \le i \le n - 1 \text{ (nunca)}, \end{cases}
$$

es decir, $(u \cdot \varepsilon)(i) = u(i)$ para todo i del dominio de las dos funciones. Por tanto, $u \cdot \varepsilon = u$. Análogamente,

$$
(\varepsilon \cdot u)(i) = \begin{cases} \varepsilon(i) & \text{si } 0 \le i \le 0 - 1 \text{ (nunca)}, \\ u(i) & \text{si } 0 \le i \le n - 1, \end{cases}
$$

de donde $\varepsilon \cdot u = u$.

(b) Por la definición de concatenación $(u \cdot v) \cdot w : (\mathbf{n} + \mathbf{m}) + \mathbf{l} \to \mathbb{A}$ y $u \cdot (v \cdot w) : \mathbf{n} + (\mathbf{m} + \mathbf{l}) \to \mathbb{A}$. Como $(\mathbf{n} + \mathbf{m}) + \mathbf{l} = \mathbf{n} + (\mathbf{m} + \mathbf{l}) = \{0, 1, \ldots, n + m + l - 1\}$, los dominios de ambas funciones coinciden y queda por comprobar que $((u \cdot v) \cdot w)(i) = (u \cdot (v \cdot w))(i)$ para todo i con $0 \le i \le n + m + l - 1$. En efecto, por la definición de concatenación:

$$
\begin{aligned}
((u \cdot v) \cdot w)(i) &= \begin{cases} (u \cdot v)(i) & \text{si } 0 \le i \le n + m - 1, \\ w(i - n - m) & \text{si } n + m \le i \le n + m + l - 1 \end{cases} \\[2mm]
&= \begin{cases} u(i) & \text{si } 0 \le i \le n - 1, \\ v(i - n) & \text{si } n \le i \le n + m - 1, \\ w(i - n - m) & \text{si } n + m \le i \le n + m + l - 1 \end{cases} \\[2mm]
&= \begin{cases} u(i) & \text{si } 0 \le i \le n - 1, \\ (v \cdot w)(i - n) & \text{si } n \le i \le n + m + l - 1 \end{cases} \\[2mm]
&= (u \cdot (v \cdot w))(i).
\end{aligned}
$$

(c) Trivialmente, $\varepsilon^R(i) = \varepsilon(i)$ ya que el dominio de ambas funciones es el conjunto vacío y, por tanto, ambas coinciden con la función vacía de $\mathbf{0} = \emptyset$ en $\mathbb{A}$.

(d) Aplicando la definición de imagen especular dos veces, vemos que la función $(u^R)^R : \mathbf{n} \to \mathbb{A}$ coincide con u pues, para todo i con $0 \le i \le n - 1$ se tiene

$$(u^R)^R(i) = u^R(n - 1 - i) = u(n - 1 - (n - 1 - i)) = u(i).$$

(e) De las definiciones de concatenación y de imagen especular se deduce que tanto $(u \cdot v)^R$ como $v^R \cdot u^R$ son funciones de $\mathbf{n} + \mathbf{m}$ en $\mathbb{A}$. Para ver que son de hecho la misma, probamos que $(u \cdot v)^R(i) = (v^R \cdot u^R)(i)$ para todo i con $0 \leq i \leq n + m - 1$ de la forma siguiente:

$$(u \cdot v)^R(i) = (u \cdot v)(n + m - 1 - i)$$

$$= \begin{cases} u(n + m - 1 - i) & \text{si } 0 \leq n + m - 1 - i \leq n - 1, \\ v(n + m - 1 - i - n) & \text{si } n \leq n + m - 1 - i \leq n + m - 1 \end{cases}$$

$$= \begin{cases} v(m - 1 - i) & \text{si } 0 \leq m - 1 - i \leq m - 1, \\ u(n - 1 - (i - m)) & \text{si } 0 \leq n + m - 1 - i \leq n - 1 \end{cases}$$

$$= \begin{cases} v(m - 1 - i) & \text{si } 0 \leq i \leq m - 1, \\ u(n - 1 - (i - m)) & \text{si } 0 \leq i - m \leq n - 1 \end{cases}$$

$$= \begin{cases} v^R(i) & \text{si } 0 \leq i \leq m - 1, \\ u^R(i - m) & \text{si } m \leq i \leq n + m - 1 \end{cases}$$

$$= (v^R \cdot u^R)(i).$$

3.70. Dados los alfabetos $\mathbb{A} = \{a, b, c\}$ y $\mathbb{B} = \{0, 1\}$, considera la función inyectiva $\alpha : \mathbb{A} \to \mathbb{B}^+$ definida como: $\alpha(a) = 100, \alpha(b) = 101, \alpha(c) = 110$ y utiliza α para definir otra función $cod : \mathbb{A}^* \to \mathbb{B}^*$, poniendo: $cod(u_0 \ldots u_i \ldots u_{n-1}) = \alpha(u_0) \cdot \alpha(u_1) \cdot \ldots \cdot \alpha(u_{n-1})$.

(a) Demuestra que cod es inyectiva.

(b) Observa que cod es una función de *codificación*; a $cod(u) \in \mathbb{B}^*$ se le llama *código* de u. La función inversa $cod^{-1} = decod$ se llama función de *decodificación*. Explica cómo reconocer si $w \in \mathbb{B}^*$ pertenece o no al dominio de $decod$ y cómo se puede calcular $decod(w)$.

(c) Encuentra una función inyectiva $\beta : \mathbb{A} \to \mathbb{B}^+$ tal que al definir a partir de ella una función $cod' : \mathbb{A}^* \to \mathbb{B}^*$ como antes, no se obtenga una función inyectiva. Razona por qué una función β de este tipo no sirve para definir un código.

Solución

(a) Notemos que, para la función $\alpha : \mathbb{A} \to \mathbb{B}^+$ dada en el enunciado, $\alpha(a), \alpha(b)$ y $\alpha(c)$ son palabras de longitud 3. Si $u_0 \ldots u_i \ldots u_{n-1}$ y $v_0 \ldots v_i \ldots v_{m-1} \in \mathbb{A}^*$ son tales que

$$cod(u_0 \ldots u_i \ldots u_{n-1}) = \alpha(u_0) \ldots \alpha(u_i) \ldots \alpha(u_{n-1})$$
$$= \alpha(v_0) \ldots \alpha(v_i) \ldots \alpha(v_{m-1})$$
$$= cod(v_0 \ldots v_i \ldots v_{m-1}),$$

como la longitud de la palabra $cod(u_0 \ldots u_i \ldots u_{n-1})$ es igual a $3n$, de la igualdad anterior deducimos $3n = 3m$, es decir, $n = m$. Por tanto, las dos palabras en $\mathbb{A}^*$ tienen la misma longitud (incluyendo el caso $n = m = 0$) y hay el mismo número de bloques $\alpha(u_i)$ y $\alpha(v_i)$. Además, para que las palabras resultantes sean iguales, tales bloques tienen que ser iguales $\alpha(u_i) = \alpha(v_i)$. Finalmente, al ser α inyectiva, concluimos que $u_i = v_i$ para todo i con $0 \leq i \leq n - 1$ y en consecuencia $u_0 \ldots u_i \ldots u_{n-1} = v_0 \ldots v_i \ldots v_{m-1}$, demostrando así la inyectividad de cod.

(b) Como una palabra $w \in \mathbb{B}^*$ en el rango de $cod : \mathbb{A}^* \to \mathbb{B}^*$ se obtiene concatenando las tres palabras de longitud 3 en el rango de α, la longitud $|w|$ de w es necesariamente un múltiplo de 3. Además w admite una descomposición en bloques de longitud 3 de la forma: $w = w_0 \cdot \ldots \cdot w_i \cdot \ldots \cdot w_{k-1}$, donde $w_i \in ran(\alpha)$ para todo i con $0 \leq i \leq k-1$.

Esta descripción caracteriza a todas las palabras en el rango de la función de codificación, que se convierte en el dominio de la función de decodificación.

En tales condiciones, la función de decodificación viene dada por

$$cod^{-1}(w) = \alpha^{-1}(w_0) \ldots \alpha^{-1}(w_i) \ldots \alpha^{-1}(w_{k-1}),$$

donde $\alpha^{-1}(w_i)$ está bien definido porque $w_i \in ran(\alpha)$ y α es inyectiva.

(c) Tomamos por ejemplo $\beta : \mathbb{A} \to \mathbb{B}^+$ dada por $\beta(a) = 10, \beta(b) = 01, \beta(c) = 1$.

Entonces $cod' : \mathbb{A}^* \to \mathbb{B}^*$ definida por $cod'(u_0 \ldots u_i \ldots u_{n-1}) = \beta(u_0) \cdot \beta(u_1) \cdot \ldots \cdot \beta(u_{n-1})$ no es inyectiva; por ejemplo, las palabras ac y cb son obviamente distintas, pero

$$cod'(ac) = \beta(a) \cdot \beta(c) = 10 \cdot 1 = 101 = 1 \cdot 01 = \beta(c) \cdot \beta(b) = cod'(cb),$$

donde hemos destacado las dos descomposiciones del resultado que se confunden al realizar la concatenación.

La razón de que cod' no sea en general inyectiva se debe a que puede suceder que $\beta(a), \beta(b), \beta(c)$ se confundan entre sí al concatenarlas, a pesar de que β sea inyectiva, como vemos en el ejemplo anterior.

Si cod' no es inyectiva, no vale como función de codificación, pues una imagen no conserva la información de cuál es la palabra original, es decir, no podemos recuperar esa palabra original porque no tenemos una función de decodificación apropiada.

3.71. Dado un alfabeto $\mathbb{A}$ de 27 letras, numeradas entre 0 y 26, considera la función de codificación que hace corresponder a la letra de número k la letra de número $(k+n) \bmod 27$, siendo n un número fijo con $0 < n < 27$.

(a) Demuestra que la función así definida es una biyección diferente de la identidad, que puede usarse para codificar frases formadas como sucesiones finitas de letras.

(b) Como ejemplo, codifica la frase "EL QUIJOTE", tomando $n = 3$.

(c) Demuestra que la función que hace corresponder a k entre 0 y 26 el número $(ck+n) \bmod 27$, siendo c y n números fijos con $0 < c, n < 27$, no siempre es inyectiva.

Solución

(a) La función $\alpha : [0..26] \to [0..26]$ está definida como $\alpha(k) = (k+n) \bmod 27$, siendo n un número fijado, $0 < n < 27$. Veamos que α no es la función identidad, y que además es inyectiva y suprayectiva.

- α no es la identidad.

  En efecto, para k con $0 \leq k \leq 26$, se verifica que:

  $$\alpha(k) = (k+n) \bmod 27 = \begin{cases} k+n & \text{si } k+n < 27, \\ k+n-27 & \text{si } k+n \geq 27 \end{cases}$$

  En el primer caso, $k+n \neq k$ porque $n > 0$, mientras que en el segundo caso, $k+n-27 \neq k$ porque $n < 27$.

- α es inyectiva.
  Tenemos que demostrar que $\alpha(k) = \alpha(k')$ solo puede cumplirse cuando $k = k'$. Sean k, k' tales que $0 \le k, k' \le 26$ y supongamos que $\alpha(k) = \alpha(k')$. Entonces $(k + n) \bmod 27 = (k' + n) \bmod 27$, con lo cual $(k + n) - (k' + n) = k - k'$ es un múltiplo de 27. Teniendo en cuenta que $0 \le k, k' \le 26$ se deduce que $k = k'$.

- α es suprayectiva.
  Tenemos que demostrar que para todo l con $0 \le l \le 26$ existe $k = \alpha^{-1}(l)$ tal que $\alpha(k) = l$. Veamos que $k = (l - n) \bmod 27$ cumple lo requerido. En efecto, sea $m = (l - n) \operatorname{div} 27$ y observemos que $l - n = 27m + k$, con $0 \le k \le 26$. Esto implica que $k + n = -27m + l$, con $0 \le l \le 26$, con lo que $l = (k + n) \bmod 27 = \alpha(k)$.

Sea t la biyección entre las 27 letras del alfabeto $\mathbb{A}$ y los 27 números en $[0..26]$. Entonces, para codificar una palabra $l_1 \ldots l_m \in \mathbb{A}^*$, hacemos

$$cod(l_1 \ldots l_m) = t^{-1}(\alpha(t(l_1))) \ldots t^{-1}(\alpha(t(l_m))).$$

(b) En particular, para codificar la frase "EL QUIJOTE", tomando $n = 3$, construimos la tabla que hace corresponder a la letra de número k la letra de número $l = cod(k) = (k + 3) \bmod 27$. Los tres pasos t, α y t^{-1} para cada letra quedan reflejados en las filas de la siguiente tabla:

letra original	A	B	C	D	E	F	G	H	I	J	K	L	M	N
k	0	1	2	3	4	5	6	7	8	9	10	11	12	13
$(k+3) \bmod 27$	3	4	5	6	7	8	9	10	11	12	13	14	15	16
letra codificada	D	E	F	G	H	I	J	K	L	M	N	Ñ	O	P

letra original	Ñ	O	P	Q	R	S	T	U	V	W	X	Y	Z
k	14	15	16	17	18	19	20	21	22	23	24	25	26
$(k+3) \bmod 27$	17	18	19	20	21	22	23	24	25	26	0	1	2
letra codificada	Q	R	S	T	U	V	W	X	Y	Z	A	B	C

Por lo tanto "EL QUIJOTE" se transforma en "HÑ TXLMRWH".

(c) Tomando, por ejemplo, $n = 1$ y $c = 9$, vemos que la función $\beta : [0..26] \to [0..26]$ definida por $\beta(k) = (9k + 1) \bmod 27$ no es inyectiva. En efecto,

$$\beta(5) = (9 \cdot 5 + 1) \bmod 27 = 46 \bmod 27 = 19,$$
$$\beta(8) = (9 \cdot 8 + 1) \bmod 27 = 73 \bmod 27 = 19.$$

Más en general, como $9 \cdot 3 = 27$, tendremos para $k \neq k + 3 \in [0..26]$:

$$\beta(k + 3) = (9(k + 3) + 1) \bmod 27$$
$$= (9k + 27 + 1) \bmod 27$$
$$= (9k + 1) \bmod 27$$
$$= \beta(k).$$

3.72. Si hay 12 signos del zodiaco y consideramos un grupo de más de 61 personas, justifica que al menos 6 tienen el mismo signo.

Solución

Si no hubiera al menos 6 personas de algún signo, es decir, si hubiera como mucho 5 personas de todos los signos, el número total de personas sería menor o igual que $5 \cdot 12 = 60$, estrictamente menor que el número de personas que hay en el grupo. Luego es cierto que al menos 6 personas en ese grupo tienen el mismo signo del zodiaco.

De otra forma, $\lceil 61/12 \rceil = \lceil 5{,}08 \rceil = 6$.

3.73. Supongamos que en una clase hay 9 estudiantes.

(a) Demuestra que en la clase debe haber al menos cinco chicos o al menos cinco chicas.

(b) Demuestra que en la clase debe haber al menos tres chicos o al menos siete chicas.

Solución

(a) Si repartimos de forma igual 8 estudiantes en 2 huecos, van 4 a cada hueco. El noveno estudiante, vaya donde vaya, hará el quinto. Si el reparto no es equilibrado, disminuye el número de estudiantes de un hueco, pero aumenta necesariamente en el otro, que entonces supera el cinco.

Podemos verlo de otra forma, mediante un razonamiento *contrapositivo*, en el que negando la conclusión llegamos a la negación de la hipótesis. Intuitivamente, si hubiera menos de cinco chicos y menos de cinco chicas, entonces en total tendríamos menos de 9 estudiantes. Formalmente, supongamos que n representa el número de chicos y m el número de chicas. Si $n < 5$ y $m < 5$, equivalentemente, $n \leq 4$ y $m \leq 4$, se seguiría que $n + m \leq 4 + 4 = 8 < 9$.

(b) En este apartado conviene usar el mismo razonamiento contrapositivo que ya hemos visto en el apartado anterior. Con la misma notación, si $n < 3$ y $m < 7$, equivalentemente, $n \leq 2$ y $m \leq 6$, entonces, $n + m \leq 2 + 6 = 8 < 9$.

3.74. ¿Cuántas personas se necesitan para garantizar que al menos dos nacieron el mismo día de la semana y el mismo mes?

Solución

Las posibilidades para el día de la semana son 7 y para el mes son 12, por lo que los posibles pares de día de la semana y mes (por ejemplo, *martes de agosto*) son $7 \cdot 12 = 84$. Si hubiera 84 personas o menos, podría ocurrir que cada una de ellas tuviera un par diferente de día de la semana y mes; pero, si hay 85 personas o más, necesariamente se cumple que al menos 2 de ellas nacieron el mismo día de la semana y el mismo mes, pues $\lceil 85/84 \rceil = \lceil 1{,}01 \rceil = 2$, o equivalentemente, $85 = 7 \cdot 12 + 1$.

Más formalmente, sean P el conjunto de personas, M el conjunto de los meses del año, S el conjunto de los días de la semana y $f : P \to M \times S$ la función tal que $f(p) = (m, s)$ si p nació en el mes m y el día de la semana s.

Para garantizar que dos personas nacieron el mismo día de la semana y el mismo mes, deben existir $p_1, p_2 \in P$ con $p_1 \neq p_2$ tales que $f(p_1) = f(p_2)$. Por el principio del palomar, esto es cierto siempre que $|P| > |M \times S| = |M| \cdot |S| = 12 \cdot 7 = 84$, es decir, $|P| \geq 85$.

3.75. En las reuniones de una comunidad de vecinos, cada uno saluda a todos aquellos con los que todavía se habla. Demuestra que en cualquiera de tales reuniones siempre hay al menos dos asistentes que saludan al mismo número de vecinos.

Solución

Si el número total de vecinos en la reunión es n, las posibilidades del número de saludos son en principio también n: 0 (no saluda a nadie), 1 (solamente saluda a un vecino), 2 (saluda exactamente a dos vecinos), ..., $n-1$ (saluda a todos los demás vecinos). Ahora bien, las posibilidades 0 y $n-1$ son incompatibles, pues no puede haber al mismo tiempo un vecino que salude a todos los demás y otro vecino que no salude a nadie. Por tanto, tenemos n vecinos y un total de $n-1$ posibilidades para el número de saludos; por el principio del palomar, al menos dos vecinos comparten el número de saludos.

3.76. Sea X un conjunto de n personas. Demuestra que si $n \geq 2$, siempre hay al menos dos personas en X que tienen el mismo número de amigos en X.

Solución

La situación es la misma que en el ejercicio 3.75, pero vamos a presentar aquí una solución más formalizada.

Sea $f : X \to \mathbb{N}$ la función que asigna a la persona x el número $f(x)$ de amigos de x en el conjunto de personas X. Como suponemos $|X| = n \geq 2$, entonces $0 \leq f(x) \leq n-1$, para todo $x \in X$.

- Si existe un $x_0 \in X$ tal que x_0 es amigo de todos, entonces $f(x_0) = n-1$ y $f(x) > 0$ para todo $x \neq x_0$, porque al menos x_0 es amigo de x. Entonces

$$f : X \to \{1, \ldots, n-1\}$$

y, por el principio del palomar, f no es inyectiva pues $|X| = n$ y $|\{1, \ldots, n-1\}| = n-1 < n$.

- Si no existe un x que sea amigo de todos, entonces $f(x) < n-1$ para todo $x \in X$, por lo que

$$f : X \to \{0, \ldots, n-2\}$$

y, de nuevo por el principio del palomar, f no es inyectiva pues $|X| = n$ y $|\{0, \ldots, n-2\}| = n-1 < n$.

En ambos casos, al no ser f inyectiva, existen $x_1, x_2 \in X$ con $x_1 \neq x_2$, tales que $f(x_1) = f(x_2)$, es decir, x_1 y x_2 tienen el mismo número de amigos en X.

3.77. Demuestra que si nos dan 5 puntos diferentes situados en el interior de un triángulo equilátero de lado 1, necesariamente dos de entre ellos están a distancia menor que 1/2.

Solución

Dividimos el triángulo equilátero de lado 1 en cuatro triángulos equiláteros de lado 1/2, como ilustra el siguiente dibujo:

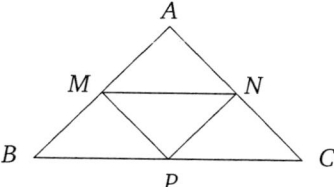

Distinguimos dos casos:

- Ninguno de los 5 puntos se encuentra en el borde de uno de los cuatro triángulos pequeños. Entonces cada punto es interior a alguno de estos 4 triángulos. Como hay más de 4 puntos, por el principio del palomar, dos de ellos serán interiores a un mismo triángulo pequeño y de esta forma su distancia será menor que 1/2.

- Alguno de los 5 puntos se encuentra en el borde de uno de los cuatro triángulos pequeños. Como los puntos están en el interior del triángulo grande inicial, dicho punto deberá ser interior a uno de los 3 segmentos MN, NP o PM. Supongamos que sea interior a MN (los otros 2 casos se razonan análogamente). Si alguno de los 4 puntos restantes está situado en el triángulo AMN o en el MNP, ya tenemos dos puntos situados a distancia menor que 1/2. En caso contrario, los 4 puntos restantes se sitúan en el interior de los triángulos MPB y NPC y (de nuevo por el principio del palomar) dos de ellos quedarán en el interior de un mismo triángulo interno, a una distancia menor que 1/2.

3.78. Demuestra que si nos dan $n+1$ números naturales positivos menores o iguales que $2n$, siendo $n \geq 1$, pueden encontrarse dos de entre ellos tales que uno sea divisor del otro.

Pista: Expresa los números dados en la forma $x_i = 2^{k_i} b_i$, con b_i impar, y aplica el principio del palomar a los b_i.

Solución

Sea $n \geq 1$ y consideremos $n+1$ números $x_0, \ldots, x_n \in \mathbb{N}$ con $1 \leq x_i \leq 2n$ para todo i con $0 \leq i \leq n$.

Factorizando cada número natural x_i como producto de primos, podemos descomponerlo de la forma $x_i = 2^{k_i} b_i$, donde b_i es un número natural impar y $k_i \geq 0$ para todo i con $0 \leq i \leq n$.

Por hipótesis, para todo i con $0 \leq i \leq n$, tenemos $1 \leq x_i \leq 2n$, o lo que es lo mismo $1 \leq 2^{k_i} b_i \leq 2n$, lo que implica $1 \leq b_i \leq 2^{k_i} b_i \leq 2n$. Al ser b_i impar, sabemos que $b_i \neq 2n$, de donde

$$1 \leq b_0, \ldots, b_n \leq 2n - 1.$$

Como solo hay n números impares comprendidos entre 1 y $2n-1$, deben existir índices i_1, i_2 con $i_1 \neq i_2$, $0 \leq i_1, i_2 \leq n$, tales que $b_{i_1} = b_{i_2}$. Llamemos b a este número impar que se repite, de forma que $x_{i_1} = 2^{k_{i_1}} b$ y $x_{i_2} = 2^{k_{i_2}} b$.

Basta ahora considerar dos casos:

- Si $k_{i_1} \leq k_{i_2}$, entonces $x_{i_1} \mid x_{i_2}$.
- Si $k_{i_2} < k_{i_1}$, entonces $x_{i_2} \mid x_{i_1}$.

En ambos casos hemos encontrado dos números entre los dados de forma que uno es divisor del otro.

3.79. Demuestra que si $A \sim_c B$ y $A \cap B = \emptyset$, entonces $A \cup B \sim_c A \times \{0,1\}$.

Solución

Sea $f : A \to B$ una función biyectiva, que existe porque suponemos que $A \sim_c B$.

Recordemos que $A \times \{0,1\} = \{(a,0) \mid a \in A\} \cup \{(a,1) \mid a \in A\}$.

Definimos una función $g : A \cup B \to A \times \{0,1\}$ de la siguiente forma:

$$g(x) = \begin{cases} (x,0) & \text{si } x \in A, \\ (f^{-1}(x),1) & \text{si } x \in B. \end{cases}$$

Notemos que la función g está bien definida para todos los elementos del dominio $A \cup B$ porque $A \cap B = \emptyset$, de forma que no puede darse una situación en la que se aplique tanto el primer caso como el segundo.

Probamos a continuación que g es biyectiva, viendo que es inyectiva y suprayectiva.

Para ver que g es inyectiva, tomemos $x_1, x_2 \in A \cup B$ tales que $g(x_1) = g(x_2)$. Por la forma en que se ha definido g, no puede ocurrir que uno de estos elementos esté en A y otro en B, pues en tal caso la segunda componente de los pares $g(x_1)$ y $g(x_2)$ sería distinta. Entonces, o bien $x_1, x_2 \in A$, o bien $x_1, x_2 \in B$; distinguimos los dos casos:

- Si $x_1, x_2 \in A$, $(x_1,0) = g(x_1) = g(x_2) = (x_2,0)$, de donde deducimos directamente que $x_1 = x_2$.
- Si $x_1, x_2 \in B$, $(f^{-1}(x_1),1) = g(x_1) = g(x_2) = (f^{-1}(x_2),1)$, por lo que $f^{-1}(x_1) = f^{-1}(x_2)$. Como f es biyectiva, obtenemos también que $x_1 = x_2$.

Para ver que g es suprayectiva, hay que probar que para todo $(a,b) \in A \times \{0,1\}$, existe $x \in A \cup B$ tal que $g(x) = (a,b)$. Para demostrar esto, distinguimos dos casos:

- Si $b = 0$, tomamos $x = a \in A \subseteq A \cup B$, de forma que $g(x) = g(a) = (a,0) = (a,b)$.
- Si $b = 1$, tomamos $x = f(a) \in B \subseteq A \cup B$, de forma que

$$g(x) = g(f(a)) = (f^{-1}(f(a)),1) = (a,1) = (a,b).$$

En ambos casos hemos encontrado el elemento x deseado.

Habiendo encontrado una biyección entre $A \cup B$ y $A \times \{0,1\}$, concluimos que estos conjuntos son equipotentes.

3.80. Sean los conjuntos de números enteros $A = \{x \in \mathbb{Z} \mid x = 5k \text{ para algún } k \in \mathbb{Z}\}$ (múltiplos de 5) y $B = \{x \in \mathbb{Z} \mid x = 3k \text{ para algún } k \in \mathbb{Z}\}$ (múltiplos de 3). Demuestra que $A \sim_c B$.

Solución

Hay que encontrar una biyección $f : A \to B$. Para ello vamos a componer biyecciones $f_1 : \mathbb{Z} \to A$ y $f_2 : \mathbb{Z} \to B$.

En primer lugar, definimos $f_1 : \mathbb{Z} \to A$ por $f_1(k) = 5k$ para todo $k \in \mathbb{Z}$.

Si $f_1(k) = f_1(k')$, entonces $5k = 5k'$ y de aquí $k = k'$; por tanto, f_1 es inyectiva.

Como todos los elementos de A son múltiplos de 5, todos son de la forma $5k$ para algún $k \in \mathbb{Z}$. Por tanto, $ran(f_1) = A$ y f_1 es suprayectiva.

En definitiva, f_1 es una biyección.

De forma completamente análoga, se demuestra que $f_2 : \mathbb{Z} \to B$, definida por $f_2(k) = 3k$ para todo $k \in \mathbb{Z}$, es asimismo una biyección.

Como la inversa de una biyección y la composición de funciones biyectivas da lugar también a funciones biyectivas, concluimos que $f = f_1^{-1} \circ f_2 : A \to B$ es una biyección.

3.81. Demuestra que si A es infinito y B es finito entonces $A \cup B \sim_c A$.

Solución

Como A es infinito, $\mathbb{N} \preceq_c A$, esto es, existe una función inyectiva $f : \mathbb{N} \to A$.

Poniendo $a_i = f(i)$ y $S = A \setminus ran(f)$, podemos escribir A como la unión disjunta

$$A = \{a_i \mid i \in \mathbb{N}\} \cup S,$$

donde los a_i son todos distintos y no pertenecen a S.

Por otro lado, si B es finito, también lo es $C = B \setminus A$ y se cumple que $A \cup B = A \cup C$. Por tanto, basta demostrar que $A \cup C \sim_c A$, con la ventaja de que la unión $A \cup C$ es disjunta debido a que $A \cap C = \emptyset$.

Como C es finito, tenemos otra biyección $g : \{0, \dots, n-1\} \to C$ para cierto $n \in \mathbb{N}$ y podemos poner $c_j = g(j)$ de forma que $C = \{c_0, \dots, c_j, \dots, c_{n-1}\}$. Entonces

$$A \cup C = \{c_0, \dots, c_j, \dots, c_{n-1}\} \cup \{a_i \mid i \in \mathbb{N}\} \cup S,$$

donde los c_j son todos diferentes y no pertenecen a A (es decir, son diferentes de los a_i y no están en S).

Podemos ahora definir una función $h : A \cup C \to A$ poniendo:

$$\begin{array}{rcll} h(c_j) & = & a_j & 0 \le j < n, \\ h(a_i) & = & a_{i+n} & i \in \mathbb{N}, \\ h(x) & = & x & x \in S. \end{array}$$

La idea intuitiva es que los a_i "se desplazan n lugares" y dejan sitio a los c_j.

Es fácil ver que h es una biyección, siendo su inversa la función $h^{-1} : A \to A \cup C$ dada por:

$$\begin{aligned}
h^{-1}(a_i) &= c_i & 0 \le i < n, \\
h^{-1}(a_i) &= a_{i-n} & i \in \mathbb{N}, i \ge n, \\
h^{-1}(x) &= x & x \in S.
\end{aligned}$$

3.82. Establece una biyección entre el conjunto $\mathbb{N}$ de todos los números naturales y el conjunto D de los números naturales múltiplos de 17. ¿Cuál es el cardinal de D?

Solución

La función $f : \mathbb{N} \to D$ definida por $f(n) = 17n$ está bien definida, porque claramente $17n$ es un múltiplo de 17, y es una biyección, porque tiene como inversa la función $g : D \to \mathbb{N}$ dada por $g(m) = m/17$, que también está bien definida porque, al ser m un múltiplo de 17, es divisible por 17 y por tanto $m/17$ es un número natural.

En efecto, por una parte,

$$(g \circ f)(m) = f(g(m)) = f(m/17) = 17(m/17) = m = id_D(m),$$

y por otra,

$$(f \circ g)(n) = g(f(n)) = g(17n) = (17n)/17 = n = id_{\mathbb{N}}(n).$$

En forma gráfica,

$$\begin{array}{cccccccc}
0 & 1 & 2 & 3 & 4 & 5 & \cdots \\
\updownarrow & \updownarrow & \updownarrow & \updownarrow & \updownarrow & \updownarrow \\
0 & 17 & 34 & 51 & 68 & 85 & \cdots
\end{array}$$

Como tenemos una función biyectiva entre $\mathbb{N}$ y D, ambos conjuntos tienen el mismo cardinal; por tanto, $|D| = |\mathbb{N}| = \aleph_0$.

3.83. Demuestra que si $\mathbb{A}$ es cualquier alfabeto finito no vacío, entonces el conjunto $\mathbb{A}^*$ formado por todas las palabras sobre $\mathbb{A}$ es infinito numerable.

Solución

Por ser $\mathbb{A}$ un conjunto finito no vacío, existe $m \in \mathbb{N}$, $m > 0$, tal que $|\mathbb{A}| = m$.

Para cada $n \in \mathbb{N}$, el conjunto $\mathbb{A}^n$ de todas las palabras de longitud n sobre el alfabeto $\mathbb{A}$ es finito. En efecto, $\mathbb{A}^n$ puede identificarse con el conjunto de sucesiones de n elementos de $\mathbb{A}$, es decir, $\mathbb{A}^n$ es el conjunto de funciones totales $(\mathbf{n} \to \mathbb{A})$ con $\mathbf{n} = \{0, 1, \dots, n-1\}$; por tanto

$$|\mathbb{A}^n| = |\mathbb{A}|^{|\mathbf{n}|} = |\mathbb{A}|^n = m^n.$$

Entonces, como

$$\mathbb{A}^* = \bigcup_{n \in \mathbb{N}} \mathbb{A}^n,$$

se tiene que $\mathbb{A}^*$ es unión numerable de conjuntos finitos, por lo cual es numerable. Intuitivamente, podría enumerarse, enumerando primero $\mathbb{A}^0$, luego $\mathbb{A}^1$, luego $\mathbb{A}^2$, etc.

Es inmediato comprobar que $\mathbb{A}^*$ es infinito. Por ejemplo, si a es un elemento cualquiera de $\mathbb{A}$, que existe porque el alfabeto no es vacío, la función $f : \mathbb{N} \to \mathbb{A}^*$ dada por $f(0) = \epsilon$, $f(1) = a$, $f(2) = aa$, $f(3) = aaa, \ldots$, en general $f(n) = a \overset{n}{\ldots} a$ es claramente inyectiva, por lo que $\mathbb{N} \sim_c \mathbb{A}^*$.

3.84. Demuestra que el conjunto formado por todos los programas sintácticamente correctos que se pueden escribir en el lenguaje *Pascal* es infinito numerable.

Solución

Llamemos PASCAL al conjunto formado por todos los programas sintácticamente correctos que se pueden escribir en el lenguaje Pascal.

Puede fijarse un alfabeto finito y no vacío $\mathbb{A}$ tal que PASCAL $\subseteq \mathbb{A}^*$. El alfabeto $\mathbb{A}$ estaría formado por todos los símbolos que se necesitan para escribir programas en Pascal, que es una cantidad finita. Así $\mathbb{A}$ sería un alfabeto finito no vacío y, por el ejercicio 3.83, $\mathbb{A}^*$ será infinito numerable.

Al ser subconjunto de un conjunto numerable, PASCAL es asimismo numerable.

Además PASCAL es infinito, porque existen programas escritos en Pascal sintácticamente correctos de tamaño tan grande como se quiera. Por ejemplo, para cada $n \geq 1$ podemos escribir un programa Pascal como sigue:

$$\left. \begin{array}{l} read(x); \ write(x+x); \\ read(x); \ write(x+x); \\ \qquad \cdots \\ read(x); \ write(x+x); \end{array} \right\} (n \ \text{líneas})$$

La función de $\mathbb{N} \setminus \{0\}$ en PASCAL que a cada $n \geq 1$ le hace corresponder un programa de esta forma es claramente inyectiva, por lo que PASCAL es infinito.

3.85. Demuestra que los siguientes conjuntos son numerables. Indica si alguno de ellos es finito.

(a) $\mathscr{F}_n = \{X \in \mathscr{P}(\mathbb{N}) \mid |X| = n\}$ siendo $n \in \mathbb{N}$, fijo,

(b) $\mathscr{F} = \{X \in \mathscr{P}(\mathbb{N}) \mid X \text{ es finito}\}$,

(c) $\mathscr{C} = \{X \in \mathscr{P}(\mathbb{N}) \mid \mathbb{N} \setminus X \text{ es finito}\}$.

Solución

(a) Para $n = 0$, el conjunto $\mathscr{F}_0 = \{\emptyset\}$ es unitario y por tanto finito y numerable.

Para $n > 0$, $\mathscr{F}_n = \{X \in \mathscr{P}(\mathbb{N}) \mid |X| = n\}$ es una familia infinita de conjuntos. Por ejemplo, la función $f : \mathbb{N} \to \mathscr{F}_n$ tal que $f(k) = \{r \in \mathbb{N} \mid k \leq r \leq k + n - 1\}$ es una función inyectiva que a cada natural k le asocia un conjunto de n números naturales distintos, los que van desde k hasta $k + n - 1$.

Además, $\mathscr{F}_n$ es numerable porque puede expresarse como unión numerable de conjuntos finitos; en efecto, $\mathscr{F}_n = \bigcup_{m \in \mathbb{N}} \mathscr{F}_{n,m}$, siendo

$$\mathscr{F}_{n,m} = \{X \in \mathscr{P}(\mathbb{N}) \mid |X| = n \text{ y } x \leq m \text{ para todo } x \in X\}.$$

(b) El conjunto $\mathscr{F} = \{X \in \mathscr{P}(\mathbb{N}) \mid X \text{ es finito}\}$ no es finito. Se puede definir, por ejemplo, una función inyectiva $f : \mathbb{N} \to \mathscr{F}$ poniendo $f(n) = \{0, \dots, n-1\}$.

$\mathscr{F}$ es numerable, porque es unión numerable de conjuntos numerables; de hecho, $\mathscr{F} = \bigcup_{n \in \mathbb{N}} \mathscr{F}_n$ y ya hemos visto en el apartado (a) que $\mathscr{F}_n$ es numerable.

(c) El conjunto $\mathscr{C} = \{X \in \mathscr{P}(\mathbb{N}) \mid \mathbb{N} \setminus X \text{ es finito}\}$ es numerable porque $\mathscr{C} \sim_c \mathscr{F}$ a través de la biyección $c : \mathscr{C} \to \mathscr{F}$ definida por $c(X) = \mathbb{N} \setminus X$, es decir, c lleva cada conjunto en su complementario. Claramente, f está bien definida porque si $X \in \mathscr{C}$ por la definición de $\mathscr{C}$ se tiene que $\mathbb{N} \setminus X$ es finito y por tanto $\mathbb{N} \setminus X \in \mathscr{F}$. Para ver que es biyectiva, basta con darse cuenta de que su inversa es $c' : \mathscr{F} \to \mathscr{C}$ definida de la misma forma por $c'(X) = \mathbb{N} \setminus X$ ya que $\mathbb{N} \setminus (\mathbb{N} \setminus X) = X$, para todo $X \subseteq \mathbb{N}$.

3.86. ¿Existe un conjunto X tal que $\mathscr{P}(X)$ sea infinito numerable? Razona tu respuesta.

Solución

No. Consideremos los siguientes casos:

- Si X es finito, sabemos que $\mathscr{P}(X)$ es también finito.
- Si X es infinito, sabemos que $\mathbb{N} \preceq_c X$, con lo cual $\mathscr{P}(\mathbb{N}) \preceq_c \mathscr{P}(X)$.
  Si $\mathscr{P}(X)$ fuese numerable, se tendría $\mathscr{P}(X) \preceq_c \mathbb{N}$ y con ello $\mathscr{P}(\mathbb{N}) \preceq_c \mathbb{N}$, lo cual no es posible porque $\mathscr{P}(\mathbb{N})$ no es numerable.

Así pues, en cualquier caso $\mathscr{P}(X)$ *no* es infinito numerable.

4

Relaciones y órdenes

❧

4.1. Relaciones

Se llama **relación binaria** entre dos conjuntos A y B a cualquier conjunto R de pares ordenados tal que $R \subseteq A \times B$. Decimos en este caso que R es una relación entre A y B. Si $(x, y) \in R$ diremos que x **está relacionado con** y **mediante** R y lo denotaremos a menudo escribiendo $x R y$ en lugar de $(x, y) \in R$; también escribiremos $x \not R y$ para indicar que x no está relacionado con y mediante R. Dada una relación $R \subseteq A \times B$, se llama:

- **dominio** de R a $dom(R) = \{x \in A \mid x R y$ para algún $y \in B\}$, y
- **rango** de R a $ran(R) = \{y \in B \mid x R y$ para algún $x \in A\}$.

Obsérvese que el concepto de función parcial definido en la sección 3.3 del capítulo anterior es en realidad un caso particular del de relación. Explícitamente, una relación $R \subseteq A \times B$ es una función parcial de A en B si $x R y$ e $x R y'$ implican $y = y'$, es decir, para cada elemento $x \in A$ hay a lo sumo un elemento $y \in B$ tal que $x R y$. Además, la relación $R \subseteq A \times B$ es una función total de A en B cuando para todo $x \in A$ existe un único $y \in B$ tal que $x R y$.

En el caso en el que A y B sean el mismo conjunto, es decir $R \subseteq A \times A$, diremos simplemente que R es una relación sobre A. Dentro de las relaciones sobre A vamos a referirnos en ocasiones a una relación especial: la que relaciona cada objeto únicamente consigo mismo. La llamaremos **relación identidad sobre** A y se define como $id_A = \{(x, x) \mid x \in A\}$. Notemos que coincide con la función identidad definida en la sección 3.3 del capítulo anterior.

A menudo interesa definir una relación R por medio de una *condición característica*. Tales definiciones tendrán el aspecto:

$$x R y \iff \text{condición dependiente de } x, y.$$

Partiendo de relaciones ya definidas $R \subseteq A \times B$ y $S \subseteq A \times B$ es posible definir la **relación unión** $R \cup S$, la **relación intersección** $R \cap S$ y la **relación complemento** $(A \times B) \setminus R$. En los tres casos, las nuevas relaciones son relaciones entre A y B. Veamos otras formas de construir nuevas relaciones a partir de relaciones ya definidas:

- Dada $R \subseteq A \times B$, se define la **relación inversa** de R como $R^{-1} = \{(y,x) \mid (x,y) \in R\}$.
- Dadas $R \subseteq A \times B$ y $S \subseteq B \times C$, se define la **composición** o **producto** de R y S como:

$$R \circ S = \{(x,z) \mid \text{existe } y \text{ tal que } (x,y) \in R, (y,z) \in S\}.$$

Notemos que la composición de funciones (parciales) definida en la sección 3.3 del capítulo anterior, así como la función inversa, son casos particulares de las definiciones, obtenidos al considerar relaciones que de hecho son funciones (parciales).

Veamos algunas de las propiedades que verifican las relaciones construidas por composición y mediante la relación inversa:

- Si $R \subseteq A \times B$, entonces $R^{-1} \subseteq B \times A$.
- Si $R \subseteq A \times B$, entonces $id_A \circ R = R \circ id_B = R$.
- Si $R \subseteq A \times B$ y $S \subseteq B \times C$, se tiene que $(R \circ S)^{-1} = S^{-1} \circ R^{-1}$.
- Si $R \subseteq A \times B$, $S \subseteq B \times C$ y $T \subseteq C \times D$, entonces $(R \circ S) \circ T = R \circ (S \circ T)$, es decir, la composición de relaciones verifica la propiedad *asociativa*.

El concepto de relación binaria se puede ampliar para definir **relaciones n-arias** o **n-ádicas**: dados n conjuntos $A_1, \ldots, A_n$, con $n \geq 1$, se llama relación n-aria a todo conjunto $R \subseteq A_1 \times \cdots \times A_n$. En el caso en el que $A_1 = \cdots = A_n = A$, diremos que R es una relación n-aria sobre A y escribiremos $R \subseteq A^n$.

Las relaciones *binarias* sobre un conjunto A resultan de particular interés. Vamos a ver algunas propiedades destacables que pueden cumplir. Sea $R \subseteq A \times A$; decimos que R es

- **reflexiva** cuando para todo $x \in A$ se cumple: $x R x$.
- **antirreflexiva** cuando ningún $x \in A$ cumple: $x R x$.
- **simétrica** cuando para todo $x, y \in A$ se cumple: si $x R y$, entonces $y R x$.
- **antisimétrica** cuando para todo $x, y \in A$ se cumple: si $x R y$ e $y R x$ entonces $x = y$, o lo que es lo mismo, cuando no existen $x, y \in A$, $x \neq y$, tales que $x R y$ e $y R x$.
- **transitiva** cuando para todo $x, y, z \in A$ se cumple: si $x R y$ e $y R z$, entonces $x R z$.
- **conexa** cuando para todo $x, y \in A$, $x \neq y$, se cumple: $x R y$ o $y R x$.

4.2. Relaciones de equivalencia

Una relación binaria R sobre un conjunto A es una **relación de equivalencia** cuando es reflexiva, simétrica y transitiva. Para referirnos a una relación de equivalencia usamos en general el símbolo $\sim$, escribiendo $x \sim y$ en lugar de $x R y$, y $x \not\sim y$ para indicar que x no está relacionado con y mediante $\sim$. Si $\sim$ es una relación de equivalencia sobre un conjunto A y x es un elemento de A, se define la **clase de equivalencia** de x como el subconjunto

$$[x] = \{y \in A \mid x \sim y\}.$$

Las clases de equivalencia verifican las siguientes propiedades para cualquier $x, y \in A$:

- $x \in [x]$,
- $x \sim y$ si y solo si $[x] = [y]$,
- $x \not\sim y$ si y solo si $[x] \cap [y] = \emptyset$,
- $x \not\sim y$ si y solo si $[x] \neq [y]$.

El **conjunto cociente** $A/\sim$ de A con respecto a la relación de equivalencia $\sim$ sobre A es la familia de subconjuntos de A formada por todas las clases de equivalencia de $\sim$. Formalmente,

$$A/\sim = \{[x] \mid x \in A\}.$$

Las relaciones de equivalencia inducen particiones en los conjuntos sobre los que están definidas. Y al revés, toda partición sobre un conjunto tiene asociada una clase de equivalencia. Para definir con precisión esta propiedad debemos definir primero el significado matemático de partición: Sea $\mathscr{C} \subseteq \mathscr{P}(A)$ una familia de subconjuntos de A. Decimos que $\mathscr{C}$ es una **partición** de A si se cumplen las condiciones siguientes:

(a) $C \neq \emptyset$, para todo $C \in \mathscr{C}$,

(b) $\bigcup \mathscr{C} = A$,

(c) para todo par de conjuntos $C, C' \in \mathscr{C}$ tales que $C \neq C'$, se tiene que $C \cap C' = \emptyset$.

Con otras palabras, cada elemento de A está en un único elemento de la partición (nótese que los elementos de una partición son conjuntos). Se verifica:

- Si $\sim$ es una relación de equivalencia sobre A, entonces $A/\sim$ es una partición de A.

- Si $\mathscr{C}$ es una partición de A, entonces existe una única relación de equivalencia $\sim$ sobre A tal que $A/\sim = \mathscr{C}$.

4.3. Relaciones de orden

Una relación binaria R sobre un conjunto A es una **relación de orden** (ordinario o parcial) cuando es reflexiva, antisimétrica y transitiva. Si además es conexa se dice que es un **orden lineal**, o también un **orden total**. Los órdenes (parciales) se representan a menudo usando el símbolo $\sqsubseteq$. Nótese que, en contraste con la terminología de funciones en la sección 3.3 del capítulo anterior, cuando no se dice nada el orden se supone parcial.

Se llama **conjunto ordenado** al par $(A, \sqsubseteq)$ formado por un conjunto A y un orden $\sqsubseteq$ definido sobre A. Se dice entonces que el conjunto A está ordenado o que tiene una estructura de orden. Si $\sqsubseteq$ es un orden total, se dice que $(A, \sqsubseteq)$ es un **conjunto totalmente ordenado**. Ejemplos notables de conjuntos ordenados son:

- $(\mathbb{N}_1, |)$, el llamado *orden de divisibilidad*, en el que $x, y \in \mathbb{N}_1$ están relacionados si y solo si $x \mid y$ (véase la sección 2.1 del capítulo sobre teoría de números).

- $(\mathscr{P}(A), \subseteq)$, siendo A un conjunto cualquiera; se llama *orden de inclusión* (véase la sección 3.1 del capítulo sobre conjuntos y funciones).

- $(A, \leq)$, con $\leq$ la relación menor o igual y A cualquier conjunto de números $\mathbb{N}, \mathbb{N}_m, \mathbb{Z}, \mathbb{Q}$ o $\mathbb{R}$. En este caso, el orden es total.

Si $(A, \sqsubseteq)$ es un conjunto ordenado y $B \subseteq A$, entonces $(B, (B \times B) \cap \sqsubseteq)$ es asimismo un conjunto ordenado, cuyo orden es la **restricción** al subconjunto B del orden sobre A. De esta forma se pueden obtener muchos ejemplos más de conjuntos ordenados a partir de los ejemplos anteriores.

Una relación binaria R es un **orden estricto** si es antirreflexiva y transitiva, y en este caso la representaremos por $\sqsubset$. Si además es conexa, se dice que es un **orden estricto lineal**, o también un **orden estricto total**. Todo orden parcial $\sqsubseteq$ definido sobre un conjunto A tiene asociado un orden estricto definido por

$$x \sqsubset y \iff x \sqsubseteq y \text{ y } x \neq y.$$

Y viceversa, todo orden estricto da lugar a un orden parcial

$$x \sqsubseteq y \iff x \sqsubset y \text{ o } x = y.$$

Continuando con los ejemplos anteriores, asociada al orden de inclusión $\subseteq$ sobre conjuntos, tenemos la inclusión estricta $\subset$ y, asociado al orden $\leq$ sobre números, tenemos el orden estricto $<$, que es total.

Además, cualquier orden parcial sobre un conjunto A puede extenderse a un orden total sobre el mismo conjunto, aunque, en general, la extensión no es única.

En relación con los conjuntos ordenados son importantes las funciones que preservan el orden. Sean $(A, \sqsubseteq_A)$ y $(B, \sqsubseteq_B)$ dos conjuntos ordenados y f una función de A en B. Se dice que:

- f es **monótona** si para todo $x, y \in A$: $x \sqsubseteq_A y \implies f(x) \sqsubseteq_B f(y)$.
- f **preserva el orden** si para todo $x, y \in A$: $x \sqsubseteq_A y \iff f(x) \sqsubseteq_B f(y)$.
- f es un **isomorfismo de orden** si es biyectiva y preserva el orden. En este caso se dice que $(A, \sqsubseteq_A)$ y $(B, \sqsubseteq_B)$ son **conjuntos ordenados isomorfos**.

Para representar gráficamente órdenes sobre conjuntos finitos resulta útil emplear los llamados **diagramas de Hasse**. Dado un conjunto ordenado $(A, \sqsubseteq)$, el diagrama de Hasse se obtiene de la siguiente forma:

- Cada elemento del conjunto A se representa en un vértice.
- Se dibuja un segmento de línea en dirección ascendente entre los vértices x e y si $x \sqsubseteq y$ y, además, no hay ningún z tal que $x \sqsubseteq z \sqsubseteq y$.

Por tanto, en un diagrama de Hasse ocurre que, siempre que $x \sqsubseteq y$ con $x \neq y$, se tendrá que y aparece "más arriba" que x y x se conectará con y, bien directamente o bien de forma transitiva a través de vértices intermedios.

Dentro de los conjuntos ordenados distinguimos algunos elementos especiales. Son los **elementos extremos**, formados por el máximo y el mínimo, y los **elementos extremales**, formados por los elementos maximales y minimales. Dados un conjunto ordenado $(A, \sqsubseteq)$ y un subconjunto $S \subseteq A$, se dice que un elemento $x \in S$ es:

- el **máximo** de S, y lo representaremos como *máx* S, si $y \sqsubseteq x$ para cualquier $y \in S$.
- **maximal** en S, si no existe $y \in S$, $y \neq x$, tal que $x \sqsubseteq y$.
- el **mínimo** de S, denotado *mín* S, si $x \sqsubseteq y$ para cualquier $y \in S$.
- **minimal** en S, si no existe $y \in S$, $x \neq y$, tal que $y \sqsubseteq x$.

Todo subconjunto *finito* y no vacío S de un conjunto ordenado tiene siempre elementos maximales y minimales, pero no siempre tiene máximo o mínimo. El máximo existirá si se tiene un único elemento maximal M, y será *máx* $S = M$, y el mínimo si se tiene un único elemento minimal m, cumpliéndose en este caso *mín* $S = m$. Y al revés: si existe $M = $ *máx* S, entonces M es el único elemento maximal de S, y si existe $m = $ *mín* S se tiene que m es el único elemento minimal de S. Además, los isomorfismos preservan los elementos extremos y extremales.

Otros elementos de interés son las cotas, los ínfimos y los supremos. Dados un conjunto ordenado $(A, \sqsubseteq)$ y un subconjunto $S \subseteq A$, se dice que:

- Un elemento $x \in A$ es **cota superior** de S si $u \sqsubseteq x$ para todo $u \in S$. El conjunto de las cotas superiores de S se denota por $Sup(S)$ y se define como:

$$Sup(S) = \{x \in A \mid x \text{ es cota superior de } S\}.$$

- Un elemento $x \in A$ es el **supremo** de S si es el mínimo del conjunto $Sup(S)$. El supremo no existe siempre, pero cuando existe se denota por $\bigsqcup S = $ *mín* $Sup(S)$.

- Un elemento $x \in A$ es **cota inferior** de S si $x \sqsubseteq u$ para todo $u \in S$. El conjunto de las cotas inferiores se denota por $Inf(S)$ y se define como:

$$Inf(S) = \{x \in A \mid x \text{ es cota inferior de } S\}.$$

- Un elemento $x \in A$ es el **ínfimo** de S si es el máximo del conjunto $Inf(S)$. El ínfimo no existe siempre, pero cuando existe se denota por $\sqcap S = máx\, Inf(S)$

Resulta interesante hacer hincapié en que el máximo de un conjunto, cuando existe, siempre es un elemento del conjunto S, mientras que el supremo no tiene que estar necesariamente en S (aunque, por supuesto, siempre está en A). Lo mismo sucede si consideramos el mínimo y el ínfimo de un conjunto. La existencia del supremo no implica la existencia del máximo, ni la del ínfimo implica la del mínimo. Sin embargo, sí que son ciertas las dos implicaciones en sentido contrario:

- Si existe $máx\, S$, entonces $\bigsqcup S = máx\, S$.
- Si existe $mín\, S$, entonces $\bigsqcap S = mín\, S$.

Un orden parcial $\sqsubseteq$ sobre un conjunto A se dice **bien fundamentado** si cualquier subconjunto no vacío $S \subseteq A$ tiene algún elemento minimal con respecto a $\sqsubseteq$. Un orden lineal bien fundamentado se llama **buen orden**. La siguiente caracterización resulta muy útil: $\sqsubseteq$ está bien fundamentado si y solo si no puede formarse ninguna sucesión infinita decreciente $s_0 \sqsupset s_1 \sqsupset \cdots \sqsupset s_i \sqsupset s_{i+1} \sqsupset \cdots$ de elementos $s_i \in A$ para todo $i \in \mathbb{N}$.

4.4. Retículos y álgebras de Boole

Hay dos tipos de conjuntos ordenados que resultan de especial interés: los retículos y las álgebras de Boole. Un **retículo** es un conjunto ordenado $(A, \sqsubseteq)$ en el que para todo par de elementos $x, y \in A$ existen tanto el supremo $\sqcup\{x, y\}$ como el ínfimo $\sqcap\{x, y\}$, que escribiremos $x \sqcup y$ y $x \sqcap y$, respectivamente. En particular, un conjunto totalmente ordenado es siempre un retículo. Dado que en los retículos los valores $x \sqcup y$ y $x \sqcap y$ siempre existen, podemos considerar $\sqcup, \sqcap$ como dos funciones totales:

$$\sqcup : A \times A \to A \qquad \sqcap : A \times A \to A.$$

Algunos ejemplos notables de retículos son los siguientes:

- $(\mathbb{N}_1, |)$. En este caso $x \sqcup y = mcm(x, y)$ y $x \sqcap y = mcd(x, y)$, para todo $x, y \in \mathbb{N}_1$.
- $(\mathscr{P}(C), \subseteq)$, siendo C un conjunto cualquiera. Se verifica que $A \sqcup B = A \cup B$ y $A \sqcap B = A \cap B$, para todo $A, B \in \mathscr{P}(A)$.
- $(A, \leq)$, con $\leq$ la relación menor o igual y A cualquier conjunto de números $\mathbb{N}, \mathbb{N}_m, \mathbb{Z}, \mathbb{Q}$ o $\mathbb{R}$. En estos ejemplos se cumple, como en cualquier otro conjunto totalmente ordenado, que $x \sqcup y = máx\,\{x, y\}$ y $x \sqcap y = mín\,\{x, y\}$, para todo $x, y \in A$.

Las operaciones $\sqcup$ y $\sqcap$ cumplen las propiedades siguientes en cualquier retículo $(A, \sqsubseteq)$:

(a) **Asociatividad**: $x \sqcup (y \sqcup z) = (x \sqcup y) \sqcup z, x \sqcap (y \sqcap z) = (x \sqcap y) \sqcap z$, para todo $x, y, z \in A$.

(b) **Conmutatividad**: $x \sqcup y = y \sqcup x, x \sqcap y = y \sqcap x$, para todo $x, y \in A$.

(c) **Idempotencia**: $x \sqcup x = x, x \sqcap x = x$, para todo $x \in A$.

(d) **Absorción**: $x \sqcup (x \sqcap y) = x, x \sqcap (x \sqcup y) = x$, para todo $x, y \in A$.

Dentro de los retículos distinguimos algunos especiales. Dado un retículo $(A, \sqsubseteq)$, se dice que:

- Es **distributivo** si verifica las leyes de distributividad: $x \sqcup (y \sqcap z) = (x \sqcup y) \sqcap (x \sqcup z)$, $x \sqcap (y \sqcup z) = (x \sqcap y) \sqcup (x \sqcap z)$, para todo $x, y, z \in A$.

- **Posee extremos** si tiene un elemento mínimo $\triangle$ y un elemento máximo $\triangledown$.

- Es **complementario** si posee extremos $\triangle$ y $\triangledown$ y, además, verifica que, para cualquier $x \in A$, existe un elemento $\tilde{x}$, al que llamamos *complementario* de x, tal que $x \sqcup \tilde{x} = \triangledown$ y $x \sqcap \tilde{x} = \triangle$.

Se llama **álgebra de Boole** a cualquier retículo que sea distributivo y complementario. Cualquier álgebra de Boole $(B, \sqsubseteq)$ verifica:

(a) **Leyes de los extremos**: para todo $x \in B$, $x \sqcup \triangle = x$, $x \sqcap \triangle = \triangle$, $x \sqcup \triangledown = \triangledown$, $x \sqcap \triangledown = x$.

(b) El complementario de cualquier $x \in B$ es *único*; es decir, si existen $x, y, z \in B$ que cumplen $x \sqcup y = \triangledown$, $x \sqcap y = \triangle$, $x \sqcup z = \triangledown$, $x \sqcap z = \triangle$, entonces $y = z$.

(c) **Ley de la doble complementación**: para todo $x \in B$, $\tilde{\tilde{x}} = x$.

(d) **Leyes de De Morgan**: para todo $x, y \in B$, $\widetilde{x \sqcup y} = \tilde{x} \sqcap \tilde{y}$, $\widetilde{x \sqcap y} = \tilde{x} \sqcap \tilde{y}$.

4.5. Preguntas de test resueltas

4.1. Sean $A = \{a, b, c\}$ y $R = \{(c, c), (a, b), (b, c), (a, c), (c, b), (b, b)\}$. ¿Cuál de las siguientes afirmaciones es cierta?

    (a) R es reflexiva   (b) R es simétrica   (c) R es transitiva

Solución

(a) es falsa, pues, por ejemplo, $(a, a) \notin R$.

(b) también es falsa. Como contraejemplo, tenemos que $(a, b) \in R$ pero $(b, a) \notin R$.

(c) es cierta. Todos los pares de la forma $(x, y) \in R$, $(y, z) \in R$ verifican $(x, z) \in R$. Para comprobarlo, vamos a ver cuáles son estos pares, aparte del caso $x = y = z$ en el cual la propiedad se cumple trivialmente:

- $(c, c) \in R$, $(c, b) \in R$ y se cumple $(c, b) \in R$.
- $(a, b) \in R$, $(b, c) \in R$ y se cumple $(a, c) \in R$.
- $(a, b) \in R$, $(b, b) \in R$ y se cumple $(a, b) \in R$.
- $(b, c) \in R$, $(c, c) \in R$ y se cumple $(b, c) \in R$.
- $(b, c) \in R$, $(c, b) \in R$ y se cumple $(b, b) \in R$.
- $(a, c) \in R$, $(c, c) \in R$ y se cumple $(a, c) \in R$.
- $(a, c) \in R$, $(c, b) \in R$ y se cumple $(a, b) \in R$.
- $(c, b) \in R$, $(b, c) \in R$ y se cumple $(c, c) \in R$.
- $(c, b) \in R$, $(b, b) \in R$ y se cumple $(c, b) \in R$.
- $(b, b) \in R$, $(b, c) \in R$ y se cumple $(b, c) \in R$.

4.2. Sobre el conjunto $\mathbb{N}$ se define la relación binaria R como $x R y \iff x \geq 3$ e $y \geq 2$. ¿Cuál de las siguientes afirmaciones es cierta?

    (a) R es transitiva   (b) R es simétrica   (c) R es reflexiva

Solución

La relación R no es simétrica porque, por ejemplo, $3R2$, ya que $3 \geq 3$ y $2 \geq 2$, pero, sin embargo, $2 \not{R} 3$, porque $2 \not\geq 3$.

La relación R tampoco es reflexiva porque, por ejemplo, $1 \not{R} 1$, ya que $1 \not\geq 3$.

Entonces, la respuesta correcta es (a). Efectivamente, para cualesquiera $x, y, z \in \mathbb{N}$ tales que xRy, yRz, se verifica, por la definición de R, $x \geq 3$, $y \geq 2$ y también $y \geq 3$, $z \geq 2$. Por tanto, xRz, utilizando de nuevo la definición de R.

4.3. En el conjunto $\mathbb{N}_1$ de los números naturales positivos, se define la relación R dada por la condición: $xRy \iff mcd(x, y) = 1$. ¿Cuál de las siguientes afirmaciones es cierta?

(a) R es reflexiva (b) R es simétrica (c) R es transitiva

Solución

Según la definición de R, dos números naturales positivos están relacionados si y solo si son *primos entre sí*.

(a) es falsa. No se cumple xRx para todo $x \in \mathbb{N}_1$; por ejemplo, $mcd(42, 42) = 42 \neq 1$.

(b) es cierta. R sí que es simétrica, porque por definición la operación del máximo común divisor es conmutativa, es decir, $mcd(x, y) = mcd(y, x)$ y, por tanto, $mcd(x, y) = 1 \iff mcd(y, x) = 1$. De aquí, $xRy \iff yRx$. Esto justifica que la respuesta correcta es (b).

(c) es falsa. La relación R tampoco es transitiva, pues $xRy, yRz \not\Rightarrow xRz$. Como contraejemplo, tenemos $mcd(4, 7) = 1$ y $mcd(7, 2) = 1$, pero $mcd(4, 2) = 2 \neq 1$.

4.4. En el conjunto $\mathbb{N}_1$ de números naturales positivos, definimos la relación $xRy \iff x^2 \cdot y$ *es un número par*. ¿Cuál de las siguientes afirmaciones es cierta?

(a) R es reflexiva (b) R es una relación de equivalencia (c) R es simétrica

Solución

El producto de dos números impares es otro número impar, por lo que si x es un número natural impar entonces $x^2 \cdot x$ es impar y, en consecuencia, x *no* está relacionado consigo mismo. Con esto sabemos que la relación R no es reflexiva ni de equivalencia, descartando las respuestas (a) y (b).

Veamos que la respuesta correcta es en efecto (c). Como la paridad de x^2 es la misma que la de x y un producto es par cuando alguno de los dos factores es par, xRy si y solo si x o y es par. Con esta caracterización vemos que R es simétrica pues, $xRy \Rightarrow (x$ es par o y es par$) \Rightarrow yRx$.

4.5. Sea R la relación definida sobre el conjunto $\{1, 2, 3, 4\}$ por

$$R = \{(1, 1), (1, 2), (2, 1), (2, 2), (3, 3), (3, 4), (4, 3), (4, 4)\}.$$

¿Cuál de las siguientes afirmaciones es cierta?

(a) R es reflexiva y no simétrica   (b) R es reflexiva y no transitiva   (c) R es de equivalencia

Solución

La relación R es de equivalencia, pues vamos a ver que es reflexiva, simétrica y transitiva. Por tanto, la respuesta correcta es la (c).

- *Reflexiva*. Para cada elemento x en $\{1,2,3,4\}$, tenemos el par (x,x) en la relación R:

$$\{(1,1),(2,2),(3,3),(4,4)\} \subset R.$$

- *Simétrica*. Si $(x,y) \in R$, entonces $(y,x) \in R$. Basta comprobarlo para todos los pares con elementos distintos, a saber: $(1,2),(2,1),(3,4),(4,3)$. En efecto, la propiedad se cumple, pues $\{(1,2),(2,1)\} \subset R$ y $\{(3,4),(4,3)\} \subset R$.

- *Transitiva*. Si $(x,y) \in R$ e $(y,z) \in R$, entonces $(x,z) \in R$. Como si $x=y$ o $y=z$ es obvio que la propiedad se cumple, basta comprobarla para todos los pares (x,y) e (y,z) con elementos distintos. En efecto,

  - $(1,2) \in R, (2,1) \in R \implies (1,1) \in R$,
  - $(2,1) \in R, (1,2) \in R \implies (2,2) \in R$,
  - $(3,4) \in R, (4,3) \in R \implies (3,3) \in R$,
  - $(4,3) \in R, (3,4) \in R \implies (4,4) \in R$.

En los cuatro casos anteriores se cumple la propiedad, porque el tercer par que se necesita está formado por dos elementos iguales y ya hemos visto antes que R es reflexiva. Por ejemplo, para $(1,2) \in R$ y $(2,1) \in R$ tenemos también $(1,1) \in R$.

La representación gráfica de R es la siguiente:

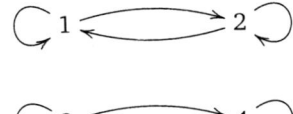

La propiedad reflexiva se muestra en este dibujo con un bucle para cada elemento, mientras que la propiedad simétrica se muestra mediante el emparejamiento de cada flecha que no es bucle con otra flecha que une los mismos elementos pero en dirección opuesta.

4.6. En el conjunto $\mathbb{N}_1$ de los números naturales positivos, definimos la relación R por la condición: $x R y \iff x+3 \geq 3y+2$. ¿Cuál de las siguientes afirmaciones es cierta?

(a) R es antirreflexiva   (b) R es reflexiva   (c) R es de orden

Solución

Para un número natural positivo cualquiera x, sabemos que

$$x\,R\,x \iff x + 3 \geq 3x + 2 \iff 1 \geq 2x \iff \textit{falso}.$$

Es decir, la relación R es antirreflexiva, no es reflexiva y no es de orden.

Por tanto, la respuesta correcta es (a).

4.7. Sea R la relación definida sobre el conjunto $\{1, 2, 3, 4\}$ por

$$R = \{(1,1), (1,2), (2,1), (2,2), (3,3), (3,4), (4,3)\}.$$

¿Cuál de las siguientes afirmaciones es cierta?

    (a) R es antirreflexiva   (b) R es antisimétrica   (c) R no es de orden

Solución

La relación R no es antirreflexiva porque, por ejemplo, $(1,1) \in R$. Tampoco es antisimétrica porque, por ejemplo, $(1,2) \in R$ y $(2,1) \in R$ con $1 \neq 2$.

La respuesta correcta es la (c), pues R *no* es una relación de orden por cualquiera de las siguientes razones:

- no es reflexiva, ya que $(4,4) \notin R$;
- no es antisimétrica, como acabamos de ver;
- no es transitiva, porque $(4,3) \in R$ y $(3,4) \in R$, pero $(4,4) \notin R$.

La representación gráfica de R es la siguiente:

4.8. ¿Cuál de los siguientes subconjuntos de $\mathbb{N}_1$ está totalmente ordenado con el orden definido por la condición: $x \sqsubseteq y \iff x \mid y$?

    (a) $\{7, 14, 21, 28\}$ (b) $\{1, 2, 3, 4, 6, 24\}$ (c) $\{2, 4, 8, 16\}$

Solución

La respuesta correcta es (c), porque $2 \sqsubseteq 4 \sqsubseteq 8 \sqsubseteq 16$, dado que $2 \mid 4 \mid 8 \mid 16$.

Los conjuntos en (a) y (b) no están totalmente ordenados, porque contienen elementos que no se dividen entre sí, como, por ejemplo, $14 \nmid 21$ y $21 \nmid 14$ en el primer caso y $2 \nmid 3$ y $3 \nmid 2$ en el segundo.

Dibujando los diagramas de Hasse para cada uno de los tres conjuntos ordenados, se ve inmediatamente esta propiedad, pues solamente el tercero da lugar a un diagrama lineal.

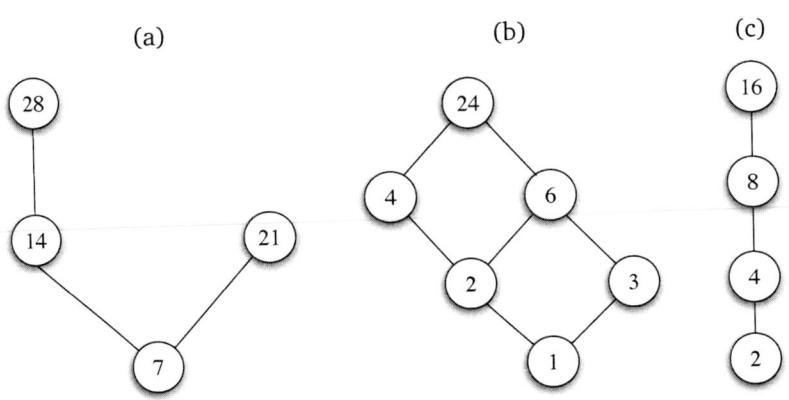

4.9. En el conjunto $\mathbb{N}$ definimos una relación $a\,R\,b \iff$ *el número $a - b$ es impar positivo*. ¿Cuál de las siguientes afirmaciones es cierta?

    (a) R es antirreflexiva   (b) R es conexa   (c) R es transitiva

Solución

Para cualquier número natural a, $a - a = 0$ que es par y no es positivo, por lo que $a \not\!R\, a$. Por tanto, la relación R es antirreflexiva, siendo (a) la respuesta correcta.

La relación R no es conexa, porque hay números distintos que no están relacionados, como por ejemplo 4 y 2, pues $4 - 2 = 2$, que es par, y $2 - 4 = -2$, que es par y negativo.

La relación R tampoco es transitiva, porque por ejemplo $4\,R\,3$ (ya que $4 - 3 = 1$) y $3\,R\,2$ (ya que $3 - 2 = 1$) mientras que $4 \not\!R\, 2$, como acabamos de ver.

4.10. Dada la relación definida sobre $\mathbb{Z}^2$ por $(x, y)\,R\,(x', y') \iff x \leq x'$ e $y < y'$, ¿cuál de las siguientes afirmaciones es cierta?

    (a) R es un orden estricto   (b) R es un orden total   (c) R es un orden no estricto

Solución

La relación R no es un orden no estricto, porque no es reflexiva. Tampoco es un orden total, porque hay elementos distintos que no están relacionados; por ejemplo, $(1, 2) \not\!R\, (2, 1)$ y $(2, 1) \not\!R\, (1, 2)$.

En cambio, sí que es un orden estricto, porque

- es antirreflexiva: para todo $(x, y) \in \mathbb{Z}^2$ se tiene $(x, y) \not\!R\, (x, y)$, porque $y < y$ no es cierto.
- es transitiva: si $(x, y)\,R\,(x', y')$ y $(x', y')\,R\,(x'', y'')$, por la definición de R tenemos por una parte $x \leq x'$, $y < y'$ y por otra $x' \leq x''$, $y' < y''$. Por la transitividad de las relaciones $\leq$ y $<$ sobre $\mathbb{Z}$, deducimos $x \leq x''$, $y < y''$, es decir, $(x, y)\,R\,(x'', y'')$.

Por tanto, (a) es la respuesta correcta.

4.11. ¿Cuál de los siguientes afirmaciones acerca de la relación de orden que aparece en el diagrama de Hasse en la figura de la izquierda es cierta?

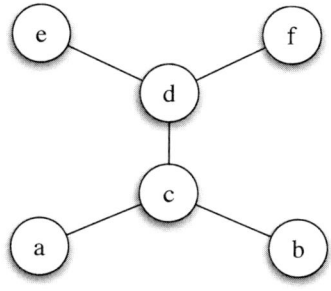

(a) Solo hay elementos maximales

(b) Hay elementos maximales y minimales

(c) Solo hay elementos minimales

Solución

Se observa que e y f son maximales, porque no tienen ningún elemento por encima, mientras que a y b son minimales, porque no tienen ningún elemento por debajo. Por tanto, la respuesta correcta es (b).

4.12. Se define sobre $\mathbb{N}_1$ el orden $x \sqsubseteq y \iff x \mid y$. Consideremos el subconjunto $A = \{1, 2, 3, 4, 6\}$. ¿Cuál de las siguientes afirmaciones es cierta?

(a) A tiene mínimo y máximo   (b) A tiene mínimo y maximales   (c) A tiene máximo

Solución

El diagrama de Hasse del conjunto ordenado $(\{1, 2, 3, 4, 6\}, \mid)$ es el siguiente:

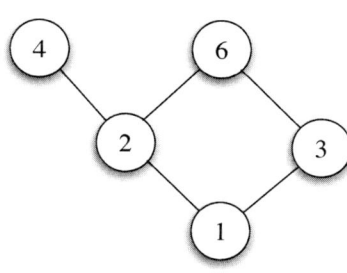

Es fácil observar que *no* hay máximo (por lo que las respuestas (a) y (c) no son correctas), el 1 es mínimo y 4 y 6 son maximales. De esta forma, la respuesta correcta es la (b).

4.13. Dado el conjunto ordenado $\mathbb{A} = (\mathscr{P}(\{a, b, c\}) \setminus \{\{a, b, c\}\}, \subseteq)$, ¿cuál de las afirmaciones es cierta?

(a) $\mathbb{A}$ tiene máximo y mínimo   (b) $\mathbb{A}$ no tiene mínimo   (c) $\mathbb{A}$ no tiene máximo

Solución

En el conjunto $\mathscr{P}(\{a, b, c\})$ de subconjuntos de $\{a, b, c\}$, ordenado por la inclusión, el conjunto vacío $\emptyset$ es el mínimo y el conjunto $\{a, b, c\}$ es el máximo. Pero en el conjunto del enunciado, $\mathscr{P}(\{a, b, c\}) \setminus \{\{a, b, c\}\}$, se hace explícito que se quita el conjunto total $\{a, b, c\}$, por lo que sigue teniendo al conjunto vacío, $\emptyset$, como mínimo pero ahora quedan tres subconjuntos, $\{a, b\}, \{a, c\}$ y $\{b, c\}$, como elementos maximales y en cambio no hay máximo. De aquí, la respuesta correcta es (c).

Podemos representar gráficamente este conjunto ordenado con el siguiente diagrama de Hasse:

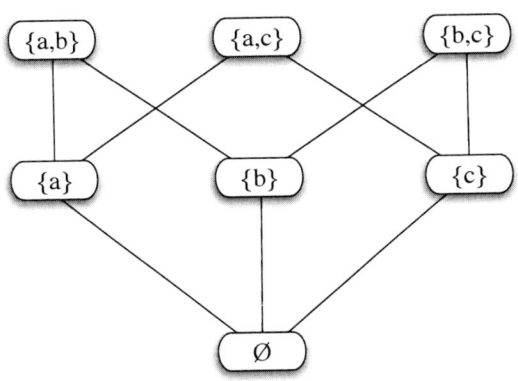

4.14. ¿Cuál de los siguientes subconjuntos de $\mathbb{N}_1$ es retículo con el orden $x \sqsubseteq y \iff x \mid y$?

(a) $\{1, 2, 3, 4, 5, 7\}$ (b) $\{1, 2, 4, 11, 22, 44\}$ (c) $\{2, 3, 5, 6, 10, 30\}$

Solución

Una forma gráfica de considerar esta propiedad es dibujar los correspondientes diagramas de Hasse para los tres conjuntos ordenados, siendo fácil ver que en el primero faltan supremos mientras que en el tercero faltan ínfimos.

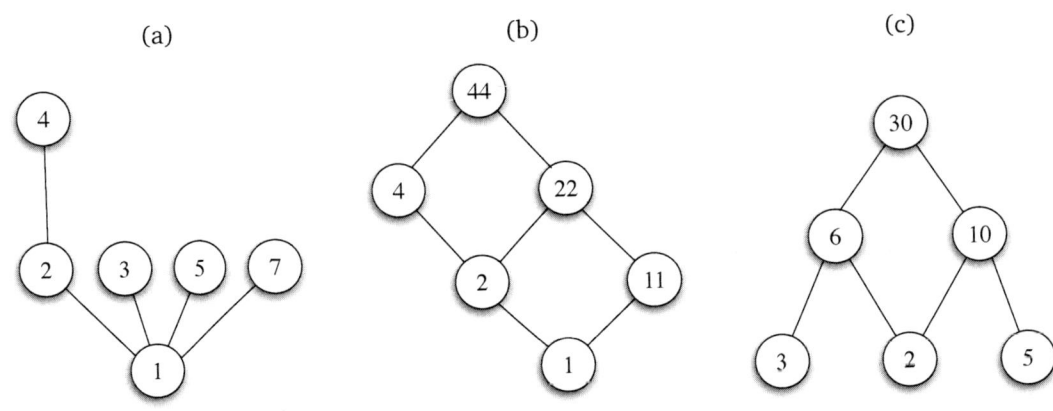

El conjunto en (a) es semirretículo inferior, pero no superior, porque, por ejemplo, los elementos 3 y 5 no tienen ninguna cota superior y, por tanto, el supremo $3 \sqcup 5$ no existe.

El conjunto en (c) es semirretículo superior, pero no inferior, porque, por ejemplo, los elementos 3 y 5 no tienen ninguna cota inferior y, por tanto, el ínfimo $3 \sqcap 5$ no existe.

En cambio, en el conjunto en (b) existen los supremos y los ínfimos de todos los pares de elementos, por lo que es un retículo y esta es la respuesta correcta.

4.15. Sobre el conjunto $A = \{1, 2, 3, 4, 6\}$ se considera el orden $x \sqsubseteq y \iff x \mid y$. ¿Cuál de las siguientes afirmaciones es cierta?

(a) $(A, \sqsubseteq)$ es semirretículo superior   (b) $(A, \sqsubseteq)$ es retículo   (c) $(A, \sqsubseteq)$ es semirretículo inferior

---

Solución

El diagrama de Hasse del conjunto ordenado $(\{1, 2, 3, 4, 6\}, \mid)$ es el siguiente:

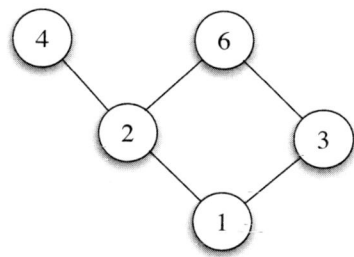

Observando este diagrama, es fácil concluir que el conjunto ordenado $(A, \sqsubseteq)$ no es semirretículo superior porque, por ejemplo, los elementos 4 y 6 no tienen ninguna cota superior y, por tanto, el supremo $4 \sqcup 6$ no existe. Así pues, la respuesta (a) no es correcta y tampoco puede ser válida la respuesta (b), porque para que un conjunto ordenado sea retículo, debe ser semirretículo superior e inferior.

En cambio, $(A, \sqsubseteq)$ sí es semirretículo inferior, pues para cada par de elementos de A existe el ínfimo; por ejemplo, $3 \sqcap 4 = 1$ y $1 \sqcap 6 = 1$. Por consiguiente, (c) es la respuesta correcta.

4.6. Ejercicios resueltos

4.16. Sean los conjuntos $A = \{5, 6\}$ y $B = \{a, b, c\}$. Definimos una relación $R = \{(5, a), (6, b), (5, c)\}$. Contesta las siguientes cuestiones:

(a) ¿Es R una función? Razona tu respuesta. Si la respuesta es afirmativa, indica si es inyectiva, sobreyectiva o biyectiva.

(b) Calcula R^{-1}.

(c) ¿Es R^{-1} una función? Razona tu respuesta. Si la respuesta es afirmativa, indica si es inyectiva, suprayectiva o biyectiva.

Solución

(a) La relación R no es una función. Para que fuera función, para todo $x \in A$ debería existir un *único* $y \in B$ tal que $x R y$; sin embargo, $5 R a$ y también $5 R b$.

(b) Para calcular la relación inversa, hay que dar la vuelta a los pares de R, obteniendo de esta forma $R^{-1} = \{(a, 5), (b, 6), (c, 5)\}$.

(c) La relación inversa R^{-1} sí es una función, pues, para cada $x \in B$, existe un único $y \in A$ tal que $x R^{-1} y$: para $x = a$ es $y = 5$; para $x = b$, $y = 6$; y para $x = c$, $y = 5$.

Veamos sus propiedades:

Inyectiva: No, porque existen elementos distintos en B con la misma imagen mediante R^{-1}; más concretamente, tenemos $a, c \in B$, con $a \neq c$ pero $R^{-1}(a) = R^{-1}(c) = 5$.

Suprayectiva: Sí, puesto que para todo $y \in A$ existe $x \in B$ tal que $R^{-1}(x) = y$. Efectivamente, si $y = 5$, podemos tomar $x = a$ (o $x = c$), y si $y = 6$, se puede tomar $x = b$.

Biyectiva: No, por no ser inyectiva.

4.17. Consideremos el conjunto $A = \{a, b, c\}$ y las siguientes relaciones binarias sobre A definidas como $S = \{(a, c), (b, a)\}$ y $R = \{(a, b), (b, c), (c, a)\}$.

(a) Calcula $R \circ S$, $S \circ R$, $R \circ R$ y $S \circ S$.

(b) Comprueba que $R \circ (S \circ R) = (R \circ S) \circ R$ y que $(R \circ S)^{-1} = S^{-1} \circ R^{-1}$.

Solución

(a) Aplicamos la definición de composición de relaciones para calcular:

$$R \circ S = \{(a, a), (c, c)\},$$
$$S \circ R = \{(a, a), (b, b)\},$$
$$R \circ R = \{(a, c), (b, a), (c, b)\},$$
$$S \circ S = \{(b, c)\}.$$

(b) Usando de nuevo la definición de composición de relaciones, obtenemos

$$R \circ (S \circ R) = R \circ \{(a, a), (b, b)\} = \{(a, b), (c, a)\},$$
$$(R \circ S) \circ R = \{(a, a), (c, c)\} \circ R = \{(a, b), (c, a)\},$$

por lo que $R \circ (S \circ R) = (R \circ S) \circ R$, que es un ejemplo concreto de la propiedad asociativa que satisface la composición de relaciones.

Probamos ahora la otra propiedad:

$$(R \circ S)^{-1} = \{(a, a), (c, c)\}^{-1} = \{(a, a), (c, c)\},$$
$$S^{-1} \circ R^{-1} = \{(c, a), (a, b)\} \circ \{(b, a), (c, b), (a, c)\} = \{(c, c), (a, a)\}.$$

Por tanto, $(R \circ S)^{-1} = S^{-1} \circ R^{-1}$, que de nuevo es un ejemplo concreto de una propiedad que satisfacen siempre las operaciones de composición e inversa sobre relaciones binarias.

4.18. Sean F, G, H las relaciones binarias sobre $\mathbb{R}$ definidas como

$$F = \{(x,y) \in \mathbb{R}^2 \mid y = x + 1\},$$
$$G = \{(x,y) \in \mathbb{R}^2 \mid y = 2x\},$$
$$H = \{(x,y) \in \mathbb{R}^2 \mid y = x^2\}.$$

(a) Determina el dominio y el rango de cada una de ellas.

(b) Calcula definiciones explícitas de las siguientes relaciones compuestas: $G \circ F$, $H \circ F$, $F \circ G$, $H \circ G$, $F \circ H$ y $G \circ H$.

Solución

(a) El dominio de las tres relaciones es el conjunto de los números reales: $dom(F) = dom(G) = dom(H) = \mathbb{R}$. Esto es cierto porque para todo $x \in \mathbb{R}$ existen valores $y_1, y_2, y_3 \in \mathbb{R}$ tales que $x \, F \, y_1$, $x \, G \, y_2$, $x \, H \, y_3$; en concreto, $y_1 = x + 1$, $y_2 = 2x$, $y_3 = x^2$.

En cuanto a los rangos tenemos:

$$ran(F) = ran(G) = \mathbb{R} \qquad ran(H) = \mathbb{R}^+.$$

En efecto, para todo $y \in \mathbb{R}$ existen $x_1 = y - 1$, $x_2 = y/2$ tales que $x_1 \, F \, y$, $x_2 \, G \, y$. En cambio, solo para los valores $y \in \mathbb{R}^+$ (es decir $y \in \mathbb{R}$ tal que $y \geq 0$) existe $x_3 = \sqrt{y}$ tal que $x_3 \, H \, y$.

(b) Aplicamos la definición de composición de relaciones para calcular las relaciones compuestas siguientes:

$$\begin{aligned}
G \circ F &= \{(x,y) \in \mathbb{R}^2 \mid \text{ existe } z \in \mathbb{R} \text{ tal que } x \, G \, z, \, z \, F \, y\} \\
&= \{(x,y) \in \mathbb{R}^2 \mid \text{ existe } z \in \mathbb{R} \text{ tal que } z = 2x, \, y = z + 1\} \\
&= \{(x,y) \in \mathbb{R}^2 \mid y = 2x + 1\}.
\end{aligned}$$

$$\begin{aligned}
H \circ F &= \{(x,y) \in \mathbb{R}^2 \mid \text{ existe } z \in \mathbb{R} \text{ tal que } x \, H \, z, \, z \, F \, y\} \\
&= \{(x,y) \in \mathbb{R}^2 \mid \text{ existe } z \in \mathbb{R} \text{ tal que } z = x^2, \, y = z + 1\} \\
&= \{(x,y) \in \mathbb{R}^2 \mid y = x^2 + 1\}.
\end{aligned}$$

$$\begin{aligned}
F \circ G &= \{(x,y) \in \mathbb{R}^2 \mid \text{ existe } z \in \mathbb{R} \text{ tal que } x \, F \, z, \, z \, G \, y\} \\
&= \{(x,y) \in \mathbb{R}^2 \mid \text{ existe } z \in \mathbb{R} \text{ tal que } z = x + 1, \, y = 2z\} \\
&= \{(x,y) \in \mathbb{R}^2 \mid y = 2x + 2\}.
\end{aligned}$$

$$\begin{aligned}
H \circ G &= \{(x,y) \in \mathbb{R}^2 \mid \text{ existe } z \in \mathbb{R} \text{ tal que } x \, H \, z, \, z \, G \, y\} \\
&= \{(x,y) \in \mathbb{R}^2 \mid \text{ existe } z \in \mathbb{R} \text{ tal que } z = x^2, \, y = 2z\} \\
&= \{(x,y) \in \mathbb{R}^2 \mid y = 2x^2\}.
\end{aligned}$$

$$F \circ H = \{(x,y) \in \mathbb{R}^2 \mid \text{ existe } z \in \mathbb{R} \text{ tal que } x\,F\,z,\, z\,H\,y\}$$
$$= \{(x,y) \in \mathbb{R}^2 \mid \text{ existe } z \in \mathbb{R} \text{ tal que } z = x+1,\, y = z^2\}$$
$$= \{(x,y) \in \mathbb{R}^2 \mid y = x^2 + 2x + 1\}.$$

$$G \circ H = \{(x,y) \in \mathbb{R}^2 \mid \text{ existe } z \in \mathbb{R} \text{ tal que } x\,G\,z,\, z\,H\,y\}$$
$$= \{(x,y) \in \mathbb{R}^2 \mid \text{ existe } z \in \mathbb{R} \text{ tal que } z = 2x,\, y = z^2\}$$
$$= \{(x,y) \in \mathbb{R}^2 \mid y = 4x^2\}.$$

Es interesante comparar este ejercicio con el ejercicio 3.54 en el capítulo anterior sobre conjuntos y funciones.

4.19. Sean $R \subseteq A \times B$ y $S \subseteq B \times C$ dos relaciones binarias cualesquiera.

(a) Demuestra que $dom(R^{-1}) = ran(R)$ y $ran(R^{-1}) = dom(R)$.

(b) Demuestra que $dom(R \circ S) \subseteq dom(R)$ y $ran(R \circ S) \subseteq ran(S)$.

(c) Busca un ejemplo de R, S tales que las inclusiones anteriores sean estrictas.

Solución

(a) Por definición de dominio, $dom(R^{-1}) = \{y \in B \mid y\,R^{-1}\,x \text{ para algún } x \in A\}$. Por otra parte, por la definición de relación inversa: $y\,R^{-1}\,x$ si y solo si $x\,R\,y$, de donde $dom(R^{-1}) = \{y \in B \mid x\,R\,y \text{ para algún } x \in A\}$, que es precisamente la definición de $ran(R)$.

Por la definición de rango, $ran(R^{-1}) = \{x \in A \mid y\,R^{-1}\,x \text{ para algún } y \in B\}$, o lo que es lo mismo $ran(R^{-1}) = \{x \in A \mid x\,R\,y \text{ para algún } y \in B\}$, que es precisamente la definición de $dom(R)$.

(b) Comenzamos comprobando que $dom(R \circ S) \subseteq dom(R)$.

Por definición de dominio, se tiene que $dom(R \circ S) = \{x \in A \mid x\,(R \circ S)\,y \text{ para algún } y \in C\}$. Sabemos también que $x\,(R \circ S)\,y$ si y solo si $x\,R\,z,\, z\,S\,y$ para algún $z \in B$. Por tanto, $dom(R \circ S) = \{x \in A \mid x\,R\,z,\, z\,S\,y \text{ para algunos } y \in C, z \in B\}$. De aquí se tiene que todo $x \in dom(R \circ S)$ verifica en particular que $x\,R\,z$ para algún $z \in B$, por lo que $x \in dom(R)$, y se concluye que, en efecto, $dom(R \circ S) \subseteq dom(R)$.

Veamos ahora que $ran(R \circ S) \subseteq ran(S)$.

Por definición de rango, $ran(R \circ S) = \{y \in C \mid x\,(R \circ S)\,y \text{ para algún } x \in A\}$, es decir, $ran(R \circ S) = \{y \mid x\,R\,z,\, z\,S\,y \text{ para algunos } x \in A, z \in B\}$. En particular, $y \in ran(R \circ S)$ implica que existe algún $z \in B$ tal que $z\,S\,y$ y, por tanto, que $y \in ran(S)$, como queríamos demostrar.

(c) Tenemos que encontrar relaciones R, S que verifiquen:

- $dom(R \circ S) \subseteq dom(R),\ dom(R \circ S) \neq dom(R)$,
- $ran(R \circ S) \subseteq ran(S),\ ran(R \circ S) \neq ran(S)$.

Por ejemplo, podemos tomar $A = B = C = \{a, b, c\}$, $R = \{(a,b),(b,a)\}$, $S = \{(a,c),(c,b)\}$. Entonces $R \circ S = \{(b,c)\}$ y comprobamos que en efecto se cumplen las inclusiones estrictas:

- $dom(R \circ S) = \{b\}$ y $dom(R) = \{a, b\}$. Se cumple $\{b\} \subseteq \{a, b\}$ y $\{b\} \neq \{a, b\}$.
- $ran(R \circ S) = \{c\}$, $ran(S) = \{c, b\}$. Se cumple $\{c\} \subseteq \{c, b\}$ y $\{c\} \neq \{c, b\}$.

4.20. En los apartados que siguen, R, S, T, etc. representan relaciones binarias cualesquiera, del tipo apropiado en cada caso para que las composiciones tengan sentido. Demuestra:

(a) $R \circ (S \cup T) = (R \circ S) \cup (R \circ T)$,

(b) $(R \cup S) \circ T = (R \circ T) \cup (S \circ T)$,

(c) $R \subseteq S \implies R^{-1} \subseteq S^{-1}$,

(d) $R \subseteq R' \implies R \circ S \subseteq R' \circ S$,

(e) $S \subseteq S' \implies R \circ S \subseteq R \circ S'$.

Solución

(a) En el siguiente razonamiento hacemos uso de las definiciones de composición de relaciones y de unión de relaciones (caso particular de la unión de conjuntos).

$$
\begin{aligned}
x\,(R \circ (S \cup T))\,y &\iff \text{existe } z \text{ tal que } x\,R\,z,\ z\,(S \cup T)\,y \\
&\iff \text{existe } z \text{ tal que } x\,R\,z,\ (z\,S\,y \ \text{o}\ z\,T\,y) \\
&\iff (\text{existe } z \text{ tal que } x\,R\,z,\ z\,S\,y) \ \text{o}\ (\text{existe } z \text{ tal que } x\,R\,z,\ z\,T\,y) \\
&\iff x\,(R \circ S)\,y \ \text{o}\ x\,(R \circ T)\,y \\
&\iff x\,((R \circ S) \cup (R \circ T))\,y.
\end{aligned}
$$

Por tanto, $R \circ (S \cup T) = (R \circ S) \cup (R \circ T)$.

(b) El siguiente razonamiento es muy similar al del apartado anterior:

$$
\begin{aligned}
x\,((R \cup S) \circ T)\,y &\iff \text{existe } z \text{ tal que } x\,(R \cup S)\,z,\ z\,T\,y \\
&\iff \text{existe } z \text{ tal que } (x\,R\,z \ \text{o}\ x\,S\,z),\ z\,T\,y \\
&\iff (\text{existe } z \text{ tal que } x\,R\,z,\ z\,T\,y) \ \text{o}\ (\text{existe } z \text{ tal que } x\,S\,z,\ z\,T\,y) \\
&\iff x\,(R \circ T)\,y \ \text{o}\ x\,(S \circ T)\,y \\
&\iff x\,((R \circ T) \cup (S \circ T))\,y.
\end{aligned}
$$

Queda así demostrado que $(R \cup S) \circ T = (R \circ T) \cup (S \circ T)$.

(c) Supongamos que $R \subseteq S$. Tenemos que probar que entonces $R^{-1} \subseteq S^{-1}$, es decir, que todo $(x, y) \in R^{-1}$ verifica que $(x, y) \in S^{-1}$.

Sea $(x, y) \in R^{-1}$; por la definición de relación inversa, $(y, x) \in R$. Como $R \subseteq S$, se tiene que $(y, x) \in S$, de donde $(x, y) \in S^{-1}$, como queríamos demostrar.

(d) Supongamos que $R \subseteq R'$. Tenemos que probar que entonces $R \circ S \subseteq R' \circ S$ para cualquier relación S para la que tenga sentido hablar de las composiciones $R \circ S$ y $R' \circ S$. Sean S una relación en estas condiciones y x, y valores tales que $x\,(R \circ S)\,y$. Tenemos que probar que entonces $x\,(R' \circ S)\,y$. De $x\,(R \circ S)\,y$, tenemos que existe z tal que $x\,R\,z$, $z\,S\,y$. Como $R \subseteq R'$, tenemos que $x\,R'\,z$, lo que unido a $z\,S\,y$ nos lleva a $x\,(R' \circ S)\,y$, como queríamos demostrar.

(e) Suponemos ahora que $S \subseteq S'$ y tenemos que probar que $R \circ S \subseteq R \circ S'$ para toda relación R para la que tenga sentido $R \circ S$, $R \circ S'$. Sean R una relación en tales condiciones y x, y valores tales que $x\,(R \circ S)\,y$. Entonces existe z tal que $x\,R\,z$, $z\,S\,y$. Como $S \subseteq S'$, tenemos que $z\,S'\,y$, lo que unido a $x\,R\,z$ nos da $x\,(R \circ S')\,y$, como queríamos demostrar.

4.21. Dada una relación binaria R sobre un conjunto A, las *potencias* de R se definen recursivamente como: $R^0 = id_A$ y $R^{n+1} = R^n \circ R$, para $n \geq 0$. Dada la relación $S = \{(a,c),(b,a)\}$, definida sobre el conjunto $A = \{a,b,c\}$, calcula: $S^0, S^1, S^2, S^3, \bigcup\{S^n \mid n \geq 0\}$.

Solución

Usamos las definiciones del enunciado y de composición de relaciones para calcular:

$$S^0 = id_A = \{(a,a),(b,b),(c,c)\},$$
$$S^1 = S^0 \circ S = \{(a,c),(b,a)\},$$
$$S^2 = S^1 \circ S = \{(b,c)\},$$
$$S^3 = S^2 \circ S = \emptyset.$$

Por inducción simple sobre n, es muy fácil comprobar que $S^n = \emptyset$ para todo $n \geq 3$. Por tanto,

$$\bigcup\{S^n \mid n \geq 0\} = S^0 \cup S^1 \cup S^2 = \{(a,a),(a,c),(b,a),(b,b),(b,c),(c,c)\}.$$

4.22. Dada una relación binaria R sobre un conjunto A, a partir de las potencias $R^n, n \in \mathbb{N}$, definidas en el ejercicio 4.21, se definen: $R^* = \bigcup\{R^n \mid n \geq 0\}$ y $R^+ = \bigcup\{R^n \mid n > 0\}$.

(a) Demuestra que $R \subseteq R^*$ y que R^* es reflexiva y transitiva.

(b) Demuestra que si $R \subseteq S \subseteq A \times A$ y S es reflexiva y transitiva, entonces $R^* \subseteq S$.

(c) Demuestra que $R \subseteq R^+$ y que R^+ es transitiva.

(d) Demuestra que si $R \subseteq S \subseteq A \times A$ y S es transitiva, entonces $R^+ \subseteq S$.

Debido a las propiedades anteriores, la relación R^* se llama *cierre reflexivo-transitivo* de R, mientras que la relación R^+ se llama *cierre transitivo* de R.

Solución

Antes de contestar a cada apartado vamos a hacer algunas observaciones acerca de estas definiciones. En primer lugar, a partir de la definición de R^n tenemos que dado $n > 0$:

$$x R^n y \iff \text{existen } z_1, \ldots, z_{n-1} \in A \text{ tales que } x R z_1, z_1 R z_2, \ldots, z_{n-1} R y.$$

A partir de esto vemos que, si $x R^n y$ y $y R^m z$, entonces $x R^{n+m} z$.

Por otro lado, las definiciones de R^* y R^+ significan que:

$$x R^* y \iff \text{existe } n \geq 0 \text{ tal que } x R^n y,$$
$$x R^+ y \iff \text{existe } n > 0 \text{ tal que } x R^n y.$$

(a) ■ Se tiene $R \subseteq R^*$ porque $R = R^1$ y, por la definición de R^*, se tiene que $R^1 \subseteq R^*$.

 ■ R^* es reflexiva, porque para todo $x \in A$ se tiene $x R^0 x$ y, por tanto, $x R^* x$.

- Sean $x, y, z \in A$ tales que $x \, R^* \, y$, $y \, R^* \, z$; entonces existen $n, m \geq 0$ tales que $x \, R^n \, y$, $y \, R^m \, z$. Por tanto, por un comentario previo, $x \, R^{n+m} \, z$, lo que implica $x \, R^* \, z$.

(b) Sea S reflexiva y transitiva tal que $R \subseteq S \subseteq A \times A$. Demostramos por inducción simple sobre $n \in \mathbb{N}$ que $R^n \subseteq S$ para todo $n \geq 0$.

- *Caso base* ($n = 0$): Se tiene $R^0 = id_A \subseteq S$, ya que S es reflexiva.
- *Caso inductivo*: Suponemos que $R^k \subseteq S$ para $k \in \mathbb{N}$ [HI]. Veamos que entonces también se cumple $R^{k+1} \subseteq S$:

$$
\begin{aligned}
x \, R^{k+1} \, y &\iff x \, (R^k \circ R) \, y && [\text{por definición de } R^{k+1}] \\
&\iff \text{existe } z \text{ tal que } x \, R^k \, z, \, z \, R \, y && [\text{por definición de composición}] \\
&\implies \text{existe } z \text{ tal que } x \, S \, z, \, z \, S \, y && [\text{por HI y por ser } R \subseteq S] \\
&\implies x \, S \, y && [\text{por ser } S \text{ transitiva}]
\end{aligned}
$$

Como $R^n \subseteq S$ para todo $n \geq 0$, su unión $R^* = \bigcup \{R^n \mid n \geq 0\}$ también cumple $R^* \subseteq S$.

(c)
- Se tiene $R \subseteq R^+$ porque $R = R^1$ y, por la definición de R^+, se tiene que $R^1 \subseteq R^+$.
- Sean $x, y, z \in A$, tales que $x \, R^+ \, y$, $y \, R^+ \, z$; entonces existen $n, m \geq 1$ tales que $x \, R^n \, y$, $y \, R^m \, z$. Por tanto, por un comentario previo, $x \, R^{n+m} \, z$, lo que implica $x \, R^+ \, z$, ya que $n + m \geq 1$.

(d) Sea S transitiva tal que $R \subseteq S \subseteq A \times A$. Demostramos por inducción simple sobre $n \in \mathbb{N}_1$ que $R^n \subseteq S$ para todo $n \geq 1$.

- *Caso base* ($n = 1$): Se tiene $R^1 = R$ y $R \subseteq S$ por hipótesis.
- *Caso inductivo*: Suponemos que $R^k \subseteq S$ para $k \in \mathbb{N}_1$ [HI]. Veamos que entonces también se cumple $R^{k+1} \subseteq S$:

$$
\begin{aligned}
x \, R^{k+1} \, y &\iff x \, (R^k \circ R) \, y && [\text{por definición de } R^{k+1}] \\
&\iff \text{existe } z \text{ tal que } x \, R^k \, z, \, z \, R \, y && [\text{por definición de composición}] \\
&\implies \text{existe } z \text{ tal que } x \, S \, z, \, z \, S \, y && [\text{por HI y por ser } R \subseteq S] \\
&\implies x \, S \, y && [\text{por ser } S \text{ transitiva}]
\end{aligned}
$$

Como $R^n \subseteq S$ para todo $n > 0$, su unión $R^+ = \bigcup \{R^n \mid n > 0\}$ también cumple $R^+ \subseteq S$.

Hagamos algunas observaciones finales:

- De (a) y (b) se deduce que R^* es la *menor* (con respecto al orden de inclusión $\subseteq$) relación reflexiva y transitiva que incluye a R.
- De (c) y (d) se deduce que R^+ es la *menor* (con respecto al orden de inclusión $\subseteq$) relación transitiva que incluye a R.
- De forma análoga se puede probar que para cualquier $R \subseteq A \times A$ se tiene que $(R \cup R^{-1})^*$ es la *menor relación de equivalencia* que contiene a R.
- En general, dada una relación $R \subseteq A \times A$ y una cierta propiedad P definida sobre las relaciones en $A \times A$, se llama *cierre de R con respecto a P* a la menor relación sobre A que contiene a R y cumple la propiedad P.

4.23. Sea $\mathscr{R} \subseteq \mathscr{P}(A \times A)$ una familia no vacía de relaciones binarias sobre el conjunto A y sea $R = \bigcap \mathscr{R}$. Demuestra que si todas las relaciones pertenecientes a la familia $\mathscr{R}$ son *reflexivas*, entonces también lo es R. Demuestra que lo mismo sucede para las propiedades de *simetría* y *transitividad*.

Solución

Distinguimos las tres pruebas que nos piden en este ejercicio:

(a) Sea $\mathcal{R} \subseteq \mathcal{P}(A \times A)$ una familia no vacía de relaciones binarias reflexivas definidas sobre el conjunto A. Probamos que entonces $R = \bigcap \mathcal{R}$ es también reflexiva.

Sea $x \in A$. Entonces para toda relación $S \in \mathcal{R}$ se tiene que cumplir $x S x$ (o lo que es lo mismo $(x, x) \in S$), por ser S reflexiva. Como además $\mathcal{R}$ no es el conjunto vacío, se tiene que $(x, x) \in \bigcap \mathcal{R}$, es decir xRx.

(b) Sea $\mathcal{R} \subseteq \mathcal{P}(A \times A)$ una familia no vacía de relaciones binarias simétricas definidas sobre el conjunto A. Probamos que entonces $R = \bigcap \mathcal{R}$ es también simétrica.

Sean $x, y \in A$ tales que $x R y$; esto significa que $(x, y) \in \bigcap \mathcal{R}$, es decir, $x S y$ para todo $S \in \mathcal{R}$, de donde $y S x$ para todo $S \in \mathcal{R}$, porque todas las relaciones en $\mathcal{R}$ son simétricas. Al no ser $\mathcal{R}$ vacío, esto implica $y R x$.

(c) Sea $\mathcal{R} \subseteq \mathcal{P}(A \times A)$ una familia no vacía de relaciones binarias transitivas definidas sobre el conjunto A. Probamos que entonces $R = \bigcap \mathcal{R}$ es también transitiva.

Sean $x, y, z \in A$ tales que $x R y$, $y R z$. Entonces tenemos que $x S y$, $y S z$ para todo $S \in \mathcal{R}$ y, al ser todos los elementos de $\mathcal{R}$ relaciones transitivas, esto implica $x S z$ para todo $S \in \mathcal{R}$. Como $\mathcal{R}$ no es vacío, concluimos $x R z$.

El cierre con respecto a una propiedad cualquiera, que definimos en las observaciones finales del ejercicio 4.22, no siempre existe, pero sí existen siempre los cierres reflexivo, simétrico y transitivo de una relación, así como sus combinaciones: cierre reflexivo-transitivo, etc.

Esto es así porque estas tres propiedades son *cerradas bajo intersecciones*, como acabamos de probar en este ejercicio. Y si una propiedad P es cerrada bajo intersecciones, se puede definir el cierre de R con respecto a P como la intersección de todos los conjuntos que incluyen a R y cumplen P. Es fácil comprobar que este conjunto es en efecto el cierre de R con respecto a P y que siempre existe. Los dos ejercicios siguientes comprueban esta propiedad en particular para el cierre reflexivo-transitivo y para el cierre transitivo.

4.24. Demuestra que el cierre reflexivo-transitivo R^* de una relación binaria $R \subseteq A \times A$ es igual a la intersección de la familia formada por todas las relaciones reflexivas y transitivas S que cumplan $R \subseteq S \subseteq A \times A$.

Solución

Dada la relación $R \subseteq A \times A$, definimos la familia de relaciones

$$\mathcal{S} = \{S \subseteq A \times A \mid R \subseteq S, S \text{ es reflexiva y transitiva}\}.$$

Debemos comprobar la igualdad de conjuntos $\bigcap \mathcal{S} = R^*$. Para ello, probamos la doble inclusión de conjuntos:

- $\bigcap \mathcal{S} \subseteq R^*$. Sean $x, y \in A$ tales que $x \left(\bigcap \mathcal{S}\right) y$. Entonces $x S y$ para toda relación S reflexiva y transitiva que contenga a R. Como hemos visto en el apartado (a) del ejercicio 4.22 que R^* cumple estas propiedades, se tiene que $x R^* y$.

- $R^* \subseteq \bigcap \mathscr{S}$. Sea $S \in \mathscr{S}$. Entonces, $R \subseteq S$ y S es reflexiva y transitiva, por lo que se cumplen exactamente las condiciones del apartado (b) del ejercicio 4.22; por tanto, $R^* \subseteq S$. Como esto se cumple para toda relación $S \in \mathscr{S}$, concluimos que, en efecto, $R^* \subseteq \bigcap \mathscr{S}$.

4.25. Demuestra que el cierre transitivo R^+ de una relación binaria $R \subseteq A \times A$ es igual a la intersección de la familia formada por todas las relaciones transitivas S que cumplan $R \subseteq S \subseteq A \times A$.

Solución

Dada la relación $R \subseteq A \times A$, definimos la familia de relaciones

$$\mathscr{S} = \{S \subseteq A \times A \mid R \subseteq S, S \text{ es transitiva}\}.$$

Tenemos que comprobar la igualdad de conjuntos $\bigcap \mathscr{S} = R^+$. Para ello, probamos la doble inclusión de conjuntos:

- $\bigcap \mathscr{S} \subseteq R^+$. Sean $x, y \in A$ tales que $x \left(\bigcap \mathscr{S}\right) y$. Entonces $x S y$ para toda relación S transitiva que contenga a R. Como hemos visto en el apartado (c) del ejercicio 4.22 que R^+ es transitiva y contiene a R, se tiene que $x R^+ y$.

- $R^+ \subseteq \bigcap \mathscr{S}$. Sea $S \in \mathscr{S}$. Entonces, $R \subseteq S$ y S es transitiva, por lo que cumple las condiciones del apartado (d) del ejercicio 4.22; por tanto, $R^+ \subseteq S$. Como esto se cumple para toda relación $S \in \mathscr{S}$, concluimos que, en efecto, $R^* \subseteq \bigcap \mathscr{S}$, como queríamos demostrar.

4.26. Sea R la relación definida sobre $\mathbb{N}_1$ como: $xRy \iff x \mid y$. Estudia qué propiedades cumple la relación, considerando reflexividad, simetría y transitividad.

Solución

- *Reflexiva*. Sí. Para todo $x \in \mathbb{N}_1$ se cumple $x = 1 \cdot x$, por lo que $x \mid x$ y, por tanto, $x R x$.

- *Simétrica*. No. Contraejemplo: se cumple $2 R 6$, porque $2 \mid 6$, pero no $6 R 2$, porque 6 no divide a 2.

- *Transitiva*. Sí. Tenemos que comprobar que si $a, b, c \in \mathbb{N}_1$ verifican $a \mid b$ y $b \mid c$, entonces $a \mid c$. De $a \mid b$ tenemos $b = k_1 \cdot a$ para algún $k_1 \in \mathbb{Z}$, y de $b \mid c$ que $c = k_2 \cdot b$ para algún $k_2 \in \mathbb{Z}$. Se concluye que $c = k_2 \cdot (k_1 \cdot a) = (k_2 \cdot k_1) \cdot a$, lo que prueba $a \mid c$.

4.27. Sea R la relación definida sobre $\mathbb{N}_1$ como: $x R y \iff x \mid y, x \neq y$. Estudia qué propiedades cumple la relación, considerando reflexividad, simetría y transitividad.

Solución

- *Reflexiva*. No. Contraejemplo: No se cumple $1R1$, porque no es cierto que $1 \neq 1$.

- *Simétrica*. No. Contraejemplo: se cumple $2R6$, porque $2 \mid 6, 2 \neq 6$, pero no se cumple $6R2$, porque 6 no divide a 2.

- *Transitiva*. Sí. Sean $a, b, c \in \mathbb{N}_1$ tales que $a \mid b$ con $a \neq b$, $b \mid c$ con $b \neq c$. Hay que probar que entonces $a \mid c$ con $a \neq c$.

  Ya hemos visto en la solución del ejercicio 4.26 que de $a \mid b$ y $b \mid c$ se deduce $a \mid c$.

  Para que se tenga aRc, falta razonar que $a \neq c$. Ahora bien, si se tuviese $a = c$, como sabemos que $a \mid b$, se tendría $c \mid b$, y esto junto con $b \mid c$ implicaría, al ser b y c números positivos, que $b = c$, lo que no sucede. Luego debe ser $a \neq c$.

4.28. Sea R la relación definida sobre $\mathbb{N}_1$ como: $xRy \iff x \neq y$. Estudia qué propiedades cumple la relación, considerando reflexividad, simetría y transitividad.

Solución

- *Reflexiva*. No. Contraejemplo. No se cumple $1R1$ porque no se tiene $1 \neq 1$.

- *Simétrica*. Sí. Si xRy debe ser $x \neq y$, que es lo mismo que escribir $y \neq x$, es decir, yRx.

- *Transitiva*. No. Contraejemplo: Se verifican $2R4$ y $4R2$, pero sin embargo no se cumple $2R2$.

4.29. Sea R la relación definida sobre $\mathbb{N}_1$ como: $xRy \iff$ *al simplificar x/y e y/x resultan dos fracciones con numeradores y denominadores impares*. Estudia qué propiedades cumple la relación, considerando reflexividad, simetría y transitividad.

Solución

- *Reflexiva*. Sí. Para todo $x \in \mathbb{N}_1$, se tiene que el resultado de simplificar la fracción $\frac{x}{x}$ es la fracción $\frac{1}{1}$, cuyo numerador y denominador son impares, por lo que xRx.

- *Simétrica*. Sí. Partimos de dos valores $a, b \in \mathbb{N}_1$ tales que aRb, es decir, la simplificación $\frac{a'}{b'}$ de $\frac{a}{b}$ verifica que a', b' son impares. Entonces, la fracción simplificada de $\frac{b}{a}$ será $\frac{b'}{a'}$, por lo que se cumple también bRa.

- *Transitiva*. Sí. Para resolver este apartado es interesante observar que el resultado de una fracción $\frac{a}{b}$ da una fracción con numerador y denominador impares si y solo si las descomposiciones en factores primos de a y b incluyen el factor 2 elevado a la misma potencia.

  Partimos de tres valores $a, b, c \in \mathbb{N}_1$ tales que las fracciones obtenidas al simplificar $\frac{a}{b}$ y $\frac{b}{c}$ tienen numerador y denominador impares, es decir, aRb y bRc. Tenemos que comprobar que entonces el resultado de simplificar $\frac{a}{c}$ también está compuesto por numerador y denominador impares, es decir, que se cumple aRc.

  - Como aRb, tenemos que, en las descomposiciones en factores primos de a y b, el factor 2 aparece elevado a la misma cantidad, cantidad a la que podemos llamar, por ejemplo, n.

- Como bRc, tenemos que, en las descomposiciones en factores primos de b y c, el factor 2 aparece elevado a la misma cantidad. Del apartado anterior sabemos que el exponente de 2 en la descomposición de b es n, por lo que también será n el exponente de 2 en la descomposición de c.

Por tanto, las descomposiciones en factores primos de a y c incluyen ambas el factor 2 elevado a n, y su fracción simplificada tendrá numerador y denominador impar, por lo que en efecto aRc.

4.30. Sea R la relación definida sobre $\mathbb{N}_1$ como: $xRy \iff x < y^2$. Estudia qué propiedades cumple la relación, considerando reflexividad, simetría y transitividad.

Solución

- *Reflexiva*. No. Contraejemplo: No se verifica que $1 < 1^2$, por lo que no se cumple $1R1$.

- *Simétrica*. No. Contraejemplo: Se cumple $1 < 2^2$, pero no $2 < 1^2$.

- *Transitiva*. No. Contraejemplo: Se verifica $8 < 3^2$ y $3 < 2^2$, pero no $8 < 2^2$.

4.31. Sea R la relación definida sobre $\mathbb{N}_1$ como: $xRy \iff$ *existe* $n \in \mathbb{N}$ *tal que* $2^n < x < 2^{n+1}$ y $2^n < y < 2^{n+1}$. Estudia qué propiedades cumple la relación, considerando reflexividad, simetría y transitividad.

Solución

- *Reflexiva*. No. Contraejemplo: No se cumple, por ejemplo, $2R2$. El único valor de n que verifica $2^n < 2$ es $n = 0$, pero en este caso no se tiene $2 < 2^{n+1}$. También valdría como contraejemplo cualquier otra potencia de 2.

- *Simétrica*. Sí. Se deduce directamente de la definición al requerirse la misma condición para los dos números x e y.

- *Transitiva*. Sí. En este apartado es importante observar que para todo $x \in \mathbb{N}_1$ existe a lo sumo un único valor $n \in \mathbb{N}$ tal que $2^n < x < 2^{n+1}$.

  Sean $a, b, c \in \mathbb{N}_1$ tales que aRb y bRc.

  - Como aRb, existe n tal que $2^n < a < 2^{n+1}$ y $2^n < b < 2^{n+1}$.

  - Como bRc, existe m tal que $2^m < b < 2^{m+1}$ y $2^m < c < 2^{m+1}$.

  A partir de $2^n < b < 2^{n+1}$ y $2^m < b < 2^{m+1}$ se deduce por el comentario previo que $m = n$. Entonces tenemos $n \in \mathbb{N}$ tal que $2^n < a < 2^{n+1}$ y $2^n < c < 2^{n+1}$. Por tanto, se cumple aRc, como queríamos demostrar.

4.32. Sea R la relación definida sobre $\mathbb{N}_1$ como: $xRy \iff y - x + 2$ *es un número primo*. Estudia qué propiedades cumple la relación, considerando reflexividad, simetría y transitividad.

Solución

- *Reflexiva*. Sí. Para todo $x \in \mathbb{N}_1$ se tiene que $x - x + 2 = 2$ y 2 es un número primo, por lo que $x\,R\,x$.
- *Simétrica*. No. Contraejemplo: tomando $a = 2, b = 3$, tenemos que $a\,R\,b$ (pues $b - a + 2 = 3$ y 3 es un número primo), pero no se cumple $b\,R\,a$, porque $a - b + 2 = 1$ y 1 no es un número primo.
- *Transitiva*. No. Contraejemplo: tomando $a = 4, b = 5, c = 6$ tenemos $a\,R\,b$, porque $b - a + 2 = 3$, y que $b\,R\,c$, porque $c - b + 2 = 3$, pero no se tiene $a\,R\,c$, porque $c - a + 2 = 4$ y 4 no es primo.

4.33. Sea R la relación definida sobre $\mathbb{N}_1$ como: $x\,R\,y \iff |y - x| + 2$ *es un número primo*. Estudia qué propiedades cumple la relación, considerando reflexividad, simetría y transitividad.

Solución

- *Reflexiva*. Sí. Para todo $x \in \mathbb{N}_1$ se tiene que $|x - x| + 2 = 2$ y 2 es un número primo.
- *Simétrica*. Sí. Sean a, b tales que $a\,R\,b$. Entonces $|a - b| + 2$ es un número primo y, por las propiedades del valor absoluto, $|b - a| + 2 = |a - b| + 2$, por lo que $|b - a| + 2$ es también primo y, en consecuencia, se cumple $b\,R\,a$.
- *Transitiva*. No. Como contraejemplo, podemos tomar el mismo del ejercicio 4.32.

4.34. Explica por qué las siguientes relaciones binarias, definidas sobre el conjunto de los seres humanos, *no* son de equivalencia. Identifica cuáles de las propiedades reflexiva, simétrica y transitiva se verifican en cada caso.

(a) $x\,R\,y \iff x$ e y tienen un progenitor común.

(b) $x\,R\,y \iff x$ e y se conocen.

(c) $x\,R\,y \iff x$ e y hablan un mismo lenguaje.

Solución

Las tres relaciones son reflexivas y simétricas, pero no transitivas. Veamos cada apartado por separado:

(a) Es reflexiva: todo el mundo tiene un progenitor común consigo mismo. También es simétrica: si a y b tienen un progenitor común, entonces b y a tienen un progenitor común. Sin embargo, no es transitiva. Veamos un contraejemplo: suponemos que a tiene como progenitores a p_1, m_1, que b tiene como progenitores a p_1, m_2 y que c tiene como progenitores a p_3, m_2. Entonces $a\,R\,b$ (p_1 es progenitor común) y $b\,R\,c$ (m_2 es progenitor común), pero no se cumple $a\,R\,c$.

(b) Es reflexiva: suponemos que todo el mundo se conoce a sí mismo. También es simétrica: si a conoce a b, entonces b conoce a a (estamos suponiendo que *conocerse* significa aquí *conocerse mutuamente*; en otro caso, no sería simétrica). Sin embargo, no es transitiva: basta con considerar tres seres humanos a, b, c tales que a y b se conocen entre sí, b y c también se conocen, pero a y c no se conocen.

(c) Es reflexiva: suponemos que todo el mundo habla al menos un lenguaje. También es simétrica: si a y b hablan un mismo lenguaje, b y a también hablan un mismo lenguaje. Sin embargo, no es transitiva: supongamos que a habla solo inglés, que b habla inglés y francés y que c solo habla francés. Entonces tenemos $a\,R\,b$ y $b\,R\,c$, pero no $a\,R\,c$.

4.35. Enumera el conjunto formado por todas las relaciones binarias sobre el conjunto $\{0,1\}$. Determina cuáles son reflexivas, cuáles son simétricas y cuáles son transitivas.

Solución

Una relación binaria sobre $A = \{0,1\}$ es cualquier subconjunto $R \subseteq A \times A$ o, dicho con otras palabras, cualquier elemento R en $\mathscr{P}(A \times A)$. Como $A \times A$ tiene $2 \cdot 2 = 4$ elementos, explícitamente, $A \times A = \{(0,0),(0,1),(1,0),(1,1)\}$, tenemos que en $\mathscr{P}(A \times A)$ hay un total de $2^4 = 16$ elementos, es decir, 16 relaciones binarias sobre A.

Vamos a ver en una tabla qué propiedades cumple cada una de estas 16 relaciones binarias:

	Reflexiva	Simétrica	Transitiva
$\emptyset$	No	Sí	Sí
$\{(0,0)\}$	No	Sí	Sí
$\{(0,1)\}$	No	No	Sí
$\{(1,0)\}$	No	No	Sí
$\{(1,1)\}$	No	Sí	Sí
$\{(0,0),(0,1)\}$	No	No	Sí
$\{(0,0),(1,0)\}$	No	No	Sí
$\{(0,0),(1,1)\}$	Sí	Sí	Sí
$\{(0,1),(1,0)\}$	No	Sí	No
$\{(0,1),(1,1)\}$	No	No	Sí
$\{(1,0),(1,1)\}$	No	No	Sí
$\{(0,0),(0,1),(1,0)\}$	No	Sí	No
$\{(0,0),(0,1),(1,1)\}$	Sí	No	Sí
$\{(0,0),(1,0),(1,1)\}$	Sí	No	Sí
$\{(0,1),(1,0),(1,1)\}$	No	Sí	No
$\{(0,0),(0,1),(1,0),(1,1)\}$	Sí	Sí	Sí

Por ejemplo, el conjunto vacío es una relación binaria simétrica porque verifica que para todo par $a\,R\,b$ existe el simétrico $b\,R\,a$, por no existir $a\,R\,b$. Puede ayudar a entenderlo pensar que no es posible encontrar un contraejemplo.

4.36. Una relación $R \subseteq A \times A$ se llama *total* si $dom(R) = A$.

(a) Demuestra por medio de un ejemplo que una relación simétrica y transitiva puede no ser reflexiva.

(b) A continuación, demuestra mediante un razonamiento general que si una relación es simétrica, transitiva y total, entonces siempre es reflexiva.

Solución

(a) Veamos primero el ejemplo. Tomemos el conjunto $A = \{a, b\}$ y la relación $R \subseteq A \times A$ dada por $R = \{(a, a)\}$. Esta relación es simétrica (pues el par simétrico de (a, a) es él mismo y obviamente está en la relación) y transitiva (pues el único caso $x R y$, $y R z$ se da con $x = y = z = a$ y entonces $x R z$ también se cumple), pero no es reflexiva por faltar el par (b, b).

(b) Veamos ahora que una relación R total, simétrica y transitiva sobre un conjunto A es necesariamente reflexiva. Sea $x \in A$ y demostremos que $x R x$.

Por ser la relación total, $x \in dom(R)$ y, en consecuencia, debe existir cierto $y \in A$ tal que $x R y$. Por ser la relación simétrica, también se tendrá $y R x$. Y finalmente, de $x R y$, $y R x$, al ser la relación transitiva, se tendrá $x R x$, como queríamos demostrar.

4.37. Considera las tres relaciones binarias $\sim_p$, $\sim_d$ y $\sim$ definidas sobre el conjunto $(\mathbb{N} \dashrightarrow \mathbb{N})$ de todas las funciones parciales de $\mathbb{N}$ en $\mathbb{N}$:

(a) $f \sim_p g \iff f(x) = g(x)$ para todo $x \in dom(f) \cap dom(g)$,

(b) $f \sim_d g \iff dom(f) = dom(g)$,

(c) $f \sim g \iff f \sim_p g$ y $f \sim_d g$.

Estudia cuáles de las propiedades reflexiva, simétrica y transitiva verifica cada una de estas relaciones. ¿Es alguna de ellas una relación de equivalencia?

Solución

(a) Comprobamos las propiedades para la relación $f \sim_p g$:

- *Reflexiva.* Sí. Para todo $f \in (\mathbb{N} \dashrightarrow \mathbb{N})$ se tiene que $f \sim_p f$, porque obviamente $f(x) = f(x)$ para todo $x \in dom(f) \cap dom(f) = dom(f)$.

- *Simétrica.* Sí. Sean $f, g \in (\mathbb{N} \dashrightarrow \mathbb{N})$ tales que $f \sim_p g$. ¿Se tiene que $g \sim_p f$?
  Por ser $f \sim_p g$ se cumple $f(x) = g(x)$ para todo $x \in dom(f) \cap dom(g)$. Al ser la igualdad y la intersección operaciones conmutativas, esto es lo mismo que $g(x) = f(x)$ para todo $x \in dom(g) \cap dom(f)$, es decir, $g \sim_p f$.

- *Transitiva.* No. La idea es que si pensamos en tres funciones f, g, h tenemos que, aunque f y g coincidan en la intersección de sus dominios y g y h también lo hagan sobre la intersección de sus dominios, resulta que la intersección de los dominios de f y h es una región distinta en la que puede suceder que f y h no coincidan. Veamos un contraejemplo concreto. Sean f, g, h las tres funciones parciales de $\mathbb{N}$ en $\mathbb{N}$ dadas por:

$$dom(f) = \{1, 2\} \qquad dom(g) = \{2, 3\} \qquad dom(h) = \{1, 3\}$$
$$f(1) = 1 \qquad\qquad g(2) = 2 \qquad\qquad h(1) = 5$$
$$f(2) = 2, \qquad\qquad g(3) = 3, \qquad\qquad h(3) = 3.$$

Entonces:

- $f \sim_p g$, ya que $dom(f) \cap dom(g) = \{2\}$ y $f(2) = g(2) = 2$,
- $g \sim_p h$, ya que $dom(g) \cap dom(h) = \{3\}$ y $g(3) = h(3) = 3$,
- pero $g \not\sim_p h$, ya que $dom(f) \cap dom(h) = \{1\}$ y $f(1) = 1 \neq 5 = h(1)$.

Por tanto, $\sim_p$ no es una relación de equivalencia.

(b) Podemos entender la relación $f \sim_d g$ de forma intuitiva como la relación "tener el mismo dominio". Es fácil ver que es reflexiva, simétrica y transitiva y, por tanto, una relación de equivalencia, por serlo la relación de igualdad sobre cualquier conjunto.

(c) Esta relación es una restricción de la anterior y podemos enunciarla como "tener el mismo dominio y coincidir sobre él". Igual que en el caso anterior resulta inmediato comprobar que es una relación reflexiva, simétrica y transitiva y, por tanto, de equivalencia.

Veamos los detalles de la propiedad de transitividad. Sean $f, g, h \in (\mathbb{N} \dashrightarrow \mathbb{N})$ tales que $f \sim g$ y $g \sim h$. Entonces, $dom(f) = dom(g)$, $f(x) = g(x)$ para todo $x \in dom(f) \cap dom(g)$, $dom(g) = dom(h)$ y $g(x) = h(x)$ para todo $x \in dom(g) \cap dom(h)$. De aquí, $dom(f) = dom(g) = dom(h)$ (las tres funciones tienen el mismo dominio) y $f(x) = g(x) = h(x)$ para todo $x \in dom(f) \cap dom(h) = dom(f) = dom(h)$ (las tres funciones coinciden sobre todos sus valores). En particular, $f \sim h$.

4.38. En el conjunto $\mathbb{Z}$ de los enteros, definimos la relación R por: $x R y \iff x + 3y$ *es múltiplo de 4.*

(a) Prueba que R es una relación de equivalencia.

(b) Indica qué valores pertenecen a las clases de equivalencia $[4]$ y $[0]$. ¿Se verifica $[0] = [4]$? Razona tu respuesta.

Solución

(a) Para que sea de equivalencia debe cumplir las siguientes propiedades:

- *Reflexiva.* Para todo $x \in \mathbb{Z}$ se tiene que $x + 3x = 4x$ es múltiplo de 4 y, por tanto, $x R x$.
- *Simétrica.* Supongamos que $x R y$; entonces, $x + 3y = 4k$ para cierto $k \in \mathbb{Z}$, de donde $x = 4k - 3y$. Por tanto,

$$y + 3x = y + 12k - 9y = -8y + 12k = 4(-2y + 3k),$$

es decir, $y + 3x$ también es múltiplo de 4 y, por tanto, $y R x$.

- *Transitiva.* Si $x R y$, $y R z$, ¿se tiene que $x R z$?
  Al ser $x R y$, $y R z$, deben existir enteros k, k' que cumplan $x + 3y = 4k$, $y + 3z = 4k'$. Sumando ambas igualdades, tenemos que $(x + 3y) + (y + 3z) = 4k + 4k'$, es decir, $x + 3z + 4y = 4(k + k')$, y pasando $4y$ al otro lado, $x + 3z = 4(k + k' - y)$, de donde $x R z$.

(b) Vamos a ver qué elementos forman la clase de equivalencia $[4]$:

$$\begin{aligned}
[4] &= \{y \in \mathbb{Z} \mid 4 + 3y \text{ es múltiplo de 4}\} \\
&= \{y \in \mathbb{Z} \mid 4 + 3y = 4k \text{ para algún } k \in \mathbb{Z}\} \\
&= \{y \in \mathbb{Z} \mid 3y = 4k - 4 \text{ para algún } k \in \mathbb{Z}\} \\
&= \{y \in \mathbb{Z} \mid 3y = 4(k - 1) \text{ para algún } k \in \mathbb{Z}\} \\
&= \{y \in \mathbb{Z} \mid 3y = 4k' \text{ para algún } k' \in \mathbb{Z}\} \qquad [\text{tomando } k' = k - 1] \\
&= \{y \in \mathbb{Z} \mid 3y \text{ es múltiplo de 4}\} \\
&= \{y \in \mathbb{Z} \mid y \text{ es múltiplo de 4}\},
\end{aligned}$$

puesto que es fácil ver que $3y$ es múltiplo de 4 si y solo si y es múltiplo de 4.

Por otra parte, con respecto a la clase de equivalencia $[0]$:

$$[0] = \{y \in \mathbb{Z} \mid 0 + 3y \text{ es múltiplo de } 4\}$$
$$= \{y \in \mathbb{Z} \mid 3y \text{ es múltiplo de } 4\}$$
$$= \{y \in \mathbb{Z} \mid y \text{ es múltiplo de } 4\},$$

por la misma razón que antes.

Por tanto, $[0] = [4]$. Para argumentar esto último también se podría indicar que $4R0$ (pues $4 + 3 \cdot 0 = 4$ es, obviamente, múltiplo de 4), de donde $[0] = [4]$.

4.39. Dado el conjunto $A = \{a, b, c, d, e, f\}$ con la partición $S = \{\{a, b\}, \{c\}, \{d, e, f\}\}$, definimos la relación de equivalencia R sobre A por $x R y \iff x, y$ *están en el mismo conjunto de la partición*, es decir, existe $P \in S$ tal que $x, y \in P$.

(a) Enumera los pares de la relación.

(b) Calcula la clase de equivalencia $[e]$.

Solución

(a) En la relación R cada elemento está relacionado con todos los que se encuentran en el mismo conjunto de la partición que él mismo. En particular, cada elemento está relacionado consigo mismo. Por lo tanto,

$$R = \{(a, a), (b, b), (c, c), (d, d), (e, e), (f, f), (a, b),$$
$$(b, a), (d, e), (e, d), (d, f), (f, d), (e, f), (f, e)\}.$$

Esta forma de definir una relación de equivalencia a partir de una partición puede generalizarse a conjuntos y particiones cualesquiera. A la relación definida de esta forma se le llama *relación de equivalencia asociada a la partición*.

(b) La clase de equivalencia de e es el conjunto de todos los elementos relacionados con e mediante la relación R. Entonces,

$$[e] = \{x \in A \mid e R x\} = \{e, d, f\}.$$

Obsérvese que la clase de equivalencia $[e]$ del elemento e coincide con el conjunto de la partición S al que pertenece e.

4.40. Sea $R = \{(a, b) \in \mathbb{Z} \times \mathbb{Z} \mid b^2 - a^2 = 3k \text{ para algún } k \in \mathbb{Z}\}$ una relación binaria sobre $\mathbb{Z}$.

(a) Demuestra que R es una relación de equivalencia.

(b) ¿Es R una función? ¿Por qué?

(c) Indica qué elementos forman las clases de equivalencia $[2]$, $[3]$.

Solución

(a) Para ver que R es una relación de equivalencia, probamos las propiedades reflexiva, simétrica y transitiva:

- *Reflexiva*. Sea $x \in \mathbb{Z}$. Entonces xRx si $(x, x) \in R$, es decir, si existe $k \in \mathbb{Z}$ tal que $x^2 - x^2 = 3k$. En efecto, como $x^2 - x^2 = 0$, basta tomar $k = 0$.

- *Simétrica*. Supongamos que $x R y$ para ciertos $x, y \in \mathbb{Z}$. ¿Se tiene entonces $y R x$? $x R y$ significa que existe $k \in \mathbb{Z}$ tal que $y^2 - x^2 = 3k$. Tenemos que encontrar entonces k' tal que $x^2 - y^2 = 3k'$ para que se cumpla yRx. Observando que $x^2 - y^2 = -(y^2 - x^2) = -3k$, vemos que basta tomar $k' = -k$.

- *Transitiva*. Si $x R y$, $y R z$, ¿se cumple entonces $x R z$? Por hipótesis, tenemos que existen $k, k' \in \mathbb{Z}$ tales que

$$y^2 - x^2 = 3k,$$
$$z^2 - y^2 = 3k',$$

y queremos encontrar k'' tal que $z^2 - x^2 = 3k''$ para probar $x R z$. Sumando las dos ecuaciones anteriores, se tiene:

$$z^2 - x^2 = (y^2 - x^2) + (z^2 - y^2) = 3k + 3k' = 3(k + k'),$$

por lo que, tomando $k'' = k + k'$, se cumple $z^2 - x^2 = 3k''$ y, en consecuencia, $x R z$.

(b) R no es una función. En una función cada elemento x debe tener asociado un único y tal que $x R y$. Pero en esta relación existen valores x que tienen dos "imágenes" (valores x de los que saldrían dos flechas si dibujáramos la relación como un diagrama). Por ejemplo, para $x = 0$, tenemos que $0 R 3$ y $0 R 6$.

(c) Calculamos los elementos que forman la clase de equivalencia $[2]$:

$$[2] = \{y \in \mathbb{Z} \mid 2 R y\}$$
$$= \{y \in \mathbb{Z} \mid y^2 - 2^2 = 3k \text{ para algún } k \in \mathbb{Z}\}$$
$$= \{y \in \mathbb{Z} \mid y = \pm\sqrt{3k + 4} \text{ para algún } k \in \mathbb{Z}\}$$
$$= \{\underbrace{1, -1}_{k=-1}, \underbrace{2, -2}_{k=0}, \underbrace{4, -4}_{k=4}, \underbrace{5, -5}_{k=7}, \underbrace{8, -8}_{k=20}, \dots\}.$$

Es interesante notar que no todos los valores de k dan lugar a valores válidos para y; solo los que verifican que $3k + 4$ es el cuadrado de un número entero.

De manera similar, calculamos los elementos que forman la clase de equivalencia $[3]$:

$$[3] = \{y \in \mathbb{Z} \mid 3Ry\}$$
$$= \{y \in \mathbb{Z} \mid y^2 - 3^2 = 3k \text{ para algún } k \in \mathbb{Z}\}$$
$$= \{y \in \mathbb{Z} \mid y = \pm\sqrt{3k + 9} \text{ para algún } k \in \mathbb{Z}\}$$
$$= \{\underbrace{0}_{k=-3}, \underbrace{3, -3}_{k=0}, \underbrace{6, -6}_{k=9}, \underbrace{7, -7}_{k=11}, \dots\}.$$

4.41. Sean un conjunto M y un subconjunto fijo $P \subseteq M$. Demuestra que la relación $\sim \subseteq \mathscr{P}(M) \times \mathscr{P}(M)$ definida por $A \sim B \iff A \oplus B \subseteq P$ es de equivalencia, donde $\oplus$ es la operación sobre conjuntos de diferencia simétrica.

Solución

Tenemos que demostrar que la relación $\sim$ es reflexiva, simétrica y transitiva. Estas propiedades las vamos a deducir de propiedades interesantes de la operación de diferencia simétrica sobre conjuntos.

En primer lugar, la diferencia simétrica tiene la siguiente propiedad:

$$A \oplus A = (A \setminus A) \cup (A \setminus A) = \emptyset \cup \emptyset = \emptyset.$$

De aquí, para cualquier conjunto A se tiene $A \oplus A = \emptyset \subseteq P$ y, por consiguiente, la relación $\sim$ es reflexiva.

Como la unión de conjuntos es conmutativa,

$$A \oplus B = (A \setminus B) \cup (B \setminus A) = (B \setminus A) \cup (A \setminus B) = B \oplus A,$$

y deducimos que la diferencia simétrica también es conmutativa. Entonces

$$A \oplus B \subseteq P \iff B \oplus A \subseteq P,$$

por lo que la relación $\sim$ es simétrica.

La tercera propiedad que necesitamos de la diferencia simétrica es la siguiente:

$$A \oplus C \subseteq (A \oplus B) \cup (B \oplus C).$$

Vamos a demostrarla. Si $x \in A \oplus C = (A \setminus C) \cup (C \setminus A)$, consideramos los casos siguientes:

- $x \in A \setminus C$. Esto significa que $x \in A$ y $x \notin C$.
  - Si $x \in B$, entonces $x \in B \setminus C \subseteq B \oplus C \subseteq (A \oplus B) \cup (B \oplus C)$.
  - Si $x \notin B$, entonces $x \in A \setminus B \subseteq A \oplus B \subseteq (A \oplus B) \cup (B \oplus C)$.
- $x \in C \setminus A$. Esto significa que $x \in C$ y $x \notin A$.
  - Si $x \in B$, entonces $x \in B \setminus A \subseteq A \oplus B \subseteq (A \oplus B) \cup (B \oplus C)$.
  - Si $x \notin B$, entonces $x \in C \setminus B \subseteq B \oplus C \subseteq (A \oplus B) \cup (B \oplus C)$.

Supongamos finalmente que $A \sim B$ y $B \sim C$, es decir, $A \oplus B \subseteq P$ y $B \oplus C \subseteq P$. Por la propiedad anterior tenemos $A \oplus C \subseteq (A \oplus B) \cup (B \oplus C) \subseteq P \cup P = P$, de donde $A \sim C$. Por tanto, la relación $\sim$ es transitiva.

4.42. Sea A un conjunto infinito. Demuestra que la relación binaria $\sim$ definida sobre el conjunto $\mathscr{P}(A)$ como: $X \sim Y \iff X \oplus Y$ *es finito* (donde $\oplus$ es la operación de diferencia simétrica) es una relación de equivalencia.

Solución

Tenemos que demostrar que la relación $\sim$ es reflexiva, simétrica y transitiva. Estas propiedades las vamos a deducir de las siguientes propiedades de la operación de diferencia simétrica sobre conjuntos que han sido demostradas en la solución del ejercicio 4.41:

(a) $X \oplus X = \emptyset$.

(b) $X \oplus Y = Y \oplus X$.

(c) $X \oplus Z \subseteq (X \oplus Y) \cup (Y \oplus Z)$.

- *Reflexiva.* Para cualquier $X \in \mathscr{P}(A)$, por la propiedad (a), $X \oplus X = \emptyset$, que es, obviamente, finito. Por tanto, $X \sim X$.

- *Simétrica.* Por la propiedad (b), $X \oplus Y = Y \oplus X$, por lo que $X \oplus Y$ es finito si y solo si $Y \oplus X$ es finito. Por tanto, si $X \sim Y$, entonces $Y \sim X$.

- *Transitiva.* Supongamos que $X \sim Y$ e $Y \sim Z$, es decir, $X \oplus Y$ es finito e $Y \oplus Z$ es finito. Por la propiedad (c), tenemos $X \oplus Z \subseteq (X \oplus Y) \cup (Y \oplus Z)$, que es finito por ser unión de dos conjuntos finitos. Entonces $X \oplus Z$ es asimismo finito y, por tanto, $X \sim Z$.

4.43. Demuestra que la relación $R \subseteq (\mathbb{N} \times \mathbb{N}) \times (\mathbb{N} \times \mathbb{N})$ definida por $(a, b) R(c, d) \iff a + d = b + c$ es de equivalencia. Identifica las clases de equivalencia, describe el conjunto cociente y define sobre él las operaciones $+$ y $\cdot$, de tal modo que la clase $[(a, b)]$ se comporte como el número entero $a - b$.

Nota: En la solución deben usarse solamente operaciones aritméticas que estén bien definidas en el conjunto $\mathbb{N}$ de los números naturales.

Solución

Para comprender qué pares están relacionados, puede ser útil reescribir la igualdad $a + d = b + c$ como $a - b = c - d$. Es decir, dos pares están relacionados cuando al restar sus componentes se obtiene el mismo número entero. Sin embargo, el planteamiento se hace exclusivamente con operaciones en el conjunto $\mathbb{N}$ de los números naturales, sobre los cuales la diferencia se considera habitualmente una operación *parcial*.

Veamos que la relación R cumple las propiedades reflexiva, simétrica y transitiva:

- *Reflexiva.* Sea $(a, b) \in \mathbb{N} \times \mathbb{N}$. Se tiene que $(a, b) R(a, b)$, porque $a + b = a + b$.

- *Simétrica.* Si $(a, b) R(c, d)$ entonces $a + d = b + c$, que es equivalente a $c + b = d + a$ y, por tanto, $(c, d) R(a, b)$.

- *Transitiva.* Si $(a, b) R(c, d)$ y $(c, d) R(e, f)$, entonces $a + d = b + c$ y $c + f = d + e$. Sumando ambas ecuaciones, obtenemos $a + d + c + f = b + c + d + e$ y, restando la cantidad común $d + c$ de ambos lados, deducimos $a + f = b + e$; por tanto, $(a, b) R(e, f)$.

Las clases de equivalencia serán: $[(a, b)] = \{(c, d) \in \mathbb{N} \times \mathbb{N} \mid a + d = b + c\}$.

Notemos que cada par (a, b) es equivalente a un par en el que al menos una de las dos componentes es igual a 0. En efecto, si $a \geq b$, $a - b \in \mathbb{N}$ y $(a, b) R(a - b, 0)$, porque $a + 0 = b + (a - b)$; por otra parte, si $a < b$, $b - a \in \mathbb{N}$ y $(a, b) R(0, b - a)$, porque $a + (b - a) = b + 0$. Tenemos entonces que podemos escribir el conjunto cociente como:

$$
\begin{aligned}
(\mathbb{N} \times \mathbb{N})/R &= \{[(a, b)] \mid (a, b) \in \mathbb{N} \times \mathbb{N}\} \\
&= \{[(a, b)] \mid (a, b) \in \mathbb{N} \times \mathbb{N}, a \geq b\} \cup \{[(a, b)] \mid (a, b) \in \mathbb{N} \times \mathbb{N}, a < b\} \\
&= \{[(a - b, 0)] \mid (a, b) \in \mathbb{N} \times \mathbb{N}, a \geq b\} \cup \{[(0, b - a)] \mid (a, b) \in \mathbb{N} \times \mathbb{N}, a < b\} \\
&= \{[(x, 0)] \mid x \in \mathbb{N}\} \cup \{[(0, y)] \mid y \in \mathbb{N}_1\}.
\end{aligned}
$$

Este conjunto cociente corresponde a una representación de los números enteros, de forma que el primer miembro de la unión corresponde a los números no negativos y el segundo a los números negativos.

Definimos ahora las operaciones que nos piden entre elementos del conjunto cociente:

$$[(a,b)] + [(c,d)] = [(a+c, b+d)],$$
$$[(a,b)] \cdot [(c,d)] = [(ac+bd, ad+bc)].$$

Se verifica, en efecto, que si hacemos corresponder:

$[(a,b)]$ con $a - b$, $[(c,d)]$ con $c - d$,

$[(a+c, b+d)]$ con $a + c - (b+d)$, $[(ac+bd, ad+bc)]$ con $ac + bd - (ad + bc)$,

se tiene que

$$(a-b) + (c-d) = a + c - (b+d),$$
$$(a-b) \cdot (c-d) = ac + bd - (ad + bc),$$

como pedía el enunciado. Pero todavía no hemos acabado: siempre que se define una operación entre clases de equivalencia hay que comprobar que está bien definida, es decir, que no depende de los representantes elegidos en la definición. Por tanto, tenemos que comprobar que si $(a,b)R(a',b')$ y $(c,d)R(c',d')$, entonces:

(a) $(a+c, b+d)R(a'+c', b'+d')$.

Esto se cumple porque, de $a + b' = b + a'$ y $c + d' = d + c'$, sumando ambas, deducimos

$$(a+c) + (b'+d') = (a+b') + (c+d') = (b+a') + (d+c') = (b+d) + (a'+c').$$

(b) $(ac+bd, ad+bc)R(a'c'+b'd', a'd'+b'c')$.

Esto también se cumple, aunque para demostrarlo usando solamente la suma y el producto hace falta manipular adecuadamente las ecuaciones $a + b' = b + a'$ y $c + d' = d + c'$:

- multiplicando la primera por c: $ac + b'c = bc + a'c$,
- multiplicando la segunda por a': $a'c + a'd' = a'd + a'c'$,
- multiplicando la primera por d e intercambiando los lados: $bd + a'd = ad + b'd$,
- multiplicando la segunda por b' e intercambiando los lados: $b'd + b'c' = b'c + b'd'$.

Sumando ahora las cuatro ecuaciones obtenidas y reordenando términos, queda:

$$(ac + bd + a'd' + b'c') + (b'c + a'c + a'd + b'd) = (ad + bc + a'c' + b'd') + (a'c + a'd + b'd + b'c).$$

Finalmente, restando en ambos lados la cantidad común $b'c + a'c + a'd + b'd$, obtenemos

$$ac + bd + a'd' + b'c' = ad + bc + a'c' + b'd',$$

como queríamos demostrar.

4.44. Sea $\sim \subseteq (\mathbb{Z} \times \mathbb{N}_1) \times (\mathbb{Z} \times \mathbb{N}_1)$ la relación binaria sobre $\mathbb{Z} \times \mathbb{N}_1$ definida por $(x_1, y_1) \sim (x_2, y_2) \iff x_1 \cdot y_2 = x_2 \cdot y_1$. Resuelve los dos apartados siguientes utilizando solamente operaciones aritméticas que estén definidas en los conjuntos $\mathbb{Z}$ de los enteros y $\mathbb{N}_1$ de los naturales positivos.

(a) Demuestra que $\sim$ es una relación de equivalencia y explica por qué se puede afirmar que cada clase de equivalencia representa un número racional.

(b) Entre clases de equivalencia de $\sim$ se puede definir la operación $\oplus$ poniendo

$$[(x_1, y_1)] \oplus [(x_2, y_2)] = [(x_1 \cdot y_2 + x_2 \cdot y_1, y_1 \cdot y_2)].$$

Demuestra que esta definición es independiente de los representantes y explica cuál es la operación entre números racionales representada por $\oplus$.

Solución

(a) Tenemos que demostrar que la relación $\sim$ es reflexiva, simétrica y transitiva.

- *Reflexiva.* $(x_1, y_1) \sim (x_1, y_1)$ equivale a $x_1 \cdot y_1 = x_1 \cdot y_1$, que es obviamente cierto.
- *Simétrica.* Si $(x_1, y_1) \sim (x_2, y_2)$, entonces $x_1 \cdot y_2 = x_2 \cdot y_1$. Esta igualdad es equivalente a $x_2 \cdot y_1 = x_1 \cdot y_2$, por lo que $(x_2, y_2) \sim (x_1, y_1)$.
- *Transitiva.* Supongamos que $(x_1, y_1) \sim (x_2, y_2)$ y $(x_2, y_2) \sim (x_3, y_3)$. Por la definición de la relación $\sim$, tenemos $x_1 \cdot y_2 = x_2 \cdot y_1$ y $x_2 \cdot y_3 = x_3 \cdot y_2$.
  Multiplicando miembro a miembro queda la igualdad: $x_1 \cdot y_2 \cdot x_2 \cdot y_3 = x_2 \cdot y_1 \cdot x_3 \cdot y_2$. Como $y_2 \in \mathbb{N}_1$, tenemos $y_2 \neq 0$ y podemos simplificar la anterior igualdad dividiendo ambos miembros por y_2, obteniendo: $x_1 \cdot x_2 \cdot y_3 = x_2 \cdot y_1 \cdot x_3$.
  El otro factor común en ambos miembros es x_2, pero $x_2 \in \mathbb{Z}$ no garantiza que $x_2 \neq 0$ para poder dividir, por lo que distinguimos dos casos:
  - $x_2 \neq 0$. En este caso podemos hacer la simplificación comentada antes y obtenemos: $x_1 \cdot y_3 = y_1 \cdot x_3 = x_3 \cdot y_1$, de donde $(x_1, y_1) \sim (x_3, y_3)$, como queríamos demostrar.
  - $x_2 = 0$. En este caso se debe cumplir también $x_1 = 0$, porque $x_1 \cdot y_2 = 0$ con $y_2 \neq 0$, y $x_3 = 0$, porque $x_3 \cdot y_2 = 0$ con $y_2 \neq 0$. Y entonces $x_1 \cdot y_3 = 0 = x_3 \cdot y_1$, de donde $(x_1, y_1) \sim (x_3, y_3)$, como queríamos demostrar.

La clase de equivalencia $[(x, y)]$ corresponde al número racional representado por la fracción $\frac{x}{y}$. Notemos que tal fracción tiene sentido porque $y \neq 0$. La relación de equivalencia entre pares $(x_1, y_1) \sim (x_2, y_2)$ corresponde a la "igualdad" entre fracciones:

$$\frac{x_1}{y_1} = \frac{x_2}{y_2} \iff x_1 \cdot y_2 = x_2 \cdot y_1.$$

(b) Supongamos que $(x_1, y_1) \sim (x_1', y_1')$ y $(x_2, y_2) \sim (x_2', y_2')$, es decir,

$$x_1 \cdot y_1' = x_1' \cdot y_1, \qquad\qquad (\text{E}_1)$$
$$x_2 \cdot y_2' = x_2' \cdot y_2. \qquad\qquad (\text{E}_2)$$

Tenemos que demostrar: $(x_1 \cdot y_2 + x_2 \cdot y_1, y_1 \cdot y_2) \sim (x_1' \cdot y_2' + x_2' \cdot y_1', y_1' \cdot y_2')$, que, según la definición de la relación $\sim$, es equivalente a

$$(x_1 \cdot y_2 + x_2 \cdot y_1) \cdot (y_1' \cdot y_2') = (x_1' \cdot y_2' + x_2' \cdot y_1') \cdot (y_1 \cdot y_2).$$

Por la propiedad distributiva de la suma, esta ecuación puede reformularse como

$$x_1 \cdot y_2 \cdot y_1' \cdot y_2' + x_2 \cdot y_1 \cdot y_1' \cdot y_2' = x_1' \cdot y_2' \cdot y_1 \cdot y_2 + x_2' \cdot y_1' \cdot y_1 \cdot y_2. \qquad (\text{E})$$

Veamos ahora cómo se deduce la ecuación (E) a partir de (E_1) y (E_2).
Multiplicando ambos miembros de (E_1) por $y_2 \cdot y_2'$ resulta: $x_1 \cdot y_1' \cdot y_2 \cdot y_2' = x_1' \cdot y_1 \cdot y_2 \cdot y_2'$.
Multiplicando ambos miembros de (E_2) por $y_1 \cdot y_1'$ resulta: $x_2 \cdot y_2' \cdot y_1 \cdot y_1' = x_2' \cdot y_2 \cdot y_1 \cdot y_1'$.
Sumando ahora miembro a miembro estas dos últimas ecuaciones queda:

$$x_1 \cdot y_1' \cdot y_2 \cdot y_2' + x_2 \cdot y_2' \cdot y_1 \cdot y_1' = x_1' \cdot y_1 \cdot y_2 \cdot y_2' + x_2' \cdot y_2 \cdot y_1 \cdot y_1',$$

de la cual se obtiene (E) cambiando el orden de los factores en los productos.
La operación sobre clases de equivalencia en $\mathbb{Z} \times \mathbb{N}_1 / \sim$

$$[(x_1, y_1)] \oplus [(x_2, y_2)] = [(x_1 \cdot y_2 + x_2 \cdot y_1, y_1 \cdot y_2)]$$

corresponde a la suma de números racionales

$$\frac{x_1}{y_1} + \frac{x_2}{y_2} = \frac{x_1 \cdot y_2 + x_2 \cdot y_1}{y_1 \cdot y_2}.$$

También se puede definir una operación sobre clases de equivalencia en $\mathbb{Z} \times \mathbb{N}_1 / \sim$

$$[(x_1, y_1)] \odot [(x_2, y_2)] = [(x_1 \cdot x_2, y_1 \cdot y_2)]$$

que corresponde al producto de números racionales:

$$\frac{x_1}{y_1} \cdot \frac{x_2}{y_2} = \frac{x_1 \cdot x_2}{y_1 \cdot y_2}.$$

4.45. Considera la operación binaria $\odot$ definida en $\mathbb{Z}/(5)$ por: $[m]_5 \odot [n]_5 = [3m - 2n]_5$. Demuestra que $\odot$ está bien definida, razonando que la clase $[3m - 2n]_5$ es independiente de los representantes m, n elegidos para las clases $[m]_5$ y $[n]_5$.

Solución

Probamos que para todo $m, m', n, n' \in \mathbb{Z}$ tales que $[m]_5 = [m']_5$ y que $[n]_5 = [n']_5$ se verifica que $[3m - 2n]_5 = [3m' - 2n']_5$, es decir, que la clase $[3m - 2n]_5$ no varía al elegir otros representantes en lugar de m, n.

Como $[m]_5 = [m']_5$ y $[n]_5 = [n']_5$, tenemos que $m = m' + 5k_m$ y $n = n' + 5k_n$ para ciertos $k_m, k_n \in \mathbb{Z}$. Se tiene entonces que:

$$\begin{aligned}
3m - 2n &= 3\,(m' + 5k_m) - 2\,(n' + 5k_n) \\
&= 3m' - 2n' + 15k_m - 10k_n \\
&= 3m' - 2n' + 5\,(3k_m - 2k_n) \\
&= (3m' - 2n') + 5k
\end{aligned}$$

siendo $k = 3k_m - 2k_n \in \mathbb{Z}$. Por tanto, $3m - 2n \equiv_5 3m' - 2n'$ y entonces $[3m - 2n]_5 = [3m' - 2n']_5$.

4.46. Demuestra que la siguiente "definición" de una operación binaria $\odot$ en $\mathbb{Z}/(3)$ es incorrecta, porque la clase obtenida como resultado no es independiente de los representantes elegidos para las clases dadas como operandos: $[m]_3 \odot [n]_3 = [m^n]_3$.

Solución

Tomando, por ejemplo, $m = 2$ y $n = 0$, tenemos: $[2]_3 \odot [0]_3 = [2^0]_3 = [1]_3$.

Si ahora tomamos $m = 2$ y $n = 3$, obtenemos: $[2]_3 \odot [3]_3 = [2^3]_3 = [8]_3 = [2]_3$.

Entonces vemos que $[0]_3 = [3]_3$ y, sin embargo,

$$[2]_3 \odot [0]_3 = [1]_3 \neq [2]_3 = [2]_3 \odot [3]_3.$$

Por lo tanto, la operación está mal definida.

4.47. Sea $f : A \to B$ una función tal que $ran(f) = C \subseteq B$ y la relación binaria $\sim_f$ sobre A definida por la condición: $x \sim_f x' \iff f(x) = f(x')$.

(a) Demuestra que $\sim_f$ es una relación de equivalencia.

(b) Considerando el conjunto cociente $A/\sim_f$, define una función suprayectiva $g : A \to A/\sim_f$, una biyección $h : A/\sim_f \to C$ y una función inyectiva $k : C \to B$ tales que se verifique $f = g \circ h \circ k$. A esto se le llama la *descomposición canónica* de f. Dibuja un diagrama que represente la situación.

Solución

(a) Veamos que $\sim_f$ es una relación de equivalencia:

- *Reflexiva.* Al ser f una función total, se tiene que, para todo $x \in A, f(x)$ está definido, cumpliendo $f(x) = f(x)$, por lo que $x \sim_f x$.

- *Simétrica.* Si $x \sim_f y$, entonces $f(x) = f(y)$, de donde $f(y) = f(x)$ y, por tanto, $y \sim_f x$.

- *Transitiva.* Si $x \sim_f y$ e $y \sim_f z$, se tiene $f(x) = f(y)$ y $f(y) = f(z)$, de donde $f(x) = f(z)$ y, por tanto, $x \sim_f z$.

(b) Las funciones pedidas son:

- $g : A \to A/\sim_f$, definida como $g(x) = [x]$, para todo $x \in A$, es decir, a cada elemento se le hace corresponder su clase de equivalencia.
  La función g es suprayectiva porque para cada elemento del conjunto cociente, $[y] \in A/\sim_f$, existe un valor x, definido por $x = y$, tal que $g(x) = [x] = [y]$. Esto es válido no solo para esta relación de equivalencia concreta, sino para una relación de equivalencia cualquiera.

- $h : A/\sim_f \to C$, definida por $h([x]) = f(x)$, para todo $[x] \in A/\sim_f$.
  La función h está bien definida porque $f(x)$ es un valor del rango de f, que es justamente el conjunto C, y porque, además, si $[x] = [x']$ se tiene que $x \sim_f x'$ y con ello $f(x) = f(x')$. Para ver que h es biyectiva, veamos que existe una función inversa $h' : C \to A/\sim_f$ definida, para todo $y \in C$, por $h'(y) = [x]$, donde $x \in A$ es un elemento tal que $f(x) = y$.
  La función h' está bien definida porque, al ser C el rango de f, para todo $y \in C$ existe con seguridad algún x tal que $f(x) = y$ y, además, si $f(x) = f(x') = y$, se verifica que $[x] = [x']$, por lo que el valor de h' sobre y no depende del elemento x concreto elegido. Comprobamos que, en efecto, h' es la inversa de h:

  - $(h \circ h') = id_{A/\sim_f}$ porque, para todo $[x] \in A/\sim_f$, $(h \circ h')([x]) = h'(h([x])) = h'(f(x)) = [x]$.

  - $(h' \circ h) = id_C$ porque, para todo $y \in C$, $(h' \circ h)(y) = h(h'(y)) = h([x])$ para un x tal que $f(x) = y$, y en este caso $h([x]) = f(x) = y$.

- $k : C \to B$ es la inclusión definida por $k(x) = x$, para todo $x \in C$. La función k es inyectiva: si $x, y \in C, x \neq y$, entonces $k(x) \neq k(y)$, al ser $k(x) = x, k(y) = y$.

Finalmente, comprobamos que estas funciones verifican $f = g \circ h \circ k$. En efecto, para todo $x \in A$,

$$(g \circ h \circ k)(x) = k(h(g(x))) = k(h([x])) = k(f(x)) = f(x).$$

El diagrama pedido quedaría de la siguiente forma:

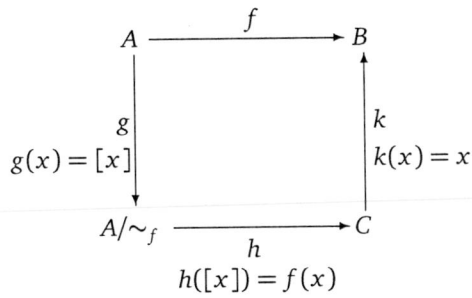

4.48. Sea $\mathbb{A} = \{a, b\}$ un alfabeto y sea $\mathbb{A}^*$ el conjunto de todas las palabras que se pueden escribir con este alfabeto. Llamamos $l : \mathbb{A}^* \to \mathbb{N}$ a la función que a cada palabra de $\mathbb{A}^*$ le hace corresponder su tamaño, es decir, el número de símbolos que la forman, y $f : \mathbb{A}^* \to \mathbb{N}$ a la función que a cada palabra $w \in \mathbb{A}^*$ le hace corresponder el número de veces que el símbolo a aparece en w.

(a) Define la función $g : \mathbb{A}^* \to \mathbb{N}$ que a cada palabra w le hace corresponder el número de veces que el símbolo b aparece en w, usando las funciones l y f. Estudia si las funciones f, g y l son o no inyectivas, suprayectivas o biyectivas.

(b) Sea $n \in \mathbb{N}$ y sea $l^{-1}(\{n\})$ el conjunto de las palabras relacionadas con n mediante la relación l^{-1}. Demuestra que la familia $\mathscr{A} = \{l^{-1}(\{n\}) \mid n \in \mathbb{N}\}$ es una partición de $\mathbb{A}^*$.

(c) Demuestra que el conjunto $\bigcup \mathscr{A}$ es infinito numerable.

Solución

(a) Como los únicos símbolos disponibles en el alfabeto $\mathbb{A}$ son a y b, se puede obtener el número de veces que b aparece en una palabra w restando al número total de símbolos de w el número de veces que aparece a, es decir, $g(w) = l(w) - f(w)$.

Ninguna de las funciones l, f, g es inyectiva puesto que existen palabras diferentes con el mismo tamaño, con el mismo número de símbolos a o con el mismo número de símbolos b. Incluso es posible tener un mismo contraejemplo para las tres funciones; por ejemplo, las palabras ab y ba son distintas (el orden de los símbolos importa) y tenemos

$$l(ab) = l(ba) \qquad f(ab) = f(ba) \qquad g(ab) = g(ba).$$

Al no ser inyectivas, tampoco son biyectivas.

En cambio, las tres son suprayectivas:

- Para cada número natural, existe alguna palabra en $\mathbb{A}^*$ de ese tamaño. Por ejemplo, dado $n \in \mathbb{N}$, consideremos la palabra $a \overset{n}{\ldots} a$ formada exactamente por n veces el símbolo a, por lo que $l(a \overset{n}{\ldots} a) = n$. Notemos que cuando $n = 0$, tenemos $a \overset{n}{\ldots} a = \varepsilon$, la palabra vacía.

- Para cada número natural n, existe alguna palabra con ese número de símbolos a; por ejemplo, $f(a \overset{n}{\ldots} a) = n$.

- Para cada número natural n, existe alguna palabra con ese número de símbolos b; por ejemplo, $g(b \overset{n}{\ldots} b) = n$, donde $b \overset{n}{\ldots} b$ es la palabra formada exactamente por n veces el símbolo b.

(b) En primer lugar, como l es suprayectiva, para cada $n \in \mathbb{N}$ existe algún $w \in \mathbb{A}^*$ tal que $l(w) = n$, es decir, $w \in l^{-1}(\{n\})$. Por tanto, para cada $n \in \mathbb{N}$, $l^{-1}(\{n\}) \neq \emptyset$.

En segundo lugar, los conjuntos de la familia $\mathscr{A}$ son disjuntos dos a dos. Si $w \in l^{-1}(\{n\}) \cap l^{-1}(\{m\})$, entonces $n = l(w) = m$. Equivalentemente, si $n \neq m$, $l^{-1}(\{n\}) \cap l^{-1}(\{m\}) = \emptyset$.

En tercer lugar, como $l^{-1}(\{n\}) \subseteq \mathbb{A}^*$ para todo $n \in \mathbb{N}$, tenemos

$$\bigcup \mathscr{A} = \bigcup \{l^{-1}(\{n\}) \mid n \in \mathbb{N}\} \subseteq \mathbb{A}^*.$$

Recíprocamente, si $w \in \mathbb{A}^*$, sea $n_0 = l(w)$. Entonces

$$w \in l^{-1}(\{n_0\}) \subseteq \bigcup \{l^{-1}(\{n\}) \mid n \in \mathbb{N}\} = \bigcup \mathscr{A}.$$

Por tanto $\mathbb{A}^* = \bigcup \mathscr{A}$.

Así hemos demostrado las tres propiedades que justifican que $\mathscr{A}$ es una partición de $\mathbb{A}^*$.

(c) Para $n \in \mathbb{N}$, el conjunto no vacío $l^{-1}(\{n\}) = \{w \in \mathbb{A}^* \mid l(w) = n\}$ está formado por todas las palabras de tamaño n sobre el alfabeto $\mathbb{A} = \{a, b\}$. Como para cada una de las posiciones desde la primera hasta la n-ésima hay dos posibilidades (poner el símbolo a o el b), el número total de palabras en $l^{-1}(\{n\})$ es 2^n. Por tanto, los conjuntos $l^{-1}(\{n\})$ son numerables (de hecho, finitos). Entonces $\mathbb{A}^* = \bigcup \mathscr{A} = \bigcup \{l^{-1}(\{n\}) \mid n \in \mathbb{N}\}$ es una unión numerable (al variar $n \in \mathbb{N}$) de conjuntos numerables, por lo que es un conjunto numerable. Como es un conjunto infinito, pues por ejemplo la función $h : \mathbb{N} \to \mathbb{A}^*$ tal que $h(n) = a \overset{n}{\ldots} a$ es inyectiva, tenemos que es infinito numerable, es decir, $|\mathbb{A}^*| = |\mathbb{N}| = \aleph_0$.

4.49. Construye relaciones binarias R_1, R_2, R_3, R_4 sobre el conjunto $\{0, 1, 2\}$ que verifiquen las propiedades siguientes:

(a) R_1 es simétrica y antisimétrica.

(b) R_2 es simétrica, pero no antisimétrica.

(c) R_3 no es simétrica, pero sí antisimétrica.

(d) R_4 no es ni simétrica ni antisimétrica.

Solución

(a) $R_1 = \{(0,0), (2,2)\}$ es simétrica y antisimétrica, al no relacionar pares de elementos distintos.

(b) $R_2 = \{(1,2), (2,1)\}$ es simétrica, pero no antisimétrica, porque $1R2$, $2R1$ pero $1 \neq 2$.

(c) $R_3 = \{(1,2)\}$ es antisimétrica pero no simétrica, porque se cumple $1R2$ pero no $2R1$.

(d) $R_4 = \{(1,2), (2,0), (0,2)\}$ no es simétrica, porque se cumple $1R2$ pero no $2R1$, y tampoco antisimétrica, porque se cumplen $2R0$, $0R2$ pero $2 \neq 0$.

4.50. Consideramos la relación R sobre el conjunto $\mathbb{N}$ de todos los números naturales definida por: $aRb \iff a$ y b tienen la misma paridad, es decir, ambos son pares o ambos son impares. Determina si la relación R es reflexiva, antirreflexiva, simétrica, antisimétrica o transitiva. ¿Es R una relación de equivalencia? En caso afirmativo, ¿cuántas clases de equivalencia hay? ¿Es R una relación de orden?

Solución

Vamos a ver si la relación R cumple cada una de las propiedades indicadas en el enunciado:

- *Reflexiva.* Claramente, un número natural a tiene la misma paridad que él mismo, por lo que $a\,R\,a$. Así pues, R es reflexiva.

- *Antirreflexiva.* Como R no es vacía y hemos visto que es reflexiva, no puede ser antirreflexiva.

- *Simétrica.* Es obvio que a tiene la misma paridad que b si y solo si b tiene la misma paridad que a. Equivalentemente, $a\,R\,b \iff b\,R\,a$, por lo que R es simétrica.

- *Antisimétrica.* Como R es simétrica y hay elementos distintos relacionados, R no es antisimétrica. Por ejemplo, $2R4$ y $4R2$ con $2 \neq 4$.

- *Transitiva.* Si a tiene la misma paridad que b y b tiene la misma paridad que c, entonces a y c también tienen la misma paridad. Por tanto, R es transitiva.

- *Equivalencia.* Como R es reflexiva, simétrica y transitiva, R es una relación de equivalencia. Las clases de equivalencia son dos, una formada por todos los números pares y otra formada por todos los impares.

- *Orden.* Como no es antisimétrica, R no es una relación de orden.

4.51. En $\mathbb{N}_1$ se definen dos relaciones $R, \ll$ del siguiente modo:

$$x\,R\,y \iff x \mid 3y \qquad x \ll y \iff 3x \mid y.$$

(a) ¿Es R transitiva? Razona tu respuesta.

(b) Demuestra que $\ll$ es un orden estricto.

(c) ¿Es $\ll$ un orden total? Razona tu respuesta.

Solución

(a) La relación R no es transitiva. Se tiene $9R6$, porque $9 \mid 3 \cdot 6 = 18$, y $6R8$, porque $6 \mid 3 \cdot 8 = 24$, pero no $9R8$, porque 9 no divide a $3 \cdot 8 = 24$.

(b) Veamos que $\ll$ es un orden estricto, probando las propiedades antirreflexiva y transitiva.

- *Antirreflexiva.* Si $x \in \mathbb{N}_1$, no se verifica que $x \ll x$, porque $3x$ no divide a x, al no existir $k \in \mathbb{N}$ tal que $x = k \cdot 3x$.

- *Transitiva.* Sean $x, y, z \in \mathbb{N}_1$ tales que $x \ll y, y \ll z$. Entonces $3x \mid y$ y $3y \mid z$, es decir, existen $k_1, k_2 \in \mathbb{N}$ tales que $y = k_1 \cdot 3x$, $z = k_2 \cdot 3y$, de donde $z = k_2 \cdot 3 \cdot (k_1 \cdot 3x) = 3x \cdot (3k_2 k_1)$. Esto significa que $3x \mid z$, es decir, $x \ll z$.

(c) No se verifica $3 \ll 4$, pues $3 \cdot 3 = 9$ no divide a 4, ni tampoco $4 \ll 3$, pues $3 \cdot 4 = 12$ no divide a 3. Por tanto, 3 y 4 no están relacionados por $\ll$, la relación $\ll$ no cumple la propiedad conexa y no es un orden total.

4.52. Dibuja diagramas de Hasse que representen los siguientes conjuntos ordenados:

(a) $\{n \in \mathbb{N} \mid 1 \leq n \leq 25\}$ ordenado por la relación de divisibilidad.

(b) $\{X \in \mathscr{P}(\mathbf{5}) \mid |X| \text{ es par}\}$ ordenado por la relación de inclusión, con $\mathbf{5} = \{0, 1, 2, 3, 4\}$.

(c) $(\mathbf{2} \dashrightarrow \mathbf{2})$ ordenado por la relación de inclusión, con $\mathbf{2} = \{0, 1\}$.

Solución

(a) El diagrama de Hasse de los números naturales entre 1 y 25 con el orden de divisibilidad es el siguiente:

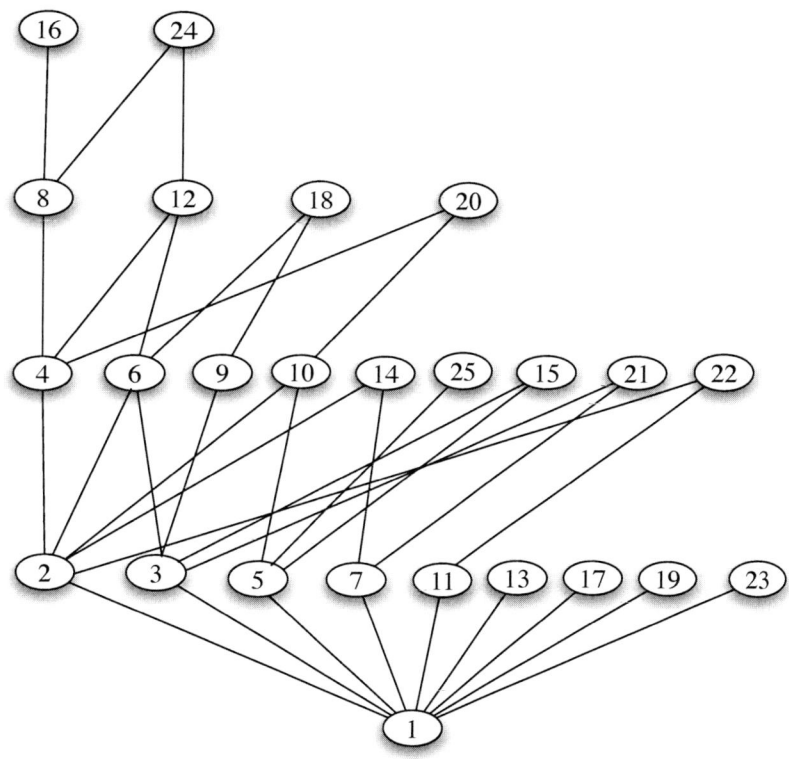

(b) Calculamos primero el conjunto del enunciado, enumerando los subconjuntos de $\{0, 1, 2, 3, 4\}$ que tienen 0, 2 o 4 elementos:

$$\{X \in \mathscr{P}(\mathbf{5}) \mid |X| \text{ es par}\}$$
$$= \{\, \emptyset, \{0, 1\}, \{0, 2\}, \{0, 3\}, \{0, 4\}, \{1, 2\}, \{1, 3\}, \{1, 4\}, \{2, 3\}, \{2, 4\}, \{3, 4\},$$
$$\{0, 1, 2, 3\}, \{0, 2, 3, 4\}, \{0, 1, 3, 4\}, \{0, 1, 2, 4\}, \{1, 2, 3, 4\} \,\}.$$

El diagrama de Hasse correspondiente es el siguiente:

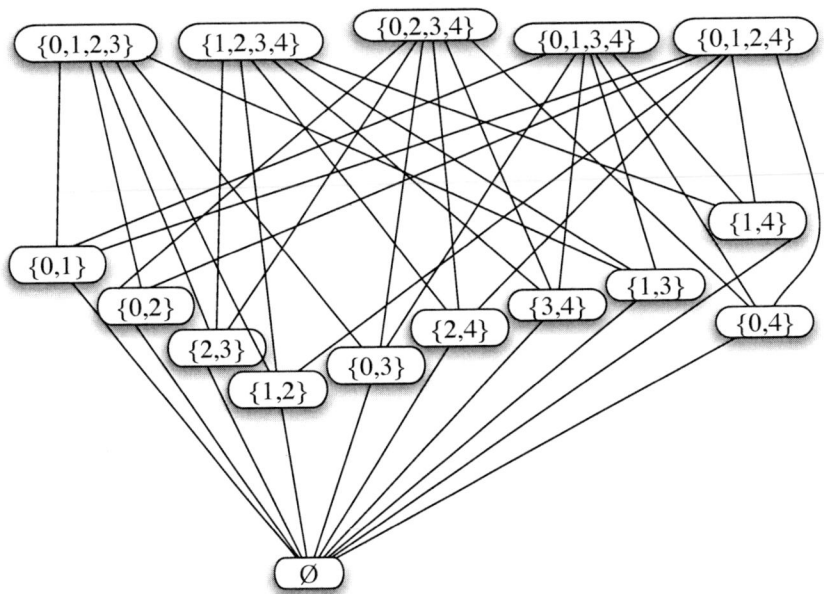

(c) Calculamos primero el conjunto del enunciado, enumerando las funciones parciales de $\{0, 1\}$ en sí mismo. En la parte de la derecha de la siguiente igualdad, cada función parcial $f \in (\mathbf{2} \dashrightarrow \mathbf{2})$ se expresa en forma de relación, es decir, como conjunto de pares.

$$(\mathbf{2} \dashrightarrow \mathbf{2}) = \{ \emptyset, \{(0,0)\}, \{(0,1)\}, \{(1,0)\}, \{(1,1)\},$$
$$\{(0,0),(1,0)\}, \{(0,0),(1,1)\}, \{(0,1),(1,0)\}, \{(0,1),(1,1)\} \}.$$

El diagrama de Hasse correspondiente es el siguiente:

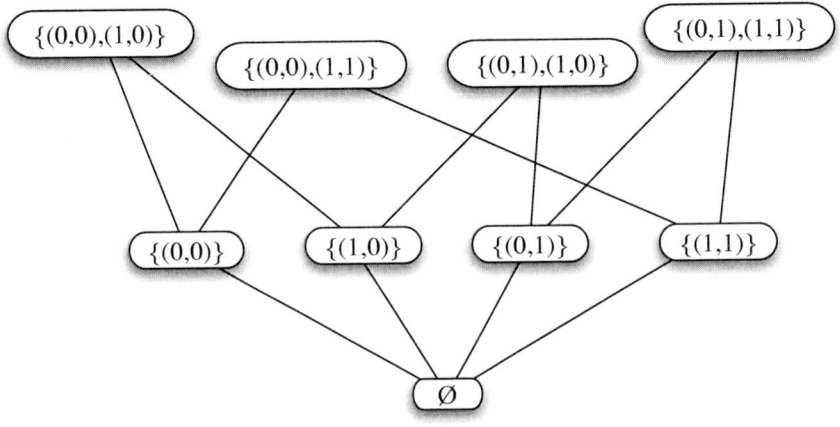

4.53. Demuestra que el orden de inclusión en $\mathscr{P}(A)$ solo es lineal cuando A es vacío o unitario.

Solución

Si $A = \emptyset$, $\mathscr{P}(A) = \{\emptyset\}$. En este caso es cierto que la relación de orden inducida por $\subseteq$ cumple la propiedad conexa, ya que no se pueden encontrar dos elementos en $\mathscr{P}(A)$ que no estén relacionados.

Si $A = \{a\}$, es decir, A es unitario, se tiene que $\mathscr{P}(A) = \{\emptyset, \{a\}\}$. En este caso se tiene $\emptyset \subseteq \{a\}$ por lo que también se verifica la propiedad conexa, al estar relacionados entre sí los dos elementos distintos $\emptyset$ y $\{a\}$; también está relacionado cada elemento consigo mismo por ser $\subseteq$ un orden en $\mathscr{P}(A)$.

Supongamos ahora que A no es vacío ni unitario; entonces es de la forma $A = \{a_0, a_1, \dots\}$. En este caso $\{a_0\}, \{a_1\} \in \mathscr{P}(A)$, pero no se cumple $\{a_0\} \subseteq \{a_1\}$ ni $\{a_1\} \subseteq \{a_0\}$, por lo que el orden inducido por $\subseteq$ en $\mathscr{P}(A)$ no es conexo y, por tanto, no es lineal.

4.54. Estudia si la relación sobre $\mathbb{Z}^2$ dada por $(x, y)R(x', y') \iff x \leq x', y \geq y'$ es un orden.

Solución

Este resultado es un caso particular del resultado más general que veremos en el ejercicio 4.59, puesto que tanto $\leq$ como $\geq$ son órdenes sobre $\mathbb{Z}$. No obstante, vamos a desarrollar los detalles de la solución comprobando que la relación verifica las propiedades necesarias para ser un orden.

- *Reflexiva.* Sea $(x, y) \in \mathbb{Z} \times \mathbb{Z}$. Entonces $(x, y)R(x, y)$ porque $x \leq x$, $y \geq y$.

- *Antisimétrica.* Sean $(x, y), (x', y') \in \mathbb{Z} \times \mathbb{Z}$ tales que $(x, y)R(x', y')$ y $(x', y')R(x, y)$.
  De $(x, y)R(x', y')$ se tiene $x \leq x'$, $y \geq y'$.
  De $(x', y')R(x, y)$ se tiene $x' \leq x$, $y' \geq y$.
  De ambas, por la antisimetría de $\leq$ y de $\geq$, deducimos $x = x'$, $y = y'$ y, por tanto, $(x, y) = (x', y')$.

- *Transitiva.* Sean $(x, y), (x', y'), (x'', y'') \in \mathbb{Z} \times \mathbb{Z}$ tales que $(x, y)R(x', y')$ y $(x', y')R(x'', y'')$.
  De $(x, y)R(x', y')$ se tiene $x \leq x'$, $y \geq y'$.
  De $(x', y')R(x'', y'')$ se tiene $x' \leq x''$, $y' \geq y''$.
  Por la transitividad de $\leq$ y de $\geq$, deducimos $x \leq x''$, $y \geq y''$, es decir, $(x, y)R(x'', y'')$.

4.55. Estudia si la relación sobre $\mathbb{Z}^2$ dada por $(x, y)R(x', y') \iff x \leq x', y \neq y'$ es un orden.

Solución

Esta relación no es un orden; en realidad, no cumple ninguna de las tres propiedades requeridas.

- *Reflexiva.* No se tiene la propiedad reflexiva porque, por ejemplo, $(0, 0)$ no está relacionado con $(0, 0)$ al no cumplirse $0 \neq 0$. En realidad, no se verifica $(x, y)R(x, y)$ para ningún $(x, y) \in \mathbb{Z}^2$, por lo que la relación es antirreflexiva.

  Aunque, al no cumplir la propiedad reflexiva, R ya no es un orden y ya no sería necesario continuar, podemos comprobar que tampoco cumple las propiedades antisimétrica y transitiva, proporcionando contraejemplos apropiados para cada una.

- *Antisimétrica.* Se verifica $(1,1)R(1,2)$ y $(1,2)R(1,1)$, con $(1,1) \neq (1,2)$.
- *Transitiva.* Se cumple $(0,0)R(1,1)$ y $(1,1)R(2,0)$, pero no se cumple $(0,0)R(2,0)$.

4.56. Estudia si la relación

$$X \, R \, Y \iff (X \text{ es finito y } X \subseteq Y) \text{ o } (X \text{ es infinito y } X \supseteq Y)$$

es un orden sobre $\mathscr{P}(\mathbb{N})$.

Solución

- *Reflexiva.* Como para todo $X \in \mathscr{P}(\mathbb{N})$ se tiene que $X \subseteq X$ y X es o bien finito o bien infinito, se verifica que $X \, R \, X$, cumpliéndose la primera parte de la definición cuando X es finito y la segunda cuando X es infinito.
- *Antisimétrica.* No se verifica. Como contraejemplo, tomamos los conjuntos $\emptyset, \mathbb{N} \in \mathscr{P}(\mathbb{N})$. Entonces se cumplen $\emptyset R \mathbb{N}$ (pues $\emptyset$ es finito y $\emptyset \subseteq \mathbb{N}$) y $\mathbb{N} R \emptyset$ (pues $\mathbb{N}$ es infinito y $\mathbb{N} \supseteq \emptyset$), pero sin embargo $\emptyset \neq \mathbb{N}$.

  Ya tenemos que R no es un orden, pero de todas formas vamos a ver qué ocurre con la propiedad transitiva.
- *Transitiva.* Tampoco se verifica. Veamos un contraejemplo: se tiene $\{0,1\} R \mathbb{N}$ (pues $\{0,1\}$ es finito y $\{0,1\} \subseteq \mathbb{N}$), y $\mathbb{N} R \{0\}$ (pues $\mathbb{N}$ es infinito y $\mathbb{N} \supseteq \{0\}$), pero $\{0,1\}$ no está relacionado con $\{0\}$ (pues $\{0,1\}$ es finito pero $\{0,1\} \not\subseteq \{0\}$).

Por tanto, R no es un orden sobre $\mathscr{P}(\mathbb{N})$.

4.57. Demuestra que la relación binaria R sobre $(\mathbb{N} \to \mathbb{N})$ definida por la condición:

$$f \, R \, g \iff \{n \in \mathbb{N} \mid f(n) > g(n)\} \text{ es finito}$$

no es una relación de orden, dando un contraejemplo de la propiedad que falle.

Solución

Recordemos que $(\mathbb{N} \to \mathbb{N})$ representa el conjunto de todas las funciones totales del conjunto $\mathbb{N}$ de los números naturales en sí mismo. Vamos a comprobar las propiedades reflexiva, antisimétrica y transitiva.

- *Reflexiva.* Sea $f \in (\mathbb{N} \to \mathbb{N})$; entonces, $\{n \in \mathbb{N} \mid f(n) > f(n)\} = \emptyset$ y, como $\emptyset$ es finito, se tiene que $f \, R \, f$ y se cumple la propiedad reflexiva.
- *Antisimétrica.* Observando la definición de R, podemos darnos cuenta de que es posible definir dos funciones $f, g \in (\mathbb{N} \to \mathbb{N})$ tales que $f \, R \, g$, $g \, R \, f$ pero que $f \neq g$. Por ejemplo, sean

$$f(n) = \begin{cases} 1 & \text{si } n = 0, \\ 0 & \text{si } n = 1, \\ n & \text{si } n \geq 2, \end{cases} \qquad g(n) = n.$$

Se tiene que el conjunto $\{n \in \mathbb{N} \mid f(n) > g(n)\} = \{0\}$ es finito, por lo que $f\,R\,g$, y que el conjunto $\{n \in \mathbb{N} \mid g(n) > f(n)\} = \{1\}$ también es finito, por lo que $g\,R\,f$. Sin embargo, por ejemplo, $f(1) \neq g(1)$, por lo que $f \neq g$ y la propiedad antisimétrica no se verifica.

- *Transitiva.* Aunque no es necesario para la solución del problema, podemos comprobar que la propiedad transitiva sí se cumple. En efecto, si $f\,R\,g$ y $g\,R\,h$, tenemos que los conjuntos:

$$A = \{n \in \mathbb{N} \mid f(n) > g(n)\} \qquad B = \{n \in \mathbb{N} \mid g(n) > h(n)\}$$

son ambos finitos. Para que de aquí se deduzca $f\,R\,h$ debe ser también finito el conjunto

$$C = \{n \in \mathbb{N} \mid f(n) > h(n)\}.$$

Y esto es cierto porque podemos comprobar que $C \subseteq A \cup B$ y la unión de conjuntos finitos es un conjunto finito.

Veamos ahora que en efecto $C \subseteq A \cup B$. Sea $n \in C$; entonces, $f(n) > h(n)$. Distinguimos dos posibilidades: si $f(n) > g(n)$, tendremos que $n \in A$, pero si $g(n) \geq f(n)$, tendremos $g(n) > h(n)$ y, por tanto, $n \in B$. En cualquier caso, $n \in A \cup B$, como queríamos demostrar.

4.58. Sea una función $f : A \to \mathbb{R}$, donde A es un conjunto cualquiera. Demuestra que la relación $R \subseteq A \times A$ definida por la condición $x\,R\,y \iff f(x) \leq f(y)$ es un orden si y solo si f es inyectiva.

Solución

Es muy sencillo ver que, independientemente de f, la relación R siempre va a ser reflexiva y transitiva. Reflexiva porque $f(x) \leq f(x)$ para todo x y transitiva porque de $f(x) \leq f(y)$ y $f(y) \leq f(z)$ se obtiene siempre que $f(x) \leq f(z)$.

Por tanto, basta con comprobar que R es antisimétrica $\iff$ f es inyectiva. Veamos cada una de las implicaciones por separado:

$\implies$ Supongamos que R es antisimétrica y sean $x, y \in A$ tales que $f(x) = f(y)$. Entonces se cumplen $f(x) \leq f(y)$ y $f(y) \leq f(x)$, por lo que se tiene $x\,R\,y$ e $y\,R\,x$. Al ser R antisimétrica, se deduce que $x = y$, por lo que f es inyectiva.

$\impliedby$ Supongamos que f es inyectiva. Sean $x, y \in A$ tales que $x\,R\,y$, $y\,R\,x$; entonces, $f(x) \leq f(y)$ y $f(y) \leq f(x)$, de donde, por la antisimetría de $\leq$, $f(x) = f(y)$. Al ser f inyectiva, se tiene que $x = y$, concluyendo así la antisimetría de R.

4.59. Sean $(A_1, \sqsubseteq_1)$ y $(A_2, \sqsubseteq_2)$ dos conjuntos ordenados. Demuestra que la relación sobre $A_1 \times A_2$ definida por $(x, y) \sqsubseteq (x', y') \iff x \sqsubseteq_1 x',\ y \sqsubseteq_2 y'$ es un orden.

Solución

Veamos que $\sqsubseteq$ cumple las tres propiedades necesarias para ser un orden:

- *Reflexiva.* Sea $(x, y) \in A_1 \times A_2$. Entonces $(x, y) \sqsubseteq (x, y)$ porque $x \sqsubseteq_1 x,\ y \sqsubseteq_2 y$.

- *Antisimétrica.* Sean $(x, y), (x', y') \in A_1 \times A_2$ tales que $(x, y) \sqsubseteq (x', y')$ y $(x', y') \sqsubseteq (x, y)$.

  De $(x, y) \sqsubseteq (x', y')$ se tiene $x \sqsubseteq_1 x'$, $y \sqsubseteq_2 y'$.

  De $(x', y') \sqsubseteq (x, y)$ se tiene $x' \sqsubseteq_1 x$, $y' \sqsubseteq_2 y$.

  De ambas, al ser $\sqsubseteq_1$, $\sqsubseteq_2$ órdenes parciales y, por tanto, relaciones antisimétricas, concluimos $x = x'$ e $y = y'$, es decir, $(x, y) = (x', y')$.

- *Transitiva.* Sean $(x, y), (x', y'), (x'', y'') \in A_1 \times A_2$ tales que $(x, y) \sqsubseteq (x', y')$ y $(x', y') \sqsubseteq (x'', y'')$.

  De $(x, y) \sqsubseteq (x', y')$ se tiene $x \sqsubseteq_1 x'$, $y \sqsubseteq_2 y'$.

  De $(x', y') \sqsubseteq (x'', y'')$ se tiene $x' \sqsubseteq_1 x''$, $y' \sqsubseteq_2 y''$.

  De ambas, al ser $\sqsubseteq_1$, $\sqsubseteq_2$ órdenes parciales y, por tanto, relaciones transitivas, concluimos $x \sqsubseteq_1 x''$, $y \sqsubseteq_2 y''$, es decir, $(x, y) \sqsubseteq (x'', y'')$.

4.60. Dados dos órdenes $\leq_A$, $\leq_B$ definidos, respectivamente, sobre los conjuntos A y B, demuestra que la relación $\leq_{A \times B}$ definida por la condición

$$(u, v) \leq_{A \times B} (x, y) \iff u <_A x \text{ o } (u = x, v \leq_B y),$$

donde $<_A$ es el orden estricto asociado a $\leq_A$, es un orden sobre $A \times B$, al que se le denomina habitualmente *orden lexicográfico*.

Solución

- *Reflexiva.* Sea $(u, v) \in A \times B$. Se cumple $(u, v) \leq_{A \times B} (u, v)$, porque $u = u$, $v \leq_B v$.

- *Antisimétrica.* Sean $(u, v), (x, y) \in A \times B$ tales que $(u, v) \leq_{A \times B} (x, y)$ y $(x, y) \leq_{A \times B} (u, v)$.

  Al ser $<_A$ un orden estricto, no pueden darse simultáneamente ni $u <_A x$ con $x <_A u$, ni $u <_A x$ con $u = x$, ni $x <_A u$ con $u = x$. Por tanto, debe cumplirse $u = x$, $v \leq_B y$, $y \leq_B v$, de donde se deduce, por ser $\leq_B$ antisimétrica, que $v = y$ y, junto con $u = x$, que $(u, v) = (x, y)$.

- *Transitiva.* Sean $(u_1, v_1), (u_2, v_2), (u_3, v_3)$ elementos en $A \times B$ tales que $(u_1, v_1) \leq_{A \times B} (u_2, v_2)$ y $(u_2, v_2) \leq_{A \times B} (u_3, v_3)$. Distinguimos casos:

  - Si $u_1 <_A u_2$, como $(u_2, v_2) \leq_{A \times B} (u_3, v_3)$ implica $u_2 \leq_A u_3$, de $u_1 <_A u_2$ y $u_2 \leq_A u_3$, deducimos que $u_1 <_A u_3$. Por tanto, $(u_1, v_1) \leq_{A \times B} (u_3, v_3)$.

  - Si $u_1 = u_2$ y $v_1 \leq_B v_2$, tenemos que distinguir casos según la causa de $(u_2, v_2) \leq_{A \times B} (u_3, v_3)$.

    - Si $u_2 <_A u_3$, entonces $u_1 <_A u_3$, de donde $(u_1, v_1) \leq_{A \times B} (u_3, v_3)$.

    - Si $u_2 = u_3$ y $v_2 \leq_B v_3$, se tiene $u_1 = u_2 = u_3$ y $v_1 \leq_B v_2 \leq_B v_3$, de donde $v_1 \leq_B v_3$ por la transitividad de $\leq_B$, con lo que finalmente $(u_1, v_1) \leq_{A \times B} (u_3, v_3)$ también en este caso.

En resumen, el orden lexicográfico $\leq_{A \times B}$ es en efecto una relación de orden sobre $A \times B$.

4.61. Una relación binaria R sobre un conjunto A que sea reflexiva y transitiva se llama *preorden*.

(a) Considera la relación $R \subseteq \mathbb{Z} \times \mathbb{Z}$ definida por la condición $x R y \iff |x| \leq |y|$. Razona que R es un preorden, pero no un orden.

(b) Demuestra que si R es un preorden sobre A, la relación $\sim_R$ definida sobre A por la condición $x \sim_R y \iff x R y, y R x$ es de equivalencia.

(c) Demuestra que si R es un preorden sobre A, la relación binaria $\sqsubseteq_R$ definida sobre el conjunto cociente $A/\sim_R$ por la condición $[x] \sqsubseteq_R [y] \iff x R y$ es independiente de los representantes x, y de las clases $[x], [y]$ y además es un orden sobre $A/\sim_R$. Se dice que $\sqsubseteq_R$ es el *orden inducido* por R.

(d) Estudia las clases de $\sim_R$ y el orden $\sqsubseteq_R$ para el preorden R definido en el primer apartado.

Solución

(a) Comprobamos que $R \subseteq \mathbb{Z} \times \mathbb{Z}$, definida por $x R y \iff |x| \leq |y|$, verifica las propiedades reflexiva y transitiva, pero no la antisimétrica.

- *Reflexiva.* Sea $x \in \mathbb{Z}$; entonces, $|x| \leq |x|$ y, por tanto, $x R x$.
- *Transitiva.* Sean $x, y, z \in \mathbb{Z}$ tales que $x R y$, $y R z$; entonces, $|x| \leq |y|$, $|y| \leq |z|$. Al cumplir $\leq$ la propiedad transitiva en $\mathbb{N}$, se tiene que $|x| \leq |z|$, es decir, $x R z$.
- *Antisimétrica.* Nos basta con encontrar un contraejemplo. Sean $x = -2$ e $y = 2$; entonces se tiene $x R y$, $y R x$, pero $x \neq y$.

(b) Sea R un preorden sobre A y $\sim_R \subseteq A \times A$ la relación definida por $x \sim_R y \iff x R y$, $y R x$. Veamos que $\sim_R$ es una relación de equivalencia:

- *Reflexiva.* Sea $x \in A$. Se cumple $x R x$, al ser R reflexiva por ser preorden, por lo que $x \sim_R x$.
- *Simétrica.* Sean $x, y \in A$ tales que $x \sim_R y$. Entonces, por la definición de $\sim_R$, se cumple $x R y$, $y R x$, y de aquí se tiene que también se cumple $y \sim_R x$.
- *Transitiva.* Sean x, y, z tales que $x \sim_R y$, $y \sim_R z$. Tenemos entonces, por la definición de $\sim_R$, que: $x R y$, $y R x$, $y R z$, $z R y$. A partir de $x R y$ e $y R z$, por ser R transitiva, se tiene $x R z$. Análogamente, de $z R y$ e $y R x$ se llega a $z R x$. Por tanto, $x \sim_R z$.

(c) Vemos en primer lugar que la relación está bien definida. Sean $x, y \in A$ tales que $[x] \sqsubseteq_R [y]$. Sean $x', y' \in A$ tales que $[x'] = [x]$, $[y'] = [y]$. Entonces se debe cumplir también que $[x'] \sqsubseteq_R [y']$.

De $[x] \sqsubseteq_R [y]$ tenemos, por la definición de $\sqsubseteq_R$, que $x R y$.

De $[x'] = [x]$ e $[y'] = [y]$ tenemos que $x' \sim_R x$ e $y' \sim_R y$, lo que implica que $x' R x$, $y R y'$ (y también que $x R x'$, $y' R y$, pero esto no lo necesitamos ahora).

Por tanto, tenemos $x' R x$, $x R y$, $y R y'$.

Por ser R transitiva, llegamos a $x' R y'$, es decir, $[x'] \sqsubseteq_R [y']$.

Demostramos ahora que $[x] \sqsubseteq_R [y]$ es en efecto una relación de orden.

- *Reflexiva.* Sea $[x] \in A/\sim_R$. Por ser R reflexiva, se cumple $x R x$ y, por tanto, $[x] \sqsubseteq_R [x]$.
- *Antisimétrica.* Sean $[x], [y] \in A/\sim_R$ tales que $[x] \sqsubseteq_R [y]$ e $[y] \sqsubseteq_R [x]$. Entonces tenemos que $x R y$, $y R x$, de donde $x \sim_R y$ y, por tanto, $[x] = [y]$.
- *Transitiva.* Sean $[x], [y], [z] \in A/\sim_R$ tales que $[x] \sqsubseteq_R [y]$ e $[y] \sqsubseteq_R [z]$. Entonces, $x R y$, $y R z$ y, al ser R transitiva, se cumple $x R z$ y, por tanto, $[x] \sqsubseteq_R [z]$.

(d) Veamos en primer lugar cómo son las clases de $\sim_R$ para la relación $x R y \iff |x| \leq |y|$.

Tenemos que $x, y \in \mathbb{Z}$ verifican $x \sim_R y$ si y solo si $|x| \leq |y|, |y| \leq |x|$ simultáneamente. Por tanto, $x \sim_R y$ si y solo si $|y| = |x|$, lo que implica que, o bien $x = y$, o bien $x = -y$.

De aquí que $A/\sim_R = \{\{x, -x\} \mid x \in \mathbb{Z}\}$, es decir, cada clase de equivalencia solo consta de dos elementos, excepto la del 0 que solo incluye un elemento.

En cuanto al orden $\sqsubseteq_R$, tendremos que $[x] \sqsubseteq_R [y]$ si y solo si $|x| \leq |y|$, es decir, que tenemos las clases de equivalencia ordenadas de la siguiente forma

$$[0] \sqsubseteq_R \{1,-1\} \sqsubseteq_R \{2,-2\} \sqsubseteq_R \cdots \sqsubseteq_R \{n,-n\} \sqsubseteq_R \{n+1,-(n+1)\} \sqsubseteq_R \cdots$$

4.62. Estudia los elementos extremos y extremales en los siguientes conjuntos de números, ordenados por la relación de divisibilidad.

    (a) $\{1,2,3,4,6,8,12,24\}$ (b) $\{2,3,4,6,8,12,24\}$

    (c) $\{1,2,3,4,6,8,12\}$ (d) $\{2,3,4,6,8,12\}$

Solución

Para hacernos una idea gráfica de estos conjuntos ordenados, dibujamos a continuación el diagrama de Hasse correspondiente a $(\{1,2,3,4,6,8,12,24\},|)$. Los diagramas de Hasse de los demás son fragmentos de este, obtenidos al eliminar el mínimo 1, o el máximo 24, o ambos.

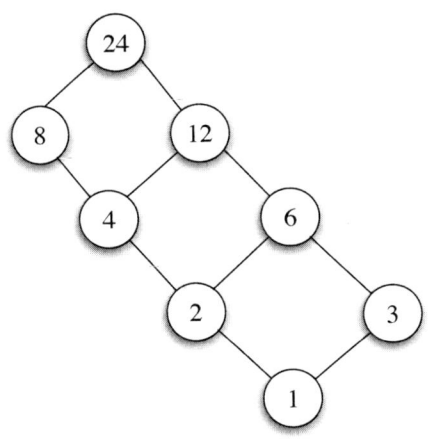

La siguiente tabla muestra la solución de todos los apartados:

Apartado	Minimales	Maximales	Mínimo	Máximo
(a)	1	24	1	24
(b)	2, 3	24	No hay	24
(c)	1	8, 12	1	No hay
(d)	2, 3	8, 12	No hay	No hay

4.63. Sea A un conjunto cualquiera. La familia O_A, formada por todas las relaciones binarias sobre A que son órdenes parciales, es ella misma un conjunto ordenado parcialmente por la relación de inclusión.

    (a) Toma como A los conjuntos $\mathbf{2} = \{0,1\}$ y $\mathbf{3} = \{0,1,2\}$ y dibuja diagramas de Hasse que representen el orden O_A en cada caso.

(b) Demuestra que, para cualquier conjunto A, los elementos maximales de O_A corresponden exactamente a los órdenes totales sobre A.

Pista: Recuerda que cualquier orden parcial sobre un conjunto A puede extenderse a un orden total.

Solución

(a) Primero debemos obtener los conjuntos O_2 y O_3.

Para obtener estos conjuntos, no es una buena idea escribir primero todas las relaciones sobre **2** y sobre **3**, quedándose después con las que sean órdenes parciales, simplemente porque hay demasiadas: en el caso de **3** tendremos $2^9 = 512$ relaciones binarias (ya que **3** $\times$ **3** tiene 9 elementos). En lugar de esto, tenemos en cuenta que los órdenes parciales tienen que ser reflexivos, lo que nos da unos conjuntos mínimos que deben estar en O_2 ($\{(0,0),(1,1)\}$) y en O_3 ($\{(0,0),(1,1),(2,2)\}$). A partir de ahí se pueden ir aumentando los conjuntos descartando las combinaciones que no cumplan alguna propiedad.

Así pues, el resultado para O_2 es:

$$O_2 = \{\ \{(0,0),(1,1)\},\ \ \{(0,0),(1,1),(0,1)\},\ \ \{(0,0),(1,1),(1,0)\}\ \}.$$

El conjunto **2** $\times$ **2** no puede estar en O_2 porque no cumple la propiedad antisimétrica.

El diagrama de Hasse del conjunto ordenado $(O_2, \subseteq)$ es el siguiente:

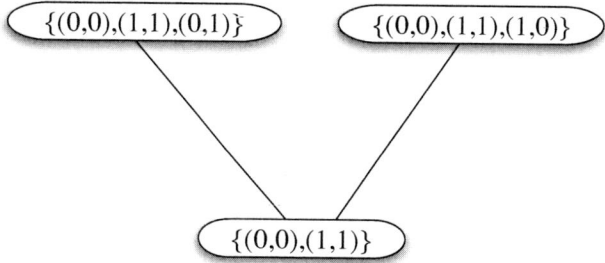

El resultado para O_3 es:

$\{\ \{(0,0),(1,1),(2,2)\},$

$\{(0,0),(1,1),(2,2),(0,2)\},$

$\{(0,0),(1,1),(2,2),(1,2)\},$

$\{(0,0),(1,1),(2,2),(2,1)\},$

$\{(0,0),(1,1),(2,2),(0,1),(1,2),(0,2)\},$

$\{(0,0),(1,1),(2,2),(0,1),(2,1)\},$

$\{(0,0),(1,1),(2,2),(0,2),(1,2)\},$

$\{(0,0),(1,1),(2,2),(1,0),(1,2)\},$

$\{(0,0),(1,1),(2,2),(1,0),(2,1),(2,0)\},$

$\{(0,0),(1,1),(2,2),(2,0),(2,1)\}\ \}$

$\{(0,0),(1,1),(2,2),(0,1)\},$

$\{(0,0),(1,1),(2,2),(1,0)\},$

$\{(0,0),(1,1),(2,2),(2,0)\},$

$\{(0,0),(1,1),(2,2),(0,1),(0,2)\},$

$\{(0,0),(1,1),(2,2),(0,1),(2,0),(2,1)\},$

$\{(0,0),(1,1),(2,2),(0,2),(1,0),(1,2)\},$

$\{(0,0),(1,1),(2,2),(0,2),(2,1),(0,1)\},$

$\{(0,0),(1,1),(2,2),(1,0),(2,0)\},$

$\{(0,0),(1,1),(2,2),(1,2),(2,0),(1,0)\},$

El diagrama de Hasse del conjunto ordenado $(O_3, \subseteq)$ es el siguiente:

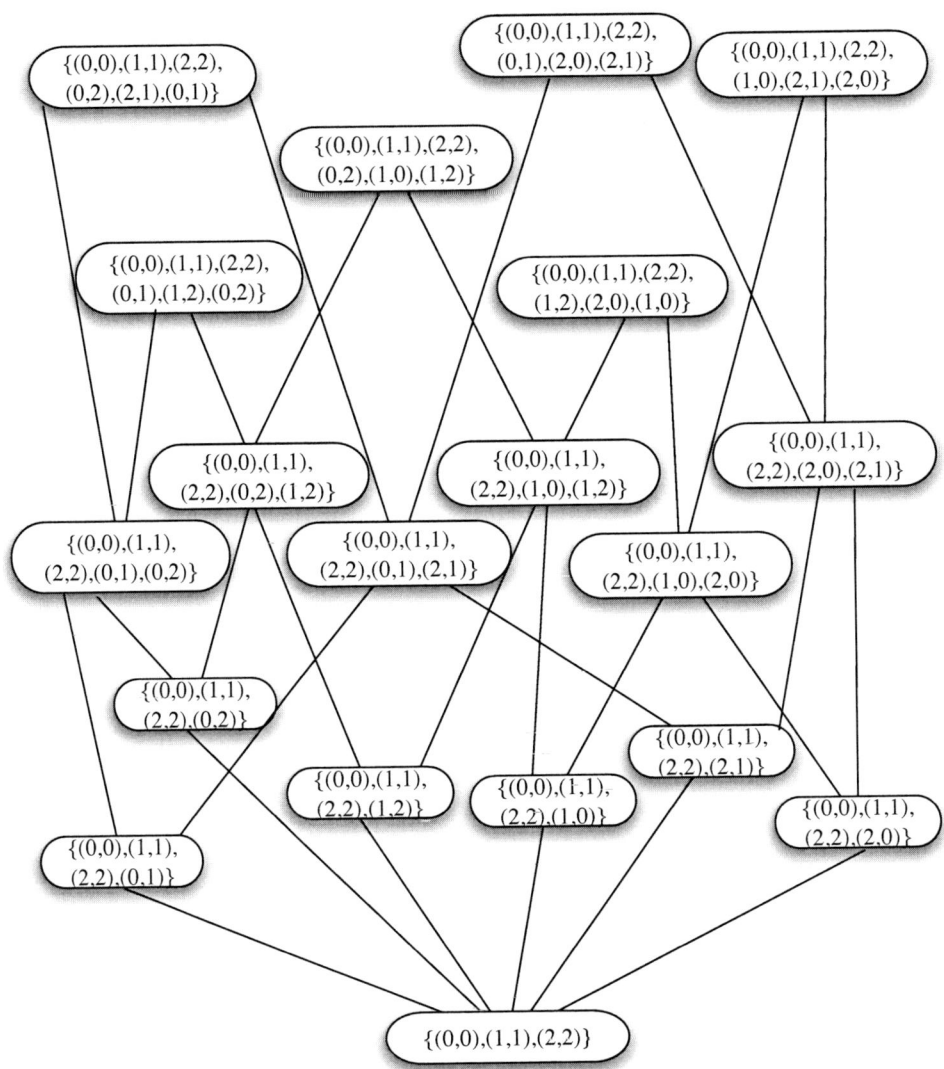

(b) Vamos a probar que los elementos maximales con respecto al orden de inclusión se corresponden con los órdenes totales.

- Sea $X \in O_A$ un orden total. Veamos que X es maximal en O_A, por reducción al absurdo.
  Si X no fuera maximal existiría $Y \in O_A$ tal que $X \subset Y$, es decir, debe existir $(a, b) \in Y$ tal que $(a, b) \notin X$. Como X verifica la propiedad reflexiva, deben ser $a \neq b$. Por ser X un orden total, a y b deben estar relacionados en X: si $(a, b) \notin X$ debe tenerse $(b, a) \in X$. Pero entonces, de $X \subset Y$ tenemos que $(b, a) \in Y$, lo que junto con $(a, b) \in Y$, $a \neq b$ nos lleva a una contradicción con el hecho de ser Y un orden que verifica la propiedad antisimétrica.

- Veamos ahora que los elementos maximales en O_A son órdenes totales, razonando por contraposición.
  Sea $X \in O_A$. Si X no es total, se puede extender a un orden total Y sobre el mismo conjunto A tal que $X \subset Y$. Al haber encontrado un elemento que es mayor que X con respecto al orden de inclusión, tenemos que X no es maximal.

4.64. Estudia los elementos extremos y extremales en las siguientes familias de conjuntos, ordenadas por la relación de inclusión.

(a) $\{X \in \mathscr{P}(\mathbf{3}) \mid X \neq \emptyset\}$, donde $\mathbf{3} = \{0, 1, 2\}$.

(b) $\mathscr{F} = \{X \in \mathscr{P}(\mathbb{N}) \mid X \neq \emptyset, X \text{ es finito}\}$.

(c) $\mathscr{CF} = \{X \in \mathscr{P}(\mathbb{N}) \mid X \neq \mathbb{N}, \mathbb{N} \setminus X \text{ es finito}\}$.

(d) $\{X \in \mathscr{P}(\mathbb{R}^3) \mid \emptyset \neq X, X \text{ es linealmente independiente}\}$.

Solución

(a) Minimales: $\{0\}, \{1\}, \{2\}$.

Mínimo: No hay. Notemos que el conjunto vacío no está en la familia.

Maximales: El conjunto $\{0, 1, 2\}$.

Máximo: El conjunto $\{0, 1, 2\}$.

(b) Minimales: Todos los conjuntos unitarios de la forma $\{n\}$ con $n \in \mathbb{N}$.

Maximales, mínimo, máximo: No hay. Notemos que el conjunto vacío no está en la familia y que a cada conjunto siempre le podemos añadir algún número nuevo para obtener un conjunto mayor.

(c) Maximales: Todos los conjuntos de la forma $\mathbb{N} \setminus \{n\}$ con $n \in \mathbb{N}$.

Minimales, máximo y mínimo: No hay. Notemos que el conjunto $\mathbb{N}$ no está en la familia y que a cada conjunto en la familia siempre le podemos quitar algún elemento para obtener un conjunto menor.

(d) Minimales: Todos los conjuntos unitarios de la forma $\{u\}$ con $u \in \mathbb{R}^3$.

Mínimo: No hay.

Maximales: Todas las bases del espacio vectorial $\mathbb{R}^3$, cada una de ellas de la forma $\{u_1, u_2, u_3\}$ con $u_1, u_2, u_3 \in \mathbb{R}^3$.

Máximo: No hay.

4.65. Sean $\mathscr{F}$ y $\mathscr{CF}$ las dos familias de conjuntos definidas en el ejercicio 4.64.

(a) Construye un isomorfismo de orden $f : (\mathscr{F}, \subseteq) \to (\mathscr{CF}, \supseteq)$.

(b) Demuestra que $(\mathscr{F}, \subseteq)$ y $(\mathscr{CF}, \subseteq)$ no son isomorfos como conjuntos ordenados.

Solución

(a) Definimos las funciones:

$$f : \mathscr{F} \to \mathscr{CF} \qquad\qquad g : \mathscr{CF} \to \mathscr{F}$$
$$f(X) = \mathbb{N} \setminus X, \qquad\qquad g(X) = \mathbb{N} \setminus X.$$

Ambas funciones están bien definidas, porque si $X \in \mathscr{F}$ entonces $\mathbb{N} \setminus X \in \mathscr{CF}$, y si $X \in \mathscr{CF}$ entonces $\mathbb{N} \setminus X \in \mathscr{F}$. Comprobamos que f y g son inversas, usando la propiedad del doble complemento (el complementario del complementario de un conjunto coincide con ese conjunto):

$$(f \circ g)(X) = g(f(X)) = g(\mathbb{N} \setminus X) = \mathbb{N} \setminus (\mathbb{N} \setminus X) = X,$$
$$(g \circ f)(X) = f(g(X)) = f(\mathbb{N} \setminus X) = \mathbb{N} \setminus (\mathbb{N} \setminus X) = X.$$

Por tanto, f y g son biyectivas.

Además, dados $X, Y \in \mathscr{F}$, se tiene que:

$$X \subseteq Y \iff \mathbb{N} \setminus X \supseteq N \setminus Y \iff f(X) \supseteq f(Y),$$

por lo que f es un isomorfismo de orden.

(b) $(\mathscr{F}, \subseteq)$ y $(\mathscr{CF}, \subseteq)$ no son isomorfos como conjuntos ordenados, porque $(\mathscr{F}, \subseteq)$ tiene elementos minimales, pero no maximales, mientras que a $(\mathscr{CF}, \subseteq)$ le sucede lo contrario (véase el ejercicio 4.64). Si fueran isomorfos, ambos conjuntos ordenados tendrían los mismos elementos extremos y extremales.

4.66. Define un orden lineal $\sqsubseteq$ sobre $\mathbb{Z}$ de tal manera que $(\mathbb{Z}, \sqsubseteq)$ y $(\mathbb{Z}, \leq)$ no sean isomorfos.

Solución

Para que no sean isomorfos, el orden $\sqsubseteq$ debe ordenar los enteros de forma diferente a la usual, por ejemplo, de forma que el nuevo orden tenga un elemento mínimo, teniendo en cuenta que en el orden habitual $\leq$ no hay mínimo. Una posibilidad es "reordenar" los enteros de forma que el 0 sea el menor entero y que después vayan todos los enteros negativos y positivos intercalados como sigue:

$$0 \sqsubset -1 \sqsubset 1 \sqsubset -2 \sqsubset 2 \sqsubset -3 \sqsubset 3 \sqsubset \cdots \sqsubset -n \sqsubset n \sqsubset -(n+1) \sqsubset n+1 \sqsubset \cdots$$

Este orden corresponde a la siguiente definición:

$$x \sqsubset y \iff |x| < |y| \text{ o } x = -y < 0,$$

es decir, en el orden van antes los enteros con menor valor absoluto y, cuando el valor absoluto coincide, va antes el entero negativo que el positivo. Comprobamos que $\sqsubset$ es, en efecto, un orden estricto total (o lineal) sobre $\mathbb{Z}$.

- *Antirreflexiva.* Para todo $x \in \mathbb{Z}$, se tiene que no son ciertas ni $|x| < |x|$ ni $x = -x < 0$, por lo que $x \not\sqsubset x$.

- *Transitiva.* Sean $x, y, z \in \mathbb{Z}$ tales que $x \sqsubset y$ e $y \sqsubset z$. Tenemos que demostrar que entonces $x \sqsubset z$, para lo cual vamos a distinguir los siguientes casos:
  - Si $|x| < |y|, |y| < |z|$, entonces $|x| < |z|$, de donde $x \sqsubset z$.
  - Si $|x| < |y|, y = -z < 0$, entonces $|x| < |y| = |z|$, de donde $x \sqsubset z$.
  - Si $x = -y < 0, |y| < |z|$, entonces $|x| = |y| < |z|$, de donde $x \sqsubset z$.
  - El caso $x = -y < 0, y = -z < 0$ no puede darse, porque $-y < 0$ implica $y > 0$, que se contradice con $y < 0$.

- *Conexa*. Dados $x, y \in \mathbb{Z}, x \neq y$, distinguimos los siguientes casos, que cubren todas las posibilidades:
  - Si $|x| < |y|$, entonces se tiene $x \sqsubset y$.
  - Si $|y| < |x|$, entonces se tiene $y \sqsubset x$.
  - Si $|x| = |y|, x < 0$, entonces $x = -y < 0$, de donde $x \sqsubset y$.
  - Si $|x| = |y|, x > 0$, entonces $y = -x < 0$, de donde $y \sqsubset x$.

El orden parcial $\sqsubseteq$ es el orden asociado al orden estricto $\sqsubset$:

$$x \sqsubseteq y \iff x \sqsubset y \text{ o } x = y.$$

Entonces, el entero 0 es el mínimo para el orden $\sqsubseteq$, de forma que, como se pedía en el enunciado, los conjuntos ordenados $(\mathbb{Z}, \sqsubseteq)$ y $(\mathbb{Z}, \leq)$ no son isomorfos debido a que $(\mathbb{Z}, \sqsubseteq)$ tiene mínimo, como acabamos de ver, mientras que $(\mathbb{Z}, \leq)$ no tiene mínimo.

4.67. Un orden lineal $\leq$ sobre un conjunto A se llama *denso* si el orden estricto $<$ asociado a $\leq$ satisface la siguiente condición: para todo $x, y \in A$ tales que $x < y$, existe $z \in A$ tal que $x < z < y$.

(a) Demuestra que si dos conjuntos ordenados linealmente son isomorfos y uno de ellos es denso, también lo es el otro.

(b) Demuestra que $(\mathbb{Z}, \leq)$ y $(\mathbb{Q}, \leq)$ no son isomorfos.

Solución

(a) Sea f un isomorfismo entre dos conjuntos ordenados $(A, \leq_A)$ y $(B, \leq_B)$. Supongamos que además $\leq_A$ es un orden denso. Veamos que $\leq_B$ también lo es.

Sean $u, v \in B$ tales que $u <_B v$. Al ser f un isomorfismo de órdenes, f es biyectiva y conserva el orden entre los elementos. Por tanto, existen $x = f^{-1}(u)$ e $y = f^{-1}(v)$ en A tales que $x <_A y$.

Además, por ser $<_A$ denso, existe $z \in A$ tal que $x <_A z <_A y$. Llamando w a $f(z)$ y de nuevo por ser f isomorfismo tenemos que $u <_B w <_B v$, por lo que $\leq_B$ es también denso.

(b) El conjunto ordenado $(\mathbb{Q}, \leq)$ es denso, porque para todo $p, q \in \mathbb{Q}$ existe un número racional $r = \frac{p+q}{2} \in \mathbb{Q}$ tal que $p < r < q$.

Sin embargo, $(\mathbb{Z}, \leq)$ no es denso porque, por ejemplo, dados $x = 0, y = 1$, no existe $z \in \mathbb{Z}$ tal que $x < z < y$.

Por tanto, por el resultado del apartado anterior, se deduce que no pueden ser isomorfos.

4.68. En $\mathbb{N}_1$ se definen dos relaciones S, T del siguiente modo:

$$x \, S \, y \iff x < 2y, \qquad x \, T \, y \iff 2x < y.$$

(a) Demuestra que S no es un orden estricto. ¿Qué propiedades fallan?

(b) Demuestra que T es un orden estricto.

(c) Demuestra que T no es un orden total.

(d) Dado $A = \{1, 2, 3, 4, 5, 6, 7\}$, dibuja un diagrama de Hasse que represente el orden T restringido a elementos de A.

(e) Determina las parejas de elementos diferentes del conjunto A que poseen supremo con respecto al orden T restringido a A. Haz lo mismo para los ínfimos.

Solución

(a) Para que una relación sea un orden estricto basta con que sea antirreflexiva y transitiva (al cumplir estas dos propiedades también es antisimétrica).

La relación S no verifica ninguna de las tres propiedades:

- *Antirreflexiva.* Contraejemplo: $1 < 2 \cdot 1$ y, por tanto, $1\,S\,1$.
- *Antisimétrica.* Contraejemplo: $2\,S\,3$, pues $2 < 2 \cdot 3$, y $3\,S\,2$, pues $3 < 2 \cdot 2$, con $2 \neq 3$.
- *Transitiva.* Contraejemplo: $4\,S\,3$, pues $4 < 2 \cdot 3$, y $3\,S\,2$, pues $3 < 2 \cdot 2$, pero no se cumple $4\,S\,2$, porque $4 \not< 2 \cdot 2$.

(b) Veamos que T es un orden estricto.

- *Antirreflexiva.* Para que $x\,T\,x$ debe cumplirse $2x < x$, es decir, $x < 0$, lo que no cumple ningún $x \in \mathbb{N}_1$.
- *Transitiva.* Sean x, y, z tales que $x\,T\,y$, $y\,T\,z$. Entonces se cumple $2x < y$, $2y < z$, de donde se deduce $2x < y \leq 2y < z$ y, por tanto, $2x < z$, es decir, $x\,T\,z$.

(c) T no es un orden total porque no cumple la propiedad *conexa*, es decir, no todos los elementos están relacionados mediante T; por ejemplo, no se tiene $3\,T\,4$ (pues $2 \cdot 3 \not< 4$) ni $4\,T\,3$ (pues $2 \cdot 4 \not< 3$).

(d) El diagrama de Hasse para el conjunto ordenado $(\{1, 2, 3, 4, 5, 6, 7\}, T)$ es el siguiente:

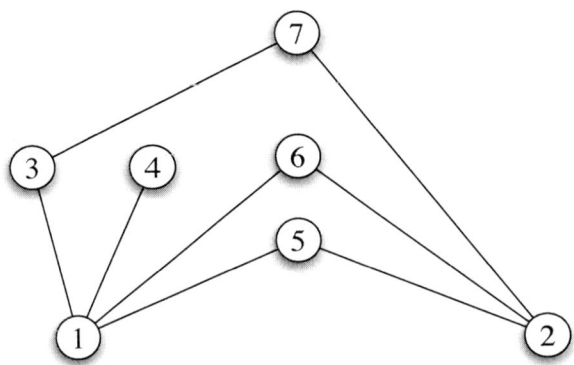

(e) Parejas de elementos diferentes con supremo:

$$\{1, 3\}, \{1, 4\}, \{1, 5\}, \{1, 6\}, \{1, 7\}, \{2, 3\}, \{2, 5\}, \{2, 6\}, \{2, 7\}, \{3, 7\}.$$

Parejas de elementos diferentes con ínfimo: todas salvo $\{5, 6\}, \{5, 7\}, \{6, 7\}, \{1, 2\}, \{2, 3\}$ y $\{2, 4\}$.

4.69. Definimos en $\mathbb{N}^2$ la siguiente relación:

$$(x,y) \ll (x',y') \iff (x+y < x'+y') \text{ o } (x+y = x'+y' \text{ y } x < x').$$

(a) Demuestra que $\ll$ es un orden estricto total.

(b) Calcula todos los pares $(x,y) \in \mathbb{N}^2$ tales que $(x,y) \ll (2,1)$.

(c) Estudia si los tres subconjuntos siguientes tienen máximo o mínimo, y en caso afirmativo, di cuáles son:

$$\mathbb{N} \times \{2\} \qquad \{2\} \times \mathbb{N} \qquad \{(x,y) \in \mathbb{N}^2 \mid 13 \le x+y \le 15\}$$

(d) ¿Puede encontrarse una sucesión $\{(x_n, y_n) \in \mathbb{N}^2 \mid n \in \mathbb{N}\}$ tal que $(x_0, y_0) \gg (x_1, y_1) \gg (x_2, y_2) \gg \cdots$? ¿Por qué?

(e) Demuestra que todo subconjunto no vacío de $\mathbb{N}^2$ tiene elemento mínimo.

(f) ¿Es $\ll$ un buen orden?

Solución

(a) Para ver que es un orden estricto total, basta con comprobar que es antirreflexiva, transitiva y conexa.

- *Antirreflexiva.* Sea $(x,y) \in \mathbb{N}^2$. Se tiene que $x + y = x + y$, por lo que no se cumple el primer miembro de la disyunción, y que $x = x$, por lo que tampoco se cumple el segundo miembro de la disyunción. Por lo tanto, no se cumple $(x,y) \ll (x,y)$.

- *Transitiva.* Sean $(x,y),(x',y'),(x'',y'') \in \mathbb{N}^2$ tales que $(x,y) \ll (x',y'),(x',y') \ll (x'',y'')$. Distinguimos los siguientes casos según la parte de la definición que cumpla $(x,y) \ll (x',y')$:

  - Si $x + y < x' + y'$, distinguimos de nuevo casos según la parte de la definición que cumpla $(x',y') \ll (x'',y'')$:
    - Si $x' + y' < x'' + y''$, entonces $x + y < x'' + y''$ y, por tanto, $(x,y) \ll (x'',y'')$.
    - Si $x'+y' = x''+y''$, $x' < x''$, de nuevo $x+y < x''+y''$ y, por tanto, $(x,y) \ll (x'',y'')$.
  - Si $x + y = x' + y'$, $x < x'$, distinguimos de nuevo casos según la parte de la definición que cumpla $(x',y') \ll (x'',y'')$:
    - Si $x' + y' < x'' + y''$, entonces $x + y < x'' + y''$ y, por tanto, $(x,y) \ll (x'',y'')$.
    - Si $x' + y' = x'' + y''$, $x' < x''$, entonces por una parte $x + y = x' + y' = x'' + y''$, y por otra parte de $x < x', x' < x''$ deducimos que $x < x''$. Por tanto, también en este caso se tiene $(x,y) \ll (x'',y'')$.

- *Conexa.* Sean $(x,y),(x',y') \in \mathbb{N}^2$ tales que $(x,y) \ne (x',y')$. Tenemos que demostrar que, o bien $(x,y) \ll (x',y')$, o bien $(x',y') \ll (x,y)$. Nos fijamos en los valores $x + y, x' + y'$ y en su relación:
  - Si $x + y < x' + y'$, entonces se tiene $(x,y) \ll (x',y')$.
  - Si $x + y > x' + y'$, entonces se tiene $(x',y') \ll (x,y)$.
  - Si $x + y = x' + y'$, como tenemos por hipótesis que $(x,y) \ne (x',y')$, tiene que ocurrir que $x \ne x'$ (si $x = x'$, de la igualdad $x + y = x' + y'$ se obtendría $y = y'$ y entonces $(x,y) = (x',y')$). Si $x < x'$, tenemos $(x,y) \ll (x',y')$, y si $x > x'$, que $(x',y') \ll (x,y)$.

(b) Los pares $(x, y) \in \mathbb{N}^2$ tales que $(x, y) \ll (2, 1)$ son aquellos que, o bien $x + y < 2 + 1 = 3$, o bien $x + y = 3$ y en tal caso $x < 2$, obteniendo así los siguientes:

$$(0, 0), (0, 1), (1, 0), (0, 2), (1, 1), (2, 0), (0, 3), (1, 2).$$

(c) Vemos cada conjunto por separado:

- $\mathbb{N} \times \{2\} = \{(x, 2) \mid x \in \mathbb{N}\}$.
  No tiene máximo, porque para todo $(x, 2) \in \mathbb{N} \times \{2\}$ se tiene $(x, 2) \ll (x + 1, 2)$.
  El mínimo es $(0, 2)$, ya que cualquier otro par $(x, 2) \in \mathbb{N} \times \{2\}$ distinto de $(0, 2)$ tiene $x \geq 1$ y, por tanto, $0 + 2 < x + 2$, de donde $(0, 2) \ll (x, 2)$.

- $\{2\} \times \mathbb{N} = \{(2, y) \mid y \in \mathbb{N}\}$. Es análogo al anterior.
  No tiene máximo, porque para todo $(2, y) \in \{2\} \times \mathbb{N}$ se tiene que $(2, y) \ll (2, y + 1)$.
  El mínimo es $(2, 0)$, ya que cualquier otro par $(2, x) \in \{2\} \times \mathbb{N}$ distinto de $(2, 0)$ tiene $x \geq 1$, por lo que $2 + 0 < 2 + x$ y de aquí $(2, 0) \ll (2, x)$.

- $\{(x, y) \in \mathbb{N}^2 \mid 13 \leq x + y \leq 15\}$.
  El mínimo es el par $(0, 13)$, que es el de menor x de todos los que suman 13, y el máximo es el par $(15, 0)$, que es el de mayor x de todos los que suman 15.

(d) Veamos que no puede existir una sucesión como la indicada comenzando en ningún $(x_0, y_0) \in \mathbb{N}^2$. Para ello, basta con demostrar que, dado $(x_0, y_0) \in \mathbb{N}^2$, existe un número finito de valores (x, y) tales que $(x, y) \ll (x_0, y_0)$. Esto se puede probar por inducción completa sobre el valor $x_0 + y_0$.

- *Caso base.* Si $x_0 + y_0 = 0$, entonces $(x_0, y_0) = (0, 0)$. Evidentemente no existe ningún valor (es decir, existe la cantidad finita de 0 valores) menor que (x_0, y_0) con respecto a $\ll$.

- *Caso inductivo.* Si $x_0 + y_0 = n$, con $n > 0$, tenemos que los valores $(x, y) \in \mathbb{N}^2$ tales que $(x, y) \ll (x_0, y_0)$ pueden dividirse en dos conjuntos:
  - Los que verifican $x + y < n$. Por hipótesis de inducción, estos son una cantidad finita.
  - Los que cumplen $x + y = n$ con $x < x_0$. Los pares $(x, y) \in \mathbb{N}^2$ tales que $x + y = n$ son exactamente n: $(0, n), (1, n - 1), \ldots, (n, 0)$, es decir, un conjunto finito. Los que cumplen además $x < x_0$ son aún menos y, por tanto, forman también un conjunto finito.

  La unión de conjuntos finitos es un conjunto finito, lo que finaliza la prueba.

(e) Es una consecuencia del punto anterior: al ser $\ll$ un orden total, si encontramos un conjunto S sin mínimo, podemos elegir un elemento $(x_0, y_0) \in S$ cualquiera y se tendrá que existe un $(x_1, y_1) \in S$ tal que $(x_1, y_1) \ll (x_0, y_0)$ (de otra forma (x_0, y_0) sería mínimo). Repitiendo el proceso tendremos una sucesión $(x_0, y_0) \gg (x_1, y_1) \gg (x_2, y_2), \ldots$, lo que hemos visto que no es posible.

(f) El orden $\ll$ sí es un buen orden, al cumplir las propiedades de los apartados (a), (d) y (e).

4.70. Dado un alfabeto $\mathbb{A}$, decimos que una palabra $u \in \mathbb{A}^*$ es *segmento* de otra palabra $v \in \mathbb{A}^*$, y lo escribimos como $u \sqsubseteq v$, cuando todos los caracteres de u aparecen consecutivos en v, es decir, cuando $v = x\,u\,y$ para algunos $x, y \in \mathbb{A}^*$.

Ejemplos: *la* $\sqsubseteq$ *calavera*, *cala* $\sqsubseteq$ *calavera*, *vera* $\sqsubseteq$ *calavera*, *aver* $\sqsubseteq$ *calavera* y $\varepsilon \sqsubseteq$ *calavera*

(donde ε representa la palabra vacía, la única palabra que verifica $u\varepsilon = \varepsilon u = u$ para todo $u \in \mathbb{A}^*$).

(a) Demuestra que la relación $\sqsubseteq$ es una relación de orden.

(b) ¿Es $\sqsubseteq$ un orden total? Justifica tu respuesta.

(c) Sea $A \subseteq \mathbb{A}^*$ definido por $A = \{$ *brazo, antebrazo, ante, a, sala, ala, la, antesala* $\}$. Dibuja el diagrama de Hasse de $\sqsubseteq$ restringido al conjunto A.

(d) Dado el subconjunto $B \subseteq A$ definido por $B = \{$ *a, ala, ante* $\}$, determina (si existen) los elementos maximales y minimales, el máximo, el mínimo, las cotas superiores e inferiores y el ínfimo y el supremo de B.

Solución

(a) Para ser una relación de orden debe verificar las propiedades reflexiva, antisimétrica y transitiva.

- *Reflexiva.* Para todo $x \in \mathbb{A}^*$ se tiene $x \sqsubseteq x$, porque se puede poner x como $x = \varepsilon x \varepsilon$.

- *Antisimétrica.* Supongamos u, v tales que $u \sqsubseteq v$ y $v \sqsubseteq u$; entonces, deben existir $x, x', y, y' \in \mathbb{A}^*$ tales que $v = xuy$ y $u = x'vy'$. Sustituyendo v por xuy en $u = x'vy'$ se tiene que $u = x'xuyy'$. Para que esto pueda suceder, debe ocurrir $x = y = x' = y' = \varepsilon$ y, por tanto, $v = \varepsilon u \varepsilon = u$.

- *Transitiva.* Supongamos que tenemos u, v, w tales que $u \sqsubseteq v$ y $v \sqsubseteq w$; entonces, deben existir $x, x', y, y' \in \mathbb{A}^*$ tales que $v = xuy$ y $w = x'vy'$. Sustituyendo la primera igualdad en la segunda tenemos $w = x'xuyy'$. Por tanto, basta tomar $x'' = x'x$ e $y'' = yy'$ para ver que $w = x''uy''$, de donde $u \sqsubseteq w$.

(b) No es un orden total. Para ello, basta con ver que la relación no cumple la propiedad conexa, es decir, que existen $u, v \in \mathbb{A}^*, u \neq v$ tales que no se cumple $u \sqsubseteq v$ ni $v \sqsubseteq u$ como, por ejemplo, $u = paz$ y $v = guerra$.

(c) El diagrama de Hasse solicitado es el siguiente:

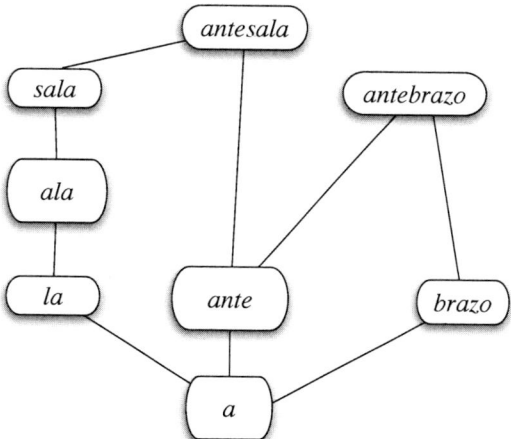

(d) En el diagrama de Hasse del apartado anterior aparecen resaltados como nodos mayores los tres correspondientes a los elementos del conjunto B. Observando el diagrama, es fácil calcular todos los datos que resumimos en la siguiente tabla:

Maximales	*ala, ante*
Minimales	*a*
Máximo	no existe
Mínimo	*a*
Cotas superiores	*antesala*
Cotas inferiores	*a*
Supremo	*antesala*
Ínfimo	*a*

4.71. Demuestra que si existe un isomorfismo de orden entre los conjuntos ordenados $(A, \sqsubseteq_A)$ y $(B, \sqsubseteq_B)$ y el orden $\sqsubseteq_A$ está bien fundamentado, entonces el orden $\sqsubseteq_B$ también está bien fundamentado.

Solución

Sea $f : A \rightarrow B$ un isomorfismo de orden. Si el orden $\sqsubseteq_B$ no fuese un orden bien fundamentado, existiría una cadena infinita

$$b_0 \sqsupset_B b_1 \sqsupset_B \cdots \sqsupset_B b_i \sqsupset_B b_{i+1} \sqsupset_B \cdots$$

Tomando $a_i = f^{-1}(b_i)$, resultaría la cadena infinita decreciente

$$a_0 \sqsupset_A a_1 \sqsupset_A \cdots \sqsupset_A a_i \sqsupset_A a_{i+1} \sqsupset_A \cdots$$

y $\sqsupset_A$ tampoco sería un orden bien fundamentado.

Por tanto, el orden $\sqsubseteq_B$ está bien fundamentado.

4.72. El orden habitual $\leq$ no es un buen orden sobre el conjunto $\mathbb{Z}$ de los enteros. Define un buen orden para $\mathbb{Z}$.

Solución

Para evitar las cadenas descendentes infinitas se puede construir, por ejemplo, un orden en el que el 0 sea el menor y los números negativos se vayan intercalando entre los positivos, como en el siguiente dibujo:

$$\begin{array}{ccccc} 0 & -1 & 1 & -2 & 2 \end{array}$$

Una posible definición de este orden es la siguiente, para $x, y \in \mathbb{Z}$,

$$x \sqsubseteq y \iff |x| < |y| \text{ o } (|x| = |y| \text{ y } x \leq y).$$

Es fácil comprobar que esta definición es equivalente a la usada en la solución del ejercicio 4.66, donde hemos demostrado que $\sqsubseteq$ es en efecto un orden total sobre $\mathbb{Z}$. Claramente, este orden no tiene cadenas descendentes infinitas, por lo que está bien fundamentado y, al ser total, es un buen orden.

4.73. Demuestra que el conjunto $\mathbb{Q}$ de los números racionales admite un buen orden. (Por supuesto, el orden habitual $\leq$ no es un buen orden en $\mathbb{Q}$).

Solución

Como $\mathbb{Q}$ es numerable, se puede definir una función biyectiva $f : \mathbb{Q} \to \mathbb{N}$.

Sea $\preceq$ la relación binaria sobre $\mathbb{Q}$ definida por la condición: $x \preceq y \iff f(x) \leq f(y)$.

Al ser f biyectiva, es fácil ver que, en efecto, $\preceq$ es un orden total sobre $\mathbb{Q}$. Por ejemplo, para demostrar la transitividad tenemos el siguiente razonamiento: Si $x, y, z \in \mathbb{Q}$ con $x \preceq y$ e $y \preceq z$, por la definición de la relación $\preceq$, $f(x) \leq f(y)$ y $f(y) \leq f(z)$. Por la transitividad de $\leq$, $f(x) \leq f(z)$, de donde $x \preceq z$. Las demás propiedades de un orden total se demuestran de forma parecida.

Por la propia definición del orden $\preceq$, es obvio que f es un isomorfismo de orden.

Ahora, como $\leq$ es un buen orden sobre $\mathbb{N}$ y f es un isomorfismo de orden entre $(\mathbb{Q}, \preceq)$ y $(\mathbb{N}, \leq)$, usando el resultado del ejercicio 4.71, podemos concluir que $\preceq$ es también un buen orden sobre $\mathbb{Q}$.

4.74. Sean A, B dos conjuntos, que suponemos bien ordenados por los órdenes $\leq_A, \leq_B$ respectivamente. Considera el conjunto $C = (A \times \{0\}) \cup (B \times \{1\})$ y el orden $\leq_C$ definido sobre C como sigue:

$$(x, i) \leq_C (y, j) \iff \begin{array}{l} \text{o bien } i = 0 \text{ y } j = 1, \\ \text{o bien } i = j = 0 \text{ y } x \leq_A y, \\ \text{o bien } i = j = 1 \text{ y } x \leq_B y. \end{array}$$

(a) Demuestra que $\leq_C$ es un orden total sobre C.

(b) Demuestra que $\leq_C$ es un buen orden sobre C.

(c) Aplica esta construcción tomando los conjuntos $A = B = \mathbb{N}$ y los órdenes $\leq_A = \leq_B = \leq$.

(d) Dibuja un diagrama de Hasse para el orden resultante.

Solución

(a) Demostramos las propiedades reflexiva, antisimétrica, transitiva y conexa de la relación $\leq_C$.

- *Reflexiva.* Sea $(x, i) \in C$. Distinguimos dos casos:
  - Si $i = 0$, entonces $x \in A$ y $(x, i) \leq_C (x, i)$ porque $x \leq_A x$.
  - Si $i = 1$, entonces $x \in B$ y $(x, i) \leq_C (x, i)$ porque $x \leq_B x$.
- *Antisimétrica.* Sean $(x, i), (y, j) \in C$ tales que $(x, i) \leq_C (y, j)$ e $(y, j) \leq_C (x, i)$. En estas condiciones no puede darse el primer caso de la definición y necesariamente $i = j$. Distinguimos dos casos:
  - Si $i = j = 0$, entonces $x \leq_A y \leq_A x$ y, por la antisimetría de $\leq_A$, se deduce $x = y$, por lo que $(x, i) = (y, j)$.
  - Si $i = j = 1$, entonces se llega a $(x, i) = (y, j)$ razonando en B de forma totalmente análoga al caso anterior.
- *Transitiva.* Sean $(x, i), (y, j), (z, k) \in C$ tales que $(x, i) \leq_C (y, j)$ e $(y, j) \leq_C (z, k)$. Distinguimos ahora los siguientes casos:

- Si $i = j = 0$ y $k = 1$, entonces $(x, i) \leq_C (z, k)$.

- Si $i = 0$ y $j = k = 1$, entonces $(x, i) \leq_C (z, k)$.

- Si $i = j = k = 0$, entonces $x \leq_A y \leq_A z$ y, por la transitividad de $\leq_A$, se deduce $x \leq_A z$, de donde $(x, i) \leq_C (z, k)$.

- Si $i = j = k = 1$, entonces se llega a $(x, i) \leq_C (z, k)$ razonando en B de forma totalmente análoga al caso anterior.

- *Conexa.* Sean $(x, i), (y, j) \in C$ con $(x, i) \neq (y, j)$. De nuevo distinguimos varias posibilidades:

  - Si $i = 0, j = 1$, entonces se tiene $(x, i) \leq_C (y, j)$.

  - Si $i = 1, j = 0$, entonces se tiene $(y, j) \leq_C (x, i)$.

  - Si $i = j = 0$, entonces $x \neq y$ en A. Como $\leq_A$ es un orden total, o bien $x \leq_A y$ por lo que $(x, i) \leq_C (y, j)$, o bien $y \leq_A x$ por lo que $(y, j) \leq_C (x, i)$.

  - Si $i = j = 1$, entonces $x \neq y$ en B y se razona como en el caso anterior.

(b) Queda por demostrar que $\leq_C$ está bien fundamentado. Supongamos que existiese en C una cadena infinita descendente y veamos que se llega a una contradicción. La cadena tendría la forma

$$(x_0, i_0) >_C (x_1, i_1) >_C \cdots >_C (x_n, i_n) >_C \cdots$$

Distinguimos dos casos:

- Si se tiene $i_n = 1$ para todo $n \in \mathbb{N}$, entonces, por el modo en que está definido $\leq_C$, se tiene una cadena infinita descendente en $(B, \leq_B)$: $x_0 >_B x_1 >_B \cdots >_B x_n >_B \cdots$, lo que es una contradicción con la suposición de que $\leq_B$ es un buen orden.

- Si no es cierto que $i_n = 1$ para todo $n \in \mathbb{N}$, existirá un m tal que $i_m = 0$. De nuevo, por la definición del orden $\leq_C$, se tiene que $i_k = 0$ para todo $k \geq m$ y entonces tendremos una cadena infinita descendente en $(A, \leq_A)$: $x_m >_A x_{m+1} >_A \cdots >_A x_{m+n} >_A \cdots$, lo que es una contradicción con la suposición de que $\leq_A$ es un buen orden.

En ambos casos hemos llegado a una contradicción, por lo que concluimos que $\leq_C$ es un buen orden.

(c) En el caso particular $A = B = \mathbb{N}$, $\leq_A = \leq_B = \leq$, se tiene $C = (\mathbb{N} \times \{0\}) \cup (\mathbb{N} \times \{1\}) = \mathbb{N} \times \{0, 1\}$ y el orden $\leq_C$ queda:

$$(x, i) \leq_C (y, j) \iff \begin{array}{l} \text{o bien } i = 0 \text{ y } j = 1, \\ \text{o bien } i = j \text{ y } x \leq y. \end{array}$$

Intuitivamente, tenemos dos copias distintas del conjunto de los números naturales, dentro de cada copia los números están ordenados de la forma habitual y todos los números de una copia van en el orden antes que los números de la otra copia.

(d) El diagrama de Hasse del orden $\leq_C$ sobre $\mathbb{N} \times \{0, 1\}$ es infinito, pero podemos describirlo mediante el siguiente diagrama, que ilustra la idea descrita en el apartado anterior:

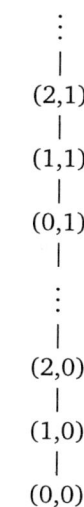

$$\vdots$$
$$|$$
$$(2,1)$$
$$|$$
$$(1,1)$$
$$|$$
$$(0,1)$$
$$|$$
$$\vdots$$
$$|$$
$$(2,0)$$
$$|$$
$$(1,0)$$
$$|$$
$$(0,0)$$

4.75. Demuestra que si $\leq_A, \leq_B$ son buenos órdenes definidos, respectivamente, sobre los conjuntos A y B, entonces la relación $\leq_{A\times B}$ definida por la condición

$$(u,v) \leq_{A\times B} (x,y) \iff u <_A x \text{ o } (u = x, v \leq_B y)$$

es un buen orden sobre $A \times B$.

Solución

El ejercicio 4.60 prueba que el orden lexicográfico $\leq_{A\times B}$ es en efecto un orden sobre $A \times B$.

Veamos a continuación que, en las condiciones del enunciado, el orden lexicográfico $\leq_{A\times B}$ satisface la propiedad conexa. Sean $(u,v), (x,y) \in A\times B, (u,v) \neq (x,y)$. Teniendo en cuenta que $\leq_A$ es un orden total sobre A, distinguimos los siguientes casos:

- Si $u <_A x$, entonces $(u,v) \leq_{A\times B} (x,y)$.

- Si $x <_A u$, entonces $(x,y) \leq_{A\times B} (u,v)$.

- Si $x = u$, entonces necesariamente $v \neq y$. Como $\leq_B$ también es un orden total sobre B, distinguimos a su vez dos posibilidades:

    - Si $v <_B y$, entonces $(u,v) \leq_{A\times B} (x,y)$.
    - Si $y <_B v$, entonces $(x,y) \leq_{A\times B} (u,v)$.

En resumen, (u,v) y (x,y) están relacionados de una forma u otra por $\leq_{A\times B}$, que es, por tanto, un orden total.

Demostramos que se trata de un buen orden, viendo que $\leq_{A\times B}$ está bien fundamentado. Consideremos un subconjunto no vacío cualquiera $S \subseteq A \times B, S \neq \emptyset$. Definimos entonces el conjunto $S_1 = \{x \in A \mid (x,y) \in S \text{ para algún } y \in B\}$. Se tiene $S_1 \subseteq A$ y, al ser $S \neq \emptyset$, también $S_1 \neq \emptyset$. Como $\leq_A$ es un buen orden, el conjunto S_1 tiene un elemento $x_0 \in S_1$ minimal.

Sea ahora $S_2 = \{y \in B \mid (x_0, y) \in S\}$. Se tiene que $S_2 \subseteq B$ con $S_2 \neq \emptyset$. Como $\leq_B$ también es un buen orden, existe $y_0 \in S_2$ minimal.

Vamos a comprobar que (x_0, y_0) es minimal en S con respecto a $\leq_{A \times B}$. Supongamos que $(x, y) \in S$ con $(x, y) \leq_{A \times B} (x_0, y_0)$; entonces, $x <_A x_0$ no es posible, porque x_0 es minimal en S_1 y $x \in S_1$, luego debe ser $x = x_0, y \in S_2, y \leq_B y_0$. Pero y_0 minimal en S_2, por lo que a su vez debe ser $y = y_0$. Por tanto, $(x, y) = (x_0, y_0)$ y podemos concluir que (x_0, y_0) es minimal en S.

4.76. Sea $f : \mathbb{N} \times \mathbb{N} \to \mathbb{Z}$ la función definida como $f(x, y) = y - x$. En cada uno de los apartados que siguen, razona tus respuestas.

(a) ¿Es f inyectiva? ¿Es f suprayectiva?

(b) Demuestra que la relación binaria $\sim$ sobre $\mathbb{N} \times \mathbb{N}$ definida como

$$(x, y) \sim (x', y') \iff f(x, y) = f(x', y')$$

es de equivalencia.

(c) Explica cuáles son los elementos de la clase de equivalencia dada por $S = [(0, 3)]_\sim$. ¿Es S un conjunto finito o infinito?

(d) Demuestra que la relación binaria R sobre $\mathbb{N} \times \mathbb{N}$ definida como

$$(x, y) R (x', y') \iff f(x, y) \leq f(x', y')$$

no es de orden.

(e) Demuestra que la relación binaria $\sqsubset$ sobre $\mathbb{N} \times \mathbb{N}$ definida como

$$(x, y) \sqsubset (x', y') \iff \begin{cases} (i) & f(x, y) < f(x', y'), \text{ o si no} \\ (ii) & f(x, y) = f(x', y') \text{ y además } x < x', \end{cases}$$

es un orden estricto. ¿Se trata o no de un orden total?

(f) Estudia los elementos extremos y extremales del conjunto $S = [(0, 3)]_\sim$ del apartado (c) con respecto al orden $\sqsubset$ del apartado anterior.

Solución

(a) La función f no es inyectiva, porque hay elementos diferentes en $\mathbb{N} \times \mathbb{N}$ cuyo valor mediante f es el mismo. Por ejemplo, $f(2, 4) = 4 - 2 = 2 = 5 - 3 = f(3, 5)$. En general, todos los elementos que están en una diagonal del plano $\mathbb{N} \times \mathbb{N}$ tienen el mismo valor mediante f, como ilustra el siguiente dibujo, donde el número a la derecha de cada diagonal es el valor asociado a todos los elementos en esa diagonal por la función f.

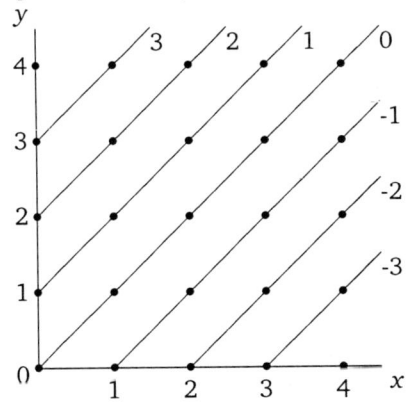

En cambio, la función f sí que es sobreyectiva. Dado $z \in \mathbb{Z}$, distinguimos dos casos según z sea negativo o no.

- Si $z < 0$, entonces $-z > 0$ y $-z \in \mathbb{N}$; en este caso $f(-z, 0) = 0 - (-z) = z$.
- Si $z \geq 0$, tenemos que $z \in \mathbb{N}$ y entonces $f(0, z) = z - 0 = z$.

Por lo que en ambos casos z está en el rango de f.

(b) Para ver que $\sim$ es una relación de equivalencia, tenemos que probar que es reflexiva, simétrica y transitiva.

- *Reflexiva*. Para todo $(x, y) \in \mathbb{N} \times \mathbb{N}$ tenemos $(x, y) \sim (x, y)$, porque obviamente $f(x, y) = f(x, y)$.
- *Simétrica*. Para todo $(x, y), (x', y') \in \mathbb{N} \times \mathbb{N}$, si $(x, y) \sim (x', y')$ es porque $f(x, y) = f(x', y')$. Por tanto, $f(x', y') = f(x, y)$ y de aquí $(x', y') \sim (x, y)$.
- *Transitiva*. Para todo $(x, y), (x', y'), (x'', y'') \in \mathbb{N} \times \mathbb{N}$, si $(x, y) \sim (x', y')$ y $(x', y') \sim (x'', y'')$ es porque $f(x, y) = f(x', y')$ y $f(x', y') = f(x'', y'')$. Por tanto, $f(x, y) = f(x'', y'')$ y entonces $(x, y) \sim (x'', y'')$.

(c) La clase de equivalencia $S = [(0, 3)]_\sim$ está formada por todos los pares relacionados con $(0, 3)$, es decir, los pares $(x, y) \in \mathbb{N} \times \mathbb{N}$ tales que

$$f(x, y) = y - x = f(0, 3) = 3 - 0 = 3.$$

De aquí, $y = x + 3$, por lo que una posible forma de escribir todos estos pares es como $(x, x + 3)$, para algún $x \in \mathbb{N}$, con lo cual

$$S = [(0, 3)]_\sim = \{(x, x + 3) \mid x \in \mathbb{N}\}.$$

Es muy sencillo demostrar que la función $p : \mathbb{N} \to S$ tal que $p(x) = (x, x + 3)$ es una biyección, por lo que $|\mathbb{N}| = |S|$ y deducimos que S es un conjunto *infinito numerable*.

En general, una clase de equivalencia corresponde a una diagonal, tal como hemos ilustrado en el dibujo anterior, y todas las clases de equivalencia son infinitas numerables.

(d) La relación R es reflexiva, pues $f(x, y) \leq f(x, y)$, y transitiva, porque, si $f(x, y) \leq f(x', y')$ y $f(x', y') \leq f(x'', y'')$, entonces $f(x, y) \leq f(x'', y'')$.

La propiedad que falla es la antisimétrica, debido a que f no es inyectiva; por ejemplo,

$$f(2, 4) = 2 = f(3, 5) \implies (2, 4)R(3, 5),$$
$$f(3, 5) = 2 = f(2, 4) \implies (3, 5)R(2, 4),$$

mientras que $(2, 4) \neq (3, 5)$.

(e) Para ver que $\sqsubset$ es un orden estricto, tenemos que probar que la relación $\sqsubset$ es antirreflexiva y transitiva.

- *Antirreflexiva*. Para todo $(x, y) \in \mathbb{N} \times \mathbb{N}$ tenemos $(x, y) \not\sqsubset (x, y)$, pues no se cumple ninguna de las condiciones (i), pues $f(x, y) \not< f(x, y)$, ni (ii), pues $f(x, y) = f(x, y)$ pero $x \not< x$.
- *Transitiva*. Sean $(x, y), (x', y'), (x'', y'') \in \mathbb{N} \times \mathbb{N}$ tales que $(x, y) \sqsubset (x', y')$ y $(x', y') \sqsubset (x'', y'')$. Como hay dos casos para justificar cada una de las dos relaciones, vamos a distinguir cuatro casos:
  - Si $f(x, y) < f(x', y')$ y $f(x', y') < f(x'', y'')$, entonces $f(x, y) < f(x'', y'')$, de donde $(x, y) \sqsubset (x'', y'')$.
  - Si $f(x, y) < f(x', y')$ y $f(x', y') = f(x'', y'')$ con $x' < x''$, entonces se tiene $f(x, y) < f(x'', y'')$, de donde $(x, y) \sqsubset (x'', y'')$.

- Si $f(x,y) = f(x',y')$ con $x < x'$ y $f(x',y') < f(x'',y'')$, entonces $f(x,y) < f(x'',y'')$, de donde $(x,y) \sqsubset (x'',y'')$.
- Si $f(x,y) = f(x',y')$ con $x < x'$ y $f(x',y') = f(x'',y'')$ con $x' < x''$, entonces $f(x,y) = f(x'',y'')$ con $x < x' < x''$, de donde $x < x''$ y, por tanto, $(x,y) \sqsubset (x'',y'')$.

En cualquiera de los cuatro casos llegamos a $(x,y) \sqsubset (x'',y'')$ y concluimos que se cumple la propiedad transitiva.

El orden estricto $\sqsubset$ es total, es decir, si $(x,y),(x',y') \in \mathbb{N} \times \mathbb{N}$, entonces, o bien $(x,y) \sqsubset (x',y')$, o bien $(x',y') \sqsubset (x,y)$, o bien $(x,y) = (x',y')$. En efecto, calculamos los valores $f(x,y)$ y $f(x',y')$ y los comparamos:

- Si $f(x,y) < f(x',y')$, entonces $(x,y) \sqsubset (x',y')$.
- Si $f(x',y') < f(x,y)$, entonces $(x',y') \sqsubset (x,y)$.
- Si $f(x,y) = f(x',y')$, comparamos x con x':
  - Si $x < x'$, entonces $(x,y) \sqsubset (x',y')$.
  - Si $x' < x$, entonces $(x',y') \sqsubset (x,y)$.
  - Si $x = x'$, entonces $y = f(x,y) + x = f(x',y') + x' = y'$, de donde $(x,y) = (x',y')$.

(f) Para todos los pares $(x, x+3) \in S = [(0,3)]_\sim$, tenemos $f(x, x+3) = (x+3) - x = 3$; por tanto, la comparación entre elementos de S con respecto al orden $\sqsubset$ se basa en el caso (ii) de la definición, que compara las primeras componentes de los pares:

$$(0,3) \sqsubset (1,4) \sqsubset (2,5) \sqsubset (3,6) \sqsubset (4,7) \sqsubset (5,8) \sqsubset \cdots$$

Así pues, el conjunto S tiene mínimo $(0,3)$ (que es también el único minimal) con respecto al orden $\sqsubset$, pero no tiene máximo (ni maximales) porque cualquier elemento $(x, x+3) \in S$ tiene un siguiente $(x+1, x+4)$ con $(x, x+3) \sqsubset (x+1, x+4)$.

4.77. En el conjunto $\mathbb{R}^2$ considera la relación binaria $\sim$ definida por

$$(x,y) \sim (z,w) \iff x^2 + y^2 = z^2 + w^2.$$

(a) Demuestra que $\sim$ es una relación de equivalencia.

(b) En el conjunto cociente $\mathbb{R}^2/\sim$ se define la relación

$$[(x,y)] \sqsubseteq [(z,w)] \iff x^2 + y^2 \leq z^2 + w^2.$$

Demuestra que está bien definida, es decir, que es independiente de los representantes elegidos.

(c) Demuestra que $\sqsubseteq$ es una relación de orden.

(d) Demuestra que $(\mathbb{R}^2/\sim, \sqsubseteq)$ es un retículo.

Solución

(a) Para ver que $\sim$ es una relación de equivalencia, tenemos que probar que es reflexiva, simétrica y transitiva.

- *Reflexiva.* $(x,y) \sim (x,y)$ si y solo si $x^2 + y^2 = x^2 + y^2$, que es obviamente cierto.
- *Simétrica.* Si $(x,y) \sim (z,w)$, entonces por la definición $x^2 + y^2 = z^2 + w^2$, que es equivalente a $z^2 + w^2 = x^2 + y^2$, de donde aplicando de nuevo la definición tenemos $(z,w) \sim (x,y)$.

- *Transitiva.* Supongamos que $(x,y) \sim (z,w)$ y $(z,w) \sim (u,v)$; entonces por la definición $x^2 + y^2 = z^2 + w^2$ y $z^2 + w^2 = u^2 + v^2$. Por la transitividad de la igualdad, deducimos $x^2 + y^2 = u^2 + v^2$, que por la definición nos da $(x,y) \sim (u,v)$.

(b) La definición de la relación $\sqsubseteq$,

$$[(x,y)] \sqsubseteq [(z,w)] \iff x^2 + y^2 \le z^2 + w^2,$$

está escrita en función de datos x, y, z, w que provienen de los representantes (x,y) y (z,w) elegidos en las clases $[(x,y)]$ y $[(z,w)]$, respectivamente. Tenemos que ver que el resultado no depende de tal elección.

Supongamos que (x', y') y (z', w') son otros representantes de esas mismas clases, es decir,

$$[(x',y')] = [(x,y)] \iff (x',y') \sim (x,y) \iff x'^2 + y'^2 = x^2 + y^2,$$

$$[(z',w')] = [(z,w)] \iff (z',w') \sim (z,w) \iff z'^2 + w'^2 = z^2 + w^2.$$

Por tanto,

$$x^2 + y^2 \le z^2 + w^2 \iff x'^2 + y'^2 \le z'^2 + w'^2,$$

de donde vemos que, en efecto,

$$[(x,y)] \sqsubseteq [(z,w)] \iff [(x',y')] \sqsubseteq [(z',w')],$$

lo cual pone de manifiesto que la definición de la relación $\sqsubseteq$ es correcta, por ser su resultado independiente de los representantes elegidos en cada clase.

(c) Para ver que $\sqsubseteq$ es una relación de orden, tenemos que probar que es reflexiva, antisimétrica y transitiva.

- *Reflexiva.* $[(x,y)] \sqsubseteq [(x,y)]$ si y solo si $x^2 + y^2 \le x^2 + y^2$, que es obviamente cierto.
- *Antisimétrica.* Supongamos que $[(x,y)] \sqsubseteq [(z,w)]$ y $[(z,w)] \sqsubseteq [(x,y)]$; entonces por la definición de $\sqsubseteq$ tenemos $x^2 + y^2 \le z^2 + w^2$ y $z^2 + w^2 \le x^2 + y^2$. De ambas desigualdades, por la antisimetría de $\le$, obtenemos la igualdad $x^2 + y^2 = z^2 + w^2$, que por la definición de $\sim$ nos da $(x,y) \sim (z,w)$, que es equivalente a $[(x,y)] = [(z,w)]$.
- *Transitiva.* Supongamos que $[(x,y)] \sqsubseteq [(z,w)]$ y $[(z,w)] \sqsubseteq [(u,v)]$; entonces por la definición de $\sqsubseteq$ tenemos $x^2 + y^2 \le z^2 + w^2$ y $z^2 + w^2 \le u^2 + v^2$. De estas desigualdades, por la transitividad de $\le$, deducimos la desigualdad $x^2 + y^2 \le u^2 + v^2$, que de nuevo por la definición de $\sqsubseteq$ nos da $[(x,y)] \sqsubseteq [(u,v)]$.

(d) Cada clase de equivalencia corresponde a una circunferencia centrada en el origen $(0,0)$. La relación $\sqsubseteq$ entre tales circunferencias corresponde a la relación de tener menor radio. Esta situación la podemos representar con el siguiente diagrama en forma de diana:

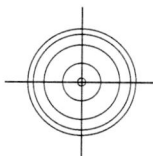

Intuitivamente, al comparar los radios de dos circunferencias centradas en el origen, la relación es conexa, porque, o bien los dos radios son iguales, o bien uno de ellos es más pequeño. En efecto, demostremos que $\sqsubseteq$ es una relación de orden total en $\mathbb{R}^2/\sim$. Si $[(x,y)]$ y $[(z,w)]$ son elementos en este conjunto cociente, tenemos tres posibilidades:

- $x^2 + y^2 < z^2 + w^2$, y entonces $[(x,y)] \sqsubseteq [(z,w)]$,

- $x^2 + y^2 = z^2 + w^2$, y entonces $[(x,y)] = [(z,w)]$,
- $x^2 + y^2 > z^2 + w^2$, y entonces $[(z,w)] \sqsubseteq [(x,y)]$.

Como el orden $\sqsubseteq$ es total, automáticamente $(\mathbb{R}^2/\sim, \sqsubseteq)$ es un retículo. Dados dos elementos cualesquiera en $\mathbb{R}^2/\sim$, por ser el orden total, uno es mayor y el otro menor con respecto a $\sqsubseteq$; entonces, el supremo de esos dos elementos es el mayor y el ínfimo es el menor.

4.78. ¿Cuáles de los siguientes subconjuntos de $\mathbb{N}_1$ son retículos con el orden definido por la condición $x \sqsubseteq y \iff x \mid y$? ¿Por qué?

(a) $\{5, 10, 15, 30\}$ (b) $\{1, 3, 7, 15\}$ (c) $\{2, 3, 5, 6, 10, 30\}$

(d) $\{1, 2, 3, 4, 6, 9\}$ (e) $\{1, 3, 7, 15, 21, 105\}$ (f) $\{2, 3, 5, 6, 10, 21, 30\}$

Solución

Dibujamos los diagramas de Hasse correspondientes a los seis conjuntos del enunciado, todos ellos ordenados por la relación de divisibilidad.

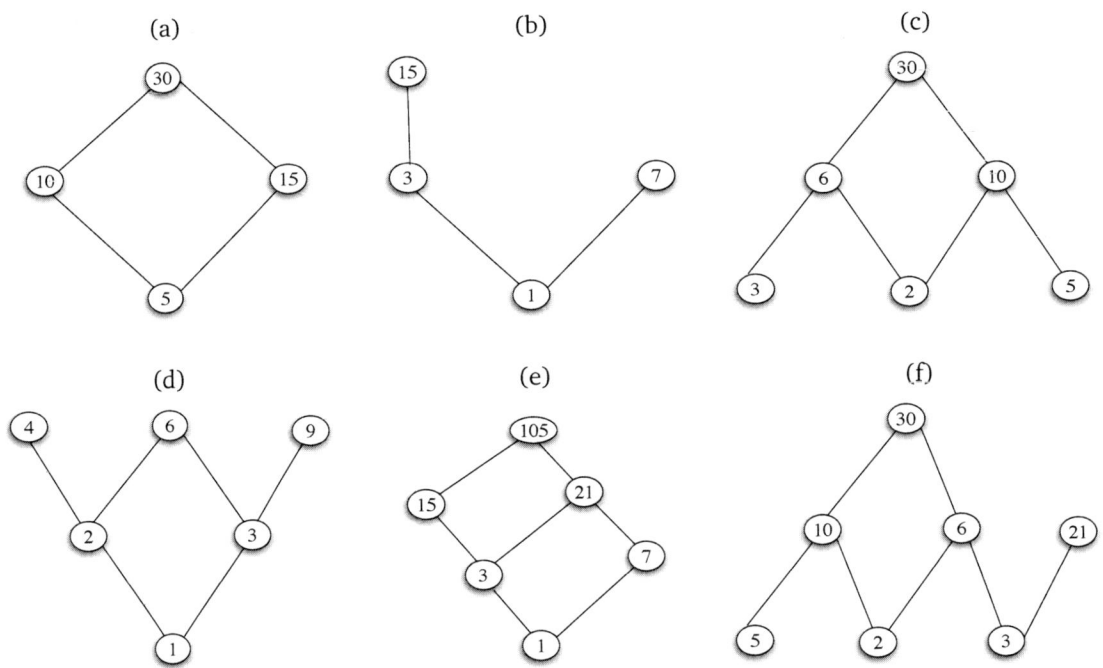

A partir de los diagramas se observa que:

(a) es retículo. Los únicos elementos no relacionados son 10 y 15, y para ellos se tiene $10 \sqcup 15 = 30$ y $10 \sqcap 15 = 5$.

(b) es semirretículo inferior, pero no retículo; por ejemplo, no existe el supremo de $\{3, 7\}$.

(c) es semirretículo superior, pero no retículo; por ejemplo, no existe el ínfimo de $\{2, 3\}$.

(d) es semirretículo inferior, pero no retículo; por ejemplo, no existe el supremo de $\{4, 6\}$.

(e) es retículo. Para cada par de elementos, existe el supremo y el ínfimo; por ejemplo, $15 \sqcup 7 = 105$ y $15 \sqcap 7 = 1$.

(f) no es semirretículo inferior ni superior y, por tanto, tampoco retículo; por ejemplo, no existe el ínfimo de $\{2, 5\}$ ni el supremo de $\{6, 21\}$.

4.79. Razona en cada uno de los casos siguientes si se tiene un retículo, un semirretículo inferior, un semirretículo superior, o ninguna de las tres cosas, tomando como orden la relación de inclusión.

(a) $\{A \in \mathscr{P}(\mathbb{N}) \mid A \text{ es finito}\}$ (b) $\{A \in \mathscr{P}(\mathbb{N}) \mid A \text{ es infinito}\}$ (c) $\{A \in \mathscr{P}(\mathbb{N}) \mid |A| \text{ es par}\}$

(d) $\{A \in \mathscr{P}(\mathbb{N}) \mid \mathbb{N} \setminus A \text{ es finito}\}$ (e) $\{A \in \mathscr{P}(\mathbb{N}) \mid |A| \leq 10\}$ (f) $\{A \in \mathscr{P}(\mathbb{N}) \mid |A| > 10\}$

Solución

(a) es retículo. Dados dos conjuntos $X, Y \in \mathscr{P}(\mathbb{N})$ finitos, se tiene

$$X \sqcup Y = X \cup Y \qquad X \sqcap Y = X \cap Y,$$

porque tanto $X \cup Y$ como $X \cap Y$ son finitos cuando X e Y son finitos.

(b) es semirretículo superior ya que $X \sqcup Y = X \cup Y$, al ser $X \cup Y$ un conjunto infinito cuando X o Y lo son.

Pero no es semirretículo inferior; por ejemplo, no existe el ínfimo de los conjuntos X, Y definidos como $X = \{n \in \mathbb{N} \mid n \text{ es par}\}$, $Y = \{n \in \mathbb{N} \mid n \text{ es impar}\}$, porque, aunque X e Y son ambos infinitos, el único conjunto incluido simultáneamente en X e Y es el conjunto vacío, que no es infinito y, por tanto, no está en la familia de conjuntos considerado en este apartado; es decir, los conjuntos X e Y ni siquiera tienen cotas inferiores comunes.

(c) no es semirretículo superior ni inferior; por ejemplo, no existe el supremo ni el ínfimo de los conjuntos $X = \{1, 2, 3, 4\}$ e $Y = \{1, 2, 3, 5\}$. Veámoslo.

En primer lugar, el conjunto de las cotas inferiores de $\{X, Y\}$ en el conjunto considerado en este apartado es $\{\emptyset, \{1, 2\}, \{1, 3\}, \{2, 3\}\}$ y este conjunto no tiene máximo, por lo que no existe el ínfimo de $\{X, Y\}$.

Por otro lado, el conjunto las cotas superiores de $\{X, Y\}$ en el conjunto considerado contendrá todos los conjuntos de cardinal par que contengan los elementos $1, 2, 3, 4$ y 5. Por ejemplo, son cotas superiores $\{1, 2, 3, 4, 5, 6\}$ y $\{1, 2, 3, 4, 5, 7\}$, pero estos elementos no son comparables con el orden $\subseteq$ y no existe ningún conjunto de cardinal par incluido en ambos que sea cota superior de $\{X, Y\}$, por lo que no existe el mínimo de las cotas superiores, es decir, no existe el supremo de $\{X, Y\}$.

(d) es retículo, con $X \sqcup Y = X \cup Y$ y $X \sqcap Y = X \cap Y$. Si $\mathbb{N} \setminus X$ y $\mathbb{N} \setminus Y$ son conjuntos finitos, entonces,

$$\mathbb{N} \setminus (X \cup Y) = (\mathbb{N} \setminus X) \cap (\mathbb{N} \setminus Y),$$
$$\mathbb{N} \setminus (X \cap Y) = (\mathbb{N} \setminus X) \cup (\mathbb{N} \setminus Y)$$

también son finitos (por ser finitas la unión y la intersección de conjuntos finitos), por lo que $X \cup Y$ y $X \cap Y$ están en el conjunto considerado en este apartado.

Los conjuntos de esta familia se llaman *cofinitos* y el resultado que acabamos de demostrar se puede resumir diciendo que la unión y la intersección de conjuntos cofinitos son asimismo cofinitas.

(e) es semirretículo inferior, porque el cardinal de la intersección de dos conjuntos es menor o igual a la de cada uno de ellos y entonces $X \sqcap Y = X \cap Y$.

Pero no es semirretículo superior; por ejemplo, no existe el supremo de $X = \{1, 2, 3, 4, 5, 6, 7\}$ e $Y = \{8, 9, 10, 11, 12\}$, porque ni siquiera existen cotas superiores comunes de X e Y en el conjunto considerado en este apartado, ya que todos los conjuntos que incluyen tanto a X como a Y tienen cardinal mayor que 10.

(f) es semirretículo superior, porque el cardinal de la unión de dos conjuntos es mayor o igual a la de cada uno de ellos y entonces $X \sqcup Y = X \cup Y$.

Pero no es semirretículo inferior; por ejemplo, no existe el ínfimo de los dos conjuntos $X = \{1, 2, 3, 4, 5, 6, 7, 8, 9, 10, 11, 12\}$ e $Y = \{13, 14, 15, 16, 17, 18, 19, 20, 21, 22, 23\}$, ya que ni siquiera tienen cotas inferiores comunes en el conjunto considerado en este apartado: el único conjunto incluido simultáneamente en X e Y es el vacío que tiene cardinal 0.

4.80. Sean $(A_1, \sqsubseteq_1)$ y $(A_2, \sqsubseteq_2)$ dos retículos. Demuestra que $(A_1 \times A_2, \sqsubseteq)$ es también un retículo, siendo $\sqsubseteq$ el orden definido como: $(x, y) \sqsubseteq (x', y') \iff x \sqsubseteq_1 x', \ y \sqsubseteq_2 y'$.

Solución

Sabemos por el ejercicio 4.59 que, siempre que $(A_1, \sqsubseteq_1)$ y $(A_2, \sqsubseteq_2)$ sean órdenes parciales, se tiene que $(A_1 \times A_2, \sqsubseteq)$ con la definición del enunciado también lo es.

Para ver que, además, $(A_1 \times A_2, \sqsubseteq)$ es un retículo cuando lo son $(A_1, \sqsubseteq_1)$ y $(A_2, \sqsubseteq_2)$, tenemos que demostrar que, dados $(x, y), (x', y') \in A_1 \times A_2$, existen $(x, y) \sqcup (x', y')$ y $(x, y) \sqcap (x', y')$.

- Veamos que $(x, y) \sqcup (x', y') = (x \sqcup_1 x', y \sqcup_2 y')$, donde $\sqcup_1$ y $\sqcup_2$ denotan los supremos en $(A_1, \sqsubseteq_1)$ y $(A_2, \sqsubseteq_2)$, respectivamente.

  En primer lugar, $(x \sqcup_1 x', y \sqcup_2 y')$ está bien definido, por ser $(A_1, \sqsubseteq_1)$ y $(A_2, \sqsubseteq_2)$ ambos retículos. Además $(x, y) \sqsubseteq (x \sqcup_1 x', y \sqcup_2 y')$ y $(x', y') \sqsubseteq (x \sqcup_1 x', y \sqcup_2 y')$, porque $x, x' \sqsubseteq_1 x \sqcup_1 x'$ e $y, y' \sqsubseteq_2 y \sqcup_2 y'$, al ser $x \sqcup_1 x'$ cota superior común de x, x' en A_1 y lo mismo para los elementos en A_2.

  Por último, para cualquier $(x'', y'') \in A_1 \times A_2$ tal que $(x, y) \sqsubseteq (x'', y'')$, $(x', y') \sqsubseteq (x'', y'')$, se tendrá por definición que

  - $x, x' \sqsubseteq_1 x''$, por lo que, al ser $x \sqcup_1 x'$ el supremo en $(A_1, \sqsubseteq_1)$, se debe cumplir $x \sqcup_1 x' \sqsubseteq_1 x''$.
  - $y, y' \sqsubseteq_2 y''$, por lo que, al ser $y \sqcup_2 y'$ el supremo en $(A_2, \sqsubseteq_2)$, se debe cumplir $y \sqcup_2 y' \sqsubseteq_2 y''$.

  De ambos se tiene que $(x \sqcup_1 x', y \sqcup_2 y') \sqsubseteq (x'', y'')$, es decir, que $(x \sqcup_1 x', y \sqcup_2 y')$ es la menor de las cotas superiores de $\{(x, y), (x', y')\}$ y, por tanto, su supremo.

- Análogamente, se puede probar que $(x, y) \sqcap (x', y') = (x \sqcap_1 x', y \sqcap_2 y')$, donde $\sqcap_1$ y $\sqcap_2$ denotan los ínfimos en $(A_1, \sqsubseteq_1)$ y $(A_2, \sqsubseteq_2)$, respectivamente.

4.81. Sobre $\mathbb{N}_1 \times \mathbb{N}_1$ se define la siguiente relación binaria: $(x, y) \sqsubseteq (x', y') \iff x \mid x'$ e $y \leq y'$.

(a) Demuestra que $(\mathbb{N}_1 \times \mathbb{N}_1, \sqsubseteq)$ es un retículo.

(b) Estudia si $(\mathbb{N}_1 \times \mathbb{N}_1, \sqsubseteq)$ es o no un orden total.

(c) Sean $S_1, S_2 \subseteq \mathbb{N}_1 \times \mathbb{N}_1$ definidos como sigue:

$$S_1 = \{(1,4),(2,8),(3,8),(30,10),(42,10)\},$$
$$S_2 = \{(2,4),(3,4),(30,8),(42,8),(210,10)\}.$$

Para cada uno de estos dos subconjuntos, dibuja el diagrama de Hasse correspondiente al orden del enunciado y razona qué elementos extremos y extremales existen.

Solución

(a) $(\mathbb{N}_1 \times \mathbb{N}_1, \sqsubseteq)$ es un retículo según probamos en el ejercicio 4.80, por serlo tanto $(\mathbb{N}_1, |)$, donde el supremo coincide con el mínimo común múltiplo y el ínfimo coincide con el máximo común divisor, como $(\mathbb{N}_1, \leq)$, que es un conjunto totalmente ordenado.

(b) La relación de orden $\sqsubseteq$ no es total, porque existen pares diferentes incomparables como, por ejemplo, $(2,3)$ y $(3,2)$. En efecto, $(2,3) \not\sqsubseteq (3,2)$, porque 2 no divide a 3, y tampoco $(3,2) \not\sqsubseteq (2,3)$, porque 3 no divide a 2.

(c) Las siguientes figuras ilustran los dos diagramas de Hasse pedidos:

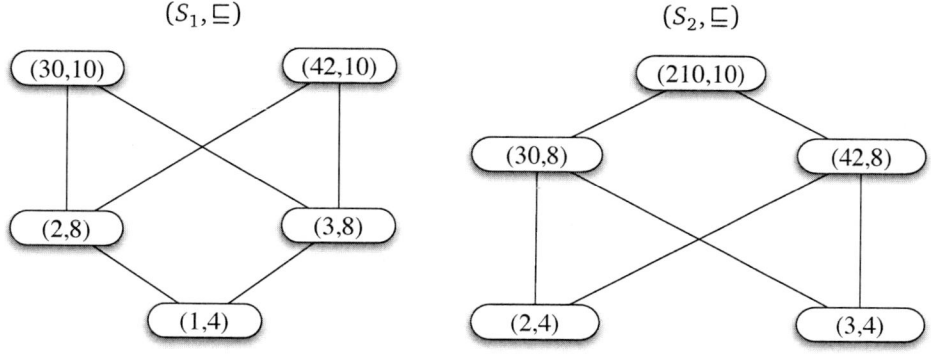

En $(S_1, \sqsubseteq)$ el par $(1,4)$ es mínimo (y por tanto el único minimal), mientras que los pares $(30,10)$ y $(42,10)$ son maximales; no hay máximo.

En $(S_2, \sqsubseteq)$ el par $(210,10)$ es máximo (y por tanto el único maximal), mientras que los pares $(2,4)$ y $(3,4)$ son minimales; no hay mínimo.

4.82. Demuestra que en un retículo $(A, \sqsubseteq)$ cualquier subconjunto finito no vacío $S \subseteq A$ tiene supremo $\bigsqcup S$ e ínfimo $\bigsqcap S$.

Solución

Lo demostramos por inducción simple sobre el número $|S|$ de elementos del conjunto S.

- *Caso base.* Si $|S| = 1$, el conjunto S tiene un único elemento y en tal caso el supremo e ínfimo coinciden con ese elemento.

■ *Caso inductivo*. Sea S un conjunto con n elementos. Suponemos como hipótesis de inducción que cualquier conjunto con $n - 1 > 0$ elementos tiene supremo e ínfimo.

Como $S \neq \emptyset$, sea $x \in S$. Llamando S' al conjunto $S \setminus \{x\}$, tenemos que S' no es vacío y que $|S'| = n - 1$. Por hipótesis de inducción, existen el supremo $M = \bigsqcup S'$ y el ínfimo $m = \bigsqcap S'$. Como $S = S' \cup \{x\}$, se tiene que entonces el supremo de S es $M \sqcup x$ y que su ínfimo es $m \sqcap x$. Ambos valores están bien definidos al ser $(A, \sqsubseteq)$ retículo y, por tanto, existir el supremo y el ínfimo de un par de elementos.

Vamos a comprobar que, en efecto, $M \sqcup x$ es el supremo de S. Sea $y \in S$. Si $y = x$, entonces $x \sqsubseteq M \sqcup x$. Si $y \neq x$, entonces $y \in S'$ y, por tanto, $y \sqsubseteq M$, al ser M cota superior de S'. Como $M \sqsubseteq M \sqcup x$ y $\sqsubseteq$ es transitivo, $y \sqsubseteq M \sqcup x$. Así concluimos que $M \sqcup x$ es cota superior de S.

Sea $z \in A$ una cota superior de S. Entonces, para todo $y \in S' \subset S$, $y \sqsubseteq z$, por lo que z es asimismo cota superior de S'. Como $M = \bigsqcup S'$, es la menor cota superior, por lo que $M \sqsubseteq z$. Por otra parte, como $x \in S$, también se tiene $x \sqsubseteq z$. De ambas deducimos $M \sqcup x \sqsubseteq z$ y, por tanto, que $M \sqcup x$ es la menor cota superior de S, como queríamos demostrar.

De manera totalmente análoga, se comprueba que $m \sqcap x$ es de hecho el ínfimo de S.

4.83. Demuestra que en un retículo $(A, \sqsubseteq)$, el supremo $\bigsqcup \emptyset$ y el ínfimo $\bigsqcap \emptyset$ no siempre existen. ¿Qué propiedad debe de cumplir el retículo para que existan?

Solución

Para determinar cuándo $\emptyset$ tiene supremo, comenzamos por determinar el conjunto de sus cotas superiores, es decir, $Sup(\emptyset) = \{x \in A \mid$ para todo $y \in \emptyset, y \sqsubseteq x\} = A$, pues la condición se cumple trivialmente.

Luego $\bigsqcup \emptyset = mín\ Sup(\emptyset) = mín\ A$. Por tanto, $\bigsqcup \emptyset$ existe si y solo si $(A, \sqsubseteq)$ tiene mínimo y coincide con ese mínimo.

Análogamente, se puede comprobar que el conjunto de cotas inferiores $Inf(\emptyset) = A$ y que $\bigsqcap \emptyset = máx\ Inf(\emptyset) = máx\ A$. Por tanto, $\bigsqcap \emptyset$ existe si y solo si $(A, \sqsubseteq)$ tiene máximo y ambos coinciden.

Nótese que estas condiciones no se dan en todos los retículos; por ejemplo, $(\mathbb{Z}, \leq)$ es un retículo (por ser un conjunto totalmente ordenado) que no tiene máximo ni mínimo.

4.84. Un retículo $(A, \sqsubseteq)$ se llama *completo* si cualquier subconjunto $S \subseteq A$ (finito o infinito) tiene supremo $\bigsqcup S$ e ínfimo $\bigsqcap S$. Estudia cuáles de los retículos del ejercicio 4.79 son completos.

Solución

El ejercicio 4.79 incluía dos retículos, para cada uno de los cuales estudiamos a continuación la propiedad de completitud.

- $\{A \in \mathscr{P}(\mathbb{N}) \mid A \text{ es finito}\}$

  No se trata de un retículo completo, porque el supremo coincide con la unión y la unión de una familia arbitraria de conjuntos finitos no siempre es finita. Por ejemplo, los conjuntos $\{n\}$, para $n \in \mathbb{N}$, son unitarios, pero su unión

  $$\bigcup \{\{n\} \mid n \in \mathbb{N}\} = \mathbb{N}$$

  es, obviamente, infinita.

- $\{A \in \mathscr{P}(\mathbb{N}) \mid A \text{ es cofinito}\}$

  Recordemos que un conjunto $X \subseteq \mathbb{N}$ es cofinito si su complementario $\mathbb{N} \setminus X$ es finito.

  Este retículo tampoco es completo, porque el ínfimo coincide con la intersección y la intersección de una familia de conjuntos cofinitos no siempre es cofinita. Por ejemplo, los conjuntos $\mathbb{N} \setminus \{n\}$, para $n \in \mathbb{N}$, son cofinitos (pues sus complementarios son precisamente los de la forma $\{n\}$), mientras que su intersección

  $$\bigcap \{\mathbb{N} \setminus \{n\} \mid n \in \mathbb{N}\} = \emptyset$$

  no es cofinita pues su complementario es $\mathbb{N} \setminus \emptyset = \mathbb{N}$, que es infinito.

4.85. Supongamos dados un conjunto A y dos operaciones binarias $\sqcup, \sqcap : A \times A \to A$ que cumplan las leyes de conmutatividad, asociatividad, idempotencia y absorción (véase la sección 4.4). Demuestra:

(a) Para todo $x, y \in A : x \sqcup y = y \iff x \sqcap y = x$.

(b) La relación binaria $\sqsubseteq$ definida como $x \sqsubseteq y \iff x \sqcup y = y$ es de orden.

(c) $(A, \sqsubseteq)$ es un retículo y para todo $x, y \in A$ se cumple que $x \sqcup y$ es el supremo de $\{x, y\}$ y que $x \sqcap y$ es el ínfimo de $\{x, y\}$.

Solución

(a) Sean $x, y \in A$; probamos $x \sqcup y = y \iff x \sqcap y = x$ comprobando cada implicación por separado:

  $\implies$ Si $x \sqcup y = y$, entonces $x \sqcap y = x \sqcap (x \sqcup y) = x$, por la propiedad de absorción.

  $\impliedby$ Si $x \sqcap y = x$, entonces $x \sqcup y = (x \sqcap y) \sqcup y = y \sqcup (y \sqcap x) = y$, por las propiedades de conmutatividad y absorción.

(b) Comprobamos que la relación $x \sqsubseteq y \iff x \sqcup y = y$ verifica las propiedades reflexiva, antisimétrica y transitiva:

  - *Reflexiva.* Sea $x \in A$. Se cumple $x \sqsubseteq x$, porque $x \sqcup x = x$ debido a la idempotencia de $\sqcup$.
  - *Antisimétrica.* Sean $x, y \in A$ tales que $x \sqsubseteq y$, $y \sqsubseteq x$. Hay que probar que $x = y$.
    De $x \sqsubseteq y$ tenemos que $x \sqcup y = y$ y de $y \sqsubseteq x$ que $y \sqcup x = x$. Empleando la propiedad conmutativa de $\sqcup$, deducimos que $y = x \sqcup y = y \sqcup x = x$.
  - *Transitiva.* Sean $x, y, z \in A$ tales que $x \sqsubseteq y$, $y \sqsubseteq z$. Hay que probar que $x \sqsubseteq z$.
    De $x \sqsubseteq y$, $y \sqsubseteq z$ tenemos $x \sqcup y = y$, $y \sqcup z = z$. Entonces, utilizando la propiedad asociativa de $\sqcup$, obtenemos: $x \sqcup z = x \sqcup (y \sqcup z) = (x \sqcup y) \sqcup z = y \sqcup z = z$, de donde $x \sqsubseteq z$, por la definición de $\sqsubseteq$.

(c) Para ver que $(A, \sqsubseteq)$ es un retículo, basta con comprobar que todo par $\{x, y\}$ de elementos $x, y \in A$ tiene supremo e ínfimo. En este caso el enunciado nos indica además quienes son el supremo y el ínfimo, por lo que basta que verifiquemos que:

- $x \sqcup y$ es el supremo de $\{x, y\}$. En efecto, comprobamos que:

  - $x \sqsubseteq x \sqcup y$, porque $x \sqcup (x \sqcup y) = (x \sqcup x) \sqcup y = x \sqcup y$, donde hemos empleado las propiedades asociativa y de idempotencia para $\sqcup$.

  - $y \sqsubseteq x \sqcup y$ porque: $y \sqcup (x \sqcup y) = (x \sqcup y) \sqcup y = x \sqcup (y \sqcup y) = x \sqcup y$, donde hemos empleado las propiedades conmutativa, asociativa y de idempotencia de $\sqcup$.

  - Si $z \in A$ es tal que $x \sqsubseteq z$ e $y \sqsubseteq z$, entonces $x \sqcup y \sqsubseteq z$. En efecto, de $x \sqsubseteq z$ e $y \sqsubseteq z$ se obtiene que $x \sqcup z = z$ e $y \sqcup z = z$. Usando la asociatividad de $\sqcup$, resulta entonces que $(x \sqcup y) \sqcup z = x \sqcup (y \sqcup z) = x \sqcup z = z$, por lo cual $x \sqcup y \sqsubseteq z$.

- $x \sqcap y$ es el ínfimo de $\{x, y\}$, con una comprobación análoga a la del supremo:

  - $x \sqsubseteq x \sqcap y$, porque $x \sqcap (x \sqcap y) = (x \sqcap x) \sqcap y = x \sqcap y$.

  - $y \sqsubseteq x \sqcap y$, porque $y \sqcap (x \sqcap y) = (x \sqcap y) \sqcap y = x \sqcap (y \sqcap y) = x \sqcap y$.

  - Si $z \in A$ es tal que $z \sqsubseteq x$ y $z \sqsubseteq y$, entonces $z \sqsubseteq x \sqcap y$. En efecto, de $z \sqsubseteq x$ y $z \sqsubseteq y$ se obtiene que $z \sqcap x = z$ y que $z \sqcap y = z$. Usando la asociatividad de $\sqcap$ resulta ahora que $z \sqcap (x \sqcap y) = (z \sqcap x) \sqcap y = z \sqcap y = z$, por lo que $z \sqsubseteq x \sqcap y$.

4.86. Demuestra que el retículo $(\mathbb{N}_1, |)$, donde $|$ denota el orden de divisibilidad, es distributivo. Razona por qué no es un álgebra de Boole.

Solución

Sabemos que en el retículo $(\mathbb{N}_1, |)$ el supremo coincide con el mínimo común múltiplo, $x \sqcup y = mcm(x, y)$, y el ínfimo coincide con el máximo común divisor, $x \sqcap y = mcd(x, y)$.

Para ver que es distributivo, tenemos que probar que se cumplen las dos propiedades

$$x \sqcup (y \sqcap z) = (x \sqcup y) \sqcap (y \sqcup z),$$
$$x \sqcap (y \sqcup z) = (x \sqcap y) \sqcup (y \sqcap z),$$

es decir, según lo anterior, que se cumplen

$$mcm(x, mcd(y, z)) = mcd(mcm(x, y), mcm(x, z)),$$
$$mcd(x, mcm(y, z)) = mcm(mcd(x, y), mcd(x, z)).$$

Teniendo en cuenta las caracterizaciones del mínimo común múltiplo y del máximo común divisor en términos de productos de primos demostradas en el ejercicio 2.57, estas igualdades se reducen a las siguientes:

$$máx(r, mín(s, t)) = mín(máx(r, s), máx(r, t)),$$
$$mín(r, máx(s, t)) = máx(mín(r, s), mín(r, t)),$$

donde $r, s, t \in \mathbb{N}$ y *máx* y *mín* representan, respectivamente, el máximo y el mínimo usuales sobre números naturales. Vamos a demostrar la primera de estas; la demostración de la segunda es completamente análoga. Distinguimos dos casos:

- Si $r \leq mín(s,t)$, entonces $r \leq s$ y $r \leq t$, de donde $máx(r,s) = s$ y $máx(r,t) = t$. Por tanto,

$$máx(r, mín(s,t)) = mín(s,t) = mín(máx(r,s), máx(r,t)).$$

- Si $r > mín(s,t)$, entonces $máx(r, mín(s,t)) = r$. Distinguimos dos subcasos:
  - Si $mín(s,t) = s$, se tiene $máx(r,s) = r$ y

  $$mín(máx(r,s), máx(r,t)) = mín(r, máx(r,t)) = r.$$

  - Si $mín(s,t) = t$, se tiene $máx(r,t) = r$ y

  $$mín(máx(r,s), máx(r,t)) = mín(máx(r,s), r) = r.$$

Así pues, se tiene la igualdad deseada en todos los casos, que cubren todas las posibilidades.

Finalmente, el retículo distributivo $(\mathbb{N}_1, |)$ no es un álgebra de Boole porque no tiene máximo, al no existir ningún número en $\mathbb{N}_1$ que sea múltiplo de todos los demás (aunque el retículo sí tiene mínimo, que es el 1).

4.87. Sean $\mathscr{F} = \{A \in \mathscr{P}(\mathbb{N}) \mid A \text{ es finito}\}$ y $\mathscr{CF} = \{A \in \mathscr{P}(\mathbb{N}) \mid A \text{ es cofinito}\}$. Razona por qué motivo $(\mathscr{F}, \subseteq)$ y $(\mathscr{CF}, \subseteq)$ no son álgebras de Boole.

Solución

Se trata de dos retículos distributivos, pues la unión (que es el supremo en ambos) y la intersección (que es el ínfimo en ambos) satisfacen las propiedades distributivas. Sin embargo, no son álgebras de Boole porque:

- $(\mathscr{F}, \subseteq)$ no tiene máximo (aunque sí mínimo, que es $\emptyset$).
  Si $M \in \mathscr{F}$, al ser M finito, se tiene que $\mathbb{N} \setminus M \neq \emptyset$. Tomamos un elemento $x \in \mathbb{N} \setminus M$ cualquiera y formamos el conjunto $M' = M \cup \{x\}$. Se tiene que M' es también finito, es decir, $M' \in \mathscr{F}$. Como además $x \notin M$, se verifica $M \subseteq M'$ y $M \neq M'$, por lo que M no es máximo.
- $(\mathscr{CF}, \subseteq)$ no tiene mínimo (aunque sí máximo, que es $\mathbb{N}$).
  Si $m \in \mathscr{CF}$, al ser m cofinito, es de la forma $m = \mathbb{N} \setminus A$ para algún subconjunto finito $A \subset \mathbb{N}$, por lo que $m \neq \emptyset$. Tomando entonces un elemento $x \in m$ cualquiera, tenemos que el conjunto $m' = \mathbb{N} \setminus (A \cup \{x\})$ es también cofinito (pues $A \cup \{x\}$ es finito), $m' \subseteq m$ y $m' \neq m$, por lo que m no es mínimo.

4.88. En $\mathbb{N}_1 \times \mathbb{N}_1$ se define la relación: $(a,b)R(c,d) \iff a \mid c$ y $d \mid b$.

(a) Demuestra que R es un orden.

(b) ¿Es R un orden total?

(c) Dibuja el diagrama de Hasse para el orden R restringido al subconjunto $A = \{1,2,4,6\} \times \{2,4\}$.

(d) Calcula los elementos maximales, minimales, máximo, mínimo, cotas superiores e inferiores, supremo e ínfimo del conjunto $S = \{(2,2), (2,4), (4,4)\}$ con el orden R y con respecto al conjunto A.

(e) ¿Es (A, R) un retículo?

Solución

(a) Tenemos que probar para la relación R las propiedades reflexiva, antisimétrica y transitiva.

- *Reflexiva.* Para todo $(a,b) \in \mathbb{N}_1 \times \mathbb{N}_1$ se debe cumplir $(a,b)R(a,b)$, lo cual es cierto siempre porque se tiene $a \mid a$ y $b \mid b$.

- *Antisimétrica.* Sean $(a,b),(c,d) \in \mathbb{N}_1 \times \mathbb{N}_1$ tales que $(a,b)R(c,d)$ y $(c,d)R(a,b)$. De estas condiciones deducimos $a \mid c, d \mid b, c \mid a$ y $b \mid d$. De $a \mid c$ y $c \mid a$ se tiene, al ser todos los números positivos, que $a = c$ y, de la misma forma, de $b \mid d$ y $d \mid b$ se tiene que $d = b$ (recordemos que $\mid$ es un orden sobre $\mathbb{N}_1$ y, por tanto, una relación antisimétrica). En consecuencia, $(a,b) = (c,d)$.

- *Transitiva.* Sean $(a,b),(c,d),(e,f) \in \mathbb{N}_1 \times \mathbb{N}_1$ tales que $(a,b)R(c,d)$ y $(c,d)R(e,f)$. De estas condiciones deducimos $a \mid c, d \mid b, c \mid e$ y $f \mid d$. De $a \mid c$ y $c \mid e$ se tiene que $a \mid e$ (por la transitividad del orden de divisibilidad $\mid$). Por la misma razón, de $f \mid d$ y $d \mid b$ se tiene que $f \mid b$. Por tanto, $(a,b)R(e,f)$.

(b) El orden R no es total; por ejemplo, no se cumple $(3,5)R(7,11)$ ni $(7,11)R(3,5)$ porque, al tratarse de números primos, ninguno de ellos divide a ningún otro.

(c) Calculamos $A = \{1,2,4,6\} \times \{2,4\} = \{(1,2),(1,4),(2,2),(2,4),(4,2),(4,4),(6,2),(6,4)\}$.

El diagrama de Hasse correspondiente a la restricción a A del orden R es el siguiente:

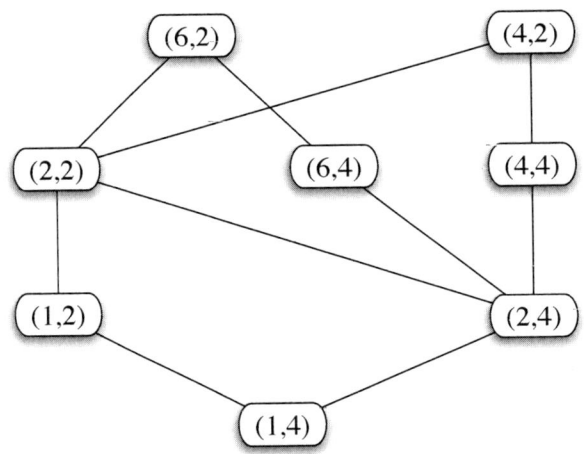

(d) Resumimos los datos solicitados en la siguiente tabla:

Maximales	$(2,2),(4,4)$
Minimales	$(2,4)$
Máximo	No hay
Mínimo	$(2,4)$
Cotas superiores	$(4,2)$
Cotas inferiores	$(2,4),(1,4)$
Supremo	$(4,2)$
Ínfimo	$(2,4)$

(e) El conjunto ordenado (A,R) no es un retículo; por ejemplo, no existe el supremo de $\{(4,2),(6,2)\}$ (pero sí es un semirretículo inferior).

4.89. Demuestra que si (A, R) es un conjunto ordenado que además es un retículo, entonces:

(a) (A, R^{-1}) es un conjunto ordenado,

(b) (A, R^{-1}) es también retículo.

Solución

(a) Veamos que se cumplen las propiedades necesarias para que (A, R^{-1}) sea un orden:

- *Reflexiva*. Para todo $x \in A$, tenemos $x R^{-1} x \iff x R x$, y $x R x$ siempre es cierto por ser R reflexiva.

- *Antisimétrica*. Sean $x, y \in A$ tales que $x R^{-1} y$ y $y R^{-1} x$. Aplicando la definición de R^{-1} a cada par, tenemos $y R x$ y $x R y$. Como R es antisimétrica, de aquí obtenemos que $x = y$ y, por tanto, R^{-1} también es antisimétrica.

- *Transitiva*. Sean $x, y, z \in A$ tales que $x R^{-1} y$ e $y R^{-1} z$. Aplicando la definición de R^{-1} a cada par, tenemos $y R x$ y $z R y$. Por la transitividad de R, obtenemos $z R x$ que, aplicando de nuevo la definición de R^{-1}, es equivalente a $x R^{-1} z$, probando que R^{-1} es asimismo transitiva.

(b) La relación inversa R^{-1} da la vuelta al orden dado por R, por lo que los elementos mayores se convierten en menores y viceversa. Desde el punto de vista de un diagrama de Hasse, la parte de arriba pasa abajo y la de abajo arriba, por lo que maximales se convierten en minimales, minimales en maximales, cotas superiores en inferiores, cotas inferiores en superiores, máximos en mínimos y mínimos en máximos. En particular, supremos se convierten en ínfimos y viceversa, como demostraremos a continuación.

Según esta idea intuitiva que acabamos de exponer, vamos a demostrar que para todo $a, b \in A$,

$$a \sqcup_{R^{-1}} b = a \sqcap_R b \qquad a \sqcap_{R^{-1}} b = a \sqcup_R b,$$

es decir, el supremo de dos elementos cualesquiera de A para la relación inversa R^{-1} existe y coincide con el ínfimo para la relación R que sabemos existe por ser R retículo, y análogamente con el ínfimo.

- $a \sqcap_R b$ es cota superior de a y b para la relación R^{-1}. Como $a \sqcap_R b$ es cota inferior de a y b según R, tenemos $(a \sqcap_R b) R a$, $(a \sqcap_R b) R b$. Aplicando la definición de R^{-1} obtenemos $a R^{-1} (a \sqcap_R b)$, $b R^{-1} (a \sqcap_R b)$.

- $a \sqcap_R b$ es cota superior mínima de a y b según R^{-1}, o sea, es menor (para R^{-1}) que cualquier otra cota superior. Supongamos que c es una cota superior según R^{-1}, es decir, $a R^{-1} c$, $b R^{-1} c$. Por la definición de R^{-1}, esto es equivalente a $c R a$, $c R b$, es decir, c es cota inferior de a y b. Como el ínfimo es la cota inferior máxima, deducimos $c R (a \sqcap_R b)$, de donde $(a \sqcap_R b) R^{-1} c$.

- De forma análoga, $a \sqcup_R b$ es cota inferior de a y b para la relación R^{-1}.

- De forma análoga, $a \sqcup_R b$ es cota inferior máxima de a y b según R^{-1}, o sea, es mayor (para R^{-1}) que cualquier otra cota inferior.

Como hemos demostrado que la relación R^{-1} tiene supremos e ínfimos para dos elementos cualesquiera, se sigue que (A, R^{-1}) es retículo.

5

Combinatoria

~~~

5.1. Principios elementales de conteo

La **combinatoria** estudia métodos de conteo para calcular de cuántas maneras diferentes puede ocurrir un suceso. Para resolver un problema combinatorio hay que hacer dos cosas:

- Definir un conjunto S cuyos elementos representen las maneras posibles en que puede ocurrir el suceso que se desea estudiar.

- Aplicar métodos y fórmulas de conteo para calcular el cardinal $|S|$ del conjunto S.

En lo que sigue, los conjuntos considerados son siempre *finitos*.

En primer lugar, recordamos algunos principios elementales de conteo, dados por fórmulas útiles para calcular el cardinal de un conjunto formado a partir de otros conjuntos mediante las operaciones de producto cartesiano o de unión.

- Cuando un suceso se descompone en elementos independientes, aplicamos la **regla del producto**, según la cual el cardinal de un producto cartesiano es igual al producto de los cardinales, es decir, $|A \times B| = |A| \cdot |B|$.

- Cuando las posibilidades de un suceso se separan en casos distintos que no se solapan y que se cuentan por separado, se aplica la **regla de la suma**, según la cual el cardinal de la unión de dos conjuntos disjuntos es igual a la suma de los cardinales: si $A \cap B = \emptyset$, entonces $|A \cup B| = |A| + |B|$.

La regla de la suma es un caso particular del **principio de inclusión-exclusión para dos conjuntos**: $|A \cup B| = |A| + |B| - |A \cap B|$, es decir, cuando los conjuntos no son disjuntos, hay que restar de la suma el cardinal de la intersección. Este principio se puede generalizar a un número finito de conjuntos; para el caso habitual de tres conjuntos tenemos que

$$|A \cup B \cup C| = (|A| + |B| + |C|) - (|A \cap B| + |A \cap C| + |B \cap C|) + |A \cap B \cap C|.$$

Notemos que al incrementarse el número de conjuntos en la unión, la fórmula se generaliza de forma que se suman y restan alternativamente los cardinales de las intersecciones de 1, 2, 3, etc. conjuntos. En general, el **principio de inclusión-exclusión** se puede presentar como sigue:

$$\left| \bigcup_{i=1}^{n} F_i \right| = \sum_{j=1}^{n} (-1)^{j-1} \alpha_j,$$

siendo

$$\alpha_j = \sum_{J \in \mathscr{P}_j(\{1,\dots,n\})} \left| \bigcap_{k \in J} F_k \right|$$

la suma de los cardinales de todas las intersecciones de j conjuntos elegidos entre los n disponibles. En el índice de la suma anterior, $\mathscr{P}_j(\{1,\dots,n\})$ denota el conjunto de todos los subconjuntos del conjunto $\{1,\dots,n\}$ que tienen exactamente j elementos (en general, $\mathscr{P}_j(X) = \{S \in \mathscr{P}(X) \mid |S| = j\}$).

Finalmente, otro principio interesante es el siguiente. Dada una relación binaria $R \subseteq A \times B$, consideramos por un lado el cardinal de cada "fila" en la relación R, para $x \in A$:

$$f_x(R) = |\{y \in B \mid (x,y) \in R\}|,$$

y por otro lado el cardinal de cada "columna" en la relación R, para $y \in B$:

$$c_y(R) = |\{x \in A \mid (x,y) \in R\}|.$$

Entonces, tenemos las igualdades $|R| = \sum_{x \in A} f_x(R) = \sum_{y \in B} c_y(R)$, que significan que el número total de pares en la relación R es el mismo sumando por filas que por columnas.

5.2. Variaciones, permutaciones y combinaciones

Dado un conjunto X de n elementos con $n \in \mathbb{N}$, hay que contar de cuántas formas diferentes se pueden seleccionar m elementos de X, con $m \in \mathbb{N}$. Antes de poder calcular el número deseado, hay que desambiguar la pregunta, aclarando qué se entiende por "seleccionar": ¿Puede haber repeticiones en la selección de los elementos? ¿Importa el orden, es decir, los elementos seleccionados se organizan en palabras, sucesiones o cadenas, o bien en (sub)conjuntos o multiconjuntos?

Según se conteste a estas dos preguntas tenemos las cuatro clases de selecciones resumidas en la siguiente tabla, donde debajo del nombre de cada concepto se indica también la notación usada para indicar el número de formas de selección en cada caso (si bien debemos indicar que la notación no es estándar en general).

Selecciones	Ordenadas	Sin ordenar
Sin repeticiones	**Variaciones** $(n)_m$	**Combinaciones** $\binom{n}{m}$
Con repeticiones	**Variaciones con repetición** $[n]_m$	**Combinaciones con repetición** $\left[\begin{smallmatrix} n \\ m \end{smallmatrix}\right]$

El número de **variaciones con repetición** de n elementos escogidos de m en m es igual a

$$[n]_m = n^m.$$

Por ejemplo, el número de palabras de longitud l sobre un alfabeto binario es igual a 2^l.

El número de **variaciones (sin repetición)** de n elementos escogidos de m en m es igual a

$$(n)_m = \prod_{i=0}^{m-1}(n-i) = n(n-1)(n-2)\cdots(n-m+1) = \frac{n!}{(n-m)!}$$

(si $m > n$, entonces $(n)_m = 0$, pero este caso no suele considerarse).

Cuando $n = m$, es decir, se seleccionan todos los elementos disponibles y, por tanto, la única diferencia entre las selecciones es el orden en que se colocan los elementos, las variaciones sin repetición se denominan **permutaciones**, cuyo número es igual al factorial de n:

$$(n)_n = \prod_{i=0}^{n-1}(n-i) = \prod_{j=1}^{n} j = n!.$$

En una permutación los elementos intuitivamente forman una fila (ya que el orden importa). Cuando los elementos se colocan formando un círculo de tal manera que no hay principio ni fin (pero el orden importa), se dice que forman una **permutación circular**. El número de permutaciones circulares con n elementos es igual a $(n-1)!$, el factorial de $n-1$.

El número de **combinaciones (sin repetición)** de n elementos escogidos de m en m es igual a:

$$\binom{n}{m} = \frac{(n)_m}{m!} = \frac{n!}{(n-m)! \cdot m!}$$

(si $m > n$, entonces $\binom{n}{m} = 0$, pero este caso no suele considerarse).

Por ejemplo, el número de palabras de longitud l sobre un alfabeto binario que contienen exactamente m veces uno de los dos caracteres es igual a $\binom{l}{m}$, porque tales palabras coinciden con las selecciones de m posiciones entre l sin que pueda haber repeticiones en las posiciones elegidas ni que importe el orden relativo de las posiciones con un mismo carácter (véase el ejercicio 5.51).

El número de **combinaciones con repetición** de n elementos escogidos de m en m es igual a

$$\left[\begin{matrix} n \\ m \end{matrix}\right] = \binom{n+m-1}{m}.$$

Es fácil recordar esta fórmula si se usa la técnica de las palabras binarias con barras y asteriscos que aparece en la solución de los ejercicios 5.34 y 5.52 para describir esta clase de selecciones.

Entre otras, los números combinatorios o binomiales satisfacen las siguientes propiedades:

$$\binom{n}{0} = 1,$$

$$\binom{n}{n} = 1,$$

$$\binom{n}{m} = \binom{n-1}{m} + \binom{n-1}{m-1}, \text{ para } m \text{ con } 0 < m < n,$$

que permiten, por una parte, una definición recursiva de los mismos y, por otra parte, su organización en una estructura conocida como **triángulo de Pascal** (o también como **triángulo de Tartaglia**),

$$
\begin{array}{ccccccccc}
& & & & \binom{0}{0} & & & & \\
& & & \binom{1}{0} & & \binom{1}{1} & & & \\
& & \binom{2}{0} & & \binom{2}{1} & & \binom{2}{2} & & \\
& \binom{3}{0} & & \binom{3}{1} & & \binom{3}{2} & & \binom{3}{3} & \\
\binom{4}{0} & & \binom{4}{1} & & \binom{4}{2} & & \binom{4}{3} & & \binom{4}{4} \\
& & & & \cdots & & & &
\end{array}
\qquad
\begin{array}{ccccccccc}
& & & & 1 & & & & \\
& & & 1 & & 1 & & & \\
& & 1 & & 2 & & 1 & & \\
& 1 & & 3 & & 3 & & 1 & \\
1 & & 4 & & 6 & & 4 & & 1 \\
& & & & \cdots & & & &
\end{array}
$$

de forma que cada número se obtiene sumando los dos encima de él, excepto los extremos de cada fila, que son siempre iguales a 1.

En el **teorema binomial** se usan los números binomiales en la fila para n del triángulo anterior:

$$(a+b)^n = \sum_{i=0}^{n} \binom{n}{i} a^{n-i} b^i = \binom{n}{0} a^n + \binom{n}{1} a^{n-1} b + \binom{n}{2} a^{n-2} b^2 + \cdots + \binom{n}{n-1} a b^{n-1} + \binom{n}{n} b^n.$$

Los números binomiales $\binom{n}{m}$ se pueden considerar como el número de formas diferentes de repartir n elementos en dos subconjuntos, uno de m elementos y otro de $n-m$ elementos. Esta idea se puede generalizar a k subconjuntos de cardinales m_i, para $1 \le i \le k$, tales que $\sum_{i=1}^{k} m_i = n$. Un **reparto ponderado** es un reparto de los n elementos entre los k subconjuntos satisfaciendo esta restricción. El número de repartos ponderados en estas condiciones se calcula como

$$\binom{n}{m_1, m_2, \ldots, m_k} = \binom{n}{m_1}\binom{n-m_1}{m_2}\binom{n-m_1-m_2}{m_3} \cdots \binom{m_k}{m_k} = \frac{n!}{m_1! \cdot m_2! \cdots m_k!}.$$

El número de **permutaciones con repetición** de n elementos, donde hay k elementos diferentes, de forma que el elemento i se repite un número m_i de veces con $\sum_{i=1}^{k} m_i = n$, coincide con el número de repartos ponderados de las n posiciones de cada palabra en los k grupos correspondientes a cada elemento con los cardinales apropiados, por lo que el número de permutaciones con repetición en esas condiciones también es igual al número multinomial $\binom{n}{m_1, m_2, \ldots, m_k}$.

El **teorema multinomial** generaliza el teorema binomial para una potencia de k sumandos:

$$(a_1 + a_2 + \cdots + a_k)^n = \sum_{m_1 + m_2 + \cdots + m_k = n} \binom{n}{m_1, m_2, \ldots, m_k} a_1^{m_1} a_2^{m_2} \ldots a_k^{m_k}.$$

5.3. Preguntas de test resueltas

5.1. ¿Cuántos triángulos determinan 24 puntos del plano, entre los cuales no hay tres alineados?

    (a) $(24)_3$ (b) $\binom{24}{3}$ (c) $(24)^3$

Solución

Como los puntos no están alineados, basta elegir tres puntos diferentes cualesquiera para determinar un triángulo, sin que el orden importe; por lo tanto, hay que calcular el número de *combinaciones sin repetición* de 24 elementos escogidos de 3 en 3, que es

$$\binom{24}{3} = \frac{24 \cdot 23 \cdot 22}{3 \cdot 2 \cdot 1} = 2\,024.$$

Así, la respuesta correcta es (b). La respuesta (a) es incorrecta porque calcula variaciones sin repetición, mientras que la respuesta (c) es asimismo incorrecta porque calcula variaciones con repetición.

5.2. ¿Cuántos números entre 100 y 1 000 se pueden formar con los dígitos 0, 1, 2, 3 y 4, que tengan todas sus cifras distintas?

   (a) $4 \cdot (4)_2$ (b) $(5)_3 - (5)_2$ (c) $(5)_3$

Solución

Para formar un número entre 100 y 1 000 necesitamos 3 dígitos, con el primero distinto de 0. Según el enunciado, las tres cifras tienen que ser distintas, por lo que estamos considerando *variaciones sin repetición*.

Debido a la restricción adicional de que la primera cifra no puede ser 0, en la primera posición hay 4 posibles elecciones y para las dos posiciones restantes tenemos que elegir 2 cifras entre las 4 restantes. Por tanto, una forma de calcular el número deseado es $4 \cdot (4)_2 = 4 \cdot 4 \cdot 3 = 48$, lo cual coincide con la respuesta (a), que es la correcta.

La respuesta (c) es incorrecta porque calcula variaciones de 5 elementos escogidos de 3 en 3, sin tener en cuenta la restricción adicional para la primera posición.

Otra forma de calcular el número deseado es calcular todos los números de 3 cifras distintas (entre 0 y 1 000), que es $(5)_3$, y restarle el número de los que son menores que 100 (es decir, tienen un 0 en la primera posición y, por tanto, las otras dos cifras se eligen entre 1, 2, 3 y 4), que es $(4)_2$. Así obtenemos $(5)_3 - (4)_2 = 5 \cdot 4 \cdot 3 - 4 \cdot 3 = 60 - 12 = 48$. Notemos que la respuesta (b) es muy parecida, pero no es igual, puesto que resta $(5)_2$ en vez de $(4)_2$.

5.3. ¿De cuántas maneras se pueden repartir n estudiantes en dos equipos indistinguibles que contengan al menos un estudiante cada uno?

   (a) $n!$ (b) 2^n (c) $2^{n-1} - 1$

Solución

Supongamos primero que los dos equipos son *distinguibles*; en tal caso, cada uno de los n estudiantes puede elegir entre 2 posibilidades, por lo que el número total es $2 \cdot \overset{n}{\ldots} \cdot 2 = 2^n$, pero hay que restar los dos casos en que todos los estudiantes eligen el mismo equipo (uno o el otro), puesto que entonces queda un equipo vacío. Así, el número de maneras de repartir n estudiantes en dos equipos distinguibles no vacíos es $2^n - 2$.

Como nos preguntan por equipos *indistinguibles*, el orden entre los equipos no importa, por lo que hay que dividir por el número de ordenaciones posibles de dos elementos, que es $2! = 2$. Entonces, el resultado deseado es

$$\frac{2^n - 2}{2} = 2^{n-1} - 1,$$

siendo (c) la respuesta correcta.

5.4. ¿Cuál es el número de resultados posibles al tirar tres monedas indistinguibles?

(a) $3!$ 　　　　　　(b) $\binom{3}{2}$ 　　　　　　(c) $\binom{2+3-1}{3}$

Solución

Cada moneda proporciona dos posibles resultados. Al ser las tres monedas indistinguibles, el orden entre ellas no importa, por lo que tenemos *combinaciones con repetición* de 2 elementos escogidos de 3 en 3. Por tanto, el número que se pregunta es igual a

$$\left[\begin{matrix}2\\3\end{matrix}\right] = \binom{2+3-1}{3} = \binom{4}{3} = 4,$$

siendo (c) la respuesta apropiada.

5.5. ¿Cuál es el número de resultados posibles al tirar tres dados indistinguibles?

(a) $\binom{6}{2,2,2}$ 　　　　(b) $\binom{6+3-1}{3}$ 　　　　(c) $\left[\begin{matrix}6\\2\end{matrix}\right]$

Solución

Cada dado da lugar a seis posibles resultados. Como los dados son indistinguibles, el orden entre ellos no importa y tenemos *combinaciones con repetición* de 6 elementos escogidos de 3 en 3, cuyo número es

$$\left[\begin{matrix}6\\3\end{matrix}\right] = \binom{6+3-1}{3} = \binom{8}{3} = \frac{8 \cdot 7 \cdot 6}{3 \cdot 2 \cdot 1} = 8 \cdot 7 = 56.$$

En consecuencia, (b) es la respuesta correcta.

5.6. ¿De cuántas maneras diferentes puede reordenarse la palabra *CENICIENTA*?

(a) $10!$ 　　　　(b) $\binom{10}{2,2,2,2,1,1}$ 　　　　(c) $\binom{10}{6}$

Solución

Se trata de contar las *permutaciones* de los 10 caracteres de las palabra *CENICIENTA* con las siguientes *repeticiones*:

C	E	N	I	T	A
2	2	2	2	1	1

Como las permutaciones con repetición de los caracteres equivalen a repartos ponderados de las posiciones en las palabras, tenemos que la cantidad pedida es igual a

$$\binom{10}{2,2,2,2,1,1} = \frac{10!}{2! \cdot 2! \cdot 2! \cdot 2! \cdot 1! \cdot 1!} = \frac{10!}{16} = 226\,800.$$

Por tanto, la respuesta correcta es (b).

5.7. ¿De cuántas maneras diferentes puede reordenarse la palabra *CENICIENTA*, si las letras repetidas van siempre juntas?

$$\text{(a) } 6! \qquad\qquad \text{(b) } \binom{6}{2,2,2} \qquad\qquad \text{(c) } \binom{6}{3}$$

Solución

Como las letras repetidas tienen que ir siempre juntas, vamos a llamar **C** a *CC*, **E** a *EE*, **N** a *NN* e **I** a *II*. Entonces, las permutaciones con repeticiones de la palabra *CENICIENTA* con las letras repetidas juntas son lo mismo que las permutaciones con repeticiones de la palabra **CENI**T*A*; pero como los seis caracteres son ahora distintos, podemos olvidarnos de las repeticiones y tenemos *permutaciones* de 6 letras diferentes, cuyo número es igual a 6! = 720, tal y como afirma la respuesta (a).

5.8. ¿De cuántas maneras diferentes pueden reordenarse las letras de la palabra *RIFIRRAFE*?

$$\text{(a) } \binom{9}{3,2,2,1,1} \qquad\qquad \text{(b) } 9! \qquad\qquad \text{(c) } \binom{9}{3}$$

Solución

En la palabra dada hay 9 letras en total, con la distribución de repeticiones siguiente:

R	I	F	A	E
3	2	2	1	1

Como el orden de las letras en las palabras importa y hay letras repetidas, se trata de *permutaciones con repeticiones*, o equivalentemente, de *repartos ponderados* de las 9 posiciones de la palabra en cinco grupos de 3, 2, 2, 1 y 1. Por esta razón, el número de formas diferentes de reordenar estas letras es

$$\binom{9}{3,2,2,1,1} = \frac{9!}{3! \cdot 2! \cdot 2! \cdot 1! \cdot 1!} = 9 \cdot 8 \cdot 7 \cdot 6 \cdot 5 = 15\,120.$$

Por lo tanto, la respuesta correcta es la (a).

5.9. ¿De cuántas maneras diferentes pueden reordenarse las letras de la palabra *RIFIRRAFE*, si las letras repetidas tienen que ir siempre juntas?

(a) $\binom{9}{3,2,2,1,1}$ (b) 5! (c) $\binom{9}{5}$

Solución

Las letras repetidas son la R (3 veces), la I (2 veces) y la F (2 veces). Llamamos **R** a *RRR*, **I** a *II* y **F** a *FF*. Con esta notación, las permutaciones con repeticiones de la palabra *RIFIRRAFE* en las que las letras repetidas van juntas coinciden con las permutaciones con repeticiones de la palabra **RIFAE**. Ahora bien, en esta última palabra las 5 letras son todas distintas, por lo que nos olvidamos de las repeticiones y tenemos *permutaciones* de 5 letras diferentes, de las que hay un total de 5! = 120. En consecuencia, (b) es la respuesta correcta.

5.10. ¿De cuántas maneras diferentes pueden reordenarse las letras de la palabra *TRABAJAR*?

(a) $\binom{8}{6}$ (b) 8! (c) $\binom{8}{1,2,3,1,1}$

Solución

Tenemos 8 letras en total, con algunas de ellas repetidas de acuerdo con la siguiente tabla:

T	R	A	B	J
1	2	3	1	1

Como el orden de las letras en las palabras importa y hay letras repetidas, se trata de *permutaciones con repeticiones*, o equivalentemente, de *repartos ponderados* de las 8 posiciones de la palabra en cinco grupos de 1, 2, 3, 1 y 1. En consecuencia, el número de formas diferentes de reordenar estas letras es igual a

$$\binom{8}{1,2,3,1,1} = \frac{8!}{1! \cdot 2! \cdot 3! \cdot 1! \cdot 1!} = 8 \cdot 7 \cdot 6 \cdot 5 \cdot 2 = 3\,360,$$

siendo (c) la respuesta correcta.

5.11. ¿De cuántas maneras diferentes pueden reordenarse las letras de la palabra *TRABAJAR*, si imponemos la restricción de que las 3 letras *A* tienen que ir juntas?

(a) $\binom{6}{1,2,1,1,1}$ (b) 6! (c) $\binom{8}{6}$

Solución

Al imponer la restricción adicional de que las 3 letras *A* tienen que ir juntas, consideramos que *AAA* es una única letra que llamamos **A**. Entonces, las reordenaciones de la palabra *TRABAJAR* con las *A* juntas coinciden con las reordenaciones de la palabra *TRABJR*, en la que hay un total de 6 letras con la distribución de repeticiones siguiente:

T	R	**A**	B	J
1	2	1	1	1

Estas reordenaciones son las *permutaciones con repeticiones*, o equivalentemente, los *repartos ponderados* de las 6 posiciones de la palabra en cinco grupos de 1, 2, 1, 1 y 1. Así pues, el número de formas diferentes de reordenar estas letras es

$$\binom{6}{1,2,1,1,1} = \frac{6!}{1!\cdot 2!\cdot 1!\cdot 1!\cdot 1!} = 6\cdot 5\cdot 4\cdot 3 = 360,$$

siendo (a) la respuesta correcta.

5.12. ¿De cuántas maneras se pueden sentar 7 personas alrededor de una mesa circular?

(a) 7!　　　　(b) $7\cdot 6$　　　　(c) 6!

Solución

Como las 7 personas se sientan alrededor de una mesa circular, el orden importa, dando lugar a *permutaciones circulares* de 7 elementos, de las que hay en total $(7-1)! = 6!$. Por tanto, (c) es la respuesta correcta.

5.13. ¿De cuántas maneras se pueden sentar 7 personas alrededor de una mesa circular, si dos se empeñan en sentarse juntas?

(a) 6!　　　　(b) $5!\cdot 2$　　　　(c) 5!

Solución

Como hay dos personas que siempre se sientan juntas, las consideramos una única persona a efectos del cálculo inicial. De esta forma tenemos 6 personas que se sientan en una mesa circular y las diferentes formas de sentarse alrededor de la mesa son las *permutaciones circulares* de 6 elementos, de las que hay en total 5!.

Ahora bien, este cálculo no tiene en cuenta que las dos personas que hemos asociado al principio pueden sentarse juntas de 2 formas distintas.

Por tanto, en total tenemos $5!\cdot 2 = 240$ maneras distintas de sentarse en las condiciones dadas, siendo (b) la respuesta correcta.

5.14. El coeficiente k del término de grado 10 en $(1 + x)^{20}$ cumple:

(a) $k = \dbinom{20}{11}$

(b) $k = \dbinom{20}{10}$

(c) $k = \dbinom{20}{9}$

Solución

Según el teorema binomial,

$$(1 + x)^{20} = \sum_{i=0}^{20} \binom{20}{i} 1^{20-i} x^i = \sum_{i=0}^{20} \binom{20}{i} x^i.$$

El término de grado 10 es $\binom{20}{10} x^{10}$. Por tanto, $k = \binom{20}{10}$, de donde (b) es la respuesta correcta.

5.15. El coeficiente k del término de grado 15 en $(2y + 1)^{17}$ cumple:

(a) $k = \dbinom{17}{15} 2^{15}$

(b) $k = \dbinom{17}{15}^2$

(c) $k = \dbinom{15}{17}$

Solución

Según el teorema binomial,

$$(2y + 1)^{17} = \sum_{i=0}^{17} \binom{17}{i} (2y)^{17-i} 1^i = \sum_{i=0}^{17} \binom{17}{i} (2y)^{17-i} = \sum_{j=0}^{17} \binom{17}{j} (2y)^j,$$

haciendo el cambio de variable $j = 17 - i$ y teniendo en cuenta que $\binom{17}{i} = \binom{17}{17-i} = \binom{17}{j}$.

El término de grado 15 es $\binom{17}{15}(2y)^{15} = \binom{17}{15} 2^{15} y^{15}$. Por tanto, $k = \binom{17}{15} 2^{15}$, siendo (a) la respuesta correcta.

5.16. El coeficiente de $a^3 b^2$ en el desarrollo de $(a + b + 1)^8$ es igual a:

(a) $\dbinom{8}{3}\dbinom{8}{2}$

(b) $(8)_3 (8)_2$

(c) $\dbinom{8}{3, 2, 3}$

Solución

Según el teorema multinomial, los coeficientes del desarrollo de $(a + b + 1)^8$ son de la forma $\dbinom{8}{i, j, k}$ para un término $a^i b^j 1^k$ con $i + j + k = 8$.

Para $i = 3$ y $j = 2$ tenemos $k = 3$ y $a^3 b^2 1^3 = a^3 b^2$, siendo su coeficiente igual a $\dbinom{8}{3, 2, 3}$.

En resumen, la respuesta correcta es (c).

5.17. El coeficiente de $x^2 y^2$ en el desarrollo de $(x + 2 + y)^6$ es igual a:

(a) $\dbinom{6}{2}\dbinom{6}{2}$
(b) $\dbinom{6}{2,2,2} 2^2$
(c) $\dbinom{6}{2,2,2}$

Solución

Según el teorema multinomial, los coeficientes del desarrollo de $(x + 2 + y)^6$ son de la forma $\dbinom{6}{i,j,k}$ para un término $x^i 2^j y^k$ con $i + j + k = 6$.

Si $i = 2$ y $k = 2$, como $i + j + k = 6$, necesariamente $j = 2$ y el número multinomial $\dbinom{6}{2,2,2}$ multiplica a $x^2 2^2 y^2$. Por tanto, el número que multiplica a $x^2 y^2$ es igual a $\dbinom{6}{2,2,2} 2^2$.

Así pues, la respuesta correcta es (b).

5.4. Ejercicios resueltos

5.18. Demuestra que entre los asistentes a una reunión de seis personas siempre ocurre uno de los dos casos siguientes:

- Se pueden encontrar tres personas, cada una de las cuales conoce a las otras dos.
- Se pueden encontrar tres personas, cada una de las cuales desconoce a las otras dos.

Pista: Expresa el conjunto X de las personas asistentes a la reunión como la unión $\{a\} \cup C \cup D$, siendo a cualquiera de los asistentes, C el conjunto de asistentes que son conocidos de a y D el conjunto de asistentes que son desconocidos de a.

Solución

Como indica la pista del enunciado, sea X el conjunto de las 6 personas en la reunión y sea a una persona en X que fijamos para el resto de la demostración (como hay 6, podemos, obviamente, elegir una entre ellas).

Además, llamemos K a la relación tal que $(x, y) \in K$ si y solo si x e y se conocen entre sí. Notemos que K es una relación simétrica.

Entonces definimos

$$C = \{x \in X \mid x \neq a \text{ y } (a, x) \in K\},$$
$$D = \{x \in X \mid x \neq a \text{ y } (a, x) \notin K\},$$

con lo que podemos descomponer el conjunto X como la unión $X = \{a\} \cup C \cup D$, con $a \notin C$, $a \notin D$ y $C \cap D = \emptyset$, pues la condición que define D con respecto a K es justo la contraria de la que define C. Como los tres conjuntos son disjuntos dos a dos,

$$6 = |X| = |\{a\} \cup C \cup D| = |\{a\}| + |C| + |D| = 1 + |C| + |D|,$$

y despejando, $|C| + |D| = 5$. De aquí deducimos que o bien $|C| \geq 3$ o bien $|D| \geq 3$, pues en caso contrario ambos conjuntos tendrían 2 o menos elementos y, al sumar sus cardinales, obtendríamos menos de 5.

Continuamos la demostración distinguiendo casos:

- $|C| \geq 3$. Distinguimos a su vez dos subcasos:

  - Si existen $b, c \in C$ tales que $(b, c) \in K$, entonces tenemos 3 personas (a saber, a, b, c) tales que $(b, c), (a, b), (a, c) \in K$, por lo que las 3 se conocen mutuamente entre sí.
  - Si la condición del subcaso anterior no se cumple, es porque no podemos encontrar dos personas en C que se conozcan entre sí, es decir, todas las personas que hay en C (y recordemos que hay 3 o más) se desconocen mutuamente entre sí.

- $|D| \geq 3$. La idea es la misma que en el caso anterior, pero con la relación contraria; distinguimos dos subcasos:

  - Si existen $b, c \in D$ tales que $(b, c) \notin K$ entonces tenemos 3 personas (a saber, a, b, c) tales que $(b, c), (a, b), (a, c) \notin K$, por lo que las 3 se desconocen mutuamente entre sí.
  - Si la condición del subcaso anterior no se cumple, es porque no podemos encontrar dos personas en D que se desconozcan entre sí, es decir, todas las personas que hay en D (y recordemos que hay 3 o más) se conocen mutuamente entre sí.

Vemos que en cualquiera de los casos llegamos a la conclusión deseada.

5.19. En cierto ecosistema hay 18 especies de animales. Cada especie depredadora caza 2 especies diferentes. A su vez, cada especie no depredadora es perseguida por 4 especies depredadoras diferentes. Además, se sabe que toda especie es perseguida o depredadora y ninguna es las dos cosas a la vez. ¿Cuántas especies depredadoras hay?

Solución

Tenemos 18 especies animales, unas depredadoras y otras depredadas o perseguidas. Al conjunto de las primeras lo llamamos D y al de las segundas P.

Definimos la relación $R \subseteq D \times P$ como $R = \{(x, y) \mid x$ es depredadora de $y\}$.

Como cada especie depredadora caza 2 especies diferentes, sabemos que, para todo $x \in D$,

$$f_x(R) = |\{y \in P \mid (x, y) \in R\}| = 2.$$

Por otra parte, como cada especie depredada es perseguida por 4 especies depredadoras, sabemos que, para todo $y \in P$,

$$c_y(R) = |\{x \in D \mid (x, y) \in R\}| = 4.$$

Por tanto, de la igualdad $|R| = \sum_{x \in D} f_x(R) = \sum_{y \in P} c_y(R)$, que indica que el número total de pares en la relación es el mismo sumando por filas que por columnas, obtenemos $|D| \cdot 2 = |P| \cdot 4$.

Como además tenemos que $|D| + |P| = 18$, resolvemos el sistema formado por estas dos ecuaciones, obteniendo $|P| = 6$ y $|D| = 12$.

5.20. En un poblado africano hay 32 misioneros, cada uno de los cuales ha convertido a 5 indígenas. Por otra parte, cada indígena ha sido convertido por 8 misioneros. ¿Cuál es el número de indígenas?

Solución

Sea M el conjunto de misioneros e I el conjunto de indígenas, y consideremos la relación binaria $C \subseteq M \times I$ definida por: $C(m, i)$ si y solo si el misionero m ha convertido al indígena i.

Según los datos del enunciado, tenemos que

$$|C| = |M| \cdot 5 = 32 \cdot 5 = 160,$$
$$|C| = 8 \cdot |I|,$$

de donde deducimos que $8 \cdot |I| = 160$.

Por tanto, el número de indígenas es $|I| = \frac{160}{8} = 20$.

5.21. En un centro docente han decidido, por motivos administrativos, que cada alumno tiene que matricularse exactamente en cuatro de las siete asignaturas existentes. Los profesores informan de que el número de asistentes a ellas son 40, 32, 21, 31, 23, 25 y 16, respectivamente.

(a) ¿Puede obtenerse el número total de alumnos del centro?

(b) ¿Qué conclusiones se podrían deducir en el caso de que la suma de las asistencias fuese 185?

Solución

Sea E el conjunto de estudiantes y A el conjunto de asignaturas, y consideremos la relación binaria $M \subseteq E \times A$ definida por: $M(e, a)$ si y solo si el estudiante e se ha matriculado en la asignatura a.

(a) Según los datos del enunciado, tenemos que

$$|M| = |E| \cdot 4,$$
$$|M| = 40 + 32 + 21 + 31 + 23 + 25 + 16 = 188,$$

de donde deducimos que $|E| \cdot 4 = 188$.

En consecuencia, el número total de estudiantes es $|E| = \frac{188}{4} = 47$.

(b) Si la suma de las asistencias fuera igual a 185, aplicando el mismo razonamiento tendríamos que el número de estudiantes sería igual a $|E| = \frac{185}{4}$, pero 185 *no* es divisible por 4, lo cual indica que los datos serían inconsistentes entre sí.

5.22. Supongamos que 14 estudiantes sacan un sobresaliente en el primer examen de matemática discreta y que 18 estudiantes sacan un sobresaliente en el segundo examen. Si un total de 22 alumnos sacaron sobresaliente en alguno de los dos exámenes, ¿cuántos sacaron sobresaliente en ambos exámenes?

Solución

Por el principio de inclusión-exclusión para dos conjuntos, sabemos que

$$|A \cup B| = |A| + |B| - |A \cap B|.$$

Si A es el conjunto de los estudiantes que han sacado sobresaliente en el primer examen y B el conjunto de los que han sacado sobresaliente en el segundo, la información del enunciado se resume en

$$|A| = 14,$$
$$|B| = 18,$$
$$|A \cup B| = 22.$$

Por tanto, lo que se pregunta es

$$|A \cap B| = |A| + |B| - |A \cup B| = 14 + 18 - 22 = 10.$$

5.23. Un experimento realizado con 67 perros guardianes de la urbanización "Sotos del Fijodalgo" ha arrojado los siguientes resultados: 47 animalillos muerden, 35 ladran y 23 muerden y ladran.

    (a) ¿Cuántos cancerberos habrá que ni muerdan ni ladren?

    (b) Si posteriores experimentos muestran que 20 de los chuchos están rabiosos, de los cuales 12 muerden, 11 ladran y 5 muerden y ladran, ¿cuántos canes habrá exentos de ladrido, mordida y rabia?

Solución

Si llamamos M y L a los conjuntos de perros que muerden y ladran, respectivamente, sabemos según el enunciado que

$$|M| = 47,$$
$$|L| = 35,$$
$$|M \cap L| = 23.$$

(a) Aplicando el principio de inclusión-exclusión para dos conjuntos, obtenemos

$$|M \cup L| = |M| + |L| - |M \cap L| = 47 + 35 - 23 = 59.$$

Por tanto, tenemos 59 perros que ladran o muerden, y el cardinal del complementario de $M \cup L$ es igual a $67 - 59 = 8$, indicando que hay 8 perros que ni ladran ni muerden.

(b) Añadimos un tercer conjunto, R, que representa a los canes rabiosos. Los datos adicionales del enunciado son los siguientes:

$$|R| = 20,$$
$$|R \cap M| = 12,$$
$$|R \cap L| = 11,$$
$$|R \cap M \cap L| = 5.$$

Aplicando ahora el principio de inclusión-exclusión para tres conjuntos:

$$|M \cup L \cup R| = (|M| + |L| + |R|) - (|M \cap L| + |M \cap R| + |L \cap R|) + |M \cap L \cap R|$$
$$= 47 + 35 + 20 - (23 + 12 + 11) + 5 = 102 - 46 + 5 = 61.$$

El número de perros que ni ladran ni muerden ni están rabiosos es precisamente el cardinal del conjunto complementario de $M \cup L \cup R$, que es igual a $67 - 61 = 6$.

5.24. En un cohete espacial hay 3 tareas, A, B y C, que resultan fundamentales para el funcionamiento de la nave. Para aumentar la seguridad se exige que:

- Exactamente 6 astronautas deben ser capaces de realizar la tarea A, 4 la tarea B y 4 la tarea C.
- Exactamente 2 astronautas deben ser capaces de realizar las 3 tareas.
- Cada pareja de tareas tiene que poder ser realizada por 3 astronautas.
- Todos los astronautas deben ser capaces de realizar al menos una de las tareas.

En estas condiciones, calcula:

(a) ¿Cuántos astronautas componen la tripulación del cohete?

(b) ¿Cuántos astronautas son capaces de realizar únicamente la tarea A?

(c) ¿Cuántos astronautas son capaces de realizar la tarea B pero no la C?

Solución

Vamos a llamar A al conjunto de los astronautas que saben realizar la tarea A, B al conjunto de los astronautas que saben realizar la tarea B y C al conjunto de los astronautas que saben realizar la tarea C.

Los datos que nos dan son los siguientes, expresados como cardinales de los conjuntos apropiados:

$$|A| = 6,$$
$$|B| = 4,$$
$$|C| = 4,$$
$$|A \cap B \cap C| = 2,$$
$$|A \cap B| = 3,$$
$$|A \cap C| = 3,$$
$$|B \cap C| = 3.$$

(a) Como todos los astronautas deben saber realizar alguna tarea, todos ellos pertenecen al menos a uno de los 3 conjuntos, A, B o C, y el total de astronautas será $|A \cup B \cup C|$.

Aplicando el principio de inclusión-exclusión, tenemos que hay

$$|A \cup B \cup C| = (|A| + |B| + |C|) - (|A \cap B| + |A \cap C| + |B \cap C|) + |A \cap B \cap C|$$
$$= 6 + 4 + 4 - (3 + 3 + 3) + 2 = 7$$

astronautas en total.

(b) Los astronautas capaces de realizar únicamente la tarea A son los astronautas que estén en el conjunto A, pero no en el B ni en el C:

$$|A \setminus (B \cup C)| = |A| - |A \cap B| - |A \cap C| + |A \cap B \cap C| = 6 - 3 - 3 + 2 = 2.$$

(c) Los astronautas capaces de realizar la tarea B pero no la C son los astronautas que estén en el conjunto B, pero no en el C:

$$|B \setminus C| = |B| - |B \cap C| = 4 - 3 = 1.$$

5.25. En una escuela de idiomas hay 65 personas dando clase y cada una de ellas sabe al menos un idioma extranjero. Hay 50 personas que saben inglés, 35 alemán y 30 francés. Hay 25 que saben inglés y alemán, 20 que saben inglés y francés, y 15 que saben alemán y francés.

(a) ¿Cuántas personas saben los tres idiomas?

(b) ¿Cuántas personas saben exactamente dos idiomas?

(c) ¿Cuántas personas saben solo inglés, solo francés y solo alemán?

Solución

Llamamos I, A y F a los conjuntos de personas que saben inglés, alemán y francés, respectivamente. Los datos proporcionados por el enunciado son los siguientes:

$$|I| = 50,$$
$$|A| = 35,$$
$$|F| = 30,$$
$$|I \cap A| = 25,$$
$$|I \cap F| = 20,$$
$$|A \cap F| = 15,$$
$$|I \cup A \cup F| = 65.$$

(a) Hay que calcular $|I \cap A \cap F|$, para lo cual aplicamos el principio de inclusión-exclusión para tres conjuntos:

$$|I \cup A \cup F| = (|I| + |A| + |F|) - (|I \cap A| + |I \cap F| + |A \cap F|) + |I \cap A \cap F|.$$

Sustituyendo los datos anteriores y despejando, obtenemos

$$|I \cap A \cap F| = 65 - (50 + 35 + 30) + (25 + 20 + 15) = 65 - 115 + 60 = 10.$$

(b) Conociendo la solución del apartado anterior, podemos calcular los números de personas que saben dos idiomas, pero no el tercero, como sigue:

$$|I \cap A \cap (\setminus F)| = |I \cap A| - |I \cap A \cap F| = 25 - 10 = 15,$$
$$|I \cap F \cap (\setminus A)| = |I \cap F| - |I \cap A \cap F| = 20 - 10 = 10,$$
$$|A \cap F \cap (\setminus I)| = |A \cap F| - |I \cap A \cap F| = 15 - 10 = 5.$$

Sumando estos tres cardinales correspondientes a subconjuntos disjuntos, tenemos $15 + 10 + 5 = 30$ personas que saben exactamente dos idiomas.

(c) Con todos los datos obtenidos en los dos apartados anteriores, también podemos calcular el número de personas que saben un único idioma, para cada uno de los tres idiomas:

$$|I \cap (\backslash A) \cap (\backslash F)| = |I| - |I \cap A \cap (\backslash F)| - |I \cap F \cap (\backslash A)| - |I \cap A \cap F|$$
$$= 50 - 15 - 10 - 10 = 15,$$
$$|A \cap (\backslash I) \cap (\backslash F)| = |A| - |I \cap A \cap (\backslash F)| - |A \cap F \cap (\backslash I)| - |I \cap A \cap F|$$
$$= 35 - 15 - 5 - 10 = 5,$$
$$|F \cap (\backslash I) \cap (\backslash A)| = |F| - |I \cap F \cap (\backslash A)| - |A \cap F \cap (\backslash I)| - |I \cap A \cap F|$$
$$= 30 - 10 - 5 - 10 = 5.$$

Toda esta información la podemos representar en el siguiente diagrama, donde cada número indica el cardinal de la zona correspondiente:

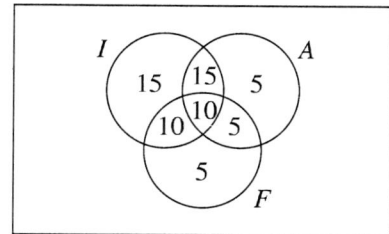

5.26. En una encuesta realizada sobre una muestra de 100 personas lectoras de periódicos se han obtenido los siguientes resultados:

- no hay nadie que lea los tres periódicos disponibles: *El Mulo*, *El Popurrí* y *El Revolcón*,

- 4 personas leen *El Mulo* y *El Revolcón*,

- 9 personas leen *El Popurrí* y *El Revolcón*,

- 14 leen *El Mulo* y *El Popurrí*,

- 19 leen únicamente *El Revolcón*,

- 24 leen solamente *El Mulo*, y

- 29 solo leen *El Popurrí*.

¿Cuántas personas han respondido a la encuesta con "No sabe / No contesta"?

Solución

Recordemos en primer lugar que si A y B son conjuntos disjuntos, entonces $|A \cup B| = |A| + |B|$, y que esta propiedad se puede generalizar para varios conjuntos disjuntos entre sí.

En segundo lugar, la información dada en el enunciado puede representarse en un diagrama como sigue, llamando M al conjunto de las personas que leen el periódico *El Mulo* entre las encuestadas y de la misma forma a los conjuntos P y R. El conjunto universal del problema se llama U.

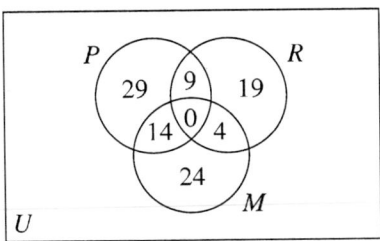

Por ejemplo, las personas que solamente leen *El Mulo* y *El Popurrí* (e implícitamente no leen *El Revolcón*, pues no hay nadie que lea los tres periódicos) son los elementos del conjunto $M \cap P \cap \backslash R$. De esta forma, los números del enunciado corresponden a los siguientes cardinales:

$$
\begin{aligned}
|\, M \quad \cap \quad P \quad \cap \quad R \,| &= 0, \\
|\, M \quad \cap \quad \backslash P \quad \cap \quad R \,| &= 4, \\
|\backslash M \quad \cap \quad P \quad \cap \quad R \,| &= 9, \\
|\, M \quad \cap \quad P \quad \cap \quad \backslash R| &= 14, \\
|\backslash M \quad \cap \quad \backslash P \quad \cap \quad R \,| &= 19, \\
|\, M \quad \cap \quad \backslash P \quad \cap \quad \backslash R| &= 24, \\
|\backslash M \quad \cap \quad P \quad \cap \quad \backslash R| &= 29.
\end{aligned}
$$

El conjunto universal U queda entonces *particionado* en esos siete conjuntos junto con el conjunto $\backslash M \cap \backslash P \cap \backslash R = U - (M \cup P \cup R)$, cuyo cardinal es precisamente el que se pregunta.

Como $|U| = 100$ y $|M \cup P \cup R| = 0 + 4 + 9 + 14 + 19 + 24 + 29 = 99$, tenemos

$$
|\backslash M \cap \backslash P \cap \backslash R| = |U| - |M \cup P \cup R| = 100 - 99 = 1.
$$

En resumen, hay una persona que ha respondido "No sabe / No contesta" a la encuesta sobre sus hábitos de lectura periodística.

5.27. Calcula cuántos números naturales n de tres cifras significativas existen tales que:

(a) n es divisible por 3 (respectivamente 7; 11).

(b) n es divisible por 3 y 7 (respectivamente 3 y 11; 7 y 11).

(c) n es divisible por 3, 7 y 11.

Aplicando el principio de inclusión y exclusión, calcula ahora cuántos números naturales de tres cifras significativas existen que no sean divisibles ni por 3, ni por 7 ni por 11.

Solución

Como n tiene tres cifras significativas, tenemos $100 \leq n \leq 999$.

(a) ▪ Si n es divisible por 3, el cociente de la división entera debe satisfacer:

$$
\left\lceil \frac{100}{3} \right\rceil \leq \frac{n}{3} \leq \left\lfloor \frac{999}{3} \right\rfloor ;
$$

equivalentemente,

$$34 \leq \frac{n}{3} \leq 333,$$

por lo que hay $333 - 33 = 300$ números entre 100 y 999 divisibles por 3.

- Si n es divisible por 7, el cociente de la división entera debe satisfacer:

$$\left\lceil \frac{100}{7} \right\rceil \leq \frac{n}{7} \leq \left\lfloor \frac{999}{7} \right\rfloor;$$

equivalentemente,

$$15 \leq \frac{n}{7} \leq 142,$$

por lo que hay $142 - 14 = 128$ números entre 100 y 999 divisibles por 7.

- Si n es divisible por 11, el cociente de la división entera debe satisfacer:

$$\left\lceil \frac{100}{11} \right\rceil \leq \frac{n}{11} \leq \left\lfloor \frac{999}{11} \right\rfloor;$$

equivalentemente,

$$10 \leq \frac{n}{11} \leq 90,$$

por lo que hay $90 - 9 = 81$ números entre 100 y 999 divisibles por 11.

(b)
- Como 3 y 7 son primos entre sí, n es divisible por 3 y por 7 si y solo si es divisible por $3 \cdot 7 = 21$. Aplicamos el mismo método que en el apartado anterior:

$$\left\lceil \frac{100}{21} \right\rceil \leq \frac{n}{21} \leq \left\lfloor \frac{999}{21} \right\rfloor \iff 5 \leq \frac{n}{21} \leq 47,$$

y obtenemos $47 - 4 = 43$ números entre 100 y 999 divisibles por 21.

- Como 3 y 11 son primos entre sí, n es divisible por 3 y por 11 si y solo si es divisible por $3 \cdot 11 = 33$. Aplicamos el mismo método que en el apartado anterior:

$$\left\lceil \frac{100}{33} \right\rceil \leq \frac{n}{33} \leq \left\lfloor \frac{999}{33} \right\rfloor \iff 4 \leq \frac{n}{33} \leq 30,$$

y obtenemos $30 - 3 = 27$ números entre 100 y 999 divisibles por 33.

- Como 7 y 11 son primos entre sí, n es divisible por 7 y por 11 si y solo si es divisible por $7 \cdot 11 = 77$. Aplicamos el mismo método que en el apartado anterior:

$$\left\lceil \frac{100}{77} \right\rceil \leq \frac{n}{77} \leq \left\lfloor \frac{999}{77} \right\rfloor \iff 2 \leq \frac{n}{77} \leq 12,$$

y obtenemos $12 - 1 = 11$ números entre 100 y 999 divisibles por 77.

(c) Como 3, 7 y 11 son primos entre sí (dos a dos), n es divisible por 3, por 7 y por 11 si y solo si es divisible por $3 \cdot 7 \cdot 11 = 231$. Con el mismo método de los apartados anteriores,

$$\left\lceil \frac{100}{231} \right\rceil \leq \frac{n}{231} \leq \left\lfloor \frac{999}{231} \right\rfloor \iff 1 \leq \frac{n}{231} \leq 4,$$

obtenemos $4 - 0 = 4$ números entre 100 y 999 divisibles por 231.

Para aplicar el principio de inclusión-exclusión y calcular el último dato solicitado, llamamos T, S y O a los conjuntos de números entre 100 y 999 divisibles por 3, por 7 y por 11, respectivamente. Entonces los datos obtenidos en los apartados anteriores nos dan los siguientes cardinales:

$$|T| = 300,$$
$$|S| = 128,$$
$$|O| = 81,$$
$$|T \cap S| = 43,$$
$$|T \cap O| = 27,$$
$$|S \cap O| = 11,$$
$$|T \cap S \cap O| = 4.$$

Aplicamos el principio de inclusión-exclusión para tres conjuntos:

$$|T \cup S \cup O| = (|T| + |S| + |O|) - (|T \cap S| + |T \cap O| + |S \cap O|) + |T \cap S \cap O|$$
$$= 300 + 128 + 81 - (43 + 27 + 11) + 4 = 509 - 81 + 4 = 432.$$

Los números naturales de tres cifras significativas que no son divisibles ni por 3, ni por 7 ni por 11 forman el complementario de $T \cup S \cup O$. Hay 900 números entre 100 y 999 (ambos inclusive) por lo que el cardinal del complementario de $T \cup S \cup O$ es $900 - 432 = 468$.

5.28. La clave para sacar dinero en cajeros automáticos es una cadena formada por cuatro dígitos. ¿Cuántos clientes debe tener como mínimo una entidad bancaria para garantizar que al menos dos de ellos tienen la misma clave?

Solución

Como hay 10 dígitos en total, se pueden repetir y el orden importa, el número total de claves distintas es igual al número de variaciones con repetición de 10 elementos tomados de 4 en 4, que es $[10]_4 = 10^4 = 10\,000$.

Para garantizar que haya al menos dos clientes con la misma clave, según el principio del palomar, basta que haya un cliente más que ese número, es decir, $10\,000 + 1 = 10\,001$ clientes como mínimo.

5.29. Fructuosa Calamidad, avezada pitonisa, echa las cartas en el Retiro. Trabaja con una baraja de 40 cartas diferentes. Para determinar el futuro, Fructuosa extrae 5 cartas de su baraja y no tiene en cuenta el orden.

(a) ¿Cuántos futuros distintos puede haber con este método?

(b) ¿Y si decide tener en cuenta el orden?

Solución

(a) Como no tiene en cuenta el orden, las selecciones son no ordenadas y sin repetición, es decir, son *combinaciones sin repetición* de 40 cartas tomadas de 5 en 5, cuyo número es igual a

$$\binom{40}{5} = \frac{40 \cdot 39 \cdot 38 \cdot 37 \cdot 36}{5 \cdot 4 \cdot 3 \cdot 2 \cdot 1} = 13 \cdot 38 \cdot 37 \cdot 36 = 658\,008.$$

(b) Si tiene en cuenta el orden, las selecciones son ordenadas y sin repetición, es decir, son *variaciones sin repetición* de 40 cartas tomadas de 5 en 5, cuyo número total es igual a

$$(40)_5 = 40 \cdot 39 \cdot 38 \cdot 37 \cdot 36 = 78\,960\,960.$$

5.30. Al marcar un número de teléfono, un abonado olvida las tres últimas cifras y, acordándose únicamente de que estas cifras son diferentes, las marca al azar. ¿Cuál es la probabilidad de que la llamada se haga al número correcto? Recuerda que la *probabilidad* de un suceso se calcula como el cociente entre el número de *casos favorables* y el número de *casos posibles*.

Solución

El número de casos favorables es igual a 1, el único número de tres cifras correcto entre todas las posibilidades.

El número de casos posibles es igual al número de *variaciones sin repetición* de 10 cifras escogidas de 3 en 3, porque el orden importa y sabemos que las tres cifras son diferentes. Ese número es igual a $(10)_3 = 10 \cdot 9 \cdot 8 = 720$.

Por tanto, la probabilidad es igual a $\frac{1}{720}$.

5.31. En un ascensor de un edificio de 4 plantas viajan 5 personas. Se sabe que todas las personas se van a bajar en alguna planta (aunque puede haber plantas en las que no se baje ninguna persona). ¿Cuántas posibilidades hay?

Solución

A cada persona le corresponderá una planta. Por ejemplo, si llamamos a la personas A, B, C, D y E, dos selecciones diferentes entre las posibles son las siguientes:

Persona	A	B	C	D	E
Planta	1	4	3	4	2

Persona	A	B	C	D	E
Planta	4	1	3	4	2

Por tanto, el problema equivale a calcular la cantidad de selecciones ordenadas con repetición de los 4 valores del conjunto $\{1, 2, 3, 4\}$ tomados de 5 en 5, es decir, se trata de *variaciones con repetición* cuyo número es igual a

$$[4]_5 = 4^5 = 2^{10} = 1\,024.$$

5.32. Supongamos que se fabrican llaves haciendo incisiones en varias posiciones de una llave virgen. Suponiendo que haya 8 profundidades posibles para las incisiones, ¿cuál es el menor número de posiciones que permite fabricar un millón de llaves diferentes?

Solución

El orden entre las posiciones es fundamental para diferenciar las llaves y las incisiones se pueden repetir, por lo que las diferentes llaves corresponden a *variaciones con repetición* de 8 incisiones elegidas p veces, siendo p el número de posiciones de cada llave.

La pregunta del enunciado equivale a hallar el menor valor de p tal que $[8]_p > 1\,000\,000$, es decir, $8^p > 1\,000\,000$. Calculamos

$$8^6 = 262\,144,$$
$$8^7 = 2\,097\,152,$$

por lo que el menor valor para p es 7.

También podemos calcular el valor de p despejando como sigue:

$$p > \log_8(1\,000\,000) = \frac{\log_{10} 10^6}{\log_{10} 8} = \frac{6}{0,903} = 6,644,$$

de donde deducimos que el menor valor de p es igual a $\lceil 6,644 \rceil = 7$.

5.33. Carpanta ha sido invitado por Don Pantuflo a consumir comidas de 4 platos diferentes a elegir de un menú de 10 platos. El mecenas pagará día tras día a tocateja mientras la imaginación del comensal alcance a no repetir una comida ya seleccionada en algún día anterior. ¿Por cuántos días, como máximo, subsistirá Carpanta a costa de su bienhechor?

Solución

Como los 4 platos tienen que ser diferentes, no se permiten repeticiones. Sin embargo, en el enunciado no queda claro si el orden entre los platos importa o no. Por ello, vamos a considerar las dos posibilidades.

- Si el orden entre los platos importa, las selecciones son *variaciones sin repetición* y su número total es igual a
$$(10)_4 = 10 \cdot 9 \cdot 8 \cdot 7 = 5\,040.$$

- Si el orden entre los platos no importa, las selecciones son *combinaciones sin repetición* y su número total es igual a
$$\binom{10}{4} = \frac{(10)_4}{4!} = \frac{10 \cdot 9 \cdot 8 \cdot 7}{4 \cdot 3 \cdot 2 \cdot 1} = 210.$$

5.34. Los estudiantes de un instituto van a vender camisetas para financiar el viaje de fin de curso. Todas las camisetas tienen el mismo diseño, pero hay cuatro tallas distintas: M, L, XL y XXL. Si cada estudiante tiene que vender 20 camisetas, eligiendo entre las cuatro tallas, calcular el número total de elecciones posibles.

Solución

Se trata de un problema de *combinaciones con repetición*, pues el orden entre los elementos que se escogen (camisetas, en este caso) no importa y podemos elegir varios objetos indistinguibles como, por ejemplo, varias camisetas de la talla L.

El número que se pregunta es

$$\begin{bmatrix} 4 \\ 20 \end{bmatrix} = \binom{4+20-1}{20} = \binom{23}{20} = \binom{23}{3}$$

$$= \frac{23 \cdot 22 \cdot 21}{3 \cdot 2 \cdot 1} = 23 \cdot 11 \cdot 7 = 1\,771.$$

De otra forma, cada elección viene determinada por unas cuantas camisetas de cada talla, de forma que la suma total de las cuatro cantidades sea 20. El orden entre las camisetas de una misma talla no importa y el orden entre las camisetas de distintas tallas tampoco; lo único que importa es cuántas camisetas se escogen de cada talla. Una forma sencilla de representar tal elección es pensar en las cajas con asteriscos que indican los objetos elegidos de cada caja y con barras que separan las cajas.

Como tenemos cuatro tallas correspondientes a las cuatro cajas, hacen falta tres barras para separarlas. Así pues, una elección tiene, por ejemplo, la forma

$$* * * * \mid * * * * \mid * * * * * * \mid * * * * * *$$

donde tenemos $20 + 3 = 23$ caracteres en total, con 3 repetidos por una parte y 20 por otra.

El número de combinaciones deseado coincide con el número de permutaciones con repetición

$$\binom{23}{20,3} = \frac{23!}{20! \cdot 3!} = 1\,771.$$

5.35. Se tienen 4 pelotas de golf y 10 cajas distintas. Determinar de cuántas maneras diferentes pueden distribuirse las pelotas en las cajas si:

(a) Todas las pelotas son distintas y en ninguna caja cabe más de una pelota.

(b) Las pelotas son todas iguales y en ninguna caja cabe más de una pelota.

(c) Las pelotas son todas iguales y en cada caja caben cuantas pelotas se quieran meter.

(d) Las pelotas son distintas y en cada caja caben cuantas pelotas se quieran meter.

Solución

(a) Si llamamos a las pelotas A, B, C y D, una posible distribución de las pelotas en las cajas sería la siguiente:

Pelota	A	B	C	D
Caja	7	6	4	9

El orden influye porque las pelotas son diferentes; por ejemplo, la siguiente selección

Pelota	A	B	C	D
Caja	6	7	4	9

es distinta de la anterior.

No se permiten repeticiones porque en cada caja solo cabe una pelota, es decir, la selección

Pelota	A	B	C	D
Caja	7	6	4	7

no es válida porque coloca las pelotas A y D en la misma caja 7.

En resumen, se trata de selecciones ordenadas sin repetición, o *variaciones sin repetición*, de 10 elementos tomados de 4 en 4, cuyo número es igual a

$$(10)_4 = 10 \cdot 9 \cdot 8 \cdot 7 = 5\,040.$$

(b) Si las pelotas son iguales tenemos que, por ejemplo, las selecciones

Pelota	A	B	C	D
Caja	7	6	4	9

Pelota	A	B	C	D
Caja	6	7	4	9

representan en este caso la misma selección. Se trata, por tanto, de selecciones no ordenadas sin repetición de 10 elementos tomados de 4 en 4, es decir, *combinaciones sin repetición*, cuyo número es igual a

$$\binom{10}{4} = \frac{10 \cdot 9 \cdot 8 \cdot 7}{4 \cdot 3 \cdot 2 \cdot 1} = 10 \cdot 3 \cdot 7 = 210.$$

(c) El hecho de que en cada caja quepan varias pelotas permite introducir repeticiones y tenemos selecciones no ordenadas (porque las pelotas son iguales) con repetición, es decir, *combinaciones con repetición*, de 10 elementos tomados de 4 en 4, cuya cantidad total es igual a

$$\left[\begin{matrix}10\\4\end{matrix}\right] = \binom{10+4-1}{4} = \frac{13 \cdot 12 \cdot 11 \cdot 10}{4 \cdot 3 \cdot 2 \cdot 1} = 13 \cdot 11 \cdot 5 = 715.$$

(d) Al ser las pelotas distintas, importa el orden y, al caber en cada caja más de una, se permiten repeticiones, por lo que tenemos selecciones ordenadas con repetición, es decir, *variaciones con repetición* de 10 elementos tomados de 4 en 4, cuya cantidad total es igual a

$$[10]_4 = 10^4 = 10\,000.$$

5.36. La palabra clave para acceder a un servidor de internet está formada por 4 caracteres, que se pueden elegir entre 26 letras minúsculas y 10 dígitos. Calcular el número de palabras clave que se pueden formar

(a) sin ninguna restricción adicional,

(b) usando solamente letras,

(c) usando solamente letras, sin repetirlas,

(d) usando al menos un dígito.

Solución

(a) Si no hay ninguna restricción, tenemos que elegir 4 caracteres entre 36 posibilidades de forma que el orden importa pero los caracteres se pueden repetir, por lo que las claves consisten en *variaciones con repetición*, cuyo número es igual a

$$[36]_4 = 36^4 = 1\,679\,616.$$

(b) Si se usan solamente letras, hay que elegir, como antes, 4 caracteres en orden y con posibles repeticiones, pero con menos posibilidades:

$$[26]_4 = 26^4 = 456\,976.$$

(c) Si se usan letras sin repetirlas, estamos calculando *variaciones sin repetición* de 26 elementos escogidos de 4 en 4, por lo que el número pedido es igual a

$$(26)_4 = 26 \cdot 25 \cdot 24 \cdot 23 = 358\,800.$$

(d) Si se usa al menos un dígito, una forma posible de hallar la cantidad solicitada es calcular el número de claves que tienen exactamente un dígito, el número de claves que tienen exactamente 2, el de claves que tienen 3 y el de las que tienen 4, y luego sumar estas cuatro cantidades.

Otra forma más sencilla de calcular el mismo número, aprovechando los resultados de los apartados anteriores, es razonar que las claves que tienen al menos un dígito son todas menos aquellas que no tienen ningún dígito, o sea, usan solamente letras. Por tanto, usando los resultados de los apartados (a) y (b), el número pedido es igual a

$$36^4 - 26^4 = 1\,679\,616 - 456\,976 = 1\,222\,640.$$

5.37. Bertoldo Follón, programador de profesión, está intentando arreglar un programa de 10 000 líneas que no funciona correctamente. Un compañero le ha dicho que seguramente basta con intercambiar el orden de dos líneas del programa para que este funcione. Bertoldo decide entonces probar todos los posibles intercambios de líneas: la 1 con la 2, la 1 con la 3, y así sucesivamente.

(a) En el peor de los casos y si su amigo está en lo cierto, ¿cuántos intercambios de líneas tendrá que hacer Bertoldo para arreglar el programa?

(b) Bertoldo descubre que hay 3 líneas que se repiten 100, 25 y 250 veces, respectivamente. ¿Cuántos intercambios de líneas tendrá que hacer Bertoldo en el peor caso, a la luz de esta nueva información?

Solución

(a)   Cada selección es de dos líneas entre 10 000. La línea no se puede repetir, ya que suponemos que Bertoldo no intercambia una línea consigo misma, pues eso sería no hacer nada y el programa seguiría sin funcionar. Además, en la selección de las líneas no influye el orden; por ejemplo, se obtiene el mismo programa al intercambiar la 3 y la 5 que al intercambiar la 5 y la 3. Se trata, por tanto, de *combinaciones sin repetición* de 10 000 elementos tomados de 2 en 2, cuyo número total es

$$\binom{10\,000}{2} = \frac{10\,000 \cdot 9\,999}{2 \cdot 1} = 49\,995\,000.$$

(b)   Con la información adicional tenemos que en el apartado anterior se han realizado

$$\binom{100}{2} + \binom{25}{2} + \binom{250}{2} = \frac{100 \cdot 99}{2 \cdot 1} + \frac{25 \cdot 24}{2 \cdot 1} + \frac{250 \cdot 249}{2 \cdot 1}$$

$$= 4\,950 + 300 + 31\,125$$

$$= 36\,375$$

intercambios de más (que corresponden a elegir 2 veces la misma línea, debido a las repeticiones), por lo que basta con hacer

$$49\,995\,000 - 36\,375 = 49\,958\,625$$

intercambios de líneas, en el caso peor de tener que probarlos todos.

5.38.   Demuestra que, cuando se arrojan cuatro dados indistinguibles, el número de resultados posibles es 126. ¿Cuál sería el número de resultados posibles al arrojar n dados indistinguibles?

Solución

Como los dados son indistinguibles, el orden no importa. Además los resultados de cada dado (de 1 a 6) se pueden repetir. Por tanto, los resultados de los 4 dados son *combinaciones con repetición* de 6 valores tomados de 4 en 4, cuyo número total es igual a

$$\left[\begin{matrix}6\\4\end{matrix}\right] = \binom{6+4-1}{4} = \binom{9}{4} = \frac{9 \cdot 8 \cdot 7 \cdot 6}{4 \cdot 3 \cdot 2 \cdot 1} = 9 \cdot 14 = 126.$$

En general, para n dados, los resultados son *combinaciones con repetición* de 6 valores tomados de n en n, cuyo número total es igual a

$$\left[\begin{matrix}6\\n\end{matrix}\right] = \binom{6+n-1}{n} = \binom{5+n}{n}$$

$$= \binom{n+5}{5} = \frac{(n+5)(n+4)(n+3)(n+2)(n+1)}{5 \cdot 4 \cdot 3 \cdot 2 \cdot 1}.$$

5.39.   En un rebaño de 15 "ovejas" hay, en realidad, solo 5 ovejas y 10 lobos disfrazados. Uno de los lobos decide tomarse de merienda dos de las ovejas. ¿Cuál es la probabilidad de que al menos una de sus víctimas sea un colega?

Solución

El lobo que va a merendar escogerá dos animales entre los 14 restantes. Como el orden entre los dos animales elegidos no importa y los dos animales serán distintos, se trata de selecciones no ordenadas sin repetición o *combinaciones sin repetición* de 14 elementos tomados de 2 en 2. Por tanto, el número total de selecciones que puede realizar el lobo es

$$\binom{14}{2} = \frac{14 \cdot 13}{2 \cdot 1} = 7 \cdot 13 = 91.$$

¿Cuántas de estas parejas incluirán al menos un lobo? Todas menos las que incluyan solamente ovejas. Las selecciones anteriores que incluyen solo ovejas corresponden a las *combinaciones sin repetición* de 5 ovejas tomadas de 2 en 2, cuya cantidad es

$$\binom{5}{2} = \frac{5 \cdot 4}{2 \cdot 1} = 10.$$

De las 91 selecciones todas menos 10, es decir, 81, incluyen algún lobo, por lo que la probabilidad de comerse a otro lobo es igual a

$$\frac{81}{91} = 0{,}89.$$

5.40. En un rebaño de 15 "ovejas" hay, en realidad, solo 5 ovejas y 10 lobos disfrazados. El pastor escoge al azar 5 animalillos. ¿Cuál es la probabilidad de que 3 de entre ellos sean lobos?

Solución

Las selecciones son *combinaciones sin repetición* porque no importa el orden y los animales no se pueden repetir. El número total de casos posibles es

$$\binom{15}{5} = \frac{15 \cdot 14 \cdot 13 \cdot 12 \cdot 11}{5 \cdot 4 \cdot 3 \cdot 2 \cdot 1} = 7 \cdot 13 \cdot 3 \cdot 11.$$

El número de casos favorables varía, según se interprete la cantidad de 3 lobos como exacta o como mínima (al menos 3 lobos). Resolvemos el ejercicio de las dos formas posibles:

- Si el número de lobos es exactamente 3, que se eligen entre los 10 disfrazados de ovejas, el número de combinaciones sin repetición es $\binom{10}{3}$. De forma independiente, se eligen 2 ovejas entre las 5 ovejas genuinas del rebaño, con $\binom{5}{2}$ posibilidades. Como cada selección de 3 lobos se puede combinar con una selección de 2 ovejas, el número total se obtiene multiplicando:

$$\binom{10}{3}\binom{5}{2} = \frac{10 \cdot 9 \cdot 8}{3 \cdot 2 \cdot 1} \cdot \frac{5 \cdot 4}{2 \cdot 1} = 10 \cdot 3 \cdot 8 \cdot 5.$$

La probabilidad resultante es el cociente

$$\frac{\binom{10}{3}\binom{5}{2}}{\binom{15}{5}} = \frac{10 \cdot \not{3} \cdot 8 \cdot 5}{7 \cdot 13 \cdot \not{3} \cdot 11} = \frac{400}{1001} = 0{,}3996.$$

- Si el número de lobos es al menos 3, entonces puede ser o bien 3 o bien 4 o bien 5. Como las tres posibilidades son disjuntas, el número de casos favorables se obtiene calculando por separado cada una y sumando las tres.

  - Las posibilidades de 3 lobos y 2 ovejas se calculan como antes:

  $$\binom{10}{3}\binom{5}{2} = 10 \cdot 3 \cdot 8 \cdot 5.$$

  - Las posibilidades de 4 lobos y 1 oveja se calculan de la misma forma:

  $$\binom{10}{4}\binom{5}{1} = \frac{10 \cdot 9 \cdot 8 \cdot 7}{4 \cdot 3 \cdot 2 \cdot 1} \cdot \frac{5}{1} = 10 \cdot 3 \cdot 7 \cdot 5.$$

  - Las posibilidades de 5 lobos implican no coger ninguna oveja:

  $$\binom{10}{5}\binom{5}{0} = \binom{10}{5} = \frac{10 \cdot 9 \cdot 8 \cdot 7 \cdot 6}{5 \cdot 4 \cdot 3 \cdot 2 \cdot 1} = 9 \cdot 4 \cdot 7.$$

La probabilidad resultante es en este caso

$$\frac{\binom{10}{3}\binom{5}{2} + \binom{10}{4}\binom{5}{1} + \binom{10}{5}\cdot\binom{5}{0}}{\binom{15}{5}} = \frac{10 \cdot \cancel{3} \cdot 8 \cdot 5 + 10 \cdot \cancel{3} \cdot 7 \cdot 5 + 3 \cdot \cancel{3} \cdot 4 \cdot 7}{7 \cdot 13 \cdot \cancel{3} \cdot 11}$$

$$= \frac{400 + 350 + 84}{1001} = \frac{834}{1001} = 0{,}833.$$

5.41. En un taller trabajan 6 hombres y 4 mujeres. Por sorteo se han escogido 7 personas al azar. Hallar la probabilidad de que entre las personas seleccionadas haya 3 mujeres.

Solución

Como el orden no importa y las personas no se pueden repetir, las selecciones son *combinaciones sin repetición* y el número de casos posibles es igual a

$$\binom{10}{7} = \binom{10}{3} = \frac{10 \cdot 9 \cdot 8}{3 \cdot 2 \cdot 1} = 10 \cdot 3 \cdot 4.$$

El número de casos favorables va a depender de cómo se interprete la expresión "haya 3 mujeres", pues existe ambigüedad entre "haya *exactamente* 3 mujeres" y "haya *al menos* 3 mujeres". Resolvemos el ejercicio de las dos formas posibles:

- Si el número de mujeres es exactamente 3, elegidas entre las 4 que trabajan en el taller, el número de hombres será 4, elegidos entre los 6. En ambos casos, las selecciones son combinaciones sin repetición y el número total se obtiene multiplicando, porque las selecciones de hombres y mujeres son independientes:

$$\binom{4}{3}\binom{6}{4} = \binom{4}{1}\binom{6}{2} = \frac{4}{1} \cdot \frac{6 \cdot 5}{2 \cdot 1} = 4 \cdot 3 \cdot 5.$$

La probabilidad por la que se pregunta es el cociente

$$\frac{\binom{4}{3}\binom{6}{4}}{\binom{10}{7}} = \frac{4 \cdot 3 \cdot 5}{10 \cdot 3 \cdot 4} = \frac{1}{2}.$$

- Si el número de mujeres es al menos 3, entonces puede ser o bien 3 o bien 4. Como ambas posibilidades son disjuntas, el número de casos favorables se obtiene sumando ambos. Las posibilidades de escoger 3 mujeres se calculan como antes, $\binom{4}{3}\binom{6}{4}$, mientras que las posibilidades de escoger 4 mujeres implican seleccionar todas las mujeres y 3 hombres entre los 6:

$$\binom{4}{4}\binom{6}{3} = \binom{6}{3} = \frac{6 \cdot 5 \cdot 4}{3 \cdot 2 \cdot 1} = 5 \cdot 4.$$

La probabilidad pedida es ahora

$$\frac{\binom{4}{3}\binom{6}{4} + \binom{4}{4}\binom{6}{3}}{\binom{10}{7}} = \frac{4 \cdot 3 \cdot 5 + 5 \cdot 4}{10 \cdot 3 \cdot 4} = \frac{3+1}{2 \cdot 3} = \frac{2}{3}.$$

5.42. La directiva de la asociación de gaiteros coruñeses está formada por 8 mujeres y 7 hombres. ¿De cuántas formas posibles puede constituirse un comité formado por 3 mujeres y 4 hombres? ¿Y con la restricción adicional de que la Sra. Grelos y el Sr. Lacón no figuren simultáneamente en el comité?

Solución

Consideramos la selección de hombres y mujeres por separado:

- Se pueden seleccionar 3 mujeres entre 8 de $\binom{8}{3}$ formas diferentes, pues el orden no importa y, obviamente, no se pueden repetir las personas.
- Se pueden seleccionar 4 hombres entre 7 de $\binom{7}{4}$ formas diferentes.

El número total es, por tanto, igual a

$$\binom{8}{3}\binom{7}{4} = \frac{8 \cdot 7 \cdot 6}{3 \cdot 2 \cdot 1} \cdot \frac{7 \cdot 6 \cdot 5 \cdot 4}{4 \cdot 3 \cdot 2 \cdot 1} = 56 \cdot 35 = 1\,960.$$

Si en el comité participan simultáneamente la Sra. Grelos y el Sr. Lacón, hay que elegir 2 mujeres entre las 7 restantes y 3 hombres entre los 6 restantes. Como antes, el número total de posibilidades es igual a

$$\binom{7}{2}\binom{6}{3} = \frac{7 \cdot 6}{2 \cdot 1} \cdot \frac{6 \cdot 5 \cdot 4}{3 \cdot 2 \cdot 1} = 21 \cdot 20 = 420.$$

Nos interesa el número de formas de constituir el comité con 3 mujeres y 4 hombres de forma que la Sra. Grelos y el Sr. Lacón no figuren simultáneamente en el mismo. Este número se calcula restando al número sin restricciones, 1\,960, el número de formas que no cumplen la condición, es decir, el número de comités distintos en los que están tanto la Sra. Grelos como el Sr. Lacón, que son 420, obteniendo así $1\,960 - 420 = 1\,540$.

5.43. En una clase de 100 estudiantes hay 40 hombres y 60 mujeres. Se desea formar un equipo de baloncesto, que deberá estar compuesto por 10 personas.

(a) ¿De cuántas maneras se puede formar el equipo, sin imponer ninguna restricción al sexo de sus componentes?

(b) ¿Cuál es el número de posibilidades, si se impone la restricción de que en él haya 4 hombres y 6 mujeres?

(c) Curro y Macarena no se soportan y no aceptan formar parte de un mismo equipo. Con esta restricción adicional, ¿de cuántas maneras se puede formar un equipo de 4 hombres y 6 mujeres?

Solución

(a) Tenemos que seleccionar 10 estudiantes entre 100. Como el orden no importa y los estudiantes no se pueden repetir, las selecciones son *combinaciones sin repetición*. El número de tales selecciones es igual a

$$\binom{100}{10} = \frac{100 \cdot 99 \cdot 98 \cdot 97 \cdot 96 \cdot 95 \cdot 94 \cdot 93 \cdot 92 \cdot 91}{10 \cdot 9 \cdot 8 \cdot 7 \cdot 6 \cdot 5 \cdot 4 \cdot 3 \cdot 2 \cdot 1}$$

$$= 11 \cdot 7 \cdot 97 \cdot 95 \cdot 94 \cdot 31 \cdot 92 \cdot 91$$

$$= 17\,310\,309\,456\,440.$$

(b) Para que haya 4 hombres y 6 mujeres, hay que elegir 4 jugadores entre los 40 hombres y los restantes 6 jugadores entre las 60 mujeres. En ambos casos, calculamos el correspondiente número de combinaciones sin repetición y, como las dos selecciones son independientes, calculamos el total multiplicando los dos números:

$$\binom{40}{4}\binom{60}{6} = \frac{40 \cdot 39 \cdot 38 \cdot 37}{4 \cdot 3 \cdot 2 \cdot 1} \cdot \frac{60 \cdot 59 \cdot 58 \cdot 57 \cdot 56 \cdot 55}{6 \cdot 5 \cdot 4 \cdot 3 \cdot 2 \cdot 1}$$

$$= 5 \cdot 13 \cdot 38 \cdot 37 \cdot 59 \cdot 58 \cdot 19 \cdot 14 \cdot 55$$

$$= 4\,575\,336\,165\,400.$$

(c) Tenemos que calcular el número de posibles equipos en los que *no* están simultáneamente Curro y Macarena. Para ello, calcularemos el número de posibles equipos en los que *sí* están simultáneamente Curro y Macarena y lo restaremos del total, calculado previamente en el apartado anterior.

Como Curro y Macarena ya forman parte de los equipos considerados, falta elegir 3 hombres más entre los 39 restantes y 5 mujeres más entre las 59 restantes. Esta elección se puede hacer siguiendo el mismo método que en el apartado anterior:

$$\binom{39}{3}\binom{59}{5} = \frac{39 \cdot 38 \cdot 37}{3 \cdot 2 \cdot 1} \cdot \frac{59 \cdot 58 \cdot 57 \cdot 56 \cdot 55}{5 \cdot 4 \cdot 3 \cdot 2 \cdot 1}$$

$$= 13 \cdot 19 \cdot 37 \cdot 59 \cdot 29 \cdot 19 \cdot 14 \cdot 11$$

$$= 45\,753\,361\,654.$$

Finalmente, restamos al número de posibilidades obtenido en el apartado anterior (número de posibles equipos con 4 hombres y 6 mujeres) el número que acabamos de calcular (número de posibles equipos con 4 hombres y 6 mujeres en los que están Curro y Macarena) para obtener el número de posibles equipos de 4 hombres y 6 mujeres en los que Curro y Macarena no están simultáneamente:

$$4\,575\,336\,165\,400 - 45\,753\,361\,654 = 4\,529\,582\,803\,746.$$

5.44. ¿Cuántas palabras de longitud 8 pueden formarse con las cinco vocales, si se impone la restricción de que *a* aparezca exactamente 3 veces y *u* aparezca exactamente 2 veces?

Solución

Descomponemos las elecciones necesarias para completar una palabra de tamaño 8 teniendo en cuenta las restricciones del enunciado.

- Como la letra *a* tiene que aparecer exactamente en 3 posiciones y el orden entre esas posiciones no importa, para la *a* tenemos que elegir 3 posiciones entre las 8, para lo cual tenemos $\binom{8}{3}$ posibilidades.

- De la misma forma, para la *u* tenemos que elegir 2 posiciones entre las 5 restantes y hay $\binom{5}{2}$ posibilidades.

- Finalmente, para las otras 3 vocales y las otras 3 posiciones no hay ninguna restricción, por lo que podemos poner cualquiera de las 3 vocales en cualquiera de las 3 posiciones, incluso con repeticiones. El número de tales posibilidades es 3^3.

Como las decisiones anteriores son independientes entre sí, según la regla del producto, el número total de palabras se obtiene multiplicando las tres cantidades obtenidas:

$$\binom{8}{3}\binom{5}{2} \cdot 3^3 = \frac{8 \cdot 7 \cdot 6}{3 \cdot 2 \cdot 1} \cdot \frac{5 \cdot 4}{2 \cdot 1} \cdot 3^3 = 56 \cdot 10 \cdot 27 = 15\,120.$$

5.45. Una heladería tiene 14 sabores diferentes, 4 tipos de crema y 6 complementos para añadir al helado.

(a) ¿Cuántas elecciones de tarrinas pequeñas hay, si una tarrina pequeña consiste en una bola de helado, una crema y un complemento?

(b) ¿Cuántas elecciones de tarrinas grandes hay, si una tarrina grande se compone de tres bolas de helado de sabores diferentes, dos tipos diferentes de crema y tres complementos distintos, y el orden de los ingredientes no importa?

Solución

(a) Suponiendo que el orden entre los tres ingredientes no importe, podemos elegir 1 sabor entre 14, una crema entre 4 y 1 complemento entre 6, por lo que el número total de elecciones posibles se obtiene multiplicando las posibilidades para cada ingrediente:

$$\binom{14}{1}\binom{4}{1}\binom{6}{1} = 14 \cdot 4 \cdot 6 = 336.$$

Si el orden entre los ingredientes sí que importa, hay que multiplicar el número anterior por el número de formas de ordenar los tres ingredientes, que es $3! = 6$, por lo que el número total de elecciones en este caso es igual a $336 \cdot 6 = 2\,016$.

(b) Ahora sabemos que el orden no importa, pero se eligen más ingredientes de cada clase. Basta aplicar la misma idea considerada al principio de la parte anterior; el número total de elecciones posibles se obtiene multiplicando las posibilidades para cada tipo de ingrediente:

$$\binom{14}{3}\binom{4}{2}\binom{6}{3} = \frac{14 \cdot 13 \cdot 12}{3 \cdot 2 \cdot 1} \cdot \frac{4 \cdot 3}{2 \cdot 1} \cdot \frac{6 \cdot 5 \cdot 4}{3 \cdot 2 \cdot 1}$$

$$= (14 \cdot 13 \cdot 2) \cdot (2 \cdot 3) \cdot (5 \cdot 4)$$

$$= 364 \cdot 6 \cdot 20$$

$$= 43\,680.$$

5.46. Se distribuyen 100 sillas iguales entre cinco seminarios; en los dos mayores se colocan en total 50 sillas. ¿Cuántas distribuciones distintas pueden plantearse?

Solución

Como todas las sillas son iguales, no importa el orden entre ellas, por lo que, por una parte, tenemos combinaciones con repetición de 2 elementos (los dos seminarios mayores) escogidos 50 veces y, por otra parte, combinaciones con repetición de 3 elementos (los restantes seminarios) escogidos 50 veces:

$$\begin{bmatrix} 2 \\ 50 \end{bmatrix}\begin{bmatrix} 3 \\ 50 \end{bmatrix} = \binom{2 + 50 - 1}{50}\binom{3 + 50 - 1}{50} = \binom{51}{50}\binom{52}{50}$$

$$= \binom{51}{1}\binom{52}{2} = \frac{51}{1} \cdot \frac{52 \cdot 51}{2 \cdot 1}$$

$$= 51 \cdot 26 \cdot 51 = 67\,626.$$

5.47. Calcula de cuántas maneras diferentes pueden reordenarse las letras de la palabra *PALIO* de manera que ni *LA* ni *PIO* sean parte de la palabra resultante.

Solución

Vamos a usar el principio de inclusión-exclusión para calcular la cantidad deseada.

En primer lugar, como hay 5 letras diferentes, el número total de permutaciones de esas cinco letras es igual a $5! = 120$.

Si aparece *LA*, podemos considerar esas dos letras como una sola y tenemos 4 letras (*P, LA, I, O*) que se reordenan de $4! = 24$ formas diferentes.

Si aparece *PIO*, podemos considerar esas tres letras como una sola y tenemos 3 letras (*PIO, A, L*) que se reordenan de $3! = 6$ formas diferentes.

Si aparecen *LA* y *PIO*, tenemos $2! = 2$ formas diferentes de ordenar esos grupos de caracteres (*PIOLA* y *LAPIO*).

Por tanto, el número de permutaciones de *PALIO* en las que no aparece *LA* ni *PIO* es igual a

$$5! - 4! - 3! + 2! = 120 - 24 - 6 + 2 = 92.$$

5.48. El barrio viejo de una ciudad se puede representar mediante una cuadrícula de dimensión 12 × 12, como se indica en la siguiente figura. Horacio (H) ha ido de copas a la taberna, situada en la esquina Noroeste del barrio, y tiene que regresar a su casa (C), situada en la esquina Sureste, siguiendo un camino que avance en cada paso en una de las direcciones Sur o Este, sin dirigir ningún paso hacia el Norte o el Oeste. Maruja (M), la mujer de Horacio, está emboscada a medio camino para darle un rapapolvo cuando vuelva, mientras el amigo Bartolo (B) espera en otro lugar a encontrarse con Horacio para acompañarle.

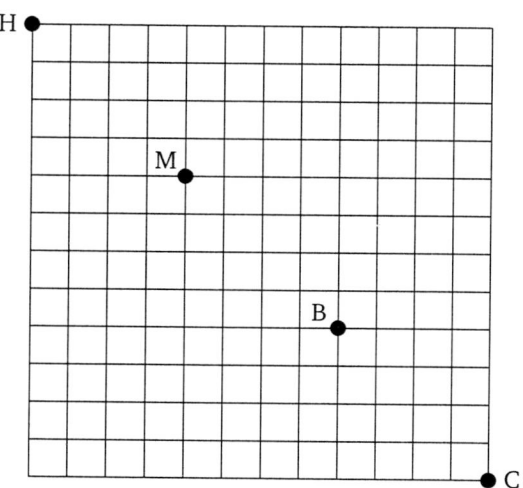

(a) ¿Cuántos caminos diferentes puede seguir Horacio para llegar a casa?

(b) ¿Cuántos caminos pasan por el lugar donde está Maruja? ¿Cuántos pasan por el sitio donde está Bartolo? ¿Cuántos caminos pasan por los dos lugares?

(c) Suponiendo que Horacio (medio beodo) escoja un camino al azar, ¿cuál es la probabilidad de que regrese a casa evitando a Maruja y encontrando a Bartolo?

Solución

(a) Como no se permiten pasos hacia el Norte o el Oeste, Horacio tiene que dar exactamente 12 pasos hacia el Sur (S) y 12 pasos hacia el Este (E) para llegar a su casa. En cada momento, puede tomar la decisión de ir hacia el Este o hacia el Sur; según la decisión tomada, se obtiene un camino u otro. Las decisiones tomadas a lo largo del camino se pueden representar como una secuencia o palabra de 24 decisiones. Por ejemplo, la palabra

$$SSSSSSSSSSSSEEEEEEEEEEEE$$

indica el camino en el que Horacio da primero 12 pasos hacia el Sur y luego 12 pasos hacia el Este, mientras que la palabra

$$SESESESESESESESESESESESE$$

indica el camino en el que los pasos al Sur y al Este se van alternando. Por supuesto, en vez de S y E se pueden usar otros dos símbolos (como 0 y 1) para representar las decisiones en la palabra binaria.

Como la palabra de longitud 24 tiene que contener exactamente 12 veces el símbolo E y otras 12 veces el símbolo S, la diferencia entre una palabra y otra está en las posiciones en que aparecen tales símbolos. Por tanto, un posible camino corresponde a una elección de 12 posiciones entre las 24 disponibles para colocar un símbolo, por ejemplo E, colocando automáticamente S en las restantes posiciones.

Dado que las posiciones no se pueden repetir y que el orden no importa (en la elección de las posiciones), se trata de calcular el número de *combinaciones sin repetición* de 24 elementos tomados de 12 en 12, que es

$$
\begin{aligned}
\binom{24}{12} &= \frac{24!}{12! \cdot 12!} \\
&= \frac{24 \cdot 23 \cdot 22 \cdot 21 \cdot 20 \cdot 19 \cdot 18 \cdot 17 \cdot 16 \cdot 15 \cdot 14 \cdot 13}{12 \cdot 11 \cdot 10 \cdot 9 \cdot 8 \cdot 7 \cdot 6 \cdot 5 \cdot 4 \cdot 3 \cdot 2 \cdot 1} \\
&= 23 \cdot 19 \cdot 17 \cdot 2 \cdot 14 \cdot 13 \\
&= 2\,704\,156.
\end{aligned}
$$

(b) Un camino que pasa por donde está Maruja necesariamente se descompone en un primer tramo en el que hay 4 veces E y 4 veces S, para llegar al lugar M del dibujo, y un segundo tramo en el que hay 8 veces E y 8 veces S, para ir desde M hasta C. Por tanto tenemos que elegir primero 4 posiciones entre 8 y luego 8 posiciones entre 16. Como estas dos elecciones son independientes, el número total de caminos que pasan por M es igual a

$$
\begin{aligned}
\binom{8}{4}\binom{16}{8} &= \frac{8 \cdot 7 \cdot 6 \cdot 5}{4 \cdot 3 \cdot 2 \cdot 1} \cdot \frac{16 \cdot 15 \cdot 14 \cdot 13 \cdot 12 \cdot 11 \cdot 10 \cdot 9}{8 \cdot 7 \cdot 6 \cdot 5 \cdot 4 \cdot 3 \cdot 2 \cdot 1} \\
&= (7 \cdot 2 \cdot 5) \cdot (13 \cdot 11 \cdot 10 \cdot 9) \\
&= 70 \cdot 12870 = 900\,900.
\end{aligned}
$$

De la misma forma, un camino que pasa por donde está Bartolo necesariamente se descompone en un primer tramo en el que hay 8 veces E y 8 veces S, para llegar al lugar B, y un segundo tramo en el que hay 4 veces E y 4 veces S, para ir desde B hasta C. El número de tales caminos es también igual a

$$
\binom{16}{8}\binom{8}{4} = 12870 \cdot 70 = 900\,900.
$$

Finalmente, un camino que pasa tanto por M como por B se descompone en tres tramos, dando lugar a tres elecciones independientes de 4 posiciones entre 8 para cada uno de los tramos. Por tanto, el número de tales caminos es igual a

$$
\binom{8}{4}\binom{8}{4}\binom{8}{4} = 70 \cdot 70 \cdot 70 = 343\,000.
$$

(c) La probabilidad es el cociente entre el número de casos favorables y el número de casos posibles. El número de casos posibles ha sido calculado en el primer apartado: $2\,704\,156$.

En cuanto a los casos favorables, el número de caminos que no pasan por M y pasan por B es igual al número de caminos que pasan por B menos el número de caminos que pasan por M y por B. Como ambas cantidades han sido calculadas en el apartado anterior, basta con calcular la diferencia:

$$
900\,900 - 343\,000 = 557\,900.
$$

En consecuencia, la probabilidad es igual a

$$\frac{557\,900}{2\,704\,156} = 0{,}2063,$$

es decir, aproximadamente el 20 %.

5.49. Calcula el número de términos que resultan al desarrollar $(x + y + z)^n$ y agrupar términos según las leyes del álgebra elemental; por ejemplo, para $n = 2$ se obtienen 6 términos, ya que

$$(x + y + z)^2 = x^2 + y^2 + z^2 + 2xy + 2xz + 2yz.$$

Solución

Cada término del resultado del producto $(x + y + z)(x + y + z)$ se obtiene al escoger una de las tres variables (x, y o z) del primer factor y otra del segundo factor; por ejemplo, xy se obtiene escogiendo x en el primero e y en el segundo, mientras que x^2 se obtiene al escoger x en ambos. Al aplicar la propiedad conmutativa del producto, el orden no importa, pero las repeticiones sí que importan, porque x^2 no es lo mismo que x.

En definitiva, elegimos 2 elementos entre 3 sin tener en cuenta el orden, es decir, consideramos *combinaciones con repetición* de 3 elementos escogidos de 2 en 2. El número total de tales combinaciones con repetición es

$$\begin{bmatrix} 3 \\ 2 \end{bmatrix} = \binom{3 + 2 - 1}{2} = \binom{4}{2} = \frac{4 \cdot 3}{2 \cdot 1} = 6,$$

como vemos en el término desarrollado del enunciado.

En general, los términos de $(x + y + z)^n$ se obtienen al escoger n elementos entre 3 sin importar las repeticiones, por lo que son *combinaciones con repetición* de 3 elementos escogidos de n en n, cuyo número total es igual a

$$\begin{bmatrix} 3 \\ n \end{bmatrix} = \binom{3 + n - 1}{n} = \binom{2 + n}{n} = \binom{n + 2}{2} = \frac{(n + 2)(n + 1)}{2}.$$

5.50. Explica un método sistemático para construir todas las variaciones sin repetición de 3 letras, tomadas de entre las 5 vocales. Generalízalo al caso de las variaciones sin repetición de m elementos tomados de entre n.

Solución

Podemos construir un árbol cuyo número de niveles corresponde al número de elecciones y cuyas ramas en cada nivel corresponden a las posibilidades para cada elección. Como estamos considerando variaciones, el orden importa: el primer nivel del árbol corresponde a la primera decisión, el segundo a la segunda, etc.

En el caso concreto que se propone en el enunciado, hay que elegir 3 vocales diferentes. En la primera elección tenemos 5 posibilidades, por lo que en el primer nivel del árbol hay cinco ramas.

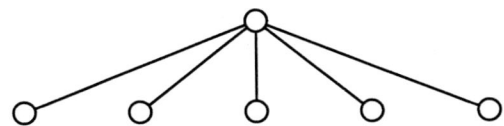

Habiendo elegido una vocal, para la siguiente elección quedan 4 posibilidades para evitar repeticiones. Por tanto, en el segundo nivel del árbol salen 4 ramas de cada una de las 5 elecciones anteriores.

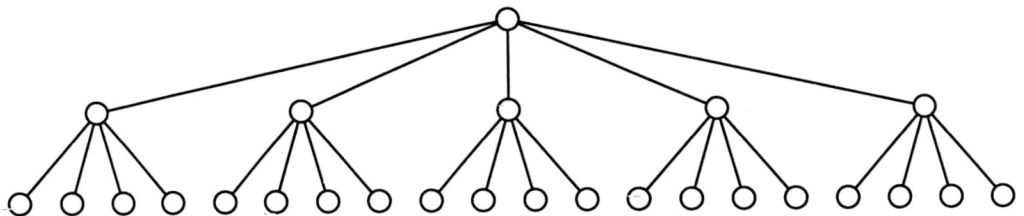

Finalmente, habiendo elegido dos vocales diferentes, quedan 3 para la tercera elección. Así, en el tercer nivel del árbol salen 3 ramas de cada una de las $5 \cdot 4 = 20$ ramas anteriores.

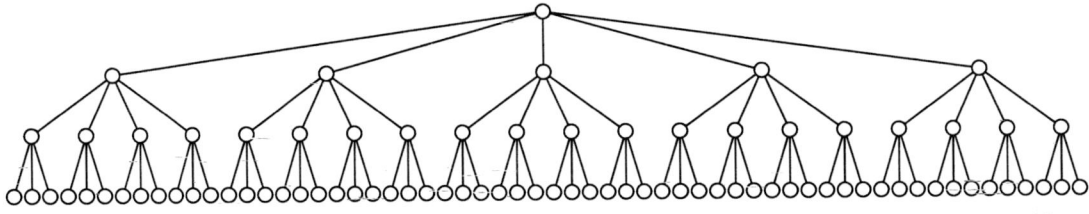

En general, si hay que elegir m elementos, habrá m niveles en el árbol. En el primer nivel hay n ramas correspondientes a las n posibilidades de la primera elección. En el segundo nivel hay $n-1$ ramas para cada una de las n anteriores, correspondientes a las $n-1$ posibilidades de la segunda elección. En el tercer nivel, $n-2$ ramas para cada una de las $n(n-1)$ anteriores. Y así sucesivamente.

5.51. Demuestra que el número de palabras binarias (usando los caracteres 0 y 1) de longitud n que contienen exactamente m veces el carácter 1 es $\binom{n}{m}$.

Solución

Una palabra binaria de longitud n consta de n posiciones, en cada una de las cuales va o bien un 0 o bien un 1. Para que una de tales palabras tenga exactamente m veces el carácter 1, solamente hay que elegir entre las n posiciones aquellas m en las cuales se pone un 1, porque en las restantes habrá necesariamente un 0. Entre las m posiciones que tienen un 1 no importa el orden, porque todas ellas contienen el mismo carácter.

De esta forma, entre n posibilidades elegimos m sin importar el orden y sin repetición, pues obviamente no podemos duplicar posiciones. En resumen, una palabra binaria de longitud n en la que aparece m veces el carácter 1 corresponde a una combinación sin repetición de m elementos (posiciones) escogidos entre n dados.

Más formalmente, una palabra binaria de longitud n corresponde a la función característica para un subconjunto Y de un conjunto de n elementos $X = \{x_1, x_2, \ldots, x_n\}$. Un carácter 1 en la posición i

(con $1 \leq i \leq n$) indica que el elemento x_i pertenece al subconjunto Y y un carácter 0 en esa misma posición indica que el elemento x_i no pertenece al subconjunto Y. Esta correspondencia se puede representar mediante la siguiente cadena de dos biyecciones

$$\mathscr{P}(X) \;\rightarrow\; (X \rightarrow \{0,1\}) \;\rightarrow\; \{0,1\}^n,$$

la primera entre el conjunto $\mathscr{P}(X)$ de todos los subconjuntos de X y el conjunto $(X \rightarrow \{0,1\})$ de las funciones características sobre X, y la segunda entre este mismo conjunto de funciones características sobre X y el conjunto $\{0,1\}^n$ de todas las palabras binarias de longitud n (que se pueden identificar con n-tuplas de 0 y 1).

La restricción adicional de que la palabra binaria contenga exactamente m veces el carácter 1 corresponde a que el subconjunto tenga exactamente m elementos, pues cada 1 en la palabra corresponde a un elemento en el subconjunto. Por tanto, la biyección anterior se restringe a una biyección

$$\mathscr{P}_m(X) \;\rightarrow\; \{0,1\}_m^n$$

entre el conjunto $\mathscr{P}_m(X)$ de todos los subconjuntos de X con m elementos y el conjunto $\{0,1\}_m^n$ de las palabras binarias de longitud n con m veces el carácter 1. Por eso

$$|\{0,1\}_m^n| = |\mathscr{P}_m(X)| = \binom{n}{m}.$$

5.52. Demuestra que el número de n-tuplas $(x_1, x_2, \ldots, x_n) \in \mathbb{N}^n$ de números naturales que satisfacen la ecuación $x_1 + x_2 + \cdots + x_n = m$ es igual a $\binom{n+m-1}{m}$.

Solución

Una n-tupla de números naturales $(x_1, x_2, \ldots, x_n) \in \mathbb{N}^n$ se puede interpretar como un *multiconjunto* sobre un conjunto de elementos $a_1, a_2, \ldots, a_n$ como sigue: el multiconjunto está formado por x_1 copias de a_1, x_2 copias de a_2, ..., x_n copias de a_n. Notemos que en un multiconjunto importan las repeticiones y, por eso, hablamos de "copias" de un mismo elemento, y que x_i puede ser 0, indicando en tal caso que a_i no pertenece al multiconjunto.

Si, además, tenemos la restricción de que $x_1 + x_2 + \cdots + x_n = m$, esto significa que el número total de elementos en el multiconjunto (contando repeticiones) es igual a m, es decir, tenemos un multiconjunto de tamaño m, cuyos elementos han sido escogidos entre n elementos.

Por tanto, las tuplas $(x_1, x_2, \ldots, x_n) \in \mathbb{N}^n$ tales que $x_1 + x_2 + \cdots + x_n = m$ corresponden a los multiconjuntos de tamaño m con elementos escogidos entre n elementos, es decir, a las *combinaciones con repetición* de m elementos escogidos entre n. El número de tales tuplas es, por tanto, igual a

$$\left[\begin{array}{c} n \\ m \end{array} \right] = \binom{n+m-1}{m}.$$

También podemos ver una tupla $(x_1, x_2, \ldots, x_n)$ como n cajas seguidas en las que colocamos x_i elementos en la caja i-ésima, situación que podemos representar gráficamente con $n-1$ separadores "|" y $x_1 + x_2 + \cdots + x_n = m$ elementos "*", con x_1 elementos "*" en la primera caja, x_2 "*" en la segunda, ..., y x_n "*" en la última. Así, las tuplas corresponden a las palabras binarias (sobre los dos símbolos "|" y "*") de tamaño $m + n - 1$ con m símbolos "*", cuyo número total es igual a $\binom{n+m-1}{m}$, porque elegimos las m posiciones de los elementos entre las $n + m - 1$ posiciones de toda la palabra.

5.53. Bart'Ohlo está organizando una campaña de venta de burros y tractores en el poblado de Otheka, que tiene 8 familias. En Otheka, la ley obliga a que cada familia tenga o bien un burro o bien un tractor o bien las dos cosas. Bart'Ohlo quiere estudiar de cuántas maneras distintas pueden las 8 familias adquirir burros y tractores, de modo que haya una familia que adquiera un burro, 4 familias que adquieran un tractor y 3 familias que adquieran ambas cosas. Ayúdale.

Solución

El planteamiento del problema es equivalente a distribuir las 8 familias en tres clases: la clase de las que solo adquieren burro, a la que debe ir 1 familia; la clase de las que solo adquieren tractor, a la que deben ir 4 familias; y la clase de las que adquieren burro y tractor, a la que deben ir 3 familias. Así pues, se trata de *repartos ponderados*, cuyo número total es igual a

$$\binom{8}{1,4,3} = \frac{8!}{1! \cdot 4! \cdot 3!} = 8 \cdot 7 \cdot 5 = 280.$$

5.54. Bertoldo tiene 6 libros de informática. Está pensando en colocarlos todos en una misma estantería en la que caben justos. Calcula de cuántas formas puede colocarlos si:

(a) Se trata de 6 libros diferentes.

(b) De los 6 libros, uno está repetido 3 veces y otro repetido 2 veces. A Bertoldo no le importa si los libros repetidos quedan juntos o no.

(c) De los 6 libros, uno está repetido 3 veces y otro repetido 2 veces. Bertoldo quiere que los libros repetidos queden juntos.

(d) Entre los 6 libros hay 3 libros de Matemática Discreta diferentes, que quiere que queden juntos.

Solución

(a) Como los 6 libros son diferentes y el orden importa, tenemos *permutaciones* de 6 elementos diferentes, cuyo número es igual a

$$6! = 6 \cdot 5 \cdot 4 \cdot 3 \cdot 2 \cdot 1 = 720.$$

(b) Tenemos 3 libros diferentes, con 3 ejemplares idénticos de uno, 2 ejemplares de otro y un ejemplar del último. Por tanto, como el orden importa y hay objetos repetidos o indistinguibles, tenemos *permutaciones con repeticiones* de 3 objetos con 3 copias del primero, 2 del segundo y 1 del tercero. El número de tales permutaciones con repetición se calcula como

$$\frac{6!}{3! \cdot 2! \cdot 1!} = 5 \cdot 4 \cdot 3 = 60.$$

De forma equivalente, tenemos que repartir las 6 posiciones de la estantería en 3 grupos, de forma que al primer grupo le toquen 3 posiciones, al segundo 2 posiciones y al tercero 1. Se trata pues de *repartos ponderados* de 6 posiciones en 3 grupos de 3, 2, 1 elementos. Por supuesto, el resultado es el mismo:

$$\binom{6}{3,2,1} = \frac{6!}{3! \cdot 2! \cdot 1!} = 60.$$

También podemos hacer las selecciones de una en una; por ejemplo, primero escogemos 3 entre las 6 posiciones, luego 2 entre las 3 restantes y, finalmente, la única que queda:

$$\binom{6}{3}\binom{3}{2}\binom{1}{1} = \frac{6 \cdot 5 \cdot 4}{3 \cdot 2 \cdot 1} \cdot 3 \cdot 1 = 5 \cdot 4 \cdot 3 = 60.$$

(c) Al ser indistinguibles y tener que ir juntos, podemos considerar a los grupos de libros iguales como un único libro "gordo". Por tanto, se trata en realidad de ordenaciones de 3 libros (dos de ellos más "gordos"), por lo que las posibles ordenaciones son las permutaciones de 3, cuyo número es igual a $3! = 3 \cdot 2 \cdot 1 = 6$.

(d) Primero consideramos los 3 libros como uno solo, de forma que suponemos que en realidad hay 4 libros y las formas posibles de ordenarlos son las *permutaciones* de 4 elementos, que son $4! = 4 \cdot 3 \cdot 2 \cdot 1 = 24$.

Ahora bien, los 3 libros de Matemática Discreta tienen que ir juntos, pero el orden entre ellos puede variar. Esos 3 libros se pueden ordenar de $3! = 6$ formas posibles, pues sus ordenaciones son las permutaciones de 3 elementos.

Como las decisiones que hemos contado en los párrafos anteriores son independientes, para combinarlas hay que multiplicar los dos resultados parciales, dando un total de ordenaciones de los 6 libros en las condiciones del enunciado igual a $24 \cdot 6 = 144$.

5.55. Calcula cuántas palabras diferentes se pueden formar con las letras de la palabra *PATATA*. ¿Y si solo consideramos palabras en las que las dos *T* aparecen juntas?

Solución

(a) Como hay letras repetidas, pero el orden importa, tenemos *permutaciones con repeticiones*, con la siguiente distribución de las repeticiones:

P	A	T
1	3	2

El número de tales permutaciones con repeticiones es

$$\frac{6!}{1! \cdot 3! \cdot 2!} = 5 \cdot 4 \cdot 3 = 60.$$

De otra forma, la palabra tiene 6 posiciones que hay que repartir ponderadamente, de forma que 3 tengan una A, 2 tengan una T y una tenga una P. Por esto, tenemos que calcular el número de *repartos ponderados* de 6 posiciones en 3 grupos de 3, 2 y 1 elementos:

$$\binom{6}{3,2,1} = \frac{6!}{3! \cdot 2! \cdot 1!} = 60.$$

(b) Si las dos T tienen que ir juntas podemos considerarlas como una sola letra TT, que llamamos **T**, dando lugar a un total de 5 letras con la siguiente distribución de repeticiones:

P	A	**T**
1	3	1

Así, tendremos que repartir 5 posiciones, de forma que 3 posiciones tengan A, una tenga $\mathbf{T}$ y otra tenga P. El número total de estos repartos ponderados es

$$\binom{5}{3,1,1} = \frac{5!}{3! \cdot 1! \cdot 1!} = 5 \cdot 4 = 20.$$

5.56. Consideremos la palabra *PEPPERCORN*.

(a) ¿Cuántas cadenas distintas se pueden formar con todas las letras de esa palabra?

(b) ¿Cuántas de esas cadenas empiezan y terminan con la letra P?

(c) ¿En cuántas de las cadenas del primer apartado aparecen juntas las tres letras P?

Solución

Como el enunciado habla de cadenas de letras, el orden entre las letras importa; además, algunas letras están repetidas (P, E y R), por lo que se trata de *permutaciones con repeticiones* (o equivalentemente, *repartos ponderados*).

(a) Tenemos 10 letras en total, con la distribución siguiente:

P	E	R	C	O	N
3	2	2	1	1	1

Aplicando la fórmula para calcular el número de permutaciones con repetición, tenemos que el número de cadenas que se pide es igual a

$$\frac{10!}{3! \cdot 2! \cdot 2! \cdot 1! \cdot 1! \cdot 1!} = \frac{10!}{4!} = 10 \cdot 9 \cdot 8 \cdot 7 \cdot 6 \cdot 5 = 151\,200.$$

(b) Al fijar la letra de comienzo y de fin de la palabra, nos quedan 8 letras en total para colocar en las restantes posiciones de la cadena, con la distribución siguiente:

P	E	R	C	O	N
1	2	2	1	1	1

Aplicando la misma fórmula que en el apartado anterior, obtenemos

$$\frac{8!}{1! \cdot 2! \cdot 2! \cdot 1! \cdot 1! \cdot 1!} = \frac{8!}{4} = 8 \cdot 7 \cdot 6 \cdot 5 \cdot 3 \cdot 2 = 10\,080.$$

(c) Como las tres letras P tienen que ir juntas, es lo mismo que considerar *PPP* como una única letra, que llamamos $\mathbf{P}$. Desde este punto de vista, tenemos $10 - 3 + 1 = 8$ letras en total, con la siguiente distribución de repeticiones:

$\mathbf{P}$	E	R	C	O	N
1	2	2	1	1	1

Aplicando la conocida fórmula, se obtiene el mismo resultado que en el apartado anterior,

$$\frac{8!}{1! \cdot 2! \cdot 2! \cdot 1! \cdot 1! \cdot 1!} = 10\,080.$$

5.57. Suponiendo que $m_1 + \cdots + m_n = k$, encuentra una fórmula para calcular el número de palabras de longitud k que pueden formarse con un alfabeto de n letras, obedeciendo la restricción de que la i-ésima letra del alfabeto debe aparecer en la palabra exactamente m_i veces (para todo $1 \leq i \leq n$).

Solución

La palabra tiene k posiciones, que se tienen que repartir entre las n letras, con la condición de que m_1 posiciones le tocan a la primera letra, m_2 a la segunda, ..., y m_n a la n-ésima letra; es decir, tenemos un *reparto ponderado* de k posiciones entre n letras con las restricciones correspondientes. Por tanto, la fórmula por la que se pregunta es la siguiente:

$$\binom{k}{m_1, m_2, \ldots, m_n} = \frac{k!}{m_1! \, m_2! \cdots m_n!}.$$

Otra interpretación de las condiciones del enunciado es como *permutaciones con repeticiones*, en las que la primera letra se repite m_1 veces, la segunda m_2 veces, ..., y la n-ésima letra m_n veces, con la restricción de que $m_1 + \cdots + m_n = k$.

5.58. El examen de Matemática Discreta se va a realizar en las aulas A, B, C y D. Si van a examinarse 164 alumnos, ¿de cuántas maneras pueden distribuirse en las aulas?

(a) Si no hay restricción en el número de alumnos que se colocan en cada aula.

(b) Si en cada aula se coloca el mismo número de alumnos.

(c) Si las aulas fueran indistinguibles y en cada aula se colocara el mismo número de alumnos.

Solución

(a) Si cada alumno puede elegir entre cualquiera de las 4 aulas del examen, nos encontramos con *variaciones con repetición* de 4 elementos escogidos 164 veces. Entonces, el número de formas de distribuirse es igual a $[4]_{164} = 4^{164}$.

(b) Si todos los alumnos se tienen que distribuir en las 4 aulas de forma que $\frac{164}{4} = 41$ vayan a cada aula, tenemos un *reparto ponderado* de los 164 alumnos entre 4 grupos distinguibles de 41 alumnos cada uno. El número de tales repartos es igual a

$$\binom{164}{41, 41, 41, 41} = \frac{164!}{(41!)^4}.$$

Otra forma de calcular este mismo número es considerando sucesivas selecciones de 41 alumnos para cada aula. Entre los 164 alumnos hay que escoger 41 para el aula A, de los restantes 123 hay que escoger 41 para el aula B, de los restantes 82 hay que escoger 41 para el aula C y todos los restantes ya tienen que ir necesariamente al aula D. El número total de estas selecciones sucesivas es igual a

$$\binom{164}{41}\binom{123}{41}\binom{82}{41}\binom{41}{41} = \frac{164!}{41! \cdot 123!} \cdot \frac{123!}{41! \cdot 82!} \cdot \frac{82!}{41! \cdot 41!} = \frac{164!}{41! \cdot 41! \cdot 41! \cdot 41!}.$$

(c) Si, además, las aulas son indistinguibles, el orden entre las mismas no importa, por lo que las selecciones que en el caso anterior se diferenciaban por esa razón ahora se tienen que identificar. Es decir, dividimos el número anterior por el número de formas de ordenar las cuatro aulas, que es 4!:

$$\frac{164!}{(41!)^4 \cdot 4!}.$$

5.59. Se dispone de tres símbolos para formar palabras de longitud seis. ¿Cuántas palabras distintas pueden formarse con dichos símbolos de forma que cada uno de ellos aparezca como máximo cuatro veces en una palabra?

Solución

Calculamos primero el número total de palabras posibles con los 3 símbolos, que es el número de variaciones con repetición de 3 símbolos tomados de 6 en 6: $[3]_6 = 3^6 = 729$.

Ahora calculamos cuántas de esas palabras *no* cumplen las condiciones del enunciado, es decir, alguno de los tres símbolos aparece 5 veces o más.

Una posibilidad es que un único símbolo aparezca en las seis posiciones. Esto se puede hacer de 3 formas distintas, según se elija un símbolo u otro. La otra posibilidad es que un símbolo aparezca en cinco de las seis posiciones y en la otra posición aparezca otro símbolo distinto. Esto se puede hacer de $3 \cdot 2 \cdot 6 = 36$ formas, porque hay que elegir entre los 3 símbolos el que se repite, entre los 2 restantes el que no se repite, y entre las 6 posiciones posibles una posición para colocar el que no se repite.

Con todos estos datos obtenemos, finalmente, que el número de palabras que cumplen las restricciones del enunciado es igual a

$$729 - (36 + 3) = 690.$$

5.60. En la corte del rey Leocadio y la reina Leonora hay un total de 16 bufones, cada uno de los cuales conoce un solo arte de entretenimiento. Hay 4 bufones flautistas, 5 bufones malabaristas y 7 bufones acróbatas. En cada uno de los apartados que siguen, hay que razonar las fórmulas utilizadas y presentar la solución en la forma más simplificada posible.

(a) Para entretener por las tardes a la princesa Petronila, se forma un equipo de bufones compuesto por 2 flautistas, 3 malabaristas y 4 acróbatas. La princesa es muy caprichosa y desea cada tarde un equipo diferente. ¿Durante cuántos días será posible complacerla sin enrolar nuevos bufones?

(b) ¿Cuál sería la respuesta a la cuestión anterior con la restricción adicional de que los acróbatas Jorobeta y Cojuelo no puedan formar parte del mismo equipo?

(c) Para el día de Año Nuevo, sus majestades desean obsequiar a tres nobles del reino, enviando 2 bufones acróbatas al conde de Coca, otros 2 bufones acróbatas al marqués de Raya y otros 3 bufones acróbatas al duque de Peta. ¿De cuántas maneras diferentes se puede organizar el envío?

(d) ¿Cuál sería la respuesta al apartado anterior con la restricción adicional de que el acróbata Jorobeta no sea enviado al duque de Peta?

Solución

(a) Como el orden dentro de cada equipo no importa y los bufones no se pueden repetir, estamos contando *combinaciones*. En primer lugar, el número de selecciones posibles para cada tipo de bufón por separado es:

- $\binom{4}{2}$ selecciones de flautistas,
- $\binom{5}{3}$ selecciones de malabaristas,
- $\binom{7}{4}$ selecciones de acróbatas.

Cada equipo de bufones corresponde a una terna formada por una selección de flautistas, una selección de malabaristas y una selección de acróbatas, por lo que tenemos que aplicar la regla del producto para obtener el número de equipos posibles de bufones como sigue:

$$\binom{4}{2}\binom{5}{3}\binom{7}{4} = \frac{4!}{2! \cdot 2!} \cdot \frac{5!}{3! \cdot 2!} \cdot \frac{7!}{4! \cdot 3!} = \frac{5 \cdot 7!}{2! \cdot 3!} = 2\,100.$$

(b) El número de selecciones posibles de acróbatas que incluyen simultáneamente a Jorobeta y a Cojuelo es igual al número de selecciones posibles de otros dos acróbatas, es decir, $\binom{5}{2}$. Por lo tanto, el número de selecciones de acróbatas que respetan la restricción de no elegir juntos a Jorobeta y Cojuelo es

$$\binom{7}{4} - \binom{5}{2} = \frac{7 \cdot 6 \cdot 5}{3 \cdot 2 \cdot 1} - \frac{5 \cdot 4}{2 \cdot 1} = 35 - 10 = 25.$$

Los flautistas y malabaristas se eligen sin restricciones, como en el apartado anterior. Por tanto, el número de equipos distintos que se pueden formar obedeciendo la restricción es

$$\binom{4}{2}\binom{5}{3}\left[\binom{7}{4} - \binom{5}{2}\right] = \frac{4!}{2! \cdot 2!} \cdot \frac{5!}{3! \cdot 2!} \cdot 25 = 60 \cdot 25 = 1\,500.$$

(c) Claramente, se trata de un *reparto ponderado* de los 7 acróbatas en 3 grupos de tamaños 2, 2 y 3, respectivamente. El número de repartos es

$$\binom{7}{2,2,3} = \frac{7!}{2! \cdot 2! \cdot 3!} = 7 \cdot 6 \cdot 5 = 210.$$

(d) Al número de repartos del apartado anterior hay que restarle el número de repartos indeseados, en los cuales Jorobeta es enviado al duque de Peta. Cada uno de estos repartos corresponde a repartir 6 acróbatas, enviando 2 a Coca, 2 a Raya y 2 a Peta. Así, el número de repartos indeseados es

$$\binom{6}{2,2,2} = \frac{6!}{2! \cdot 2! \cdot 2!} = 6 \cdot 5 \cdot 3 = 90$$

y el número de repartos que obedecen la restricción es

$$\binom{7}{2,2,3} - \binom{6}{2,2,2} = 210 - 90 = 120.$$

5.61. En un taller hay plazas numeradas para aparcar los coches en espera de ser reparados según su orden de entrada. En una colisión resultan averiados 16 vehículos que son llevados simultáneamente a dicho taller. Se sabe que 3 son de la marca *Opel*, 5 de la marca *Renault* y los restantes de la marca *Citroën*, pero no hay distinción entre los vehículos de la misma marca.

(a) Calcula el número total de formas distintas de colocar los vehículos averiados en las plazas de espera.

(b) Repite el cálculo, con la restricción de que no pueden aparecer dos vehículos de la marca *Citroën* seguidos.

   Pista: Empieza viendo las posibles formas de colocar los *Citroën* en las plazas de aparcamiento.

(c) ¿Cuántas colocaciones distintas habrá, si no se pueden poner dos coches de la misma marca seguidos?

Solución

(a) Si identificamos los vehículos con caracteres y las plazas ordenadas de aparcamiento con las posiciones de una palabra, entonces tenemos una palabra de 16 caracteres en la que hay que colocar 16 letras, siendo 3 iguales a O, 5 iguales a R y 8 iguales a C. Nos encontramos, por tanto, con *permutaciones con repetición*, o equivalentemente, con *repartos ponderados* de las 16 posiciones de la palabra en tres clases, de tamaños respectivos 3, 5 y 8, cuyo número total podemos calcular como sigue:

$$\binom{16}{3,5,8} = \frac{16!}{3! \cdot 5! \cdot 8!}$$

$$= \frac{16 \cdot 15 \cdot 14 \cdot 13 \cdot 12 \cdot 11 \cdot 10 \cdot 9}{3 \cdot 2 \cdot 5 \cdot 4 \cdot 3 \cdot 2}$$

$$= 2 \cdot 15 \cdot 14 \cdot 13 \cdot 12 \cdot 11$$

$$= 720\,720.$$

Otra forma de calcular este número es ir eligiendo posiciones para cada marca sucesivamente: hay que escoger 3 entre 16 posiciones para los vehículos de la marca *Opel*; entre las 13 posiciones restantes hay que elegir 5 para los *Renault*; y las 8 posiciones restantes son para los *Citroën*. El número total es igual a

$$\binom{16}{3}\binom{13}{5}\binom{8}{8} = \frac{16!}{3! \cdot 13!} \cdot \frac{13!}{5! \cdot 8!} = \frac{16!}{3! \cdot 5! \cdot 8!}.$$

Notemos que el resultado es, por supuesto, el mismo, independientemente del orden en que hagamos estas elecciones. Si, por ejemplo, elegimos primero posiciones para los *Citroën*, luego para los *Opel* y finalmente para los *Renault*, tenemos

$$\binom{16}{8}\binom{8}{3}\binom{5}{5} = \frac{16!}{8! \cdot 8!} \cdot \frac{8!}{3! \cdot 5!} = \frac{16!}{3! \cdot 5! \cdot 8!}.$$

(b) Al tener una restricción adicional sobre los vehículos de la marca *Citroën* (o sobre la letra C), empezamos colocando esos vehículos en las plazas de aparcamiento, tal como sugiere el enunciado.

Como dos *Citroën* no pueden estar seguidos, entre ellos tiene que haber al menos otro vehículo de cualquiera de las otras dos marcas:

$$C \ \square \ C \ \square \ C \ \square \ C \ \square \ C \ \square \ C \ \square \ C \ \square \ C$$

Vemos que en el esquema aparecen 15 plazas; en total hay 16 plazas, por lo que hay una plaza adicional que puede estar o bien al principio, o bien al final, o bien entre dos *Citroën*. Esto da lugar a 9 posibilidades.

Para cada una de estas posibilidades, hay que colocar los restantes vehículos. Esto se puede hacer, si pensamos en permutaciones con repetición, de las siguientes maneras:

$$\binom{8}{3,5} = \frac{8!}{3! \cdot 5!} = \frac{8 \cdot 7 \cdot 6}{3 \cdot 2} = 8 \cdot 7 = 56.$$

Equivalentemente, elegimos, entre las 8 plazas disponibles, 3 para colocar los *Opel* y los *Renault* van a las plazas que quedan:

$$\binom{8}{3}\binom{5}{5} = \frac{8!}{3! \cdot 5!} = 56.$$

Combinando los dos cálculos anteriores, tenemos que el número total de colocaciones distintas sin dos *Citroën* seguidos es igual a $9 \cdot 56 = 504$.

(c) Ahora tenemos restricciones sobre todos los vehículos, pero empezamos colocando los 8 de la marca *Citroën*, que son más numerosos, tal como hemos hecho en el apartado anterior. La situación es la misma,

$$C \ \square \ C \ \square \ C \ \square \ C \ \square \ C \ \square \ C \ \square \ C \ \square \ C$$

y tenemos 9 posibilidades para colocar la plaza adicional, que denominamos P.

La diferencia con respecto al apartado anterior es que ahora tenemos que tener cuidado cuando haya dos plazas libres juntas, porque no podemos colocar dos coches de la misma marca en ellas. Por esta razón, distinguimos dos casos:

- Si la plaza P se coloca o bien al principio, o bien al final (notemos las 2 posibilidades), no aparecen dos plazas juntas y, por tanto, podemos colocar los restantes vehículos de

$$\binom{8}{3,5} = \frac{8!}{3! \cdot 5!} = 56$$

  formas.
  En total, en este caso tenemos $2 \cdot 56 = 112$ formas de colocar los 16 coches.

- Si la plaza P se coloca entre dos *Citroën*, tenemos 7 posibilidades.
  En cada una de esas posibilidades, en las dos plazas libres juntas tenemos que colocar necesariamente un *Opel* y un *Renault*, lo cual se puede hacer de 2 formas distintas: *OR* y *RO*.
  Finalmente, los 2 *Opel* y los 4 *Renault* restantes se pueden colocar de

$$\binom{6}{2,4} = \frac{6!}{2! \cdot 4!} = 3 \cdot 5 = 15$$

  formas distintas.
  Combinando las tres elecciones, tenemos que el número de posibilidades en este caso es igual a $7 \cdot 2 \cdot 15 = 210$.

El número total que nos interesa se obtiene sumando los números obtenidos en los dos casos anteriores, que no se solapan entre sí. Hay $112 + 210 = 322$ maneras distintas de colocar los 16 coches, sin dos de la misma marca seguidos.

5.62. Dados conjuntos finitos, A y B, de cardinales respectivos $|A| = m$ y $|B| = n$, calcula:

(a) El número de funciones diferentes $f : A \to B$.

(b) El número de funciones inyectivas diferentes $f : A \to B$.

(c) El número de funciones biyectivas diferentes $f : A \to B$.

Solución

Supongamos que $A = \{a_1, a_2, \ldots, a_m\}$ y que $B = \{b_1, b_2, \ldots, b_n\}$.

(a) Una función f de A en B viene dada por la asignación de un elemento $f(a)$ de B para cada elemento a de A, es decir, para cada a_i tenemos que elegir un b_j tal que $f(a_i) = b_j$. Como no tenemos ninguna restricción sobre la función, para cada a_i tenemos n posibilidades, porque las elecciones se pueden repetir. Además, el orden importa, en el sentido de que no es lo mismo, por ejemplo, asignar b_1 a a_1 y b_2 a a_2 que b_2 a a_1 y b_1 a a_2.

En resumen, las funciones de A en B coinciden con las *variaciones con repetición* de n elementos tomados de m en m, cuyo número es igual a $[n]_m = n^m$. Es decir, $|A \to B| = |B|^{|A|}$.

(b) Ahora las funciones que se consideran son inyectivas, es decir, los m elementos que se eligen entre los n de B para asignar a los m elementos de A tienen que ser distintos.

Si $m > n$, no puede haber ninguna función inyectiva de A en B, porque es imposible escoger m elementos distintos entre los n dados (dicho de otra forma, de donde no hay no se puede sacar). Equivalentemente, en este caso el número de funciones inyectivas de A en B es igual a 0. Esta es una aplicación del *principio del palomar*, según el cual una función $X \to Y$ no puede ser inyectiva cuando $|X| > |Y|$.

Si, en cambio, $m \le n$, tenemos que elegir m elementos distintos (ahora no se permiten repeticiones) entre los n disponibles y, además, el orden entre los m elementos elegidos importa, por la misma razón que en el apartado anterior. Por tanto, en este caso las funciones inyectivas de A en B coinciden con las *variaciones sin repetición* de n elementos tomados de m en m, cuyo número es igual a

$$(n)_m = n(n-1)(n-2)\cdots(n-m+1) = \frac{n!}{(n-m)!}.$$

(c) Entre los conjuntos A y B existe alguna función biyectiva si y solo si $|A| = |B|$, es decir, si y solo si $n = m$. Por tanto, si $m \ne n$, el número de tales funciones biyectivas es igual a 0.

Cuando $m = n$, una función biyectiva de A en B es lo mismo que una función inyectiva de A en B, es decir, una *permutación* de n elementos, cuyo número total es igual a $n!$.

5.63. Sean A y B conjuntos finitos de cardinales respectivos $|A| = m$ y $|B| = n$.

(a) Utiliza el principio de inclusión-exclusión para hallar el número de funciones suprayectivas de A en B, si $n = 3$ y $m \ge 3$.

(b) Generaliza el resultado del apartado anterior para $n, m \in \mathbb{N}_1$ cualesquiera con $m \ge n$ (notemos que si $m < n$ no puede haber funciones suprayectivas de A en B).

Solución

(a) Sea $B = \{b_1, b_2, b_3\}$. Para $i = 1, 2, 3$, sea $F_i = \{f : A \rightarrow B \mid b_i \notin ran(f)\}$, donde $ran(f)$ denota el rango de la función f, definido como $ran(f) = \{f(a) \mid a \in A\}$.

Una función $f : A \rightarrow B$ es suprayectiva si y solo si todos los elementos de B están en el rango de f, es decir, si y solo si $f \notin F_i$ para $i = 1, 2, 3$, o equivalentemente, $f \notin F_1 \cup F_2 \cup F_3$. En consecuencia, el conjunto de las funciones suprayectivas de A en B coincide con

$$(A \rightarrow B) \setminus (F_1 \cup F_2 \cup F_3),$$

y tenemos que calcular el cardinal de este conjunto.

En primer lugar, como hemos justificado en el apartado (a) del ejercicio 5.62,

$$|A \rightarrow B| = |B|^{|A|} = 3^m.$$

Por otra parte, aplicando el principio de inclusión-exclusión para 3 conjuntos, tenemos que

$$|F_1 \cup F_2 \cup F_3| = (|F_1| + |F_2| + |F_3|) - (|F_1 \cap F_2| + |F_1 \cap F_3| + |F_2 \cap F_3|) + |F_1 \cap F_2 \cap F_3|.$$

Una función $f \in F_i$ si y solo si $b_i \notin ran(f)$, es decir, si y solo si f va de A en $B \setminus \{b_i\}$. Por tanto,

$$|F_i| = |A \rightarrow (B \setminus \{b_i\})| = |B \setminus \{b_i\}|^{|A|} = 2^m.$$

De la misma forma, $f \in F_i \cap F_j$, con $i \neq j$, si $b_i, b_j \notin ran(f)$, es decir, si y solo si f va de A en $B \setminus \{b_i, b_j\}$. De esta forma,

$$|F_i \cap F_j| = |A \rightarrow (B \setminus \{b_i, b_j\})| = |B \setminus \{b_i, b_j\}|^{|A|} = 1^m = 1.$$

Finalmente, $f \in F_1 \cap F_2 \cap F_3$ si y solo si no hay ningún elemento de B en el rango de f, lo cual no tiene sentido, porque necesariamente $ran(f) \neq \emptyset$. Es decir, $F_1 \cap F_2 \cap F_3 = \emptyset$ y su cardinal es 0.

Juntando toda esta información, obtenemos

$$|(A \rightarrow B) \setminus (F_1 \cup F_2 \cup F_3)| = 3^m - (3 \cdot 2^m - 3 \cdot 1 + 0) = 3^m - 3 \cdot 2^m + 3.$$

(b) La idea es exactamente la misma que la vista en el apartado anterior, con la notación más complicada, debido a la necesidad de tratar con n elementos en vez de 3.

Sea $B = \{b_1, \ldots, b_n\}$ y llamemos $F_i = \{f : A \rightarrow B \mid b_i \notin ran(f)\}$, para $i \in \{1, \ldots, n\}$.

Como antes, una función $f : A \rightarrow B$ es suprayectiva si y solo si $f \notin \bigcup_{i=1}^n F_i$, por lo que tenemos que calcular el cardinal del conjunto $(A \rightarrow B) \setminus (\bigcup_{i=1}^n F_i)$.

En primer lugar, $|A \rightarrow B| = |B|^{|A|} = n^m$.

En segundo lugar, aplicamos el principio de inclusión-exclusión general

$$\left| \bigcup_{i=1}^n F_i \right| = \sum_{j=1}^n (-1)^{j-1} \alpha_j,$$

siendo

$$\alpha_j = \sum_{J \in \mathscr{P}_j(\{1, \ldots, n\})} \left| \bigcap_{k \in J} F_k \right|$$

la suma de los cardinales de todas las intersecciones de j conjuntos elegidos entre los n disponibles.

Vamos a calcular α_j para $1 \leq j < n$.

Si $J \subset \{1, \ldots, n\}$ con $|J| = j < n$, una función f está en $\bigcap_{k \in J} F_k$ si y solo si $b_k \notin ran(f)$ para todo $k \in J$. Es decir, tenemos que $ran(f) \subseteq (B \setminus \{b_k \mid k \in J\})$, por lo que f es, de hecho, una función de A en $B \setminus \{b_k \mid k \in J\}$. Este último conjunto tiene $n - j$ elementos, por lo que $|\bigcap_{k \in J} F_k| = (n-j)^m$.

¿Cuántos subconjuntos $J \subset \{1, \ldots, n\}$ con $|J| = j < n$ hay? Se trata de formar un conjunto, para lo cual hay que elegir j elementos entre los n disponibles, sin importar el orden y sin repetirlos, por lo que tales subconjuntos coinciden con las combinaciones de n elementos tomados de j en j, cuyo número total es igual a $\binom{n}{j}$.

Así pues, para $1 \leq j < n$,

$$\alpha_j = \sum_{J \in \mathscr{P}_j(\{1,\ldots,n\})} \left| \bigcap_{k \in J} F_k \right| = \sum_{J \in \mathscr{P}_j(\{1,\ldots,n\})} (n-j)^m = \binom{n}{j}(n-j)^m.$$

Finalmente, si $j = n$, $\bigcap_{k=1}^{n} F_k = \emptyset$, dado que $ran(f)$ contiene algún elemento en B. Por tanto, $\alpha_n = 0$.

En definitiva,

$$\left| (A \to B) \setminus \left(\bigcup_{i=1}^{n} F_i \right) \right| = n^m - \sum_{j=1}^{n} (-1)^{j-1} \alpha_j$$

$$= n^m + \sum_{j=1}^{n-1} (-1)^j \binom{n}{j}(n-j)^m$$

$$= n^m - \binom{n}{1}(n-1)^m + \binom{n}{2}(n-2)^m + \cdots + (-1)^{n-1}\binom{n}{n-1}1^m$$

$$= n^m - n(n-1)^m + \binom{n}{2}(n-2)^m + \cdots + (-1)^{n-1}n.$$

5.64. Sean $A = \mathbb{Z}/(5)$ y $B = \mathbb{Z}/(3)$.

(a) Calcula el número de funciones diferentes de A en B.

(b) Calcula el número de funciones inyectivas diferentes de A en B. ¿Cuántas funciones inyectivas diferentes hay de B en A?

(c) Calcula el número de funciones sobreyectivas diferentes de A en B.

Solución

Sabemos que $A = \mathbb{Z}/(5) = \{\overline{0}, \overline{1}, \overline{2}, \overline{3}, \overline{4}\}$ y $B = \mathbb{Z}/(3) = \{\overline{0}, \overline{1}, \overline{2}\}$. Sin embargo, el hecho de que sean conjuntos de clases de congruencia no tiene importancia en este ejercicio, pues solamente nos interesa su cardinal: $|A| = 5$ y $|B| = 3$.

(a) La fórmula general para calcular el número de funciones totales es, para conjuntos finitos X e Y,

$$|(X \to Y)| = |Y|^{|X|},$$

como se ha justificado en el apartado (a) del ejercicio 5.62, viendo que el número de funciones totales de X en Y coincide con el número de variaciones con repetición de $|Y|$ elementos tomados de $|X|$ en $|X|$, que es igual a $[|Y|]_{|X|} = |Y|^{|X|}$. Por tanto, aplicando esa fórmula, el número de funciones totales diferentes de A en B es igual a

$$|(A \to B)| = [|B|]_{|A|} = |B|^{|A|} = 3^5 = 243.$$

(b) Para obtener una función inyectiva de A en B necesitamos asignar 5 elementos *diferentes* de B a los 5 elementos de A; pero en B solamente hay 3 elementos, por lo que no podemos encontrar 5 diferentes, siendo imposible definir una función inyectiva en tales condiciones. Por consiguiente, el número de funciones inyectivas diferentes de A en B es igual a 0. Como se ha comentado en el apartado (b) del ejercicio 5.62, esta es una aplicación del principio del palomar, según el cual una función $X \to Y$ no puede ser inyectiva cuando $|X| > |Y|$.

En ese mismo ejercicio se ha justificado que, cuando $|X| \le |Y|$, el número de funciones inyectivas de X en Y coincide con el número de variaciones sin repetición de $|Y|$ elementos tomados de $|X|$ en $|X|$, que es igual a $(|Y|)_{|X|}$. Por tanto, aplicando esa fórmula, el número de funciones inyectivas diferentes de B en A es igual a

$$(|A|)_{|B|} = (5)_3 = 5 \cdot 4 \cdot 3 = 60.$$

(c) Una posibilidad consiste en aplicar el resultado del apartado (a) del ejercicio 5.63, según el cual el número de funciones sobreyectivas diferentes de un conjunto X con $|X| = m \ge 3$ en un conjunto Y con $|Y| = 3$ es igual a $3^m - 3 \cdot 2^m + 3$. En este ejercicio tenemos $m = 5$, por lo que el número de funciones sobreyectivas diferentes de A en B es igual a $3^5 - 3 \cdot 2^5 + 3 = 243 - 96 + 3 = 150$.

También, teniendo en cuenta que en este ejercicio concreto los cardinales son números muy pequeños, podemos hacer una distinción de casos relativamente sencilla que nos permite calcular el número de funciones sobreyectivas de A en B de otra forma.

Si, como hemos comentado en el primer apartado, identificamos una función total de A en B con una selección de 5 elementos entre los 3 disponibles (importando el orden y con repeticiones), el hecho de que la función sea sobreyectiva obliga a que los 3 disponibles aparezcan entre los elegidos y además haya repeticiones. Distinguimos dos posibilidades según la forma de estas repeticiones:

- Un elemento de B se repite 3 veces y los otros dos no se repiten, lo cual se puede hacer repartiendo los 5 elementos de A en tres grupos de 3, 1 y 1 elementos (notemos los *repartos ponderados*), pero teniendo en cuenta que cada selección es diferente según el elemento que se repita. El número de estas posibilidades se puede calcular como:

$$\binom{5}{3,1,1} + \binom{5}{1,3,1} + \binom{5}{1,1,3} = 3 \cdot \frac{5!}{3! \cdot 1! \cdot 1!} = 3 \cdot 5 \cdot 4 = 60.$$

- Dos elementos de B se repiten 2 veces cada uno y el otro no se repite, lo cual se puede hacer repartiendo los 5 elementos de A en tres grupos de 2, 2 y 1 elementos (de nuevo *repartos ponderados*), pero teniendo en cuenta que cada selección es diferente según el elemento que no se repita. El número de estas posibilidades se puede calcular como:

$$\binom{5}{1,2,2} + \binom{5}{2,1,2} + \binom{5}{2,2,1} = 3 \cdot \frac{5!}{2! \cdot 2! \cdot 1!} = 3 \cdot 5 \cdot 3 \cdot 2 = 90.$$

Como las dos posibilidades anteriores son disjuntas, para calcular el total sumamos los números obtenidos en cada caso: $60 + 90 = 150$.

El problema con este método es que la distinción de casos se complica mucho tan pronto como los números son un poco mayores y no da lugar a un método válido para números arbitrarios, en contraste con la fórmula demostrada en el ejercicio 5.63.

5.65. Aplica el teorema binomial para desarrollar las expresiones siguientes:

(a) $(1 + x)^4$.

(b) $(1 - x)^7$.

(c) $(x + 2y)^5$.

(d) $(x^2 + y)^4$.

Solución

(a)

$$(1 + x)^4 = \sum_{i=0}^{4} \binom{4}{i} 1^{4-i} x^i = \sum_{i=0}^{4} \binom{4}{i} x^i$$

$$= \binom{4}{0} x^0 + \binom{4}{1} x^1 + \binom{4}{2} x^2 + \binom{4}{3} x^3 + \binom{4}{4} x^4$$

$$= 1 + 4x + 6x^2 + 4x^3 + x^4.$$

(b)

$$(1 - x)^7 = \sum_{i=0}^{7} \binom{7}{i} 1^{7-i} (-x)^i = \sum_{i=0}^{7} \binom{7}{i} (-1)^i x^i$$

$$= \binom{7}{0} x^0 - \binom{7}{1} x^1 + \binom{7}{2} x^2 - \binom{7}{3} x^3$$

$$+ \binom{7}{4} x^4 - \binom{7}{5} x^5 + \binom{7}{6} x^6 - \binom{7}{7} x^7$$

$$= 1 - 7x + 21x^2 - 35x^3 + 35x^4 - 21x^5 + 7x^6 - x^7.$$

(c)

$$(x + 2y)^5 = \sum_{i=0}^{5} \binom{5}{i} x^{5-i} (2y)^i = \sum_{i=0}^{5} \binom{5}{i} x^{5-i} 2^i y^i$$

$$= \binom{5}{0} x^5 2^0 y^0 + \binom{5}{1} x^4 2^1 y^1 + \binom{5}{2} x^3 2^2 y^2$$

$$+ \binom{5}{3} x^2 2^3 y^3 + \binom{5}{4} x^1 2^4 y^4 + \binom{5}{5} x^0 2^5 y^5$$

$$= x^5 + 10x^4 y + 40x^3 y^2 + 80x^2 y^3 + 80x y^4 + 32y^5.$$

(d)

$$(x^2 + y)^4 = \sum_{i=0}^{4} \binom{4}{i} (x^2)^{4-i} y^i$$

$$= \binom{4}{0}(x^2)^4 y^0 + \binom{4}{1}(x^2)^3 y^1 + \binom{4}{2}(x^2)^2 y^2 + \binom{4}{3}(x^2)^1 y^3 + \binom{4}{4}(x^2)^0 y^4$$

$$= x^8 + 4x^6 y + 6x^4 y^2 + 4x^2 y^3 + y^4.$$

5.66. Demuestra que, para $m, n > 0$, se verifica la identidad siguiente:

$$\binom{n+m}{m} = \binom{n+m-1}{m} + \binom{n+m-2}{m-1} + \cdots + \binom{n}{1} + \binom{n-1}{0}.$$

Pista: Comienza aplicando la identidad

$$\binom{n+m}{m} = \binom{n+m-1}{m} + \binom{n+m-1}{m-1}$$

y sigue desarrollando del mismo modo el segundo sumando.

Solución

La pista del enunciado en la que se pasa de m a $m-1$ sugiere una demostración por *inducción simple* sobre m.

El caso base es cuando $m = 1$, para el que demostramos que

$$n + 1 = \binom{n+1}{1} = \binom{n}{1} + \binom{n-1}{0} = n + 1.$$

Como hipótesis de inducción, suponemos que la propiedad es cierta para $m - 1$:

$$\binom{n+m-1}{m-1} = \binom{n+m-2}{m-1} + \cdots + \binom{n}{1} + \binom{n-1}{0},$$

y en el paso de inducción la demostramos para m, usando la pista del enunciado y la hipótesis de inducción como sigue:

$$\binom{n+m}{m} = \binom{n+m-1}{m} + \binom{n+m-1}{m-1}$$

$$= \binom{n+m-1}{m} + \binom{n+m-2}{m-1} + \cdots + \binom{n}{1} + \binom{n-1}{0}.$$

5.67. Usa la identidad $(1+x)^{m+n} = (1+x)^m (1+x)^n$ para demostrar que:

$$\binom{m+n}{k} = \binom{m}{0}\binom{n}{k} + \binom{m}{1}\binom{n}{k-1} + \cdots + \binom{m}{k}\binom{n}{0},$$

siendo $m \geq k \geq 0$, $n \geq k \geq 0$.

Solución

Aplicando el teorema binomial para desarrollar $(1+x)^{m+n}$, tenemos

$$(1+x)^{m+n} = \sum_{k=0}^{m+n} \binom{m+n}{k} 1^{m+n-k} x^k = \sum_{k=0}^{m+n} \binom{m+n}{k} x^k,$$

de donde trivialmente concluimos que el coeficiente en este polinomio asociado a la potencia x^k es igual a $\binom{m+n}{k}$.

De la misma forma, aplicando de nuevo el teorema binomial,

$$(1+x)^m = \sum_{i=0}^{m} \binom{m}{i} 1^{m-i} x^i = \sum_{i=0}^{m} \binom{m}{i} x^i,$$

$$(1+x)^n = \sum_{j=0}^{n} \binom{n}{j} 1^{n-j} x^j = \sum_{j=0}^{n} \binom{n}{j} x^j.$$

Multiplicando ambas expresiones, obtenemos

$$(1+x)^m (1+x)^n = \left(\sum_{i=0}^{m} \binom{m}{i} x^i \right)\left(\sum_{j=0}^{n} \binom{n}{j} x^j \right)$$

$$= \sum_{i=0}^{m} \sum_{j=0}^{n} \binom{m}{i} x^i \binom{n}{j} x^j$$

$$= \sum_{i=0}^{m} \sum_{j=0}^{n} \binom{m}{i}\binom{n}{j} x^{i+j}.$$

Ahora agrupamos en la expresión anterior todos los términos con la misma potencia. Notemos que la potencia mínima es x^0 y la máxima es x^{m+n}. La notación con sumatorios es un poco enrevesada, pero la idea intuitiva debería estar clara.

$$(1+x)^m (1+x)^n = \sum_{k=0}^{m+n} \left(\sum_{\substack{0 \le i \le m \\ 0 \le j \le n \\ i+j=k}} \binom{m}{i}\binom{n}{j} \right) x^k.$$

En esta última expresión ya podemos ver también cuál es el coeficiente de la potencia x^k.

Como sabemos que $(1+x)^{m+n} = (1+x)^m (1+x)^n$, los coeficientes que hemos obtenido para x^k al desarrollar por una parte el lado izquierdo de esa identidad y por otra parte el lado derecho de la misma deben coincidir. En particular, para k tal que $m \ge k \ge 0$ y $n \ge k \ge 0$, tenemos

$$\binom{m+n}{k} = \sum_{\substack{0 \le i \le m \\ 0 \le j \le n \\ i+j=k}} \binom{m}{i}\binom{n}{j}.$$

En el sumatorio tenemos variables i y j, pero $i + j = k$, por lo que $j = k - i$ y podemos eliminar j tras esa sustitución, quedando

$$\binom{m+n}{k} = \sum_{i=0}^{m} \binom{m}{i}\binom{n}{k-i}$$

$$= \binom{m}{0}\binom{n}{k} + \binom{m}{1}\binom{n}{k-1} + \cdots + \binom{m}{k}\binom{n}{0}.$$

Para justificar esta última igualdad recordemos que $0 \leq k \leq m$ y $0 \leq k \leq n$. En el primer factor del producto en cada sumando, el número de abajo va creciendo a partir de 0 hasta m, pasando por k. En el segundo factor, el número va decreciendo desde k hasta $k - m$ pasando por el 0, al ser $m \geq k$. Entonces, a partir del 0 tendremos un número negativo que dará lugar a un número combinatorio nulo, de forma que ese sumando desaparecerá.

5.68. Una máquina tragaperras genera al azar un resultado cada vez que se inserta una moneda de un euro. Cada resultado posible es una serie ordenada formada por cinco figuras de frutas, cada una de las cuales puede ser una naranja, un limón o un plátano. Calcula razonadamente el número de resultados posibles en cada uno de los siguientes casos:

(a) Un *premio limón* se obtiene si en la serie de figuras que muestra la máquina aparecen tres limones (no necesariamente seguidos) y otras dos frutas que no sean limones.

(b) Un *premio naranja* se gana si en la serie de figuras aparecen dos naranjas (no necesariamente seguidas) y otras tres frutas que no sean naranjas.

(c) Un *premio cítrico* se obtiene si en la serie de figuras que muestra la máquina aparecen tres limones (no necesariamente seguidos) y dos naranjas (no necesariamente seguidas).

(d) Un resultado *perdedor* es aquel que no es ni un premio limón ni un premio naranja (con lo cual, necesariamente, tampoco es un premio cítrico).

Solución

(a) Los tres limones pueden aparecer en tres posiciones cualesquiera de las cinco que forman un resultado posible. Como estas tres posiciones no se pueden distinguir al contener la misma figura, el orden entre ellas no importa: calculamos el número de sus posibilidades calculando *combinaciones* de 5 posiciones elegidas de 3 en 3, a saber, $\binom{5}{3}$.

Las dos posiciones restantes del resultado pueden ser una naranja o un plátano; el orden importa y se pueden repetir. Por tanto, tenemos *variaciones con repetición* de 2 figuras elegidas de 2 en 2, que son 2^2.

Como las dos selecciones en que hemos descompuesto un resultado (los 3 limones y el resto) son independientes, calculamos el número de premios limón multiplicando:

$$\binom{5}{3} \cdot 2^2 = \frac{5!}{3! \cdot 2!} \cdot 4 = 5 \cdot 4 \cdot 2 = 40.$$

(b) Para calcular el número de premios naranja podemos usar un razonamiento completamente análogo al anterior, con 2 posiciones elegidas entre 5 para colocar las naranjas y 3 posiciones restantes, en las cuales puede ir cualquiera de las otras dos figuras (plátano y limón) tal vez repetidas. Este número es entonces igual a

$$\binom{5}{2} \cdot 2^3 = \frac{5 \cdot 4}{2 \cdot 1} \cdot 8 = 10 \cdot 8 = 80.$$

(c) Como un premio cítrico contiene 3 limones y 2 naranjas, la única diferencia entre ellos es en qué posiciones están los limones, que podemos elegir de $\binom{5}{3}$ formas, o equivalentemente $\binom{5}{2}$ formas de elegir las posiciones de las naranjas. El número de tales resultados es

$$\binom{5}{3} = \binom{5}{2} = \frac{5!}{2! \cdot 3!} = \frac{5 \cdot 4}{2 \cdot 1} = 10.$$

(d) Un resultado no es perdedor si es premio limón o premio naranja. Para calcular el número de tales resultados, aplicando el principio de inclusión-exclusión, hallamos el cardinal de $L \cup N$, donde L y N representan los conjuntos de resultados que son premio limón y que son premio naranja, respectivamente:

$$|L \cup N| = |L| + |N| - |L \cap N|.$$

Notemos que un premio que es limón y naranja a la vez es exactamente lo mismo que un premio cítrico, por lo que podemos usar los tres números obtenidos en los apartados anteriores para calcular

$$|L \cup N| = 40 + 80 - 10 = 110.$$

Lo que nos preguntan es el número de resultados perdedores, que son todos menos los no perdedores. El número total de resultados corresponde al número de *variaciones con repetición* de 3 elementos cogidos de 5 en 5, por lo que la respuesta deseada es

$$3^5 - 110 = 243 - 110 = 133.$$

5.69. El político Gundisálvez es famoso por el cuidado con el que prepara sus discursos, según las diferentes audiencias a las que debe dirigirse. Su vocabulario consta de un total de 510 palabras, de las cuales utiliza:

- 400 cuando habla en el Parlamento,
- 300 cuando habla ante las cámaras de TV,
- 60 cuando le oye su señora,
- 200 en los discursos parlamentarios televisados,
- 45 en los discursos parlamentarios que son escuchados por su señora,
- 27 cuando habla por TV y es escuchado por su señora.

(a) ¿A cuántas palabras queda reducido el vocabulario de Gundisálvez para discursos parlamentarios que sean a la vez televisados y escuchados por su señora?

(b) En sus discursos parlamentarios, Gundisálvez siempre repite 50 veces la palabra "crisis", no repite ninguna otra palabra disponible para la audiencia de que se trate y habla lo más posible. En estas condiciones, ¿cuántos discursos parlamentarios diferentes puede pronunciar nuestro personaje ante las cámaras de TV y siendo oído por su señora?

(c) En la intimidad de su domicilio, Gundisálvez pronuncia cada noche ante su señora discursos domésticos de la mayor amplitud posible, en los cuales la palabra "crisis" es censurada, las palabras "cena" y "sosa" se repiten 20 y 15 veces, respectivamente, y ninguna otra palabra disponible se repite. La señora de Gundisálvez ha decidido pedir el divorcio por crueldad mental, tan pronto como su marido cometa la torpeza de endosarle por segunda vez alguno de estos discursos domésticos. ¿Por cuántos años (de 365 días) se sostendrá, como máximo, el matrimonio de nuestro héroe?

Nota: A efectos de todo lo anterior, suponemos que la elocuencia de Gundisálvez le arrastra a hilvanar en sus discursos series cualesquiera de palabras, por incoherentes que estas puedan parecer, aunque siempre dentro de las limitaciones antedichas.

Solución

Llamamos P, T y S a los conjuntos de palabras usadas en discursos parlamentarios, televisados y para la señora, respectivamente. Los datos en el enunciado dan lugar a los siguientes cardinales de los conjuntos apropiados:

$$|P| = 400,$$
$$|T| = 300,$$
$$|S| = 60,$$
$$|P \cap T| = 200,$$
$$|P \cap S| = 45,$$
$$|T \cap S| = 27,$$
$$|P \cup T \cup S| = 510.$$

(a) Hay que calcular $|P \cap T \cap S|$, para lo cual aplicamos el principio de inclusión-exclusión:

$$|P \cup T \cup S| = (|P| + |T| + |S|) - (|P \cap T| + |P \cap S| + |T \cap S|) + |P \cap T \cap S|.$$

Con los datos anteriores, obtenemos

$$|P \cap T \cap S| = 510 - (400 + 300 + 60) + (200 + 45 + 27) = 510 - 760 + 272 = 22.$$

Por tanto, para ese tipo de discursos, el vocabulario de Gundisálvez queda reducido a 22 palabras.

(b) Suponemos que la palabra "crisis" es una de las 22 que se pueden usar en los discursos parlamentarios televisados que oye la señora, según hemos calculado en el apartado anterior.

Entonces, hay 21 palabras que se emiten exactamente una vez y una palabra que se repite 50 veces, para obtener discursos formados por $50 + 21 = 71$ palabras en total. La única diferencia entre tales discursos será el orden entre las palabras. Por tanto, podemos aplicar la fórmula para *permutaciones con repetición* y obtenemos un total de $\dfrac{71!}{50!}$ discursos distintos en esas condiciones.

(c) Como los discursos son domésticos, no son parlamentarios ni televisados, por lo que el vocabulario inicial es de 60 palabras. Ahora bien, al censurar la palabra "crisis", nos quedan 59, entre las cuales suponemos que se encuentran las palabras "cena" y "sosa".

La palabra "cena" se repite 20 veces, la palabra "sosa" se repite 15 veces y las 57 palabras restantes no se repiten, por lo que estos discursos íntimos tienen una longitud total de $20 + 15 + 57 = 92$ palabras y se diferencian en el orden entre las palabras. Aplicamos de nuevo la fórmula para *permutaciones con repetición* y obtenemos un total de $\dfrac{92!}{20! \cdot 15!}$ discursos íntimos distintos.

Como Gundisálvez pronuncia un discurso cada noche, el número de años es igual a $\dfrac{92!}{20! \cdot 15! \cdot 365}$, un número muchísimo más grande que el de los años que la señora de Gundisálvez va a vivir, aunque llegue a centenaria.

5.70. En la Facultad de Cibernáutica de la Universidad Pitufense hay un total de 61 alumnos que saben tocar algún instrumento musical. De entre ellos, 32 tocan la flauta, 25 tocan el violín, 31 tocan el clarinete, 8 tocan la flauta y el violín, 10 tocan el violín y el clarinete, y 12 tocan la flauta y el clarinete.

(a) ¿Cuántos alumnos saben tocar la flauta, el violín y el clarinete?

(b) ¿Cuántos saben tocar el violín y el clarinete, pero no la flauta?

(c) ¿Cuántos saben tocar el violín y la flauta, pero no el clarinete?

(d) ¿Cuántos saben tocar solamente el violín?

(e) ¿De cuántas maneras distintas se puede organizar un quinteto de alumnos cibernautas pitufenses formado por: dos músicos que toquen el violín, la flauta y el clarinete, dos músicos que toquen solamente el violín y el clarinete, y un músico que toque solo el violín?

Solución

Denominamos F, V y C a los conjuntos de alumnos que tocan la flauta, el violín y el clarinete, respectivamente.

Los datos del enunciado son los siguientes, en forma de cardinales de los conjuntos apropiados:

$$|F \cup V \cup C| = 61,$$
$$|F| = 32,$$
$$|V| = 25,$$
$$|C| = 31,$$
$$|F \cap V| = 8,$$
$$|V \cap C| = 10,$$
$$|F \cap C| = 12.$$

(a) Hay que calcular $|F \cap V \cap C|$, para lo cual aplicamos el principio de inclusión-exclusión para tres conjuntos:

$$|F \cup V \cup C| = (|F| + |V| + |C|) - (|F \cap V| + |F \cap C| + |V \cap C|) + |F \cap V \cap C|.$$

Sustituyendo los datos conocidos y despejando, obtenemos

$$|F \cap V \cap C| = 61 - (32 + 25 + 31) + (8 + 10 + 12) = 61 - 88 + 30 = 3.$$

En resumen, hay 3 alumnos que saben tocar los tres instrumentos.

(b) Los alumnos que saben tocar el violín y el clarinete, pero no la flauta, son los elementos del conjunto $(V \cap C) \setminus F$, cuyo cardinal calculamos como sigue:

$$|(V \cap C) \setminus F| = |V \cap C| - |F \cap V \cap C| = 10 - 3 = 7.$$

(c) De la misma forma, los alumnos que saben tocar el violín y la flauta, pero no el clarinete, son los elementos del conjunto $(F \cap V) \setminus C$, cuyo cardinal calculamos así:

$$|(F \cap V) \setminus C| = |F \cap V| - |F \cap V \cap C| = 8 - 3 = 5.$$

(d) Los alumnos que saben tocar solamente el violín son los elementos del conjunto $V \cap (\setminus F) \cap (\setminus C)$ de alumnos que tocan el violín pero no la flauta ni el clarinete. El cardinal de este conjunto se puede calcular como sigue, usando datos de los apartados anteriores:

$$|V \cap (\setminus F) \cap (\setminus C)| = |V| - |V \cap F \cap (\setminus C)| - |V \cap C \cap (\setminus F)| - |V \cap F \cap C|$$
$$= 25 - 5 - 7 - 3 = 10.$$

Toda esta información se representa en el siguiente diagrama, donde cada número indica el cardinal de la zona correspondiente:

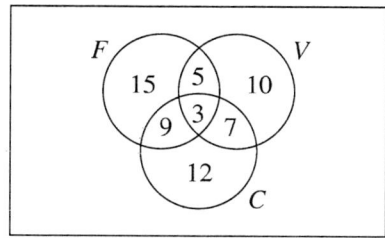

Para completar el diagrama, hemos calculado más datos de los solicitados en los anteriores apartados.

(e) Para formar el quinteto, tenemos que seleccionar:

- Dos músicos que toquen el violín, la flauta y el clarinete, es decir, 2 entre los 3 disponibles, según hemos visto en el primer apartado. Se trata de *combinaciones sin repetición*, de las que hay $\binom{3}{2} = 3$.

- Dos músicos que toquen solamente el violín y el clarinete, es decir, 2 entre los 7 disponibles, según el resultado del segundo apartado. De nuevo, como el orden no importa y los músicos son irrepetibles, calculamos el número apropiado de *combinaciones sin repetición*, a saber,

$$\binom{7}{2} = \frac{7 \cdot 6}{2 \cdot 1} = 21.$$

- Un músico que toque solo el violín, de los que hay 10, como hemos visto en el cuarto apartado; por tanto, hay $\binom{10}{1} = 10$ posibilidades.

Como las selecciones anteriores son independientes, por ser disjuntos los tres conjuntos donde se realizan, el resultado final se obtiene multiplicando los tres resultados parciales; en consecuencia, hay

$$\binom{3}{2}\binom{7}{2}\binom{10}{1} = 3 \cdot 21 \cdot 10 = 630$$

maneras diferentes de formar el quinteto en las condiciones deseadas.

5.71. La horda del Clan del Oso Piojoso se compone de 29 cavernícolas, de los cuales 14 saben manejar la cachiporra de abedul, 17 saben manejar la lanza de fresno, 16 saben manejar el cuchillo de sílex, 7 saben manejar la cachiporra y la lanza, 8 saben manejar la cachiporra y el cuchillo, 10 saben manejar la lanza y el cuchillo, y 3 dominan el manejo de las tres armas.

(a) Considerando *ineptos* a aquellos cavernícolas que no sepan manejar ninguna de las tres armas, ¿cuántos cavernícolas ineptos se encuentran en la horda?

(b) Considerando *hábiles* a los cavernícolas que sepan manejar al menos dos armas diferentes y *novatos* a quienes sepan manejar un solo tipo de arma, ¿cuántos cavernícolas hábiles y cuántos novatos se encuentran en la horda?

(c) Según las tradiciones del clan, una partida de caza se debe componer de: un cazador jefe, que domine el manejo de las tres armas; otros tres cazadores hábiles, que no dominen el manejo de las tres armas; dos cazadores novatos; y, finalmente, dos ineptos, encargados de acarrear las piezas cobradas. Calcula cuántas partidas de caza diferentes se pueden organizar en la horda del Clan del Oso Piojoso.

Solución

Denominamos A, F y S a los conjuntos de cavernícolas que saben manejar la cachiporra de abedul, la lanza de fresno y el cuchillo de sílex, respectivamente. Además, U denota el conjunto de cavernícolas en la horda del clan del oso piojoso. Los datos que sacamos del enunciado son los siguientes:

$$|U| = 29,$$
$$|A| = 14,$$
$$|F| = 17,$$
$$|S| = 16,$$
$$|A \cap F| = 7,$$
$$|A \cap S| = 8,$$
$$|F \cap S| = 10,$$
$$|A \cap F \cap S| = 3.$$

(a) El conjunto de los ineptos es $U \setminus (A \cup F \cup S)$, cuyo cardinal calculamos aplicando el principio de inclusión-exclusión para tres conjuntos:

$$|A \cup F \cup S| = (|A| + |F| + |S|) - (|A \cap F| + |A \cap S| + |F \cap S|) + |A \cap F \cap S|.$$

Sustituyendo los datos anteriores, obtenemos que hay

$$|U \setminus (A \cup F \cup S)| = |U| - |A \cup F \cup S|$$
$$= 29 - (14 + 17 + 16 - (7 + 8 + 10) + 3) = 4$$

cavernícolas ineptos en la horda.

(b) Con el resultado del apartado anterior, calculamos los números de cavernícolas que manejan dos armas, pero no la tercera, como sigue:

$$|A \cap F \cap (\setminus S)| = |A \cap F| - |A \cap F \cap S| = 7 - 3 = 4,$$
$$|A \cap S \cap (\setminus F)| = |A \cap S| - |A \cap F \cap S| = 8 - 3 = 5,$$
$$|F \cap S \cap (\setminus A)| = |F \cap S| - |A \cap F \cap S| = 10 - 3 = 7.$$

Notemos que estos tres subconjuntos son disjuntos. Sumando sus cardinales, obtenemos que $4 + 5 + 7 = 16$ cavernícolas manejan exactamente dos armas.

Como los hábiles son los cavernícolas que manejan *al menos* dos armas, su número se obtiene sumando al anterior el número de cavernícolas que manejan exactamente tres armas, dando $16 + 3 = 19$ cavernícolas hábiles en la horda.

Para saber cuántos novatos hay en la horda, calculamos primero el número de cavernícolas que manejan una única arma, para cada una de las tres armas:

$$|A \cap (\backslash F) \cap (\backslash S)| = |A| - |A \cap F \cap (\backslash S)| - |A \cap S \cap (\backslash F)| - |A \cap F \cap S|$$
$$= 14 - 4 - 5 - 3 = 2,$$
$$|F \cap (\backslash A) \cap (\backslash S)| = |F| - |F \cap A \cap (\backslash S)| - |F \cap S \cap (\backslash A)| - |A \cap F \cap S|$$
$$= 17 - 4 - 7 - 3 = 3,$$
$$|S \cap (\backslash A) \cap (\backslash F)| = |S| - |S \cap A \cap (\backslash F)| - |S \cap F \cap (\backslash A)| - |A \cap F \cap S|$$
$$= 16 - 5 - 7 - 3 = 1.$$

Como estos subconjuntos son disjuntos, la suma de sus tres cardinales nos da el número de novatos en la horda, a saber, $2 + 3 + 1 = 6$.

Toda esta información se representa en el siguiente diagrama, donde cada número indica el cardinal de la zona correspondiente:

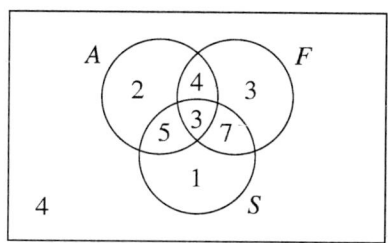

(c) Para formar una partida de caza, tenemos que seleccionar:

- Un cazador jefe que domine el manejo de las tres armas, entre los 3 disponibles; hay, por tanto, $\binom{3}{1} = 3$ posibilidades.

- Otros tres cazadores hábiles que no dominen el manejo de las tres armas, es decir, 3 entre los 16 cavernícolas que manejan exactamente dos armas, según hemos visto en el apartado anterior. Como el orden no importa y los cavernícolas no se pueden repetir, calculamos el número de *combinaciones sin repetición*:

$$\binom{16}{3} = \frac{16 \cdot 15 \cdot 14}{3 \cdot 2 \cdot 1} = 16 \cdot 5 \cdot 7 = 560.$$

- Dos cazadores novatos entre los 6 disponibles (según hemos calculado en el apartado anterior), para lo cual tenemos
$$\binom{6}{2} = \frac{6 \cdot 5}{2 \cdot 1} = 15$$
posibilidades.

- Dos ineptos entre los 4 (como hemos calculado en el primer apartado), que dan lugar a
$$\binom{4}{2} = \frac{4 \cdot 3}{2 \cdot 1} = 6$$
posibilidades.

Como las selecciones anteriores son independientes, por ser disjuntos los cuatro conjuntos correspondientes (los cavernícolas que manejan exactamente 3, 2, 1 y 0 armas, respectivamente), obtenemos el resultado final multiplicando los cuatro resultados parciales:

$$\binom{3}{1}\binom{16}{3}\binom{6}{2}\binom{4}{2} = 3 \cdot 560 \cdot 15 \cdot 6 = 151\,200$$

formas distintas de organizar partidas de caza.

5.72. En la sala de pequeñines de la guardería *El Pequeño Gruñón* hay un total de 10 nenes, de los cuales se sabe que 5 lloran, 4 gritan, 5 patalean, 2 lloran y gritan, y 2 lloran y patalean. Se sabe, además, que un solo crío, llamado Barrabás, llora, grita y patalea a la vez, y que Angelito es la única criatura que ni llora, ni grita, ni patalea.

(a) Calcula razonadamente cuántos nenes hay que griten y pataleen.

(b) En los carnavales, los pequeñines se van a disfrazar. Se dispone de 3 disfraces de indio, 3 de vaquero y 4 de caballo. Suponiendo que los disfraces de un mismo tipo son indistinguibles entre sí, ¿de cuántas maneras diferentes se puede organizar el reparto de disfraces?

(c) Suponiendo que el reparto de disfraces se haga al azar, ¿cuál es la probabilidad de que el disfraz de Barrabás no sea de caballo?

(d) ¿Cuál es la probabilidad de que Barrabás no vaya disfrazado de caballo, si pedimos además que Angelito vaya de indio?

Solución

Representamos con L, G y P a los conjuntos de infantes que lloran, gritan y patalean, respectivamente. Los datos del enunciado son entonces los siguientes:

$$|L| = 5,$$
$$|G| = 4,$$
$$|P| = 5,$$
$$|L \cap G| = 2,$$
$$|L \cap P| = 2,$$
$$|L \cap G \cap P| = 1,$$
$$|L \cup G \cup P| = 10 - 1 = 9.$$

(a) Según el principio de inclusión-exclusión para tres conjuntos, sabemos que

$$|L \cup G \cup P| = (|L| + |G| + |P|) - (|L \cap G| + |L \cap P| + |G \cap P|) + |L \cap G \cap P|.$$

Con los datos anteriores obtenemos

$$9 = (5 + 4 + 5) - (2 + 2 + |G \cap P|) + 1,$$

de donde despejamos

$$|G \cap P| = 14 - 4 + 1 - 9 = 2.$$

En resumen, hay dos nenes que gritan y patalean.

(b) Un reparto de disfraces entre los 10 críos corresponde a un *reparto ponderado* de 10 elementos en tres grupos de 3, 3 y 4. El número de tales repartos es igual a

$$\binom{10}{3,3,4} = \frac{10!}{3! \cdot 3! \cdot 4!} = 5 \cdot 3 \cdot 8 \cdot 7 \cdot 5 = 4\,200.$$

(c) Recordemos que la probabilidad de un suceso se calcula dividiendo el número de casos favorables entre el número de casos posibles.

El número de casos posibles ha sido calculado en el apartado anterior; para calcular el número de casos favorables, es más sencillo calcular primero el número de casos "desfavorables" (es decir, el número de repartos en los que Barrabás va disfrazado de caballo) y luego restar del total.

Si suponemos que Barrabás se disfraza de caballo, los nueve nenes restantes se tienen que repartir los 9 disfraces que quedan: 3 de indio, 3 de vaquero y 3 de caballo. Por tanto, tenemos que calcular el número de *repartos ponderados* de 9 elementos en tres grupos de 3, 3 y 3:

$$\binom{9}{3,3,3} = \frac{9!}{3! \cdot 3! \cdot 3!} = 8 \cdot 7 \cdot 6 \cdot 5 = 1\,680.$$

El número de casos favorables es, por consiguiente, igual a $4\,200 - 1\,680 = 2\,520$; y la probabilidad que se pregunta:

$$\frac{2\,520}{4\,200} = 0{,}6.$$

(d) La situación es la misma que la del apartado anterior, con la restricción adicional de que Angelito se disfraza de indio. En tal caso, los demás nenes se tienen que repartir los 9 disfraces restantes: 2 de indio, 3 de vaquero y 4 de caballo. El número de casos posibles es, por tanto, el número de *repartos ponderados* de 9 elementos en tres grupos de 2, 3 y 4:

$$\binom{9}{2,3,4} = \frac{9!}{2! \cdot 3! \cdot 4!} = 9 \cdot 4 \cdot 7 \cdot 5 = 1\,260.$$

Los casos desfavorables corresponden a los repartos de disfraces en los que Angelito se disfraza de indio, Barrabás de caballo y los restantes críos se reparten los demás disfraces: 2 de indio, 3 de vaquero y 3 de caballo. El número de tales casos coincide entonces con el número de *repartos ponderados* de 8 elementos en tres grupos de 2, 3 y 3:

$$\binom{8}{2,3,3} = \frac{8!}{2! \cdot 3! \cdot 3!} = 8 \cdot 7 \cdot 5 \cdot 2 = 560.$$

Por tanto, el número de casos favorables es ahora igual a $1\,260 - 560 = 700$. La probabilidad en estas condiciones se reduce, ligeramente, a

$$\frac{700}{1\,260} = 0{,}55.$$

5.73. En la corte del rey Leocadio hay un total de 60 bufones, de los cuales 21 tocan la flauta, 20 tocan el salterio, 22 tocan el pandero, 7 tocan la flauta y el salterio, 8 tocan la flauta y el pandero, 9 tocan el salterio y el pandero, y 18 no tocan ninguno de los tres instrumentos. Responde razonadamente a las cuestiones siguientes, justificando las fórmulas empleadas y simplificando el resultado lo más posible.

(a) ¿Cuántos bufones saben tocar los tres instrumentos?

(b) ¿Cuántos bufones son *percusionistas*, entendiendo por tales a los que toquen el pandero pero no toquen ni la flauta ni el salterio?

(c) El rey planea regalar tres bufones percusionistas al conde de Malasaña y otros dos a la duquesa de Rascafría. Suponiendo que los bufones regalados se elijan al azar, ¿cuál es la probabilidad de que Matracas, uno de los bufones percusionistas, vaya a parar a manos de Malasaña?

Solución

(a) Llamamos F, S y P a los conjuntos de bufones que tocan la flauta, el salterio y el pandero, respectivamente.

Hay que calcular $|F \cap S \cap P|$, para lo cual aplicamos el principio de inclusión-exclusión:

$$|F \cup S \cup P| = (|F| + |S| + |P|) - (|F \cap S| + |F \cap P| + |S \cap P|) + |F \cap S \cap P|.$$

De la información en el enunciado sacamos directamente los cardinales de los siguientes conjuntos:

$$|F| = 21,$$
$$|S| = 20,$$
$$|P| = 22,$$
$$|F \cap S| = 7,$$
$$|F \cap P| = 8,$$
$$|S \cap P| = 9,$$
$$|F \cup S \cup P| = 60 - 18 = 42.$$

Según la fórmula del principio de inclusión-exclusión, obtenemos

$$|F \cap S \cap P| = 42 - (21 + 20 + 22) + (7 + 8 + 9) = 42 - 63 + 24 = 3.$$

(b) Conociendo la solución del apartado anterior, podemos calcular los números de bufones que tocan dos instrumentos, pero no el tercero, como sigue:

$$|F \cap S \cap (\backslash P)| = |F \cap S| - |F \cap S \cap P| = 7 - 3 = 4,$$
$$|F \cap P \cap (\backslash S)| = |F \cap P| - |F \cap S \cap P| = 8 - 3 = 5,$$
$$|S \cap P \cap (\backslash F)| = |S \cap P| - |F \cap S \cap P| = 9 - 3 = 6.$$

Con todos estos datos, también podemos calcular los números de bufones que tocan un único instrumento:

$$|F \cap (\backslash S) \cap (\backslash P)| = |F| - |F \cap S \cap (\backslash P)| - |F \cap P \cap (\backslash S)| - |F \cap S \cap P|$$
$$= 21 - 4 - 5 - 3 = 9,$$
$$|S \cap (\backslash F) \cap (\backslash P)| = |S| - |F \cap S \cap (\backslash P)| - |S \cap P \cap (\backslash F)| - |F \cap S \cap P|$$
$$= 20 - 4 - 6 - 3 = 7,$$
$$|P \cap (\backslash F) \cap (\backslash S)| = |P| - |F \cap P \cap (\backslash S)| - |S \cap P \cap (\backslash F)| - |F \cap S \cap P|$$
$$= 22 - 5 - 6 - 3 = 8.$$

Toda esta información la podemos representar en el siguiente diagrama, donde cada número indica el cardinal de la zona correspondiente:

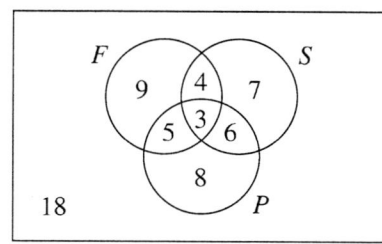

Para completar el diagrama, hemos calculado muchos más datos de los solicitados en el enunciado. El número de bufones percusionistas que se pregunta es igual a $|P \cap (\backslash F) \cap (\backslash S)| = 8$.

(c) Según la solución del apartado anterior, el número total de bufones percusionistas es igual a 8, de los cuales 3 se van con el conde de Malasaña, 2 con la duquesa de Rascafría y 3 se quedan con el rey Leocadio. Por tanto, tenemos *repartos ponderados* de 8 elementos en grupos de 3, 2 y 3, cuyo número total es igual a

$$\binom{8}{3,2,3} = \frac{8!}{3! \cdot 2! \cdot 3!}.$$

Si ya sabemos que el percusionista Matracas se va con el conde de Malasaña, nos quedan 7 percusionistas para repartir en grupos de 2 más para el conde de Malasaña, otros 2 con la duquesa de Rascafría y los 3 que se quedan con el rey Leocadio. El número total de estos repartos ponderados es igual a

$$\binom{7}{2,2,3} = \frac{7!}{2! \cdot 2! \cdot 3!}.$$

Para calcular la *probabilidad* de que Matracas se vaya con Malasaña, hay que dividir el número de casos favorables por el número de casos posibles:

$$\frac{\binom{7}{2,2,3}}{\binom{8}{3,2,3}} = \frac{\frac{7!}{2! \cdot 2! \cdot 3!}}{\frac{8!}{3! \cdot 2! \cdot 3!}} = \frac{7! \cdot 3! \cdot 2! \cdot 3!}{8! \cdot 2! \cdot 2! \cdot 3!} = \frac{3}{8} = 0{,}375.$$

5.74. En la biblioteca del licenciado Vidrieras hay un total de 36 libros, de los cuales 27 son gordos, 21 son franceses, x son licenciosos, 18 son gordos y franceses, 7 son gordos y licenciosos, 5 son franceses y licenciosos, y 3 son al mismo tiempo gordos, franceses y licenciosos. Responde razonadamente a las cuestiones siguientes, justificando las fórmulas empleadas y simplificando los resultados lo más posible.

(a) ¿Cuál es el número x de libros licenciosos que hay en la biblioteca del licenciado?

(b) En opinión de Vidrieras, los libros gordos y franceses que no sean licenciosos son aburridos. ¿Cuántos libros aburridos tiene el licenciado en su biblioteca?

(c) Vidrieras ha decidido repartir los libros aburridos de su biblioteca en cuatro lotes: un lote de tres libros que se quedará él mismo y otros tres lotes con el mismo número de libros cada uno, que regalará al alcalde, al boticario y al cura de su pueblo. ¿De cuántas maneras diferentes se puede hacer el reparto?

(d) Terminado el reparto, Vidrieras se dispone a colocar los libros que le quedan en la gran estantería de su biblioteca, donde hay espacio para todos. ¿Cuántas maneras hay de efectuar la colocación, suponiendo que los libros licenciosos se coloquen todos seguidos al comienzo de la estantería y los libros aburridos que él se ha quedado vayan todos seguidos al final?

Solución

(a) Llamamos G, F y L a los conjuntos de libros gordos, franceses y licenciosos, respectivamente. Hay que calcular $x = |L|$, para lo cual aplicamos el principio de inclusión-exclusión:

$$|G \cup F \cup L| = (|G| + |F| + |L|) - (|G \cap F| + |G \cap L| + |F \cap L|) + |G \cap F \cap L|.$$

De la información en el enunciado sacamos, directamente, los siguientes cardinales:

$$|G \cup F \cup L| = 36,$$
$$|G| = 27,$$
$$|F| = 21,$$
$$|G \cap F| = 18,$$
$$|G \cap L| = 7,$$
$$|F \cap L| = 5,$$
$$|G \cap F \cap L| = 3.$$

Según la fórmula del principio de inclusión-exclusión, obtenemos

$$36 = (27 + 21 + |L|) - (18 + 7 + 5) + 3 = |L| + 21,$$

en la cual despejamos

$$|L| = 36 - 21 = 15.$$

(b) El conjunto $G \cap F$ de libros gordos y franceses tiene una partición entre los libros licenciosos en $G \cap F \cap L$ y los no licenciosos en $G \cap F \cap (\setminus L)$, por lo que el número de libros aburridos es igual al cardinal

$$|G \cap F \cap (\setminus L)| = |G \cap F| - |G \cap F \cap L| = 18 - 3 = 15.$$

Si calculamos todos los demás datos a partir de los del enunciado, se obtiene el siguiente diagrama, donde cada número indica el cardinal de la zona correspondiente:

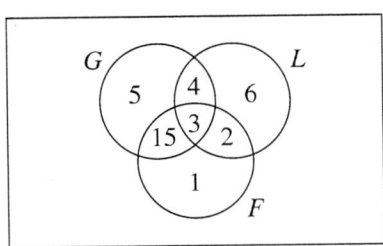

(c) Como hay en total 15 libros aburridos y Vidrieras se queda 3 de ellos, restan 12 para repartir en 3 grupos iguales, que tocan a 4 libros cada uno.

Así tenemos *repartos ponderados* de 15 elementos en 4 grupos de 3, 4, 4 y 4, cuyo número total es

$$\binom{15}{3, 4, 4, 4} = \frac{15!}{3! \cdot 4! \cdot 4! \cdot 4!} = 5 \cdot 7 \cdot 13 \cdot 11 \cdot 10 \cdot 9 \cdot 7 \cdot 5 = 15\,765\,750,$$

casi 16 millones de posibilidades.

(d) Después de repartir 12 libros aburridos al alcalde, al boticario y al cura, a Vidrieras le quedan un total de 24 libros, de los cuales 3 son aburridos y 15 son licenciosos. Notemos que el conjunto de los libros licenciosos es disjunto del conjunto de los aburridos, por lo que tiene el mismo número de licenciosos que hemos calculado en el primer apartado.

Como los libros se ordenan en la estantería, tenemos en principio *permutaciones* de 24 elementos. Ahora bien, los 24 libros están repartidos en tres grupos disjuntos, que van colocados en el orden: *licenciosos* (15), *restantes* (6) y *aburridos* (3). Solamente se puede variar el orden dentro de cada grupo, por lo que tenemos que calcular el número de permutaciones de cada grupo por separado: 15!, 6! y 3!, respectivamente.

Al ser los órdenes de los tres grupos independientes entre sí, el número total de formas de colocar los 24 libros en la estantería con esas restricciones es igual a

$$15! \cdot 6! \cdot 3! = 1\,307\,674\,368\,000 \cdot 720 \cdot 6 = 2\,824\,576\,634\,880\,000,$$

casi 2 825 billones de posibilidades.

5.75. Entre los 60 alumnos de primero y segundo de un colegio de primaria, se ha realizado una encuesta sobre la marca de chocolate consumida alguna vez entre *Nestlé*, *Zahor* y *Lindt*. La encuesta ha arrojado el siguiente resultado: el chocolate *Nestlé* lo consumen 26 alumnos, de los cuales 15 son de segundo; *Zahor* lo consumen 21 alumnos en total; en cuanto a *Lindt*, lo han probado 13 de primero y 15 de segundo. Finalmente, 5 alumnos de cada curso manifiestan no haber consumido ninguno de estos tres chocolates. En segundo, 4 consumen *Nestlé* y *Zahor*, 5 *Zahor* y *Lindt*, mientras que otros 5 dicen haber consumido los chocolates *Nestlé* y *Lindt*. En primero, el recuento pone de manifiesto que la suma de los alumnos que consumen *Nestlé* y *Zahor*, los que consumen *Zahor* y *Lindt*, y los que consumen *Nestlé* y *Lindt* da 15. Teniendo en cuenta que ningún alumno está en dos cursos, contesta razonadamente a las siguientes preguntas:

(a) ¿Cuántos alumnos consumen las tres marcas de chocolate?

(b) Si de los anteriores, 3 son de primero, ¿cuántos alumnos de segundo consumen exclusivamente los chocolates *Nestlé* y *Lindt*?

(c) Si los formularios de la encuesta fueran firmados, indica cuántos resultados posibles admite la encuesta, justificando tu respuesta (observa que el resultado del enunciado dado más arriba es uno cualquiera de todos los posibles).

(d) Supuesto ahora que los formularios son anónimos, ¿cuántos resultados diferentes puede haber que reflejen la siguiente situación: 30 alumnos consumen *Nestlé* y 10 consumen *Lindt*, pero no *Nestlé*?

Solución

(a) Llamamos N, Z y L a los conjuntos de alumnos que consumen chocolate de la marca *Nestlé*, *Zahor* y *Lindt*, respectivamente. Además cada uno de estos conjuntos se descompone como la unión *disjunta* de los correspondientes alumnos de primero y segundo, por ejemplo $N = N_1 \cup N_2$ con $N_1 \cap N_2 = \emptyset$.

Hay que calcular $|N \cap Z \cap L|$, para lo cual aplicamos el principio de inclusión-exclusión:

$$|N \cup Z \cup L| = |N| + |Z| + |L| - (|N \cap Z| + |N \cap L| + |Z \cap L|) + |N \cap Z \cap L|.$$

De la información en el enunciado sacamos, directamente, los siguientes datos:

$$|N \cup Z \cup L| = 60 - 5 - 5 = 50,$$
$$|N| = 26,$$
$$|Z| = 21,$$
$$|L| = 13 + 15 = 28,$$

por lo que

$$|N \cap Z \cap L| = 50 - 26 - 21 - 28 + (|N \cap Z| + |N \cap L| + |Z \cap L|)$$
$$= (|N \cap Z| + |N \cap L| + |Z \cap L|) - 25.$$

Por otra parte, para los alumnos de segundo tenemos los siguientes datos:

$$|N_2 \cap Z_2| = 4,$$
$$|Z_2 \cap L_2| = 5,$$
$$|N_2 \cap L_2| = 5,$$

de donde

$$|N_2 \cap Z_2| + |N_2 \cap L_2| + |Z_2 \cap L_2| = 4 + 5 + 5 = 14.$$

En cuanto a los alumnos de primero, nos dicen directamente que

$$|N_1 \cap Z_1| + |N_1 \cap L_1| + |Z_1 \cap L_1| = 15.$$

Al ser disjuntos los conjuntos de alumnos de primero y segundo, tenemos que

$$|N \cap Z| = |(N_1 \cap Z_1) \cup (N_2 \cap Z_2)| = |N_1 \cap Z_1| + |N_2 \cap Z_2|,$$

y lo mismo para las otras intersecciones. Por tanto,

$$|N \cap Z| + |N \cap L| + |Z \cap L| = 14 + 15 = 29$$

y concluimos que

$$|N \cap Z \cap L| = (|N \cap Z| + |N \cap L| + |Z \cap L|) - 25 = 29 - 25 = 4.$$

(b)   Hay que calcular

$$|N_2 \cap L_2 \cap (\backslash Z_2)| = |(N_2 \cap L_2) \backslash Z_2| = |N_2 \cap L_2| - |N_2 \cap L_2 \cap Z_2|,$$

porque $N_2 \cap L_2$ es la unión disjunta de $N_2 \cap L_2 \cap Z_2$ y $N_2 \cap L_2 \cap (\backslash Z_2)$.
Con la información del enunciado y del apartado anterior, tenemos:

$$|N_2 \cap L_2| = 5,$$
$$|N_1 \cap L_1 \cap Z_1| = 3,$$
$$|N \cap L \cap Z| = 4.$$

De aquí calculamos

$$|N_2 \cap L_2 \cap Z_2| = |N \cap L \cap Z| - |N_1 \cap L_1 \cap Z_1| = 4 - 3 = 1,$$
$$|N_2 \cap L_2 \cap (\backslash Z_2)| = |N_2 \cap L_2| - |N_2 \cap L_2 \cap Z_2| = 5 - 1 = 4.$$

(c) La respuesta de cada alumno a la encuesta consiste en decir, para cada marca de chocolate de las tres dadas, si la ha consumido o no. Como las tres marcas son distintas, el orden importa. Así pues, una respuesta consiste en una *variación con repetición* de 2 elementos (*sí* o *no*) escogidos de 3 en 3. El número de tales respuestas es, por tanto, $[2]_3 = 2^3 = 8$.

Por otra parte, al ir las encuestas firmadas, el orden entre los alumnos también importa. Por tanto, un resultado de la encuesta consiste asimismo en una *variación con repetición* de 8 elementos (las posibles respuestas) escogidos de 60 en 60. El número total de resultados posibles es, entonces, $[8]_{60} = 8^{60}$.

(d) Como hemos visto en el apartado anterior, en principio un alumno puede dar 8 posibles respuestas a la encuesta. Al ser ahora la encuesta anónima, el orden no importa, por lo que los resultados posibles de la encuesta serían *combinaciones con repetición* de 8 elementos escogidos de 60 en 60, cuyo número total es

$$\begin{bmatrix} 8 \\ 60 \end{bmatrix} = \binom{8+60-1}{60} = \binom{67}{60} = \binom{67}{7} = \frac{67 \cdot 66 \cdot 65 \cdot 64 \cdot 63 \cdot 62 \cdot 61}{7 \cdot 6 \cdot 5 \cdot 4 \cdot 3 \cdot 2 \cdot 1}.$$

Sin embargo, en este apartado se pregunta el número de posibles resultados que cumplen ciertas restricciones.

En primer lugar, si se sabe que un alumno consume *Nestlé*, su respuesta tiene un *sí* asegurado para esa marca y puede variar en las dos marcas restantes, por lo que el número de posibles respuestas de ese alumno se reduce a $2^2 = 4$. De estas 4 posibles respuestas hay que escoger 30, sin importar el orden, por lo que tenemos *combinaciones con repetición*, cuyo número total es igual a

$$\begin{bmatrix} 4 \\ 30 \end{bmatrix} = \binom{4+30-1}{30} = \binom{33}{30} = \binom{33}{3}$$
$$= \frac{33 \cdot 32 \cdot 31}{3 \cdot 2 \cdot 1} = 11 \cdot 16 \cdot 31 = 5\,456.$$

De la misma forma, si se sabe que un alumno consume *Lindt* pero no *Nestlé*, su respuesta tiene garantizados un *sí* para la primera y un *no* para la segunda, por lo que la única variación está en la marca restante, siendo el número de posibles respuestas igual a $2^1 = 2$. De estas 2 posibles respuestas hay que escoger 10 sin importar el orden, por lo que tenemos, como antes, un número de *combinaciones con repetición* igual a

$$\begin{bmatrix} 2 \\ 10 \end{bmatrix} = \binom{2+10-1}{10} = \binom{11}{10} = \binom{11}{1} = 11.$$

Finalmente, los 20 alumnos restantes ($60 - 30 - 10$) no consumen *Nestlé* (pues no están en el primer grupo) y tampoco *Lindt* (pues no están tampoco en el segundo), pero no sabemos nada de su preferencia por la tercera marca, por lo que el número de posibles respuestas es también 2. Por el mismo razonamiento tenemos un número de *combinaciones con repetición* igual a

$$\begin{bmatrix} 2 \\ 20 \end{bmatrix} = \binom{2+20-1}{20} = \binom{21}{20} = \binom{21}{1} = 21.$$

Como las elecciones para las tres partes que forman la encuesta son independientes, tenemos un número total igual a

$$5\,456 \cdot 11 \cdot 21 = 1\,260\,336.$$

5.76. En un conservatorio trabajan un total de 65 profesores de música, de los cuales 50 tocan el piano, 35 tocan el violín, 30 tocan la flauta, 25 tocan el piano y el violín, 20 tocan el piano y la flauta, y 15 tocan el violín y la flauta. Además, cada profesor sabe tocar al menos uno de estos tres instrumentos.

(a) ¿Cuántos profesores del conservatorio saben tocar los tres instrumentos?

(b) ¿Cuántos profesores tocan dos instrumentos, pero no los tres? ¿Cuántos tocan un solo instrumento?

(c) ¿Es posible repartir a los profesores del conservatorio que saben tocar solamente el piano en tres grupos del mismo tamaño? En caso afirmativo, ¿cuál es el número de repartos posibles?

(d) ¿De cuántas maneras diferentes se puede formar un trío compuesto por un pianista, un violinista y un flautista, elegidos de entre los profesores del conservatorio?

Solución

Representamos con P, V y F a los conjuntos de profesores de música que tocan el piano, el violín y la flauta, respectivamente.

Los datos del enunciado los podemos dar como cardinales de los conjuntos apropiados, como sigue:

$$|P| = 50,$$
$$|V| = 35,$$
$$|F| = 30,$$
$$|P \cap V| = 25,$$
$$|P \cap F| = 20,$$
$$|V \cap F| = 15,$$
$$|P \cup V \cup F| = 65.$$

(a) Tenemos que calcular el cardinal $|P \cap V \cap F|$, para lo cual hacemos uso del principio de inclusión-exclusión:

$$|P \cup V \cup F| = (|P| + |V| + |F|) - (|P \cap V| + |P \cap F| + |V \cap F|) + |P \cap V \cap F|.$$

Sustituyendo en esta ecuación todos los datos conocidos y despejando, obtenemos

$$|P \cap V \cap F| = 65 - (50 + 35 + 30) + (25 + 20 + 15) = 10.$$

(b) Sabiendo la cantidad de profesores que tocan los tres instrumentos, calculamos los números de profesores que tocan dos instrumentos, pero no el tercero, como sigue:

$$|P \cap V \cap (\backslash F)| = |P \cap V| - |P \cap V \cap F| = 25 - 10 = 15,$$
$$|P \cap F \cap (\backslash V)| = |P \cap F| - |P \cap V \cap F| = 20 - 10 = 10,$$
$$|V \cap F \cap (\backslash P)| = |V \cap F| - |P \cap V \cap F| = 15 - 10 = 5.$$

Como los tres conjuntos anteriores son disjuntos, basta sumar sus cardinales para deducir que $15 + 10 + 5 = 30$ profesores tocan exactamente dos instrumentos.

Ahora calculamos el número de profesores que tocan un solo instrumento, para cada uno de los tres instrumentos considerados:

$$|P \cap (\backslash V) \cap (\backslash F)| = |P| - |P \cap V \cap (\backslash F)| - |P \cap F \cap (\backslash V)| - |P \cap V \cap F|$$
$$= 50 - 15 - 10 - 10 = 15,$$
$$|V \cap (\backslash P) \cap (\backslash F)| = |V| - |V \cap P \cap (\backslash F)| - |V \cap F \cap (\backslash P)| - |P \cap V \cap F|$$
$$= 35 - 15 - 5 - 10 = 5,$$
$$|F \cap (\backslash P) \cap (\backslash V)| = |F| - |F \cap P \cap (\backslash V)| - |F \cap V \cap (\backslash P)| - |P \cap V \cap F|$$
$$= 30 - 10 - 5 - 10 = 5.$$

Como estos subconjuntos también son disjuntos entre sí, la suma de sus tres cardinales da el número de profesores que tocan un solo instrumento: $15 + 5 + 5 = 25$.

El siguiente diagrama representa gráficamente los datos que acabamos de obtener, de manera que cada número indica el cardinal de la zona correspondiente:

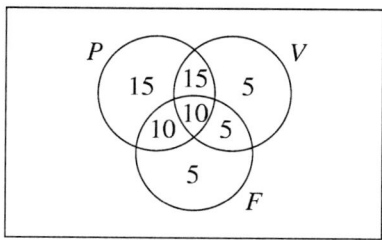

(c) Como acabamos de ver en el apartado anterior, hay 15 profesores que tocan solamente el piano, que se pueden distribuir en tres grupos de 5 profesores cada uno. El número de tales distribuciones corresponde al número de *repartos ponderados* de 15 elementos en tres grupos de 5, 5 y 5, que es igual a

$$\binom{15}{5,5,5} = \frac{15!}{5! \cdot 5! \cdot 5!} = 7 \cdot 13 \cdot 12 \cdot 11 \cdot 9 \cdot 7 = 756\,756.$$

(d) La cantidad pedida en esta pregunta es el cardinal del conjunto

$$\{(x,y,z) \in P \times V \times F \mid x \neq y, \, x \neq z, \, y \neq z\},$$

que es igual a $(P \times V \times F) \setminus (C_1 \cup C_2 \cup C_3)$ con:

$$C_1 = \{(x,y,z) \in P \times V \times F \mid x = y\},$$
$$C_2 = \{(x,y,z) \in P \times V \times F \mid x = z\},$$
$$C_3 = \{(x,y,z) \in P \times V \times F \mid y = z\}.$$

Primero, el cardinal del producto $P \times V \times F$ es igual a

$$|P \times V \times F| = |P| \cdot |V| \cdot |F| = 50 \cdot 35 \cdot 30 = 52\,500.$$

En segundo lugar, calculamos el cardinal de C_1. Como en un trío $(x,y,z) \in C_1$ se tiene que cumplir $x = y$, tenemos $x = y \in P \cap V$, para lo cual hay 25 elecciones posibles. Sobre $z \in F$ no hay restricción alguna, por lo que tiene 30 posibilidades. En resumen,

$$|C_1| = |P \cap V| \cdot |F| = 25 \cdot 30 = 750.$$

Con el mismo método, hallamos los cardinales siguientes:

$$|C_2| = |P \cap F| \cdot |V| = 20 \cdot 35 = 700,$$
$$|C_3| = |V \cap F| \cdot |P| = 15 \cdot 50 = 750.$$

En tercer lugar, vamos a usar el principio de inclusión-exclusión para calcular $|C_1 \cup C_2 \cup C_3|$. Para ello, necesitamos conocer los cardinales de ciertas intersecciones. Notemos que

$$C_1 \cap C_2 = \{(x,y,z) \mid x = y = z\} = \{(x,x,x) \mid x \in P \cap V \cap F\},$$

por lo que

$$|C_1 \cap C_2| = |P \cap V \cap F| = 10.$$

De la misma forma,

$$|C_1 \cap C_3| = |P \cap V \cap F| = 10,$$
$$|C_2 \cap C_3| = |P \cap V \cap F| = 10,$$
$$|C_1 \cap C_2 \cap C_3| = |P \cap V \cap F| = 10.$$

Por tanto, aplicando de nuevo el principio de inclusión-exclusión,

$$
\begin{aligned}
|C_1 \cup C_2 \cup C_3| &= |C_1| + |C_2| + |C_3| - (|C_1 \cap C_2| + |C_1 \cap C_3| + |C_2 \cap C_3|) \\
&\quad + |C_1 \cap C_2 \cap C_3| \\
&= 750 + 700 + 750 - (10 + 10 + 10) + 10 \\
&= 2\,180.
\end{aligned}
$$

Finalmente, como $C_1, C_2, C_3 \subset P \times V \times F$, tenemos que

$$
\begin{aligned}
&|\{(x,y,z) \in P \times V \times F \mid x \neq y,\, x \neq z,\, y \neq z\}| \\
&= |(P \times V \times F) \setminus (C_1 \cup C_2 \cup C_3)| \\
&= |P \times V \times F| - |C_1 \cup C_2 \cup C_3| \\
&= 52\,500 - 2\,180 \\
&= 50\,320
\end{aligned}
$$

es el número de tríos compuestos por un pianista, un violinista y un flautista.

6

Grafos

❧❦❧

6.1. Grafos no dirigidos y multigrafos

Un **grafo** (no dirigido) $G = (V, E)$ consta de un conjunto finito de **vértices** $V = \{v_1, \dots, v_n\}$ y un conjunto finito de **aristas** $E = \{e_1, \dots, e_m\}$, donde cada arista es de la forma $\{v_i, v_j\}$, con $v_i, v_j \in V, i \neq j$, es decir, una arista en un grafo no dirigido consiste en un par no ordenado de vértices. Dos vértices $v_1, v_2 \in V$ son **adyacentes** o **vecinos** si la arista $\{v_1, v_2\} \in E$. Si $a = \{v_1, v_2\}$, decimos que la arista a **incide** en los vértices v_1 y v_2.

En algunas ocasiones, para simplificar la notación, una arista $\{v_1, v_2\}$ se representa como $v_1 v_2$, con la idea implícita de que el orden entre ambos vértices no importa.

Se llama **grado de un vértice** v, y se denota gd(v), al número de aristas que inciden en él. Para un grafo $G = (V, E)$ se verifica que $\sum_{v \in V} \text{gd}(v) = 2 \cdot |E|$, es decir, la suma de los grados de todos los vértices del grafo es igual al doble del número de aristas del grafo.

Un grafo G se llama **completo** si todos sus vértices están conectados dos a dos de todas las formas posibles. El grafo completo de n vértices se llama K_n.

Un grafo G se llama k-**regular** para $k \in \mathbb{N}_1$ si todos los vértices del grafo G tienen el mismo grado k.

Un grafo $G_2 = (V_2, E_2)$ es **subgrafo** de otro grafo $G_1 = (V_1, E_1)$ si todos los vértices y las aristas de G_2 están en G_1. Además, G_2 es un **subgrafo completo** si todas las aristas en E_1 que conectan vértices que están en V_2 también están en E_2.

Dos grafos $G_1 = (V_1, E_1)$ y $G_2 = (V_2, E_2)$ son **isomorfos** si existe una biyección $b : V_1 \to V_2$ tal que, para todo $x, y \in V_1$, $\{x, y\}$ es una arista de G_1 si y solo si $\{b(x), b(y)\}$ es una arista de G_2.

Un **multigrafo** (no dirigido) $G = (V, E, I)$ consta de un conjunto finito de vértices V, un conjunto finito de aristas E y una **relación de incidencia**, $I \subseteq V \times E \times V$, que satisface las dos condiciones siguientes:

- Para todo $x \in V$, $e \in E$ no se cumple la relación $I(x, e, x)$, es decir, no se permiten autoaristas o bucles.

- Si se verifica la relación $I(x, e, y)$, entonces también se verifica $I(y, e, x)$.

- Si se verifican $I(x, e, y)$ y $I(x, e, y')$, entonces $y = y'$.

Si se cumple $I(x, e, y)$, decimos que la arista e **conecta** los vértices x e y y también que la arista e es **incidente** con ellos. El concepto de grado de un vértice se define para multigrafos igual que para grafos, siendo la propiedad sobre la suma de los vértices igualmente válida.

Informalmente, podemos pensar en un multigrafo como en un grafo en el que se pueden repetir aristas. Además, un grafo (V, E) puede considerarse un caso particular de multigrafo en el que la relación de incidencia I está definida implícitamente como $I = \{(x, \{x, y\}, y), (y, \{x, y\}, x) \mid \{x, y\} \in E\}$. Por ello, todas las definiciones y resultados válidos para multigrafos se pueden aplicar igualmente a los grafos.

Habitualmente representaremos un (multi)grafo G mediante un diagrama, en el que los vértices se representarán como puntos etiquetados y las aristas como líneas entre dichos puntos. En el caso de los grafos dirigidos, definidos en la sección 6.7, en lugar de líneas se utilizarán flechas para indicar la orientación de los arcos. Existen, además, otras formas de representar grafos que también se emplean a menudo y que presentamos a continuación.

Dado un grafo G, se llama **tabla de adyacencia** a la sucesión de listas en la que cada vértice es la cabeza de la lista de todos sus vértices adyacentes.

Dado un grafo G con n vértices se llama **matriz de adyacencia** a una matriz booleana de tamaño $n \times n$ de la forma $A = (a_{ij})$, con $1 \leq i, j \leq n$, tal que a_{ij} vale 1 si $\{v_i, v_j\}$ es una arista de G y 0 en otro caso.

6.2. Recorridos en grafos y multigrafos

Un **recorrido en un multigrafo no dirigido** $G = (V, E, I)$ es una sucesión de la forma

$$v_0, e_1, v_1, e_2, v_2, \ldots, v_{n-1}, e_n, v_n$$

donde, para cada $1 \leq i \leq n$, se verifica la relación $I(v_{i-1}, e_i, v_i)$, es decir, e_i es una arista que conecta v_{i-1} con v_i.

Un **recorrido en un grafo no dirigido** $G = (V, E)$ se puede representar simplemente como una sucesión de vértices $v_0, v_1, v_2, \ldots, v_{n-1}, v_n$ donde, para cada $1 \leq i \leq n$, se verifica que $\{v_{i-1}, v_i\} \in E$ es una arista del grafo.

En ambos casos, se dice que:

- El recorrido conecta v_0 (vértice inicial) con v_n (vértice final).

- El número n de aristas que se atraviesan a lo largo del recorrido es la **longitud** del recorrido.

Entre los recorridos, nos interesan especialmente los que cumplen algunas propiedades adicionales. Sea R un recorrido en un multigrafo no dirigido, que conecta un vértice inicial v_0 con un vértice final v_n. Entonces:

- Si no se repiten vértices antes de llegar a v_n, se dice que R es un **camino**.

- Si el vértice final coincide con el inicial, se dice que R es un **recorrido circular** o **circuito**.

- Si se cumplen a la vez las dos condiciones anteriores, se dice que R es un **camino circular** o **ciclo**.

Sean x, y dos vértices de un multigrafo no dirigido G. Diremos que x **se puede conectar a** y si y solo si se cumple cualquiera de las dos condiciones siguientes, que son equivalentes:

- Existe un camino en G que lleva de x a y.

- Existe un recorrido en G que lleva de x a y.

La relación C sobre los vértices de G, definida como $xCy \iff x$ e y $están$ $conectados$ por un $camino$ en G es una relación de equivalencia y a la clase de equivalencia del vértice x se la llama **componente conexa** de x.

Decimos que un multigrafo G es **conexo** si tiene una sola componente conexa.

Un **punto de corte** en un grafo conexo $G = (V, E)$ es un vértice $v \in V$ tal que al borrar v y todas las aristas que lo tienen por extremo, el grafo deja de ser conexo.

Un **ciclo hamiltoniano** es un ciclo que pasa por todos los vértices de un grafo. Un grafo no dirigido es **hamiltoniano** si contiene un ciclo hamiltoniano.

Condiciones necesarias para que un grafo sea hamiltoniano:

- Ha de ser conexo.

- No puede tener vértices de grado 1.

- No puede tener puntos de corte.

Condiciones suficientes para que un grafo sea hamiltoniano:

- **Teorema de Dirac:** Sea G un grafo conexo con $n \geq 3$ vértices. Si $gd(v) \geq n/2$ para todo vértice v de G, entonces G es hamiltoniano.

- **Teorema de Ore:** Sea G un grafo conexo con $n \geq 3$ vértices. Si $gd(u) + gd(v) \geq n$ para todo par de vértices no adyacentes u y v de G, entonces G es hamiltoniano.

Un circuito que atraviesa cada arista de un multigrafo exactamente una vez es un **circuito euleriano** y un **recorrido euleriano** es un recorrido que atraviesa cada arista del multigrafo exactamente una vez. Un multigrafo es **euleriano** si contiene un circuito euleriano y **semieuleriano** si contiene un recorrido euleriano, pero no un circuito euleriano (por tanto, el concepto de multigrafo euleriano no es un caso particular del de multigrafo semieuleriano).

Teorema de Euler: Sea $G = (V, E, I)$ un multigrafo conexo, entonces se verifica:

- G es euleriano $\iff$ todos los vértices de G son de grado par.

- G es semieuleriano $\iff$ dos vértices son de grado impar y el resto de grado par.

6.3. Coloreado de vértices

Un **coloreado de vértices** de un grafo $G = (V, E)$ con $colores$ tomados de un conjunto finito C es cualquier función $c : V \to C$ tal que si $\{x, y\} \in E$ entonces $c(x) \neq c(y)$, es decir, vértices adyacentes reciben colores diferentes.

El **número cromático** $\chi(G)$ de un grafo G es el menor número de colores k con el que G se puede colorear.

Algoritmo voraz de coloreado: Se elige una ordenación de los vértices y se opera del modo siguiente, con un conjunto de colores $\{C_1, C_2, C_3, \ldots\}$:

1. Se asigna el color C_1 al primer vértice de la ordenación.

2. Para cada uno de los vértices restantes, se asigna el color con índice más pequeño posible que no haya sido asignado aún a ningún vértice adyacente.

Este algoritmo *no* es óptimo, pues el número de colores que se usan en el coloreado depende de la ordenación que inicialmente se elige para los vértices. En consecuencia, una sola aplicación del algoritmo no garantiza haber encontrado el número cromático de un grafo dado.

Se dice que un grafo G es **bipartito** cuando su número cromático, $\chi(G)$, vale 2. Un grafo es bipartito si y solo si su conjunto de vértices V se puede dividir en dos subconjuntos disjuntos V_1 y V_2 de forma que todas las aristas del grafo conectan vértices en V_1 con vértices en V_2.

El siguiente resultado proporciona una sencilla caracterización del concepto de grafo no dirigido bipartito:

G es bipartito $\Longleftrightarrow$ G no tiene ciclos de longitud impar.

6.4. Árboles

Un **árbol** es cualquier grafo no dirigido T que verifica las dos condiciones siguientes:

- T es conexo.
- T no contiene ciclos.

En cualquier árbol $T = (V, E)$ se verifican las siguientes propiedades:

- Entre cada dos vértices de T hay siempre un único camino.
- Al quitar de T cualquier arista, resulta un grafo con dos componentes conexas, que son árboles.
- $|E| = |V| - 1$.

Un grafo $B = (V, E)$ se llama **bosque** cuando no contiene ciclos. Cada componente conexa de un bosque es un árbol. Además, si $B = (V, E)$ es un bosque con $k \geq 1$ componentes conexas, entonces $|E| = |V| - k$. Cuando $k = 1$, el bosque es conexo y se reduce a un único árbol.

Un **árbol con raíz** es un árbol T con un vértice x_0, llamado **raíz**, que se distingue de los demás. En un árbol con raíz se definen los siguientes conceptos:

- El **nivel** de un vértice x es la longitud del camino que va de la raíz x_0 a x. El nivel de x_0 es 0.
- Los **hijos** de un vértice x de nivel i son los vértices de nivel $i + 1$ adyacentes a él. Un vértice se llama **padre** de sus hijos. Los hijos de un mismo padre se llaman **hermanos**.
- Las **hojas** son vértices sin hijos. Los restantes vértices se llaman **nodos internos**.
- Las **ramas** de un árbol son los caminos que van de la raíz a las hojas.
- La **talla** de un árbol es la longitud de la rama más larga, es decir, el máximo de los niveles de los vértices.
- Un árbol en el que cada nodo interno tiene m hijos se llama árbol m-**ario**.
- Un árbol m-ario es **completo** si todas sus ramas son de la misma longitud.

Dados un grafo conexo $G = (V, E)$ y un árbol $T = (V', E')$, decimos que T es un **árbol recubridor** de G si $V' = V$ y $E' \subseteq E$, es decir, T y G tienen los mismos vértices y T usa solo algunas aristas de G.

Para construir árboles recubridores se usa el **algoritmo de Prim**:

1. Elegimos un vértice cualquiera como vértice inicial.
2. Mientras queden vértices no elegidos aún, elegimos un *nuevo* vértice, junto con una arista que lo conecte a algún vértice de los anteriormente elegidos.

En general, dado un grafo conexo, puede haber varios árboles distintos que lo recubran.

6.5. Grafos valorados

Un **grafo valorado** es un grafo $G = (V, E)$ junto con una **función de coste** $c : E \to \mathbb{N}_1$.

Se llama **coste de un árbol valorado** $T = (V, E)$ a la suma de los costes de sus aristas, es decir, $c(T) = \sum_{\{x,y\} \in E} c(\{x, y\})$.

Dado un grafo valorado y conexo $G = (V, E)$, el problema del **árbol recubridor de coste mínimo** consiste en encontrar un árbol recubridor T para G cuyo coste sea mínimo.

Modificando el algoritmo de Prim de manera que en cada paso se añada una arista *de coste mínimo* que conecta un vértice elegido con uno no elegido, obtenemos una solución óptima para el problema del árbol recubridor de coste mínimo.

6.6. Árboles de búsqueda

Muchas veces se usan los grafos para representar **problemas de búsqueda**; en dichos casos, se suele distinguir entre vértices iniciales y finales y el problema consiste en encontrar un camino desde un nodo inicial dado hasta un nodo final. Hay varios algoritmos para resolver problemas de búsqueda basados en la construcción de un árbol a partir de las aristas del grafo. Como un árbol no contiene ciclos, se evita volver a investigar nodos ya visitados en momentos anteriores de la búsqueda. Los árboles obtenidos de esta manera se llaman **árboles de búsqueda**. Hay dos estrategias importantes que pueden usarse para desplegar un árbol de búsqueda dentro de un grafo, una es la **búsqueda en profundidad (BP)** y otra la **búsqueda por niveles (BN)** o **búsqueda en anchura**.

Formulación de BP con ayuda de una *pila de vértices*:

Se parte de un grafo $G = (V, E)$ y de un vértice $v_0 \in V$. Se utilizan además como estructuras auxiliares un conjunto *Visitados* de vértices, que inicialmente solo contiene a v_0, y una *pila* de vértices que inicialmente debe contener solo a v_0. El árbol resultante quedará definido mediante un conjunto de aristas, subconjunto de E.

- Mientras que la pila no esté vacía hacer:
  Sea x la cima de la pila.

  - Eliminar x de la pila.
  - Para cada y adyacente a x tal que $y \notin$ *Visitados*, hacer:
    - Añadir la arista $\{x, y\}$ al árbol.
    - Añadir y a *Visitados*.
    - Apilar y.

Formulación de BN con ayuda de una *cola de vértices*:

Se parte de un grafo $G = (V, E)$ y de un vértice $v_0 \in V$. Se utilizan además como estructuras auxiliares un conjunto *Visitados* de vértices, que inicialmente solo contiene a v_0, y una *cola* de vértices que inicialmente debe contener solo a v_0. El árbol resultante quedará definido mediante un conjunto de aristas, subconjunto de E.

- Mientras la cola no esté vacía hacer:
  Sea x el primero de la cola.

  - Eliminar x de la cola.
  - Para cada y adyacente a x tal que $y \notin$ *Visitados*, hacer:

- Añadir la arista $\{x, y\}$ al árbol.
- Añadir y a *Visitados*.
- Añadir y a la cola.

Se observa que ambas formulaciones únicamente difieren en la utilización de una pila para BP y una cola en el caso de BN.

6.7. Grafos dirigidos

Un **grafo dirigido** $D = (V, A)$ consta de un conjunto finito de vértices $V = \{v_1, \ldots, v_n\}$ y una relación de adyacencia $A \subseteq V \times V$. Si dos vértices $x, y \in V$ cumplen xAy, decimos que (x, y) es un **arco**. Los arcos, a diferencia de las aristas, son pares ordenados (v_1, v_2) orientados del vértice v_1 al v_2. Un arco de la forma (x, x) se llama **bucle**.

Notemos que un grafo dirigido (V, A) es exactamente lo mismo que una relación binaria A sobre V.

Análogamente al caso de los grafos no dirigidos, definimos un **recorrido dirigido** $v_0, \ldots, v_n$ como una sucesión de vértices donde cada uno es adyacente al siguiente. Diremos que un recorrido **visita** todos sus vértices. El número de arcos del recorrido se llama **longitud** del recorrido. Un **camino dirigido** es un recorrido dirigido con todos sus vértices diferentes. Un **circuito dirigido** es un recorrido donde $v_0 = v_n$. Un **ciclo dirigido** es un camino dirigido donde $v_0 = v_n$.

6.8. Preguntas de test resueltas

6.1. Cualquier grafo con 6 vértices y 15 aristas tiene que ser necesariamente:

(a) completo   (b) euleriano   (c) bipartito

Solución

(a) El número de aristas de un grafo completo de n vértices es $\frac{n(n-1)}{2}$.
   Como $\frac{6 \cdot 5}{2} = 15$, el grafo es completo y esta es la respuesta correcta.

(b) Todos los vértices de este grafo tienen grado 5, porque hemos visto que es completo. Como 5 es un número impar, el grafo no puede ser euleriano; como el número de vértices de grado impar es mayor que 2, el grafo tampoco es semieuleriano.

(c) El número cromático del grafo completo K_n de n vértices es igual a n. En este caso, el grafo es K_6, luego su número cromático es 6 y no 2. Así pues, el grafo no es bipartito.

6.2. Cualquier grafo de 5 vértices y 3 aristas tiene que ser inevitablemente:

(a) conexo   (b) euleriano   (c) no hamiltoniano

Solución

El siguiente grafo

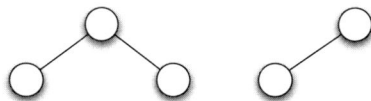

tiene 5 vértices y 3 aristas; sin embargo, no es conexo ni euleriano, por lo que las respuestas (a) y (b) son incorrectas.

En general, un grafo con 5 vértices y 3 aristas no puede ser conexo, pues para que un grafo de n vértices sea conexo hacen falta al menos $n-1$ aristas, 4 en este caso concreto. Al no ser conexo, tampoco puede ser hamiltoniano. Por tanto, (c) es la respuesta correcta.

6.3. Sea $G = (V, E)$ un grafo conexo con $|E| = 17$ y $\mathrm{gd}(v) \geq 3$ para todos sus vértices $v \in V$. ¿Cuál es el máximo valor de $|V|$?

    (a) 17   (b) 14   (c) 11

Solución

Usando la igualdad $2 \cdot |E| = \sum_{v \in V} \mathrm{gd}(v)$, obtenemos con los datos del enunciado

$$2 \cdot 17 = \sum_{v \in V} \mathrm{gd}(v) \geq \sum_{v \in V} 3 = 3 \cdot |V|,$$

de donde $|V| \leq \lfloor \frac{34}{3} \rfloor = 11$. Luego 11 es el valor máximo que puede tomar $|V|$, siendo (c) la respuesta correcta.

6.4. ¿Cuantos vértices se necesitan para obtener un grafo con 12 aristas y todos sus vértices de grado 3?

    (a) 8 vértices   (b) 3 vértices   (c) 6 vértices

Solución

Usando la igualdad $2 \cdot |E| = \sum_{v \in V} \mathrm{gd}(v)$, obtenemos de los datos del enunciado

$$2 \cdot 12 = \sum_{v \in V} \mathrm{gd}(v) = \sum_{v \in V} 3 = 3 \cdot |V|.$$

Por lo tanto, $|V| = \frac{24}{3} = 8$ y la respuesta correcta es la (a).

6.5. Sea $G = (V, E)$ un grafo conexo con $|E| = 25$ y con $\mathrm{gd}(v) \leq 3$ para todos sus vértices $v \in V$. ¿Cuál es el mínimo valor de $|V|$?

    (a) 17   (b) 12   (c) 18

Solución

Usando la igualdad $2 \cdot |E| = \sum_{v \in V} \mathrm{gd}(v)$, con los datos del enunciado obtenemos

$$2 \cdot 25 = \sum_{v \in V} \mathrm{gd}(v) \leq \sum_{v \in V} 3 = 3 \cdot |V|.$$

Por lo tanto, $|V| \geq \left\lceil \frac{50}{3} \right\rceil = 17$. Luego $|V| = 17$ es el mínimo valor posible para $|V|$ en las condiciones del enunciado, siendo (a) la respuesta correcta.

6.6. Sea $G = (V, E)$ un grafo conexo con $|E| = 6$ y con $\mathrm{gd}(v_1) = \mathrm{gd}(v_2) = \mathrm{gd}(v_3) = 3$ para vértices $v_1, v_2, v_3 \in V$. ¿Cuál es el mínimo valor de $|V|$?

    (a) 3   (b) 4   (c) 5

Solución

Sea $V' = V \setminus \{v_1, v_2, v_3\}$. De la conocida igualdad $2 \cdot |E| = \sum_{v \in V} \mathrm{gd}(v)$ obtenemos ahora

$$2 \cdot 6 = \sum_{v \in V} \mathrm{gd}(v) = 3 + 3 + 3 + \sum_{v \in V'} \mathrm{gd}(v),$$

de donde $3 = \sum_{v \in V'} \mathrm{gd}(v)$. El menor valor para $|V|$ se obtendrá entonces cuando en V' solamente haya un vértice de grado 3. En tal caso, $|V| = 4$ con $V = \{v_1, v_2, v_3, v_4\}$ y $gd(v) = 3$ para todo $v \in V$, lo que se corresponde con la respuesta (b).

6.7. Dado un grafo conexo y euleriano $G = (V, E)$ tal que $|E| = 28$ y todos sus vértices $v \in V$ tienen $\mathrm{gd}(v) > 3$, se puede asegurar:

    (a) $|V| \leq 14$ (b) $|V| > 15$ (c) $|V| = 14$

Solución

Usando la igualdad $2 \cdot |E| = \sum_{v \in V} \mathrm{gd}(v)$, obtenemos

$$2 \cdot 28 = \sum_{v \in V} \mathrm{gd}(v) \geq \sum_{v \in V} 4 = 4 \cdot |V|$$

(nótese que la condición $\mathrm{gd}(v) > 3$ en el enunciado es equivalente a $\mathrm{gd}(v) \geq 4$).

Por lo tanto, $|V| \leq \left\lfloor \frac{56}{4} \right\rfloor = 14$, de donde $|V| \leq 14$. Así pues, la respuesta correcta es la (a).

6.8. Sea $G = (V, E)$ un grafo tal que $|V| = 25$ y todos sus vértices $v \in V$ tienen $\mathrm{gd}(v) \geq 3$; entonces

    (a) $|E| = 25$ (b) $|E| \geq 38$ (c) $|E| < 30$

Solución

Usando la conocida igualdad $2 \cdot |E| = \sum_{v \in V} \mathrm{gd}(v)$, obtenemos

$$2 \cdot |E| = \sum_{v \in V} \mathrm{gd}(v) \geq \sum_{v \in V} 3 = 3 \cdot |V| = 3 \cdot 25.$$

Por lo tanto, $|E| \geq \lceil \frac{75}{2} \rceil = 38$; luego la respuesta correcta es la (b), que afirma precisamente que $|E| \geq 38$.

6.9. Sea $G = (V, E)$ un grafo conexo con $|E| = 2n$ y $V = \{v_1, \ldots, v_{n+1}\}$ para cierto $n \in \mathbb{N}$. Se sabe además que $\mathrm{gd}(v_i) = 3$, para todo $v_i \in V$ con $1 \leq i \leq n$. ¿Cuál es el valor de $\mathrm{gd}(v_{n+1})$?

    (a) $2n + 2$ (b) $n - 1$ (c) n

Solución

Usando la igualdad $2 \cdot |E| = \sum_{v \in V} \mathrm{gd}(v)$, obtenemos

$$2 \cdot 2n = \sum_{i=1}^{n+1} \mathrm{gd}(v_i) = (\sum_{i=1}^{n} 3) + \mathrm{gd}(v_{n+1}) = 3n + \mathrm{gd}(v_{n+1}).$$

Despejando en la anterior igualdad, $\mathrm{gd}(v_{n+1}) = 4n - 3n = n$. Luego (c) es la respuesta correcta.

6.10. Sea $G = (V, E)$ un grafo conexo tal que $|V| = 2^{100} + 1$ y $\mathrm{gd}(v_i) = 1$ para todo $v_i \in V$ con $2 \leq i \leq 2^{100} + 1$. ¿Qué se puede asegurar de $\mathrm{gd}(v_1)$?

    (a) $\mathrm{gd}(v_1) = 1$ (b) $\mathrm{gd}(v_1) = 0$ (c) $\mathrm{gd}(v_1)$ es par

Solución

No se puede asegurar que se cumpla (a). Imaginemos, por ejemplo, un grafo en el que todos los vértices v_i para $2 \leq i \leq 2^{100} + 1$ sean adyacentes únicamente con v_1. Se tendría un grafo conexo, cumpliendo $\mathrm{gd}(v_i) = 1$ para todo i con $2 \leq i \leq 2^{100} + 1$, pero con $\mathrm{gd}(v_1) = 2^{100}$.

El mismo contraejemplo sirve para comprobar que tampoco se puede asegurar (b); además, $\mathrm{gd}(v_1)$ no puede ser 0, por ser el grafo conexo.

Sin embargo, a partir de la igualdad $2 \cdot |E| = \sum_{v \in V} \mathrm{gd}(v)$, tenemos que $\sum_{v \in V} \mathrm{gd}(v)$ debe ser un valor par y, como $\sum_{v \in V} \mathrm{gd}(v) = \mathrm{gd}(v_1) + 2^{100}$, obtenemos que $\mathrm{gd}(v_1)$ también debe ser par, por lo que (c) es la respuesta correcta.

6.11. El número de hojas de un árbol ternario completo de talla n es:

    (a) 3^{n-1} (b) $3^n - 1$ (c) 3^n

Solución

Un árbol ternario completo es aquel que en cada uno de sus nodos internos (los que no son hojas) tiene 3 hijos, con lo cual el número de hojas de un árbol de esta clase con talla n es igual a 3^n. Luego la respuesta correcta es la (c).

6.12. Un árbol binario completo con 16 hojas, ¿cuántos nodos internos (ni) y cuántas aristas (ar) posee?

(a) $ni = 15$ y $ar = 24$ (b) $ni = 15$ y $ar = 30$ (c) $ni = 14$ y $ar = 28$

Solución

Un árbol binario completo es aquel que en cada uno de sus nodos internos (los que no son hojas) tiene 2 hijos; por lo tanto, si tiene $16 = 2^4 = 2^n$ hojas, su talla n es igual a 4.

Así pues, en el nivel 0 tiene 1 nodo (la raíz), en el nivel 1 tiene 2 nodos, en el nivel 2 tiene 4 nodos y en el nivel 3 tiene 8 nodos; luego la suma de sus nodos internos es $1 + 2 + 4 + 8 = 15$.

Como es completo, cada nodo interno tiene dos hijos; luego el número de aristas es igual a $2 \cdot 15 = 30$.

También podemos calcular el número de aristas como uno menos que el número total de vértices, que a su vez es igual al número de nodos internos más el número de hojas. De esta forma, $ar = 15 + 16 - 1 = 30$.

Por lo tanto, la respuesta correcta es la (b).

6.13. Un árbol binario completo con 15 nodos internos y 30 aristas, ¿cuántas hojas posee?

(a) 8   (b) 16   (c) 32

Solución

Un árbol binario completo es aquel que en cada nodo interno tiene 2 hijos; por lo tanto, si tiene un total de 15 nodos internos y 30 aristas, eso se debe a que en el nivel 0 tiene 1 nodo, en el nivel 1 tiene 2 nodos y 2 aristas, en el nivel 2 tiene 4 nodos y 8 aristas y en el nivel 3 tiene 8 nodos y 16 aristas, lo cual suma un total de $1 + 2 + 4 + 8 = 15$ nodos internos y un total de $2 + 4 + 8 + 16 = 30$ aristas. Con estos datos sabemos que su talla es 4 y tiene, por tanto, $2^4 = 16$ hojas.

Luego la respuesta correcta es la (b).

6.14. ¿Cuál es el número de hojas de un árbol binario completo con 31 nodos internos?

(a) 8   (b) 16   (c) 32

Solución

Un árbol binario completo es aquel que en cada nodo interno tiene 2 hijos; por lo tanto, si tiene un total de 31 nodos internos, eso se debe a que en el nivel 0 tiene 1 nodo (la raíz), en el nivel 1 tiene 2 nodos, en el nivel 2 tiene 4 nodos, en el nivel 3 tiene 8 nodos y en el nivel 4 tiene 16 nodos, lo cual suma un total de $1 + 2 + 4 + 8 + 16 = 31$ nodos internos. Con estos datos sabemos que su talla es 5 y tiene, por tanto, $2^5 = 32$ hojas.

Luego la respuesta correcta es la (c).

6.15. ¿Cuántas aristas tiene un bosque de árboles binarios completos de 8 hojas cada uno, si el bosque tiene 45 vértices?

(a) 43 (b) 42 (c) 44

Solución

Un árbol binario completo de talla n tiene 2^n hojas. Así, si tiene $8 = 2^3 = 2^n$ hojas, su talla n es igual a 3 y, por ello, consta de 15 vértices y 14 aristas.

Como el bosque tiene 45 vértices, esto significa que está formado por tres árboles completos de 14 aristas cada uno y el total de aristas del bosque es igual a $14 \cdot 3 = 42$.

Luego la respuesta correcta es la (b).

6.16. Un árbol binario de 16 hojas que no sea completo, tiene necesariamente:

(a) talla 4 (b) talla > 4 (c) talla 3

Solución

Un árbol binario completo de talla n tiene 2^n hojas. Así, si tiene $16 = 2^4 = 2^n$ hojas, su talla n es igual a 4. Como nuestro árbol es incompleto, debe tener una talla mayor que 4, pues en caso contrario, para poder tener 16 hojas debería ser completo.

Luego la respuesta correcta es la (b).

6.17. Sea G el grafo resultante de eliminar una arista de un árbol con n vértices, sin quitar ningún vértice. Entonces:

(a) G es conexo (b) G tiene $n - 2$ aristas (c) G es hamiltoniano

Solución

Un árbol es un grafo conexo que no contiene ciclos, por eso verifica que $|E| = |V| - 1$, en nuestro caso, $|E| = n - 1$. Si le quitamos una arista, el árbol deja de ser conexo y, por tanto, tampoco puede ser hamiltoniano, es decir, las respuestas (a) y (c) son incorrectas. Como le hemos quitado una arista al árbol, el número de aristas del grafo resultante es $n - 2$ y la respuesta correcta es la (b).

6.18. Al quitar una arista a un árbol con n vértices (sin eliminar vértices) resulta un grafo, G, que cumple:

    (a) G tiene 2 componentes conexas

    (b) G tiene $n-1$ aristas

    (c) G contiene un ciclo

Solución

Un árbol es un grafo conexo que no contiene ciclos, por eso verifica que $|E| = |V| - 1$; en nuestro caso, $|E| = n - 1$. Si le quitamos una arista, el árbol deja de ser un grafo conexo para convertirse en un grafo con dos componentes conexas, luego la respuesta correcta es la (a).

Como le hemos quitado una arista al árbol, el número de aristas del grafo resultante es $n - 2$ y, por ello, la respuesta (b) es incorrecta.

Como el árbol de partida no tiene ciclos, al eliminar una arista el grafo que resulta tampoco tiene ciclos, por lo que la respuesta (c) es asimismo incorrecta.

6.9. Ejercicios resueltos

6.19. Demuestra que, si G es un grafo con más de un vértice, se pueden encontrar dos vértices diferentes de G que tengan el mismo grado.

Solución

Sea $G = (V, E)$ un grafo con $|V| = n \geq 2$ vértices. Cada vértice tiene un grado d, con $0 \leq d \leq n - 1$. Luego hay n grados posibles para los n vértices.

Si todos los vértices tuviesen grados diferentes, existirían dos vértices distintos u y v tales que $gd(u) = 0$ y $gd(v) = n - 1$. Para tener grado $n - 1$, v debe estar conectado con los $n - 1$ vértices restantes y, en particular, con u, lo cual es absurdo, pues u tiene grado 0 y es entonces un vértice aislado que no puede estar conectado con ningún otro.

Por lo tanto, no puede darse la situación en la que todos los vértices tengan grados diferentes y en G hay necesariamente dos vértices con el mismo grado.

Este ejercicio es una versión en forma de grafo de los ejercicios 3.75 y 3.76 en el capítulo sobre conjuntos, resueltos allí mediante el principio del palomar. La misma solución se podría haber usado también aquí.

6.20. En cada una de las 5 torres de Wormtown está encerrada una hija del rey Marschall. Desde la torre de la princesa Dignata (**D**) no se ve la torre de Consumata (**C**), aunque sí las otras tres. Las princesas Adelhata (**A**), Zebedea (**Z**) y Omata (**O**) también ven solamente tres torres cada una. Consumata solo ve dos torres. Construye la tabla de adyacencia y la matriz de adyacencia de un grafo que tenga como vértices las torres y tal que dos vértices estén conectados por una arista cuando desde la torre correspondiente a uno de ellos se pueda ver la torre correspondiente al otro. Dibuja el grafo.

Solución

Las condiciones del problema son:

(a) **D** ve a **A**, **Z** y **O**, pero no ve a **C**.

(b) **C** ve 2 torres.

(c) Tanto **A** como **Z** como **O** ven 3 torres cada una.

Como consecuencia de estas tres condiciones, ya sabemos que el conjunto de vértices del grafo es $V = \{A, C, D, O, Z\}$ y este es el orden que vamos a usar para definir la tabla y la matriz de adyacencia. Además, estas condiciones nos aseguran la siguiente tabla de grados de los vértices:

Vértice	A	C	D	O	Z
Grado	3	2	3	3	3

La condición (a) hace que nuestro grafo solución tenga que contener al siguiente grafo G_0:

G_0

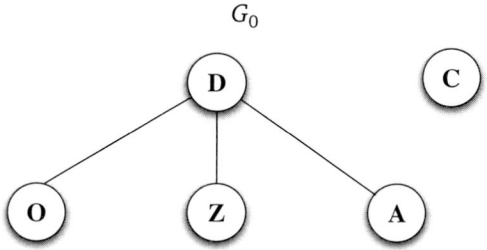

La condición (a) obliga a que en **D** no incidan más aristas y la condición (b) afirma que en **C** deben incidir 2 aristas, pero no dice desde dónde, lo cual nos deja las tres posibilidades que aparecen a continuación:

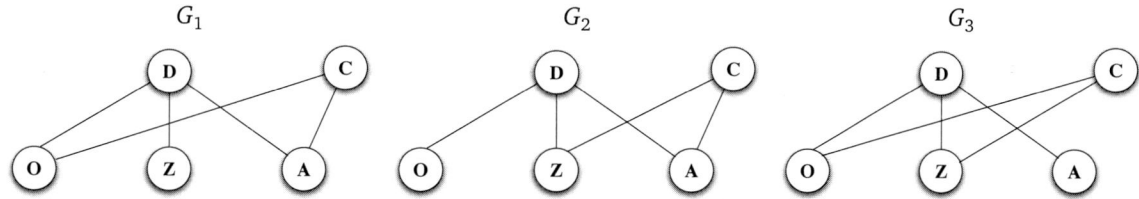

- Para obtener una solución G_1', extendemos G_1 para que cumpla la condición (c); para ello, es necesario conectar **Z** con otros dos vértices, que deben ser necesariamente **A** y **O**, pues **D** y **C** ya tienen los grados exigidos.

- Análogamente, conectando **O** con **A** y **Z** en G_2, se cumple la condición (c) y obtenemos otra posible solución, G_2'.

- De la misma forma, conectando **A** con **Z** y **O** en G_3, se cumple la condición (c) y obtenemos otra posible solución, G_3'.

La siguiente tabla muestra los grafos resultantes, G_1', G_2' y G_3', así como sus respectivas tablas de adyacencia y matrices de adyacencia.

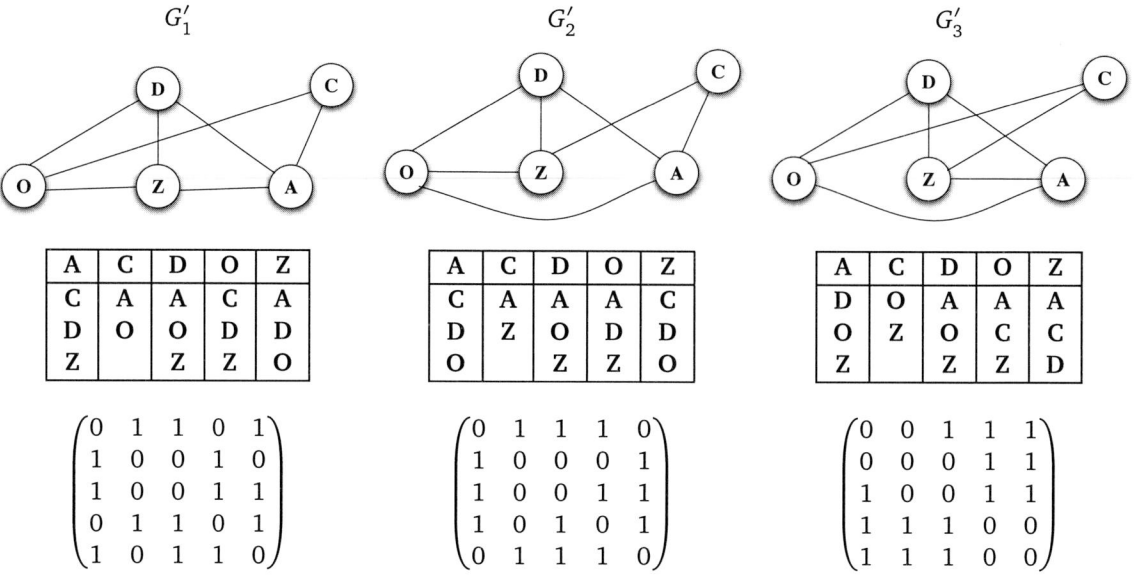

6.21. El profesor Cerebelo y su mujer Florinda celebran una fiesta con otras cuatro parejas. Los invitados hablan animadamente entre ellos, pero los miembros de cada pareja no hablan entre sí. Cerebelo es muy celoso y al final de la fiesta quiere averiguar con cuánta gente ha hablado su mujer. Haciéndose el tonto, le pregunta a Florinda (que se fija en todos los detalles) con cuántas personas ha hablado cada uno de los asistentes, incluyéndola naturalmente a ella y excluyéndose a sí mismo. Florinda no quiere darle una respuesta directa y le dice que no hay dos personas que hayan hablado con el mismo número de gente. Cerebelo hace un cálculo utilizando un grafo y al cabo de tres segundos se pone muy nervioso. Florinda le tranquiliza diciéndole: "Querido, no estés celoso; las mujeres somos más parlanchinas que los hombres". En medio segundo Cerebelo se tranquiliza y responde: "Así me gusta, querida; vamos a casa". Florinda asiente y observa: "Aunque no me he preocupado de controlarte, sé que has hablado solo con mujeres y, además, con todas".

¿Qué es lo que calculó Cerebelo en la primera ocasión? ¿Y en la segunda? ¿Cómo supo Florinda con quién había hablado Cerebelo, sin necesidad de llevar el control durante la fiesta?

Pista: Piensa en un grafo con 10 vértices, uno por cada persona presente en la fiesta. Averigua con cuántas personas tiene que haber hablado Florinda y, a partir de ahí, deduce el resto de las respuestas.

Solución

En la fiesta hay 10 personas. Según la primera respuesta de Florinda, cada invitado (excluyendo a Cerebelo) ha hablado con un número diferente de personas. Como nadie habla con su pareja ni consigo mismo, estos números deben estar comprendidos entre 0 y 8. Llamando **C** a Cerebelo e **i** al asistente que ha hablado con i personas ($0 \leq i \leq 8$), tratamos de construir la matriz de adyacencia de un grafo que representa quién ha hablado con quién.

Para escribir la tabla que aparece a continuación (que representa la matriz de adyacencia con una notación más intuitiva, en la que X corresponde al 1 y una casilla vacía al 0), hemos realizado los siguientes razonamientos:

- **8** tiene que haber hablado con todos, excepto consigo mismo y con **0**.

  0 es la persona que no ha hablado con nadie, por tanto es la pareja de **8**.

- **7** tiene que haber hablado con 7 personas. Se excluyen **0**, que no habla con nadie, y **1**, que ya ha hablado con **8**.

  1 ya ha hablado con una sola persona **8** y es, por tanto, la pareja de **7**.

- **6** tiene que haber hablado con 6 personas. Se excluyen **0**, **1** y **2**, que ya ha hablado con **8** y **7**.

  2 es la pareja de **6**.

- **5** tiene que haber hablado con 5 personas. Se excluyen **0**, **1**, **2** y **3**, que ya ha hablado con **8**, **7** y **6**.

  3 es la pareja de **5**.

- Tras todo lo deducido hasta este punto, concluimos que la pareja de **C** debe ser **4**. Luego **4** es Florinda, que ha hablado con 4 personas, que son **8**, **7**, **6** y **5**, como ya indican las 5 primeras filas de la tabla.

- De las columnas de la tabla ya se deduce ahora con quién han hablado **3**, **2** y **1**.

- Por la segunda declaración de Florinda, **8**, **7**, **6** y **5** son mujeres. Ellas han sido las interlocutoras de Cerebelo y de Florinda.

	C	8	7	6	5	4	3	2	1	0
C		X	X	X	X					
8	X		X	X	X	X	X	X	X	
7	X	X		X	X	X	X	X		
6	X	X	X		X	X	X			
5	X	X	X	X		X				
4		X	X	X	X					
3		X	X	X						
2		X	X							
1		X								
0										

6.22. Disponemos de 9 cables para montar una red de conexiones entre 6 ordenadores. ¿Es posible montar una red en la que cada ordenador esté conectado con otros cuatro? ¿Y con otros tres? En caso afirmativo, ¿es única la red?

Solución

Considerando cada cable como una arista y cada ordenador como un vértice, lo que se pide es construir un grafo no dirigido en el que cada vértice tenga grado 4 (es decir, el grafo sea 4-regular) en la primera pregunta, y 3 (es decir, el grafo sea 3-regular) en la segunda pregunta.

Recordemos la propiedad que iguala la suma de los grados de todos los vértices al doble del número de aristas para un (multi)grafo no dirigido $G = (V, E)$, es decir, $\sum_{v \in V} \mathrm{gd}_G(v) = 2|E|$.

Si $\mathrm{gd}_G(v) = 4$ para todo $v \in V$, $|V| = 6$ y $|E| = 9$, tenemos $6 \cdot 4 = 2 \cdot 9$, que es imposible. En consecuencia, no es posible construir una red con los 9 cables y los 6 ordenadores, de forma que cada ordenador esté conectado con otros cuatro.

En cambio, si $\text{gd}_G(v) = 3$ para todo $v \in V$, tenemos $6 \cdot 3 = 2 \cdot 9$, que es compatible con la propiedad anterior. En efecto, un posible grafo con estas características sería G_1, aunque este grafo no es el único con las características deseadas, pues también podríamos considerar a G_2 que es otro diferente (no isomorfo), como se ve en el siguiente dibujo:

G_1 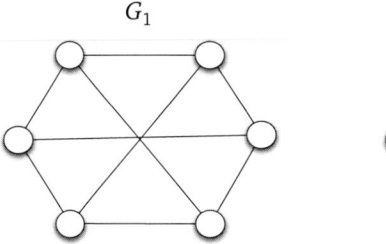 G_2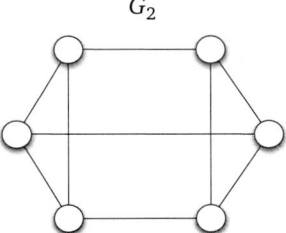

Una forma de ver que estos dos grafos no son isomorfos es fijarse en que, a pesar de que ambos tienen 6 vértices y todos los grados coinciden, el grafo G_2 tiene dos ciclos de longitud 3, mientras que en el grafo G_1 no existen ciclos de esa longitud.

6.23. Suponiendo que en una reunión de vecinos el número total de vecinos es *impar*, demuestra que al menos un asistente saluda a un número par de vecinos.

Solución

Para demostrar que hay al menos un vecino en la reunión que saluda a un número par de vecinos, representamos la reunión mediante un grafo no dirigido, de forma que haya un vértice para cada vecino y una arista para cada saludo entre dos vecinos.

En esta representación, el número de saludos que realiza un vecino coincide con el grado del vértice correspondiente. Como la suma de los grados de todos los vértices es igual al doble del número de aristas, si todos los asistentes saludaran a un número impar de vecinos, tendríamos que la suma de un número impar de números impares (que da lugar a un número *impar*) sería igual al doble del número total de saludos, que es obviamente un número *par* y, por tanto, una situación imposible. Así pues, se tiene que necesariamente hay al menos un vecino en la reunión que saluda a un número par de vecinos.

6.24. Suponiendo que G y G' sean dos grafos isomorfos, demuestra que, para cada número $k \in \mathbb{N}$, el número de vértices de grado k debe ser el mismo en ambos grafos.

Solución

Un isomorfismo entre grafos preserva el grado de los vértices. Es decir, si h es un isomorfismo entre G y G', entonces $\text{gd}_G(x) = \text{gd}_{G'}(h(x))$. Por esta razón, el número de vértices de un cierto grado k necesariamente debe ser el mismo en ambos grafos.

6.25. Construye la tabla de adyacencia y la matriz de adyacencia de los dos grafos siguientes y demuestra que son isomorfos.

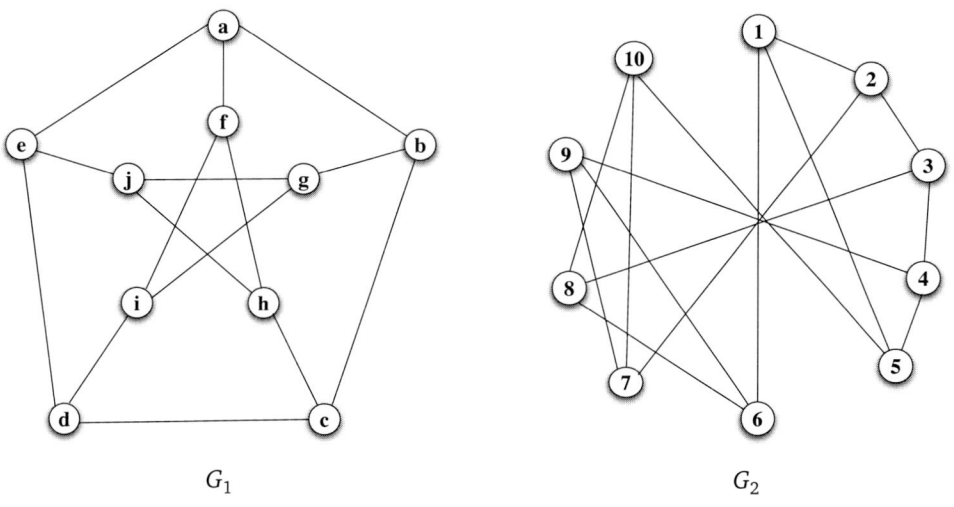

$$G_1 \qquad\qquad\qquad G_2$$

Solución

Tabla de adyacencia de G_1

a	b	c	d	e	f	g	h	i	j
b	a	b	c	a	a	b	c	d	e
e	c	d	e	d	h	i	f	f	g
f	g	h	i	j	i	j	j	g	h

Tabla de adyacencia de G_2

1	2	3	4	5	6	7	8	9	10
2	1	2	3	1	1	2	3	4	5
5	3	4	5	4	8	9	6	6	7
6	7	8	9	10	9	10	10	7	8

Matriz de adyacencia de G_1

$$\begin{pmatrix}
0 & 1 & 0 & 0 & 1 & 1 & 0 & 0 & 0 & 0 \\
1 & 0 & 1 & 0 & 0 & 0 & 1 & 0 & 0 & 0 \\
0 & 1 & 0 & 1 & 0 & 0 & 0 & 1 & 0 & 0 \\
0 & 0 & 1 & 0 & 1 & 0 & 0 & 0 & 1 & 0 \\
1 & 0 & 0 & 1 & 0 & 0 & 0 & 0 & 0 & 1 \\
1 & 0 & 0 & 0 & 0 & 0 & 0 & 1 & 1 & 0 \\
0 & 1 & 0 & 0 & 0 & 0 & 0 & 0 & 1 & 1 \\
0 & 0 & 1 & 0 & 0 & 1 & 0 & 0 & 0 & 1 \\
0 & 0 & 0 & 1 & 0 & 1 & 1 & 0 & 0 & 0 \\
0 & 0 & 0 & 0 & 1 & 0 & 1 & 1 & 0 & 0
\end{pmatrix}$$

Matriz de adyacencia de G_2

$$\begin{pmatrix}
0 & 1 & 0 & 0 & 1 & 1 & 0 & 0 & 0 & 0 \\
1 & 0 & 1 & 0 & 0 & 0 & 1 & 0 & 0 & 0 \\
0 & 1 & 0 & 1 & 0 & 0 & 0 & 1 & 0 & 0 \\
0 & 0 & 1 & 0 & 1 & 0 & 0 & 0 & 1 & 0 \\
1 & 0 & 0 & 1 & 0 & 0 & 0 & 0 & 0 & 1 \\
1 & 0 & 0 & 0 & 0 & 0 & 0 & 1 & 1 & 0 \\
0 & 1 & 0 & 0 & 0 & 0 & 0 & 0 & 1 & 1 \\
0 & 0 & 1 & 0 & 0 & 1 & 0 & 0 & 0 & 1 \\
0 & 0 & 0 & 1 & 0 & 1 & 1 & 0 & 0 & 0 \\
0 & 0 & 0 & 0 & 1 & 0 & 1 & 1 & 0 & 0
\end{pmatrix}$$

Un isomorfismo entre dos grafos es una biyección entre sus vértices que preserva la relación de adyacencia. En este ejercicio se observa que ambos grafos tienen 10 vértices y que las matrices de adyacencia que acabamos de calcular son idénticas, luego una posible biyección es la descrita en la siguiente tabla:

Vértice de G_1	a	b	c	d	e	f	g	h	i	j
Vértice de G_2	1	2	3	4	5	6	7	8	9	10

6.26. El *complementario* de un grafo $G = (V, E)$ es el grafo $\overline{G} = (V, \overline{E})$, cuyo conjunto V de vértices es el mismo de G y cuyo conjunto $\overline{E}$ de aristas está formado por todas las aristas $\{u, v\}$ entre vértices de V que no pertenezcan a E (es decir, que no sean aristas de G). Suponiendo que G tenga n vértices de grados $d_1, \ldots, d_n$, ¿cuáles serán los grados de los vértices de $\overline{G}$?

Solución

Si en G el grado $\mathrm{gd}_G(v_i)$ de un vértice v_i es igual a d_i, eso significa que, de los $n-1$ vértices disponibles en G (pues él mismo no cuenta), v_i estaba conectado a d_i vértices; por tanto, en $\overline{G}$ el vértice v_i deberá estar conectado a los vértices a los que no estaba conectado en G y estos serán $n - 1 - d_i$; es decir,

$$\mathrm{gd}_{\overline{G}}(v_i) = n - 1 - d_i = n - 1 - \mathrm{gd}_G(v_i).$$

6.27. Construye un grafo con 5 vértices de grado 2 que sea isomorfo a su complementario.

Solución

Consideremos el siguiente grafo G junto con su complementario $\overline{G}$, construido según la definición en el enunciado del ejercicio 6.26:

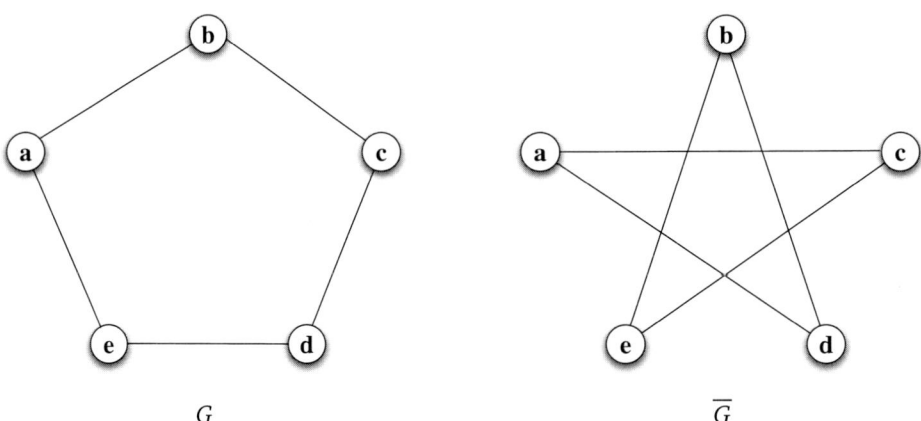

$$G \qquad\qquad\qquad\qquad \overline{G}$$

Un isomorfismo entre dos grafos es una biyección entre sus conjuntos de vértices que preserva la relación de adyacencia y, por tanto, mantiene iguales los grados entre un vértice y su vértice correspondiente en el otro grafo. En este caso, los dos grafos G y $\overline{G}$ tienen 5 vértices, cada uno de los cuales tiene el mismo grado 2.

Para establecer el isomorfismo, vemos que el grafo de la derecha podría redibujarse de la misma forma que el de la izquierda si, de forma intuitiva, tiramos desde un vértice para "desenredar" las aristas que se han liado en el dibujo actual. Más concretamente, en el grafo G el "hilo" formado por todas las aristas está claro en el dibujo: hay una arista que sale de **a** a **b**, luego otra que lleva de **b** a **c**, otra de **c** a **d**, otra de **d** a **e** y, finalmente, otra que lleva de **e** a **a**. Si en el grafo $\overline{G}$ empezamos también en **a** (por supuesto, esta es una posibilidad entre otras), tenemos una arista que nos lleva de

a a **c**, luego otra de **c** a **e**, otra de **e** a **b**, otra de **b** a **d**, y la última de **d** a **a**, de forma que siguiendo este "hilo" obtenemos el isomorfismo deseado, que representamos en la siguiente tabla:

Vértice del grafo G	a	b	c	d	e
Vértice del grafo $\overline{G}$	a	c	e	b	d

6.28. Dados los siguientes multigrafos, indica cuáles son isomorfos entre sí. Razona tus respuestas.

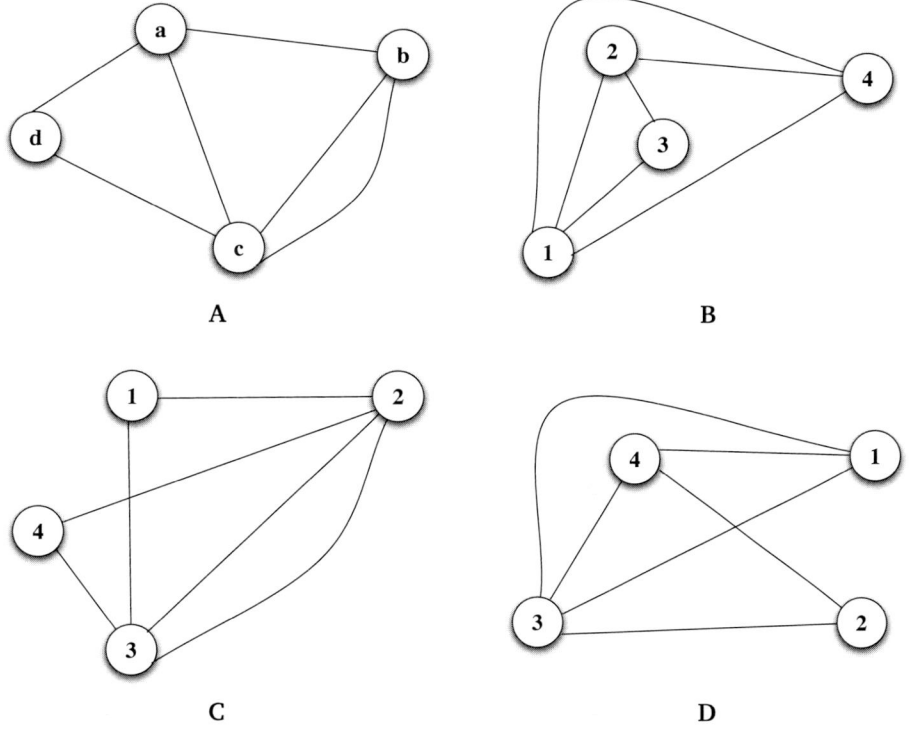

A

B

C

D

Solución

Para ver si es posible establecer un isomorfismo, calculamos primero los grados de los vértices de cada grafo, que resumimos en la siguiente tabla:

Grafo	A				B				C				D			
Vértice	a	b	c	d	1	2	3	4	1	2	3	4	1	2	3	4
Grado	3	3	4	2	4	3	2	3	2	4	4	2	3	2	4	3

A partir de esta información comenzamos la construcción de los posibles isomorfismos.

Grafo B: Como se puede ver en la tabla anterior, tanto **A** como **B** tienen 1 vértice de grado 2, 2 vértices de grado 3 y 1 vértice de grado 4, lo cual nos puede ayudar a definir el isomorfismo.

En primer lugar, es fácil identificar los vértices de grado 4 y grado 2 en ambos grafos; después, para los vértices de grado 3 hay que definir la correspondencia en función de las aristas. Por lo tanto, un isomorfismo entre el grafo **A** y el **B** viene dado por la siguiente tabla:

Vértices del grafo A	a	b	c	d
Vértices del grafo B	2	4	1	3

Grafo C: **C** no puede ser isomorfo a **A** ni a **B**, porque **C** tiene 2 vértices de grado 4, los vértices **2** y **3**, mientras que **A** y **B** tienen un único vértice de grado 4, lo cual impide definir un isomorfismo entre ellos.

Grafo D: Como se puede ver en la tabla anterior, tanto **A** como **D** tienen 1 vértice de grado 2, 2 vértices de grado 3 y 1 vértice de grado 4. Esto nos sirve para definir el isomorfismo entre ambos, identificando primero los vértices de grado 4 y grado 2 en ambos grafos y después, para los vértices de grado 3, definiendo la correspondencia en función de las aristas. Así, un isomorfismo entre el grafo **A** y el **D** es el siguiente:

Vértices del grafo A	a	b	c	d
Vértices del grafo D	4	1	3	2

De forma análoga se puede construir un isomorfismo entre **B** y **D**:

Vértices del grafo B	1	2	3	4
Vértices del grafo D	3	4	2	1

En resumen, los grafos **A**, **B** y **D** son isomorfos entre sí, mientras que el grafo **C** no es isomorfo con ninguno de los anteriores.

6.29. Dados los siguientes grafos, indica cuáles de los grafos **B**, ..., **I** pueden ser o no subgrafos de **A**. Razona tus respuestas.

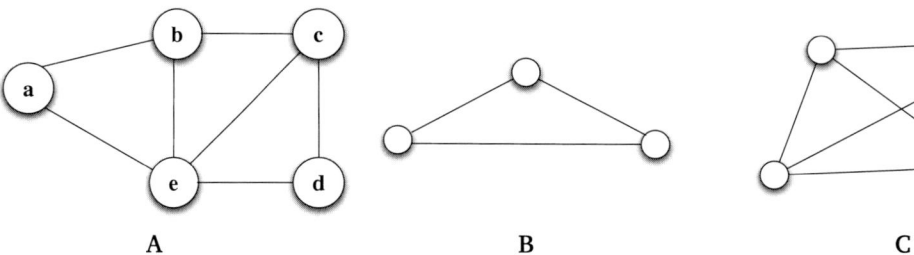

A　　　　　　　B　　　　　　　C

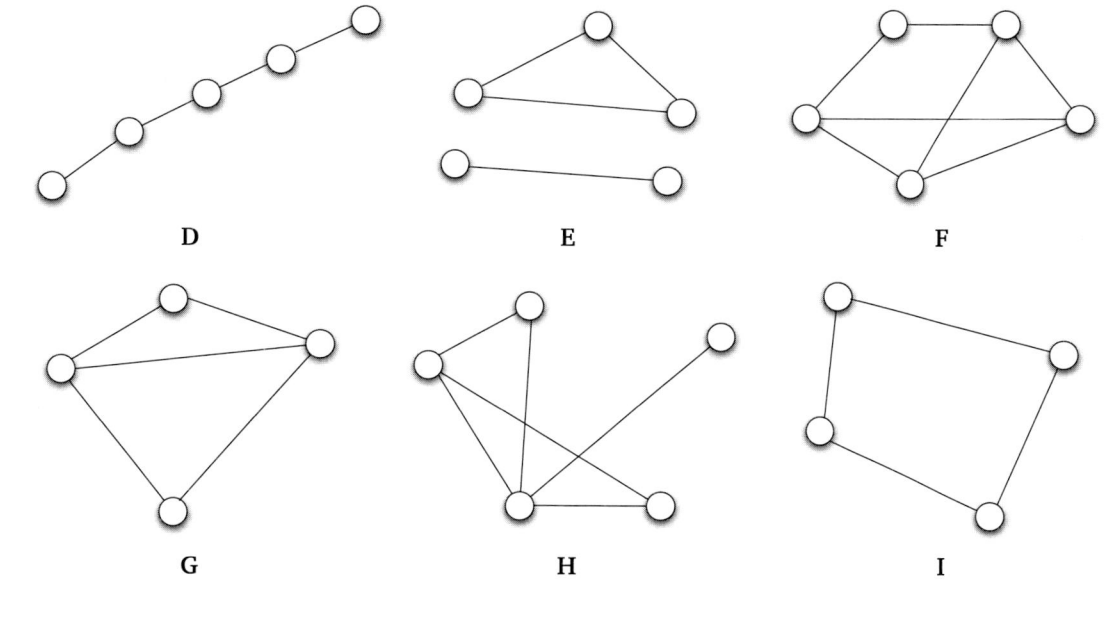

	D		E		F

	G		H		I

Solución

Hemos de comprobar que los grados de los vértices de cada posible subgrafo son menores o iguales que los del grafo **A**, para lo cual primero calculamos los grados de los vértices de **A**:

Vértice	a	b	c	d	e
Grado	2	3	3	2	4

En cada caso en que el grafo dado sea subgrafo de **A**, hay más soluciones posibles que la mostrada a continuación; en particular, en la solución propuesta nombraremos los vértices del grafo con el mismo nombre que tienen en **A**.

Grafo B: Como se puede ver en la tabla siguiente, los grados de los vértices de **B** son menores o iguales que sus correspondientes en **A**.

B *con renombramiento de sus vértices*   *Tabla de los grados de* **B**

Vértice	a	b	e
Grado	2	2	2

Grafo C: Este grafo no es subgrafo de **A**, puesto que **A** solo tiene 3 vértices de grado mayor o igual que 3 y **C**, como se ve en la tabla siguiente, tiene 4 vértices de grado 3.

C *con renombramiento de sus vértices*   *Tabla de los grados de* **C**

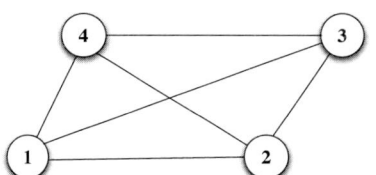

Vértice	1	2	3	4
Grado	3	3	3	3

Grafo D: Como se puede ver en la tabla siguiente, los grados de los vértices de **D** son menores o iguales que sus correspondientes en **A**.

D *con renombramiento de sus vértices*   *Tabla de los grados de* **D**

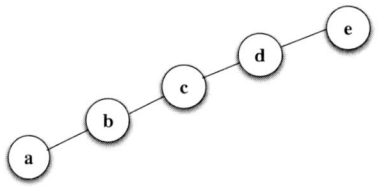

Vértice	a	b	c	d	e
Grado	1	2	2	2	1

Grafo E: Como se puede ver en la tabla siguiente, los grados de los vértices de **E** son menores o iguales que sus correspondientes en **A**.

E *con renombramiento de sus vértices*   *Tabla de los grados de* **E**

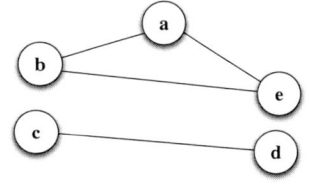

Vértice	a	b	c	d	e
Grado	2	2	1	1	2

Grafo F: Este grafo no es subgrafo de **A**, puesto que **A** solo tiene 3 vértices de grado mayor o igual que 3 y **F**, como se ve en la tabla siguiente, tiene 4 vértices de grado 3.

F *con renombramiento de sus vértices*   *Tabla de los grados de* **F**

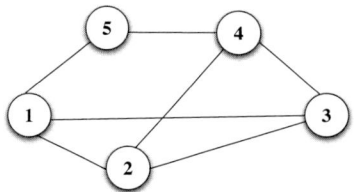

Vértice	1	2	3	4	5
Grado	3	3	3	3	2

Grafo G: Como se puede ver en la tabla siguiente, los grados de los vértices de **G** son menores o iguales que sus correspondientes en **A**.

G *con renombramiento de sus vértices*   *Tabla de los grados de* **G**

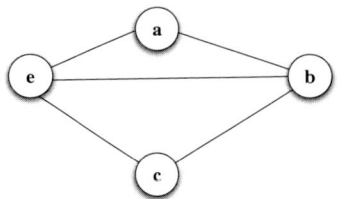

Vértice	a	b	c	e
Grado	2	3	2	3

Grafo H: Como se puede ver en la tabla siguiente, los grados de los vértices de **H** son menores o iguales que sus correspondientes en **A**.

H *con renombramiento de sus vértices*   *Tabla de los grados de* **H**

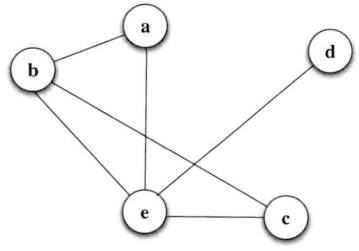

Vértice	a	b	c	d	e
Grado	2	3	2	1	4

Grafo I: Como se puede ver en la tabla siguiente, los grados de los vértices de **I** son menores o iguales que sus correspondientes en **A**.

I *con renombramiento de sus vértices*   *Tabla de los grados de* **I**

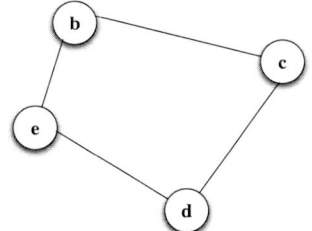

Vértice	b	c	d	e
Grado	2	2	2	2

6.30.   Considera el grafo completo K_5 y el grafo W_4 dibujado a la derecha en la siguiente figura:

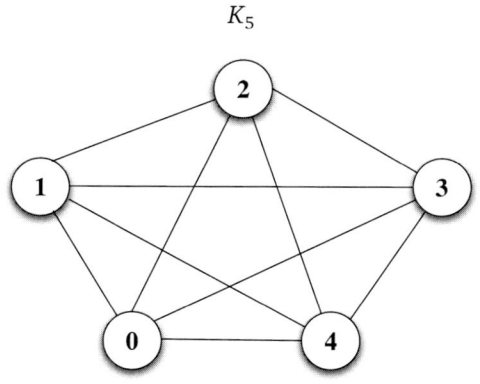
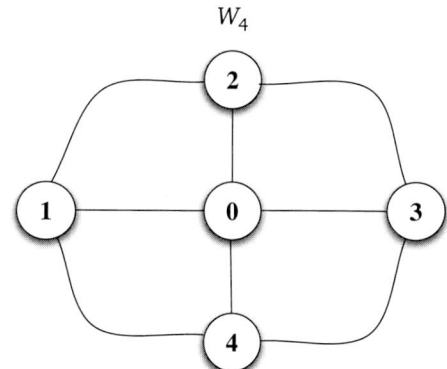

Demuestra que

(a) W_4 es un subgrafo de K_5, pero no un subgrafo completo.

(b) K_4 es un subgrafo completo de K_5.

Solución

(a) K_5 es el grafo completo de 5 vértices. Puesto que W_4 tiene 5 vértices, necesariamente W_4 debe ser isomorfo a un subgrafo de K_5. No obstante, W_4 no puede ser completo como subgrafo de K_5 porque, como puede verse en el dibujo, aunque tiene los mismos vértices que K_5, incluye menos aristas, solo 8, mientras que K_5 tiene 10 aristas.

(b) Trivialmente, el grafo completo de 4 vértices K_4 es isomorfo a un subgrafo completo del grafo completo de 5 vértices K_5. Dicho de otro modo, seleccionando 4 vértices cualesquiera de K_5, por ejemplo, **0**, **1**, **2** y **3**, y todas las aristas de K_5 que los conecten, resultará un subgrafo completo de K_5, por construcción, que además será un grafo completo por serlo K_5; es decir, resultará ser isomorfo a K_4.

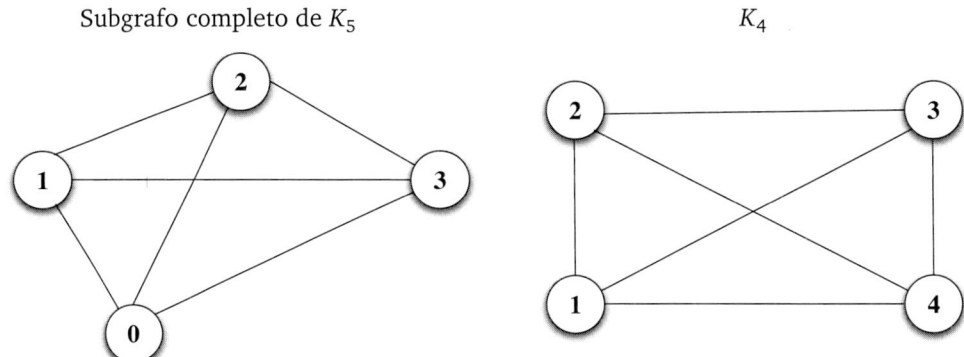

Subgrafo completo de K_5 K_4

6.31. Considera el grafo G dibujado en la figura siguiente:

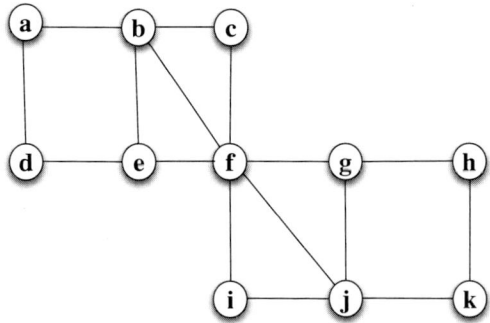

¿Es posible realizar en G un recorrido que pase exactamente una vez por cada arista? En caso afirmativo, enumera las aristas en el orden correspondiente al recorrido.

Solución

Notemos que el grafo es conexo y que existen solo dos vértices de grado impar, que son **e** y **g**. Por lo tanto, por el teorema de Euler, no es posible encontrar un circuito euleriano que pase exactamente una vez por cada arista y regrese al lugar de partida, pero sí es posible encontrar un recorrido euleriano que pase exactamente una vez por cada arista, finalizando en un lugar diferente del de partida como, por ejemplo, **e d a b c f g h k j i f e b f j g**, en el que el vértice de partida y el de llegada son los dos vértices de grado impar.

6.32. El grafo $Q_n = (V_n, E_n)$ corresponde a un *hipercubo* de dimensión n. Su conjunto de vértices $V_n = \{0, 1\}^n$ tiene 2^n elementos, que son todas las palabras binarias de longitud n, mientras que su conjunto de aristas E_n viene determinado por la relación de adyacencia en la cual dos palabras $u, v \in V_n$ son adyacentes si y solo si difieren exactamente en un bit.

(a) Demuestra que Q_1, Q_2 y Q_3 son hamiltonianos.

(b) Razonando por inducción sobre n, demuestra que Q_n es un grafo hamiltoniano para todo $n \geq 1$.

Solución

(a) Dibujamos a continuación los grafos Q_1, Q_2 y Q_3:

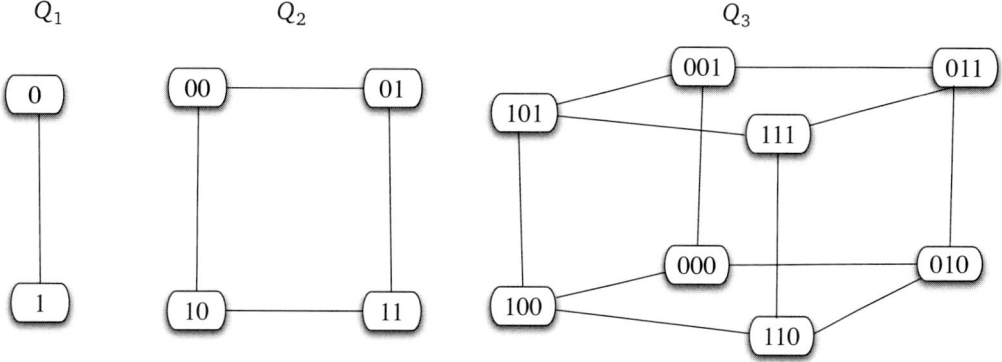

- Para Q_1, el único ciclo hamiltoniano es C_1: 0 1 0.
- Para Q_2, el único ciclo hamiltoniano es C_2: 00 10 11 01 00.
- Para Q_3, un ciclo hamiltoniano es C_3: 000 100 110 010 011 111 100 001 000.

(b) Por inducción sobre $n \geq 1$, demostramos que Q_n es un grafo hamiltoniano, viendo que en Q_n puede construirse un ciclo hamiltoniano C_n de la forma $0^n = u_0\, u_1 \ldots u_{k-1}\, u_k = 0^n$, donde $k = 2^n$ es el número de vértices de Q_n.

- *Caso base* ($n = 1$): Podemos formar C_1 : 0 1 0, que es de la forma pedida.
- *Paso inductivo*: Suponemos construido C_n en Q_n, con $n \geq 1$. Entonces en Q_{n+1} construimos

$$C_{n+1} : 0^n 0 = u_0 0\, u_1 0 \ldots u_i 0 \ldots u_{k-1} 0\, u_{k-1} 1 \ldots u_i 1 \ldots u_1 1\, u_0 1\, u_0 0 = 0^n 0,$$

que es de la forma $0^{n+1} = v_0 \ldots v_{k-1}\, v_k \ldots v_{2k-1}\, v_{2k} = 0^{n+1}$, donde $2k = 2 \cdot 2^n = 2^{n+1}$ y v_i, con $1 \leq i \leq 2^{n+1}$, son los 2^{n+1} vértices de Q_{n+1}.

6.33. Durante aquella época, que se conoció como la de la *movida*, había cinco garitos de lo más peculiares: Ambigú, Barrabás, Cielo, Danzón y Éxtasis. Todos ellos se encontraban en el barrio de las calles de colores, situados de la siguiente manera:

- **A** estaba en el principio de la calle azul, **B** en el medio y **C** al final.

- **C** (que estaba en una esquina) también se encontraba al principio de la calle negra, **D** en el medio y **E** al final.

- **E** estaba situado en el cruce de 4 calles: por la calle rosa se llegaba a **A**, por la calle verde a **B**, por la amarilla a **C** y, como ya se dijo antes, por la calle negra a **D**.

(a) Dibuja un grafo que represente la situación descrita, de modo que los vértices sean los cinco garitos y las aristas se correspondan con tramos de calles.

(b) ¿Podían los marchosos de aquel entonces elegir un garito desde el cual fuera posible un recorrido que pasara exactamente una vez por cada tramo de calle? ¿Podía hacerse este recorrido desde cualquier local? Justifica adecuadamente tu respuesta.

Solución

(a) El siguiente grafo representa los cinco garitos y las calles entre ellos.

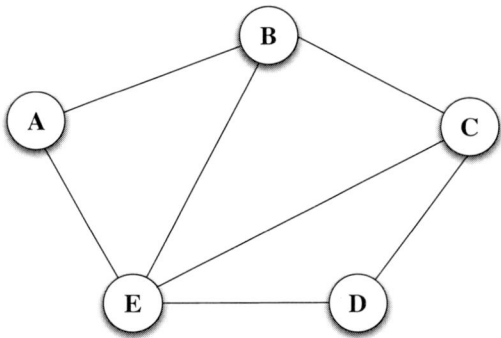

(b) Hay dos vértices de grado impar que son **B** y **C**, ambos de grado 3, otros dos de grado 2, que son **A** y **D**, y, por último, uno de grado 4 que es **E**. Por el teorema de Euler, el grafo es semieuleriano, lo cual significa que se puede construir un recorrido que pasa exactamente una vez por cada tramo de calle, pero no podemos empezar por cualquier local, puesto que el grafo no es euleriano. Podemos comenzar o por **B** o por **C**, que son los vértices de grado impar; por ejemplo, un recorrido euleriano puede ser **B A E D C B E C**.

6.34. En la siguiente figura aparecen 5 regiones y 10 puentes:

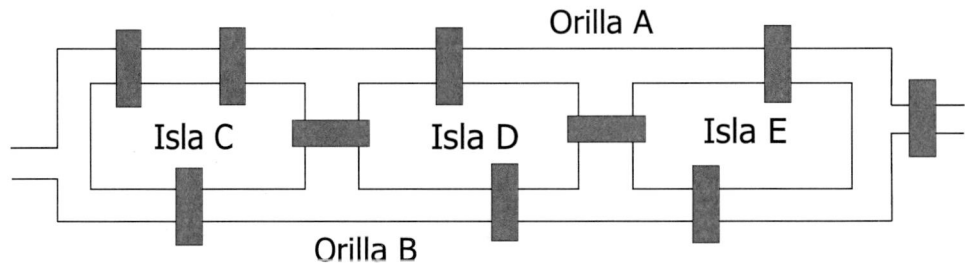

Construye un multigrafo que represente la situación, tomando como vértices las regiones y como aristas los puentes. ¿Es posible un recorrido que cruce cada puente una sola vez y regrese al lugar de partida? ¿Es posible un recorrido que cruce cada puente una sola vez, finalizando en un lugar diferente del de partida? Razona tus respuestas.

Solución

Las zonas y puentes existentes quedan representados por el siguiente multigrafo:

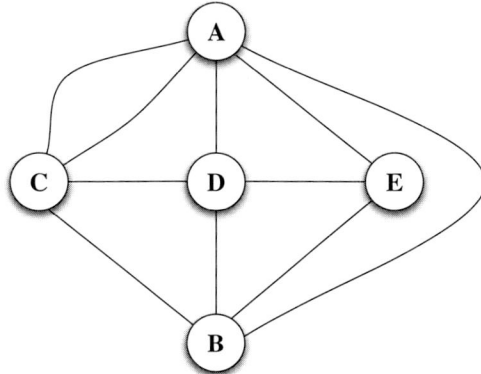

Notemos que el multigrafo es conexo y que **A** y **E** son los dos únicos vértices de grado impar.

Por tanto, según el teorema de Euler, el multigrafo que representa los puentes en la situación del enunciado no puede ser euleriano, es decir, no es posible encontrar un recorrido que cruce cada puente una sola vez y regrese al lugar de partida.

Sin embargo, según ese mismo teorema, sí que es posible encontrar un recorrido euleriano, es decir, un recorrido que cruce cada puente una sola vez, finalizando en un lugar diferente del de partida, como, por ejemplo, **A E D A C D B A C B E**. Obsérvese que los vértices de partida y llegada son los dos de grado impar.

6.35. Bertoldo vive en la ciudad de Albricia. Las ciudades más cercanas son Benitogrado, Cistundia, Diricete y Euloquia. Entre estas ciudades existen los siguientes caminos c(A, B) = 10, c(B, E) = 20, c(E, D) = 5, c(D, A) = 5, c(E, C) = 5, c(C, D) = 3, donde c(X,Y) = d indica que existe un camino de ida y vuelta de d kilómetros entre las ciudades X e Y.

(a) Representa las ciudades y los caminos mediante un grafo valorado.

(b) Bertoldo quiere darse una vuelta por la zona, empezando y acabando en su ciudad y recorriendo cada ciudad colindante una sola vez, ¿es esto posible? Si la respuesta es afirmativa, ¿qué recorrido debe seguir para hacer el trayecto lo más corto posible?

(c) Tras la excursión anterior, Bertoldo observa que conoce ya todas las ciudades, pero no todos los caminos. Decide hacer otra excursión empezando y acabando en **Albricia**, pero que esta vez recorra todos los caminos, pasando por cada uno una sola vez. ¿Es esto posible? Si la respuesta es afirmativa, ¿qué recorrido debe hacer? Y si la respuesta es negativa, justifícala.

Solución

(a) El siguiente grafo valorado representa las cinco ciudades y los caminos entre ellas:

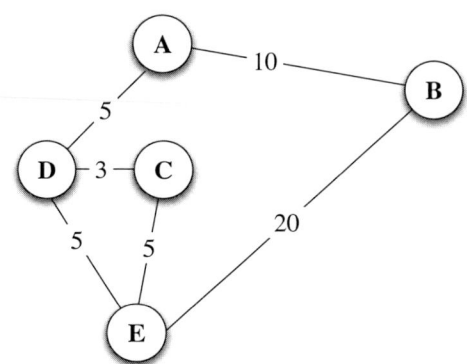

(b) Bertoldo desea saber si el grafo es hamiltoniano; para ello recorremos el grafo pasando por cada vértice una única vez. El ciclo hamiltoniano se obtiene al tomar todas las aristas menos la que une **D** con **E**. Así pues, una solución óptima es **A B E C D A** con distancia 43 km. Este ciclo es único si no se tiene en cuenta el vértice en el que comienza y termina tal ciclo cuando se escribe.

(c) Bertoldo desea saber si el grafo es euleriano, pero como tiene dos vértices de grado impar que son **D** y **E**, ambos de grado 3, podemos afirmar por el teorema de Euler que el grafo no es euleriano.

6.36. Consideremos el grafo no dirigido dado por la siguiente matriz de adyacencia:

$$A = \begin{pmatrix} 0 & 1 & 1 & 1 \\ 1 & 0 & 0 & 1 \\ 1 & 0 & 0 & 0 \\ 1 & 1 & 0 & 0 \end{pmatrix}$$

(a) Dibuja una posible representación gráfica del grafo dado por la matriz A y calcula, a partir de la matriz (explicando cómo), los grados de todos los vértices.

(b) Usa la matriz adecuadamente para calcular el número de recorridos de longitud 2 entre cada par de vértices.

(c) ¿Es el grafo dado por A euleriano? ¿Y semieuleriano? En caso afirmativo, da un recorrido apropiado.

(d) ¿Es el grafo dado por A hamiltoniano? En caso afirmativo, da un recorrido apropiado.

Solución

(a) Dada la matriz de adyacencia de un grafo no dirigido, los grados de cada vértice se obtienen sumando las filas o las columnas de la matriz. Una posible representación gráfica del grafo dado por la matriz A del enunciado junto con el cálculo de los grados es la siguiente:

Representación gráfica   *Cálculo de grados*

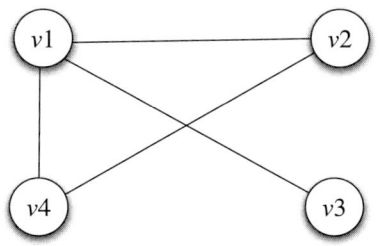

$$gd(v_1) = 0 + 1 + 1 + 1 = 3,$$
$$gd(v_2) = 1 + 0 + 0 + 1 = 2,$$
$$gd(v_3) = 1 + 0 + 0 + 0 = 1,$$
$$gd(v_4) = 1 + 1 + 0 + 0 = 2.$$

(b) Para calcular el número de recorridos de longitud 2 entre cada par de vértices, hay que multiplicar la matriz de adyacencia por sí misma:

$$A^2 = A \cdot A = \begin{pmatrix} 0 & 1 & 1 & 1 \\ 1 & 0 & 0 & 1 \\ 1 & 0 & 0 & 0 \\ 1 & 1 & 0 & 0 \end{pmatrix} \cdot \begin{pmatrix} 0 & 1 & 1 & 1 \\ 1 & 0 & 0 & 1 \\ 1 & 0 & 0 & 0 \\ 1 & 1 & 0 & 0 \end{pmatrix} = \begin{pmatrix} 3 & 1 & 0 & 1 \\ 1 & 2 & 1 & 1 \\ 0 & 1 & 1 & 1 \\ 1 & 1 & 1 & 2 \end{pmatrix}$$

Por ejemplo, el número de recorridos de longitud 2 entre v_1 y v_1 es igual a $A^2(1,1) = 3$ y el número de recorridos de longitud 2 entre v_4 y v_2 es igual a $A^2(4,2) = 1$.

(c) Según el teorema de Euler, un multigrafo no dirigido conexo es euleriano si y solo si todos sus vértices tienen grado par; y es semieuleriano si y solo si dos vértices tienen grado impar y todos los demás grado par. Este grafo es conexo ya que v_1 es adyacente a todos los vértices, por lo que hay un camino entre cualquier par de vértices. Por tanto, aplicando el teorema de Euler a los grados obtenidos en el primer apartado, vemos inmediatamente que el grafo no es euleriano, pero sí semieuleriano. Además, los recorridos tienen que empezar en v_1 y terminar en v_3 o viceversa. En este ejemplo, es fácil ver que todos los recorridos que pasan una única vez por cada una de las cuatro aristas son los siguientes:

$$
\begin{array}{ccccc}
v_3 & v_1 & v_2 & v_4 & v_1 \\
v_3 & v_1 & v_4 & v_2 & v_1 \\
v_1 & v_2 & v_4 & v_1 & v_3 \\
v_1 & v_4 & v_2 & v_1 & v_3
\end{array}
$$

(d) El grafo dado por la matriz A no es hamiltoniano, es decir, no hay ningún ciclo que pase una única vez por cada uno de los cuatro vértices. Observemos que en este grafo, para pasar por v_3, es necesario ir desde v_1 y volver también a v_1, por lo que necesariamente el vértice v_1 se repite en el camino.

6.37. Consideremos el grafo no dirigido dado por la siguiente matriz de adyacencia:

$$A = \begin{pmatrix} 0 & 1 & 1 & 0 \\ 1 & 0 & 0 & 1 \\ 1 & 0 & 0 & 1 \\ 0 & 1 & 1 & 0 \end{pmatrix}$$

(a) Multiplica la matriz A consigo misma para calcular el número de caminos de longitud 2 entre cada par de vértices.

(b) Dibuja una posible representación gráfica del grafo dado por la matriz A y calcula a partir de la matriz (explicando cómo) el grado $gd(v_i)$ de cada vértice v_i, para $i = 1, 2, 3, 4$.

(c) Comprueba que, para todo vértice v_i, se tiene que $gd(v_i) = A^2(i, i)$ y justifica por qué esta propiedad es cierta en general para cualquier grafo no dirigido.

Solución

(a)

$$A^2 = A \cdot A = \begin{pmatrix} 0 & 1 & 1 & 0 \\ 1 & 0 & 0 & 1 \\ 1 & 0 & 0 & 1 \\ 0 & 1 & 1 & 0 \end{pmatrix} \cdot \begin{pmatrix} 0 & 1 & 1 & 0 \\ 1 & 0 & 0 & 1 \\ 1 & 0 & 0 & 1 \\ 0 & 1 & 1 & 0 \end{pmatrix} = \begin{pmatrix} 2 & 0 & 0 & 2 \\ 0 & 2 & 2 & 0 \\ 0 & 2 & 2 & 0 \\ 2 & 0 & 0 & 2 \end{pmatrix}$$

Por ejemplo, el número de caminos de longitud 2 entre v_1 y v_1 es igual a $A^2(1, 1) = 2$; el número de caminos de longitud 2 entre v_1 y v_4 es igual a $A^2(1, 4) = 2$; y el número de tales caminos entre v_1 y v_2 es igual a $A^2(1, 2) = 0$ (es decir, no hay ninguno).

(b) Dada la matriz de adyacencia de un grafo no dirigido, los grados de cada vértice se obtienen sumando las filas o las columnas de la matriz. Una posible representación gráfica del grafo dado por la matriz A del enunciado junto con el correspondiente cálculo de los grados es la siguiente:

Representación gráfica   *Cálculo de grados*

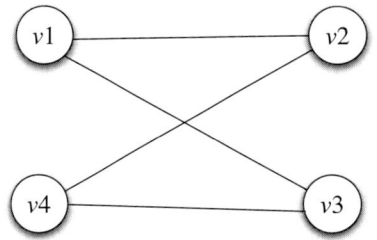

$gd(v_1) = 0 + 1 + 1 + 0 = 2,$
$gd(v_2) = 1 + 0 + 0 + 1 = 2,$
$gd(v_3) = 1 + 0 + 0 + 1 = 2,$
$gd(v_4) = 0 + 1 + 1 + 0 = 2.$

(c) En efecto, $gd(v_i) = A^2(i, i) = 2$, para $i = 1, 2, 3, 4$.

Esto es cierto, en general, para cualquier vértice v en cualquier grafo no dirigido porque un camino de longitud 2 que sale de v y acaba en v tiene la forma $v\,w\,v$, es decir, consiste en ir de v a otro vértice w y volver por la misma arista de w a v (como tenemos un grafo y no un multigrafo, no hay bucles ni aristas múltiples). Por tanto, tal camino de longitud 2 se identifica con una arista que incide en v. Entonces, el número de caminos de longitud 2 de v en v (que es el número obtenido en la diagonal de la matriz A^2 en la posición asociada al vértice v) coincide con el número de aristas que inciden en v, que a su vez es precisamente el grado de v.

6.38. En la superexposición mundial acerca de los próximos descubrimientos que ocurrirán a partir del año 2020, se van a pronunciar ocho conferencias, que representamos **A, B, C, ..., H**, todas ellas sobre *Inteligencia Natural*. Se han seleccionado los asistentes según su coeficiente intelectual y ha resultado que hay asistentes capacitados para escuchar más de una conferencia. Tienen asistentes comunes las siguientes conferencias: **A** y **B**; **B** y **C**; **D** y **E**; **F** y **H**; **A** y **E**; **G** y **H**. La organización de la superexpo ha recibido la consigna de programar simultáneamente el mayor número posible de conferencias. ¿Cuántas sesiones paralelas hay que programar para que todos los asistentes puedan escuchar todas las conferencias para las que están capacitados? Representa gráficamente el resultado.

Solución

Para resolver el problema hemos de construir un grafo $G = (V, E)$ cuyos vértices representen las conferencias y cuyas aristas representen conferencias con oyentes comunes. Dicho grafo tiene dos componentes conexas, como se aprecia en el siguiente dibujo:

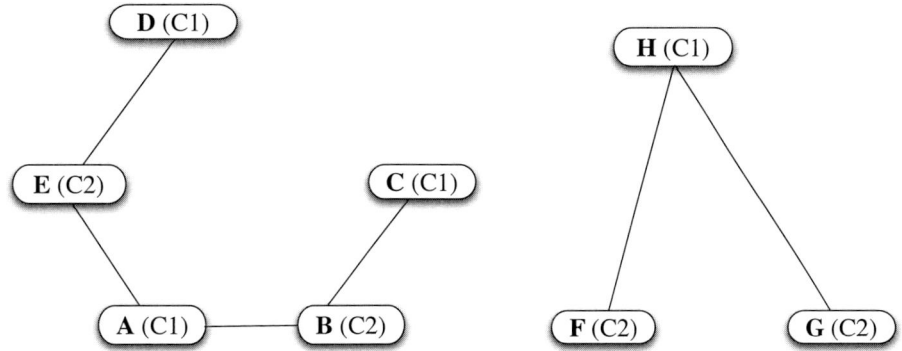

El grafo G es bipartito y admite el siguiente coloreado (también indicado en el dibujo anterior) con los colores C_1 y C_2.

Vértice	A	B	C	D	E	F	G	H
Color	C_1	C_2	C_1	C_1	C_2	C_2	C_2	C_1

Interpretando ahora los colores como sesiones, pueden planificarse las conferencias en dos sesiones como sigue:

Sesión 1	A	C	D	H
Sesión 2	B	E	F	G

Como se observa en la tabla, en cada sesión se pueden dar 4 conferencias simultáneamente.

6.39. Tal como se ha definido en el ejercicio 6.32, Q_n es el grafo formado por los vértices y aristas de un hipercubo de dimensión n. Construye diferentes ordenaciones de los vértices de Q_3, para las cuales el algoritmo voraz de coloreado de vértices requiera, respectivamente, 4, 3 y 2 colores.

Solución

Para simplificar la presentación de la solución, llamamos **A**, **B**, **C**, ..., **H** a los vértices de Q_3.

Vamos a colorear Q_3 con colores que denominamos C_1, C_2, C_3 y C_4. Para ello, ejecutamos con todo detalle el algoritmo voraz de coloreado de vértices. En cada caso comenzamos eligiendo una cierta ordenación de los vértices y operamos del modo siguiente:

1. Se asigna el color C_1 al primer vértice de la ordenación.
2. Para cada uno de los vértices restantes, se asigna el color con índice más pequeño posible, que no haya sido asignado aún a ningún vértice vecino.

(a) **Coloreado con cuatro colores:**

Elegimos **A, F, G, D, E, H, B** y **C** como ordenación de los vértices.

1. Asignamos C_1 al vértice **A** como primer vértice de la ordenación.
2. Asignamos C_1 al vértice **F** por no ser vértice vecino de **A**.
3. Asignamos C_2 al vértice **G** por ser vértice vecino de **F**.
4. Asignamos C_2 al vértice **D** por ser vértice vecino de **A**.
5. Asignamos C_3 al vértice **E** por ser vértice vecino de **F** con color asignado C_1 y de **D** con color asignado C_2.
6. Asignamos C_4 al vértice **H** por ser vértice vecino de **A** con color asignado C_1, de **G** con color asignado C_2 y de **E** con color asignado C_3.
7. Asignamos C_2 al vértice **B** por ser vértice vecino de **A** con color asignado C_1 y de **G** con color asignado C_2.
8. Por último, asignamos C_3 al vértice **C** por ser vértice vecino de **F** con color asignado C_1 y por ser vértice vecino además de **B** y **D**, ambos con color asignado C_2.

Obtenemos de esta forma el siguiente coloreado:

Coloreado de Q_3 con 4 colores   *Ejecución del algoritmo voraz*

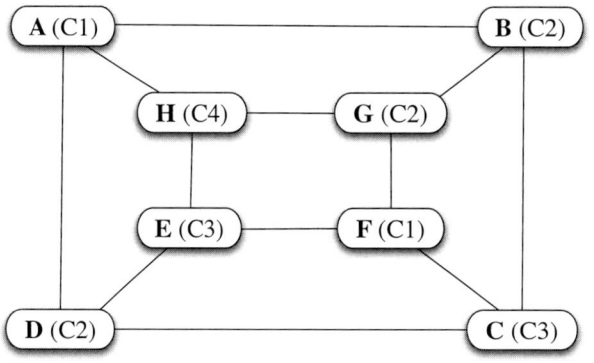

Vértice	Color
A	C_1
F	C_1
G	C_2
D	C_2
E	C_3
H	C_4
B	C_2
C	C_3

(b) **Coloreado con tres colores:**

Elegimos **A, F, H, G, E, B, D** y **C** como ordenación de los vértices.

1. Asignamos C_1 al vértice **A** como primer vértice de la ordenación.
2. Asignamos C_1 al vértice **F** por no ser vértice vecino de **A**.
3. Asignamos C_2 al vértice **H** por ser vértice vecino de **A**.
4. Asignamos C_3 al vértice **G** por ser vértice vecino de **H**, que tiene asignado ya el color C_2.
5. Asignamos C_3 al vértice **E** por ser vértice vecino de **F** con color asignado C_1 y de **H** con color asignado C_2.
6. Asignamos C_2 al vértice **B** por ser vértice vecino de **A** con color asignado C_1 y de **G** con color asignado C_3.
7. Asignamos C_2 al vértice **D** por ser vértice vecino de **A** y de **E**, ambos con color C_1 asignado.
8. Por último, asignamos C_3 al vértice **C** por ser vértice vecino de **F** con color asignado C_1 y por ser vértice vecino además de **B** y **D**, ambos con color asignado C_2.

Obtenemos así el siguiente coloreado:

Coloreado de Q_3 con 3 colores   *Ejecución del algoritmo voraz*

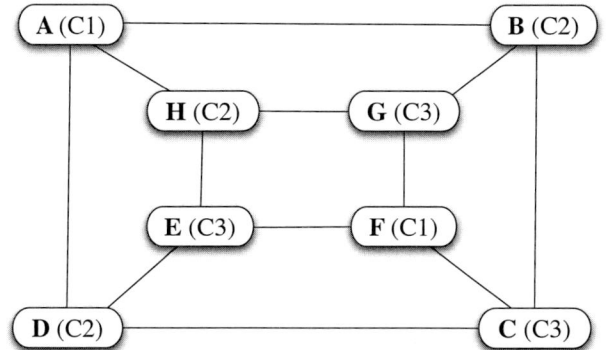

Vértice	Color
A	C_1
F	C_1
H	C_2
G	C_3
E	C_3
B	C_2
D	C_2
C	C_3

(c) **Coloreado con dos colores**:

Elegimos **A**, **B**, **C**, **D**, **E**, **F**, **G** y **H** como ordenación de los vértices.

1. Asignamos C_1 al vértice **A** como primer vértice de la ordenación.

2. Asignamos C_2 al vértice **B** por ser vértice vecino de **A**.

3. Asignamos C_1 al vértice **C** por no ser vértice vecino ni de **A** ni de **B**.

4. Asignamos C_2 al vértice **D** por ser vértice vecino de **C**.

5. Asignamos C_1 al vértice **E**, pues, aunque es vértice vecino de **D**, hemos tenido la suerte de que **D** tiene asignado el color C_2 y eso nos permite asignarle a **E** un color de índice menor.

6. Asignamos C_2 al vértice **F** por ser vértice vecino de **C** y **E**, ambos con color asignado C_1.

7. Asignamos C_1 al vértice **G** por ser vértice vecino de **B** y **F**, ambos con color asignado C_2.

8. Por último, asignamos C_2 al vértice **H** por ser vértice vecino de **A**, **E** y **G**, todos con color asignado C_1.

Obtenemos finalmente el siguiente coloreado:

Coloreado de Q_3 con 2 colores   *Ejecución del algoritmo voraz*

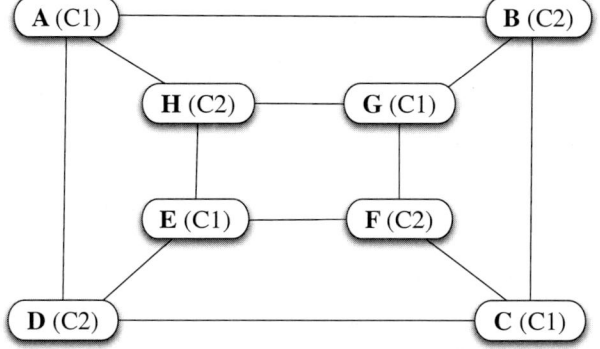

Vértice	Color
A	C_1
B	C_2
C	C_1
D	C_2
E	C_1
F	C_2
G	C_1
H	C_2

6.40. Comprueba si los dos grafos siguientes son bipartitos; de no serlo, usa el algoritmo voraz de coloreado para averiguar su número cromático.

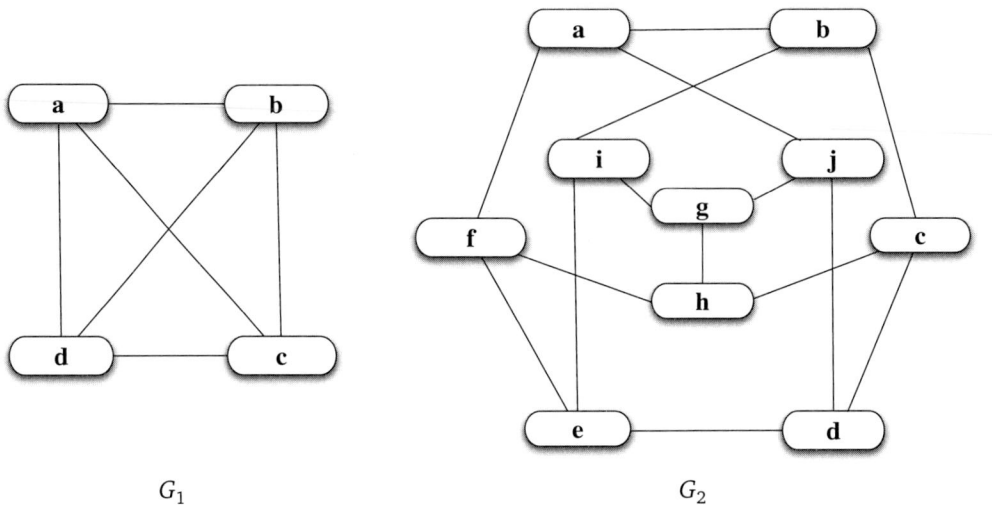

G_1 G_2

Solución

Ninguno de los dos grafos puede colorearse con dos colores por contener ciclos de longitud impar:

- En G_1 un ciclo de longitud 3 es: **a b c a**.
- En G_2 un ciclo de longitud 5 es: **a b i e f a**.

Coloreamos G_1 y G_2 usando el algoritmo voraz de coloreado de un grafo:

1. Elegimos una ordenación de los vértices.
2. Recorremos los vértices en ese orden, asignando a cada uno el primer color que no haya sido asignado aún a ningún vértice adyacente.

- Para G_1 la ordenación usada es: **a, b, c, d**.

Coloreado de G_1 con 4 colores   *Ejecución del algoritmo voraz*

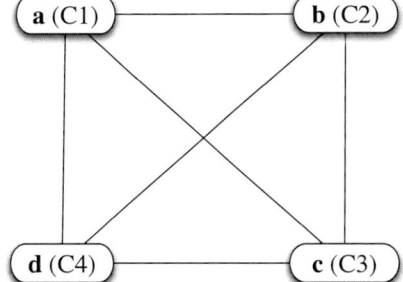

Vértice	Color
a	C_1
b	C_2
c	C_3
d	C_4

Como el grafo G_1 coincide con el grafo completo K_4 de 4 vértices, está claro que con cualquier otra ordenación posible de los vértices de G_1 necesitaríamos usar el mismo número de colores; luego el número cromático de G_1 es 4.

- Para G_2 la ordenación usada es: **a, b, c, d, e, f, g, h, i, j**.

Coloreado de G_2 con 3 colores   *Ejecución del algoritmo voraz*

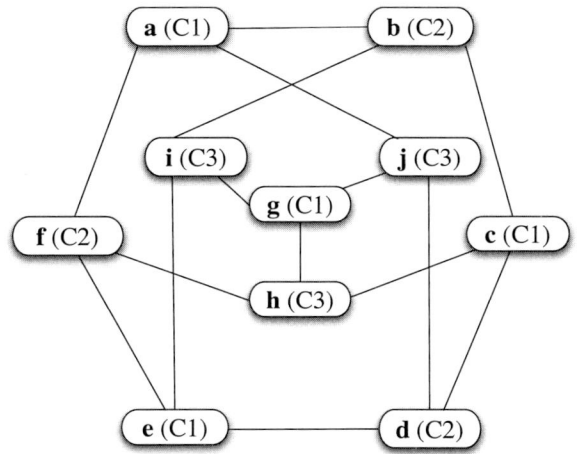

Vértice	Color
a	C_1
b	C_2
c	C_1
d	C_2
e	C_1
f	C_2
g	C_1
h	C_3
i	C_3
j	C_3

Al contener ciclos de longitud impar, cualquier coloreado necesita al menos 3 colores; habiendo hallado un coloreado que usa exactamente 3 colores, podemos concluir que el número cromático de G_2 es 3.

6.41. Para cada $n \geq 3$, el *grafo cíclico* C_n está formado por los n vértices de un n-ágono, conectados por aristas correspondientes a los lados. Para cada $n \geq 2$, definimos el grafo M_n como el resultado de añadir a C_{2n} aristas adicionales, correspondientes a las diagonales que conectan cada par de vértices opuestos. Demuestra que:

(a) $\chi(M_2) = 4$.

(b) $\chi(M_n) = 3$ para n par, $n > 2$.

(c) M_n es bipartito para n impar.

Solución

(a) Para demostrar $\chi(M_2) = 4$, basta con observar que $M_2 = K_4$ y, por tanto, la única forma de colorearlo es usar un color diferente para cada vértice, como se ve en la siguiente figura:

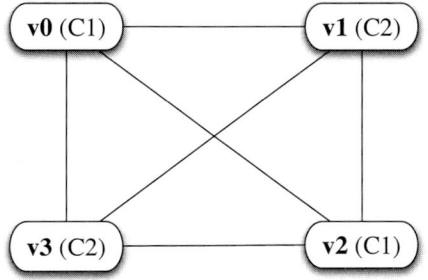

(b) $\chi(M_n) = 3$, para n par, $n > 2$.

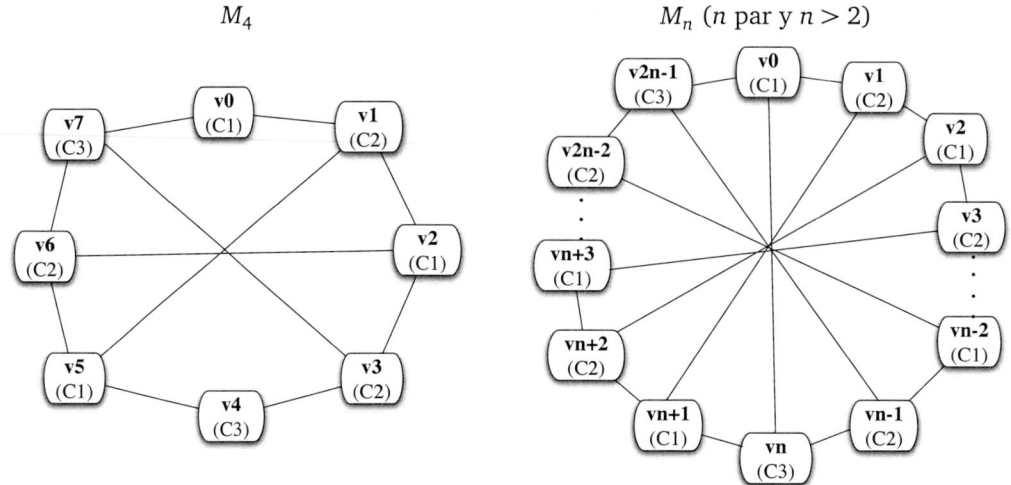

M_4 M_n (n par y $n > 2$)

Si en M_n numeramos los vértices en orden, siguiendo el perímetro:

$$v_0, v_1, v_2, \ldots, v_n, v_{n+1}, \ldots, v_{2n-2}, v_{2n-1}$$

resulta que los pares de vértices unidos por diagonales corresponden a subíndices de la misma paridad: $v_0 v_n, v_1 v_{n+1}, \ldots, v_{n-2} v_{2n-2}, v_{n-1} v_{2n-1}$.

De esta forma, tenemos ciclos de longitud impar y, por consiguiente, M_n no es bipartito y su número cromático es mayor que 2. Vamos a construir un coloreado que usa 3 colores, demostrando así que el número cromático de M_n (con $n > 2$ par) es igual a 3.

Podemos recorrer los vértices desde v_0 hasta v_{n-1} asignándoles alternativamente colores C_1 o C_2 según su paridad, para $0 \leq i < n$:

$$c(v_i) = \begin{cases} C_1 & \text{si } i \text{ es par,} \\ C_2 & \text{si } i \text{ es impar.} \end{cases}$$

En particular, v_{n-1} recibe el color C_2, porque $n-1$ es impar. Como v_n es adyacente a v_{n-1} y a v_0, debe recibir un color diferente de C_1 y C_2, es decir, $c(v_n) = C_3$.

Seguidamente, v_{n+1} es adyacente a v_n y v_1, pero no a v_0 (por ser $n > 2$). Luego el color C_1 está disponible para v_{n+1}. Siguiendo este proceso podemos colorear los vértices desde v_{n+1} hasta v_{2n-2} alternando los colores C_1 y C_2, para $n + 1 \leq i < 2n - 1$:

$$c(v_i) = \begin{cases} C_1 & \text{si } i \text{ es impar,} \\ C_2 & \text{si } i \text{ es par.} \end{cases}$$

Al llegar a v_{2n-1}, que es adyacente a v_{2n-2} y a v_0, hay que usar de nuevo el color C_3, por lo tanto, $c(v_{2n-1}) = C_3$.

(c) M_n es bipartito, para n impar.

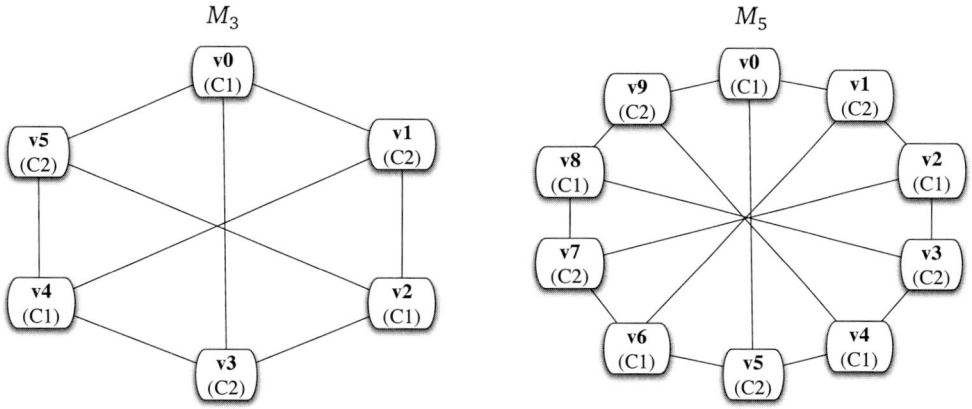

Si en M_n numeramos los vértices como en el apartado anterior, las parejas de vértices unidos por diagonales son de nuevo: $v_0 v_n$, $v_1 v_{n+1}$, ..., $v_{n-2} v_{2n-2}$, $v_{n-1} v_{2n-1}$.

Ahora resulta que los pares de vértices unidos por diagonales corresponden a subíndices de distinta paridad. Los pares de vértices unidos por lados también tienen, evidentemente, subíndices de distinta paridad. Por lo tanto, podemos colorear el grafo con 2 colores asignando a cada vértice la paridad de su subíndice, para $0 \le i < 2n$:

$$c(v_i) = \begin{cases} C_1 & \text{si } i \text{ es par,} \\ C_2 & \text{si } i \text{ es impar.} \end{cases}$$

Por lo que, efectivamente, M_n es bipartito para todo n impar.

6.42. Sea G un grafo conexo con número cromático $\chi(G) = k$. Demuestra que existe una ordenación de los vértices de G para la cual el algoritmo voraz de coloreado de vértices requiere precisamente k colores.

Solución

Sea $G = (V, E)$ un grafo conexo con $\chi(G) = k$. Supongamos que $c : V \to \{1, 2, \ldots, k\}$ es un coloreado de G con k colores. Para $1 \le l \le k$, sea el subconjunto de vértices $V_l = c^{-1}(l)$, es decir, la imagen inversa de l mediante c.

Consideremos cualquier enumeración de V de la forma $v_1 \ldots v_i \ldots v_n = V_1 V_2 \ldots V_l \ldots V_k$, es decir, donde se enumeren primero los vértices de color 1 (en algún orden), luego los de color 2, etc.

Supongamos que el algoritmo de coloreado de vértices actúa sobre esta ordenación de los vértices. Llamaremos $c'(v)$ al color que el algoritmo asigna al vértice v.

Por inducción completa sobre l, con $1 \le l \le k$, vamos a probar que $c'(v) \le l$ para todo $v \in V_l$.

- *Caso base* ($l = 1$):

  Por tener asignado el mismo color en el coloreado c, sabemos que todos los vértices de V_1 son no adyacentes entre sí; luego el algoritmo les asigna a todos el color 1, con lo cual se cumple $c'(v) \le 1$ para todo $v \in V_1$.

- *Paso inductivo*: Supongamos que $1 < l \leq k$ y que la propiedad es cierta para los conjuntos V_r con $r < l$.

  Cuando el algoritmo visita el vértice $v_i \in V_l$, para cada vértice v_j con $1 \leq j < i$ se tiene que:

  - o bien $v_j \in V_r$ para algún r con $1 \leq r < l$ y entonces $c'(v_j) \leq r < l$ por hipótesis de inducción,
  - o bien $v_j \in V_l$ y en tal caso v_i y v_j no son adyacentes, por tener el mismo color en el coloreado c.

  De ambos casos se deduce que el color l (o tal vez otro menor) está libre para v_i, con lo cual $c'(v_i) \leq l$.

Lo que hemos probado mediante inducción nos dice que el algoritmo ha empleado a lo sumo k colores. Pero como, además, $\chi(G) = k$, podemos asegurar que el algoritmo ha empleado exactamente k colores. Lo que no puede asegurarse es que los coloreados c y c' sean idénticos.

6.43. Dado el grafo no dirigido que aparece en la figura, contesta a las siguientes cuestiones, justificando apropiadamente las respuestas.

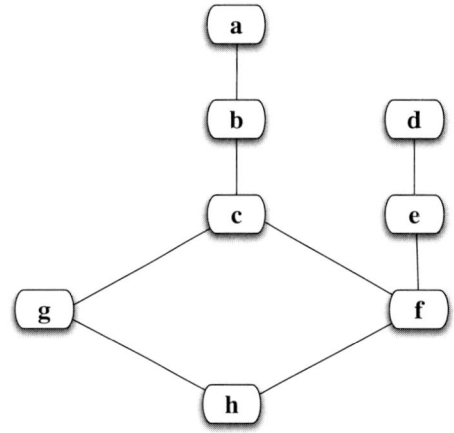

(a) ¿Es euleriano? Si lo es, indica un circuito euleriano. ¿Es semieuleriano? ¿Por qué?

(b) ¿Se trata de un grafo bipartito? Si lo es, indica un posible coloreado.

(c) ¿Es hamiltoniano? Si lo es, indica un ciclo hamiltoniano.

Solución

(a) En primer lugar calculamos los grados de los vértices del grafo:

Vértice	a	b	c	d	e	f	g	h
Grado	1	2	3	1	2	3	2	2

Como tiene vértices de grado impar, no es euleriano. Tampoco es semieuleriano, porque tiene más de dos vértices de grado impar.

(b) Sí, es bipartito porque no tiene ciclos de longitud impar (solo tiene un ciclo de longitud 4). Podemos dividir el conjunto de vértices en dos subjconjuntos disjuntos, $V_1 = \{a, c, e, h\}$ y $V_2 = \{b, d, f, g\}$, de forma que todas las aristas conectan vértices en V_1 con vértices en V_2.

Al ser bipartito, el grafo se puede colorear con dos colores; los vértices de V_1 se colorean con uno de los dos colores y los de V_2 con el otro.

(c) No es hamiltoniano, ya que un ciclo que pase por todos los vértices debe pasar por **a**. Pero **b** es el único vértice adyacente a **a**, por lo que tendría que ser tanto el anterior como el siguiente en un ciclo . . . **b a b** . . . y entonces se tendría **b** como vértice repetido (este argumento se puede aplicar a cualquier grafo con dos o más vértices y algún vértice de grado 1).

6.44. Considera los siguientes grafos:

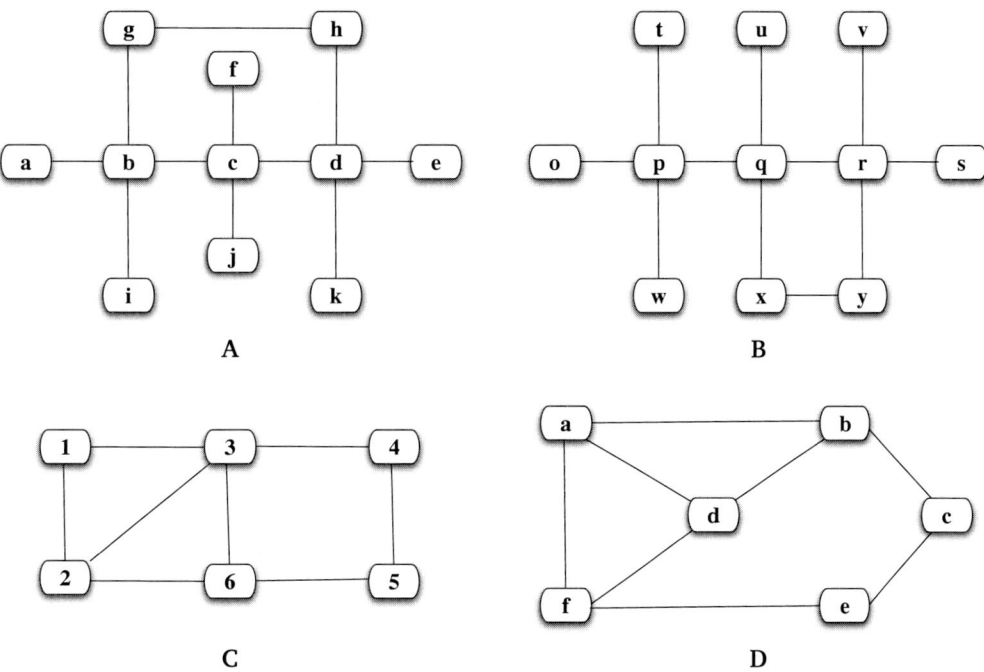

A   B

C   D

(a) Estudia si **A** y **B** son isomorfos. En caso afirmativo, define el isomorfismo.

(b) Estudia si **C** y **D** son isomorfos. En caso afirmativo, define el isomorfismo.

(c) Estudia si los cuatro grafos son eulerianos o semieulerianos y determina un ciclo euleriano para los que lo sean.

(d) Estudia si los cuatro grafos son bipartitos. Para los que lo sean, escribe una partición que los haga bipartitos; para los que no lo sean, usa el algoritmo voraz de coloreado de vértices para averiguar cuál es su número cromático.

Solución

(a) Calculamos primero el grado de los vértices de cada grafo.

- Para **A** tenemos:

Vértice	a	b	c	d	e	f	g	h	i	j	k
Grado	1	4	4	4	1	1	2	2	1	1	1

- Para **B** tenemos:

Vértice	o	p	q	r	s	t	u	v	w	x	y
Grado	1	4	4	4	1	1	1	1	1	2	2

Aunque cada uno de estos dos grafos tiene 3 vértices de grado 4, 2 vértices de grado 2 y 6 vértices de grado 1, lo cual podría indicar que pueden ser isomorfos, basta observar que en **B** hay un *cuadrado* (es decir, un ciclo de longitud 4) **q x y r q**, mientras que en **A** no hay ningún cuadrado, para deducir que no es posible definir un isomorfismo entre ambos, puesto que el cuadrado anterior de **B** debería tener un análogo en **A** que no existe.

(b) Calculamos los grados de los vértices de los grafos.

C

Vértice	1	2	3	4	5	6
Grado	2	3	4	2	2	3

D

Vértice	a	b	c	d	e	f
Grado	3	3	2	3	2	3

Como **C** tiene un vértice de grado 4 y **D** no tiene ningún vértice de grado 4, es imposible que puedan ser isomorfos.

(c) Estudiamos si los cuatro grafos son eulerianos o semieulerianos:

A No es ni euleriano ni semieuleriano, porque tiene 6 vértices de grado impar.

B No es ni euleriano ni semieuleriano, porque tiene 6 vértices de grado impar.

C No es euleriano, pero sí es semieuleriano porque tiene 2 vértices de grado impar.

D No es ni euleriano ni semieuleriano, porque tiene 4 vértices de grado impar.

(d) Estudiamos si los grafos son bipartitos:

A No, porque tiene un ciclo de longitud 5: **b c d h g b**.

B Sí, y una partición posible es: $V_1 = \{o, w, t, q, y, v, s\}$ y $V_2 = \{p, r, u, x\}$.

C No, porque tiene un ciclo de longitud 3: **1 2 3 1**.

D No, porque tiene un ciclo de longitud 3: **a b d a**.

Coloreamos los grafos **A**, **C** y **D** usando el algoritmo voraz de coloreado de un grafo:

1. Elegimos una ordenación de los vértices.

2. Recorremos los vértices en ese orden, asignando a cada uno el primer color que no haya sido asignado aún a ningún vértice adyacente.

- Para el grafo **A** la ordenación usada es **d, h, g, b, a, i, e, k, f, j, c**.

Coloreado de **A** *con 3 colores*   *Ejecución del algoritmo voraz*

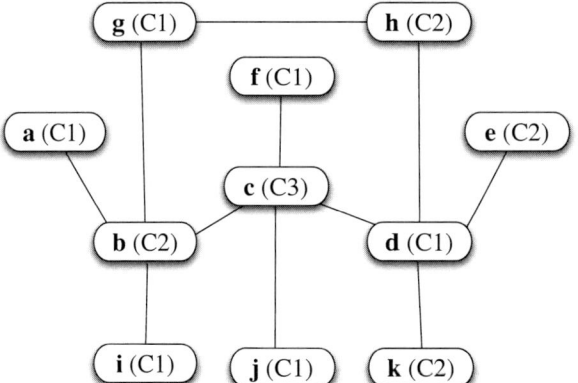

Vértice	Color
d	C_1
h	C_2
g	C_1
b	C_2
a	C_1
i	C_1
e	C_2
k	C_2
f	C_1
j	C_1
c	C_3

Como el grafo **A** contiene un ciclo de longitud impar, para cualquier otra ordenación posible de los vértices de **A** necesitaríamos usar al menos 3 colores; luego el número cromático de **A** es 3.

- Para el grafo **C** la ordenación usada es **1, 4, 6, 3, 5, 2**.

*Coloreado de **C** con 3 colores*   *Ejecución del algoritmo voraz*

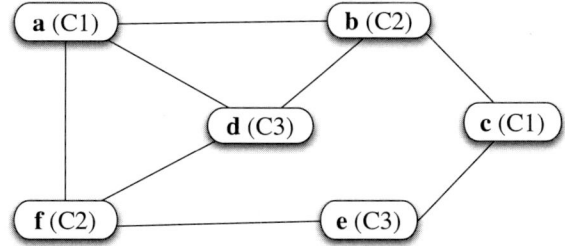

Vértice	Color
1	C_1
4	C_1
6	C_1
3	C_2
5	C_2
2	C_3

Como el grafo **C** contiene un ciclo de longitud impar, para cualquier otra ordenación posible de los vértices de **C** necesitaríamos usar al menos 3 colores; luego el número cromático de **C** es 3.

- Para el grafo **D** la ordenación usada es **a, f, b, c, e, d**.

*Coloreado de **D** con 3 colores*   *Ejecución del algoritmo voraz*

Vértice	Color
a	C_1
f	C_2
b	C_2
c	C_1
e	C_3
d	C_3

Como el grafo **D** contiene un ciclo de longitud impar, para cualquier otra ordenación posible de los vértices de **D** necesitaríamos usar al menos 3 colores; luego el número cromático de **D** es 3.

6.45. Considera los cuatro grafos siguientes:

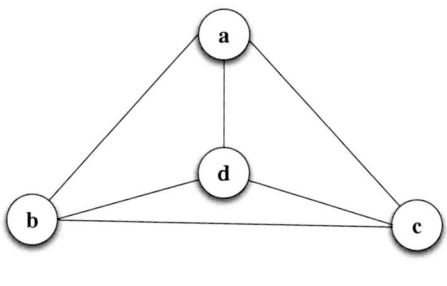

A

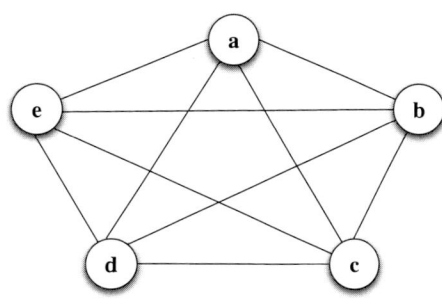

B

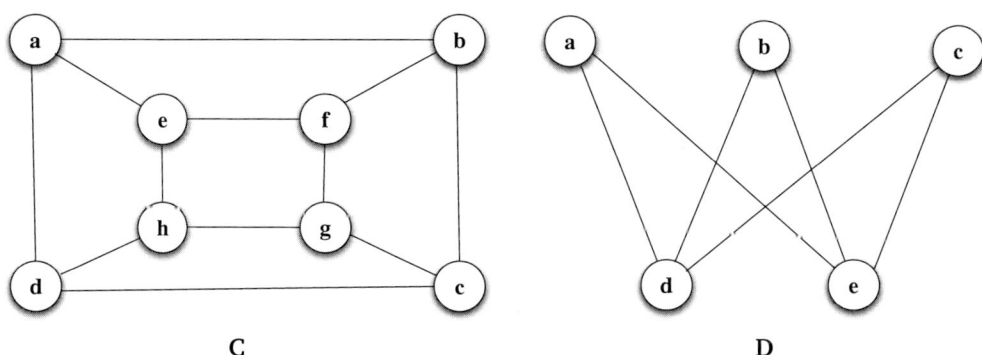

C   D

Indica cuáles de ellos son eulerianos, hamiltonianos o bipartitos. Razona tus respuestas.

Solución

- La siguiente tabla resume las respuestas a las propiedades de ser euleriano y hamiltoniano, junto con las correspondientes justificaciones.

Grafo	A	B	C	D
Euleriano	No	Sí	No	No
	gd(a) = 3	a b e c a d b c d e a	gd(a) = 3	gd(d) = 3
Hamiltoniano	Sí	Sí	Sí	No
	a b c d a	a b c d e a	a b c d h g f e a	

Para explicar por qué el grafo **D** no es hamiltoniano, supongamos que comenzamos un posible ciclo por **a**, **b** o **c**; el ciclo debe ir entonces a cualquiera de **d** o **e** y a continuación a otro vértice **a**, **b** o **c** y a otro **d** o **e**, para acabar en el único **a**, **b** o **c** no visitado previamente. Pero para volver al vértice inicial no tenemos más remedio que pasar por algún **d** o **e** y estos ya son parte del ciclo. Por lo tanto, no puede existir un ciclo hamiltoniano.

- Para la propiedad de bipartito tenemos los siguientes resultados:

    A   No, porque tiene un ciclo de longitud 3: **a b c a**.

    B   No, porque tiene un ciclo de longitud 3: **a b c a**.

    C   Sí, es bipartito con un color C_1 para los vértices **a**, **h**, **f** y **c**, y un color C_2 para los restantes vértices **e**, **d**, **b** y **g**.

    D   Sí, es bipartito con un color C_1 para los vértices **a**, **b** y **c**, y un color C_2 para los demás vértices **e** y **d**.

6.46. Sea el conjunto de vértices $V = \{a, b, c, d\}$.

(a) Calcula el número de posibles grafos que tengan a V como conjunto de vértices y un total de 5 aristas.

(b) Dibuja todos los grafos que cumplen la condición del apartado anterior.

(c) Estudia si los grafos son isomorfos.

(d) Estudia si los grafos son eulerianos o semieulerianos y determina un circuito euleriano para los que sean eulerianos.

(e) Estudia si los grafos son bipartitos. Para los que sí lo sean, escribe una partición que los haga bipartitos; para los que no lo sean, usa el algoritmo voraz de coloreado de vértices para averiguar cuál es su número cromático.

Solución

(a) Si V es el conjunto de vértices, sabemos que tenemos 4 vértices. El conjunto A de las posibles aristas está formado por todas las aristas de la forma $\{x, y\}$, con $x, y \in V$ y $x \neq y$. Por tanto, para ver la cantidad de tales aristas hay que contar el número de subconjuntos de V de cardinal 2, que es igual a

$$\binom{4}{2} = \frac{4 \cdot 3}{2 \cdot 1} = 6.$$

Concretamente, el conjunto de posibles aristas es

$$A = \{\{a, b\}, \{a, c\}, \{a, d\}, \{b, c\}, \{b, d\}, \{c, d\}\}.$$

Como los grafos tienen que tener 5 aristas, cada uno de ellos se obtiene al eliminar una de las aristas en A y quedarse con las 5 restantes. Esto se puede hacer de 6 formas distintas:

$$\binom{6}{5} = \binom{6}{1} = 6,$$

por lo que en definitiva tenemos 6 grafos distintos con V como conjunto de vértices y 5 aristas.

(b) Aplicando el método descrito en el apartado anterior, eliminamos cada vez una arista distinta del conjunto A para obtener los seis conjuntos de aristas siguientes:

$$E_1 = \{\{a, b\}, \{a, c\}, \{a, d\}, \{b, c\}, \{b, d\}\},$$
$$E_2 = \{\{a, b\}, \{a, c\}, \{a, d\}, \{b, c\}, \{c, d\}\},$$
$$E_3 = \{\{a, b\}, \{a, c\}, \{a, d\}, \{b, d\}, \{c, d\}\},$$
$$E_4 = \{\{a, b\}, \{a, c\}, \{b, c\}, \{b, d\}, \{c, d\}\},$$
$$E_5 = \{\{a, b\}, \{a, d\}, \{b, c\}, \{b, d\}, \{c, d\}\},$$
$$E_6 = \{\{a, c\}, \{a, d\}, \{b, c\}, \{b, d\}, \{c, d\}\}.$$

Los grafos correspondientes $G_1, \ldots, G_6$ se representan a continuación:

$$G_1 = (V, E_1) \qquad\qquad G_2 = (V, E_2) \qquad\qquad G_3 = (V, E_3)$$

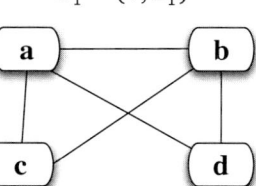 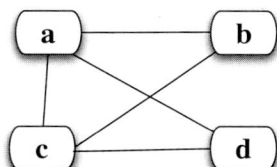 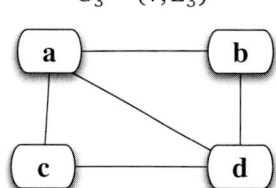

$$G_4 = (V, E_4) \qquad\qquad G_5 = (V, E_5) \qquad\qquad G_6 = (V, E_6)$$

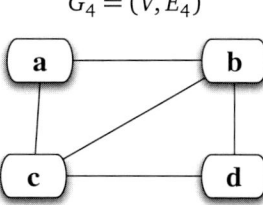 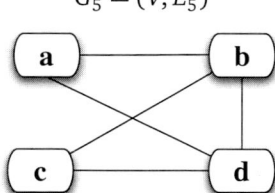 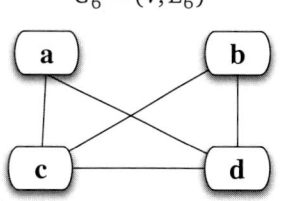

(c) Para establecer posibles isomorfismos, calculamos primero los grados de los vértices de cada grafo. Observamos que todos los grafos tienen 2 vértices de grado 2 y 2 vértices de grado 3. Además es bastante evidente, observando los dibujos, que se verifica $G_1 \simeq G_2 \simeq G_5 \simeq G_6$ por una parte y $G_3 \simeq G_4$ por otra parte. Por lo tanto, bastará con comprobar que alguno de los 4 isomorfos entre sí es isomorfo a alguno de los otros dos; en concreto, un isomorfismo entre G_3 y G_1 viene dado por la siguiente biyección:

Vértices de G_3	a	c	b	d
Vértices de G_1	a	c	d	b

En resumen, los seis grafos son todos isomorfos y en consecuencia verifican las mismas propiedades.

(d) Todos los grafos tienen dos vértices de grado impar; por tanto, según el teorema de Euler, no son eulerianos y sí son semieulerianos.

(e) Todos los grafos tienen ciclos de longitud impar (por ejemplo, en G_3 tenemos el ciclo **a b d a** de longitud 3); por esta razón, no pueden ser grafos bipartitos. Para colorear, por ejemplo, G_3, usamos el algoritmo voraz de coloreado:

1. Elegimos una ordenación de los vértices: **a**, **b**, **c**, **d**.
2. Recorremos los vértices en ese orden, asignando a cada uno el primer color que no haya sido asignado aún a ningún vértice adyacente.

Coloreado de G_3 con 3 colores

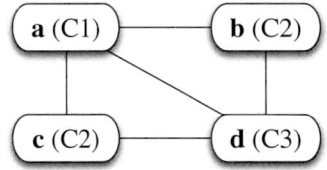

Ejecución del algoritmo voraz

Vértice	Color
a	C_1
b	C_2
c	C_2
d	C_3

Como el grafo G_3 contiene un ciclo de longitud impar, para cualquier otra ordenación posible de los vértices de G_3 necesitaríamos usar al menos 3 colores; luego el número cromático de G_3 es 3. Como los seis grafos son isomorfos, todos tienen el mismo número cromático 3.

6.47. Los siguientes planos representan dos modelos de chalets de una ciudad dormitorio:

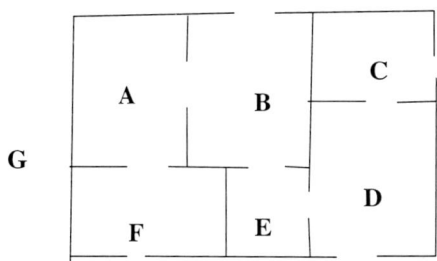

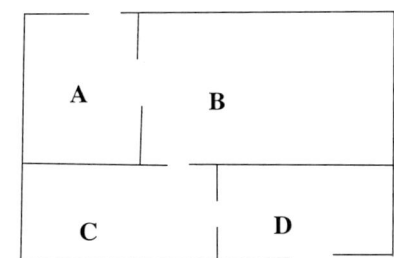

Dibuja los grafos G_1 y G_2 correspondientes a los dos planos, obtenidos al considerar cada habitación como un vértice, el jardín que rodea la casa como un vértice y cada puerta como una arista.

Responde a continuación a las preguntas siguientes:

(a) Estudia si los grafos son isomorfos.

(b) Estudia si los grafos son bipartitos. Para los que sí lo sean, escribe una partición que muestre que lo son; para los que no lo sean, usa el algoritmo voraz de coloreado de vértices para averiguar cuál es su número cromático.

(c) ¿Es posible recorrer la casa y el jardín, volviendo al punto de partida y de modo que cada puerta se atraviese una sola vez?

(d) ¿Es posible recorrer la casa y el jardín, volviendo al punto de partida y de modo que cada habitación y el jardín se atraviese una sola vez?

Solución

Los dos grafos asociados a los planos de los chalets se pueden representar como sigue:

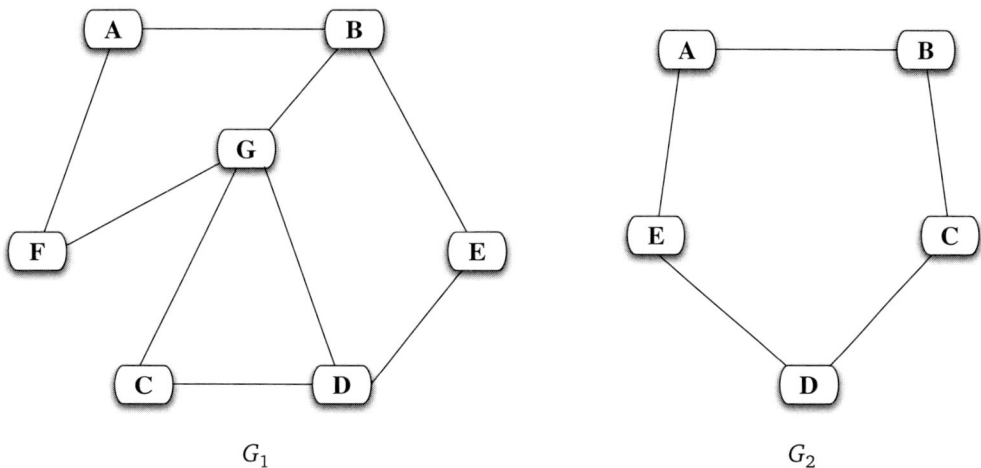

G_1 G_2

(a) Calculamos primero los grados de los vértices de ambos grafos:

G_1

Vértice	A	B	C	D	E	F	G
Grado	2	3	2	3	2	2	4

G_2

Vértice	A	B	C	D	E
Grado	2	2	2	2	2

Como G_1 tiene un vértice de grado 4 y G_2 no tiene ningún vértice de grado 4, es imposible que puedan ser isomorfos.

(b) ▪ El grafo G_1 tiene ciclos de longitud impar, por ejemplo, el ciclo **EGDE** que tiene longitud 3, lo cual hace que no pueda ser bipartito. Para colorearlo usamos el algoritmo voraz de coloreado:

   1. Elegimos una ordenación de los vértices: **A**, **B**, **C**, **D**, **E**, **F**, **G**.

   2. Recorremos los vértices en ese orden, asignando a cada uno el primer color que no haya sido asignado aún a ningún vértice adyacente.

Coloreado de G_1 con 3 colores   Ejecución del algoritmo voraz

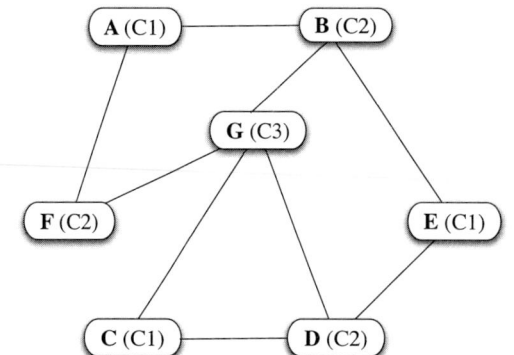

Vértice	Color
A	C_1
B	C_2
C	C_1
D	C_2
E	C_1
F	C_2
G	C_3

Como el grafo G_1 contiene un ciclo de longitud impar, su número cromático es al menos 3; dado que hemos encontrado un coloreado con 3 colores, concluimos que su número cromático es de hecho 3.

- El grafo G_2 consiste en un ciclo de longitud 5, lo cual hace que no pueda ser bipartito. Para colorearlo aplicamos otra vez el algoritmo voraz de coloreado, con la ordenación de los vértices: **A**, **B**, **C**, **D**, **E**.

Coloreado de G_2 con 3 colores   Ejecución del algoritmo voraz

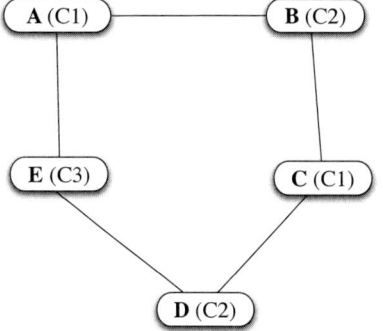

Vértice	Color
A	C_1
B	C_2
C	C_1
D	C_2
E	C_3

De nuevo, como G_2 contiene un ciclo de longitud impar, su número cromático es al menos 3; al haber encontrado un coloreado con 3 colores, podemos concluir que su número cromático es de hecho 3.

(c) La pregunta del enunciado es equivalente a: ¿Es el grafo euleriano?

- G_1 tiene 2 vértices de grado impar; por tanto, no es euleriano.

- G_2 tiene todos sus vértices de grado par; por tanto, sí que es euleriano.

(d) La pregunta del enunciado es equivalente a: ¿Es el grafo hamiltoniano?

- El ciclo "exterior" de G_1 es un ciclo hamiltoniano: **A B E D C G F A**.

- El ciclo "exterior" de G_2 es un ciclo hamiltoniano: **A B C D E A**.

Así pues, ambos grafos son hamiltonianos.

6.48. Considera los dos grafos siguientes:

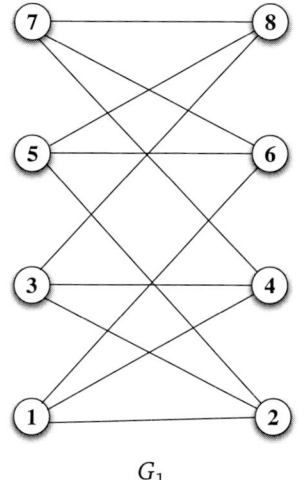
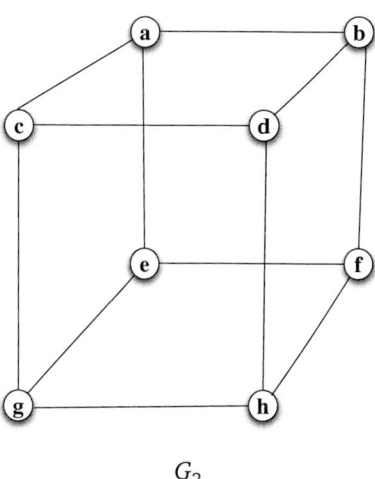

G_1 G_2

Contesta razonadamente a las siguientes cuestiones:

(a) ¿Es G_1 euleriano? Si lo es, encuentra en él un circuito euleriano.

(b) ¿Es G_1 bipartito? Si lo es, encuentra una partición que lo muestre.

(c) ¿Son G_1 y G_2 isomorfos? Si lo son, indica cuál es la función biyectiva que lo prueba.

Solución

(a) G_1 no es euleriano, porque es un grafo conexo con vértices de grado impar como, por ejemplo, $\mathrm{gd}(7) = 3$.

(b) G_1 es bipartito. Una partición que lo prueba es $V_1 = \{1, 3, 5, 7\}$ y $V_2 = \{2, 4, 6, 8\}$, ya que es fácil comprobar mirando el dibujo que todas las aristas tienen un vértice en V_1 y otro en V_2.

(c) G_1 y G_2 son isomorfos. Ambos tienen 8 vértices y todos ellos son de grado 3. Para construir un isomorfismo, definimos la función biyectiva entre sus vértices dada por la siguiente tabla:

Vértice de G_1	1	2	3	4	5	6	7	8
Vértice de G_2	g	c	a	e	d	h	f	b

Es fácil comprobar que esta biyección transforma cada arista de G_1 en una arista de G_2; por ejemplo, la arista $\{3, 4\}$ se convierte en la arista $\{a, e\}$.

6.49. El siguiente plano representa las salas de exposición del Museo de Arte ni Antiguo ni Moderno.

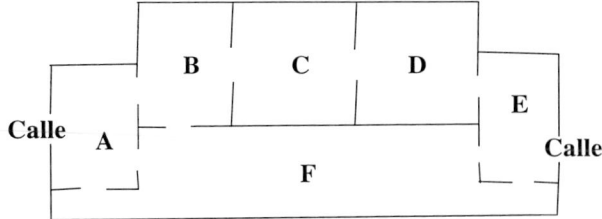

Dibuja el (multi)grafo asociado a este plano y úsalo para responder a las siguientes preguntas.

(a) ¿Es posible recorrer toda la exposición de forma que se entre desde la calle, se pase una única vez por cada *puerta* y se vuelva a la calle? En caso afirmativo, indica el recorrido. En caso negativo, estudia si es posible hacer un recorrido que pase una única vez por cada puerta del museo.

(b) ¿Es posible recorrer toda la exposición de forma que se entre desde la calle, se pase una única vez por cada *sala* y se vuelva a la calle? En caso afirmativo, indica el recorrido. En caso negativo, justifícalo detalladamente.

(c) La dirección del museo desea pintar las distintas salas de forma que las salas comunicadas por puertas tengan colores distintos, que además no coincidan con el color rojo de las fachadas. ¿Cuál es el mínimo número de colores necesario para acometer tal reforma? Calcúlalo detallando la ejecución paso a paso de un algoritmo apropiado.

Solución

Representamos cada puerta como una arista que une dos vértices; para ello necesitamos un vértice para cada sala de exposición más un vértice para la calle. Además, como hay dos puertas diferentes que unen la sala **A** con la **F** y otras dos que unen la sala **E** con la **F**, tenemos un multigrafo. La "dirección" de las puertas no importa, por lo que el multigrafo es no dirigido. El siguiente dibujo es una posible representación de ese multigrafo no dirigido conexo, con 7 vértices y 11 aristas.

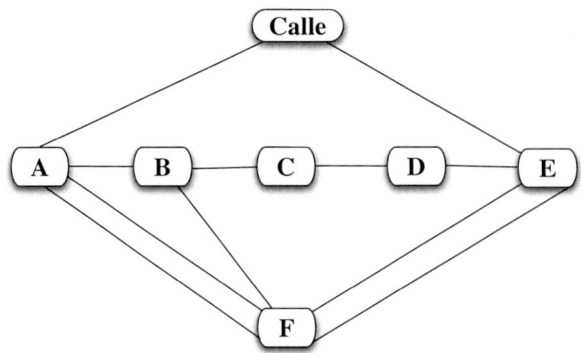

(a) El tipo de recorrido que se pide es un circuito euleriano. Para saber si un multigrafo conexo es euleriano, basta calcular los grados de todos los vértices y comprobar su paridad.

Vértice	A	B	C	D	E	F	Calle
Grado	4	3	2	2	4	5	2

Al existir vértices de grado impar, el multigrafo no es euleriano y no puede haber ningún recorrido que visite toda la exposición entrando desde la calle, pasando una única vez por cada puerta y volviendo a la calle. Sin embargo, como hay exactamente dos vértices de grado impar (**B** y **F**), el multigrafo sí que es semieuleriano, de forma que hay recorridos que pasan una única vez por cada puerta del museo, empezando en uno de los dos vértices de grado impar y terminando en el otro; por ejemplo, un recorrido (entre otros) con esas características es el siguiente:

B A Calle E F E D C B F A F.

(b) El tipo de recorrido que se pide ahora es un ciclo hamiltoniano. En este multigrafo es muy fácil construir un recorrido con esas características como, por ejemplo, **Calle A F B C D E Calle**. Por tanto, el multigrafo es hamiltoniano.

(c) En este apartado hay que colorear el *subgrafo* resultante de eliminar el vértice correspondiente a la calle:

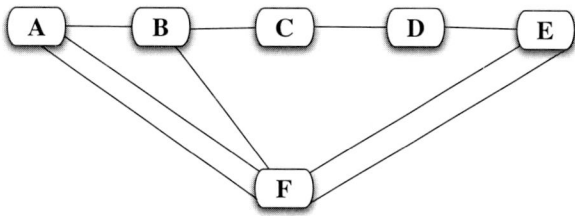

Como tenemos el ciclo de longitud impar **A B F A** (triángulo en la parte izquierda del dibujo), el (multi)grafo no puede ser bipartito y hacen falta al menos 3 colores. Para colorearlo usamos el algoritmo voraz de coloreado.

1. Elegimos una ordenación de los vértices: **A, B, F, E, D, C**.

2. Recorremos los vértices en ese orden, asignando a cada uno el primer color que no haya sido asignado aún a ningún vértice adyacente.

Coloreado del grafo con 3 colores   *Ejecución del algoritmo voraz*

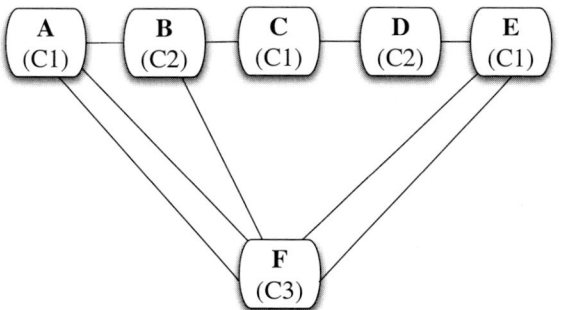

Vértice	Color
A	C_1
B	C_2
F	C_3
E	C_1
D	C_2
C	C_1

Como hemos hallado un coloreado con 3 colores, que es el número mínimo, el número cromático del subgrafo anterior es igual a 3. En resumen, hay que usar 3 colores para pintar todas las salas, de forma que las salas comunicadas por puertas tengan colores distintos. Además, estos tres colores no pueden incluir el color rojo, para satisfacer la restricción de que las salas tengan color diferente del rojo de las fachadas.

6.50. Dado $X = \{1, 2, 3, 4\}$, sea $V = \mathscr{P}_2(X)$ el conjunto formado por todos los subconjuntos de X que tienen cardinal 2. Sea E el conjunto de todas las parejas no ordenadas $\{A, B\}$ tales que $A, B \in V$ y A, B son disjuntos.

(a) Calcula V y E.

(b) Dibuja el grafo $G = (V, E)$. ¿Es conexo? ¿Por qué?

(c) ¿Es G euleriano? ¿Es hamiltoniano? ¿Es bipartito? ¿Por qué?

Solución

(a) El conjunto de vértices del grafo del enunciado es

$$V = \{\{1, 2\}, \{1, 3\}, \{1, 4\}, \{2, 3\}, \{2, 4\}, \{3, 4\}\}.$$

El conjunto de aristas para este grafo es

$$E = \{ \{\{1, 2\}, \{3, 4\}\}, \{\{1, 3\}, \{2, 4\}\}, \{\{1, 4\}, \{2, 3\}\} \}.$$

(b) Una posible representación gráfica de G es la siguiente:

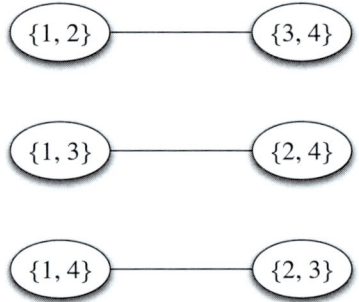

Como se ve en el dibujo, el grafo tiene 3 componentes conexas; por lo tanto, no es conexo.

(c) ▪ G no puede ser euleriano porque, al estar cada arista en una componente conexa distinta, es imposible construir un recorrido que pase por las tres aristas.

▪ G no puede ser hamiltoniano, por no ser conexo.

▪ G es bipartito, pues cada componente se puede colorear con dos colores y, por tanto, todo el grafo también. Por ejemplo, se puede dar a los vértices de la derecha del dibujo el color C_1 y a los situados a la izquierda el C_2.

6.51. Dado $X = \{1, 2, 3, 4, 5\}$, sea $V = \mathscr{P}_2(X)$ el conjunto formado por todos los subconjuntos de X que tienen cardinal 2. Sea E el conjunto de todas las parejas no ordenadas $\{A, B\}$ tales que $A, B \in V$ y A, B son disjuntos.

(a) Calcula V y E.

(b) Dibuja el grafo $G = (V, E)$. ¿Es conexo? ¿Por qué?

(c) ¿Es G euleriano? ¿Es hamiltoniano? ¿Es bipartito? ¿Por qué?

(d) Utilizando el algoritmo voraz de coloreado de vértices, construye un coloreado de G. ¿Cuántos colores necesitas? Explica cómo se ejecuta el algoritmo.

Solución

(a) El conjunto de vértices del grafo del enunciado es

$$V = \{\{1,2\},\{1,3\},\{1,4\},\{1,5\},\{2,3\},\{2,4\},\{2,5\},\{3,4\},\{3,5\},\{4,5\}\}.$$

Para simplificar la notación, vamos a omitir las llaves de los conjuntos internos y en lo que sigue representamos este conjunto como

$$V = \{12,13,14,15,23,24,25,34,35,45\}.$$

El conjunto de aristas para este grafo es entonces:

$$E = \{\ \{12,34\},\{12,35\},\{12,45\},\{13,24\},\{13,25\},\{13,45\},\{14,23\},\{14,25\},$$
$$\{14,35\},\{15,23\},\{15,24\},\{15,34\},\{23,45\},\{24,35\},\{25,34\}\ \}.$$

(b) Una posible representación gráfica de G es la siguiente:

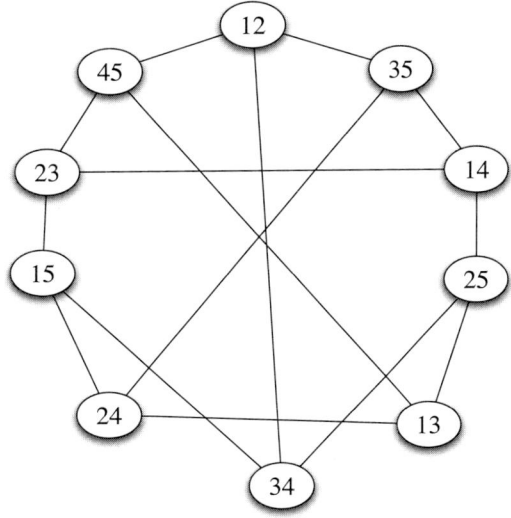

Como se ve en el dibujo, el grafo tiene una única componente conexa; por lo tanto, es conexo, es decir, cada par de vértices está conectado mediante algún camino.

(c) ■ El grafo G tiene todos sus vértices de grado 3 y, por lo tanto, no es euleriano.

   ■ Como intuitivamente se ve en el dibujo, es imposible pasar por todos los vértices sin repetir vértice y volver al vértice inicial. Por ejemplo, si intentamos comenzar el recorrido por 24, podríamos llegar hasta el 13, haciendo el recorrido por las aristas exteriores, pero para llegar al vértice 34 debemos repetir alguno de los vértices ya visitados. Lo mismo ocurre con cualquier otro recorrido que se intente construir y, por lo tanto, el grafo no es hamiltoniano.

   ■ G tiene ciclos de longitud impar como, por ejemplo, el ciclo 24 35 14 25 13 24 de longitud 5 y, por lo tanto, no es bipartito.

(d) Como ya sabemos que no podemos colorear el grafo con dos colores por no ser bipartito, vamos a intentar colorear G con 3 colores, que denominamos C_1, C_2 y C_3. Para ello, ejecutamos el algoritmo voraz de coloreado de vértices, que comienza eligiendo una ordenación de los vértices y opera del modo siguiente:

1. Asigna el color C_1 al primer vértice.
2. Para cada uno de los vértices restantes, asigna el color con índice más pequeño posible, que no haya sido asignado aún a ningún vértice adyacente.

Eligiendo como ordenación de los vértices 12, 35, 14, 25, 13, 45, 23, 15, 24, 34, obtenemos el siguiente coloreado:

Grafo coloreado con 3 colores   *Ejecución del algoritmo voraz*

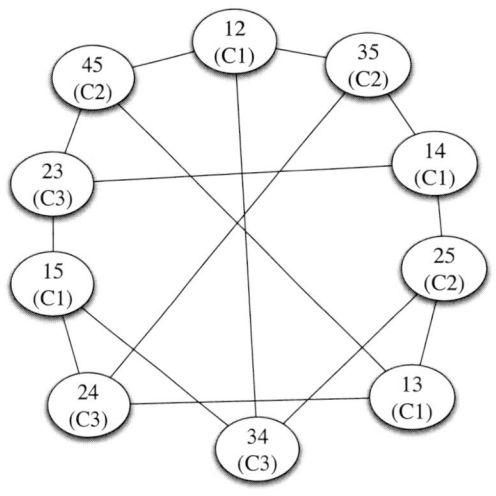

Vértice	Color
12	C_1
35	C_2
14	C_1
25	C_2
13	C_1
45	C_2
23	C_3
15	C_1
24	C_3
34	C_3

Es importante notar que el número de colores que usa este algoritmo depende de la ordenación de los vértices elegida al principio. En este caso hemos acertado a la primera. Otras veces hay que probar varias ordenaciones de los vértices, hasta encontrar la mejor, es decir, la que tiene el mínimo número de colores. Para este grafo concreto, como no se puede colorear con 2 colores, un coloreado con 3 colores como el anterior es óptimo y, por tanto, su número cromático es 3.

6.52. Para cada número natural $n \geq 3$, definimos el grafo no dirigido $G_n = (V_n, E_n)$ cuyos vértices y aristas son:

$$V_n = \{i \in \mathbb{N} \mid 0 \leq i < n\}$$
$$E_n = \{\{i, j\} \mid i, j \in V_n \text{ y } j \equiv_n i + 1\} \cup \{\{i, j\} \mid i, j \in V_n \text{ y } j \equiv_n i + 2\}.$$

La idea es que de cada vértice i de V_n salen dos aristas que lo conectan a "los dos vértices siguientes", calculando módulo n para que el "siguiente" de $n - 1$ sea 0. Justifica adecuadamente todas tus respuestas a las siguientes cuestiones:

(a) Dibuja G_n para $n = 3, 4, 5, 6$.

(b) ¿Para qué valores de n es G_n completo?

(c) ¿Para qué valores de n es G_n regular?

(d) ¿Para qué valores de n es G_n hamiltoniano?

(e) ¿Para qué valores de n es G_n conexo?

(f) Demuestra que G_n es euleriano para cualquier $n \geq 5$. Dibuja un recorrido euleriano de G_5 y estudia si G_3 y G_4 son eulerianos o no.

(g) Calcula el número cromático de G_n para $n = 3, 4, 5$.

(h) Usando el algoritmo voraz de coloreado de vértices, construye paso a paso un coloreado de G_6 con 3 colores y demuestra que $\chi(G_6) = 3$.

Solución

(a) Para dibujar G_n, dibujamos primero n vértices i, con $0 \leq i < n$, distribuidos uniformemente a lo largo de una circunferencia imaginaria. Luego, desde cada vértice i dibujamos dos aristas (véase el dibujo). Aunque al seguir este proceso algunas de las aristas pueden aparecer repetidas, se dibujan una sola vez.

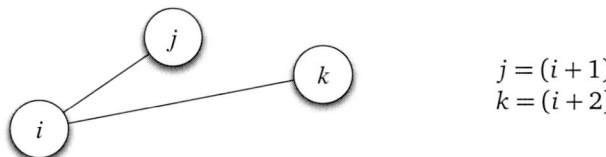

$$j = (i + 1) \bmod n$$
$$k = (i + 2) \bmod n$$

A continuación aparecen dibujados los grafos G_3, G_4, G_5 y G_6.

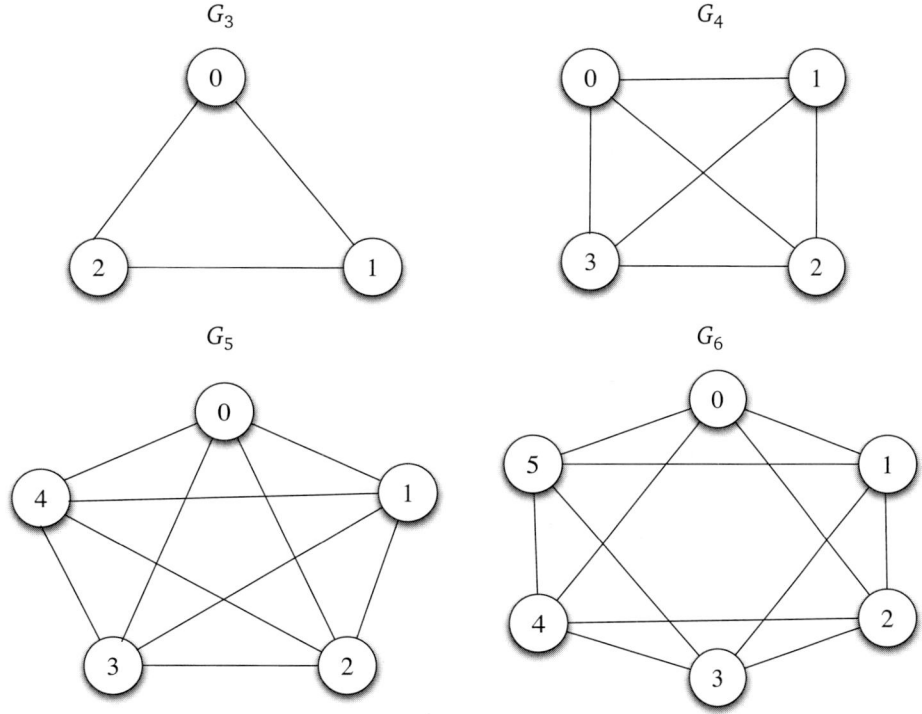

En general, vemos que cualquier G_n ($n \geq 3$) se puede dibujar como un polígono con n vértices y aristas correspondientes a los lados y a algunas de las diagonales (las más externas).

(b) Para $n = 3, 4$ y 5, G_n tiene todas las aristas posibles, por lo que es un grafo completo, es decir, G_n es isomorfo a K_n.

Para $n > 5$, cada vértice i en G_n está conectado a los dos vértices siguientes $i + 1$ e $i + 2$ y a los dos vértices anteriores $i - 1$ e $i - 2$ (con las sumas y restas módulo n), todos ellos diferentes, pero no está conectado a los demás vértices. Así el grafo G_n no tiene todas las aristas posibles y, en consecuencia, no es completo.

(c) Como hemos visto, para $n = 3, 4$ y 5, G_n coincide con el grafo completo K_n y, por tanto, es regular de grado $n - 1$.

Para $n > 5$, cada vértice está conectado a otros cuatro vértices, como acabamos de comentar en el apartado anterior, por lo que G_n es 4-regular.

(d) El grafo G_n es hamiltoniano para todo $n \geq 3$, pues el camino exterior formado por los lados del polígono en el dibujo forma un ciclo $0\ 1\ 2\ 3 \cdots n - 1\ 0$ que pasa exactamente una vez por cada vértice del grafo.

(e) El grafo G_n es conexo, para todo $n \geq 3$, porque para vértices cualesquiera, $i, j \in V_n$, existe un camino que conecta i con j pasando por las aristas correspondientes a lados del n-ágono. Sin pérdida de generalidad, podemos suponer $i \leq j$ y representar un camino de i a j como la serie de vértices $i\ i + 1\ i + 2 \cdots j$ (que se reduce a un solo vértice i en el caso $i = j$).

(f) Como hemos visto en el tercer apartado, para $n \geq 5$, el grafo G_n es 4-regular, es decir, todos sus vértices tienen grado 4, que es par. Por tanto, por el teorema de Euler, G_n es euleriano por tener todos los vértices de grado par.

En el siguiente dibujo se representa un circuito euleriano (entre muchos otros posibles) para G_5 numerando las aristas de 1 a 10 según el orden en que se recorren, saliendo del vértice 0 y volviendo al mismo al final.

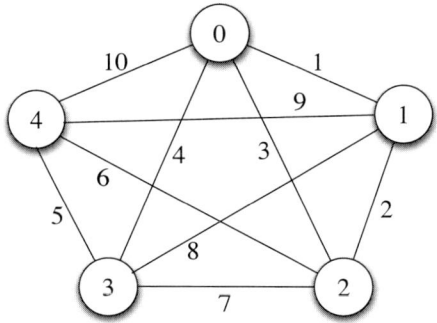

El circuito euleriano representado en el dibujo es el siguiente: $0\ 1\ 2\ 0\ 3\ 4\ 2\ 3\ 1\ 4\ 0$.

En G_3 los tres vértices tienen grado 2, que es par, por lo que G_3 también es euleriano. En cambio, en G_4 los cuatro vértices tienen grado 3, que es impar, de donde concluimos que G_4 no es euleriano ni tampoco semieuleriano.

(g) Como para $n = 3, 4$ y 5, G_n coincide con el grafo completo K_n, su número cromático es $\chi(G_n) = \chi(K_n) = n$. La razón es que todos los vértices están conectados con todos los demás, por lo que cada uno requiere un color diferente.

(h) El grafo G_6 contiene ciclos de longitud 3, como por ejemplo $0\ 1\ 2\ 0$; por tanto, hacen falta al menos 3 colores, es decir, $\chi(G_6) \geq 3$.

Elegimos como ordenación de los vértices 0, 1, 2, 3, 4, 5 y usamos como colores $C_1, C_2, C_3, \ldots$. El algoritmo voraz de coloreado recorre los vértices en el orden dado y asigna a cada uno el menor color no asignado aún a ningún otro vértice adyacente. Veamos la ejecución detallada del algoritmo voraz de coloreado:

1. Asignamos el primer color C_1 al primer vértice, el 0.

2. Pasamos al segundo vértice, el 1; como es adyacente al 0, usamos el segundo color C_2.

3. El tercer vértice, el 2, es adyacente a los dos anteriores, el 0 y el 1, por lo que requiere un tercer color C_3.

4. El cuarto vértice, el 3, es adyacente al 1 (coloreado con C_2) y al 2 (coloreado con C_3), pero no al 0, por lo que se colorea con el primer color C_1.

5. El quinto vértice, el 4, es adyacente al 0 y al 3 (ambos coloreados con C_1) y al 2 (coloreado con C_3), por lo que se colorea con el segundo color C_2.

6. El sexto y último vértice, el 5, es adyacente al 0 y al 3 (ambos coloreados con C_1) y al 1 y al 4 (ambos coloreados con C_2), por lo que se colorea con C_3.

A continuación se puede ver el grafo coloreado con 3 colores y la tabla con la asignación de colores obtenida por el algoritmo.

Grafo coloreado con 3 colores *Ejecución del algoritmo voraz*

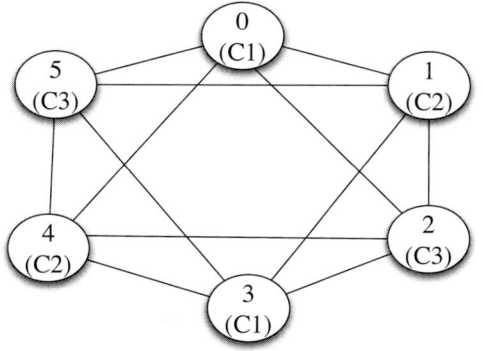

Vértice	Color
0	C_1
1	C_2
2	C_3
3	C_1
4	C_2
5	C_3

Para otras ordenaciones de los vértices, puede ocurrir que el algoritmo utilice más de 3 colores. Si no hubiésemos acertado a la primera, tendríamos que haber ensayado diferentes ordenaciones hasta dar con la mejor. En este caso, ya sabemos que no hay otra mejor, porque el grafo no se puede colorear con 2 colores, como hemos justificado al principio de este apartado.

Al haber encontrado un coloreado con 3 colores, deducimos que $\chi(G_6) \leq 3$ y, como ya sabíamos que $\chi(G_6) \geq 3$, concluimos $\chi(G_6) = 3$.

6.53. Considera grafos (no multigrafos) conexos y eulerianos de 10 aristas.

(a) Construye aquellos que tengan todos sus vértices del mismo grado.

(b) Estudia si alguno de los grafos del apartado anterior es hamiltoniano.

(c) Calcula el número cromático de los grafos del primer apartado.

(d) Construye aquellos grafos que tengan 4 vértices de grado 2 y el resto del mismo grado.

(e) Estudia si alguno de los grafos del apartado anterior es hamiltoniano.

(f) Calcula el número cromático de los grafos del apartado (d).

Solución

(a) Los grafos han de ser eulerianos, lo cual significa que todos sus vértices han de ser de grado par. Además, sabemos que

$$\sum_{v \in V} gd(v) = 2 \cdot |E| = 2 \cdot 10 = 20.$$

Si todos los vértices del grafo son del mismo grado, las únicas descomposiciones posibles de 20 como producto de dos números, uno de ellos necesariamente par, son $20 = 2 \cdot 10 = 4 \cdot 5 = 5 \cdot 4 = 10 \cdot 2$, y en ese orden vamos a construir los posibles grafos solución:

- G_1: Todos los vértices de grado 2; por tanto, $|V| = 10$.
- G_2: Todos los vértices de grado 4; por tanto, $|V| = 5$.
- La siguiente descomposición de 20 significaría que todos los vértices son de grado 5, lo cual implicaría que el grafo no fuera euleriano.
- La última descomposición implica que todos los vértices son de grado 10, por tanto, $|V| = 2$. Pero no nos sirve, pues con solo dos vértices de grado 10, lo que se obtiene es un multigrafo, no un grafo.

Así pues, solo tenemos dos grafos eulerianos con todos los vértices del mismo grado, como puede verse en la siguiente figura:

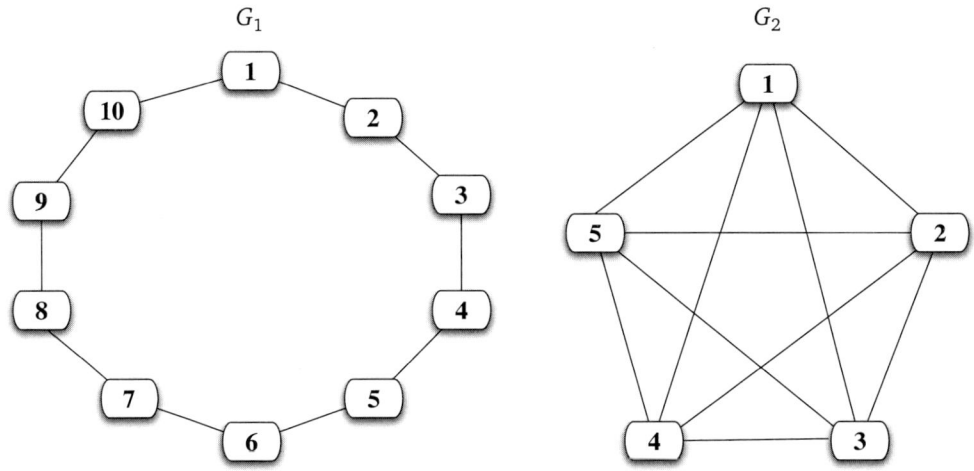

(b) Ambos grafos son hamiltonianos, puesto que es posible encontrar un ciclo que comience en el vértice **1** y, dando la vuelta por la parte exterior del grafo, vuelva al vértice **1** sin repetir vértices a lo largo del camino.

(c)
- G_1 puede colorearse con dos colores, un color para todos los vértices de número par y otro color para todos los vértices de número impar.
- G_2 no puede colorearse con dos colores, ya que tiene ciclos de longitud impar como, por ejemplo, **1 2 5 1**.
  Si observamos más detenidamente el dibujo de G_2, podemos ver que cada vértice está conectado con los otros cuatro, es decir, se trata del grafo completo de 5 vértices, lo cual obliga a utilizar 5 colores.

(d) De nuevo, los grafos han de ser eulerianos, lo cual significa que todos los vértices han de ser de grado par. Además, sabemos que 4 vértices tienen grado 2; por tanto,

$$\sum_{v \in V} gd(v) = 2 \cdot 4 + X = 2 \cdot |E| = 2 \cdot 10 = 20,$$

lo cual implica que $X = 12$. Si el resto de sus vértices son del mismo grado, las únicas descomposiciones posibles de 12 como producto de dos números, uno de ellos necesariamente par, son $12 = 2 \cdot 6 = 4 \cdot 3 = 3 \cdot 4 = 6 \cdot 2$, y en ese orden vamos a construir los posibles grafos solución:

- G_3: 4 vértices de grado 2 y el resto (6 vértices) de grado 2, es decir, el grafo G_1.

- G_4: 4 vértices de grado 2 y el resto (3 vértices) de grado 4; esto significa que $|V| = 4+3 = 7$.

- La siguiente descomposición de 12 significaría que 4 vértices son de grado 3, lo cual implicaría que el grafo no fuera euleriano.

- La última descomposición implica que 2 vértices son de grado 6. Pero no nos sirve, pues con 4 vértices de grado 2 y 2 vértices de grado 6 lo que se obtiene es un multigrafo, no un grafo.

En resumen, solo tenemos un nuevo grafo euleriano con 4 vértices de grado 2, que llamaremos **1**, **2**, **3** y **4**, y 3 vértices de grado 4, que llamaremos **A**, **B** y **C**, como puede verse en la siguiente representación:

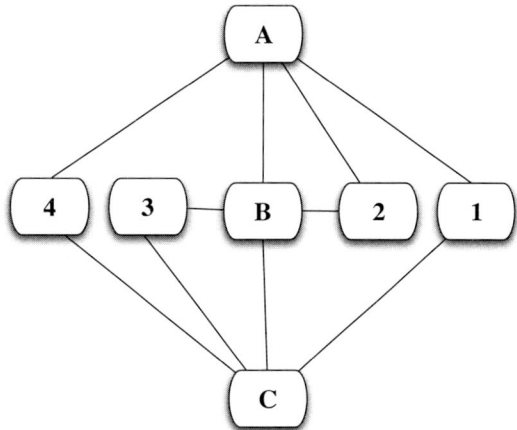

(e) El grafo G_4 no es hamiltoniano, puesto que un posible recorrido que comience en el vértice **C**, podría pasar por **3**, **B**, **2**, **A**, pero si va por la derecha y pasa por **1** tiene que volver a **C** para despues ir a **4**, de ahí a **A** y repetir hasta llegar a **C**; si en lugar de ir desde **A** por **1** va por **4**, la situación es análoga.

(f) El grafo G_4 no puede colorearse con dos colores por tener ciclos de longitud impar como, por ejemplo, **A B 2 A**. Por lo tanto, no es bipartito y no se puede colorear con dos colores. Para colorearlo con más colores, podemos usar el algoritmo voraz de coloreado de un grafo:

- Elegimos una ordenación de los vértices: **A**, **1**, **2**, **4**, **B**, **C**, **3** en este caso.

- Recorremos los vértices en ese orden, asignando a cada uno el primer color que no haya sido asignado aún a ningún vértice adyacente.

A continuación se muestra el coloreado obtenido, que usa 3 colores C_1, C_2, C_3.

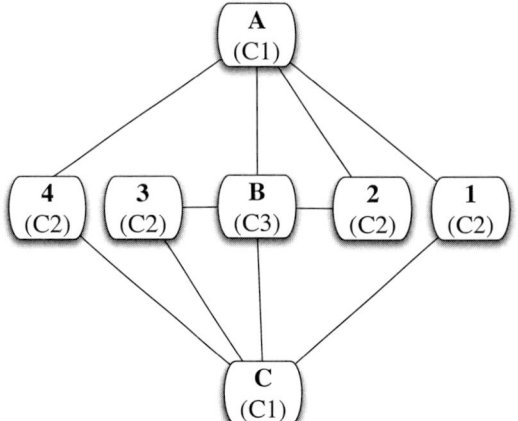

G_4 coloreado con 3 colores · Ejecución del algoritmo voraz

Vértice	Color
A	C_1
1	C_2
2	C_2
4	C_2
B	C_3
C	C_1
3	C_2

Como no se puede colorear con dos colores y hemos obtenido un coloreado con 3 colores, este número coincide con el número cromático de G_4.

6.54. Considera grafos (no multigrafos) conexos y eulerianos de 12 aristas.

(a) Construye aquellos que tengan todos sus vértices del mismo grado.

(b) Estudia si alguno de los grafos del apartado anterior es hamiltoniano.

(c) Calcula el número cromático de los grafos del primer apartado.

(d) Construye aquellos grafos que tengan 6 vértices de grado 2 y el resto del mismo grado.

(e) Estudia si alguno de los grafos del apartado anterior es hamiltoniano.

(f) Calcula el número cromático de los grafos del apartado (d).

Solución

(a) Los grafos han de ser eulerianos, lo cual significa que todos sus vértices han de ser de grado par. Además, sabemos que

$$\sum_{v \in V} \mathrm{gd}(v) = 2 \cdot |E| = 2 \cdot 12 = 24.$$

Si todos sus vértices son del mismo grado, las únicas descomposiciones posibles de 24 como producto de dos números, uno de ellos necesariamente par, son $24 = 2 \cdot 12 = 3 \cdot 8 = 4 \cdot 6 = 6 \cdot 4 = 8 \cdot 3 = 12 \cdot 2$, y en ese orden vamos a construir los posibles grafos solución:

- G_1: Todos los vértices de grado 2; por tanto, $|V| = 12$.
- La siguiente descomposición de 24 significaría que todos los vértices son de grado 3, lo cual implicaría que el grafo no fuera euleriano.
- G_2: Todos los vértices de grado 4; por tanto, $|V| = 6$.
- La siguiente descomposición de 24 implica que todos los vértices son de grado 6, por tanto, $|V| = 4$. Pero no nos sirve, pues con solo 4 vértices de grado 6 lo que se obtiene es un multigrafo, no un grafo.

- La siguiente descomposición de 24 implica que todos los vértices son de grado 8, por tanto, $|V| = 3$. Pero tampoco nos sirve, pues con solo 3 vértices de grado 8 lo que se obtiene es un multigrafo, no un grafo.

- La última descomposición implica que todos los vértices son de grado 12, por tanto, $|V| = 2$. Pero igualmente no nos sirve, pues con solo dos vértices de grado 12 lo que se obtiene es un multigrafo, no un grafo.

Así pues, solo tenemos dos grafos eulerianos con todos los vértices del mismo grado, como puede verse en la siguiente figura:

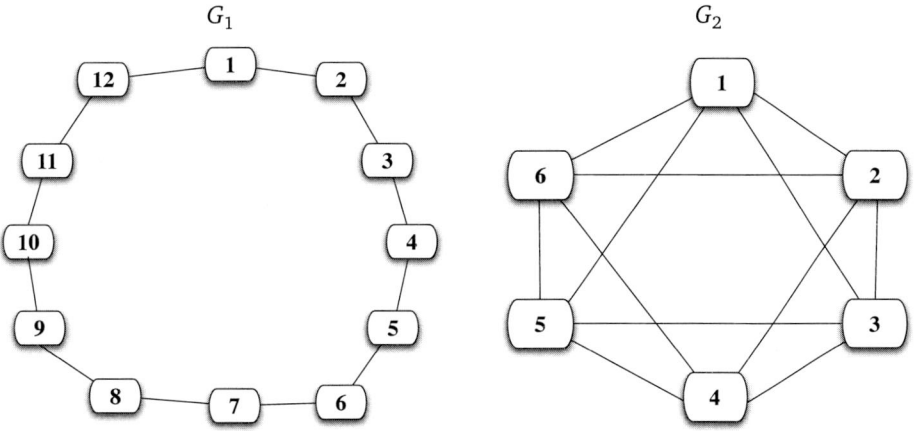

(b) Ambos grafos son hamiltonianos, como atestigua el ciclo que comienza en el vértice **1**, da la vuelta por la parte exterior del grafo y vuelve al vértice **1**, sin repetir ningún vértice por el camino.

(c)
- El grafo G_1 es bipartito y puede colorearse con dos colores, un color para todos los vértices de número par y otro color para todos los vértices de número impar.

- G_2 no es bipartito por tener ciclos de longitud impar como, por ejemplo, **1 2 6 1**. Su número cromático es 3, como demuestra el siguiente coloreado, obtenido con el algoritmo voraz de coloreado aplicado con la ordenación de los vértices: **1**, **2**, **6**, **3**, **4**, **5**.

G_2 *coloreado con 3 colores*   *Ejecución del algoritmo voraz*

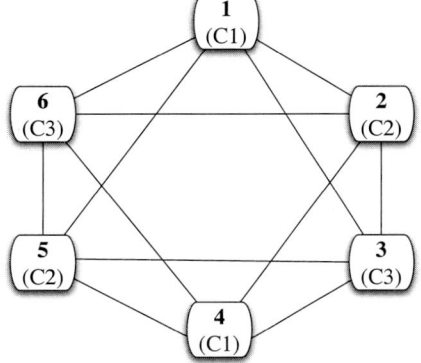

Vértice	Color
1	C_1
2	C_2
6	C_3
3	C_3
4	C_1
5	C_2

(d) De nuevo, los grafos han de ser eulerianos, lo cual significa que todos los vértices han de ser de grado par. Además, sabemos que 6 vértices tienen grado 2; por tanto,

$$\sum_{v \in V} \mathrm{gd}(v) = 2 \cdot 6 + X = 2 \cdot |E| = 2 \cdot 12 = 24,$$

lo cual implica que $X = 12$. Si el resto de sus vértices son del mismo grado, las únicas descomposiciones posibles de 12 como producto de dos números, uno de ellos necesariamente par, son $12 = 2 \cdot 6 = 4 \cdot 3 = 3 \cdot 4 = 6 \cdot 2$, y en ese orden vamos a construir los posibles grafos solución:

- G_3: 6 vértices de grado 2 y el resto (6 vértices) de grado 2, es decir, el grafo G_1.

- G_4: 6 vértices de grado 2 y el resto (3 vértices) de grado 4, lo cual significa que $|V| = 6 + 3 = 9$.

- La siguiente descomposición de 12 significaría que 4 vértices son de grado 3, lo cual implicaría que el grafo no fuera euleriano.

- G_5: 6 vértices de grado 2 y el resto (2 vértices) de grado 6, lo cual significa que $|V| = 6 + 2 = 8$.

Así pues, tenemos dos nuevos grafos eulerianos, cada uno de ellos tiene 6 vértices de grado 2, que llamaremos **1**, **2**, **3**, **4**, **5** y **6**, y además, como puede verse en la figura siguiente,

- G_4 tiene 3 vértices de grado 4, que llamaremos **A**, **B** y **C**.

- G_5 tiene 2 vértices de grado 6, que llamaremos **A** y **B**.

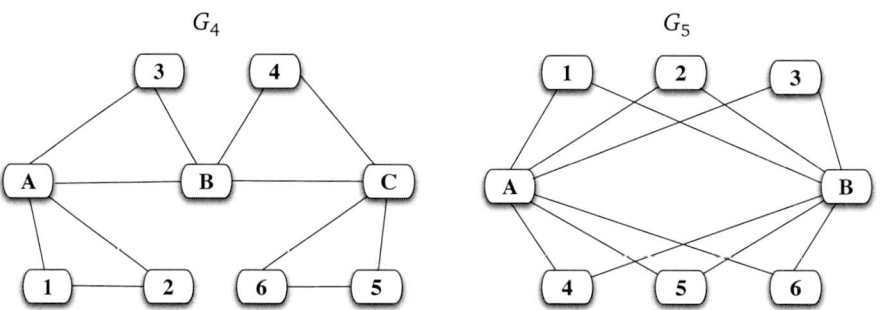

(e) Ninguno de los dos grafos es hamiltoniano, puesto que no es posible encontrar un ciclo que pase por todos los vértices y vuelva al vértice inicial sin repetir ninguno, como puede apreciarse fácilmente en la representación anterior.

(f) - El grafo G_5 es bipartito; basta dar un color C_1 tanto al vértice **A** como al **B**, que no están conectados directamente, y, como el resto de los vértices solo está conectado con estos dos que son del mismo color C_1, podemos usar C_2 para todos los vértices restantes.

- En cambio, G_4 no es bipartito y no puede colorearse con dos colores por tener ciclos de longitud impar como, por ejemplo, **A 1 2 A**. Su número cromático es 3, como demuestra el siguiente coloreado, obtenido con el algoritmo voraz de coloreado aplicado con la ordenación de los vértices: **A, 1, 2, 3, B, 4, C, 5, 6**.

G_4 coloreado con 3 colores   *Ejecución del algoritmo voraz*

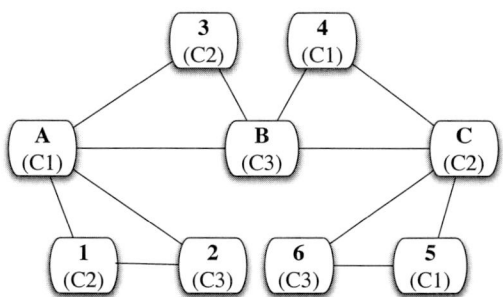

Vértice	Color
A	C_1
1	C_2
2	C_3
3	C_2
B	C_3
4	C_1
C	C_2
5	C_1
6	C_3

6.55. Considera grafos (no multigrafos) conexos y eulerianos de 14 aristas.

(a) Construye aquellos que tengan todos sus vértices del mismo grado.

(b) Estudia si alguno de los grafos del apartado anterior es hamiltoniano.

(c) Calcula el número cromático de los grafos del primer apartado.

(d) Construye aquellos grafos que tengan 6 vértices de grado 2 y el resto del mismo grado.

(e) Estudia si alguno de los grafos del apartado anterior es hamiltoniano.

(f) Calcula el número cromático de los grafos del apartado (d).

Solución

(a) Los grafos han de ser eulerianos, lo cual significa que todos sus vértices han de ser de grado par. Además, sabemos que

$$\sum_{v \in V} \mathrm{gd}(v) = 2 \cdot |E| = 2 \cdot 14 = 28.$$

Si todos sus vértices son del mismo grado, las únicas descomposiciones posibles de 28 como producto de dos números, uno de ellos necesariamente par, son $28 = 2 \cdot 14 = 4 \cdot 7 = 7 \cdot 4 = 14 \cdot 2$, y en ese orden vamos a construir los posibles grafos solución:

- G_1: Todos los vértices de grado 2; por tanto, $|V| = 14$.
- G_2: Todos los vértices de grado 4; por tanto, $|V| = 7$.
- La siguiente descomposición de 28 significaría que todos los vértices son de grado 7, lo cual implicaría que el grafo no puede ser euleriano.
- La última descomposición implica que todos los vértices son de grado 14; por tanto, $|V| = 2$. Pero no nos sirve, pues con solo dos vértices de grado 14 lo que se obtiene es un multigrafo, no un grafo.

Así pues, solo tenemos dos grafos eulerianos con todos los vértices del mismo grado, como puede verse en la siguiente figura:

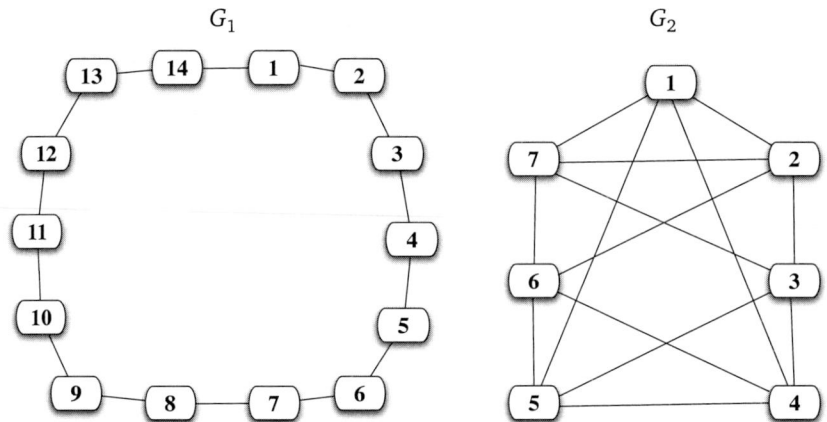

G_1 G_2

(b) Ambos grafos son hamiltonianos, puesto que es posible encontrar un ciclo que comience en el vértice **1** y, dando la vuelta por la parte exterior del grafo, vuelva al vértice **1** sin repetir vértices a lo largo del camino.

(c)   ■ El grafo G_1 es bipartito y puede colorearse con dos colores, un color para todos los vértices de número par y otro color para todos los vértices de número impar.

     ■ En cambio, el grafo G_2 no es bipartito por tener ciclos de longitud impar como, por ejemplo, **1 2 7 1**. Su número cromático es 3, como demuestra el siguiente coloreado, obtenido con el algoritmo voraz de coloreado aplicado con la ordenación de los vértices: **1, 2, 7, 3, 4, 6, 5**.

G_2 coloreado con 3 colores   *Ejecución del algoritmo voraz*

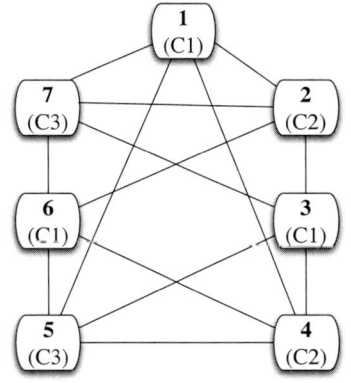

Vértice	Color
1	C_1
2	C_2
7	C_3
3	C_1
4	C_2
6	C_1
5	C_3

(d) De nuevo, los grafos han de ser eulerianos, lo cual significa que todos los vértices han de ser de grado par. Además, sabemos que 6 vértices tienen grado 2; por tanto,

$$\sum_{v \in V} gd(v) = 2 \cdot 6 + X = 2 \cdot |E| = 2 \cdot 14 = 28,$$

lo cual implica que $X = 16$. Si el resto de sus vértices son del mismo grado, las únicas descomposiciones posibles de 16 como producto de dos números, uno de ellos necesariamente par, son $16 = 2 \cdot 8 = 4 \cdot 4 = 8 \cdot 2$, y en ese orden vamos a construir los posibles grafos solución:

  ■ G_3: 6 vértices de grado 2 y el resto (8 vértices) de grado 2, es decir, el grafo G_1.

  ■ G_4: 6 vértices de grado 2 y el resto (4 vértices) de grado 4, lo cual significa que $|V| = 6 + 4 = 10$.

- La última descomposición implica que el grafo debería tener 2 vértices de grado 8, por tanto, $|V| = 6 + 2 = 8$. Pero no nos sirve, pues con solo dos vértices de grado 8 lo que se obtiene es un multigrafo, debido a que los 6 vértices de grado 2 pueden contribuir con 6 aristas a cada uno de los vértices de grado 8, por lo cual los dos vértices de grado 8 han de unirse entre sí con dos aristas; de ahí que lo obtenido de esta forma no sea un grafo.

En resumen, solo tenemos un nuevo grafo euleriano con 6 vértices de grado 2, que llamaremos **1**, **2**, **3**, **4**, **5** y **6**, y además 4 vértices de grado 4, que llamaremos **A**, **B**, **C** y **D**, como puede observarse a continuación:

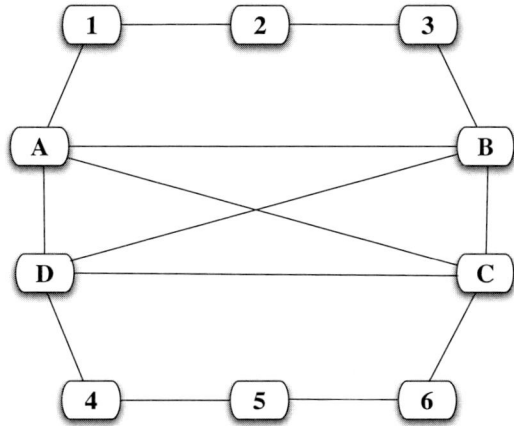

(e) El grafo G_4 es hamiltoniano, puesto que el ciclo que comienza en el vértice **A**, da la vuelta por la parte exterior del grafo y vuelve al vértice **A** no repite ningún vértice por el camino.

(f) El grafo G_4 no es bipartito por tener ciclos de longitud impar tales como, por ejemplo, **A D C A**. Por lo tanto, no se puede colorear con dos colores.

Tampoco se puede colorear con tres colores, pues el subgrafo completo formado por los vértices **A**, **B**, **C** y **D** es isomorfo al grafo completo K_4 y requiere 4 colores.

El siguiente coloreado, obtenido con el algoritmo voraz de coloreado aplicado con la ordenación de los vértices **1**, **2**, **3**, **B**, **C**, **6**, **5**, **4**, **A**, **D**, usa los 4 colores C_1, C_2, C_3, C_4.

G_4 coloreado con 4 colores · *Ejecución del algoritmo voraz*

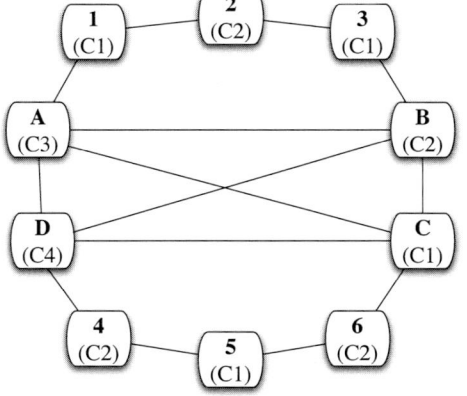

Vértice	Color
1	C_1
2	C_2
3	C_1
B	C_2
C	C_1
6	C_2
5	C_1
4	C_2
A	C_3
D	C_4

Como no se puede colorear con menos colores y hemos obtenido un coloreado con 4 colores, este número coincide con el número cromático de G_4.

6.56. Considera grafos (no multigrafos) conexos y eulerianos de 16 aristas.

(a) Construye aquellos que tengan todos sus vértices del mismo grado.

(b) Estudia si alguno de los grafos del apartado anterior es hamiltoniano.

(c) Estudia si alguno de los grafos del primer apartado es bipartito; si no lo es, coloréalo.

(d) Construye aquellos grafos que tengan 8 vértices de grado 2 y el resto del mismo grado.

(e) Estudia si alguno de los grafos del apartado anterior es hamiltoniano.

(f) Calcula el número cromático de los grafos del apartado (d).

Solución

(a) Los grafos han de ser eulerianos, lo cual significa que todos sus vértices han de ser de grado par. Además, sabemos que

$$\sum_{v \in V} \mathrm{gd}(v) = 2 \cdot |E| = 2 \cdot 16 = 32.$$

Si todos sus vértices son del mismo grado, las únicas descomposiciones posibles de 28 como producto de dos números, uno de ellos necesariamente par, son $32 = 2 \cdot 16 = 4 \cdot 8 = 8 \cdot 4 = 16 \cdot 2$, y en ese orden vamos a construir los posibles grafos solución:

- G_1: Todos los vértices de grado 2; por tanto, $|V| = 16$.
- G_2: Todos los vértices de grado 4; por tanto, $|V| = 8$.
- La siguiente descomposición implica que todos los vértices son de grado 8, por tanto, $|V| = 4$. Pero no nos sirve, pues con solo 4 vértices de grado 8 lo que se obtiene es un multigrafo, no un grafo.
- La última descomposición implica que todos los vértices son de grado 16, por tanto, $|V| = 2$. Pero tampoco nos sirve, pues con solo dos vértices de grado 16 lo que se obtiene es un multigrafo, no un grafo.

Así pues, solo tenemos dos grafos eulerianos con todos los vértices del mismo grado, como puede verse en la siguiente figura:

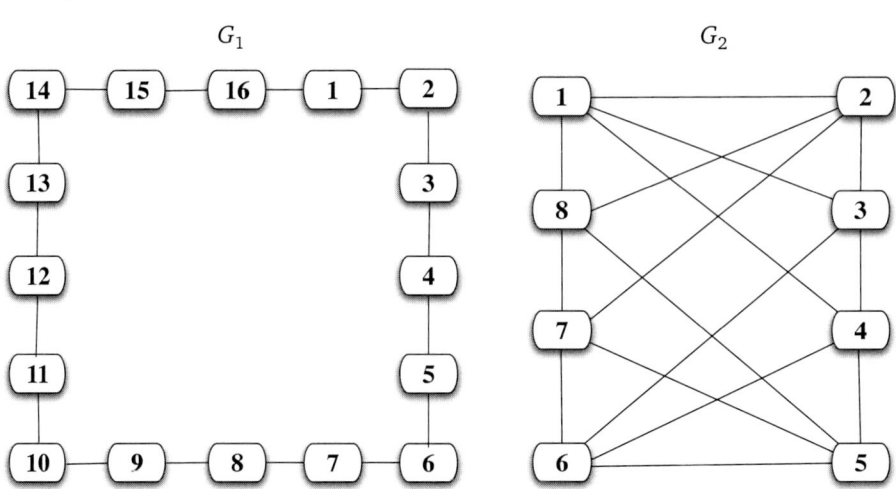

G_1 $\qquad\qquad$ G_2

(b) Ambos grafos son hamiltonianos, puesto que es posible encontrar un ciclo que comience en el vértice **1** y, dando la vuelta por la parte exterior del grafo, vuelva al vértice **1** sin repetir vértices a lo largo del camino.

(c) ▪ El grafo G_1 es bipartito y puede colorearse con dos colores, un color para todos los vértices de número par y otro color para todos los vértices de número impar.

▪ En cambio, el grafo G_2 no es bipartito por tener ciclos de longitud impar como, por ejemplo, **1 2 8 1**. Por lo tanto, no se puede colorear con dos colores. El siguiente coloreado, obtenido con el algoritmo voraz de coloreado aplicado con la ordenación de los vértices **1, 2, 4, 5, 6, 3, 8, 7**, usa 4 colores C_1, C_2, C_3, C_4.

G_2 coloreado con 4 colores *Ejecución del algoritmo voraz*

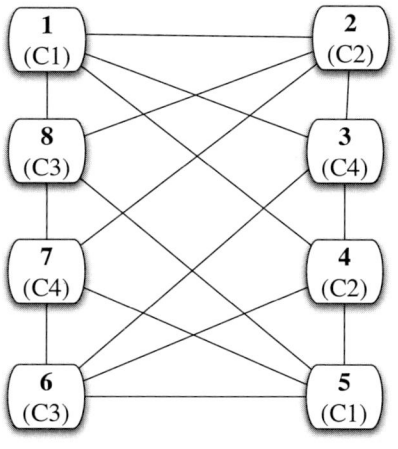

Vértice	Color
1	C_1
2	C_2
4	C_2
5	C_1
6	C_3
3	C_4
8	C_3
7	C_4

(d) Los grafos continúan siendo eulerianos, lo cual significa que todos los vértices han de ser de grado par. Además, sabemos que 8 vértices tienen grado 2; por tanto,

$$\sum_{v \in V} \mathrm{gd}(v) = 2 \cdot 8 + X = 2 \cdot |E| = 2 \cdot 16 = 32,$$

lo cual implica que $X = 16$. Si el resto de sus vértices son del mismo grado, las únicas descomposiciones posibles de 16 como producto de dos números, uno de ellos necesariamente par, son $16 = 2 \cdot 8 = 4 \cdot 4 = 8 \cdot 2$, y en ese orden vamos a construir los posibles grafos solución:

▪ G_3: 8 vértices de grado 2 y el resto (8 vértices) de grado 2, es decir, el grafo G_1.

▪ G_4: 8 vértices de grado 2 y el resto (4 vértices) de grado 4, lo cual significa que $|V| = 8+4 = 10$.

▪ G_5: 8 vértices de grado 2 y el resto (2 vértices) de grado 8, lo cual significa que $|V| = 8+2 = 10$.

De esta forma obtenemos dos nuevos grafos eulerianos, cada uno de ellos tiene 8 vértices de grado 2, que llamaremos **1, 2, 3, 4, 5, 6, 7** y **8**, y además, como puede verse en la figura siguiente:

▪ G_4 tiene 4 vértices de grado 4, que llamaremos **A, B, C** y **D**.

▪ G_5 tiene 2 vértices de grado 8, que llamaremos **A** y **B**.

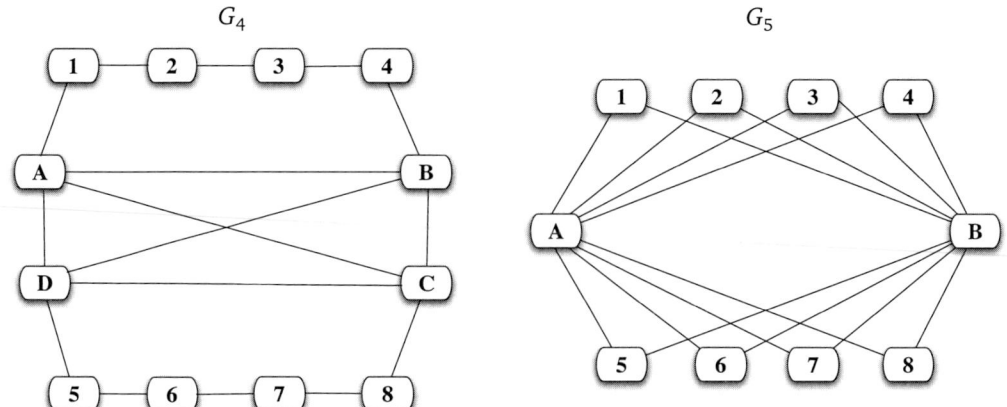

(e) ■ El grafo G_4 es hamiltoniano, como atestigua el ciclo que comienza en el vértice **1**, da la vuelta por la parte exterior del grafo y vuelve al vértice **1**, sin repetir ningún vértice intermedio.

■ En cambio, el grafo G_5 no es hamiltoniano, puesto que no es posible encontrar un ciclo que pase por todos los vértices y vuelva al vértice inicial sin repetir ninguno, como puede apreciarse en la representación anterior.

(f) ■ El grafo G_5 es bipartito; basta dar un color C_1 tanto al vértice **A** como al **B**, que no están conectados directamente, y, como el resto de los vértices solo está conectado con estos dos que son del mismo color C_1, podemos usar C_2 para todos los vértices restantes.

■ En cambio, G_4 no es bipartito por tener ciclos de longitud impar tales como, por ejemplo, **A B D A**. Por lo tanto, no se puede colorear con dos colores.

Tampoco se puede colorear con tres colores, pues el subgrafo completo formado por los vértices **A**, **B**, **C** y **D** es isomorfo al grafo completo K_4 y requiere 4 colores.

El siguiente coloreado, obtenido con el algoritmo voraz de coloreado aplicado con la ordenación de los vértices **1**, **2**, **3**, **4**, **B**, **C**, **8**, **7**, **6**, **5**, **D**, **A**, usa los 4 colores C_1, C_2, C_3, C_4.

G_4 coloreado con 4 colores · · · · · · · · · · Ejecución del algoritmo voraz

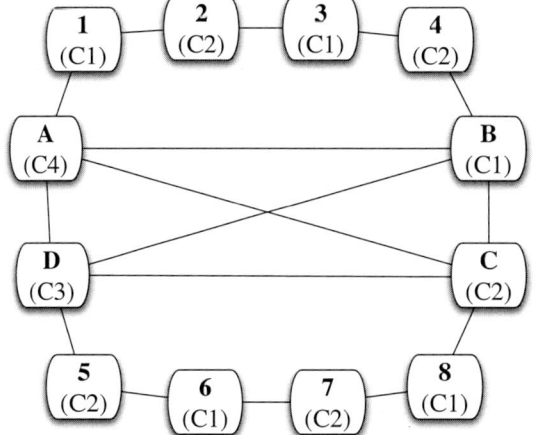

Vértice	Color
1	C_1
2	C_2
3	C_1
4	C_2
B	C_1
C	C_2
8	C_1
7	C_2
6	C_1
5	C_2
D	C_3
A	C_4

Como no se puede colorear con menos colores y hemos obtenido un coloreado con 4 colores, este número coincide con el número cromático de G_4.

6.57. Considera los tres grafos siguientes:

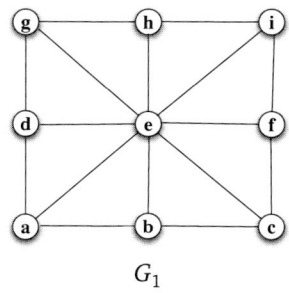 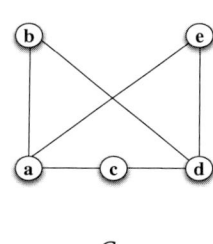 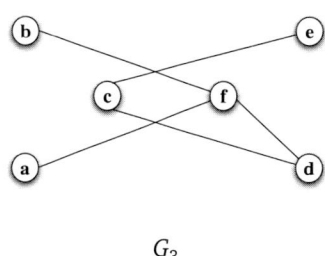

G_1 G_2 G_3

(a) Indica razonadamente cuáles de los tres grafos anteriores son bipartitos. Para los que lo sean, indica una partición de su conjunto de vértices que cumpla la condición exigida en la definición de grafo bipartito.

(b) Indica razonadamente cuáles de los tres grafos son eulerianos. Para los que lo sean, muestra un circuito euleriano.

(c) Indica razonadamente cuáles de los grafos considerados no eulerianos son semieulerianos.

(d) Encuentra un grafo hamiltoniano entre G_1, G_2 y G_3. Para comprobar que es hamiltoniano, muestra un ciclo hamiltoniano.

(e) Indica razonadamente cuáles de los grafos son árboles.

Solución

(a) Como los tres grafos son conexos, serán bipartitos los que no tengan ningún ciclo de longitud impar.

G_1 No es bipartito, pues tiene un ciclo de longitud impar: **a e b a**.

G_2 Sí es bipartito, ya que sus dos ciclos son de longitud 4. He aquí una partición que permite colorear el grafo con dos colores: $V_1 = \{\mathbf{a}, \mathbf{d}\}$ y $V_2 = \{\mathbf{b}, \mathbf{c}, \mathbf{e}\}$.

G_3 Sí es bipartito. No tiene ciclos de longitud impar porque no tiene ciclos. He aquí una partición que permite colorear el grafo con dos colores: $V_1 = \{\mathbf{a}, \mathbf{b}, \mathbf{d}, \mathbf{e}\}$ y $V_2 = \{\mathbf{c}, \mathbf{f}\}$.

(b) Al ser conexos, serán eulerianos los que no tengan ningún vértice de grado impar:

G_1 No es euleriano, pues el vértice **a** tiene grado 3.

G_2 No es euleriano, pues el vértice **a** tiene grado 3.

G_3 Tampoco es euleriano, pues el vértice **a** tiene grado 1.

(c) Por el teorema de Euler, basta con buscar los que tengan exactamente 2 vértices de grado impar:

G_1 No es semieuleriano, porque tiene 8 vértices de grado 3.

G_2 Sí es semieuleriano. Tiene exactamente 2 vértices de grado impar: **a** y **d**. Si se añadiera la arista $\{\mathbf{a}, \mathbf{d}\}$ se convertiría en euleriano.

G_3 No es semieuleriano, ya que tiene 4 vértices de grado impar: **a**, **b**, **e** y **f**.

(d) G_1 es hamiltoniano. Entre varias posibilidades, un ciclo que pasa por todos los vértices una y solo una vez es **a b c f i h g d e a**.

G_2 y G_3 no son hamiltonianos, pues es imposible encontrar en ellos un ciclo que pasa por todos los vértices una y solo una vez.

(e) Son árboles los grafos que sean conexos sin ciclos:

G_1 No es un árbol, pues tiene ciclos como, por ejemplo, **a d e a**.

G_2 Tampoco es un árbol debido a que tiene ciclos como, por ejemplo, **a b d c a**.

G_3 Sí es un árbol, pues es conexo y no tiene ciclos.

6.58. El siguiente diagrama representa un laberinto:

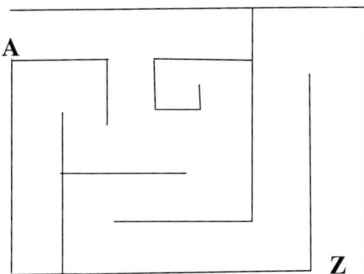

(a) Marca los puntos de encrucijada y los puntos muertos.

(b) Dibuja el grafo que representa el laberinto y construye su tabla de adyacencia.

(c) Observando el dibujo, construye un camino que lleve de **A** a **Z**.

Solución

(a) En la representación siguiente aparece a la izquierda el laberinto con los puntos de encrucijada y los puntos muertos marcados mediante las letras **B, C, D, E, F, G** y a la derecha el grafo asociado a él.

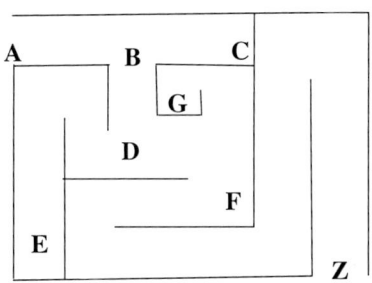
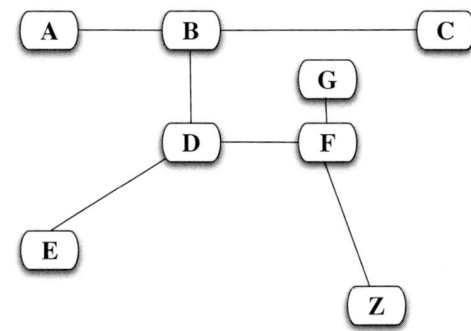

(b) La tabla de adyacencia es la siguiente:

A	B	C	D	E	F	G	Z
B	A	B	B	D	D	F	F
	C		E		G		
	D		F		Z		

(c) Como se muestra claramente en el dibujo, el grafo es un árbol (pues es conexo y no tiene ciclos) y, por tanto, hay un único camino posible entre **A** y **Z** que es **A B D F Z**.

6.59. Demuestra que si un grafo G tiene la propiedad de que entre cada dos vértices hay un *único* camino, entonces G es árbol.

Solución

Claramente, por existir caminos entre cada par de vértices, G es conexo.

Además, en G no puede haber ciclos, porque entre dos vértices que formen parte de un ciclo hay siempre dos caminos diferentes, como puede verse en el dibujo:

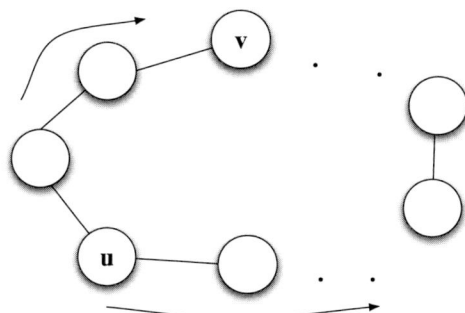

Por lo tanto, siendo un grafo conexo sin ciclos, podemos concluir que G es en efecto un árbol.

6.60. Demuestra que un árbol con al menos dos vértices tiene al menos dos vértices de grado 1.

Solución

Sean $n \geq 2$ el número de vértices en el árbol, e el número de aristas y g la suma de los grados de los vértices.

Por una parte, por ser árbol, sabemos que $e = n - 1$. Por otra parte, por ser grafo no dirigido, sabemos que $g = 2e$. Por tanto, $g = 2(n - 1)$ en cualquier árbol.

Como todo árbol es un grafo conexo, todos los vértices son de grado mayor o igual que 1.

Supongamos que la propiedad que deseamos demostrar no se cumple; en tal caso, el árbol tendría $n - 1$ vértices con grado mayor o igual que 2 y se verificaría

$$g \geq 2(n - 1) + 1 = 2n - 1 > 2n - 2 = 2(n - 1).$$

Entonces, con la igualdad $g = 2(n - 1)$, podemos deducir la contradicción $2(n - 1) > 2(n - 1)$.

Luego la suposición es falsa y, por tanto, deben existir al menos 2 vértices de grado 1.

6.61. Dos árboles con raíz son *isomorfos* si son isomorfos como grafos a través de un isomorfismo que lleve la raíz de uno en la raíz del otro. Representemos como $n_5(t)$ el número de árboles con raíz que tengan 5 vértices y talla t, no isomorfos entre sí. Comprueba la tabla siguiente, dibujando en cada caso todos los árboles posibles.

t	1	2	3	4
$n_5(t)$	1	4	3	1

Solución

Como se ve en la tabla siguiente, teniendo un vértice distinguido que es la raíz y con 4 vértices más, es decir, con 5 vértices en total, los únicos árboles con raíz no isomorfos que existen son los siguientes:

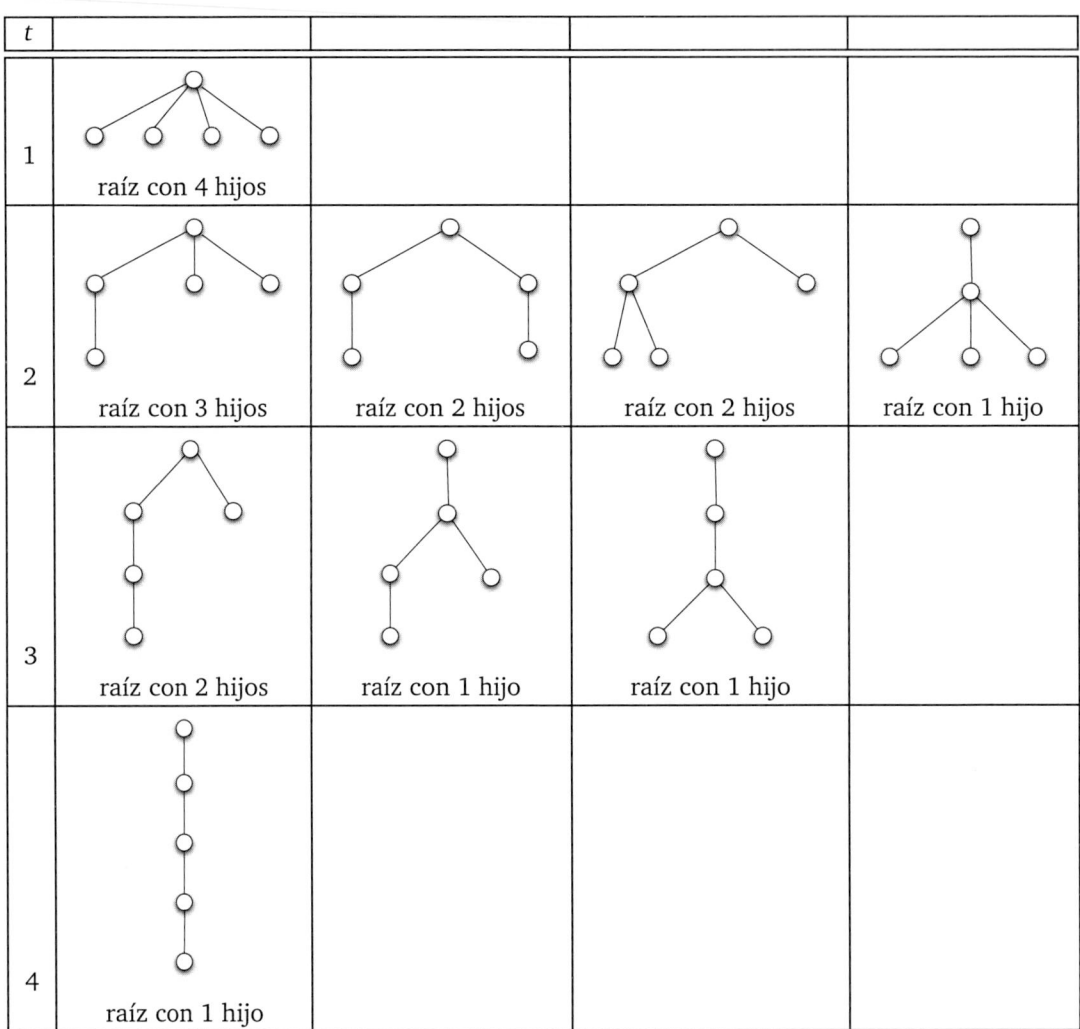

t				
1	raíz con 4 hijos			
2	raíz con 3 hijos	raíz con 2 hijos	raíz con 2 hijos	raíz con 1 hijo
3	raíz con 2 hijos	raíz con 1 hijo	raíz con 1 hijo	
4	raíz con 1 hijo			

6.62. Hay exactamente seis árboles con seis vértices que sean diferentes (es decir, no isomorfos). Dibújalos.

Solución

Para cada árbol, indicamos el número de vértices de grado i que posee ($1 \leq i \leq n$):

Árboles	gd 1	gd 2	gd 3	gd 4	gd 5
	2	4	-	-	-
	3	2	1	-	-
	3	2	1	-	-
	4	-	2	-	-
	4	1	-	1	-
	5	-	-	-	1

6.63. Demuestra que si $B = (V, E)$ es un bosque con $k \geq 1$ árboles (componentes conexas), entonces $|E| = |V| - k$.

Solución

Sea $B = (V, E)$ un bosque con los k árboles $T_1, T_2, \ldots, T_k$.

Sea $T = (V, E')$ el árbol resultante de conectar entre sí los k árboles de B mediante $k - 1$ nuevas aristas, como se ve intuitivamente en la siguiente figura:

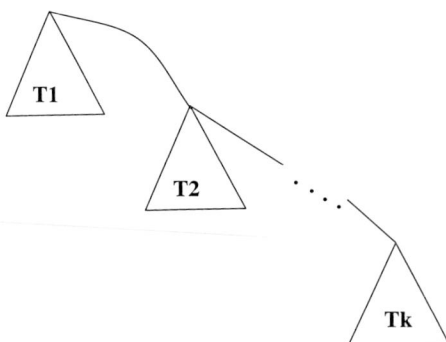

El grafo obtenido T es un árbol, porque la construcción hace que sea conexo y no introduce ciclos. En consecuencia, $|E'| = |V| - 1$.

Por otra parte, sabemos que $|E'| = |E| + k - 1$ pues hemos añadido $k - 1$ aristas a las existentes originalmente en el bosque B.

De ambas igualdades deducimos $|E| + k - 1 = |V| - 1$, y de aquí $|E| = |V| - k$.

6.64. Sea $G = (V, E)$ el grafo definido por la tabla de adyacencia:

a	b	c	d	e	f	g	h	i	j	k
b	a	a	a	a	b	d	e	g	h	e
c	e	d	c	b	e	e	g	h	i	f
d	f		e	d	k	h	i	j	k	h
e			g	f		i	j	k		j
				g			k			
				h						
				k						

(a) Construye un árbol de búsqueda en profundidad con raíz en el vértice **g**. Muestra la evolución de la pila durante la construcción del árbol.

(b) Construye un árbol de búsqueda por niveles con raíz en el vértice **c**. Muestra la evolución de la cola durante la construcción del árbol.

(c) ¿Es el grafo conexo? Responde a esta pregunta sin dibujar el grafo.

Solución

La construcción de los árboles de búsqueda solicitados se detalla a continuación en las siguientes tablas.

El elemento más a la derecha es la cima de la pila o el primero de la cola, según corresponda.

Árbol de búsqueda en profundidad desde **g**

Pila	Vértices visitados	Aristas añadidas
g	{g}	–
dehi	{d,e,g,h,i}	gd,ge,gh,gi
dehj	{d,e,g,h,i,j}	ij
dehk	{d,e,g,h,i,j,k}	jk
dehf	{d,e,f,g,h,i,j,k}	kf
dehb	{b,d,e,f,g,h,i,j,k}	fb
deha	{a,b,d,e,f,g,h,i,j,k}	ba
dehc	{a,b,c,d,e,f,g,h,i,j,k}	ac
deh	{a,b,c,d,e,f,g,h,i,j,k}	–
de	{a,b,c,d,e,f,g,h,i,j,k}	–
d	{a,b,c,d,e,f,g,h,i,j,k}	–
Λ	{a,b,c,d,e,f,g,h,i,j,k}	–

Árbol de búsqueda por niveles desde **c**

Cola	Vértices visitados	Aristas añadidas
c	{ c }	–
da	{ a,c,d }	ca,cd
ebd	{ a,b,c,d,e }	ab,ae
geb	{ a,b,c,d,e,g }	dg
fge	{ a,b,c,d,e,f,g }	bf
khfg	{ a,b,c,d,e,f,g,h,k }	eh,ek
ikhf	{ a,b,c,d,e,f,g,h,i,k }	gi
ikh	{ a,b,c,d,e,f,g,h,i,k }	–
jik	{ a,b,c,d,e,f,g,h,i,j,k }	hj
ji	{ a,b,c,d,e,f,g,h,i,j,k }	–
j	{ a,b,c,d,e,f,g,h,i,j,k }	–
Λ	{ a,b,c,d,e,f,g,h,i,j,k }	–

Como con ambas construcciones de los árboles se han visitado todos sus vértices, sabemos que el grafo es conexo sin necesidad de visualizarlo en un dibujo.

6.65. Dibuja el grafo $G = (V, E)$ cuya tabla de adyacencia es la siguiente:

a	b	c	d	e	f	g	h
b	a	b	a	b	g	c	a
d	c	d	b			f	g
h	d	d	c			h	
	e	g					

(a) Construye un árbol de búsqueda en profundidad con raíz en el vértice **a**. Muestra la evolución de la pila durante la construcción del árbol.

(b) Construye un árbol de búsqueda por niveles con raíz en el vértice **a**. Muestra la evolución de la cola durante la construcción del árbol.

(c) ¿Es el grafo conexo?

Solución

El grafo correspondiente a la tabla de adyacencia en el enunciado se puede dibujar como sigue:

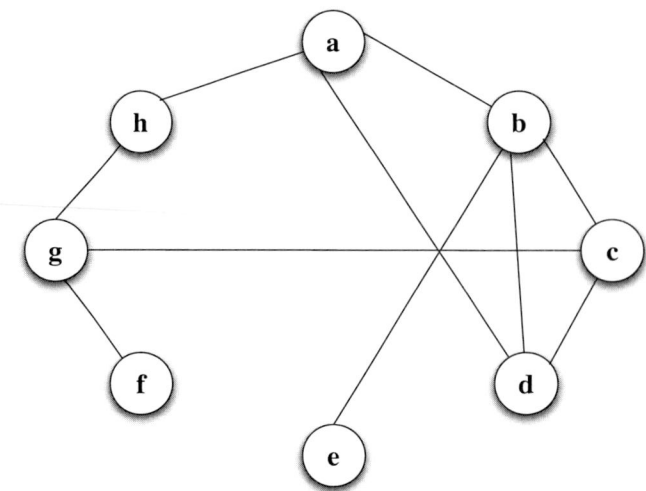

La construcción de los árboles de búsqueda solicitados se detalla a continuación en las siguientes tablas.

El elemento más a la derecha es la cima de la pila o el primero de la cola, según corresponda.

Árbol de búsqueda en profundidad desde **a**

Pila	Vértices visitados	Aristas añadidas
a	{a}	–
bdh	{a,b,d,h}	ab, ad, ah
bdg	{a,b,d,h,g}	hg
bdcf	{a,b,c,d,h,f,g}	gc, gf
bdc	{a,b,c,d,f,g,h}	–
bd	{a,b,c,d,f,g,h}	–
b	{a,b,c,d,f,g,h}	–
e	{a,b,c,d,e,f,g,h}	be
Λ	{a,b,c,d,e,f,g,h}	–

Árbol de búsqueda por niveles desde **a**

Cola	Vértices visitados	Aristas añadidas
a	{a}	–
hdb	{a,b,d,h}	ab, ad, ah
echd	{a,b,c,d,e,h}	bc,be
ech	{a,b,c,d,e,h}	–
gec	{a,b,c,d,e,g,h}	hg
ge	{a,b,c,d,e,g,h}	–
g	{a,b,c,d,e,g,h}	–
f	{a,b,c,d,e,f,g,h}	gf
Λ	{a,b,c,d,e,f,g,h}	–

Como con ambas construcciones de los árboles se han visitado todos sus vértices, podemos afirmar que el grafo es conexo.

6.66. Dibuja el grafo $G = (V, E)$ cuya tabla de adyacencia es la siguiente:

a	b	c	d	e	f	g	h	i
e	d	e	b	a	c	b	b	a
i	g	f	g	a	c	d	d	c
	h	i	h	e	e			f
			f	i				

Para ello, determina los vértices de cada una de sus componentes conexas, mediante:

- Un árbol de búsqueda en profundidad para cada una de sus componentes.

- Un árbol de búsqueda por niveles para cada una de sus componentes.

Explicita los pasos de construcción de cada uno de los árboles.

Solución

La construcción de los árboles de búsqueda solicitados se detalla a continuación en las siguientes tablas.

El elemento más a la derecha es la cima de la pila o el primero de la cola, según corresponda.

A_1
Árbol de búsqueda en profundidad desde **a**

Pila	Vértices visitados	Aristas añadidas
a	{a}	–
ei	{a,e,i}	ae,ai
ecf	{a,c,e,f,i}	ic,if
ec	{a,c,e,f,i}	–
e	{a,c,e,f,i}	–
Λ	{a,c,e,f,i}	–

A_2
Árbol de búsqueda por niveles desde **b**

Cola	Vértices visitados	Aristas añadidas
b	{ b }	–
hgd	{ b,d,g,h }	bd,bg,bh
hg	{ b,d,g,h }	–
h	{ b,d,g,h }	–
Λ	{ b,d,g,h }	–

Como hemos encontrado dos árboles recubridores que visitan grupos de vértices disjuntos, podemos deducir que el grafo tiene 2 componentes conexas y por ello su dibujo es el siguiente:

*Primera componente
con árbol recubridor A_1*

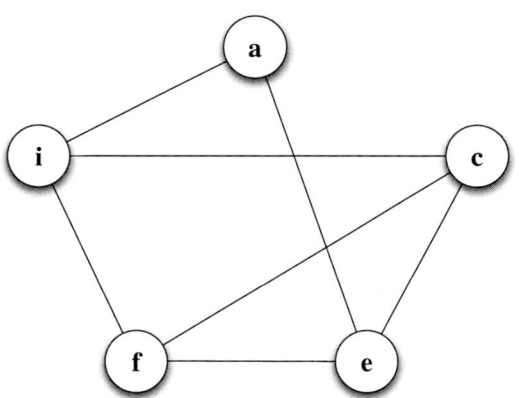

*Segunda componente
con árbol recubridor A_2*

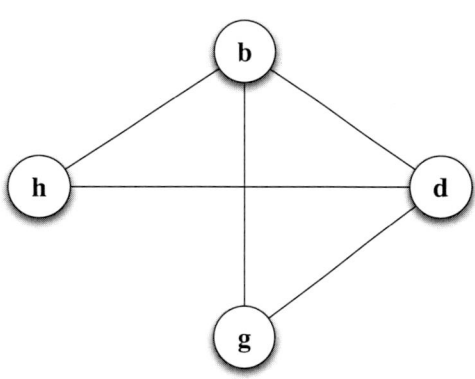

6.67. Usando el algoritmo de Prim, construye tres árboles recubridores para el grafo G siguiente:

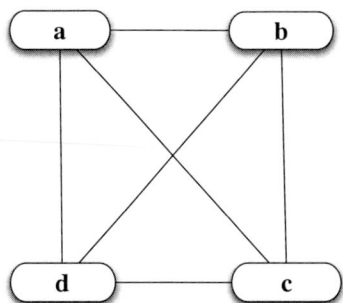

Solución

Para G obtenemos tres árboles recubridores diferentes, obtenidos mediante tres aplicaciones distintas del algoritmo de Prim:

1. Elegimos un vértice inicial.
2. Mientras queden vértices no elegidos aún, elegimos un nuevo vértice, junto con una arista que lo conecte a algún vértice ya elegido.

(a) *Primera aplicación del algoritmo de Prim*:

Elegimos como vértice inicial **a**.

1. Elegimos el vértice **b** por ser vecino del vértice **a**.
2. Elegimos el vértice **d** por ser vecino del vértice **a**.
3. Por último, elegimos el vértice **c** por ser vecino del vértice **a**.

(b) *Segunda aplicación del algoritmo de Prim*:

Elegimos como vértice inicial **a**.

1. Elegimos el vértice **b** por ser vecino del vértice **a**.
2. Elegimos el vértice **d** por ser vecino del vértice **b**.
3. Por último, elegimos el vértice **c** por ser vecino del vértice **d**.

(c) *Tercera aplicación del algoritmo de Prim*:

Elegimos como vértice inicial **a**.

1. Elegimos el vértice **d** por ser vecino del vértice **a**.
2. Elegimos el vértice **c** por ser vecino del vértice **d**.
3. Por último, elegimos el vértice **b** por ser vecino del vértice **c**.

Hemos aplicado de tres maneras diferentes el algoritmo de Prim, lo cual nos ha dado como resultado tres árboles recubridores diferentes que aparecen en el dibujo siguiente junto con las etapas de aplicación del algoritmo en cada caso:

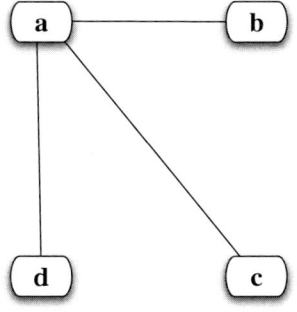

Etapa	Vértice	Arista
0	a	
1	b	ab
2	d	ad
3	c	ac

Etapa	Vértice	Arista
0	a	
1	b	ab
2	d	bd
3	c	dc

Etapa	Vértice	Arista
0	a	
1	d	ad
2	c	dc
3	b	cb

Obsérvese que estos tres no son los únicos árboles recubridores del grafo G. Incluso con el mismo vértice inicial, eligiendo los vértices en un orden diferente o eligiendo diferentes aristas que salgan de los vértices elegidos para conectar un mismo vértice da lugar a otros árboles recubridores distintos.

6.68. Usando el algoritmo de Prim, construye árboles recubridores para los dos grafos siguientes

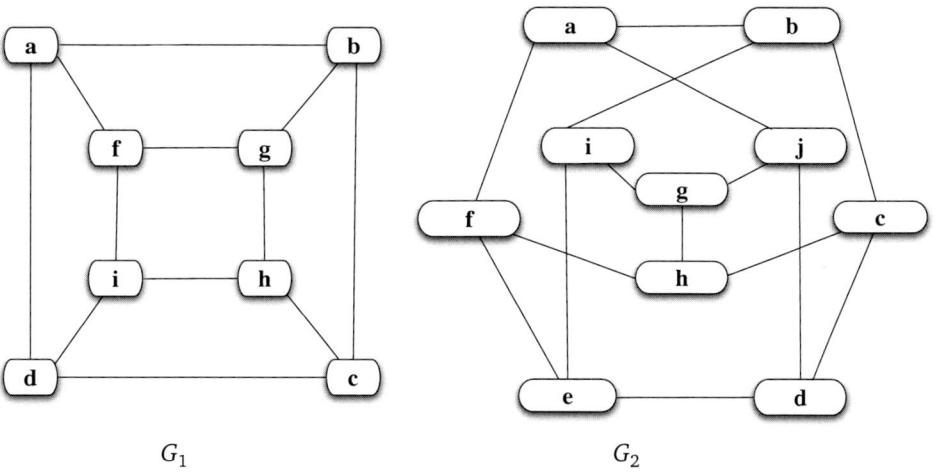

G_1 G_2

Solución

Para construir árboles recubridores para G_1 y G_2 usando el algoritmo de Prim:

1. Elegimos un vértice inicial (**a** para G_1 y **g** para G_2).

2. Mientras queden vértices no elegidos aún, elegimos un nuevo vértice, junto con una arista que lo conecte a algún vértice ya elegido.

- Para G_1:

Árbol recubridor de G_1

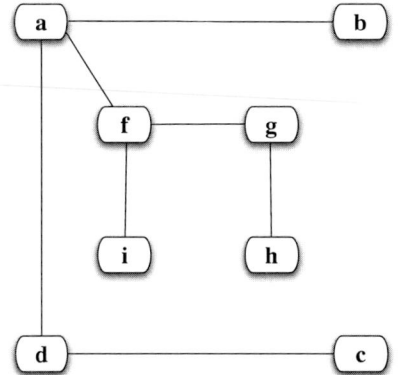

Ejecución del algoritmo de Prim

Etapa	Vértice	Arista
0	a	
1	f	af
2	b	ab
3	d	ad
4	g	fg
5	i	fi
6	c	dc
7	h	gh

- Para G_2:

Árbol recubridor de G_2

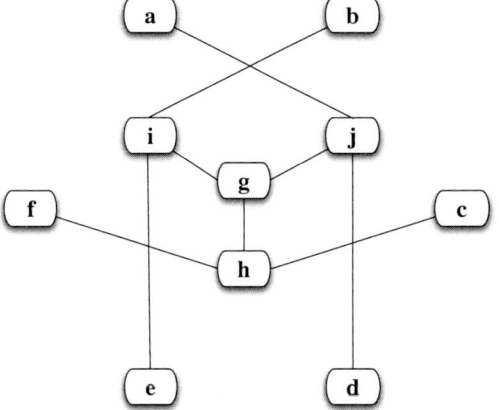

Ejecución del algoritmo de Prim

Etapa	Vértice	Arista
0	g	
1	h	gh
2	i	gi
3	j	gj
4	b	ib
5	e	ie
6	a	ja
7	d	jd
8	c	hc
9	f	hf

6.69. Se dispone de diez ordenadores conectados por cable, según la figura de la página siguiente, en la que los números anotados en cada conexión representan los metros de cable entre un ordenador y otro.

Responde a las siguientes cuestiones:

(a) Se quiere comprobar el estado de la red, transmitiendo datos de un ordenador a cualquier otro conectado por un tramo de cable con él, de manera que los datos pasen por todos los cables una única vez. ¿Es posible trazar un recorrido con estas características, que parta del ordenador **A** y que acabe también en **A**? ¿Es posible hacer esto mismo, pero partiendo de algún otro ordenador sin necesidad de acabar en el ordenador de partida? Cuando sea posible, traza el recorrido. Cuando no lo sea, justifícalo razonadamente.

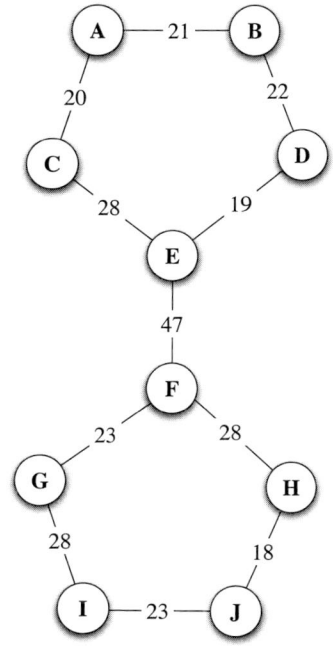

(b) Se quiere apagar la mitad de los ordenadores y dejar encendidos la otra mitad, de manera que si dos ordenadores están conectados por un cable, uno esté apagado y otro encendido. ¿Es esto posible? Si lo es, determina qué ordenadores quedan encendidos y cuáles apagados. Si no lo es, justifica la respuesta.

(c) Para economizar conexiones, se decide eliminar algunos de los cables de manera que el total de metros de cable utilizado sea mínimo, pero sigan todos los ordenadores conectados entre sí. Propón una red que verifique esta propiedad. Explica detalladamente los pasos del algoritmo utilizado para ello. Justifica por qué no se pueden quitar más cables.

Solución

(a) El tipo de recorrido que se pide es un circuito euleriano. Para saber si un grafo conexo es euleriano, basta calcular los grados de todos los vértices y comprobar su paridad. En este caso concreto obtenemos los grados en la siguiente tabla:

Vértice	A	B	C	D	E	F	G	H	I	J
Grado	2	2	2	2	3	3	2	2	2	2

Al existir vértices de grado impar, el grafo no es euleriano y no puede haber ningún recorrido que comience en **A**, recorra una única vez todos los cables y vuelva a **A**.

Sin embargo, como hay exactamente dos vértices de grado impar (**E** y **F**), el grafo sí que es semieuleriano, de forma que hay recorridos que pasan una única vez por cada tramo de cable, empezando en uno de los dos vértices de grado impar y terminando en el otro; por ejemplo, un recorrido (entre otros) con esas características es el siguiente: **E C A B D E F H J I G F**.

(b) Lo que nos preguntan ahora es si podemos colorear el grafo con dos colores: *encendido* y *apagado*, o lo que es lo mismo, si el grafo dado es bipartito. Se sabe que un grafo es bipartito si y solo si no tiene ciclos de longitud impar. Observamos que hay ciclos de longitud impar como, por ejemplo, **E C A B D E** de longitud 5, por lo que no es posible la distribución en ordenadores encendidos y apagados pedida.

(c) En este apartado nos piden encontrar un árbol recubridor del grafo de partida de coste mínimo, es decir, un subgrafo conexo sin ciclos con los mismos vértices y tal que su coste (obtenido al sumar los valores asociados a todas las aristas) es el mínimo entre todos los árboles recubridores asociados al mismo grafo de partida.

Un árbol con estas características se obtiene ejecutando el algoritmo de Prim, a partir del grafo dado. Para ello, en primer lugar escogemos un vértice cualquiera, por ejemplo **A**, y consideramos el subgrafo $(V_0 = \{A\}, E_0 = \emptyset)$. En cada paso sucesivo (i), obtenemos un nuevo subgrafo (V_i, E_i) incluyendo un vértice y una arista con el siguiente criterio: entre todas las aristas que *salen* de los vértices elegidos (es decir, que conectan un vértice elegido con otro que todavía no ha sido elegido), escogemos una de coste mínimo (cuando hay empate, da igual cómo se desempata) y la incorporamos al conjunto de aristas anterior (E_{i-1}), junto con el otro extremo que se añade al conjunto de vértices ya elegidos (V_{i-1}).

A continuación describimos una ejecución detallada del algoritmo de Prim sobre el grafo dado en el enunciado. Hay 9 pasos (sin contar el inicial, en el que se ha elegido el vértice **A**), porque un árbol con 10 vértices tiene exactamente 9 aristas.

1. Del vértice elegido **A** salen 2 aristas, de costes 20 y 21. El coste mínimo es 20, que corresponde a la arista que une **A** con **C**. Por tanto, $V_1 = \{A, C\}$, $E_1 = \{AC\}$.

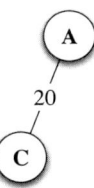

2. De los vértices de V_1 salen 2 aristas a vértices no elegidos, de costes 21 y 28. El coste mínimo es 21, que corresponde a la arista que une **A** y **B**, por lo que $V_2 = \{A, C, B\}$, $E_2 = \{AC, AB\}$.

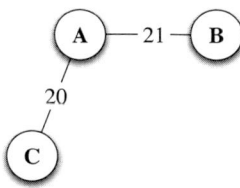

3. De los vértices de V_2 salen 2 aristas a vértices no elegidos, de costes 22 y 28. El coste mínimo es 22, que corresponde a la arista que une **B** y **D**, por lo que $V_3 = \{A, C, B, D\}$, $E_3 = \{AC, AB, BD\}$.

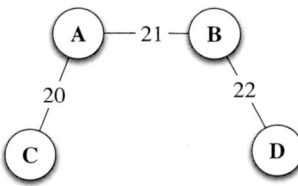

4. De los vértices de V_3 salen 2 aristas a vértices no elegidos, de costes 19 y 28. El coste mínimo es 19, de la arista que une **D** y **E**, por lo que $V_4 = \{A, C, B, D, E\}$, $E_4 = \{AC, AB, BD, DE\}$.

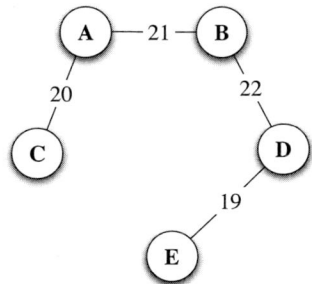

5. De los vértices de V_4 sale una única arista a vértices no elegidos, cuyo coste es 47. Como no hay más posibilidades, es el coste mínimo. Se trata de la arista que une **E** y **F**, por lo que $V_5 = \{A, C, B, D, E, F\}$, $E_5 = \{AC, AB, BD, DE, EF\}$.

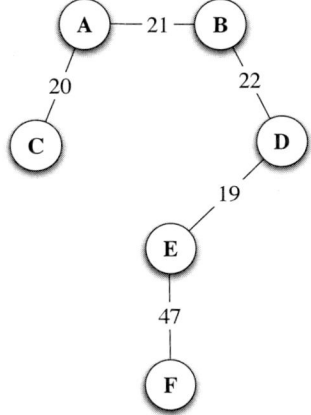

6. De los vértices de V_5 salen 2 aristas candidatas a ser elegidas, de costes 23 y 28. Elegimos la arista de coste mínimo, que es **FG**, obteniendo $V_6 = \{A, C, B, D, E, F, G\}$, $E_6 = \{AC, AB, BD, DE, EF, FG\}$.

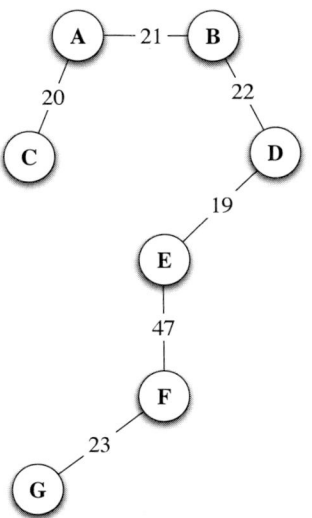

7. De los vértices de V_6 salen 2 aristas candidatas a ser elegidas, ambas de coste 28. Como se produce un empate, podemos coger cualquiera de las dos. Elegimos **FH**, por lo que $V_7 = \{A, C, B, D, E, F, G, H\}$, $E_7 = \{AC, AB, BD, DE, EF, FG, FH\}$.

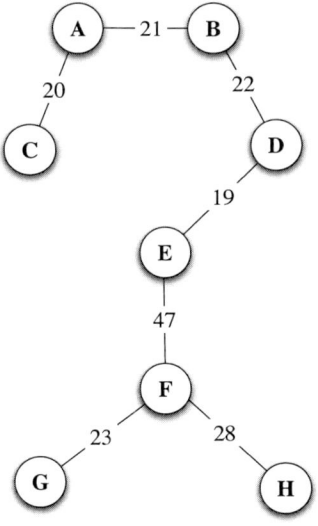

8. De los vértices de V_7 salen 2 aristas a vértices no elegidos, de costes 18 y 28. Elegimos la de coste mínimo (18), que corresponde a **HJ**, obteniéndose $V_8 = \{A, C, B, D, E, F, G, H, J\}$, $E_8 = \{AC, AB, BD, DE, EF, FG, FH, HJ\}$.

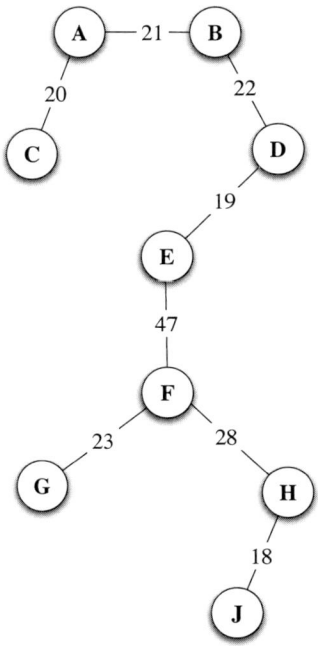

9. Por último, de los vértices de V_8 salen 2 aristas al único vértice no elegido, de costes 23 y 28. El coste mínimo es 23, por lo que se añaden la arista **JI** y el vértice que quedaba, obteniendo $V_9 = \{A, C, B, D, E, F, G, H, J, I\}$, $E_9 = \{AC, AB, BD, DE, EF, FG, FH, HJ, JI\}$.

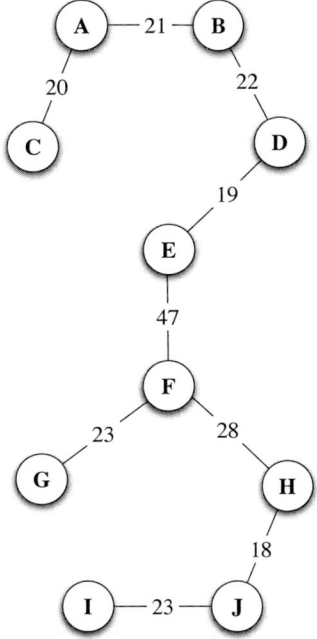

El grafo que resulta de esta aplicación del algoritmo de Prim coincide con el original, salvo en que no se tienen las aristas **GI** y **CE**. Al haber aplicado el algoritmo de Prim, podemos garantizar que hemos obtenido un árbol recubridor de coste mínimo, que es 221. Al ser un árbol, es un grafo conexo, es decir, todos los ordenadores siguen conectados entre sí; además, no se pueden quitar más cables, porque el resultado de quitar una arista de un árbol es un grafo con dos componentes conexas y ya no estarían todos los ordenadores conectados.

La ejecución anterior del algoritmo de Prim se puede resumir en la siguiente tabla:

Etapa	Vértice	Arista	Coste
0	**A**		
1	**C**	**CA**	20
2	**B**	**AB**	21
3	**D**	**BD**	22
4	**E**	**DE**	19
5	**F**	**EF**	47
6	**G**	**FG**	23
7	**H**	**FH**	28
8	**J**	**HJ**	18
9	**I**	**JI**	23

Nótese que si en el paso 7 de la ejecución anterior hubiésemos desempatado eligiendo la arista **GI** en vez de la **FH**, el árbol de recubrimiento obtenido sería distinto, pero tendría el mismo coste mínimo 221. Ocurriría lo mismo si se eligiera un vértice inicial distinto del **A**.

6.70. Considera el grafo valorado G, cuyos vértices son los subconjuntos de cardinal 2 del conjunto $\{1, 2, 3, 4\}$ y cuyas aristas están dispuestas como sigue: dos vértices diferentes están conectados por una arista si y solo si corresponden a conjuntos con un único elemento común, en cuyo caso la arista tiene asociado un coste igual al valor del elemento común.

(a) Calcula el conjunto de vértices V y el de aristas E, así como el coste de cada una de las aristas. Dibuja el grafo G.

(b) ¿Es G completo? ¿Es hamiltoniano? ¿Es euleriano? ¿Es bipartito? Razona tus respuestas.

(c) Utilizando el algoritmo voraz de coloreado de vértices, construye un coloreado de G con tres colores. Explica cómo se ejecuta el algoritmo.

(d) Explica qué es un árbol recubridor de coste mínimo. Utilizando el algoritmo de Prim, construye un árbol recubridor de coste mínimo de G. Indica cómo se ejecuta el algoritmo.

Solución

(a) La cantidad de subconjuntos de cardinal 2 de un conjunto de cardinal 4 es igual a

$$\binom{4}{2} = \frac{4!}{2! \cdot 2!} = 6.$$

Por tanto, el grafo G tiene 6 vértices. Más concretamente, el conjunto de vértices del grafo del enunciado está formado por los seis subconjuntos de dos elementos del conjunto $\{1, 2, 3, 4\}$:

$$V = \mathscr{P}_2(\{1, 2, 3, 4\}) = \{\{1, 2\}, \{1, 3\}, \{1, 4\}, \{2, 3\}, \{2, 4\}, \{3, 4\}\}.$$

Para simplificar, en lo que sigue representamos este conjunto como $\{12, 13, 14, 23, 24, 34\}$.

Cada conjunto $\{a, b\}$ es adyacente a los otros cuatro conjuntos que tienen a o b entre sus elementos y no es adyacente a su complementario, con el cual no tiene ningún elemento en común. Tampoco es adyacente consigo mismo porque tiene dos elementos en común consigo mismo. Así pues, utilizando la notación simplificada anterior, el conjunto de aristas es el siguiente:

$$E = \{ \{12, 13\}, \{12, 14\}, \{12, 23\}, \{12, 24\}, \{13, 14\}, \{13, 23\},$$
$$\{13, 34\}, \{14, 24\}, \{14, 34\}, \{23, 24\}, \{23, 34\}, \{24, 34\} \}.$$

Según el enunciado, una arista $\{x, y\}$ tiene un coste igual al único elemento en la intersección $x \cap y$. De esta forma, obtenemos los costes asociados a las aristas como resumidos en la siguiente tabla:

Arista	$\{12, 13\}$	$\{12, 14\}$	$\{12, 23\}$	$\{12, 24\}$	$\{13, 14\}$	$\{13, 23\}$
Coste	1	1	2	2	1	3
Arista	$\{13, 34\}$	$\{14, 24\}$	$\{14, 34\}$	$\{23, 24\}$	$\{23, 34\}$	$\{24, 34\}$
Coste	3	4	4	2	3	4

Una posible representación gráfica de G es la siguiente:

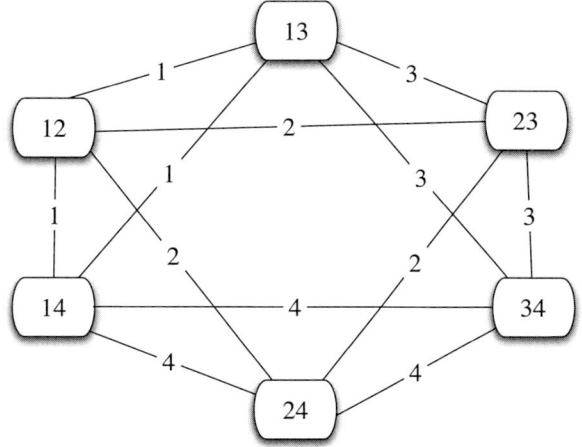

(b) ▪ El grafo G no es completo porque, por ejemplo, no existe arista entre los vértices 23 y 14. En total, G tiene 12 aristas mientras que el grafo completo de 6 vértices tiene 15 (en general, el número de aristas de un grafo no dirigido completo con n vértices es $n(n-1)/2$; para ser completo le faltan a G otras 3 aristas.

▪ G es hamiltoniano, porque existe un ciclo que comienza en un vértice, pasa exactamente una vez por cada uno de los otros vértices y regresa al vértice inicial; por ejemplo, siguiendo el exterior del dibujo anterior, tenemos el ciclo hamiltoniano 12 13 23 34 24 14 12.

▪ G es euleriano, porque todos sus vértices son de grado 4, que es par. Según el teorema de Euler, G contiene un circuito que pasa exactamente una vez por cada arista y regresa al vértice inicial; por ejemplo, un circuito euleriano que parte del vértice 12 es 12 24 34 14 13 34 23 24 14 12 23 13 12.

▪ G no es bipartito, porque contiene ciclos de longitud impar como, por ejemplo, 12 13 23 12, de longitud 3. Por esta razón, es imposible colorearlo con dos colores.

(c) Vamos a colorear G con 3 colores, que denominamos C_1, C_2 y C_3. Para ello, ejecutamos el algoritmo voraz de coloreado de vértices, que comienza eligiendo una ordenación de los vértices y opera del modo siguiente:

1. Asigna el color C_1 al primer vértice.
2. Para cada uno de los vértices restantes, le asigna el color con índice más pequeño posible, que no haya sido asignado aún a ningún vértice adyacente.

Eligiendo como ordenación de los vértices 12, 13, 14, 34, 24, 23, obtenemos la siguiente ejecución detallada del algoritmo de coloreado:

1. Asignamos el primer color C_1 al primer vértice según la enumeración anterior.
2. Pasamos al segundo vértice; como es adyacente al primer vértice, usamos el segundo color C_2.
3. El tercer vértice es adyacente a los dos primeros, por lo que requiere un tercer color C_3.
4. El cuarto vértice es adyacente al segundo (coloreado con C_2) y al tercero (coloreado con C_3), pero no al primero, por lo que se colorea con el primer color C_1.
5. El quinto vértice es adyacente al primero y al cuarto (ambos coloreados con C_1) y al tercero (coloreado con C_3), por lo que se colorea con el segundo color C_2.

6. El sexto y último vértice es adyacente al primero y al cuarto (ambos coloreados con C_1) y al segundo y al quinto (ambos coloreados con C_2), por lo que se colorea con C_3.

En efecto, solamente hemos usado 3 colores y el coloreado queda como sigue:

Grafo coloreado con 3 colores   *Ejecución del algoritmo voraz*

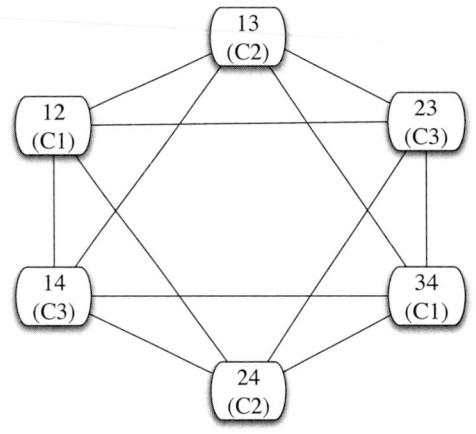

Vértice	Color
12	C_1
13	C_2
14	C_3
34	C_1
24	C_2
23	C_3

Es importante notar que el número de colores que usa este algoritmo depende de la ordenación de los vértices elegida al principio. En este caso hemos acertado a la primera. Otras veces hay que probar varias ordenaciones de los vértices, hasta encontrar la mejor, es decir, la que tiene el mínimo número de colores. Para este grafo concreto, como no se puede colorear con 2 colores por no ser bipartito, un coloreado con 3 colores como el anterior es óptimo y, por tanto, su número cromático $\chi(G)$ es igual a 3.

(d) Un árbol recubridor de un grafo es un subgrafo conexo sin ciclos con los mismos vértices. Si el grafo tiene n vértices, un árbol recubridor tiene $n-1$ aristas. El árbol recubridor es de coste mínimo cuando su coste, calculado como la suma de los costes de todas sus aristas, es menor o igual que el coste de cualquier otro árbol recubridor asociado al mismo grafo de partida.

Para construir un árbol recubridor de coste mínimo del grafo G, podemos usar el algoritmo de Prim. En primer lugar, se escoge un vértice cualquiera como, por ejemplo, 12 en este caso. En cada paso, entre todas las aristas que *salen* de los vértices elegidos (es decir, que conectan un vértice elegido con otro que todavía no ha sido elegido), se escoge una de coste mínimo (cuando hay empate, da igual cómo se desempata), junto con el otro extremo que se añade al conjunto de vértices elegidos. Hay 5 pasos porque el árbol con 6 vértices tiene exactamente 5 aristas.

1. Del vértice elegido 12 salen 4 aristas, de costes 1, 1, 2 y 2. El coste mínimo es 1, con empate de 12 a 13 y de 12 a 14. Elegimos para desempatar la arista que une 12 con 14.

2. De los vértices elegidos 12 y 14 salen 6 aristas, de costes 1, 1, 2, 2, 4 y 4. El coste mínimo es 1, con empate de 12 a 13 y de 14 a 13. Elegimos para desempatar la arista que une 14 con 13.

3. De los vértices elegidos 12, 13 y 14 salen 6 aristas, de costes 2, 2, 3, 3, 4 y 4. El coste mínimo es 2, con empate de 12 a 23 y de 12 a 24. Elegimos para desempatar la arista que une 12 con 23.

4. De los vértices elegidos 12, 13, 14 y 23 salen 6 aristas, de costes 2, 2, 3, 3, 4 y 4. El coste mínimo es de nuevo 2, con empate de 12 a 24 y de 23 a 24. Elegimos para desempatar la arista que une 23 con 24.

5. De los vértices elegidos 12, 13, 14, 23 y 24 salen 4 aristas, todas ellas con el otro extremo igual a 34, de costes 3, 3, 4 y 4. El coste mínimo es 3, con empate de 13 a 34 y de 23 a 34. Elegimos para desempatar la arista que une 13 con 34.

El árbol recubridor de coste mínimo que resulta de la aplicación anterior del algoritmo de Prim es el siguiente, cuyo coste es igual a $1 + 1 + 2 + 2 + 3 = 9$. En la tabla de la derecha se resume la ejecución del algoritmo.

Árbol recubridor   *Ejecución del algoritmo de Prim*

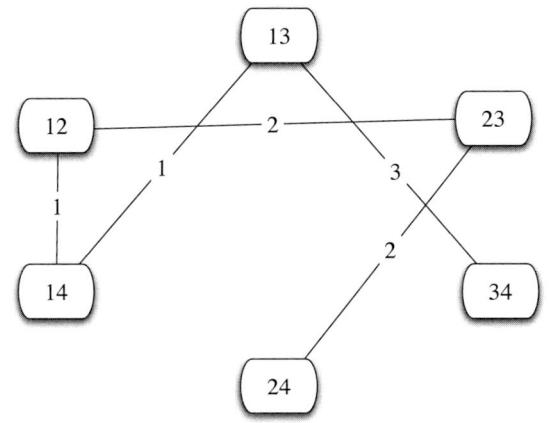

Etapa	Vértice	Arista	Coste
0	12		
1	14	$\{12, 14\}$	1
2	13	$\{14, 13\}$	1
3	23	$\{12, 23\}$	2
4	24	$\{23, 24\}$	2
5	34	$\{13, 34\}$	3

Notemos que en la anterior aplicación del algoritmo de Prim hemos elegido desempatando en cada uno de los cinco pasos. Otra elección para desempatar es igualmente correcta, dando lugar a un árbol recubridor distinto, si bien con el mismo coste mínimo 9.

6.71. Utilizando el algoritmo de Prim, construye un árbol recubridor de coste mínimo para el grafo valorado siguiente.

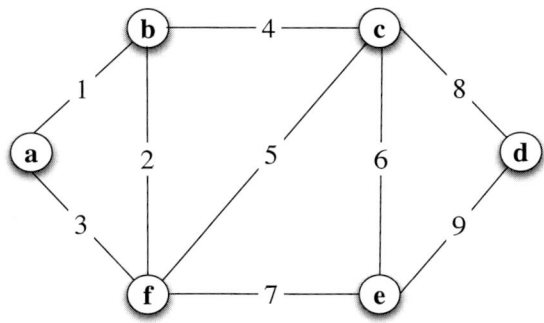

¿Es única la solución que el algoritmo es capaz de construir?

Solución

Partiendo del vértice **a**, el algoritmo voraz solo puede construir un árbol recubridor de coste mínimo, cuyo coste total es 21, como se ve a continuación:

Árbol recubridor   *Ejecución del algoritmo de Prim*

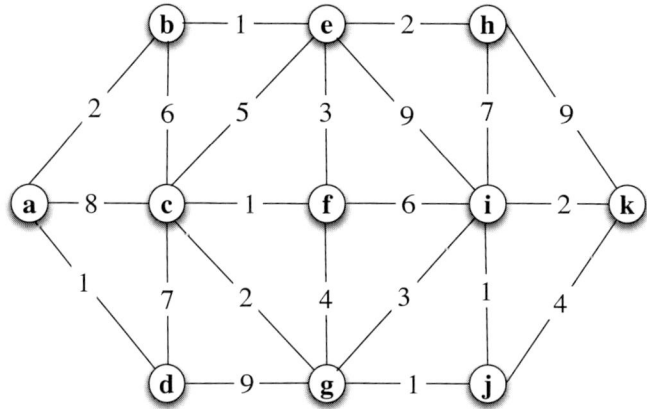

Etapa	Vértice	Arista	Coste
0	a		
1	b	ab	1
2	f	bf	2
3	c	bc	4
4	e	ce	6
5	d	cd	8

Partiendo de cualquier otro vértice inicial, se obtiene el mismo árbol recubridor de coste mínimo.

6.72. Utilizando el algoritmo de Prim, construye un árbol recubridor de coste mínimo para el grafo valorado siguiente.

¿Es única la solución que el algoritmo es capaz de construir?

Solución

Partiendo del vértice **a**, el algoritmo voraz solo puede construir un árbol recubridor de coste mínimo, cuyo coste total es 16, como se ve a continuación:

Árbol recubridor   *Ejecución del algoritmo de Prim*

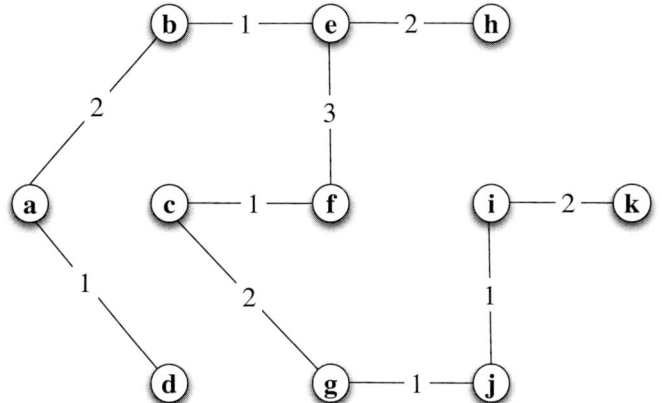

Etapa	Vértice	Arista	Coste
0	a		
1	d	ad	1
2	b	ab	2
3	e	be	1
4	h	eh	2
5	f	ef	3
6	c	fc	1
7	g	cg	2
8	j	gj	1
9	i	ji	1
10	k	ik	2

Partiendo de cualquier otro vértice inicial, se obtiene el mismo árbol recubridor de coste mínimo.

6.73. Utilizando el algoritmo de Prim, construye un árbol recubridor de coste mínimo para el grafo valorado siguiente.

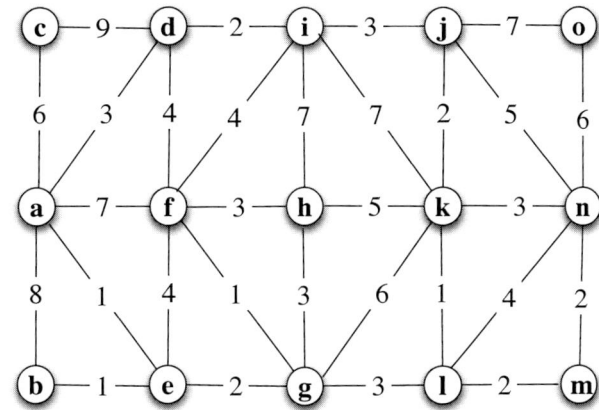

¿Es única la solución que el algoritmo es capaz de construir?

Solución

Partiendo del vértice **a**, con el algoritmo de Prim se puede construir un árbol recubridor de coste mínimo, cuyo coste total es 35, tal como se detalla a continuación:

Árbol recubridor   *Ejecución del algoritmo de Prim*

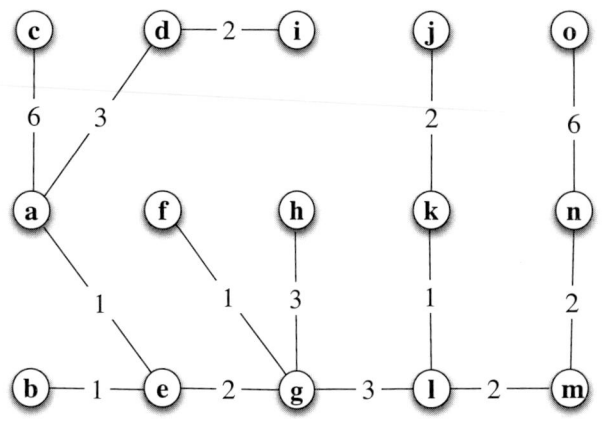

Etapa	Vértice	Arista	Coste
0	a		
1	e	ae	1
2	b	eb	1
3	g	eg	2
4	f	gf	1
5	d	ad	3
6	i	di	2
7	h	gh	3
8	l	gl	3
9	k	lk	1
10	j	kj	2
11	m	lm	2
12	n	mn	2
13	o	no	6
14	c	ac	6

Cualquier otro árbol recubridor de coste mínimo deberá tener un coste total de 35, pero pueden construirse varios árboles recubridores con este coste mínimo. Por ejemplo, en la etapa 7 del algoritmo, como se ve en el árbol de la figura anterior, hemos escogido la arista **gh** de coste 3, pero podríamos haber elegido con el mismo coste las aristas **fh** o **ij**, con lo cual el árbol obtenido sería otro.

6.74. En una huerta existen 8 canales que llevan el agua de una plantación a otra. Entre dos plantaciones nunca existe más de un canal. La tercera parte de las plantaciones es el extremo de dos canales y las restantes de tres.

(a) ¿Cuántas plantaciones hay en dicha huerta? Demuéstralo formalmente.

(b) En cada plantación hay una compuerta que puede estar abierta o cerrada, pero siempre tiene la posición contraria a las compuertas de las plantaciones que están unidas a ella por medio de un canal. Representa la situación mediante un grafo, que satisfaga todas las condiciones anteriores. ¿Es semieuleriano el grafo resultante?

(c) Propón una canalización con el menor número de canales, de manera que todas las plantaciones estén conectadas entre sí. Razona por qué el número de canales propuesto es realmente mínimo.

Solución

(a) Recordemos que el resultado que relaciona los grados en un (multi)grafo no dirigido $G = (V, E)$ con el número de aristas afirma que $\sum_{v \in V} \mathrm{gd}_G(v) = 2|E|$.

Según el enunciado, tenemos un grafo tal que $|E| = 8$, $\frac{1}{3}|V|$ vértices tienen grado 2 y $\frac{2}{3}|V|$ vértices tienen grado 3. Aplicando a estos datos el resultado mencionado nos da

$$\frac{1}{3}|V| \cdot 2 + \frac{2}{3}|V| \cdot 3 = 2 \cdot 8.$$

Simplificando y despejando $|V|$, obtenemos $|V| = \dfrac{8 \cdot 3}{4} = 6$.

(b) Un grafo con 6 vértices, 8 aristas, 2 vértices de grado 2 y 4 vértices de grado 3 es el siguiente, en el que el número al lado de cada vértice indica su grado.

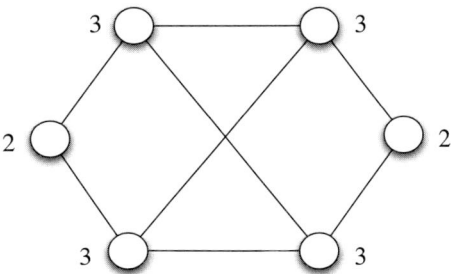

Pero este grafo no es el único con las características deseadas. Otro grafo diferente (no isomorfo) es el siguiente:

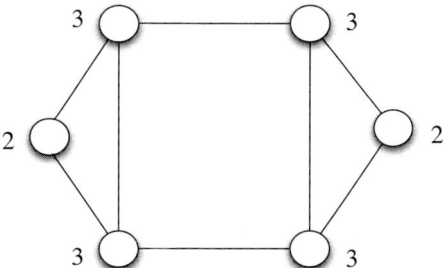

Una forma de ver que no son isomorfos es fijarse en que el segundo tiene dos ciclos de longitud 3, mientras que en el primero no existen ciclos de esa longitud.

Esta característica de los ciclos también nos sirve para justificar que el segundo grafo no satisface las condiciones en el enunciado del segundo apartado, que corresponden a un coloreado del grafo con dos colores, uno correspondiente a la compuerta abierta y el otro a la compuerta cerrada. La razón es que un ciclo de longitud 3 (que es isomorfo a K_3, el grafo completo de 3 vértices) requiere un coloreado con 3 colores al menos.

Sin embargo, el primer grafo sí admite un coloreado con 2 colores, como por ejemplo el siguiente con colores C_1 y C_2:

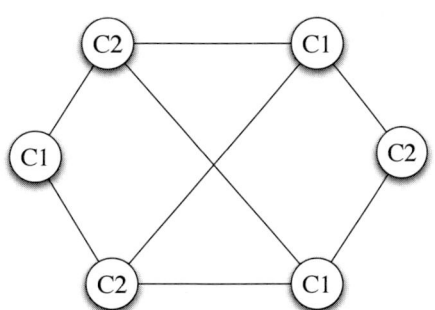

Notemos que la propiedad de ser coloreable con 2 colores es equivalente a decir que este grafo es bipartito, que es asimismo equivalente a no tener ciclos de longitud impar. En este grafo hay ciclos de longitud 4 y 6, ambos pares.

Finalmente, nos basta tener la información de los grados para saber si cualquiera de estos grafos es semieuleriano o no. Como hay 4 vértices de grado 3, impar, la respuesta es que no.

(c) La pregunta de este apartado es equivalente a construir un árbol de recubrimiento del grafo anterior. Como el grafo tiene 6 vértices, el árbol de recubrimiento tendrá exactamente 5 aristas. Ese número va a ser mínimo, pues si se quitara alguna arista, el grafo resultante dejaría de ser conexo, o sea, habría plantaciones que no estarían conectadas mediante una serie de canales.

Para construir el árbol de recubrimiento aplicamos el algoritmo de Prim, consistente en escoger un vértice cualquiera para empezar y después elegir siempre un vértice todavía no elegido al cual llegue una arista desde alguno de los elegidos; de esta forma se garantiza que las aristas elegidas no forman ciclos y llegan a todos los vértices del grafo.

Entre muchas otras posibilidades, podemos construir un árbol de recubrimiento eligiendo los vértices y las aristas correspondientes en el orden indicado en el siguiente dibujo.

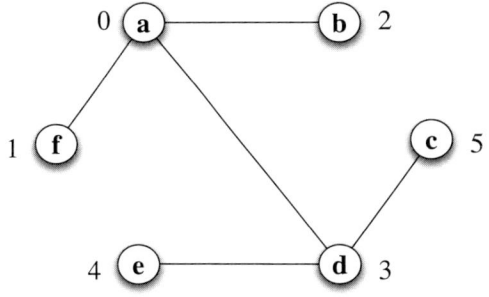

Árbol recubridor   *Ejecución del algoritmo de Prim*

Etapa	Vértice	Arista
0	a	
1	f	af
2	b	ab
3	d	ad
4	e	ed
5	c	dc

Si nombramos los vértices como se indica en el dibujo anterior, la tabla de la derecha resume la correspondiente ejecución del algoritmo de Prim.

6.75. En los albores del año 3001, la Villa de Mandril estaba regida por el alcalde López del Ciruelo (L.C. para los amigos) y disponía de una moderna red de metro con las ocho estaciones de *Luna, Pera, Cascao, Tu Tía, Rodapiés, Alfonso Pepínez, Baldao* y *Triburral,* y once tramos de vía conectando estaciones: de *Luna* a *Pera, Cascao, Tu Tía* y *Rodapiés;* de *Cascao* a *Pera* y *Tu Tía;* de *Alfonso Pepínez* a *Baldao, Triburral* y *Tu Tía;* y de *Triburral* a *Tu Tía* y *Baldao.*

(a) Dibuja un grafo no dirigido con estaciones como vértices y tramos de vía como aristas que represente la situación descrita. Escribe su matriz de adyacencia.

(b) Para celebrar el nuevo milenio, L.C. quiso organizar un recorrido triunfal en un tren festivo, saliendo de la estación de *Luna* y regresando a la misma, habiendo pasado exactamente una vez por cada uno de los tramos. ¿Fue posible complacer al edil de Mandril? ¿Por qué?

(c) L.C. deseaba, asimismo, amenizar los trayectos de los mandrileños. Para ello, ordenó pintar las estaciones del metro con alegres y variados colores, de tal modo que en los dos extremos de cualquier tramo de vía se encontrasen siempre estaciones de diferente color. El ecónomo municipal, Sr. Grato, aseguró a L.C. que para realizar este plan había que comprar pintura de tres colores distintos (verbigracia: rojo, gualda y azul). Demuestra que Grato estaba en lo cierto, razonando por qué no basta con dos colores y construyendo un coloreado del grafo con tres colores. Explica qué algoritmo usas.

(d) Allá por el 3011, L.C. seguía ocupando la poltrona municipal, pero la economía flaqueaba y era necesario apretarse el cinturón. El viejo Grato, tan sabio como siempre, le aconsejó suprimir cuatro tramos de vía, manteniendo tramos suficientes para circular entre dos estaciones cualesquiera. Demuestra que Grato tenía razón, eligiendo siete tramos de vía que basten para mantener la conexión entre cada dos estaciones. Razona por qué no se pueden quitar más de cuatro tramos de vía y explica qué algoritmo utilizas.

Solución

(a) Abreviamos los vértices del grafo como: **Lu**, **Pe**, **Ca**, **TT**, **Ro**, **AP**, **Ba**, **TB**.

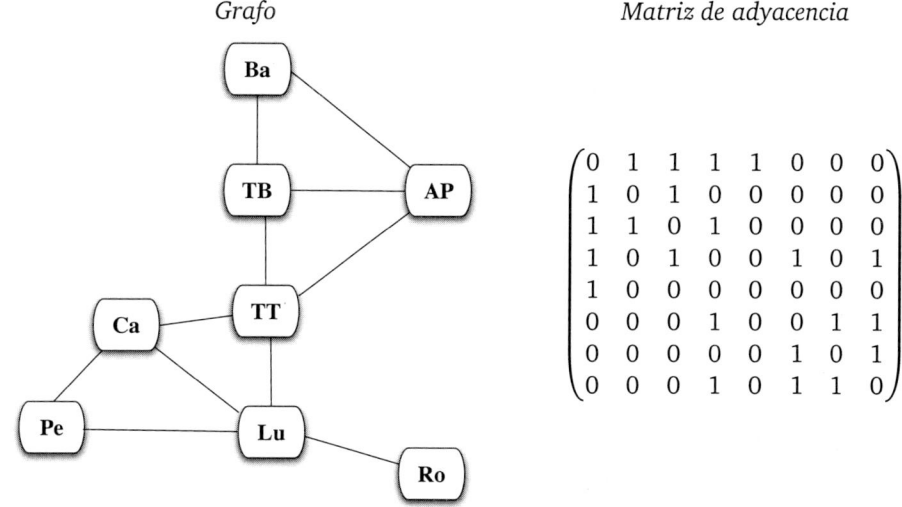

Grafo   *Matriz de adyacencia*

$$\begin{pmatrix} 0 & 1 & 1 & 1 & 1 & 0 & 0 & 0 \\ 1 & 0 & 1 & 0 & 0 & 0 & 0 & 0 \\ 1 & 1 & 0 & 1 & 0 & 0 & 0 & 0 \\ 1 & 0 & 1 & 0 & 0 & 1 & 0 & 1 \\ 1 & 0 & 0 & 0 & 0 & 0 & 0 & 0 \\ 0 & 0 & 0 & 1 & 0 & 0 & 1 & 1 \\ 0 & 0 & 0 & 0 & 0 & 1 & 0 & 1 \\ 0 & 0 & 0 & 1 & 0 & 1 & 1 & 0 \end{pmatrix}$$

(b) El recorrido triunfal de L.C. sería un recorrido euleriano. Sin embargo, tal recorrido no es posible, porque el grafo no es euleriano al tener vértices de grado impar. Más aún, tampoco es semieuleriano, porque el número de vértices de grado impar no es 2.

(c) En el grafo hay ciclos de longitud impar como, por ejemplo, **AP Ba TB AP**. Por lo tanto, no es bipartito y no se puede colorear con dos colores. Para colorearlo con los tres colores rojo, gualda y azul (que abreviamos a R, G y A, respectivamente, y usamos en ese orden), podemos usar el algoritmo voraz de coloreado de un grafo:

1. Elegimos una ordenación de los vértices. En este caso tomamos como orden de los vértices el del enunciado.

2. Recorremos los vértices en ese orden, asignando a cada uno el primer color que no haya sido asignado aún a ningún vértice adyacente.

Coloreado del grafo con 3 colores   *Ejecución del algoritmo voraz*

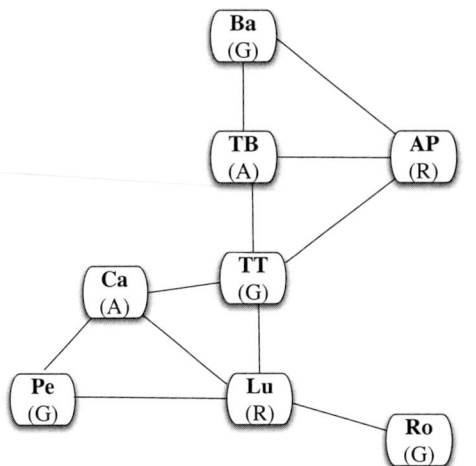

Vértice	Color
Lu	R
Pe	G
Ca	A
TT	G
Ro	G
AP	R
Ba	G
TB	A

(d) El grafo es conexo y Grato está aconsejando un árbol recubridor, cuyo número de aristas debe ser igual al número de vértices menos uno, es decir, 7. Por tanto, se suprimirán $11-7 = 4$ aristas, pues suprimir más daría lugar a un grafo que no sería conexo.

Para construir el árbol recubridor podemos usar el algoritmo de Prim:

1. Elegimos un vértice inicial: **Lu**.

2. Mientras queden vértices no elegidos aún, elegimos un nuevo vértice, junto con una arista que lo conecte a algún vértice ya elegido.

A continuación representamos una de las soluciones posibles, pero hay otras soluciones.

Árbol recubridor   *Ejecución del algoritmo de Prim*

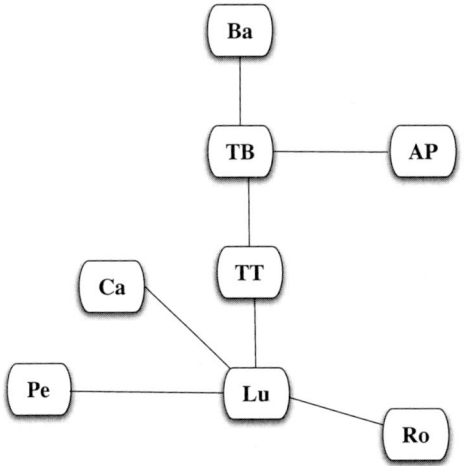

Etapa	Vértice	Arista
0	**Lu**	
1	**Ro**	**LuRo**
2	**Pe**	**LuPe**
3	**Ca**	**LuCa**
4	**TT**	**LuTT**
5	**TB**	**TTTB**
6	**AP**	**TBAP**
7	**Ba**	**TBBa**

6.76. En el año 3001 la humanidad ha establecido una federación interplanetaria, compuesta por los seis planetas *Alma, Brío, Coraje, Dragón, Emir* y *Fénix*.

La compañía Averías ofrece un total de nueve vuelos interplanetarios comerciales, con diversos precios. Los vuelos *Alma–Brío* y *Emir–Dragón* valen 100 créditos; los vuelos *Alma–Emir* y *Brío–Dragón* valen 200 créditos; finalmente, los vuelos *Fénix–Alma*, *Fénix–Emir*, *Coraje–Brío*, *Coraje–Dragón* y *Emir–Brío* valen 300 créditos. Cada vuelo se puede realizar en cualquiera de los dos sentidos.

(a) Dibuja un grafo que represente los planetas y los vuelos. ¿Se trata de un grafo hamiltoniano? Razona tu respuesta.

(b) El director general de Averías ha ordenado pintar los seis astropuertos con diferentes colores, de modo que los viajeros nunca vean un mismo color en el origen y en el destino de un vuelo interplanetario. Encuentra una solución a este problema, usando el menor número de colores posible. Explica qué método utilizas y por qué no se puede reducir más el número de colores.

(c) El presidente de la federación interplanetaria quiere hacer un viaje de incógnito en nueve etapas consecutivas, utilizando en cada etapa un vuelo diferente de la compañía Averías. Diseña un posible itinerario para él, explicando qué método usas.

(d) Horrorizado por los gastos de su viaje, el presidente solicita al consejo interplanetario que se suprima el mayor número posible de vuelos de la compañía Averías. El recorte se debe hacer de tal modo que ningún planeta quede incomunicado y la suma de los precios de los vuelos que se mantengan debe ser lo menor posible. Encuentra una solución a este problema, explicando qué método empleas.

Solución

(a) La situación descrita en el enunciado del ejercicio corresponde a un grafo no dirigido y valorado, con 6 vértices que representan los planetas y 9 aristas que representan los vuelos interplanetarios, que podemos representar como sigue:

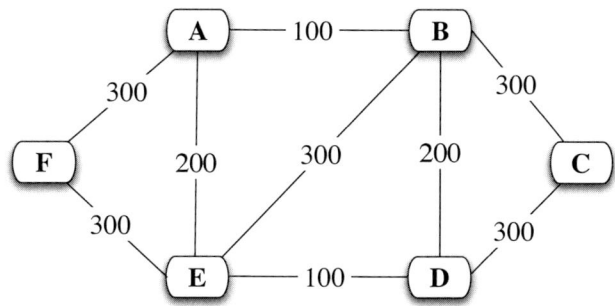

El grafo es hamiltoniano, porque se puede construir un ciclo que comience en un vértice, pase exactamente una vez por cada uno de los otros vértices y regrese al vértice inicial; por ejemplo, el ciclo **A B C D E F A** es uno de tales ciclos hamiltonianos para este grafo.

(b) El grafo contiene ciclos de longitud impar como, por ejemplo, **A E F A**; por tanto, no es un grafo bipartito y no se puede colorear con 2 colores. Veamos que, en cambio, sí es posible colorear el grafo con 3 colores, que llamaremos C_1, C_2 y C_3. Para ello, aplicamos el algoritmo voraz de coloreado de vértices, que opera como sigue:

1. Elegimos una ordenación de los vértices; en este caso, escogemos **A, E, F, B, D, C**.
2. Asigna el color C_1 al primer vértice de la ordenación elegida y, para cada uno de los vértices restantes, en el orden elegido, asigna el primer color que no haya sido asignado todavía a ningún vértice adyacente.

Grafo coloreado con 3 colores　　　*Ejecución del algoritmo voraz*

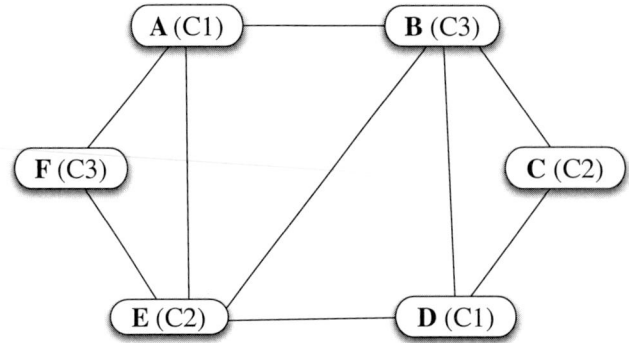

Vértice	Color
A	C_1
E	C_2
F	C_3
B	C_3
D	C_1
C	C_2

Para otras ordenaciones de los vértices, puede ocurrir que el algoritmo utilice más de 3 colores. Si no hubiésemos acertado a la primera, tendríamos que haber ensayado diferentes ordenaciones hasta dar con la mejor. En este caso, ya sabemos que no hay otra mejor, porque el grafo no se puede colorear con 2 colores, como hemos justificado al principio de este apartado.

(c) El viaje que proyecta el presidente corresponde a un circuito euleriano o a un recorrido euleriano, según que el vértice inicial coincida o no con el final, respectivamente.

Observamos que todos los vértices del grafo tienen grado par, excepto **A** y **D**, que tienen grado impar. Según el teorema de Euler, no puede existir un circuito euleriano, pero sí un recorrido euleriano que vaya de **A** a **D** pasando exactamente una vez por cada arista; por ejemplo, **A F E A B E D B C D** es un posible recorrido euleriano para este grafo.

(d) El recorte solicitado por el presidente equivale a calcular un árbol recubridor de coste mínimo del grafo. Lo podemos hacer aplicando el algoritmo de Prim, que opera como sigue:

1. Se elige un vértice inicial.
2. Mientras queden vértices sin elegir, reitera la elección de una arista de coste mínimo que conecte un vértice ya elegido con otro no elegido aún.

En nuestro caso, elegimos **A** como vértice inicial, dando lugar a la siguiente ejecución del algoritmo, entre otras posibles.

Árbol recubridor　　　*Ejecución del algoritmo de Prim*

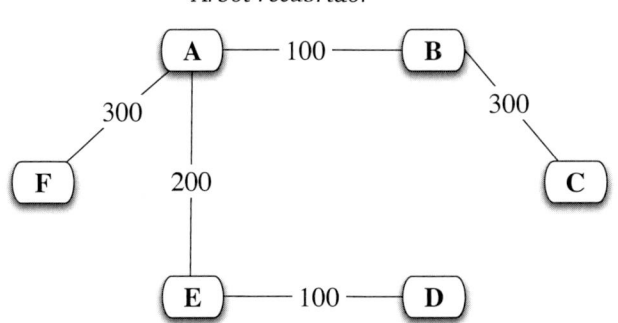

Etapa	Vértice	Arista	Coste
0	A		
1	B	AB	100
2	E	AE	200
3	D	ED	100
4	F	AF	300
5	C	BC	300

El árbol de recubrimiento obtenido está formado por 5 aristas (pues hay 6 vértices) y tiene un coste total igual a $100 + 200 + 100 + 300 + 300 = 1000$ créditos. Otras ejecuciones del mismo algoritmo podrían dar lugar a árboles recubridores distintos, pero el coste mínimo no va a variar.

6.77. Un sistema de carreteras comunica 7 pueblos distintos, **A, B, C, D, E, F** y **G**, de la siguiente manera:

- La carretera N-1 comunica **A** y **C** pasando por **B**.
- La carretera N-2 comunica **C** y **D**; después, pasa por **B** hasta llegar a **F**.
- La carretera N-3 comunica **D** y **A** pasando por **E**.
- La carretera N-4 comunica **F** y **B** pasando por **G**.
- La carretera N-5 comunica **D** y **G**.

Contesta a las siguientes preguntas:

(a) Dibuja un grafo que represente la situación descrita, de modo que los vértices correspondan a los pueblos y las aristas correspondan a los tramos de carretera. Construye la matriz de adyacencia del grafo.

(b) ¿Cuántos caminos hay de **G** a **A** que no contengan ciclos? Indícalos.

(c) ¿Puede elegirse un pueblo a partir del cual sea posible un recorrido que pase exactamente una vez por cada tramo de carretera? ¿Es válido cualquier pueblo para un recorrido así? Justifica tus respuestas.

(d) El gobierno de esta comunidad autónoma decide pintar las fachadas de los ayuntamientos de tal manera que los ayuntamientos de pueblos vecinos (esto es, comunicados directamente por un tramo de carretera) queden pintados de distinto color. El ingeniero McPelas diseña un plan para realizar el proyecto con 3 colores, demostrando además que 2 colores no bastan. ¿Cómo lo hace?

(e) El presidente Gundisálvez, queriendo poner coto a los dispendios de McPelas y a los gastos de mantenimiento de las carreteras, ordena suprimir algunos tramos de carretera de manera que todos los pueblos sigan estando interconectados, pero se haga posible pintar los ayuntamientos usando exclusivamente 2 colores. McPelas ejecuta la orden con ejemplar resignación. ¿Cómo lo consigue?

Solución

(a) La siguiente figura representa el grafo, al lado del cual está su matriz de adyacencia.

Grafo   *Matriz de adyacencia*

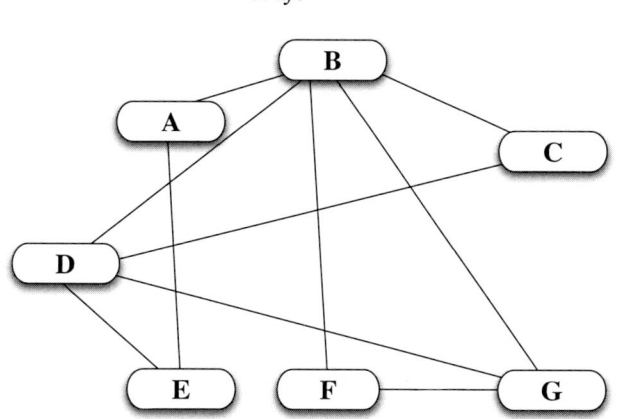

$$\begin{pmatrix} 0 & 1 & 0 & 0 & 1 & 0 & 0 \\ 1 & 0 & 1 & 1 & 0 & 1 & 1 \\ 0 & 1 & 0 & 1 & 0 & 0 & 0 \\ 0 & 1 & 1 & 0 & 1 & 0 & 1 \\ 1 & 0 & 0 & 1 & 0 & 0 & 0 \\ 0 & 1 & 0 & 0 & 0 & 0 & 1 \\ 0 & 1 & 0 & 1 & 0 & 1 & 0 \end{pmatrix}$$

(b) En el grafo hay los siguientes cinco caminos que unen los vértices **G** y **A** y que no contienen ciclos: **G F B A**, **G D B A**, **G D E A**, **G D C B A** y **G B A**.

(c) En este apartado se pregunta si el grafo es euleriano o semieuleriano; para poder responder, hay que ver si el grafo tiene todos sus vértices de grado par:

Vértice	A	B	C	D	E	F	G
Grado	2	5	2	4	2	2	3

Aplicando el teorema de Euler, como el grafo no tiene todos los vértices de grado par, no es euleriano; pero, como solo tiene dos vértices de grado impar, sí es semieuleriano. Esto significa que puede elegirse un pueblo a partir del cual sea posible un recorrido que pase exactamente una vez por cada tramo de carretera, pero no puede ser desde un pueblo cualquiera: los dos pueblos posibles son **B** o **G**, que son los vértices de grado impar. Un posible recorrido con esas características es el siguiente: **B A E D C B F G D B G**.

(d) En este apartado usamos el algoritmo voraz de coloreado del siguiente modo: elegimos como ordenación de los vértices **G**, **F**, **B**, **C**, **D**, **E**, **A** y usamos como colores C_1, C_2 y C_3. El algoritmo voraz de coloreado recorre los vértices en el orden elegido y asigna a cada uno el menor color no asignado aún a ningún otro vértice adyacente. A continuación se puede ver el grafo coloreado con 3 colores y las etapas de ejecución del algoritmo:

Grafo coloreado con 3 colores   *Ejecución del algoritmo voraz*

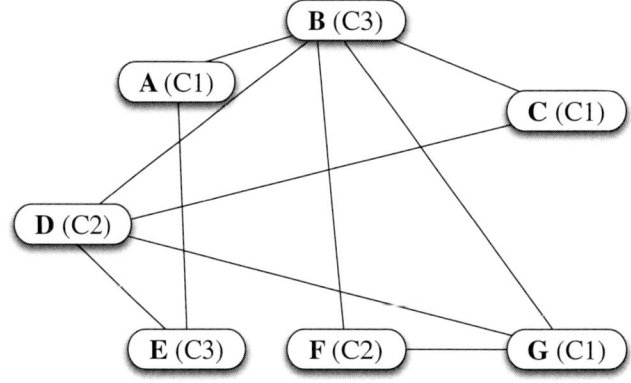

Vértice	Color
G	C_1
F	C_2
B	C_3
C	C_1
D	C_2
E	C_3
A	C_1

El grafo no se puede colorear con solo 2 colores (es decir, no es bipartito) porque contiene ciclos de longitud impar como, por ejemplo, **G F B G**. Por tanto, su número cromático es igual a 3.

(e) El grafo es conexo y Gundisálvez está pidiendo un árbol recubridor, cuyo número de aristas debe ser igual al número de vértices menos uno, es decir, 6. Por tanto, se suprimirán $10 - 6 = 4$ aristas, pues suprimir más no daría lugar a un grafo conexo.

Para construir el árbol recubridor usamos el algoritmo de Prim:

1. Elegimos un vértice inicial, en este caso **A**.

2. Mientras queden vértices no elegidos aún, elegimos un nuevo vértice, junto con una arista que lo conecte a algún vértice ya elegido.

Árbol recubridor   *Ejecución del algoritmo de Prim*

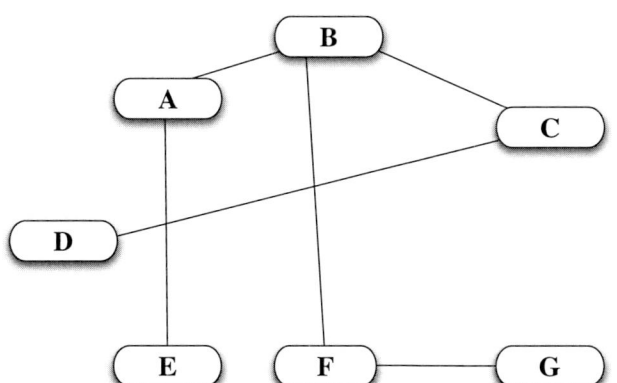

Etapa	Vértice	Arista
0	A	
1	E	AE
2	B	AB
3	C	BC
4	D	CD
5	F	BF
6	G	FG

Hemos mostrado una de las posibles soluciones, pero hay más.

El grafo resultante es un árbol, por lo que no contiene ciclos; en particular, no contiene ciclos de longitud impar, por lo que es bipartito y ya se puede colorear con solo 2 colores.

6.78. El condado de Malasaña se compone de las seis villas *Almagro, Buitrago, Coca, Doñana, Ereso* y *Figo*, conectadas entre sí por un total de nueve rutas con longitudes diversas:

- las rutas *Almagro–Buitrago* y *Ereso–Doñana* miden 100 leguas cada una;

- las rutas *Almagro–Ereso* y *Buitrago–Doñana* miden 200 leguas cada una;

- finalmente, las rutas *Figo–Almagro, Figo–Ereso, Coca–Buitrago, Coca–Doñana* y *Ereso–Buitrago* miden 300 leguas cada una.

Todas las rutas se pueden transitar en cualquiera de los dos sentidos. Dibuja un grafo no dirigido y valorado, *G*, que represente esta situación y responde razonadamente a cada uno de los apartados que siguen, explicando qué teoremas o algoritmos utilizas:

(a) El conde de Malasaña quiere inspeccionar todas las villas, haciendo un viaje que comience en una de ellas y visite todas las demás una única vez antes de regresar a la villa de partida. ¿Es posible? En caso afirmativo, construye un recorrido en *G* que represente el viaje deseado.

(b) El conde de Malasaña ordena colocar estandartes de colores en las puertas de entrada de todas las villas, de modo que siempre se vean estandartes de distinto color en la villa de partida y en la villa de llegada de cualquiera de las nueve rutas del condado. Encuentra una solución a este problema, usando el menor número posible de colores.

(c) El conde de Malasaña quiere ahora inspeccionar las nueve rutas del condado, haciendo un viaje que pase una sola vez por cada una de ellas. ¿Es posible? En caso afirmativo, construye un recorrido en *G* que represente el viaje deseado.

(d) Con el fin de ahorrar dinero en las pagas de los guardianes de las rutas del condado, el conde de Malasaña ordena ahora suprimir el mayor número posible de rutas, pero manteniendo rutas suficientes para que se pueda viajar de cualquier villa del condado a cualquier otra y eligiendo las rutas que se mantengan de tal manera que la suma de sus longitudes sea lo menor posible. Encuentra una solución a este problema.

Solución

La situación descrita en el enunciado del ejercicio corresponde a un grafo no dirigido y valorado, con 6 vértices que representan las villas y 9 aristas que representan las rutas entre ellas, que podemos representar como sigue:

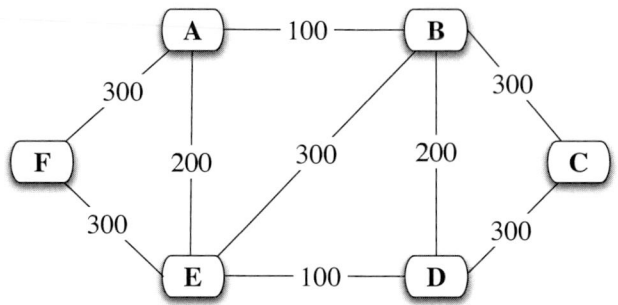

(a) El grafo es hamiltoniano, porque se puede construir un ciclo que comience en un vértice, pase exactamente una vez por cada uno de los otros vértices y regrese al vértice inicial; por ejemplo, el recorrido **A B C D E F A** es uno de tales ciclos hamiltonianos para este grafo.

(b) El grafo contiene ciclos de longitud impar como, por ejemplo, **A E F A**; por tanto, no es un grafo bipartito y no se puede colorear con 2 colores. Pero sí es posible colorear el grafo con 3 colores, que llamaremos C_1, C_2 y C_3. Para ello, elegimos la ordenación de los vértices **A, E, F, B, D, C** y aplicamos el algoritmo voraz de coloreado, que asigna a cada vértice, en el orden elegido, el primer color que no haya sido asignado todavía a ningún vértice adyacente.

Grafo coloreado con 3 colores

Ejecución del algoritmo voraz

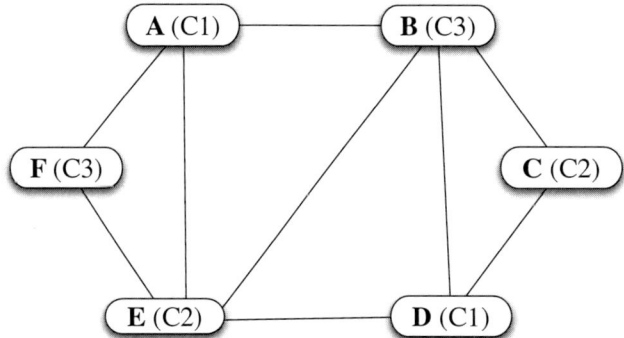

Vértice	Color
A	C_1
E	C_2
F	C_3
B	C_3
D	C_1
C	C_2

Para otras ordenaciones de los vértices, puede ocurrir que el algoritmo utilice más de 3 colores. Si no hubiésemos acertado a la primera, tendríamos que haber ensayado diferentes ordenaciones hasta dar con la mejor. En este caso, ya sabemos que no hay otra mejor, porque el grafo no se puede colorear con 2 colores, como hemos justificado al principio de este apartado.

(c) El viaje que proyecta el conde corresponde a un circuito euleriano o a un recorrido euleriano, según que el vértice inicial coincida o no con el final, respectivamente.

Observamos que todos los vértices del grafo tienen grado par, excepto **A** y **D**, que tienen grado impar. Según el teorema de Euler, no puede existir un circuito euleriano, pero sí un recorrido euleriano que vaya de **A** a **D** pasando exactamente una vez por cada arista; por ejemplo, **A F E A B E D B C D** es un posible recorrido euleriano para este grafo.

(d) El recorte solicitado por el conde equivale a calcular un árbol recubridor de coste mínimo del grafo. Lo podemos construir aplicando el algoritmo de Prim, que opera como sigue:

1. Elige un vértice inicial: **A** en este caso.

2. Mientras queden vértices sin elegir, reitera la elección de una arista de coste mínimo que conecte un vértice ya elegido con otro no elegido aún.

Una posible ejecución de este algoritmo, entre otras, junto con la representación gráfica del árbol generado es la siguiente:

Árbol recubridor   *Ejecución del algoritmo de Prim*

Etapa	Vértice	Arista	Coste
0	A		
1	B	AB	100
2	E	AE	200
3	D	ED	100
4	F	AF	300
5	C	BC	300

El árbol de recubrimiento obtenido está formado por 5 aristas (pues hay 6 vértices) y tiene un coste total igual a $100 + 200 + 100 + 300 + 300 = 1000$ leguas.

6.79. En el condado de Osuna existen 7 villas principales, conectadas entre sí por caminos. Hay dos caminos que unen a Almendralejo con Burguillo y Cañofrío, respectivamente. Desde Miraflores hay caminos que llevan a Navata, Peñagrande y Doñana. Desde Doñana hay caminos a Burguillo, Cañofrío y Navata. Finalmente, hay un camino de Navata a Peñagrande. Cualquiera de los caminos existentes se puede recorrer en ambas direcciones.

(a) Dibuja un grafo no dirigido, con villas en los vértices, que represente la situación descrita.

(b) Para celebrar el cincuentenario de su mandato, el conde de Osuna desea organizar una cabalgata que recorra todas las villas del condado, pasando exactamente una vez por cada camino. ¿Cuáles son las villas que se pueden elegir para iniciar y finalizar el recorrido? Justifica tu respuesta y señala un posible recorrido.

(c) Con la edad, el conde de Osuna se ha vuelto tacaño y ha ordenado suprimir el mayor número posible de caminos para ahorrarse los gastos de mantenimiento. ¿Cuántos caminos hay que suprimir? ¿De qué manera se pueden elegir los caminos a mantener, de modo que siga siendo posible viajar desde cualquier villa del condado a todas las demás? Construye una solución, explicando qué método utilizas.

Solución

(a) Abreviando el nombre de cada una de las villas mediante su letra inicial, el grafo pedido se puede representar de la siguiente forma:

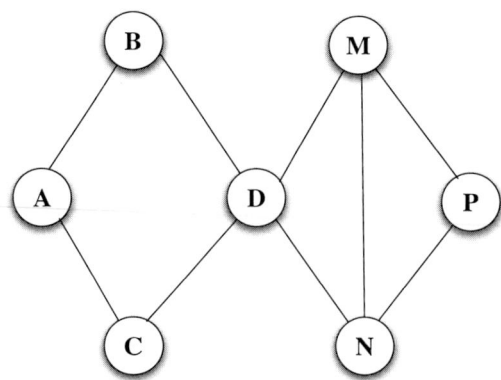

(b) Lo que se necesita es un recorrido euleriano o semieuleriano. Calculamos primero los grados de todos los vértices del grafo:

Vértice	A	B	C	D	M	N	P
Grado	2	2	2	4	3	3	2

Por el teorema de Euler, el grafo no es euleriano pero sí semieuleriano, porque tiene dos vértices de grado impar, **M** y **N**. Entonces existirán recorridos que comiencen en uno de estos dos vértices y terminen en el otro pasando exactamente una vez por cada arista. Uno de estos recorridos es: **M N D C A B D M P** N. Como se ve, es necesario visitar algunos vértices varias veces; pero esto no contradice los deseos del conde.

(c) Aquí se trata de construir un árbol recubridor del grafo. Como el número de vértices del grafo es 7, el número de aristas del árbol recubridor deberá ser $7 - 1 = 6$. Puesto que el grafo tiene 9 aristas, concluimos que es posible suprimir 3 de ellas; esto es, el conde se puede ahorrar 3 caminos.

Para construir un árbol recubridor, se puede usar el algoritmo de Prim: se elige un vértice inicial y se reitera el proceso de elegir un nuevo vértice aún no elegido junto con una arista del grafo que lo conecte con alguno de los vértices ya elegidos, hasta elegir todos los vértices.

Una posible ejecución de este algoritmo, tomando como vértice inicial **A**, da lugar al siguiente árbol recubridor, como indica la ejecución resumida en la tabla de la derecha.

Árbol recubridor

Ejecución del algoritmo de Prim

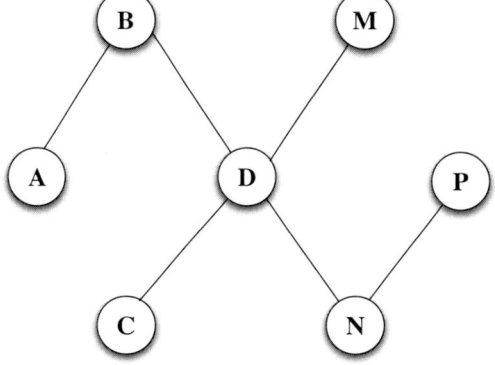

Etapa	Vértice	Arista
0	A	
1	B	AB
2	D	BD
3	C	DC
4	M	DM
5	N	DN
6	P	NP

Hay otras soluciones, pero todas ellas deben eliminar 3 caminos.

6.80. Considera el siguiente grafo G:

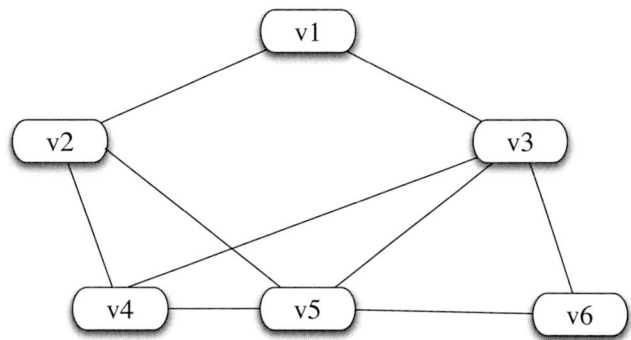

(a) Construye un circuito C de G que no sea un ciclo, de modo que el subgrafo S de G formado por los vértices y aristas que aparezcan en C sea semieuleriano. Dibuja S y demuestra que es semieuleriano.

(b) ¿Es G hamiltoniano? ¿Es bipartito? Demuestra tus respuestas.

(c) Calcula razonadamente el número cromático k de G y construye un coloreado de G con k colores, usando el algoritmo voraz conocido para dicho propósito.

(d) Calcula razonadamente el menor número n tal que, quitando n aristas de G, se pueda obtener un árbol. Una vez calculado n, construye dos árboles distintos T y T' (obtenidos quitando en cada caso n aristas de G), que tengan talla 2 al considerarlos con raíz v_1. Demuestra que T y T' no son isomorfos.

Solución

(a) El camino C dado por la sucesión de vértices $v_5\, v_3\, v_4\, v_5\, v_2\, v_5$ es un circuito porque sus vértices inicial y final coinciden, pero no es un ciclo, porque el vértice inicial v_5 se repite antes de llegar al final del camino. El subgrafo S de G formado por los vértices y aristas que forman parte de C se puede dibujar así:

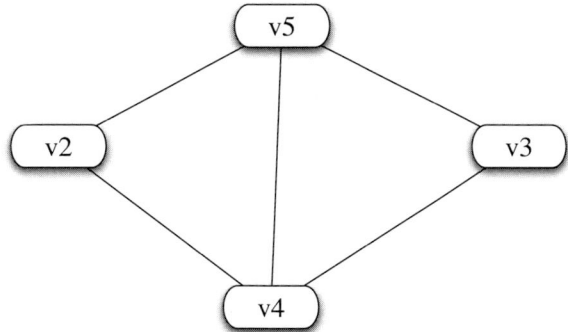

En S hay dos vértices de grado impar (v_4 y v_5) y los demás vértices (v_2 y v_3) son de grado par. Según el teorema de Euler, S es semieuleriano pero no euleriano.

(b) Un grafo es hamiltoniano si y solo si existe en él un ciclo que comience en un vértice, pase por cada uno de los otros vértices exactamente una vez y regrese al vértice de partida. En el grafo G hay ciclos de este tipo como, por ejemplo, $v_1 \, v_3 \, v_6 \, v_5 \, v_4 \, v_2 \, v_1$. Luego el grafo G es hamiltoniano.

Un grafo es bipartito si y solo si no contiene ciclos de longitud impar. Pero G sí contiene ciclos de longitud impar como, por ejemplo, $v_3 \, v_6 \, v_5 \, v_3$. Luego el grafo G no es bipartito.

(c) Según el segundo resultado del apartado anterior, G no es bipartito, es decir, no se puede colorear con 2 colores. Veamos que G se puede colorear con 3 colores, con lo cual su número cromático será 3. Para ello, consideramos la siguiente ordenación de los vértices de G: $v_1, v_3, v_6, v_5, v_4, v_2$ y aplicamos el algoritmo voraz de coloreado. Este algoritmo va recorriendo los vértices en el orden elegido y, al pasar por cada vértice, le asigna el menor color no asignado todavía a ningún vértice adyacente.

En nuestro caso, el resultado de ejecutar el algoritmo con colores C_1, C_2 y C_3 es el siguiente:

Grafo coloreado con 3 colores

Ejecución del algoritmo voraz

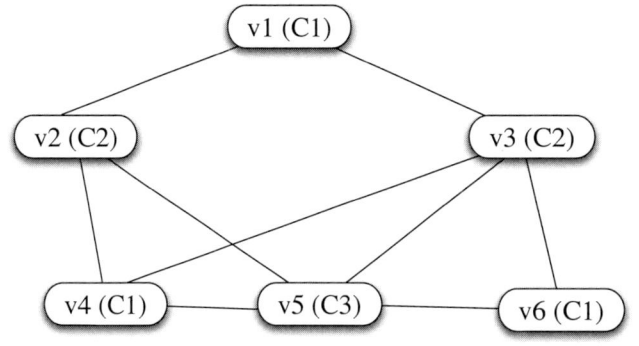

Vértice	Color
v_1	C_1
v_3	C_2
v_6	C_1
v_5	C_3
v_4	C_1
v_2	C_2

Con esto vemos que, efectivamente, G se puede colorear con 3 colores.

(d) El número de aristas de un árbol es uno menos que el número de vértices. Como G tiene 6 vértices, hay que reducir su número de aristas a 5 para que se convierta en un árbol. El número de aristas de G es 9, luego $n = 9 - 5 = 4$.

Dos árboles distintos, T y T', obtenidos quitando 4 aristas de G, son los que aparecen en la siguiente figura:

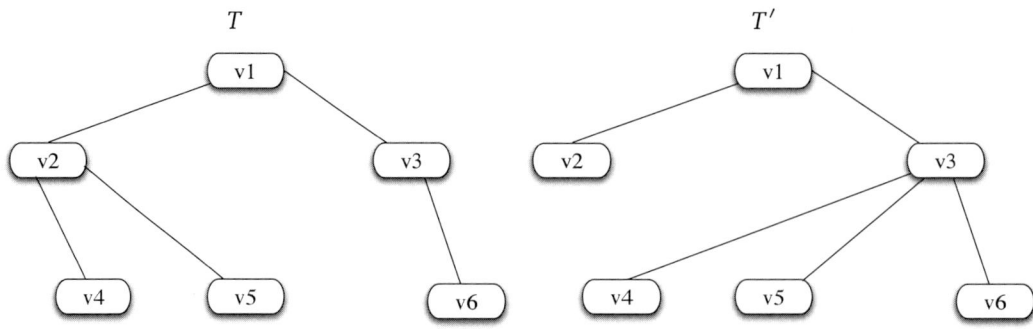

Considerados con raíz en v_1, T y T' tienen profundidad 2, pero no son isomorfos como grafos, porque T' tiene un vértice (v_3) de grado 4 mientras que T no tiene vértices de grado 4.

6.81. Considera el grafo $G = (V, E)$ cuyos vértices y aristas son:

- $V = \{(x, y, z) \in \mathbb{N} \times \mathbb{N} \times \mathbb{N} \mid 0 \leq x \leq 1,\ 0 \leq y \leq 1,\ 0 \leq z \leq 2\}$
  (que es un conjunto finito de puntos del espacio discreto de dimensión 3),

- $E = \{\{u, v\} \mid u, v \in V$ y u, v se diferencian exactamente en una de las tres coordenadas$\}$.

(a) Haz un dibujo que represente G. ¿Qué valen $|V|$ y $|E|$? ¿Cuántos vértices de grado n tiene G, para $n = 4, 3, 2$?

(b) Demuestra que G es conexo y razona si es o no posible construir un recorrido que atraviese cada arista exactamente una vez.

(c) Estudia si G es bipartito.

(d) Construye un coloreado de G con 4 colores, usando el algoritmo voraz de coloreado de vértices.

(e) Elimina el mayor número posible de aristas de G (sin eliminar vértices) de manera que el grafo resultante sea conexo. Razona cuál debe ser el número de aristas que se eliminen y explica qué método utilizas para eliminarlas.

Solución

(a) Un posible dibujo de G es el siguiente:

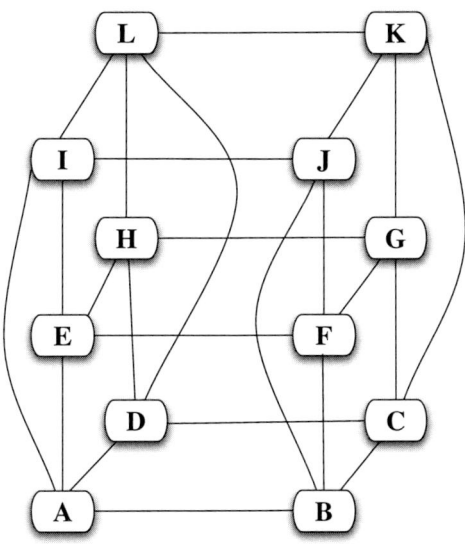

El número de vértices de $G = (V, E)$ es $|V| = 12$. Los vértices son:

A = (0,0,0)	B = (1,0,0)	C = (1,1,0)	D = (0,1,0)	E = (0,0,1)	F = (1,0,1)
G = (1,1,1)	H = (0,1,1)	I = (0,0,2)	J = (1,0,2)	K = (1,1,2)	L = (0,1,2)

El número de aristas es $|E| = 24$. Todos los vértices son de grado 4. Por lo tanto:

- el número de vértices de grado 4 es 12,

- el número de vértices de grado 3 es 0, y

- el número de vértices de grado 2 es 0.

(b) G es conexo porque, dados dos vértices $u, v \in V$ cualesquiera, claramente existe un camino que va desde u hasta v.

Todos los vértices de G son de grado par. Por lo tanto, G es euleriano y, escogiendo un vértice $v \in V$ cualquiera como punto de partida, existe un recorrido que atraviesa cada arista exactamente una vez y regresa a v.

(c) En G existen ciclos de longitud impar como, por ejemplo, **A E I A**. Por lo tanto, G no es bipartito y no es posible colorear G con 2 colores.

(d) Veamos que G se puede colorear con 4 colores, aplicando el algoritmo voraz de coloreado con la siguiente ordenación de los vértices de G: **A, B, C, D, L, K, J, I, H, F, G, E**. Este algoritmo va recorriendo los vértices en el orden elegido y, al pasar por cada vértice, le asigna el menor color no asignado todavía a ningún vértice adyacente.

En nuestro caso, el resultado de ejecutar el algoritmo, con colores representados como C_1, C_2, C_3 y C_4 es el siguiente:

Grafo coloreado con 4 colores

Ejecución del algoritmo voraz

Vértice	Color
A	C_1
B	C_2
C	C_1
D	C_2
L	C_1
K	C_2
J	C_1
I	C_2
H	C_3
F	C_3
G	C_4
E	C_4

(e) Lo que se pide aquí es un árbol recubridor $T = (V, E')$ de G. En un árbol el número de aristas es igual al número de vértices menos uno. Por lo tanto, debe tenerse $|E'| = |V| - 1 = 12 - 1 = 11$. Hay que quitar $|E| - 11 = 24 - 11 = 13$ aristas.

Para elegir las aristas que se conservan en T se puede utilizar el algoritmo de Prim:

1. Elegimos un vértice inicial. En este grafo vamos a tomar **A**.

2. Mientras queden vértices sin elegir, reiteramos la elección de una arista que conecte un vértice ya elegido con otro no elegido aún.

Árbol recubridor   *Ejecución del algoritmo de Prim*

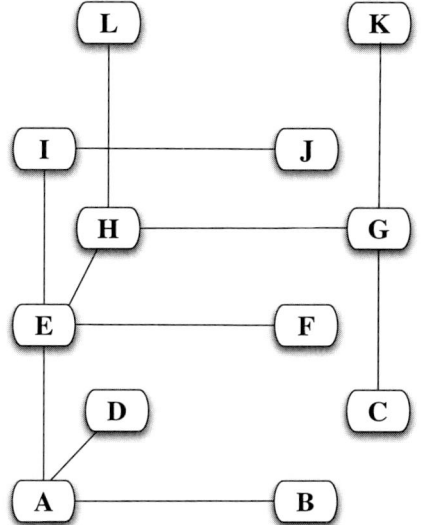

Etapa	Vértice	Arista
0	A	
1	B	AB
2	E	AE
3	D	AD
4	I	EI
5	H	EH
6	F	EF
7	L	HL
8	G	HG
9	C	GC
10	K	GK
11	J	IJ

Esta es solo una de las soluciones posibles, pues hay muchas más.

6.82. La siguiente tabla de adyacencia representa un grafo dirigido:

a	b	c	d	e	f
b	c		e	c	e
c	d		f		

Dibuja el grafo y construye su matriz de adyacencia.

Solución

A continuación representamos el grafo dirigido, junto con su matriz de adyacencia.

Grafo dirigido   *Matriz de adyacencia*

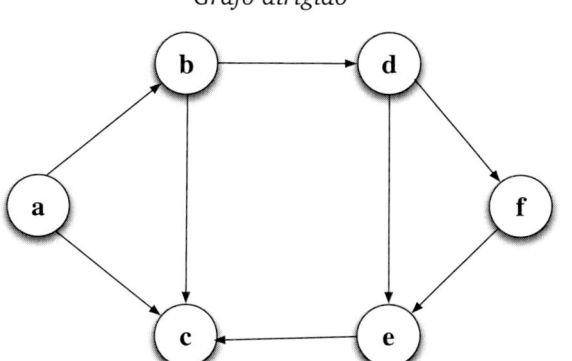

$$\begin{pmatrix} 0 & 1 & 1 & 0 & 0 & 0 \\ 0 & 0 & 1 & 1 & 0 & 0 \\ 0 & 0 & 0 & 0 & 0 & 0 \\ 0 & 0 & 0 & 0 & 1 & 1 \\ 0 & 0 & 1 & 0 & 0 & 0 \\ 0 & 0 & 0 & 0 & 1 & 0 \end{pmatrix}$$

6.83. Dado el siguiente grafo dirigido, construye su tabla de adyacencia y su matriz de adyacencia.

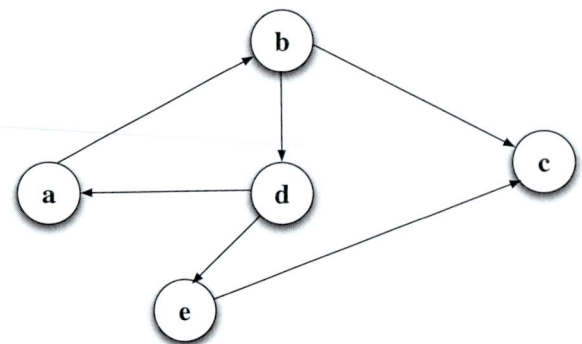

Solución

La tabla y la matriz de adyacencia del grafo dirigido son las siguientes:

Tabla de adyacencia

a	b	c	d	e
b	c		a	c
	d		e	

Matriz de adyacencia

$$\begin{pmatrix} 0 & 1 & 0 & 0 & 0 \\ 0 & 0 & 1 & 1 & 0 \\ 0 & 0 & 0 & 0 & 0 \\ 1 & 0 & 0 & 0 & 1 \\ 0 & 0 & 1 & 0 & 0 \end{pmatrix}$$

6.84. Un **torneo** es un grafo dirigido $D = (V, A)$ tal que

- Para cualquier $x \in V$, $(x, x) \notin A$.

- Para $x, y \in V$ con $x \neq y$ se verifica que o bien $(x, y) \in A$ o bien $(y, x) \in A$, pero no ambos.

La siguiente tabla de adyacencia representa un grafo dirigido:

a	b	c	d	e	f
d	a	b	b	f	a
e			c		
			e		

(a) Dibuja el grafo y construye una matriz de adyacencia.

(b) ¿Es este grafo un torneo? Razona tu respuesta.

Solución

(a) A continuación representamos el grafo dirigido, junto con su matriz de adyacencia.

Grafo dirigido   *Matriz de adyacencia*

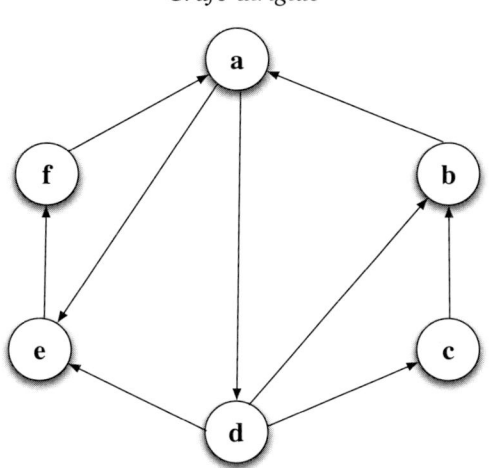

$$\begin{pmatrix} 0 & 0 & 0 & 1 & 1 & 0 \\ 1 & 0 & 0 & 0 & 0 & 0 \\ 0 & 1 & 0 & 0 & 0 & 0 \\ 0 & 1 & 1 & 0 & 1 & 0 \\ 0 & 0 & 0 & 0 & 0 & 1 \\ 1 & 0 & 0 & 0 & 0 & 0 \end{pmatrix}$$

(b) Este grafo no es un torneo, ya que **a** y **c** son dos vértices diferentes y tenemos que ni (**a**, **c**) ni (**c**, **a**) aparecen como arcos.

6.85. Para solicitar una beca de estudios, el ministerio correspondiente requiere que se entregue, convenientemente cumplimentado, el impreso **I27/4**. Sin embargo, para lograr este impreso hay que realizar una petición formal, que se realiza a través del impreso **I17b**. Este impreso se puede obtener fácilmente, simplemente presentando bien el impreso **I13** o bien el **I52-bis**. El impreso **I13** se puede solicitar en cualquier ventanilla a cambio del **I123**, mientras que el **I52-bis** tan solo requiere el resguardo de haber entregado el impreso **I14**. Por su parte, el **I14** se recoge automáticamente a la entrega del **I5-II**. Este último impreso se obtiene cuando se entrega el **I13**. Finalmente, y para facilitar los trámites, el **I123** se expende en cualquier estanco de forma gratuita con solo presentar el formulario **I52-bis**.

(a) Representa mediante un grafo adecuado las dependencias entre los formularios.

(b) Construye la tabla de adyacencia y la matriz de adyacencia del grafo anterior.

(c) A la vista del grafo, ¿es posible solicitar la beca de estudios?

Solución

(a) Resulta conveniente representar la dependencia entre los impresos mediante un grafo dirigido, de forma que exista un arco entre dos impresos **a** y **b** cuando el impreso **b** sea necesario para la obtención del impreso **a**. Por lo tanto, la representación pedida sería la siguiente:

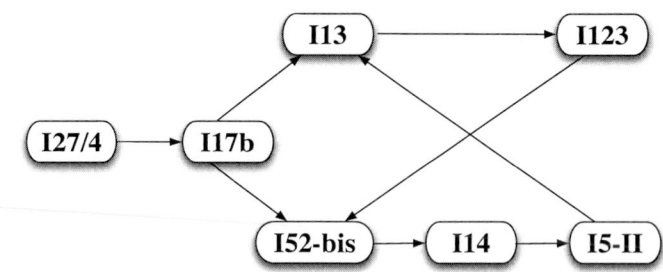

(b) La tabla de adyacencia y la matriz de adyacencia del grafo anterior son las siguientes:

Tabla de adyacencia

I27/4	I17b	I13	I52-bis	I123	I14	I5-II
I17b	I13	I123	I4	I52-bis	I5-II	I13
	I52-bis					

Matriz de adyacencia

$$\begin{pmatrix} 0 & 1 & 0 & 0 & 0 & 0 & 0 \\ 0 & 0 & 1 & 1 & 0 & 0 & 0 \\ 0 & 0 & 0 & 0 & 1 & 0 & 0 \\ 0 & 0 & 0 & 0 & 0 & 1 & 0 \\ 0 & 0 & 0 & 1 & 0 & 0 & 0 \\ 0 & 0 & 0 & 0 & 0 & 0 & 1 \\ 0 & 0 & 1 & 0 & 0 & 0 & 0 \end{pmatrix}$$

(c) No es posible pedir la beca de estudios, ya que para obtener el impreso **I27/4** hace falta disponer del **I52-bis** o del **I13**, pero el ciclo **I13 I123 I52-bis I14 I5-II I13** muestra que cada uno de estos dos impresos depende de la obtención del otro. Además, no existen caminos alternativos que permitan obtener ninguno de los dos impresos de otra forma.

6.86. Sea $D = (V,A)$ un grafo dirigido. Demuestra que, si se suman los grados de entrada y los grados de salida de todos los vértices de D, resulta el doble del número de arcos. Este resultado es válido incluso si el grafo contiene *bucles*, es decir, arcos de la forma (v,v) que conectan un vértice consigo mismo.

Solución

Dado un vértice v, definimos:

- $\mathrm{gd}^+(v) = |\{u \in V \mid (u,v) \in A\}|$ (grado de entrada del vértice v)
- $\mathrm{gd}^-(v) = |\{u \in V \mid (v,u) \in A\}|$ (grado de salida del vértice v)

Hemos de demostrar que

$$\sum_{v \in V} \mathrm{gd}^+(v) + \sum_{v \in V} \mathrm{gd}^-(v) = 2 \cdot |A|.$$

Sabemos que cada arista $(u,v) \in A$ contribuye 1 al primer sumando (en $\mathrm{gd}^+(v)$) y contribuye 1 al segundo sumando (en $\mathrm{gd}^-(u)$).

En los sumatorios solo se cuentan estas contribuciones de las diferentes aristas, luego cada arista se cuenta exactamente dos veces.

En este razonamiento no importa si u y v son iguales o no, por lo que también sirve para el caso en que haya bucles.

6.87. El *recíproco de un grafo dirigido* $D = (V, A)$ es el grafo dirigido $D^r = (V, A^r)$ tal que $(u, v) \in A$ si y solo si $(v, u) \in A^r$. Demuestra que si D_1 y D_2 son dos grafos dirigidos isomorfos cualesquiera, entonces los recíprocos de D_1 y D_2 son también isomorfos.

Solución

Sean $D_1 = (V_1, A_1)$ y $D_2 = (V_2, A_2)$ dos grafos dirigidos isomorfos, y sean $D_1^r = (V_1, A_1^r)$ y $D_2^r = (V_2, A_2^r)$ sus respectivos recíprocos. Se trata de probar que existe una biyección g entre V_1 y V_2 de manera que, para todo $u, v \in V_1$, $(u, v) \in A_1^r$ si y solo si $(g(u), g(v)) \in A_2^r$.

Puesto que D_1 y D_2 son isomorfos, existe $f : V_1 \to V_2$ biyectiva tal que, para todo $u, v \in V_1$, $(u, v) \in A_1$ si y solo si $(f(u), f(v)) \in A_2$.

Veamos que f también es un isomorfismo entre D_1^r y D_2^r, por lo que la función g que buscábamos es justamente f.

Por ser f biyectiva, lo único que hay que probar es que, para todo $u, v \in V_1$, $(u, v) \in A_1^r$ si y solo si $(f(u), f(v)) \in A_2^r$. En efecto, sea (u, v) una arista cualquiera de A_1^r; entonces,

$$(u, v) \in A_1^r \iff (v, u) \in A_1 \qquad \text{[por ser } D_1^r \text{ el recíproco de } D_1]$$
$$\iff (f(v), f(u)) \in A_2 \qquad \text{[por ser } D_1 \text{ y } D_2 \text{ isomorfos]}$$
$$\iff (f(u), f(v)) \in A_2^r. \qquad \text{[por ser } D_2^r \text{ el recíproco de } D_2]$$

BIBLIOGRAFÍA

Como ya hemos comentado en el prólogo, la matemática discreta cubre una gama de contenidos bastante diversa y los temarios de los libros de texto existentes difieren en la selección de temas incluidos. En este libro de ejercicios resueltos se ha optado por excluir temas afines a la lógica, la algoritmia, los autómatas y lenguajes formales, y la calculabilidad, que pueden ser objeto de textos más específicos. En la bibliografía que sigue también hemos dado preferencia a los textos que omiten estos temas, aunque algunas de las referencias bibliográficas que incluimos los tratan en alguna medida.

Los textos sobre matemática discreta publicados en castellano son relativamente abundantes. De entre ellos destacamos los enumerados más abajo, algunos de los cuales son traducciones de originales en inglés (que a su vez en algunos casos tienen ediciones más recientes, véase la lista del final). El texto de Biggs tuvo gran influencia en la puesta en marcha de los programas de matemática discreta de las titulaciones de Informática de la UCM, a partir del curso académico 1991–1992. El texto de Hortalá, Leach y Rodríguez ha sido ampliamente utilizado desde su primera edición en 1998 como apoyo a la docencia de la matemática discreta y la lógica en las titulaciones de Informática de la UCM, aunque apenas contiene ejercicios resueltos. El texto de Rosen reúne buenas exposiciones teóricas con una gran cantidad de ejemplos motivadores y problemas, tanto resueltos como no resueltos. Los restantes títulos de la lista representan una selección de diferentes estilos y niveles de exposición de los temas más típicos de la matemática discreta y materias afines.

- Norman L. Biggs. *Matemática discreta*. Vicens Vives, 1994.
- Francisco Javier Cirre Torres. *Matemática discreta*. Anaya (Colección Base Universitaria), 2004.
- Félix García Merayo. *Matemática discreta, tercera edición*. Paraninfo, 2015.
- Winfried Karl Grassmann y Jean-Paul Tremblay. *Matemática discreta y lógica. Una perspectiva desde la ciencia de la computación*. Pearson Prentice Hall, 1996.
- Ralph P. Grimaldi. *Matemáticas discreta y combinatoria. Una introducción con aplicaciones, tercera edición*. Pearson Prentice Hall, 1998.
- María Teresa Hortalá González, Javier Leach Albert y Mario Rodríguez Artalejo. *Matemática discreta y lógica matemática, cuarta edición*. Garceta, 2018.
- Kenneth H. Rosen. *Matemática discreta y sus aplicaciones, quinta edición*. McGraw-Hill, 2004.

Las colecciones de ejercicios resueltos de matemática discreta publicadas en castellano que conocemos son más escasas y difieren tanto en la variedad de problemas incluidos como en la gama de dificultad de los mismos. Destacamos cuatro títulos:

- Felicidad Aguado Martín, Felipe Gago Couso, Manuel Ladra González, Gilberto Pérez Vega, Concepción Vidal Martín y Ana María Vieites Rodríguez. *Problemas resueltos de combinatoria. Laboratorio con Sage-Math*. Paraninfo, 2018.

- Carlos García, Josep María López y Dolors Puigjaner. *Matemática discreta. Problemas y ejercicios resueltos.* Prentice Hall, 2002.

- Félix García Merayo, Gregorio Hernández Peñalver y Antonio Nevot Luna. *Problemas resueltos de matemática discreta, segunda edición ampliada.* Paraninfo, 2018.

- Seymour Lipschutz y Marc Lipson. *2000 problemas resueltos de matemática discreta.* McGraw-Hill (Colección Schaum), 2004.

Finalmente, mencionamos una selección de textos de matemática discreta publicados en inglés:

- Norman L. Biggs. *Discrete Mathematics, Second Edition.* Oxford University Press, 2003.

- Douglas E. Ensley y J. Winston Crawley. *Mathematical Reasoning and Proof with Puzzles, Patterns and Games.* John Wiley & Sons, 2006.

- Eric Gosset. *Discrete Mathematics with Proof, Second Edition.* Wiley, 2009.

- Ralph P. Grimaldi. *Discrete and Combinatorial Mathematics: An Applied Introduction, Fifth Edition.* Pearson, 2003.

- Joseph Khoury. *A Tale of Discrete Mathematics: A Journey Through Logic, Reasoning, Structures and Graph Theory.* World Scientific, 2024.

- Harry Lewis y Rachel Zax. *Essential Discrete Mathematics for Computer Science.* Princeton University Press, 2019.

- Kenneth H. Rosen. *Discrete Mathematics and Its Applications, Eighth Edition.* McGraw-Hill, 2018.

- John K. Truss. *Discrete Mathematics for Computer Scientists, Second Edition.* Addison Wesley, 1998.

- Walter Denis Wallis. *A Beginner's Guide to Discrete Mathematics, Second Edition.* Birkhäuser, 2011.